中国核科学技术进展报告

（第八卷）

中国核学会 2023 年学术年会论文集

中国核学会◎编

第 8 册

知识产权分卷

核能综合利用分卷

核安保分卷

电离辐射计量分卷

核环保分卷

·北京·

图书在版编目（CIP）数据

中国核科学技术进展报告. 第八卷. 中国核学会2023年学术年会论文集. 第8册，知识产权、核能综合利用、核安保、电离辐射计量、核环保 / 中国核学会编. —北京：科学技术文献出版社，2023. 12

ISBN 978-7-5235-1049-0

Ⅰ. ①中… Ⅱ. ①中… Ⅲ. ①核技术—技术发展—研究报告—中国 Ⅳ. ① TL-12

中国国家版本馆 CIP 数据核字（2023）第 229125 号

中国核科学技术进展报告（第八卷）第8册

策划编辑：张 闫 秦 源 责任编辑：张 丹 邱晓春 责任校对：王瑞瑞 责任出版：张志平

出 版 者 科学技术文献出版社
地 址 北京市复兴路15号 邮编 100038
编 务 部 （010）58882938，58882087（传真）
发 行 部 （010）58882868，58882870（传真）
邮 购 部 （010）58882873
官方网址 www.stdp.com.cn
发 行 者 科学技术文献出版社发行 全国各地新华书店经销
印 刷 者 北京厚诚则铭印刷科技有限公司
版 次 2023 年 12 月第 1 版 2023 年 12 月第 1 次印刷
开 本 880 × 1230 1/16
字 数 686千
印 张 24.5
书 号 ISBN 978-7-5235-1049-0
定 价 120.00元

中国核学会2023年
学术年会大会组织机构

主办单位 中国核学会

承办单位 西安交通大学

协办单位 中国核工业集团有限公司 国家电力投资集团有限公司
中国广核集团有限公司 清华大学
中国工程物理研究院 中国工程院
中国科学院近代物理研究所 中国华能集团有限公司
哈尔滨工程大学 西北核技术研究院

大会名誉主席 余剑锋 中国核工业集团有限公司党组书记、董事长

大 会 主 席 王寿君 中国核学会党委书记、理事长
卢建军 西安交通大学党委书记

大会副主席 王凤学 张 涛 邓 戈 欧阳晓平 庞松涛 赵红卫 赵宪庚
姜胜耀 殷敬伟 巢哲雄 赖新春 刘建桥

高 级 顾 问 王乃彦 王大中 陈佳洱 胡思得 杜祥琬 穆占英 王毅韧
赵 军 丁中智 吴浩峰

大会学术委员会主任 欧阳晓平

大会学术委员会副主任 叶奇蓁 邱爱慈 罗 琦 赵红卫

大会学术委员会成员 （按姓氏笔画排序）

于俊崇 万宝年 马余刚 王 驹 王贻芳 邓建军
叶国安 邢 继 吕华权 刘承敏 李亚明 李建刚
陈森玉 罗志福 周 刚 郑明光 赵振堂 柳卫平
唐 立 唐传祥 詹文龙 樊明武

大会组委会主任 刘建桥 苏光辉

大会组委会副主任 高克立 田文喜 刘晓光 臧 航

大会组委会成员 （按姓氏笔画排序）

丁有钱 丁其华 王国宝 文 静 帅茂兵 冯海宁 兰晓莉
师庆维 朱 华 朱科军 刘 伟 刘玉龙 刘蕴韬 孙 晔
苏 萍 苏艳茹 李 娟 李亚明 杨 志 杨 辉 杨来生
吴 蓉 吴郁龙 邹文康 张 建 张 维 张春东 陈 伟
陈 煜 陈启元 郑卫芳 赵国海 胡 杰 段旭如 昝元锋

耿建华　徐培昇　高美须　郭　冰　唐忠锋　桑海波　黄　伟
黄乃曦　温　榜　雷鸣泽　解正涛　薛　妍　魏素花

大会秘书处成员　（按姓氏笔画排序）

于　娟　王　笑　王亚男　王明军　王楚雅　朱彦彦　任可欣
邬良芃　刘　宣　刘思岩　刘雪莉　关天齐　孙　华　孙培伟
巫英伟　李　达　李　彤　李　燕　杨士杰　杨骏鹏　吴世发
沈　莹　张　博　张　魁　张益荣　陈　阳　陈　鹏　陈晓鹏
邵天波　单崇依　赵永涛　贺亚男　徐若珊　徐晓晴　郭凯伦
陶　芸　曹良志　董淑娟　韩树南　魏新宇

技术支持单位　各专业分会及各省级核学会

专业分会　核化学与放射化学分会、核物理分会、核电子学与核探测技术分会、原子能农学分会、辐射防护分会、核化工分会、铀矿冶分会、核能动力分会、粒子加速器分会、铀矿地质分会、辐射研究与应用分会、同位素分离分会、核材料分会、核聚变与等离子体物理分会、计算物理分会、同位素分会、核技术经济与管理现代化分会、核科技情报研究分会、核技术工业应用分会、核医学分会、脉冲功率技术及其应用分会、辐射物理分会、核测试与分析分会、核安全分会、核工程力学分会、锕系物理与化学分会、放射性药物分会、核安保分会、船用核动力分会、辐照效应分会、核设备分会、近距离治疗与智慧放疗分会、核应急医学分会、射线束技术分会、电离辐射计量分会、核仪器分会、核反应堆热工流体力学分会、知识产权分会、核石墨及碳材料测试与应用分会、核能综合利用分会、数字化与系统工程分会、核环保分会、高温堆分会、核质量保证分会、核电运行及应用技术分会、核心理研究与培训分会、标记与检验医学分会、医学物理分会、核法律分会（筹）

省级核学会　（按成立时间排序）

上海市核学会、四川省核学会、河南省核学会、江西省核学会、广东核学会、江苏省核学会、福建省核学会、北京核学会、辽宁省核学会、安徽省核学会、湖南省核学会、浙江省核学会、吉林省核学会、天津市核学会、新疆维吾尔自治区核学会、贵州省核学会、陕西省核学会、湖北省核学会、山西省核学会、甘肃省核学会、黑龙江省核学会、山东省核学会、内蒙古核学会

中国核科学技术进展报告
（第八卷）

电离辐射计量分卷

编　委　会

核环保分卷

编　委　会

前　言

《中国核科学技术进展报告（第八卷）》是中国核学会 2023 学术双年会优秀论文集结。

2023 年中国核科学技术领域取得重大进展。四代核电和前沿颠覆性技术创新实现新突破，高温气冷堆示范工程成功实现双堆初始满功率，快堆示范工程取得重大成果。可控核聚变研究“中国环流三号”和“东方超环”刷新世界纪录。新一代工业和医用加速器研制成功。锦屏深地核天体物理实验室持续发布重要科研成果。我国核电技术水平和安全运行水平跻身世界前列。截至 2023 年 7 月，中国大陆商运核电机组 55 台，居全球第三；在建核电机组 22 台，继续保持全球第一。2023 年国务院常务会议核准了山东石岛湾、福建宁德、辽宁徐大堡核电项目 6 台机组，我国核电发展迈进高质量发展的新阶段。我国核工业全产业链从铀矿勘探开采到乏燃料后处理和废物处理处置体系能力全面提升。核技术应用经济规模持续扩大，在工业、医学、农业等各领域，产业进入快速扩张期，预计 2025 年可达万亿市场规模，已成为我国核工业强国建设的重要组成部分。

中国核学会 2023 学术双年会的主题为“深入贯彻党的二十大精神，全力推动核科技自立自强”，体现了我国核领域把握世界科技创新前沿发展趋势，紧紧抓住新一轮科技革命和产业变革的历史机遇，推动交流与合作，以创新科技引领绿色发展的共识与行动。会议为期 3 天，主要以大会全体会议、分会场口头报告、张贴报告等形式进行，同时举办以“核技术点亮生命”为主题的核技术应用论坛，以“共话硬‘核’医学，助力健康中国”为主题的核医学科普论坛，以“核能科技新时代，青年人才新征程”为主题的青年论坛，以及以“心有光芒，芳华自在”为主题的妇女论坛。

大会共征集论文 1200 余篇，经专家审稿，评选出 522 篇较高水平的论文收录进《中国核科学技术进展报告（第八卷）》公开出版发行。《中国核科学技术进展报告（第八卷）》分为 10 册，并按 40 个二级学科设立分卷。

《中国核科学技术进展报告（第八卷）》顺利集结、出版与发行，首先感谢中国核学会各专业分会、各工作委员会和23个省级（地方）核学会的鼎力相助；其次感谢总编委会和40个（二级学科）分卷编委会同仁的严谨作风和治学态度；最后感谢中国核学会秘书处和科学技术文献出版社工作人员在文字编辑及校对过程中做出的贡献。

《中国核科学技术进展报告（第八卷）》总编委会

知识产权
Intellectual Property

目　　录

基于专利分析的无人机在核应急领域中的应用探究

孟凡兴[1,2]，杨 明[1,2]，张文峰[1,2]，刘林峰[1,2]，牛国臣[1,2]，
刘 学[1,2]，房江奇[1,2]，杨金政[1,2]，王瑞军[1,2]，王永军[1,2]

（1. 核工业航测遥感中心，河北 石家庄 050002；2. 中核核应急航空监测工程技术研究中心，河北 石家庄 050002）

摘 要：无人机是一种以无线电遥控或由自身程序控制为主的不载人飞机，以其成本低、复杂地形通航能力强、操作简单、作业风险小、智能化高等方面优势在核应急领域得到广泛应用。本文通过专利统计，从传统科技文献之外的另一个角度对无人机在核应急领域中的应用进行深入的剖析。结果表明：我国无人机技术在核应急领域的专利申请自2016年开始，申请量整体呈上升趋势；相关专利产品中发明专利占比65.63%，整体科技含量较高；专利申请人以公司为主，高等院校或研究所次之，已经形成以中国核工业集团有限公司下属各单位为代表的核心研发力量；相关专利产品主要围绕测量装置、飞机零件、信号传输系统、计算模型、图像数据处理、通用控制系统及外观设计等领域布局。以测量装置领域内专利申请量最多，飞机零件领域专利申请量次之。

关键词：核应急；无人机；专利；统计分析；Patsnap

无人机（Unmanned Aerial Vehicle，UAV）是一种以无线电遥控或由自身程序控制为主的不载人飞机，一般由飞机平台系统、信息采集系统和地面控制系统组成[1]。无人机的研制可以追溯到1914年第一次世界大战期间英国军事航空学会的“AT计划”，最初的研制是基于军事用途。经过一个多世纪的发展，无人机各项技术已经趋于成熟[2]，并且在军事、民用领域都得到了广泛应用。

辐射环境航空监测具有快速、高效、覆盖面大的特点，是核事故应急监测中的重要技术手段之一[2]，并且在三哩岛核电站、切尔诺贝利核电站及福岛核电站核事故期间放射性烟羽方向确定、烟羽区最大剂量水平、核素识别、全面测量放射性沉降物分布、放射性污染区的剂量率监测及监测辐射污染随时间的变化、污染区范围的变化方面应用效果显著[3]。但是传统基于载人飞机的辐射环境航空监测受限于飞行场地、续航能力、机动性、安全性及成本等，在核事故应急监测中存在一定局限性。基于无人机的辐射环境航空监测作为载人飞机的补充，以其成本低、复杂地形通航能力、操作简单、作业风险小、智能化等方面优势，近年来发展迅速。

专利信息是集技术、商业和法律信息于一体的独特信息源，能反映最新的科技发明、创造和设计，其所包含的科技信息中有80%未被其他媒体公开，是重要的科技情报信息源[4-6]。本文对我国已发表的关于无人机在核应急领域中应用的专利进行研究，旨在通过对专利信息的研究分析，及时掌握研究方向，为技术攻关提供借鉴，为自主知识产权保护提供参考。

1 检索策略及结果

基于Patsnap数据库检索我国核应急领域无人机应用相关专利，检索截止日期为2023年3月5日，在兼顾查全率和查准率的基础上采用关键词“核应急 AND（无人机）”进行数据检索。共检索专利数据32条。其中发明申请16条、实用新型8条、授权发明5条，外观设计3条。

作者简介：孟凡兴（1987—），男，硕士研究生，高级工程师，现主要从事核与辐射事故应急方法研究、辐射环境监测工作。

2 专利发展态势分析

2.1 专利申请趋势分析

为了解有关无人机近年来在核应急领域的专利申请、授权量变化趋势，将我国相关专利申请、授权数量按申请年份进行统计，结果如图 1 所示。

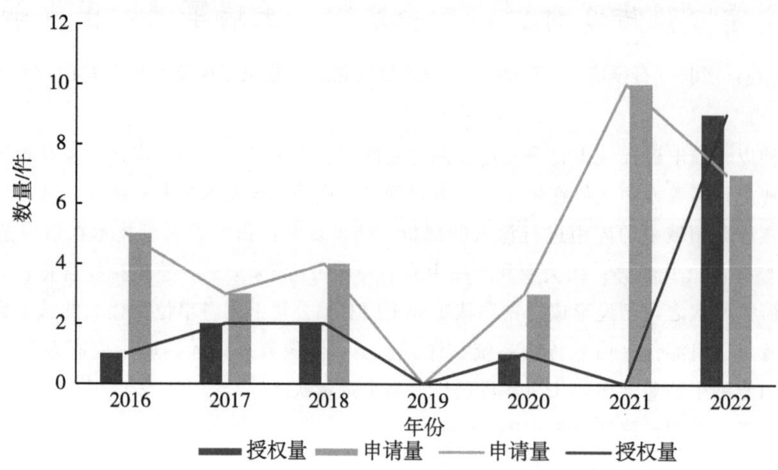

图 1　无人机技术近年来在核应急领域的专利申请量、授权量变化趋势示意

从图 1 中可以看出：我国无人机技术在核应急领域的专利申请自 2016 年开始，除了在 2019 年没有相关申请外，专利申请量整体呈上升趋势，2021 年专利申请量最多，达 10 件。专利授权量整体趋势与申请量相符，2022 年授权数量最多，达 9 件。2016 年提交的 5 件专利申请中，有 4 件来自成都新核泰科科技有限公司，1 件来自成都理工大学。其中，成都理工大学提交的一种多旋翼飞行式核素探测识别仪于当年取得实用新型专利授权。

2.2 专利申请人统计

基于 Patsnap 数据库的检索结果显示，国内无人机技术在核应急领域的专利申请人以公司为主，申请数量为 22 件；其次为高等院校或研究所，申请数量为 9 件；其他申请人类型较少，为 1 件。统计结果显示，申请数量居前 3 位的申请人分别是成都新核泰科科技有限公司、核工业航测遥感中心及中国原子能科学研究院。成都新核泰科科技有限公司申请量为 6 件，其中 2 件已授权，4 件被驳回。核工业航测遥感中心申请量为 5 件，其中 3 件已获授权，2 件处于实质审查阶段；发明专利为 4 件，整体科技含量较高。中国原子能科学研究院申请量为 3 件，均处于实质审查阶段。

2.3 相关专利产品分析

基于 Patsnap 数据库对无人机在核应急领域应用的相关专利产品进行统计分析，得到结果如图 2 所示。无人机在核应急领域应用的相关专利产品在测量装置领域的申请量最多，达 19 件；其次是飞机零件领域，为 4 件；其他涉及领域还包括信号传输系统、计算模型、图像数据处理、通用控制系统；另外外观设计类专利产品申请量为 3 件。

无人机在核应急领域应用中基于测量装置创新的相关专利产品主要围绕无人机核应急监测系统研发、无人机载核辐射监测装置研发、无人机航空伽马能谱勘查系统研发、无人机监测的智能应急辅助决策方法研究、辐射加固的无人机机载一体化辐射探测系统研发、小型无人机放射源定位方法研究、空中巡测放射源设备及技术方法研究、基于多能量响应的航空伽马能谱分析方法研究、无上测晶体大气氡修正参数求取方法研究、空中辐射区域划分技术研究及空中三维伽马成像监测系统研发等方面。

无人机在核应急领域应用中基于飞机零件创新的相关专利产品主要围绕无人机核应急去污洗消方法研究、多旋翼无人机机载辐射监测系统开发、空中搜寻放射源探测器及其方法研究等方面。基于信号传输系统的相关专利产品主要是围绕无人机的核应急放射监测系统研发中的信号传输系统创新。基于计算模型的相关专利产品主要是围绕辐射剂量测量方法和装置、客户端、终端及存储介质研究，辐射事故应急演习评估方法研究[7] 等方面。基于图像数据处理的相关专利产品主要是围绕大型货场的无人机航测定位多放射源方法研究。基于通用控制系统的相关专利产品主要是围绕航空物探数据采集控制系统开发、移动式放射源在线识别处置系统开发方面。

无人机在核应急领域应用中已有的外观设计专利产品主要包括无人机（电磁辐射监测）产品外观、无人机（电离辐射监测）产品外观及监测器（放射性调查与核应急监测）产品外观。

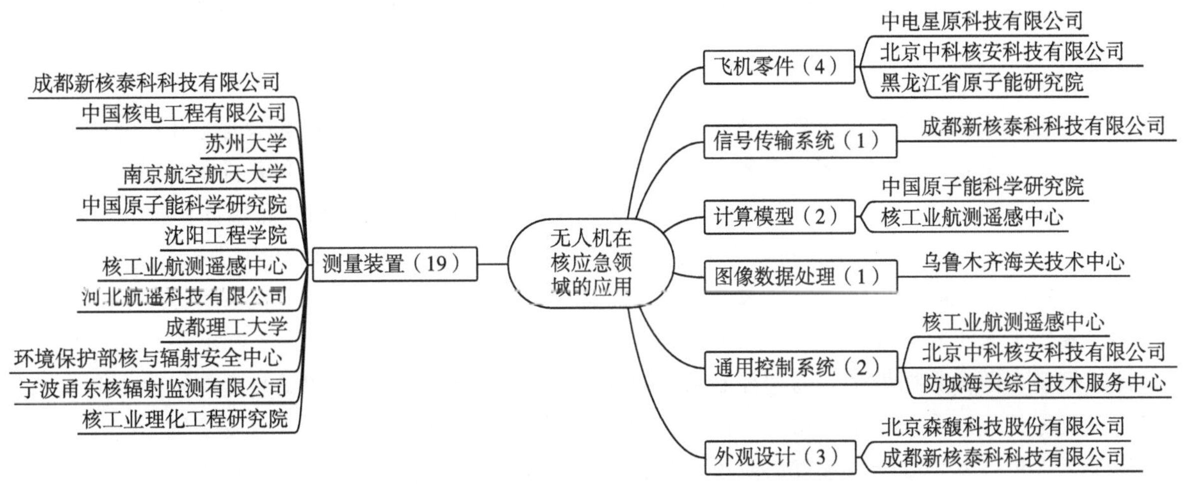

图 2　无人机技术近年来在核应急领域的专利产品统计示意

结合图 2 中专利申请人统计结果分析发现，无人机在核应急领域应用的相关 32 件专利产品申请人涉及 18 家机构，全部为国内公司或科研院所，其中中国核工业集团有限公司下属 5 家单位的专利申请量为 10 件，占比 31.25%，占据该研究领域的核心位置。各研究机构大多关注专属领域技术研发，仅中国原子能科学研究院、核工业航测遥感中心、成都新核泰科科技有限公司、北京中科核安科技有限公司开展多领域技术研究。另外 32 件专利产品中有 29 件专利产品申请人为单一机构，说明研究机构间的合作较少。

2.4　相关专利态势分析

基于 Patsnap 数据库对无人机在核应急领域应用的相关专利产品类别进行统计分析，得到结果如图 3 所示。相关专利产品中发明专利 21 件、实用新型专利 8 件、外观设计专利 3 件，其中发明专利占比 65.63%，说明无人机在核应急领域应用的相关专利产品整体科技含量较高。

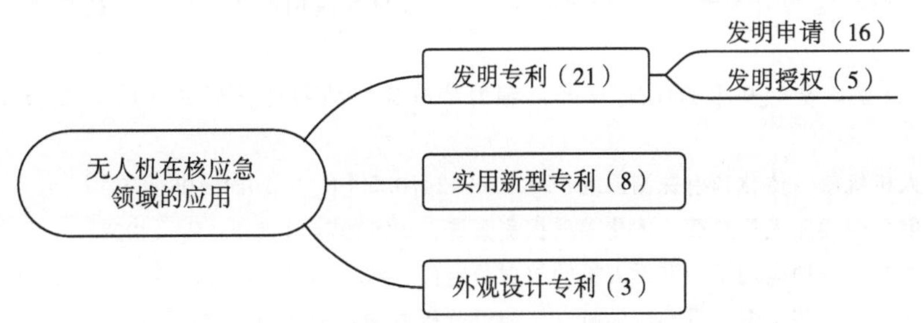

图 3　无人机技术近年来在核应急领域的专利态势示意

已授权的发明专利主要集中在测量装置研发领域，包括苏州大学 2 件、南京航空航天大学 1 件、核工业航测遥感中心 2 件。来自苏州大学的 2 件授权发明专利分别是无人机机载一体化辐射探测系统和辐射加固的无人机机载一体化辐射探测系统。前者将无人机与探测器作为一体化探测系统突破了近地表测量的限制，从而实现高空辐射环境探测作业，甚至可以对放射性物质随空气流动的方向进行追踪巡测[8]。后者的辐射加固模块实现了无人机机载一体化辐射探测系统进行强辐射场探测的需求[9]。南京航空航天大学的授权发明专利为一种应用于小型无人机的放射源定位方法，创新性的将小型无人机载探测系统与简单高效的定位算法相结合，实现了较大范围的放射源定位[10]。核工业航测遥感中心的 2 件授权发明专利分别是基于多能量响应的航空 γ 能谱分析方法和无上测晶体大气氡修正参数求取方法。前者实现了多个伽马射线能窗同时分析，并且避免了干扰谱段的影响，提高测量精度[11]。后者无上测晶体大气氡修正参数求取方法，可应用于无上测晶体航空探测的各个技术领域[12]。

3 结论

(1) 我国无人机技术在核应急领域的专利申请自 2016 年开始，申请量整体呈上升趋势。专利授权量整体趋势与申请量相符。相关专利产品中发明专利 21 件、实用新型专利 8 件、外观设计专利 3 件，其中发明专利占比 65.63%，说明无人机在核应急领域应用的相关专利产品整体科技含量较高。

(2) 专利申请人以公司为主，高等院校或研究所次之，尚未发现国外公司在我国进行专利布局。目前已经形成以中国核工业集团有限公司下属各单位为代表的核心研发力量，但各研究机构间的合作较少。

(3) 我国无人机在核应急领域应用的相关专利产品主要围绕测量装置、飞机零件、信号传输系统、计算模型、图像数据处理、通用控制系统及外观设计等领域布局。以测量装置领域内专利申请量最多，飞机零件领域专利申请量次之，已授权的发明专利主要集中在测量装置研发领域。

由于无人机技术仍处于快速发展阶段，并且专利公开存在一定时间的滞后，基于目前无人机技术在核应急领域应用的专利态势研判不能完全概括无人机在核应急领域应用的技术发展，仅为相关领域科研学者提供参考。

参考文献：

[1] 柳欣．浅谈无人机及遥感技术在山西林业中的应用［J］．山西林业科技，2019，48（4）：63－64.

[2] 孟凡兴，高芳莹，张春雷，等. 基于文献计量的辐射环境监测领域现状与趋势研究［J］．环境科学与管理，2023，48（9）：60－65.

[3] 孟凡兴，杨明，孙禄建，等. 中国辐射事故应急领域发展态势文献计量研究［J］．环境科学与管理，2023，48（10）：57－61.

[4] 张雅丁，钟昊良，苏然，等．从专利角度分析核燃料组件技术 21 世纪以来的发展和创新［M］//中国核科学技术进展报告（第七卷）：中国核学会 2021 年学术年会论文集第 9 册．北京：中国原子能出版社，2021：217－222.

[5] 沙建超，赵蕴华，罗勇，等．基于专利分析的石墨烯技术创新趋势研究［J］．材料导报，2013，27（8）：108－112.

[6] 谭力铭，廖婷，李维思，等．基于专利分析的富锂锰基正极材料应用趋势［J］．科技管理研究，2020，40（3）：115－119.

[7] 孟凡兴，杨明，王浩，等．基于 AHP－FCE 的辐射事故应急演习评估研究［J］．核技术，2022，45（11）：68－77.

[8] 苏州大学．无人机机载一体化辐射探测系统：202110742470.5［P］．2021－06－30.

[9] 苏州大学．辐射加固的无人机机载一体化辐射探测系统：202110745393.9［P］．2021－06－30.

[10] 南京航空航天大学．一种应用于小型无人机的放射源定位方法：201811410388.7［P］．2018－11－23.

[11] 核工业航测遥感中心．基于多能量响应的航空 γ 能谱分析方法：202110505862［P］．2021－05－10.

[12] 核工业航测遥感中心. 无上测晶体大气氡修正参数求取方法：202010936707. 9［P］. 2020－09－08.

Exploring the application of UAV in the nuclear emergency field based on patent analysis

MENG Fan-xing[1,2], YANG Ming[1,2], ZHANG Wen-feng[1,2], LIU Lin-feng[1,2], NIU Guo-chen[1,2], LIU Xue[2], FANG Jiang-qi[1,2], YANG Jin-zheng[1,2], WANG Rui-jun[1,2], WANG Yong-jun[1,2]

(1. Airborne survey and remote sensing center of nuclear industry, Shijiazhuang, Hebei 050002, China;
2. China Nuclear Emergency Airborne Monitoring Engineering Technology Research Center, Shijiazhuang, Hebei 050002, China)

Abstract: UAV are unmanned aircraft that are controlled by radio control or by their own programs. They are widely used in nuclear emergency response due to their low cost, navigability over complex terrain, simplicity of operation, low operational risk and intelligence. This paper provides an in - depth analysis of the application of UAVs in the nuclear emergency field from another perspective than the traditional scientific and technical literature through patent statistics. The results show that: the patent applications of China's UAV technology in the field of nuclear emergency have been on an overall upward trend since 2016; invention patents account for 65. 63% of the relevant patent products, with a high overall technological content; patent applicants are mainly companies, followed by universities or research institutes, and a core research and development force has been formed, represented by various units under China National Nuclear Industry Corporation (CNIC); relevant The relevant patent products are mainly laid out in the fields of measuring devices, aircraft parts, signal transmission systems, calculation models, image data processing, general control systems and design. The number of patent applications in the field of measuring devices is the highest, followed by that in the field of aircraft parts.

Key words: Nuclear emergency; UAV; Patents; Statistical analysis; Patsnap

基于专利统计的核应急洗消去污领域发展态势分析

孟凡兴[1,2]，王浩然[1,2]，宋振涛[1,2]，张春雷[1,2]，汪　哲[1,2]，
安政伟[1,2]，张　胜[1,2]，房江奇[1,2]，杨金政[1,2]，王永军[1,2]

（1. 核工业航测遥感中心，河北　石家庄　050002；2. 中核核应急航空监测工程技术研究中心，河北　石家庄　050002）

摘　要：洗消去污主要是针对放射性沾染，采用各种措施将放射性物质从人员、设备表面或环境中消除到允许标准以下的过程。核应急中的洗消去污对时效性、机动性及去除效率有着相对较高的要求。本文通过专利统计，从传统科技文献之外的另一个角度对我国核应急洗消去污领域的发展进行深入剖析。结果表明：我国核应急洗消去污领域的专利申请自 2019 年开始，除了在 2020 年没有相关申请外，专利申请量基本保持在每年 3～4 件。专利授权量整体趋势与申请量相符；相关专利产品中发明专利占比 70%，整体科技含量较高；专利申请人以高等院校或研究所为主，公司次之，已经形成以中国核工业集团有限公司两家下属各单位为代表的核心研发力量；相关专利产品主要围绕物品运输车、测量装置、数据处理应用、核电站辅助设备、水/污水多级处理等领域布局。其中，围绕物品运输车及测量装置领域专利申请量相对较多。

关键词：核应急；洗消去污；专利；统计分析；Patsnap

在当前全球气候变化和能源转型的背景下，核能作为一种重要的清洁能源，对我国持续优化能源结构具有重要意义，有望达到新的发展高峰。核安全是核能事业持续健康发展的生命线，而核应急是核安全纵深防御的最终屏障[1]。高速发展的核能事业，对核应急领域的研究提出了更高的要求[2-3]。

放射性沾染是指核与辐射事故等产生的放射性核素沉降物沾染到人员、设备表面或沉降到地表水、土壤，从而影响人员健康、妨碍设备维护及造成环境污染的过程[4]。洗消去污主要是针对放射性沾染，采用各种措施将放射性物质从人员、设备表面或环境中消除到允许标准以下的过程[4]。核应急中的洗消去污对时效性、机动性及去除效率有着相对较高的要求。

专利信息是集技术、商业和法律信息于一体的独特信息源，能反映最新的科技发明、创造和设计，其所包含的科技信息中有 80%未被其他媒体公开，是重要的科技情报信息源[5-7]。本文对我国已发表的关于核应急洗消去污领域的专利进行研究，旨在通过对专利信息的研究分析，及时掌握研究方向，为技术攻关提供借鉴，为自主知识产权保护提供参考。

1　检索策略及结果

基于 Patsnap 数据库检索我国核应急洗消去污领域相关专利，检索截止日期为 2023 年 3 月 7 日，在兼顾查全率和查准率的基础上采用关键词“（核应急）AND（洗消去污）”进行数据检索。共检索专利数据 10 条。其中发明申请 7 条、实用新型 3 条。

2　专利发展态势分析

2.1　专利申请趋势分析

为了解有关核应急洗消去污领域的专利申请、授权量变化趋势，将我国核应急洗消去污领域相关

作者简介：孟凡兴（1987—），男，硕士研究生，高级工程师，现主要从事核与辐射事故应急方法研究、辐射环境监测工作。

专利申请、授权数量按申请年份进行统计，结果如图 1 所示。

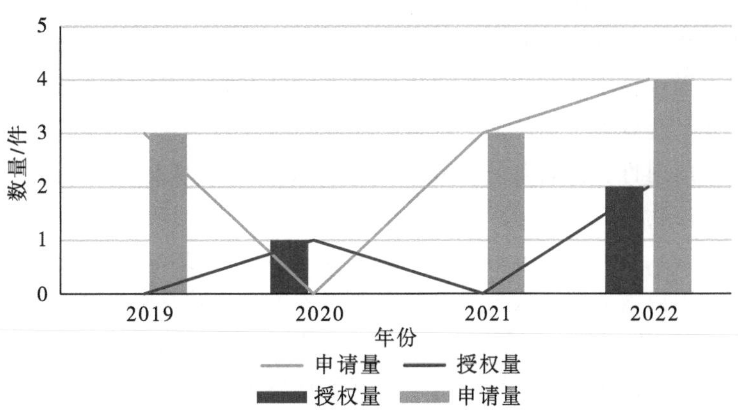

图 1　国内核应急洗消去污领域专利申请、授权量变化趋势示意

从图 1 中可以看出：我国核应急洗消去污领域的专利申请自 2019 年开始，除了在 2020 年没有相关申请外，专利申请量基本保持在每年 3～4 件。专利授权量整体趋势与申请量相符，2022 年授权相关专利 2 件。2019 年提交的 3 件专利申请，均来自华（核）天津新技术开发有限公司，权力转移后，目前的申请（权利人）为核工业理化工程研究院，其中一种放射性去污效率测试装置已于 2020 年取得实用新型专利授权。

2.2　专利申请人统计

基于 Patsnap 数据库的检索结果显示，国内核应急洗消去污领域的专利申请人以高等院校或研究所为主，申请数量为 6 件；其次为公司，申请数量为 4 件。统计结果显示，申请数量居前 3 位的申请（权利）人分别是核工业理化工程研究院、中国人民解放军海军工程大学、武汉客车制造股份有限公司。核工业理化工程研究院申请量为 3 件，其中 1 件已授权，另外 2 件处于实质审查阶段。中国人民解放军海军工程大学申请量为 2 件，均处于实质审查阶段。武汉客车制造股份有限公司申请量为 2 件，其中 1 件已授权，另一件处于实质审查阶段。

2.3　相关专利产品分析

基于 Patsnap 数据库对国内核应急洗消去污领域相关专利产品进行统计分析，得到结果如图 2 所示。国内核应急洗消去污领域相关专利产品在物品运输车领域和测量装置领域的申请量相对较多，均为 3 件；其他涉及领域还包括数据处理应用、核电站辅助设备及水/污水多级处理等。

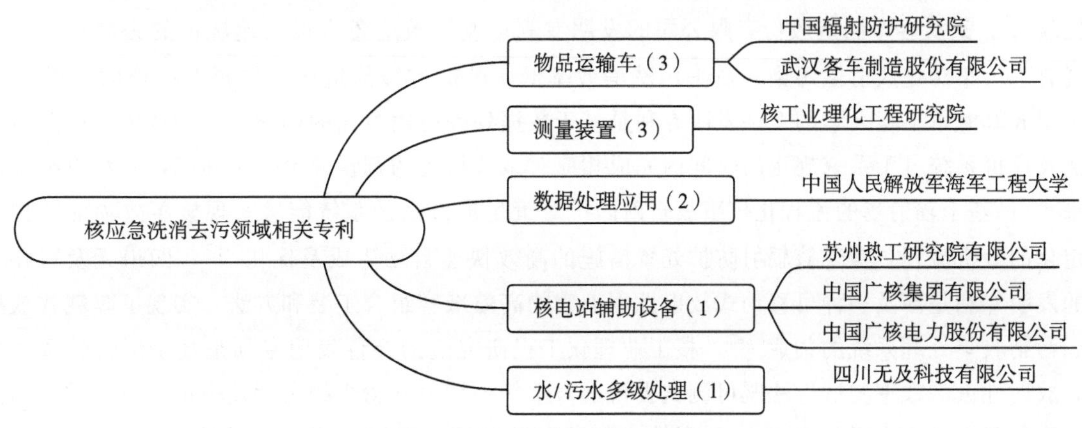

图 2　国内核应急洗消去污领域专利产品统计示意

国内核应急洗消去污中基于物品运输车领域创新的相关专利产品主要围绕快速撤离和洗消去污的核救援防护车及救援方法研究、用于核应急人员快速洗消的去污车研发方面；基于测量装置领域创新的相关专利产品主要围绕放射性去污效率测试装置及其测试方法研究方面；基于数据处理应用领域创新的相关专利产品主要围绕核事故应急对策评价方法及评价系统研发、基于辐射场的流程化核事故辐射防护对策生成方法及系统研发方面；基于核电站辅助设备领域创新的相关专利产品主要围绕严重核事故条件下大规模人员放射性去污装置研发方面；基于水/污水多级处理创新的相关专利产品主要围绕可移动式放射性固液废物高效减容组合工装及其方法研究方面。

结合图 2 中专利申请人统计结果分析发现，国内核应急洗消去污领域相关 10 件专利产品申请人涉及 8 家机构，全部为国内科研院所或公司，其中中国核工业集团有限公司下属 2 家单位的专利申请量为 4 件，占比 40%，占据该研究领域的核心位置。各研究机构大多关注专属领域技术研发并且 10 件专利产品中有 9 件专利产品申请人为单一机构，仅苏州热工研究院有限公司、中国广核集团有限公司、中国广核电力股份有限公司在研发“一种核事故洗消装置”专利产品中存在合作。

2.4 相关专利态势分析

基于 Patsnap 数据库对国内核应急洗消去污领域的相关专利产品类别进行统计分析，得到结果如图 3 所示。相关专利产品中发明专利 7 件、实用新型专利 3 件，其中发明专利占比 70%，说明核应急洗消去污领域相关专利产品整体科技含量较高。值得注意的是，来自武汉客车制造股份有限公司的“一种用于核应急人员快速洗消的去污车”及核工业理化工程研究院的“一种放射性去污效率测试装置”共计 2 件专利产品属于“一案双申”，即申请人在提交实用新型专利申请的同时提交了发明专利申请，目前 2 件专利均已经取得实用新型专利授权，发明专利处于实质审查阶段。

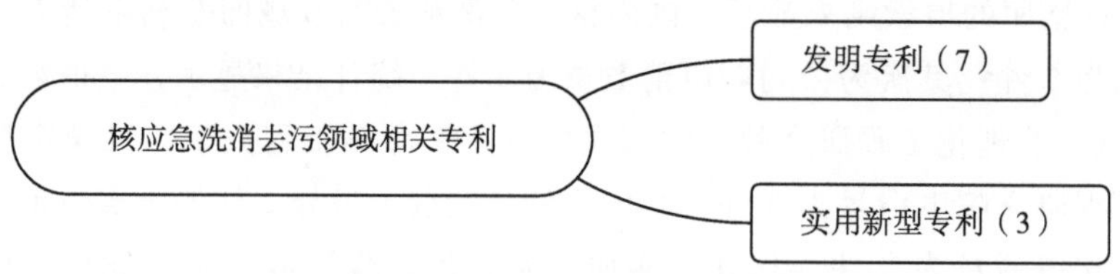

图 3 国内核应急洗消去污领域专利态势示意

发明专利主要集中在物品运输车、测量装置、数据处理应用、水/污水多级处理研发领域，包括中国辐射防护研究院 1 件、武汉客车制造股份有限公司 1 件、中国人民解放军海军工程大学 2 件、四川无及科技有限公司 1 件、核工业理化工程研究院 2 件。中国辐射防护研究院的发明专利涉及快速撤离和洗消去污的核救援防护车及救援方法，既可用于人员快速撤离，也可以载救援人员进入污染区域应急抢险[8]。武汉客车制造股份有限公司的发明专利是基于核应急人员快速洗消的去污车研发，解决了现有去污车对受放射性污染人员去污洗消效率低、救援迟缓易造成身体辐射损伤的问题[9]。中国人民解放军海军工程大学的 2 件发明专利是基于数据处理应用方面的创新，一种核事故应急对策评价方法及评价系统可于系统规定的时间内完成相应对策或措施的剂量评价分析功能，并获得准确的分析结果[10]；基于辐射场的流程化核事故辐射防护对策生成方法及系统能够实现核事故辐射防护对策的固定化的分析流程，实现核辐射防护处置措施的高效快速自动生成及优化[11]。四川无及科技有限公司的发明专利是涉及一种可移动式放射性固液废物高效减容组合工装和方法，实现了车载式放射性污水、污物收集处理系统的集成[12]。核工业理化工程研究院的 2 件发明专利是基于测量装置领域的创新，放射性去污效率测试方法既可测试去污剂对空气中放射性粉尘的去污效率也可以测试去污剂对表面沾染放射性粉尘去污效率[13]；放射性去污效率测试装置既可对去污剂的喷洒量进行定量分析，也可以对不同雾化喷嘴雾化效果进行对比分析试验[14]。

3 结论

（1）我国核应急洗消去污领域的专利申请自2019年开始，除了在2020年没有相关申请外，专利申请量基本保持在每年3～4件。专利授权量整体趋势与申请量相符。相关专利产品中发明专利7件、实用新型专利3件，其中发明专利占比70%，说明核应急洗消去污领域相关专利产品整体科技含量较高。

（2）专利申请人以高等院校或研究所为主，公司次之，尚未发现国外公司在我国进行专利布局。目前，已经形成以中国核工业集团有限公司下属两家单位为代表的核心研发力量，但各研究机构间的合作较少。

（3）我国核应急洗消去污领域相关专利产品主要围绕物品运输车、测量装置、数据处理应用、核电站辅助设备、水/污水多级处理等领域布局。其中，围绕物品运输车及测量装置领域专利申请量相对较多。

由于核应急洗消去污技术仍处于快速发展阶段，并且专利公开存在一定时间的滞后，基于目前核应急洗消去污领域专利态势研判不能完全概括我国核应急洗消去污领域的技术发展，仅为相关领域科研学者提供参考。

参考文献：

[1] 孟凡兴，杨明，王浩，等．基于AHP-FCE的辐射事故应急演习评估研究［J］．核技术，2022，45（11）：68-77.

[2] 孟凡兴，高芳莹，张春雷，等. 基于文献计量的辐射环境监测领域现状与趋势研究［J］. 环境科学与管理，2023，48（9）：60-65.

[3] 孟凡兴，杨明，孙禄建，等. 中国辐射事故应急领域发展态势文献计量研究［J］. 环境科学与管理，2023，48（10）：57-61.

[4] 黄清臻，章雷，郭雪琪，等．放射性沾染洗消去污技术应用及研究进展［J］．中华灾害救援学，2021，9（10）：1308-1312.

[5] 张雅丁，钟昊良，苏然，等．从专利角度分析核燃料组件技术21世纪以来的发展和创新［M］//中国核科学技术进展报告（第七卷）：中国核学会2021年学术年会论文集第9册．北京：中国原子能出版社，2021：217-222.

[6] 沙建超，赵蕴华，罗勇，等．基于专利分析的石墨烯技术创新趋势研究［J］．材料导报，2013，27（8）：108-112.

[7] 谭力铭，廖婷，李维思，等．基于专利分析的富锂锰基正极材料应用趋势［J］．科技管理研究，2020，40（3）：115-119.

[8] 中国辐射防护研究院．一种用于快速撤离和洗消去污的核救援防护车及救援方法：202110436556.5［P］．2021-04-22.

[9] 武汉客车制造股份有限公司．一种用于核应急人员快速洗消的去污车：202221783877［P］．2022-10-28.

[10] 中国人民解放军海军工程大学．一种核事故应急对策评价方法、评价系统：202110105074.1［P］．2021-01-26.

[11] 中国人民解放军海军工程大学．基于辐射场的流程化核事故辐射防护对策生成方法及系统：202110106550.1［P］．2021-01-26.

[12] 四川无及科技有限公司．一种可移动式放射性固液废物高效减容组合工装和方法：202210336710.6［P］．2022-03-31.

[13] 华核（天津）新技术开发有限公司．放射性去污效率测试方法：201910420027.9［P］．2019-05-20.

[14] 华核（天津）新技术开发有限公司．一种放射性去污效率测试装置：201920723851.7［P］．2019-05-20.

Analysis of the development trend in the field of decontamination for nuclear emergency decontamination based on patent statistics

MENG Fan-xing[1,2], WANG Hao-ran[1,2], SONG Zhen-tao[1,2], ZHANG Chun-lei[1,2], WANG Zhe[1,2], AN Zheng-wei[1,2], ZHANG Sheng[1,2], FANG Jiang-qi[1,2], YANG Jin-zheng[1,2], WANG Yong-jun[1,2]

(1. Airborne survey and remote sensing center of nuclear industry, Shijiazhuang, Hebei 050002, China;
2. China Nuclear Emergency Airborne Monitoring Engineering Technology Research Center, Shijiazhuang, Hebei 050002, China)

Abstract: Decontamination is the process of removing radioactive material from people, equipment surfaces or the environment to below the permissible standard using a variety of measures in response to radioactive contamination. Decontamination in nuclear emergencies has relatively high requirements for timeliness, mobility and removal efficiency. This paper provides an insight into the development of decontamination in nuclear emergencies in China from a different perspective than the traditional scientific literature through patent statistics. The results show that the number of patent applications in the field of nuclear emergency decontamination in China has basically remained at 3～4 per year since 2019, except for no relevant applications in 2020. The overall trend of patent authorisation is in line with the number of applications; invention patents account for 70% of the relevant patent products and the overall technological content is high; patent applicants are mainly higher education institutions or research institutes, followed by companies, and a core research and development force has been formed represented by the two subordinate units of China National Nuclear Industry Corporation Limited; relevant patent products mainly revolve around article transport vehicles, measuring devices, data processing applications, nuclear power plants The relevant patented products are mainly laid out in the fields of article transport vehicles, measuring devices, data processing applications, nuclear power plants, auxiliary equipment and water/wastewater multi－stage treatment. Among them, the number of patent applications in the fields of article transport vehicles and measuring devices is relatively high. A relatively large number of patents have been filed in the field of article transport vehicles and measuring devices.

Key words: Nuclear emergency; Decontamination; Patents; Statistical analysis; Patsnap

新时代核科研院所高水平知识产权管理工作思考

杨　柯[1]，张雅丁[2]，胡　俊[1]

（1. 中国核动力研究设计院，四川　成都　610213；2. 中核战略规划研究总院，北京　100048）

摘　要：结合习近平总书记有关论述和中共中央、国务院《知识产权强国建设纲要（2021—2035）》，指出新时代核工业科研院所应具备高质量保护、管理和应用的知识产权管理能力。结合《知识产权强国建设纲要》要求，以核工业某研究院为例，对核行业科研院所开展对标分析，分析了当前核行业科研院所知识产权管理工作取得的成绩和存在的不足，并就核工业科研院所知识产权管理工作未来发展趋势、工作目标、重点方向等问题进行了探讨。

关键词：知识产权强国；知识产权管理；知识产权保护；高质量发展；全球知识产权治理

党的十八大以来，以习近平同志为核心的党中央高度重视知识产权工作。习近平总书记在主持中央政治局第二十五次集体学习时强调，知识产权保护关系国家治理体系和治理能力现代化，关系高质量发展，关系人民生活幸福，关系国家对外开放大局，关系国家安全，把知识产权摆在了事关国计民生和国家竞争力的突出位置[1]。

2021年9月，中共中央、国务院印发《知识产权强国建设纲要（2021—2035年）》（以下简称《强国纲要》）[2]，这是继国务院2008年印发《国家知识产权战略纲要》（以下简称《战略纲要》）以来，在中央决策层面和国家战略高度，再次对我国知识产权事业未来十五年发展做出的重大战略部署。《强国纲要》的提出，标志着在基本实现《知识产权战略纲要》规划目标的基础上，我国已成为具有重要国际影响力的"知识产权大国"，正向着建设"知识产权强国"的更高目标阔步迈进。

核工业科研院所作为国家在核技术领域重要的技术创新者，自我国核工业创立以来，始终坚持实事求是、坚持自主创新，努力实现科学技术突破、满足了国家安全与国民经济发展各阶段的科技创新需求。"坚持自主创新"已融入院科研生产工作血脉深处，是科研院所几十年来形成的宝贵经验和重要共识。

站在《强国纲要》建设的新历史起点，核工业科研院所知识产权管理工作迎来新的挑战和机遇。如何规划核科研院所未来一个时间段的知识产权工作，使其更好地同《强国纲要》紧密结合，在新的历史阶段更高水平地引领院创新研发活动？本文通过总结以某院为代表的核工业科研院所院知识产权工作成绩，开展其知识产权工作同《强国纲要》要求之间的对标，提出了核工业科研院所未来一个时期在知识产权管理体系建设、知识产权全链条协同保护、知识产权国际化保护和知识产权人才队伍建设等领域的工作建议，并对核工业科研院所院知识产权未来发展目标进行了展望。

1　某院知识产权总体情况

某设计院（简称"某院"）是我国核工业主要科研院所之一。自1985年《中华人民共和国专利法》实施以来，某院始终将知识产权保护与管理工作视作科技创新的重要组成部分进行科学管理，根据时代发展和某院科研生产的现实需求不断完善。

三十余年来，某院年均知识产权授权数量快速上升，专利质量持续高水平发展、知识产权工作范围从简单的专利申请代理业务，拓展为涵盖重大科研生产项目各阶段、各领域的知识产权全过程管

作者简介：杨柯（1990—），男，四川乐山人，工程师，现主要从事知识产权管理工作。

理，在知识产权管理体系、保护规模和范围、业务水平等各领域，都取得了骄人的进步和成绩，位列我国核工业科研院所乃至国防军工科研院所前列。

1.1 树立“知识”“资产”属性并重理念，构建知识产权全过程管理架构

某院知识产权管理架构始终紧随国家战略需要，不断优化和提升。2008 年，某院率先将知识产权管理部门纳入资产管理部门，率先将知识产权作用上升至企业战略管理高度的“知识产权管理模式探索及实践平台”，率先将知识产权从无形的“知识”，视作“资产”和“产权”开展管理，实现了企业知识产权管理理念和模式的创新。

随着科研院所改革工作的不断深入，某院进一步优化知识产权管理架构，构建了汇集“成果-知识产权-对外合作-学术交流”的高价值知识产权全流程管理平台，率先建立起由省级知识产权主管部门授牌、依托院核心研发能力的高价值专利育成中心，结合知识产权“知识”与“资产”属性，进一步开展了“提炼知识”和“优选资产”的探索性工作。

依托这一平台，某院知识产权工作以“提高社会价值”和“提高市场价值”为双主轴，涵盖了科技创新的全流程、全要素，通过在集团内首家开展《企业知识产权管理规范》（GB/T 29490—2013）、《科研组织知识产权管理规范》（GB/T 33250—2016）和《装备承制单位知识产权管理要求》（GJB 9158—2017）三标同时贯彻和认证工作，建立了较为完善的知识产权管理体制，在这一体制下，统筹知识产权分级分类管理、高价值知识产权挖掘、存量知识产权评估、科技成果转化推进等工作，构建了基于院本级、院知识产权主管部门、院属单位的三级知识产权管理流程，知识产权专兼职人员覆盖院、所、室三级，建立了信息化知识产权一体化管理—审查平台，实现了知识产权申请、审批流程和信息的数字化。

1.2 知识产权覆盖范围广泛，质量数量持续稳定增长

在建立知识产权综合管理平台的基础上，某院知识产权自 2008 年《国家知识产权战略纲要》发布以来，取得了跨越式发展：2022 年，年专利申请量超过 600 件，授权不少于 400 件。截至 2022 年 12 月 31 日，某院共申请专利 4800 余件，授权 2500 余件。

某院知识产权质量也在《国家知识产权战略纲要》建设期得到极大提升。2012 年，年申请专利的 60％以上是实用新型专利，发明专利仅占 40％；而 2022 年，不仅年申请的 600 余件专利超过 90％是发明类专利，授权的 400 余件专利中，也有 80％左右是发明专利。此外，单件专利权利要求数量、说明书页数、实施例个数等质量指标也远高于国家平均水平。

近年来，某院知识产权保护工作的形态和强度发生了很大的变化。不仅知识产权申请数量大幅上升，保护形态也由传统的专利申请拓展到专利保护、商标保护、软件著作权登记等多种形式，某院根据这一知识产权保护需求上的变化，对科研成果采取多种方式进行了进行了综合性保护，取得了较好的效果。例如，自 2011 年起，开展了对科研人员学术交流活动前知识产权风险审查，截至 2021 年 10 月共完成各类审查约 5000 余篇（次），有效防止了科技创新成果因发表论文而流失。

1.3 创新知识产权管理工作机制，助力科技创新成果历史性突破

自 2008 年起，某院知识产权工作《国家知识产权战略纲要》建设一道，取得了长足的进步。而随着相关工作的不断推进和深入，某院知识产权工作成绩也同步走向世界。

具有完全自主知识产权的“华龙一号”核电站，是同我国高铁技术并驾齐驱的“中国制造”两驾马车之一，是我国推进装备制造业升级的重要载体，也是某院“第二次创业”重要的科技创新成果[3]。在“华龙一号”科研生产中，某院产出了数量庞大且门类庞杂的知识产权，需要通过创新的知识产权管理体系，保障项目知识产权保护工作的有序运行。

为此，某院在集团率先建立了基于项目全流程、全要素的知识产权管理机制，创新性地在科研项目中设立知识产权专员，实现了项目科研中科研人员、知识产权保护人员和项目管理人员的无缝衔

接，提升了整个“华龙一号”科研项目知识产权保护工作的效率；同时，通过开展项目流程、全要素知识产权管理，获得了“华龙一号”项目存在的知识产权风险并主动加以应对，还针对华龙一号关键技术研发过程中形成的科技创新，开展了项目知识产权挖掘、申请和保护工作，在海内外有力地展示了自主创新突出成绩：“华龙一号”形成了700余件知识产权组成的完整布局，某院自主知识产权就占这一布局的50%以上；某院“华龙一号”项目专利先后三次荣获中国专利优秀奖，核心整体专利更荣获中国专利金奖，是我国三代核电技术相关知识产权首次获得这一最高奖励。

2 同高质量、高水平知识产权工作的差距

当前，我国核工业正处于“两弹一星”以来的最好机遇期，发展机会同挑战并存。作为我国核工业领域重要的原创性技术策源地，核工业科研院所不仅面临“如何创新”的挑战和要求，更面临着原创性技术产出后“如何保护管理”乃至“如何市场应用”的困惑，在《强国纲要》发布这一具有历史意义的节点上，对照《强国纲要》的具体要求，对以某院为代表的核科研院所如何健全完善知识产权一体化工作机制、如何利用好知识产权引领创新、如何发挥知识产权价值等问题进行了对标分析。从结果看，受所处行业、已有体制及认知惯性等因素，已有的工作同《强国纲要》要求仍存在一定差距。

2.1 知识产权工作体系机制建设尚不完善

当前，以某院为代表的核科研院所，已基本建立起了符合国标、国军标要求的知识产权管理体系和机制，设立了专职或兼职知识产权管理部门，完善了知识产权管理基本制度和转向制度，组建了包含专职人员与兼职人员、角色上覆盖各级行政编制、流程上包括创造、管理、保护、运用等各角色在内的知识产权团队，为院所知识产权工作的开展做出了一定贡献。

然而，对照《强国纲要》的具体要求，甚至是现有成熟范例，如中科院下属研究所、各高等院校、兄弟领域科研院所来看，核工业科研院所知识产权工作机制仍不甚完善。例如，有些单位知识产权管理人员调动频繁、身兼数职，无法做到专管知识产权；有些单位将本合而为一的知识产权保护—管理流程重新分开，把“知识产权管理”视作同“科技奖励”的同类项；个别单位裁撤知识产权团队，导致形成的人才队伍流失；有些单位只在本部开展知识产权管理，管理下沉困难等，这些都同《强国纲要》中“推动企业、高校、科研机构健全知识产权管理体系”的导引不符，也同核科研院所当前面临项目大爆发、技术大发展的整体需求相左。

2.2 知识产权工作水平尚待提高

《国家知识产权战略纲要》实施以来，包括某院在内的核科研院所根据科技创新进展、自身发展需要等动机引领，逐渐建立了包括重大科研项目全流程管理、知识产权专员制度、项目立项前知识产权分析等流程在内的知识产权工作机制和流程，产生了一批知识产权分析结果和报告，形成了一批知识产权，构建了一系列知识产权组合和专利池，为科研项目的立项、风险规避、报送奖励、市场运营做出了系列贡献。

然而，从宏观来看，核科研院所知识产权工作水平依然有待提高。例如，实际科研中被证明行之有效的知识产权全过程管理被长期作为一道“可选项”，未能落实到全部重大科研项目上；单纯为满足项目成果鉴定、奖励报送等需要而产生的“指标”式知识产权依然占据已申请知识产权的主流；申请前公开知识产权、技术秘密以知识产权保护等问题仍时有发生，知识产权分析评议得到的结果长期以来被束之高阁，无法得到有效利用；以上所述的问题在核科研院所中仍广泛存在，同《强国纲要》中“完善以企业为主体、市场为导向的高质量创造机制”的总体要求，与“以质量和价值为标准，改革完善知识产权考核评价机制”的目标导向存在相当差距。

2.3 知识产权转化工作仍需提升

在科技成果转化不断得到重视的今天，核技术知识产权迎来了市场推广和应用的时代性机遇。以

某院为代表的核科研院所，不仅在这一历史阶段积极推动知识产权市场化应用，开展了多个科技成果转化，利用许可、作价入股等方式充分体现知识产权价值，还积极挖掘技术存量，开展有效知识产权定期评估，初步形成了一套符合业务领域规律的知识产权转化机制和评估体系[4]。

然而，在这一过程中，核科研院所知识产权转化工作依然存在系列难题。一方面，部分科研院所成果转化与知识产权保护机制受所属部门、内部流程、目标导向等因素影响，尚存在一定距离，无法形成合力；另一方面，建立规范有序、充满活力的市场化运营机制，定期评估机制梳理出的“高价值”知识产权同市场存在一定距离，“低价值”知识产权也因为现有政策等影响无法顺利放弃；同时，真正“为市场转化”而诞生的知识产权选育机制尚未建立，科技成果还处在“有什么转什么”的状态，同《强国纲要》中“建立规范有序、充满活力的市场化运营机制”的规划存在一定差距。

3 新时代核科研院所知识产权工作思考

同“从0到1”的初始建设期不同，核科研院所当前面临的知识产权主要矛盾，已从科研院所对知识产权保护意识不强同知识产权管理不完善之间的矛盾，逐渐转化为科研院所的知识产权保护运用需求日益增长，同现有知识产权管理体制机制水平不高、提供服务不满足科研生产实际需求之间的矛盾。为有效克服这一对矛盾，在《强国纲要》建设期间以高质量知识产权工作助力核领域产业链创新链融合发展，应当在下列工作方向重点开展工作，进而推动实现知识产权工作水平同科研生产、市场应用工作的协同促进促进。

3.1 完善体制机制，建立全流程、全链条知识产权体系

知识产权工作机制建设，是做好知识产权工作的根本前提。核科研院所在《强国纲要》建设期间应当积极推动知识产权工作机制的完善，以知识产权贯标为抓手，将现有孤立的“知识产权管理”“知识产权保护”和“科技成果转化”工作整合为一体化、全流程的科技创新综合保护机制，全流程强化知识产权保护意识，用好知识产权信息资源，提高知识产权保护水平，发挥知识产权在科技创新中情报载体、权益载体、价值载体的多重价值。

优化知识产权体制建设，将有效提升全流程、全链条知识产权工作成效。核科研院所应当以《强国纲要》“推动企业、高校、科研机构健全知识产权管理体系，鼓励高校、科研机构建立专业化知识产权转移转化机构”的具体指引为抓手，整合现有管理链条，推动建设综合性技术转移办公室，构建起符合科研水平、创新能力、产出规模和应用需求的、在国内具有较高水平、在国际具有一定声誉的知识产权保护运用团队，切实落实好国务院《“十四五”国家知识产权保护和运用规划》中有关加强企事业单位知识产权人才培养的要求[5]。

3.2 提高知识产权工作水平，更好助力和引领科技创新

《强国纲要》提出，要“改革完善知识产权考核评价机制，优化国家科技计划项目的知识产权管理，积极发挥专利导航在区域发展、政府投资的重大经济科技项目中的作用，大力推动专利导航在传统优势产业、战略性新兴产业、未来产业发展中的应用”。当前，核行业工作水平不断提升，科研项目需求不断提升的机遇，同核行业发展面临各方激烈竞争，核知识产权面临各方觊觎的风险交织叠加，核科研院所知识产权工作的水平，将直接影响单位科研生产，时代呼唤着核科研院所尽快提升知识产权工作水平。

在先期开展工作的基础上，核科研院所应当以《强国纲要》指引为抓手，不断提升知识产权工作水平。首先，要开展法律法规体系研究，积极探索和解决包括知识产权确权、无形资产处置、个人奖励制度等系列制度性短板，为开展后续工作提供制度依据；其次，要通过信息化手段和措施摸清“家底”，构建符合实际情况和需求的、分级分类的知识产权库，并以此为基础，开展以专利导航、技术趋势分析、侵权风险分析等专题研究，有效助力和引领科研生产工作；最后，还要以分级分类结论为

基础，加强对知识产权的精确管理，探索构建包括申请必要性、授权后价值、转移风险评价为代表的知识产权半定量、定量分析模型，为科技创新提供更加精确的保护建议。

3.3 加强知识产权市场应用，更好体现知识价值

《强国纲要》要求，要“健全以增加知识价值为导向的分配制度，建立规范有序、充满活力的市场化运营机制。提高知识产权代理、法律、信息、咨询等服务水平，支持开展知识产权资产评估、交易、转化、托管、投融资等增值服务，实施知识产权运营体系建设工程，完善无形资产评估制度，形成激励与监管相协调的管理机制”。推动知识产权市场应用，是《强国纲要》建设期知识产权工作的最终目的，也是知识产权价值体现的最终检验。核科研院所应当不断加强知识产权市场应用工作质量，实现科研人员创新价值的体现。

在现有工作基础上，核科研院所应当进一步发挥好知识产权作为技术、经济、法律复合体的作用，创新知识产权市场应用的方法和模式。一方面，应当发挥核技术链条完整、分工明确，核科研院所顶层设计，全面引领的特点，积极组织建立产业知识产权联盟，构筑产业专利池，实现全链条、全流程知识产权资源整合；另一方面，应当“跳出三界外”，积极推动技术转用在本领域外使用，完善海外布局，在更多国家、更广泛的技术领域实现技术有偿转移；最后，要勇于面对技术转移带来的海内外知识产权挑战，不仅要勇于面对与国内外知识产权巨头的同场竞技，积极通过行政、法律手段维护己方权益，同时还要以斗争求合作，以知识产权作为同优势企业交流的前提，推动同国内外巨头形成交叉许可协议，确保己方技术的自由实施。

4 结语

30余年不懈发展，我国已经从刚刚建设知识产权体系、国内普遍保护意识和水平不强的知识产权起步国，走向了重视知识产权、保护知识产权的历史进程。《知识产权战略纲要》颁布的十余年间，我国更是从数量和规模上不断提升知识产权保护水平，实现了知识产权向全球第一的跨越式发展。

同国家知识产权发展的大背景一样，以某院为代表的核工业科研院所知识产权工作，也在这十余年间历经危机和挑战、突破和成绩，初步构建起了具有一定规模、一定质量，在全球核行业内占据一定话语权，能够体现我国不断发展的核动力技术水平的重要创新主体。

自然，跨越式发展带来了体制机制不完善、工作水平待提高、市场应用需提升等问题。但我们坚信，只要坚持《强国纲要》要求，紧紧围绕科技创新与产业发展的实际需求，全流程、高标准、不松懈地开展知识产权工作，核科研院所一定能在现有的成绩上再进一步，为我国核工业在新时期的高质量发展，提供高水平知识产权保障。

参考文献：

[1] 习近平．全面加强知识产权保护工作 激发创新活力推动构建新发展格局［J］．求是，2021（3）：4－8.

[2] 知识产权强国建设纲要（2021—2035年）［J］．知识产权，2021，248（10）：3－9.

[3] 刘昌文，李庆，李兰，等．“华龙一号”反应堆及一回路系统研发与设计［J］．中国核电，2017，10（4）：472－477，512.

[4] 杨柯，殷克迪，杨宇峰，等．国防科研单位专利价值评估方法研究与应用［M］//中国核学会．中国核科学技术进展报告（第七卷）：中国核学会2021年学术年会论文集，2021.

[5] 国务院关于印发“十四五”国家知识产权保护和运用规划的通知［J］．中华人民共和国国务院公报，2021，1751（32）：22－36.

Thinking on high - level intellectual property management of nuclear industry research facilities

YANG Ke[1], ZHANG Ya-ding[2], HU Jun[1]

(1. Nuclear Power Institute of China, Chengdu, Sichuan 610213, China;
2. China Institute of Nuclear Industry Strategy, Beijing 100048, China)

Abstract: In the light of General Secretary Xi Jinping's remarks and the *Outline for the Construction of a Strong Intellectual Property State* (2021 - 2035) of the CPC Central Committee and State Council, abilities of high - quality intellectual property protection, management and application of nuclear power institutes in the New Era are pointed out. Taking a research institute in the nuclear industry as an example, in conjunction with the requirements of the *Outline for the Construction of a Strong Intellectual Property State*, benchmarking analysis was conducted for research institutes in the nuclear industry. The achievements and shortcomings of current and industry research institutes in intellectual property management were analyzed, and the future development trend, work targets and key directions of intellectual property management in research institutes in the nuclear industry were discussed.

Key words: World - class IPR power; IPR management; IPR protection; High - quality Development; Global IPR governance

“华龙一号”核蒸汽供应系统知识产权管理

杨 柯[1]，蒲小芬[1]，张雅丁[2]

（1. 中国核动力研究设计院，四川 成都 610213；2. 中核战略规划研究总院，北京 100048）

摘 要：我国自主核电技术“华龙一号”历经 30 余年研发，形成大量自主科技创新成果。为保护好相关技术创新，对“华龙一号”核蒸汽供应系统科技创新开展全过程知识产权管理，通过任命项目知识产权专员、建设项目科研知识产权信息通报联系机制、系统进行高质量知识产权保护等方式，形成了“华龙一号”核蒸汽供应系统全方位、全链条知识产权保护布局，有效助力我国三代自主核电技术海内外应用落地。

关键词：华龙一号；核蒸汽供应系统；知识产权管理

习近平总书记指出，核心技术是国之重器，最关键、最核心的技术要立足自主创新、自立自强[1]。重大科技创新成果、生命安全和生物安全领域的重大科技成果及装备制造业是国之重器、国之利器，必须牢牢掌握在自己手上，必须依靠自力更生、自主创新。

在先进核电技术领域，由于缺乏自主技术，我国长期以来通过引进形式，满足国内核电发展的实际需求，这使得有关核心技术长期掌握在西方核电技术公司手中，核电关键技术长期处于“受制于人”状态。为形成具有自主品牌的百万千瓦级压水堆核电厂，中核、中广核两集团在自身三代堆型的基础上，联合研发了具有我国自主知识产权的三代先进核电技术——“华龙一号”。当前，“华龙一号”三代核电国内外示范工程均已投入商业运行[2]。

在“华龙一号”研发过程中，中国核动力研究设计院（以下简称“核动力院”）承担了“华龙一号”核蒸汽供应系统研发工作，通过自主创新，在科研、设计中形成一大批原创性创新成果，有力支持了“华龙一号”研发、生产的整个过程。为将这些自主原创成果保护好，为我国第三代核电技术在国内外的应用保驾护航，核动力院通过创新的工作方式，开展了项目知识产权管理工作，取得了一系列成绩，形成了一套符合项目科研生产实际、满足项目创新管理需求，取得预期成绩的知识产权管理模式。

1 “华龙一号”核蒸汽供应系统基本情况

“华龙一号”核电站是在充分利用我国三十年核电发展形成的研发设计能力的基础上，通过秉承国际国内核电技术发展的理念，考虑了抗震、失电、水淹、海啸等来自日本福岛核事故的经验反馈，通过持续改进和自主创新形成的综合性创新技术方案。这一创新技术方案兼顾了安全性、成熟性、经济性，采用能动与非能动相结合的先进设计理念，充分利用了我国压水堆核电站设计、建造、调试和运行的科研成果和成功经验，在电站堆芯设计、燃料技术、系统设计、设备设计、软件开发等各方面均实现了自主创新，是我国具有自主知识产权的三代核电站[3]。

作为反应堆核心组成部分，“华龙一号”核蒸汽供应系统采用了 177 堆芯、单堆布置及双层安全壳等技术，通过设置能动＋非能动的二次侧余热排出系统、能动＋非能动的安全壳热量导出系统、能动＋非能动的堆腔注水冷却系统等能动＋非能动安全系统等综合性安全设施，提高了电站安全性和事故抵抗能力，并且在反应堆建设上，考虑国际上最新事故经验反馈，提高了电站抗震能力、提高抗商

作者简介：杨柯（1990—），男，四川乐山人，工程师，现主要从事知识产权管理工作。

用飞机撞击能力及提高电厂的事故应急能力，具备较高的安全性，部分主要安全性指标，如堆芯损坏频率和大量放射性释放频率等，优于典型“二代加”同类技术1～2个数量级。

2 “华龙一号”反应堆核蒸汽供应系统知识产权管理

开展“华龙一号”有关技术研发创新，不仅标志着从技术水平上，我国核电技术领域从进口走向自研、从技术受制于人到自主创新，更标志着我国核电技术研发理念和流程从单纯项目管理走向综合管理，将创新管理，特别是知识产权管理纳入研发创新全流程。事实上，“华龙一号”研发过程中知识产权创造、运用、管理、保护形成了一系列经验和成果，不仅实现了知识产权管理理念和体制机制创新，也在这一过程中实现了核电技术知识产权状况的态势分析、风险评议和专利布局，对未来我国核技术领域重大项目的知识产权管理有重要的指导性意义。

2.1 知识产权管理创新

知识产权管理创新是“华龙一号”科研形成的重要成果。在人才队伍建设方面，为全面保护“华龙一号”知识产权，核动力院根据“华龙一号”项目的知识产权产出特点和保护要求，创新性地建立起了基于项目技术负责人和知识产权管理部门的重大科研项目知识产权全过程管理机制，由项目副总设计师担任“华龙一号”知识产权专员，知识产权管理人员担任知识产权联络员，建立了科研项目、知识产权管理部门和知识产权服务人员的预警反馈机制，在“华龙一号”科研的全过程中运行良好，有力地助力“华龙一号”科研项目实现既定知识产权目标。

2.2 开展知识产权态势分析

“华龙一号”项目科研前期，科研人员对可能的知识产权风险缺乏基本认知，对三代核电研发过程中可能存在的知识产权壁垒、可能利用的现有公开技术、可能存在的技术突破点缺乏总体直观感受。为此，在项目科研过程中，核动力院重点对核心贡献者三代核电技术关键领域知识产权情况、“华龙一号”核蒸汽供应系统关键技术领域知识产权布局态势、潜在目标国法律法规体系等领域进行了态势分析，形成了态势分析报告和分析结论，助力项目高效、精准地开展创新成果知识产权布局工作。

2.3 推动自主知识产权布局

在识别“华龙一号”所属技术领域知识产权态势的基础上，核动力院针对核蒸汽供应系统的系统关键技术自主创新，开展了知识产权保护工作，在国内构建了较为完整的专利保护体系，截至2022年12月31日，“华龙一号”关键技术国内总体申请超过700件，覆盖了全部的关键技术领域，其中堆芯设计专利、关键系统设计、主设备设计及仪控系统与设备设计等核蒸汽供应系统领域专利占总申请量的近七成。

为落实国家“走出去”战略，核蒸汽供应系统关键技术在国内进行专利布局的同时，对于潜在出口目标国市场，采用“专利先行”的策略，在目标国的核电技术领域进行了专利申请，为获得目标国核电市场奠定了有利条件。截至2022年12月31日，核动力院共在全球多个目标出口国开展关键技术国际专利申请40余项，且均获得授权，形成了涵盖“华龙一号”核心技术，特别是核蒸汽供应系统领域原始创新的较为完整的专利布局。

2.4 积极规避知识产权风险

必须承认，中国核电技术的发展，在“引进、消化、吸收、再创新”循环中，由于大量引入西方国家先进标准和理念，导致我国自主核电技术的发展，往往面临因各种技术法规与强制性技术限制或相关标准而产生的技术壁垒。这些法规、标准通常与国际核电巨头企业有关，为保持持续获益，其通过预先申请和布局相关专利技术、将专利技术埋入技术标准、同国内进口方签订限制性协议等方式设置知识产权壁垒。相关知识产权壁垒的存在，客观上造成中国核电发展长期以来面临潜在的知识产权侵权风险，对我国形成自主核电技术研发和生产能力构成严峻挑战。

为规避相应风险，确保自主三代核电技术自由实施，核动力院在整个“华龙一号”核蒸汽供应系统研发及设计阶段，会同第三方知识产权服务机构，对西方核电先进国家专利技术国内外布局情况进行分析，重点是同现有技术进行对比，针对潜在的侵权风险项进行识别和规避，防止潜在的知识产权风险；同时，对压水堆反应堆冷却剂系统、主设备、仪控等技术领域竞争对手在国内公开的专利进行分析，为华龙一号的技术研发提供专利预警，有效规避了外方知识产权对我方潜在的侵权风险，为核动力院在研发过程中产生的关键技术提供了陪伴式知识产权保护。

3 “华龙一号”反应堆核蒸汽供应系统知识产权管理成效

3.1 有利提高核电科研知识产权管理水平

以“华龙一号”全过程知识产权管理工作为契机，核动力院知识产权管理水平得到显著提升。在项目开始阶段，核动力院年申请专利不超过 100 件，核电技术领域专利占比极低；进过“华龙一号”项目锻炼，核动力院专利数量、质量、布局科学性等指标都有很大提升，单件专利权利要求数量、说明书页数、实施例个数等质量指标也快速提升。

对技术人员而言，知识产权专员和联络员的任命，也有效提升了核动力院广大科研人员、管理人员和领导的知识产权保护意识及能力。以“华龙一号”科研为契机，核动力院不仅将“项目专员-联络员”制度推广到其他重大科研项目，还建设了符合《企业知识产权管理规范》（GB/T 29490 2013)、《科研组织知识产权管理规范》（GB/T 33250—2016）和《装备承制单位知识产权管理要求》（GJB 9158—2017）3 项标准要求的知识产权管理体系，将知识产权管理工作提高到业内先进水平。

3.2 形成“华龙一号”高质量知识产权组合

经过态势分析、综合布局和海内外申请，“华龙一号”形成了以专利为主、著作权登记、技术秘密、技术诀窍为辅的完整的知识产权布局。除核蒸汽供应系统外，知识产权布局的技术领域还涵盖棒位测量、堆内构件、蒸汽发生器、一体化堆顶等反应堆内关键技术，对外还在燃料组件、新牌号核材料、核电设计计算软件等全领域进行布局，形成了全面、完善、高质量的保护体系。

“华龙一号”形成的知识产权布局普遍具备较高的技术水平和质量，仅“华龙一号”核蒸汽供应系统领域，有关专利就先后两次荣获中国专利优秀奖。其中，核心整体专利《基于 177 堆芯的能动加非能动核蒸汽供应系统及其核电站》更于 2021 年 6 月荣获由世界知识产权组织、国家知识产权局共同颁发的中国专利金奖，创造了集团成员单位首获中国专利金奖的先河，也是我国三代核电技术相关知识产权首次获得“中国专利金奖”这一我国知识产权界最高奖励。

3.3 助力“华龙一号”技术海内外顺利落地

“华龙一号”核电技术是自主可控的核电配套体系，基于“华龙一号”核蒸汽供应系统的核电方案已成为当前国内唯一的自主知识产权三代核电技术。通过直接实施“华龙一号”核电站知识产权技术成果及许可华龙国际公司开展研发和运用，当前已经在国内外建设 14 台“华龙一号”核电机组，其中国内已开工建设 12 台机组，其中“华龙一号”全球示范工程首堆——福清 5 号机组已经投产运行。

作为中国先进核电技术品牌，“华龙一号”令我国核电产业具备参与国际竞争的能力，并成功出口海外，成为一张亮丽的国家名片，在国际上获得了广泛认可。“华龙一号”核电站在巴基斯坦卡拉奇 K2、K3 核电项目首次实现我国先进核电工程的出口。2022 年 2 月 1 日，阿根廷核电公司与中核集团及中国核工业中原建设有限公司、中国中原阿根廷分公司正式签署阿根廷阿图查三号核电站项目设计采购和施工合同。根据总承包合同约定，中核集团将通过工程总承包方式，以“交钥匙”模式，为阿根廷建设一座“华龙一号”压水堆核电站。这标志着我国核电技术首次出口到美洲国家，是提升我国核电技术在国际核电市场话语权和重要性的里程碑事件[4]。

3.4 构建中国的自主核电标准体系

长期以来，世界上通行的核电标准体系主要为美国的ASME和法国的RCC，我国尚未构建起一套具有自主知识产权的核电标准体系。为在国际核电市场树立“中国品牌”，打造自主核工业体系，核动力院及有关承研方，基于“华龙一号”核蒸汽供应系统专利，完成了一套自主的涵盖通用基础、前期工作、核电设计、设备制造、建造、调试和运行等全生命周期的三代核电标准体系，形成了一批与国际水平相当的核电国家标准、能源行业标准（NB）及企业标准，提升了我国核电标准化整体水平，并推动有关专利技术向国内企业及巴基斯坦、阿根廷等国外用户的输出及许可，带动了我国先进核电技术的创新发展。

目前，核动力院及“华龙一号”实施方已发布和立项在编国际标准近10项，在国内形成了含2000余项国家标准、行业标准及企业标准的华龙标准布局，形成了“华龙一号”专利技术标准系列化推进的良好局面。

4 结语

先进核电技术“华龙一号”是我国核电技术从“跟跑”走向“并跑”的重要标志。作为核电技术的核心，反应堆核蒸汽供应系统自主设计、研发、制造和实施的全过程，使得我国在技术上掌握了三代核电技术的核心研发制造能力，在项目科研生产全过程实施的知识产权管理工作，也有效提升了管理人员的保护意识，提升了项目知识产权布局水平，布局了一批高质量知识产权，并最终有效助力“华龙一号”三代核电技术在海内外成功落地实施。对有关知识产权管理经验开展总结和推广，将有利于“卡脖子”技术自主创新，形成的重大项目研发知识产权管理机制，也将成为未来一个时期核行业知识产权管理工作的重要参考经验和样板。

参考文献：

[1] 习近平在网络安全和信息化工作座谈会上的讲话［J］. 中国信息安全，2016，5：22-31.

[2] 华龙一号海外首堆投入商业运行中国自主三代核电“走出去”第一站顺利建成［J］. 中国核电，2021，14（5）：767-768.

[3] 刘昌文，李庆，李兰，等．“华龙一号”反应堆及一回路系统研发与设计［J］. 中国核电，2017，10（4）：472-477，512.

[4] 段新瑞，胡键，王临艳．“华龙一号”阿根廷核电项目总包合同签订［J］. 中国核工业，2022（2）：F0002.

IPR works of the research of the HPR1000 reactor Nuclear Steam Supply System

YANG Ke[1], PU Xiao-fen[1], ZHANG Ya-ding[2]

(1. Nuclear Power Institute of China, Chengdu, Sichuan 610213, China;
2. China Institute of Nuclear Industry Strategy, Beijing 100048, China)

Abstract: After more than 30 years of research and development, China's independent nuclear power technology HPR1000 has produced a large number of original technological innovations. In order to protect the relevant technological innovations, the whole process of intellectual property management (IPR management) of HPR1000 nuclear steam supply system (NSSS) was carried out, methods including appointing project intellectual property officers, constructing project information notification and contact mechanism between scientific research intellectual property rights team, and systematic protection of high - quality intellectual property rights were taken, forming an all - round and full - chain intellectual property protection layout of HPR1000 NSSS, effectively helping China's third - generation independent nuclear power technology successfully applied both at home and abroad.

Key words: HPR1000; Nuclear Steam Supply System; IPR Management

核电企业专利价值评价模式研究

苏　然，陈晓菲，钟昊良，高安娜，王会静

（中核战略规划研究总院，北京　100048）

摘　要：随着国家推进知识产权强国建设的步伐逐渐加快，近年来中核集团在高质量知识产权创造、高标准知识产权保护、高效益知识产权运用、高水平知识产权管理等方面提出了更高要求，也对各个成员单位提出了更高的要求。对核电企业有效专利进行分析，并制定相应的专利精细化管理策略，是核电企业知识产权高质量发展的重要部分，也是落实集团公司考核任务的重要工作。通过对有效专利的价值进行系统性分析，有利于完善管理流程、优化无形资产，对专利的策略性管理具有重要意义。

关键词：核电企业；专利价值；评价分析

2020 年 11 月 30 日，习近平总书记在十九届中共中央政治局第二十五次集体学习时发表重要讲话，强调创新是引领发展的第一动力，保护知识产权就是保护创新，要健全知识产权评估体系。在国家知识产权局 2023 年 3 月发布的《推动知识产权高质量发展年度工作指引（2023）》中，也明确指出要“健全分级分类管理机制”。而专利价值评价作为知识产权评估体系的重要内容，也是知识产权分级分类管理的重要依据，关系到知识产权工作的高质量发展。目前，中核集团下属核电企业的专利管理策略正逐渐向精细化倾斜和转向，无论是国家引导知识产权高质量发展政策的贯彻落实，还是集团公司新时代新发展格局转变对成员单位的要求，都亟须建立专利价值评价机制。本文旨在探索核电企业专利价值评价工作流程和模式，待后续适时全面推广。

1　核电企业有效专利现状

本文的研究对象是核电企业的有效国家专利，法律状态为实审、公开、撤回、失效、期限届满等状态的专利暂不在此次研究的范围内。

截至 2022 年 12 月 31 日，以中核集团下属核电企业作为专利权人的有效专利已达 3300 余件，其中发明专利占比 12%、实用新型专利占比 87%。自 2018 年起，授权专利的申请量呈现指数增长趋势，结合专利类型来看，增长的授权专利主要是实用新型专利，发明专利的数量较少且较为平均（图 1、图 2）。

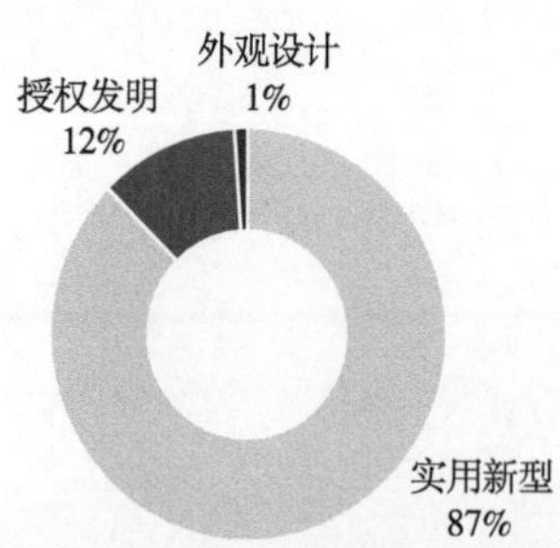

图 1　核电企业授权专利类型情况

作者简介：苏然（1991—），女，工程师，现主要从事知识产权研究咨询工作。

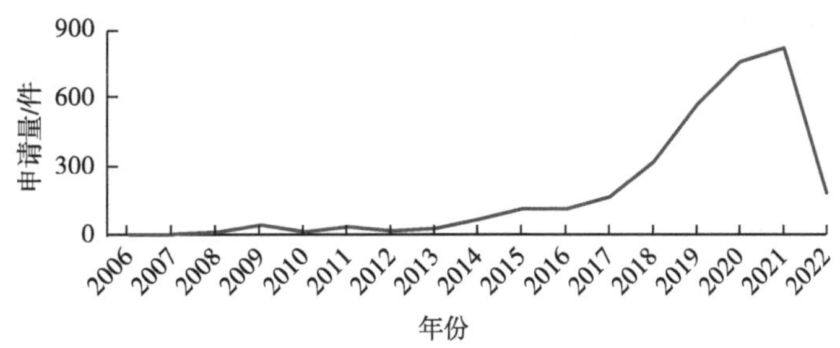

图 2　核电企业授权专利年度申请量情况

可见核电企业的有效国家专利数量较多，但以实用新型专利为主，在中核集团和中国核电对发明专利占比、有效专利占比日益严格的指导和考核要求下，亟待进行专利价值分析，制定相应的专利维护策略，促进核电企业更好地进行专利管理、资产评估和技术再创新。

2　核电企业有效专利价值分析

以中核集团下属某核电企业为例，从客观分析与主观自评 2 个角度对其授权有效专利价值进行分析。

2.1　专利客观价值分析

构建核电企业专利客观价值分析评估 3 级指标体系，其中一级指标包括法律价值、技术价值、经济价值、市场价值和战略价值等 5 个维度，二级指标对应于各一级指标，三级指标对应于各级二级指标，每个指标设有相应的权重，逐级运算，最终得到专利客观价值总评分（表 1）。

表 1　专利客观价值分析评估指标

分类	专利客观价值分析评估指标
技术价值	从专利技术的先进性、替代性、独立性等角度对专利质量进行评价
市场价值	从专利的市场应用情况、未来预期情况等角度进行评价
法律价值	从专利权利稳定性、保护范围、诉讼情况等对专利质量进行评价
经济价值	从专利的运营情况等角度进行评价
战略价值	从专利影响力等角度进行评价

根据专利客观价值分析评估指标，对某核电企业的有效专利进行客观价值分析，得到该核电企业有效专利的客观评价总分（图 3）及客观技术、市场、法律、经济、战略价值评分（图 4）。

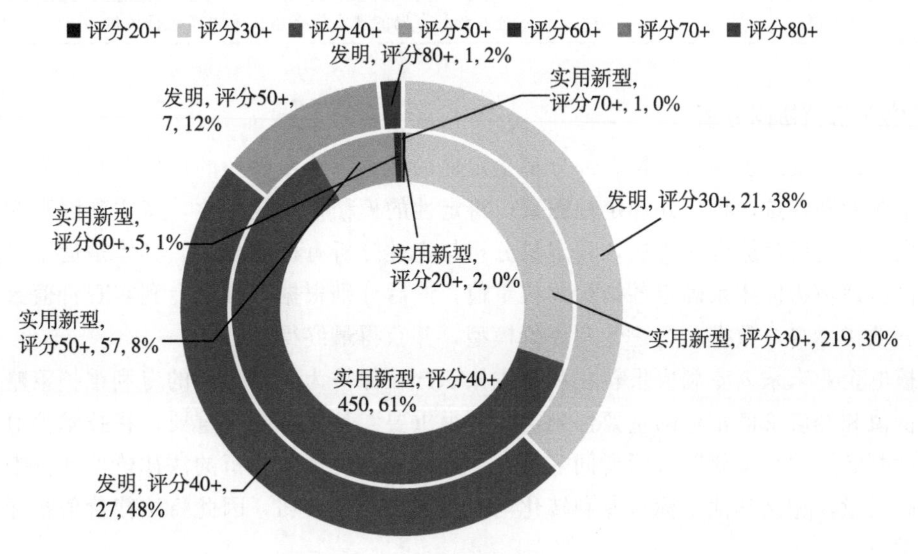

图 3　某核电企业不同类型专利客观价值评价总分情况

从不同类型专利的客观评价总分来看，在发明和实用新型专利中，都包括了 40 分以下的低价值专利，且占比都超过了 30%。

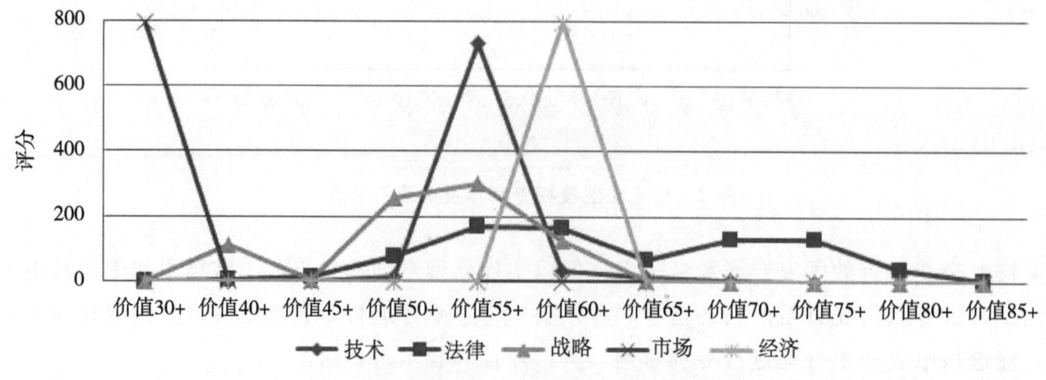

图 4 某核电企业五个维度客观价值评分情况

从 5 个维度专利客观价值评分来看，整体评分较低，与高价值标准还有一定差距。

而由于该核电企业的部分客观评估指标数据较难通过信息收集手段获取，使得客观分析结果存在一定的局限性和片面性，可能会导致专利客观价值分析与核电企业的实际情况存在一定偏差。

2.2 专利主观价值自评

考虑到专利客观价值分析的不足，在该核电企业技术专家的技术支持下，分别从核心技术划分、市场应用计划、专利集群数量、实际转化情况、布局战略目的等五个维度对核电企业的有效专利开展了专利主观价值自评，以作为客观价值分析数据的补充。主观价值自评的五个维度与客观价值分析的技术、市场、法律、经济、战略五个评价维度一一对应，如表 2 所示。

表 2 专利主观价值分析评估指标

	专利主观价值分析评估指标
核心技术划分（技术价值）	从专利技术是否为科研项目攻关成果、是否为企业核心技术等角度进行评价
市场应用计划（市场价值）	评价专利技术的应用情况，结合专利技术未来应用计划等
专利集群数量（法律价值）	从企业系列专利申请数量等角度进行评价，判断专利技术是否需重点维持
实际转化情况（经济价值）	从推广转化的角度评价专利技术的经济价值
布局战略目的（战略价值）	从企业专利布局的现实战略意义等角度进行评价

2.3 专利主客观价值协同分析

由于专利自评涉及的多维度因素大部分都是定性的，难以给出确切的价值判断。为了使专利评价更接近核电企业专利特点，科学处理定性因素，将定性的模糊信息定量化，将主观因素客观化，本文采用基于层次分析的模糊综合评价法，将定量分析与定性分析有机结合[1]。具体是运用层次分析法对建立的专利价值评估指标体系确定各指标的权重值，然后分别根据五维度专利客观价值数据和专利发明人给出的五项指标自评数据，构建专利评价模型，并获得最终得分。

考虑到核电企业未来以专利成果转化和自主知识产权保护为主要目的的专利维护策略，将自评数据中的市场价值和经济价值指标的重要性判定为“很重要”且两者同等重要，将技术价值和战略价值指标的重要性判定为“较重要”且两者同等重要。又由于客观价值分析的法律价值评分维度更关注专利文本本身的质量，相比其他指标对专利转化与运用的指导性较弱，因此将法律价值指标的重要性判定为“一般重要”。

根据以上判定，本文建立了技术、市场、法律、经济、战略价值指标的判断矩阵，并确定了各指标的权重：

专利评价总分＝0.0645×（技术价值自评分＋技术价值客观评分）＋0.1719×（市场价值自评分＋市场价值客观评分）＋0.0272×（法律价值自评分＋法律价值客观评分）＋0.1719×（经济价值自评分＋经济价值客观评分）＋0.0645×（战略价值自评分＋战略价值客观评分）。

综合每件专利的自评分和客观评分，计算核电企业专利评价总分。可知该核电企业发明专利的评价总分以60～65分区间为主，而实用新型专利的评价总分以55～60分区间为主。整体来看，发明专利的评价总分高于实用新型专利，也体现出发明专利的高质量属性。

此外，通过梳理该核电企业不同处室的专利评分情况，专利评价总分最高的处室为技术支持处，发明专利占比也相对较高，达到28％。

3　工作建议

（1）规范落实专利成果转化，实现知识产权资产价值

在符合中核集团相关制度要求的前提下，核电企业可对高分专利优先通过许可途径转化，对低分专利自主决策利用技术市场进行挂牌交易、拍卖交易等形式落实转化，以打通知识产权价值实现渠道。

（2）梳理关键技术专利集群，打造科学系统的专利布局体系

根据核电企业不同处室的专利布局情况，梳理关键技术专利集群，进而结合公司的专利布局计划，提出相应的专利布局策略，从而实现核电企业专利布局的科学性和系统性。对于累计低分专利数量较多的处室，可经评估后在下一年度减少同一来源专利申请的申报。

（3）建立专利价值评价常态化机制，推动知识产权精细化管理

专利作为一种无形资产，其价值是动态变化的，因此十分有必要建立常态化的专利价值评价机制，定期开展核电企业专利价值评价分析工作，推动公司知识产权精细化管理。

参考文献：

[1]　陈杰，周子钧．基于层次分析法的高校专利实力模糊评价研究［J］．中国发明与专利，2018，15（增刊1）：11-16.

Research on the patent value evaluation model of nuclear power enterprises

SU Ran, CHEN Xiao-fei, ZHONG Hao-liang,
GAO An-na, WANG Hui-jing

(China Institute of Nuclear Industry Strategy, Beijing 100048, China)

Abstract: With the gradual acceleration of the national pace of promoting the construction of a powerful intellectual property country, CNNC has put forward higher requirements for its member units in recent years in terms of high - quality intellectual property creation, high - standard intellectual property protection, high - efficiency intellectual property application, high - level intellectual property management, etc. The analysis of effective patents of nuclear power enterprises and the formulation of corresponding patent refinement management strategies is an important part of the high - quality development of intellectual property rights of nuclear power enterprises, and also an important work to implement the assessment tasks of the group company. Systematic analysis of the value of effective patents is conducive to improving the management process and optimizing intangible assets, which is of great significance to the strategic management of patents.

Key words: Nuclear power enterprises; Patent value; Evaluation and analysis

西屋电气核燃料元件关键技术专利布局动态研究

王会静，陈晓菲，苏　然，钟昊良，苏崇宇，李东斌

（中核战略规划研究总院，北京　100048）

摘　要：核燃料元件的质量直接影响着核反应堆的可靠性、先进性和经济性。近年来，随着能源危机和国际形势的变化，核燃料市场受到冲击，新技术不断涌现。西屋电气建成了世界上第一座商用压水堆，涉及压水堆燃料、沸水堆燃料等多种核燃料业务领域。本文对西屋电气核燃料元件技术领域全球专利布局开展分析，从应用趋势、区域分布、合作伙伴、技术分布和关键专利等角度阐明了布局情况，并提出助力我国核工业发展的专利布局策略建议。

关键词：西屋电气；核燃料元件；专利

西屋电气成立于 1886 年，在 1957 年建成了世界上第一个商用压水堆，是美国主要电气设备制造商和核子反应器生产者工厂，涉及压水堆燃料、沸水堆燃料、VVER 燃料和相关燃料制造设施等核燃料业务领域。

在能源危机风险加剧和碳达峰碳中和目标下，核电成为重要能源，核燃料元件作为核反应堆的核心，对提升和保证核电站的经济性和安全性具有非常重要的作用[1]。目前，国际局势发生了深刻变化，在“科技自立自强”的时代议题下，知识产权已成为重要的科技信息资源和商业资源。

近年来，核燃料技术发展迅速，西屋电气近 5 年在核燃料技术领域布局了大量专利，通过专利信息大数据，及时了解和掌握其核燃料元件技术最新动态和技术方案，有助于我国企业核燃料元件技术研发，防范潜在侵犯知识产权风险，提升竞争优势。

1　专利布局态势分析

1.1　专利申请趋势

近 5 年西屋电气布局专利量在 2018 年最多，共 124 件，2019 年、2020 年有所减少，分别为 70 件、78 件，而 2021 年、2022 年受 18 个月专利审查时限影响，数据会有所滞后（图 1）。西屋电气在 2018 年“易主”，被布鲁克菲尔德资本管理公司旗下的 Brookfield Bussiness Partners（BBU）收购，部分研发业务受到影响。

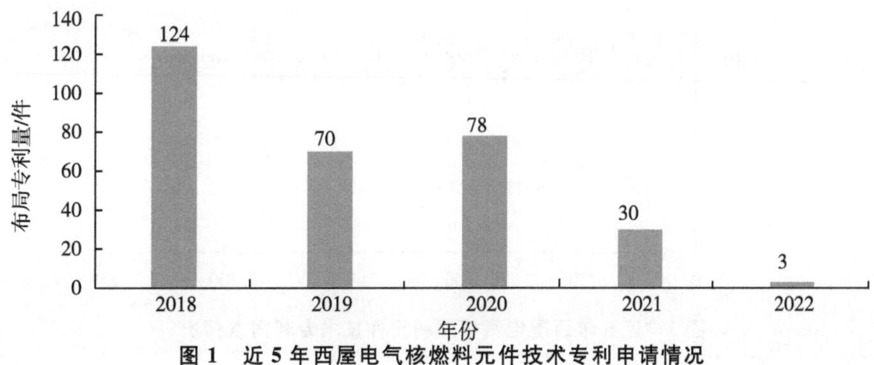

图 1　近 5 年西屋电气核燃料元件技术专利申请情况

作者简介：王会静（1988—），女，硕士研究生，助理研究员，现主要从事知识产权相关科研工作。

1.2 地域分布

西屋电气注重在不同地域开展专利保护，以配合其全球核电业务开展。美国作为本土技术来源国，专利布局量最多，共 71 件，占比为 23%；日本排在第 2 位，共 48 件，占比为 16%，其余国家（地区）专利量占比均在 10% 以下。西屋电气还在中国台湾、韩国、中国大陆布局 10～30 件专利，在南非、加拿大、瑞典、法国、俄罗斯、德国、澳大利亚布局少量专利（图 2）。

值得注意的是，西屋电气通过 PCT 和欧洲专利局申请专利占比达 34%，说明其较善于利用专利制度，以较小的成本获取较大保护范围。

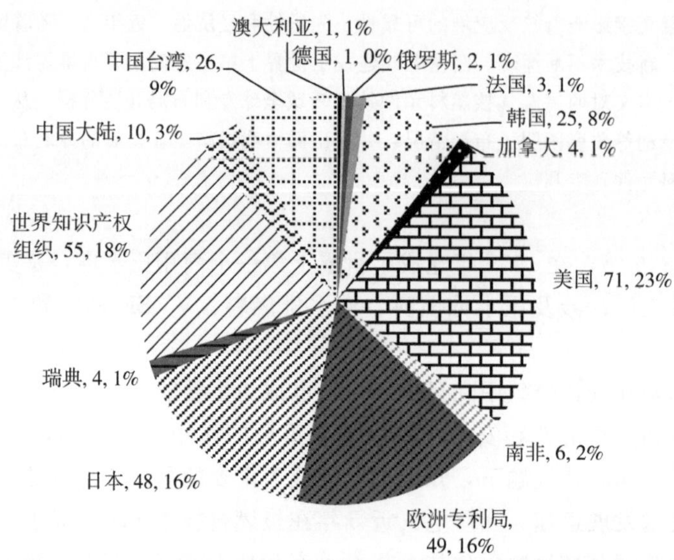

图 2 近 5 年西屋电气核燃料元件技术专利地域分布情况

近 5 年西屋电气核燃料元件技术专利同族情况如图 3 所示。西屋电气布局专利技术时，常采用同一技术在不同地域开展布局，其专利同族数量不多于 5 件的专利仅 59 件，不少于 6 件的共 246 件，占专利总量的 81%，可见其较重视对技术的保护。

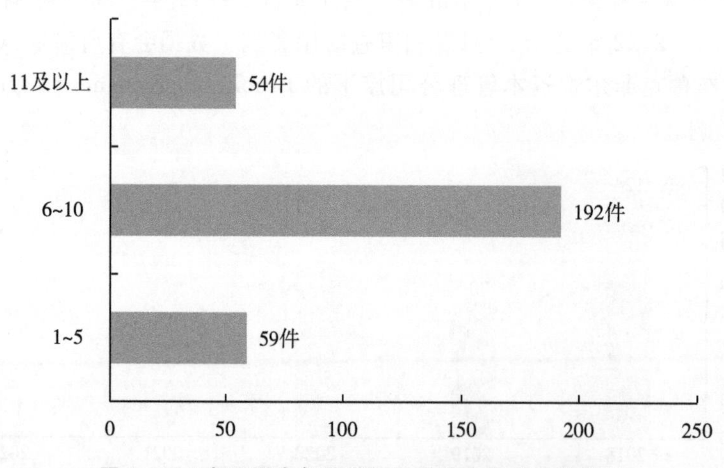

图 3 近 5 年西屋电气核燃料元件技术专利同族情况

1.3 专利类型及法律状态

西屋电气近 5 年在核燃料元件技术领域布局专利均为发明专利，说明其技术创新度较高，其中，发明专利申请 213 件，授权 92 件。从授权占比来看，西屋电气在专利授权时间上并未采取加快审查途径以加快获得授权，大部分仍是按照正常审查程序开展专利权利获取。

西屋电气近 5 年核燃料元件技术领域布局专利法律状态分布情况如图 4 所示。有效和审中占比较大，两者达到 75%，这与分析数据为近 5 年数据有关。失效专利占比为 25%，共 76 件，通过进一步分析发现，失效专利中，PCT 有效期满专利 45 件，占全部失效专利的 59%，其余失效专利为驳回或撤回，说明西屋电气较重视其专利技术，布局了大量的海外同族专利，被驳回或撤回的专利少，说明其技术创新性较高。

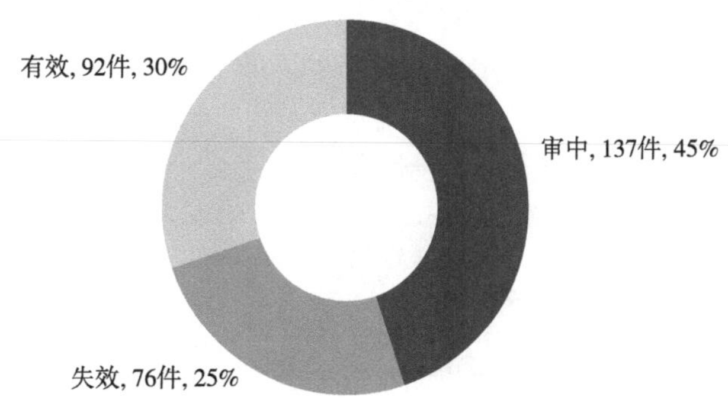

图 4　近 5 年西屋电气核燃料元件技术专利法律状态分布情况

1.4　合作伙伴

西屋电气在核燃料元件技术领域近 5 年和东芝能源系统股份公司、威斯康星校友研究基金会开展合作。在 2018 年，就放电等离子体烧结在 SiC 基材上的带有端塞的燃料包壳管技术与东芝能源系统股份公司合作，目前已有 2 件授权专利（JP2019023157A、JP6702644B2）。西屋电气与威斯康星校友研究基金会的合作从 2018 年持续到 2021 年，可见两者是长期合作关系，发挥了产学研优势，主要涉及核燃料棒冷喷涂铬涂层，目前仅 2 件美国专利获得授权（US11443857B2、US20200051702A1），如表 1 所示。

表 1　近 5 年西屋电气核燃料元件技术合作伙伴

合作伙伴	技术领域	专利数量/件
东芝能源系统股份公司	燃料棒包壳管材料	2
威斯康星校友研究基金会	核燃料棒冷喷涂铬涂层	11

2　专利技术分析

将专利所述技术划分为主要技术、热点方向、其他类别 3 个部分并分别进行研究分析。其中，主要技术部分聚焦目前主流压水堆核燃料元件技术在燃料组件、燃料棒、燃料芯块、组件骨架、相关组件、组件组装等主要领域的发展情况；热点方向部分聚焦球形燃料元件、ATF 燃料、环形燃料元件和 MOX 燃料等近期快速发展的技术；其他类别部分聚焦 VVER 燃料、快堆燃料、沸水堆燃料、熔盐堆燃料、超临界水冷堆燃料等专利数量不多但也有突出代表性的技术领域。

2.1　技术分布情况

西屋电气在布局专利时，往往对同一项专利技术在不同地域开展专利布局，形成同族专利，将同族专利进行合并，分析其具体技术分布情况，以了解其技术点构成。

近 5 年西屋电气核燃料元件技术共 61 项专利申请，其中，主要技术共 46 项，占比超七成；热点方向共 13 项，主要聚焦在 ATF 上；其他类别仅 2 项，涉及沸水堆组件骨架和快堆燃料棒包壳管材料的改进，如图 5 所示。

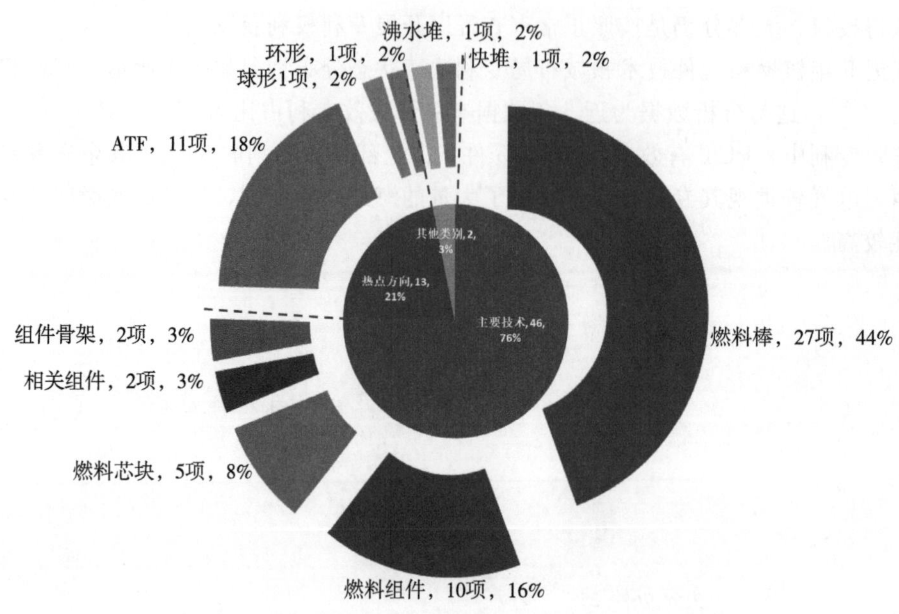

图 5　近 5 年西屋电气核燃料元件技术分布情况

西屋电气在主要技术部分聚焦在燃料棒（27 项）和燃料组件（10 项）的改进，具体表现为燃料棒包壳管材料、涂层和燃料组件整体结构的改进，如专利 US20180371601A1 在核燃料包壳管涂覆涂层，以达到抗氧化腐蚀的目的。涂覆组合物包含第一组分和第二组分。第一组分选自锆、氧化锆及其混合物。第二组分选自 Zr_2AlC 陶瓷、Ti_2AlC 陶瓷、Ti_3AlC_2 陶瓷、Al_2O_3、铝、硅化锆、无定形或半无定形合金不锈钢及 Zr_2AlC 陶瓷、Ti_2AlC 陶瓷和 Ti_3AlC_2 陶瓷的混合物；专利 US11443857B2 使用由纯铬、铬基合金及其组合组成具有 20 微米或更小的平均直径的颗粒混合物，将加压载气加热至 400～1200 ℃范围内的温度，以 800～4000 英尺/秒的速度将颗粒和载气喷射到锆合金包壳管上形成涂层。除此之外，西屋电气还在主要技术部分开展了燃料芯块制备方法（5 项）、控制棒相关组件（2 项）和组件骨架中下管座、格架（2 项）的技术改进。

西屋电气在热点方向部分聚焦在 ATF 燃料芯块（8 项）和燃料包壳（3 项）上，这可能与美国能源部（DOE）核能办公室 2018 年向美国通用电气公司、美国西屋公司和法国法马通公司拨款 1.112 亿美元，用于开发 ATF 燃料有关。

西屋电气在 ATF 燃料芯块部分涉及使用 U_3Si_2 颗粒涂覆在燃料芯块上或构建 U_3Si_2/UN 芯块，提升芯块的抗氧化性和防水性能，该技术最早为西屋电气技术专家 Edward J Lahoda、Peng Xu 和 Lu Cai 在 2017 年 3 月 17 日提交的临时申请专利 US62472659P0，为 2017 年 4 月西屋电气在全球率先正式宣布推出 ATF 燃料品牌 EnCoreTM[2]，抢占技术先机，做出了技术支撑。该技术后续又以西屋电气的名义申请了 4 个专利同族，共 15 件专利文件，分布在美国、欧洲、日本、韩国和中国台湾等地区，可见西屋电气对该专利技术的重视；在 ATF 燃料包壳聚焦在碳化硅包壳材料、间隔栅格等技术的改进。西屋电气在热点方向还涉及大晶粒球形燃料（1 项）和环形燃料整体结构（1 项）的改进（表 2）。

表 2　近 5 年西屋电气 ATF 燃料 US62472659P0 专利不同国家（地区、组织）专利同族情况

受理局	同族专利
美国	US10803999B2、US11145425B2、US11551822B2、US11488730B2
欧洲	EP3596736A4、EP3747026A4
日本	JP2020511642A、JP2022177239A、JP2021512308A

续表

受理局	同族专利
世界知识产权组织	WO2018169646A1、WO2019152388A1、WO2022077014A1
韩国	KR1020190121856A、KR1020200105956A
中国台湾	TW202217851A

西屋电气在其他类别部分主要涉及沸水堆连接结构（1 项）和快堆燃料棒包壳材料（1 项）的改进。

综上可知，近 5 年西屋电气核燃料元件技术聚焦在压水堆二氧化铀燃料和 ATF 燃料，主要涉及二氧化铀燃料棒包壳管材料和涂层的改进、燃料组件整体结构的改进，以及 ATF 燃料 U_3Si_2 芯块的制备。

2.2 重点专利情况

依据第 2 节专利分析，通过专利同族数量、被引用专利次数筛选西屋电气在核燃料元件技术领域重点布局专利。

（1）专利 US20180371601A1（具有核级锆合金金属结构的动力学应用渐变 Zr－Al－C 或 Ti－Al－C 陶瓷或无定形或半无定形不锈钢）

该专利技术申请于 2018 年，目前处于失效状态，其在中国的同族专利 CN105189820B 因未缴纳年费，也处于失效状态，运用该技术能够减少在正常或事故条件下暴露于轻水核反应堆的包壳的氧化腐蚀，后期在考虑技术借鉴时，可利用其专利已失效优势，开展技术借鉴。

具体技术内容为：使锆合金包壳固有地具有至少部分形成在具有渐变组成的黏附涂层的外表面上的含氧化锆的层。所述渐变涂覆组合物包括第一组分和第二组分。第一组分选自锆、氧化锆及其混合物。第二组分选自 Zr_2AlC 陶瓷、Ti_2AlC 陶瓷、Ti_3AlC_2 陶瓷、Al_2O_3、铝、硅化锆、无定形或半无定形合金不锈钢及 Zr_2AlC 陶瓷、Ti_2AlC 陶瓷和 Ti_3AlC_2 陶瓷的混合物。该方法还包括将所述涂覆组合物动态沉积一个或多个道次以在包壳的外表面上以形成涂层。涂层具有从包壳的表面朝向涂层的暴露外表面出现的梯度，使得从包壳的外表面朝向该涂层的暴露外表面第一组分质量分数减小和从包壳外表面到涂层的暴露外表面第二组分的重量百分数增大，基于涂覆组合物的总重量计。第一道次可以包括动态沉积所述涂覆组合物以形成第一层，其包含 75％～100％的第一组分和 0～25％的第二组分，基于涂覆组合物的总重量计。最后道次可以包括动态沉积涂覆组合物以形成暴露外表面，其包含 75％～100％的第二组分和 0～25％的第一组分，基于该涂覆组合物的总重量计。邻近或接近包壳外表面动态沉积的部分涂覆组合物与含氧化锆的层混合以形成一体化（Integrated）层。

该技术具有 8 件同族专利，最早为 2013 年 5 月 28 日美国临时申请专利 US61827792P0，发明人为西屋电气技术专家 Edward J Lahoda、Jason P. Mazzoccoli 和 Peng Xu，此后，西屋电气在 2014 年 4 月 14 日提交 PCT 专利、欧洲专利，并指定进入中国、韩国、日本、西班牙 4 个核电市场国家，目前仅欧洲专利处于有效状态；在 2018 年 6 月 14 日去除沉积方式和适用反应堆类型，扩大专利范围，再次提交美国专利，但后期未继续缴纳年费主动放弃该专利，同族专利信息如图 6 所示。

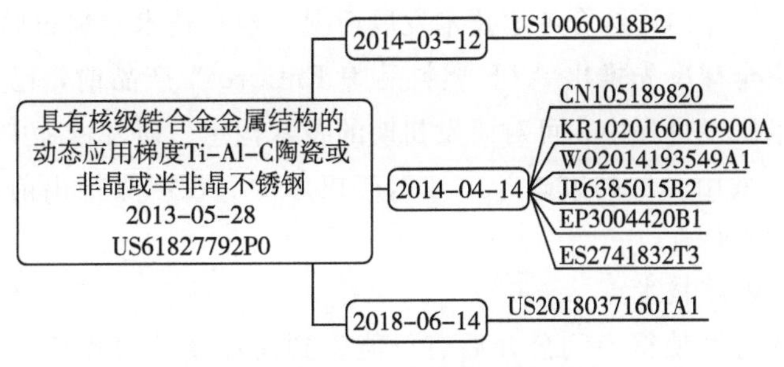

图 6 专利 US61827792P0 同族情况

(2) 专利 US11443857B2（核燃料棒冷喷涂铬涂层）

该专利技术申请于 2019 年，目前处于有效状态。运用该技术能够使铬涂层在正常操作条件下提供防腐蚀屏障，防止高温下产生氧化锆和氢气，造成氢气爆炸。该技术在中国未开展同族专利布局，但在日本、韩国已有同族授权专利，后期参考借鉴时，注意查看国内是否有相关专利布局。

具体技术内容为：该方法包括将加压载气加热至 200～1200℃的温度，将平均直径为 20 微米或更小的颗粒添加到加热的载气中，并将夹带颗粒的载气以 800～4000 英尺/秒（243.84～1219.20 米/秒）的速度喷射到衬底上。以在基材上形成所需厚度的涂层，如高达 100 微米或更多。颗粒选自纯铬颗粒、铬基合金及其组合。当颗粒是铬基合金时，它们可以包含 80%～99%的铬，还包括至少一种选自硅、钇、铝、钛、铌、锆和过渡金属元素的元素，其总含量为 0.1%～20%。载气可以在高达 5.0 MPa 的压力下加热。载气和颗粒优选以非常高的速率连续喷射，直到达到所需的涂层厚度。例如，涂层厚度可以在 5～100 微米，但是可以沉积更大的厚度，如几百微米。

该技术具有 9 件同族专利，最早为 2016 年 7 月 22 日美国临时申请专利 US62365518P0，在该专利未公开阶段，西屋电气于 2016 年 10 月 3 日同日提交了 PCT 专利、欧洲专利和美国专利，其中，PCT 专利指定进入韩国和日本，欧洲专利进入西班牙，美国专利后续继续分案形成 2 件专利 US10566095B2 和 US11443857B2 并均获得授权，且延长了母案专利的有效期，US11443857B2 申请日与分案临时申请日期一致为 2019 年 9 月 17 日，将该技术的保护期延长了 3 年，在后期可以参考借鉴此种方式（图 7）。

另外，该专利发明人为西屋电气技术专家 Lahoda Edward J、Xu Peng、Karoutas Zeses、Ray Sumit、Sridharan Kumar、Maier Benjamin 和 Johnson Greg，其中 Lahoda Edward J、Xu Peng 在西屋电气近 5 年的专利发明人中多次出现，说明他们为西屋电气核燃料元件技术核心团队成员，后期可围绕发明人开展技术追踪。

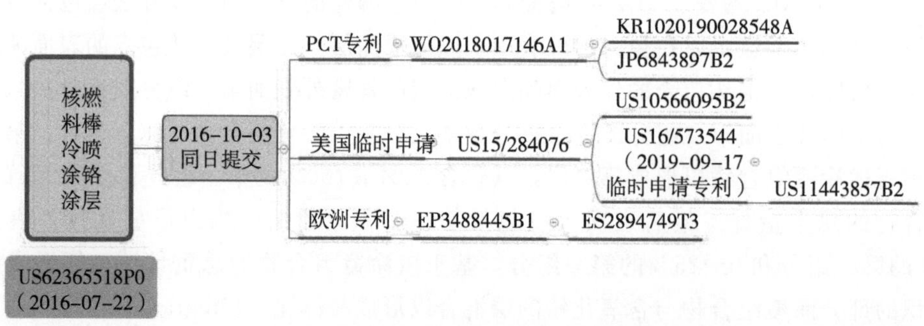

图 7　专利 US62365518P0 同族情况

3　结论及建议

(1) 产品未动，专利先行

技术创新主体在推出产品前可综合考虑技术发展情况、现有技术专利布局热点和空白点，整体布局专利。美国西屋电气在全球率先推出 ATF 燃料品牌 EnCore™ 产品前，已提前布局专利，并形成专利技术族。在后续技术研发过程中，可对研发初期的技术构想、研发过程中的中间产物和研发成果进行实时知识产权评定，采用合适的方式开展知识产权保护。在产品推出前，多角度开展专利族申请，做到产品未动，专利先行。

(2) 善用专利制度，隐藏技术点

专利以公开换保护的特性使得专利公开后有可能受到关注企业对授权的阻挠，为避免此情况发生，可优先通过不知名的子公司或者发明人作为专利申请人或专利权人，同时避免出现领域内知名发明人，如西屋电气在申请 ATF 燃料品牌专利时，由技术团队 Lahoda Edward J、Xu Peng 等作为专利申请人及专利权人，避免了被竞争对手直接追踪到最新技术。

除此之外，在热门市场国布局专利时，可以优先选择《巴黎公约》或 PCT 协议中的边缘国家递交原始申请，再以其作为优先权进入到一些热门市场国家，拖延竞争对手获取最新技术的同时，延长专利保护期限；对重点技术方案拆分，使竞争对手在检索分析时难以找到各个拆分专利，从而“隐藏”整体方案；利用“主动修改”的时间差，拖延专利公开。

（3）持续跟踪最新技术动态

为更好地发展核能，开发高燃耗、更长换料周期、更安全的燃料已成为必然，新的技术突破在不断涌现，欧美等国家善于利用专利保护创新技术，积累了大量专利文献。在后续技术研发过程中，可对西屋电气压水堆二氧化铀燃料棒包壳管材料和涂层的改进技术、ATF 燃料 U_3Si_2 芯块的制备技术持续追踪，助力我国核燃料元件技术发展。

参考文献：

[1] 任永岗．我国自主品牌核电燃料元件的研发［J］．核电研发，2018（1）：46－50.

[2] 李冠兴，周邦新，肖岷，等．中国新一代核能核燃料总体发展战略研究［J］．中国工程科学，2019，21（1）：6 11.

Dynamic research on key technology patent layout of Westinghouse nuclear fuel element

WANG Hui-jing, CHEN Xiao-fei, SU Ran, ZHONG Hao-liang, SU Chong-yu, LI Dong-bin

(China Institute of Nuclear Industry Strategy, Beijing 100048, China)

Abstract: The quality of nuclear fuel element directly affects the reliability, progressiveness and economy of nuclear reactors. In recent years, with the energy crisis and changes in the international situation, the nuclear fuel market has been impacted, and new technologies are emerging. Westinghouse has built the world's first commercial pressurized water reactor, involving a variety of nuclear fuel business fields such as pressurized water reactor fuel and boiling water reactor fuel. This paper analyzes the global patent layout of Westinghouse's nuclear fuel element technology field, clarifies the layout situation from the perspectives of application trend, regional distribution, and partners, analyzes the global layout strategy from the dimensions of technology distribution, key patents, and puts forward the patent layout strategy recommendations to help the development of China's nuclear industry.

Key words: Westinghouse; Nuclear fuel element; Patent

高温气冷堆制氢技术专利导航研究

殷克迪，薛　岳，陈早璟，曲　漾，杨安琪

（中核战略规划研究总院，北京　100048）

摘　要：高温气冷堆因高出口温度和固有安全性等优势，被认为是最适合用于制氢的堆型。高温气冷堆制氢技术研发既有利于保持我国高温气冷堆技术的国际领先优势，也为未来氢气的大规模供应提供了一种有效的解决方案，同时可为高温堆工艺热应用开辟新的用途，对实现我国未来的能源战略转变具有重大意义。本研究从总体趋势、地域、核心申请人、核心技术、专利强度，以及技术分支等方面分析了全球高温气冷堆制氢关键技术的专利布局现状、竞争前沿和未来趋势，结合高温气冷堆制氢领域国内外技术现状和研究现状，对研发创新和专利运用提出了相应的专利导航建议。

关键词：高温气冷堆；制氢；专利导航

氢是重要的工业原料，也是未来理想的二次能源或能源载体。利用核能制氢，可以实现氢气的高效、大规模、无碳排放制备。在可用于核能制氢的反应堆堆型中，高温气冷堆因其高出口温度和固有安全性等优势，被认为是最适合用于制氢的堆型。高温气冷堆制氢技术研发既有利于保持我国高温气冷堆技术的国际领先优势，也为未来氢气的大规模供应提供了一种有效的解决方案，同时可为高温堆工艺热应用开辟新的用途，对实现我国未来的能源战略转变具有重大意义。

1　高温气冷堆制氢研发现状

1.1　外国高温气冷堆制氢研发现状

20 世纪 80 年代至今，日本原子力机构（JAEA）一直在进行高温气冷堆和碘硫循环制氢的研究，计划利用高温气冷堆对核氢技术进行示范，同时 JAEA 还在进行多功能商用高温堆示范设计，用于制氢、发电和海水淡化，并且对核氢炼钢的应用可行性进行了设计和研究。进入 21 世纪，美国重新重视并开展核能制氢研究，在出台的一系列氢能发展计划如国家氢能技术路线图、氢燃料计划、核氢启动计划及下一代核电站计划中都包含核能制氢相关内容。研发集中在由先进核系统驱动的高温水分解技术及相关基础科学研究，包括碘硫循环、混合硫循环和高温电解。韩国正在进行核氢研发和示范项目，最终目标是在 2030 年以后实现核氢技术商业化。从 2004 年起韩国开始执行核氢开发与示范（NHDD）计划，确定了利用高温气冷堆进行经济、高效制氢的技术路线，完成了商用核能制氢厂的前期概念设计，核氢工艺主要选择碘硫循环。加拿大天然资源委员会制定的第四代国家计划中要发展 SCWR，其用途之一是实现制氢。制氢工艺主要选择可与超临界水堆最高出口温度相匹配的中温热化学铜氯循环，也正在研究对碘硫循环进行改进以适应 SCWR 的较低出口温度。核能制氢的国际合作也比较活跃。第四代核能系统论坛中的高温气冷堆系统设置了制氢项目管理部，定期召开会议讨论研发进展和问题，目前清华大学作为中国代表全面参与高温气冷堆系统及各项目部的活动。国际原子能机构（IAEA）设置了核能制氢经济性相关的协调项目，有十多个国家共同参与进行核能制氢技术经济的评价；清华大学核能与新能源技术研究院也成功申请该课题资助并全面参与相关研究[1-4]。

1.2　中国高温气冷堆制氢研发现状

我国核能制氢起步于“十一五”初期，对核能制氢的主流工艺——热化学循环分解水制氢和高温

作者简介：殷克迪（1991—），女，副研究员，主要从事知识产权分析。

蒸汽电解制氢进行了基础研究，建成了原理验证设施并进行了初步运行试验，验证了工艺的可行性。“十二五”期间，国家科技重大专项“大型先进压水堆及高温气冷堆核电站”中设置了前瞻性研究课题——高温堆制氢工艺关键技术，并在“高温气冷堆重大专项总体实施方案”中提出开展氦气透平直接循环发电及高温堆制氢等技术研究，为发展第四代核电技术奠定基础。主要目标是掌握碘硫循环和高温蒸汽电解的工艺关键技术，建成集成实验室规模的碘硫循环台架，实现闭合连续运行；同时建成高温电解设施并进行电解实验。在清华大学、中核集团、华能集团等单位通力合作之下，重大专项工作取得了大量重要进展与成果，2021 年 9 月高温气冷堆示范电站首次达到临界，2022 年 12 月达到了双堆初始满功率，实现了“两堆带一机”模式下的稳定运行，为工程投产商运奠定了基础。这些成果标志着我国在高温气冷堆领域的发展居于国际领先水平[5-8]。

2 全球高温气冷堆制氢专利概况

截至 2022 年年底，全球共申请高温气冷堆制氢关键技术相关专利 1047 件。如图 1 所示，高温气冷堆制氢关键技术专利申请起步于 21 世纪初期，全球专利技术整体呈快速发展趋势。专利申请以发明和实用新型为主，其中有 1000 件，占总专利申请量 95.51％的专利为发明专利，说明高温气冷堆制氢关键技术的专利技术先进性是尤其高的。

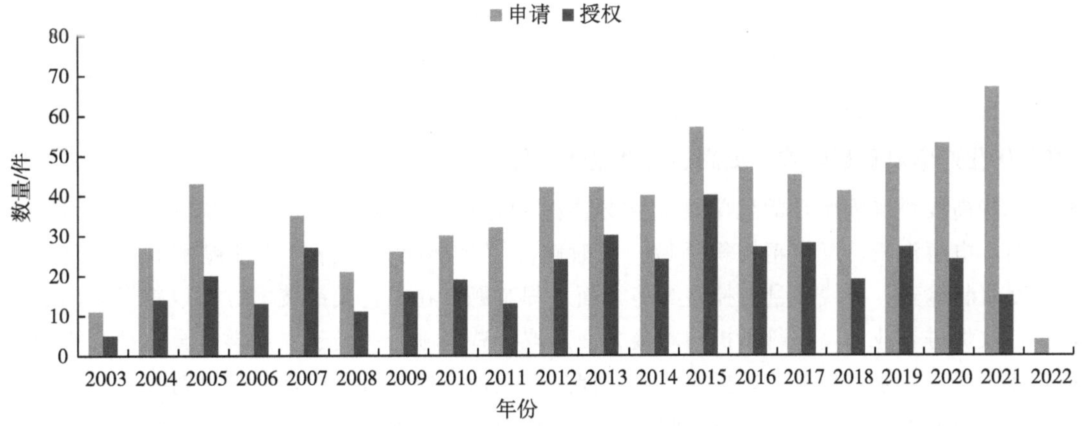

图 1　全球专利技术年代发展趋势

高温气冷堆制氢关键技术全球专利主要布局在中国、美国和日本，中国申请总量位列全球首位。在中国提出的专利申请数量为 359 件，占总量 34.29％。如图 2 所示，全球专利技术创新主体中，排在前 10 位的有 3 个是中国技术创新主体，其中清华大学位居榜首，中核能源科技有限公司排名第 4，西安热工研究院有限公司排名第 10；其次是美国和日本的创新主体占大多数。

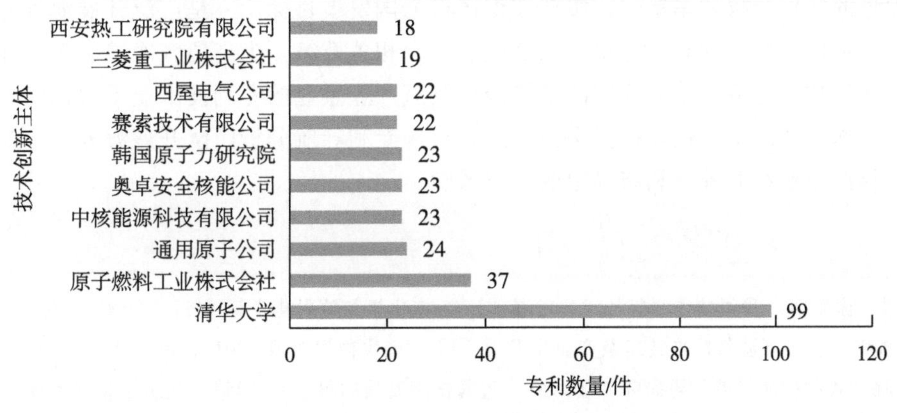

图 2　全球主要专利技术创新主体专利规模情况

目前，全球高温气冷堆制氢产业专利申请呈现逐年增长的趋势，其中，中国申请数量发展迅速，在全球的占比逐年增长。2010 年之前，中国在全球的占比很少。2010 年之后，中国申请量逐年递增且持续增长，成为申请量最多的国家。专利技术创新重点领域主要集中在高温气冷堆、反应堆、核反应堆、核燃料、蒸汽发生器、冷却剂、反应器、换热器、高温气冷、核电站、燃料元件、模块化、净化系统、热化学循环、二氧化碳、零排放、中间换热器、包覆燃料颗粒、制氢系统等技术领域。专利技术方向中，高温热化学循环分解水和高温蒸汽电解是技术方向的重点关注领域，其中涉及高温热化学循环分解水的专利申请量为 483 件，涉及高温蒸汽电解的专利申请量为 564 件。高温气冷堆制氢关键技术的专利重点创新领域中，中国相对于其他国家占有优势，因此要加强全球化专利布局，助力国内企业“走出去”。

3 关于我国高温气冷堆制氢产业发展建议

3.1 加强已有产业优势，形成核心竞争力

依托国家科技重大专项“大型先进压水堆及高温气冷堆核电站”，在清华大学、中核集团、华能集团等单位通力合作之下，重大专项工作取得了大量重要进展与成果，目前已经有很多技术产出，并已形成产业优势。为形成核心竞争力，一是鼓励创新主体积极参加高价值专利培育布局大赛，实现申请数量和专利质量双提升；二是鼓励更多企业、高校提高自主知识产权水平，推动行业高质量发展；三是组建专利导航分析团队，针对每个技术领域，找到阻碍发展的专利技术瓶颈，时刻关注全球行业龙头企业的技术研发动态，推动企业创新发展。

3.2 整合优化产学研资源配置，提高创新链整体效能

国内一些高校对碘硫循环的化学反应和分离过程进行了系统研究，包括多相反应动力学、相平衡、催化剂、电解渗析、反应精馏等领域；同时解决了循环闭合运行涉及过程模拟与优化，强腐蚀性、高密度浆料输送，在线测量与控制等多方面工程难题，在工艺关键技术方面取得了多项成果。国内可以在有效促进企业和高校科研机构对接方面采取一些措施：一是建立产学研合作信息平台，及时提供企业技术研发需求和高校科研机构信息，促进产业内企业与科研机构的信息对接；二是对知识产权运营服务公司开展的专利运营项目，政府给予一定项目资金支持，将高校科研机构、知识产权运营机构和企业有效联动，盘活创新主体的专利价值，推动专利有效用于产业实际运用；三是引导重点高校和科研机构进入产业集聚区，与产业集聚区共建工程研发中心、专业化实验室等，为产业集聚区提供技术支撑，整合产业集聚区研发资源。

3.3 加强全球化专利布局，助力企业“走出去”

推动我国高温气冷堆制氢产业创新主体加大海外专利布局，推动我国高温气冷堆制氢产业形成具备国际竞争优势的知识产权领军单位，实现知识产权强国发展目标。一是广泛开展海外专利布局相关培训，提高创新主体海外专利布局意识；二是政府出台相关政策，为高温气冷堆制氢产业单位的知识产权发展提供绿色加快通道，帮助我国高温气冷堆制氢产业企业的专利技术获得快速审查，快速实现专利布局，对技术和产品实现快保护强保护；三是组建专利导航分析团队开展海外竞争对手布局分析及风险排查，降低企业在海外专利布局中的侵权风险。

参考文献：

[1] 张平，于波，徐景明．我国核能制氢技术的发展［J］．核化学与放射化学，2011，33（4）：193 - 203.

[2] 张作义，原鲲．我国高温气冷堆技术及产业化发展［J］．现代物理知识，2018，30（4）：3 - 10.

[3] 中国工程院“我国核能发展的再研究”项目组．我国核能发展的再研究［M］．北京：清华大学出版社，2015.

[4] 吴宗鑫，张作义．先进核能系统和高温气冷堆［M］．北京：清华大学出版社，2004.

[5] 钟大辛．10MW 高温气冷实验堆的总体设计特性 [J]．核科学与工程，1993，13 (4)：28.
[6] 王捷．高温气冷堆氦气透平循环热工特性的初步研究 [J]．高技术通讯，2002，12 (9)：91－95.
[7] 张平，于波，陈靖，等．热化学循环分解水制氢研究进展 [J]．化学进展，2005，17 (4)：643－650.
[8] 吴宗鑫，张作义．世界核电发展趋势与高温气冷堆 [J]．核科学与工程，2000，20 (3)：211－219，231.

Research on patent navigation of hydrogen production technology of high temperature gas－cooled reactor

YIN Ke-di，XUE Yue，CHEN Zao-jing，QU Yang，YANG An-qi

(China Institute of Nuclear Industry Strategy，Beijing 100048，China)

Abstract: High temperature gas－cooled reactor is considered to be the most suitable reactor type for hydrogen production due to its high outlet temperature and inherent safety. The research and development of high temperature gas－cooled reactor hydrogen production technology is not only conducive to maintaining the international leading advantage of China's high temperature gas－cooled reactor technology，but also provides an effective solution for the large－scale supply of hydrogen in the future. At the same time，it can open up new uses for the thermal application of high temperature reactor process，which is of great significance to the realization of China's future energy strategy transformation. This study analyzes the current situation of patent layout，competitive frontier and future trend of key technologies for hydrogen production from high temperature gas－cooled reactor in the world from the aspects of overall trend，region，core applicant，core technology，patent strength，and technology branches. Based on the current situation of domestic and foreign technologies and research status in the field of hydrogen production from high temperature gas－cooled reactor，it puts forward corresponding navigation suggestions for research and development innovation and patent application.

Key words: High temperature gas－cooled reactor; Hydrogen production; Patent navigation

高温气冷堆建造领域专利权保护情况分析

刘昕宇，苏崇宇，王　鹏，李　喆

（中核战略规划研究总院，北京　100048）

摘　要：高温气冷堆是用气体作为冷却剂的气冷反应堆。高温气冷堆具有固有安全、模块化设计与建造和多用途等特性，被认为是最有前途的第四代反应堆堆型。由于高温气冷堆的堆芯、燃料组件等与第三代反应堆的结构有较大差异，因此其建造过程与压水堆的建造过程也有明显区别。本文通过专利的角度，分析高温气冷堆建造技术的专利保护现状、重点技术领域、重点单位的保护策略等内容，对未来高温气冷堆专利保护的重点领域、主要策略、空白领域，以及专利工作与其他工作融合等内容给出建议。

关键词：高温气冷堆；建造；专利

高温气冷堆是一种先进的第四代核电堆型技术，具有安全性好、效率高、经济性好和用途广泛等优势。高温气冷堆通过核能-热能-机械能-电能的转化实现发电，能够代替传统化石能源，实现经济和生态环境协调发展。高温气冷堆由于结构与传统压水堆不同，因此该堆型的建造也具有自身的特点，相应的专利申请也具有较为明显的特性。

1　高温堆情况

1.1　高温堆概述

高温气冷堆是用气体作为冷却剂的气冷反应堆。高温气冷堆具有固有安全、模块化设计与建造和多用途等特性，被认为是最有前途的第四代反应堆堆型。技术上，高温气冷堆可以取消场外应急，具备替代关停退役中小火电厂老旧机组能力。

1.2　高温堆建筑技术概述

目前，我国已建成的高温堆核电站是华能石岛湾核电高温气冷堆示范工程。该高温气冷堆示范工程是我国《国家科学和技术中长期发展规划纲要（2006—2020 年）》十六个国家科技重大专项成果之一，由华能集团、中核集团、清华大学共同出资组建业主公司、合作实施。高温气冷堆核电站示范工程由核岛、常规岛和相关辅助设施组成。由于高温堆的设计结构与传统的压水堆核电站有较大不同，因此在高温堆建造时，对压力容器安装、堆芯壳体安装、堆内构件（金属、陶瓷）安装、热气导管安装、蒸汽发生器安装、主氦风机安装、各种设施的吊装、焊接、检漏等技术均与传统建造安装技术存在较大区别。

2　专利情况

经初步检索，得到专利数据 898 条，去噪后得到有效专利数据 364 条。

2.1　检索范围

检索国家范围：中国国家知识产权局专利数据库。

检索时间范围：自有专利数据以来至 2022 年 4 月 1 日之前。

2.2　检索策略

检索策略：主要采用关键词进行检索，并对检索结果进行人工筛选。

作者简介：刘昕宇（1980—），男，本科，职务室主任、正高级工程师，研究方向知识产权。

2.3　检索结果

初步检索得到专利数据 898 条，经数据去噪、人工去噪、与项目组联合去噪后，得到有效专利数据 364 条。

3　数据分析

3.1　申请趋势

与高温堆核电建筑建造相关的专利申请大量出现是从 2002 年开始的，从 2002 年至今共经历了 4 个阶段：第一个阶段从 2002 年开始到 2009 年，这个阶段专利申请的年申请量较低，申请最多的年份只有 5 件/年；第二个阶段从 2010 年到 2014 年，这个阶段年申请量普遍在 10 件/年以上，个别年份的申请量达到 26 件/年；第三阶段是 2015 年到 2017 年，这个阶段在 2016 年有历史最高申请量 59 件/年，然后在 2017 年申请量迅速回落到 20 余件/年；第四个阶段是 2018 年至今，申请量保持在约 40 件/年（图 1），由于专利延迟公开的特点，最近 3 年的数据有待后续工作修正。

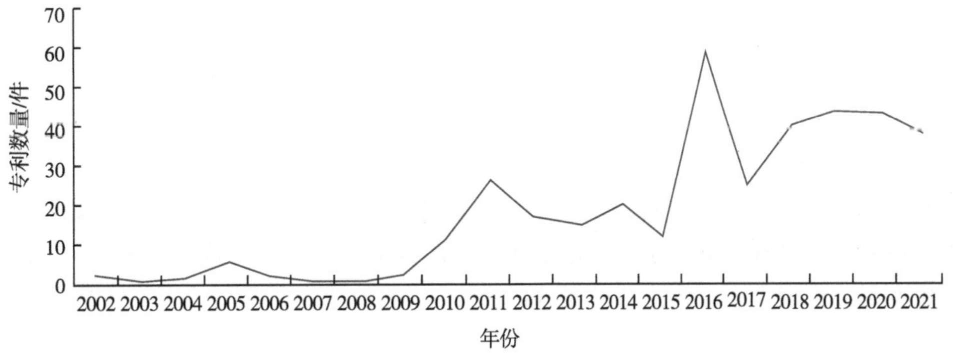

图 1　与高温堆核电建筑建造相关的专利申请趋势

3.2　主要申请人

主要申请人是专利申请的申请人或申请人代表。为了便于统计，本报告的主要申请人是指专利申请/专利的第一申请人。从主要申请人看，清华大学以 65 件位列第一，中核能源科技有限公司以 50 件位列第二，哈电集团（秦皇岛）重型装备有限公司以 47 件位列第三（图 2）。

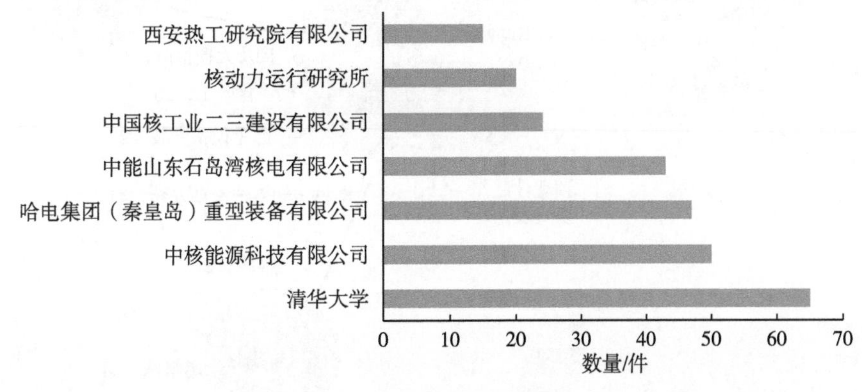

图 2　主要申请人数量情况

3.3　相关度

检索结果中与高温堆建筑建造一般相关的专利共 216 件，占总量的 59%，重要相关的专利 87 件，占总量的24%，核心相关的专利61件，占总量的17%（图3）。

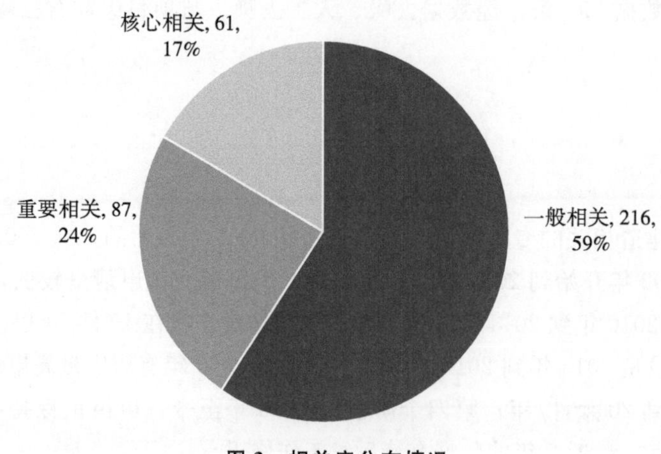

图3 相关度分布情况

3.4 技术分类

从技术分类上看，主设备安装分类数量最多，共169件专利；燃料装卸系统设备分类安装数量位居第二，共41件专利；焊接及无损检测分类数量位居第三，共35件专利。主设备安装分类中，蒸汽发生、主氦风机、压力容器是数量最多的3个三级分类，数量分别是55件专利、34件专利和23件专利；燃料装卸系统设备安装分类中数量最多的是燃料球，共34件专利，设备和屏蔽分类数量较少；焊接及无损检测分类中只有2个三级分类有专利，焊接技术分类中专利数量较多，为30件专利，无损检测分类中专利数量较少，为5件专利（图4）。

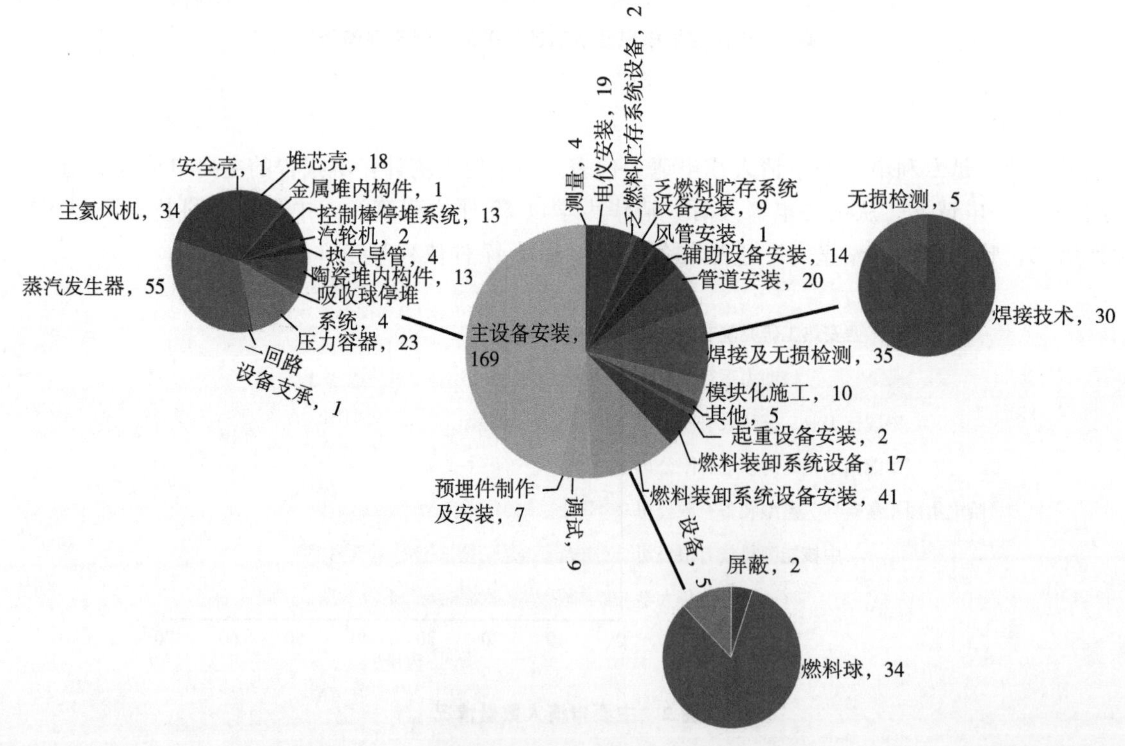

图4 技术分类-数量情况

4 保护措施分析

虽然在大部分单位在大部分领域中，专利的布局呈现零散和独立的状态；但是在个别技术领域，存在较为明显的系统性专利布局，下面对这些典型的例子进行分析。

4.1 主设备安装

在主设备安装领域，相关单位就高温堆堆内构件的安装领域分别在2016年和2020年进行了布局。其中2016年布局2件专利，2020年布局4件专利，专利的布局存在较为明显的技术承接关系。另外，在控制板驱动机构领域，分别在2017年、2018年和2021年进行了专利布局，对控制板驱动机构检修装置、检修方法、专用设备等方面进行了持续的专利申请（图5）。

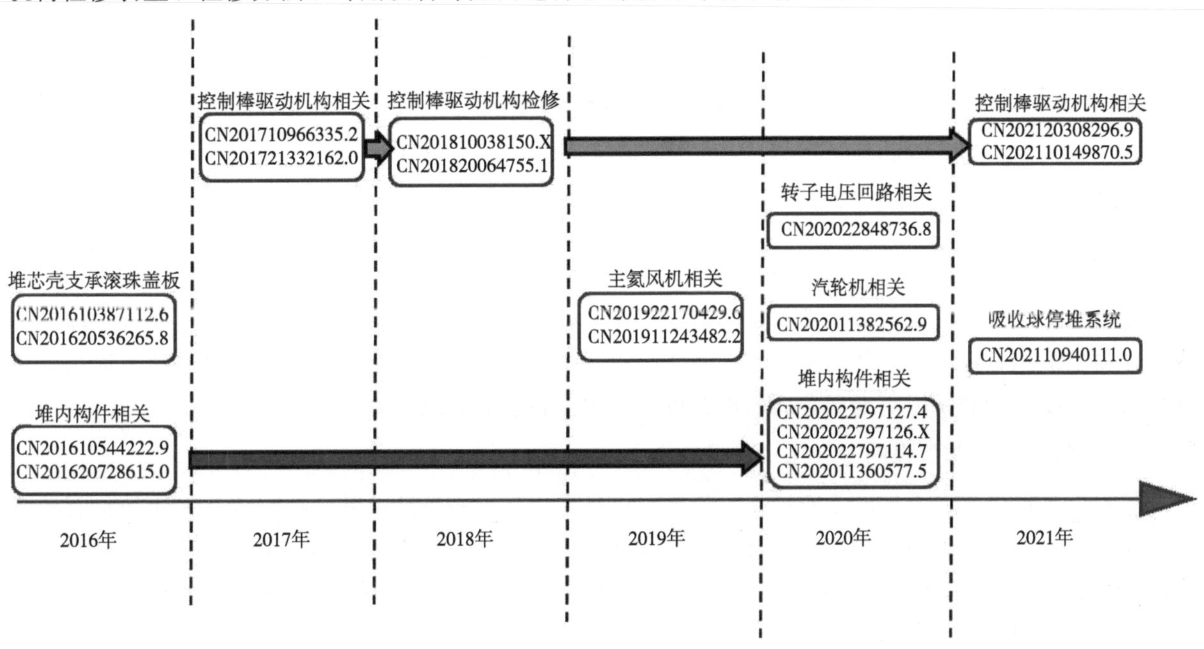

图5 主设备安装专利布局

4.2 电仪安装

在电仪安装领域，电气和仪表分别有1件基础专利。以这2件基础专利为核心，电气领域衍生出2件新申请，仪表领域衍生出1件新申请（图6）。

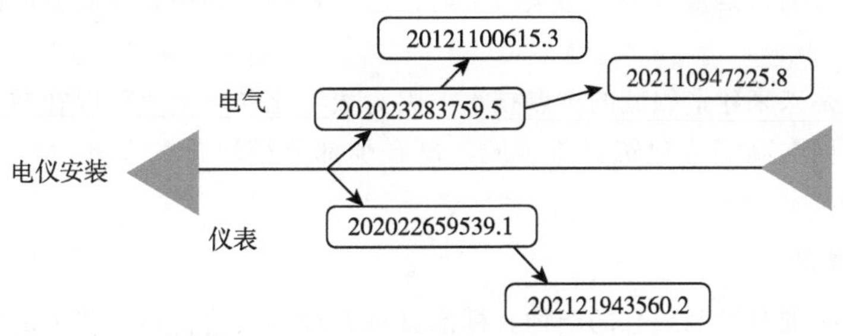

图6 电仪安装专利布局

4.3 管道安装

在管道安装领域，核电站主蒸汽管道蒸汽的吹扫和热试分别各有2件专利申请，且专利布局的年度相同（图7）。从专利内容上看，吹扫和热试前半部分内容相关，因此2个领域的专利是属于同一个发明构思下的，不同细分技术领域的专利布局方案。

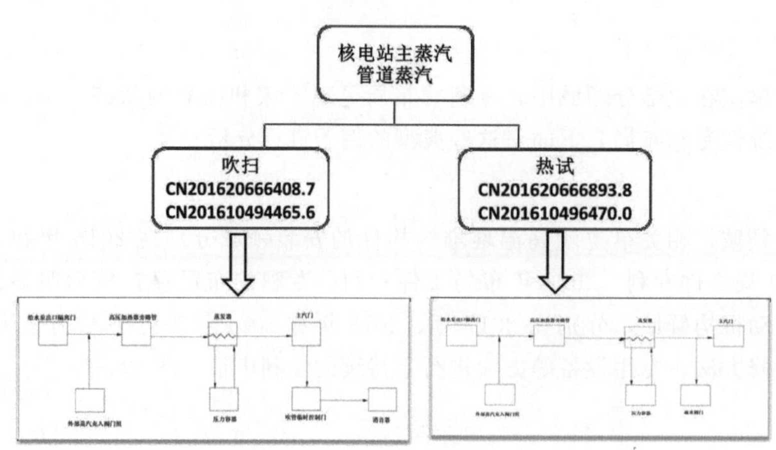

图 7　管道安装专利布局

5　结论和建议

5.1　高温堆建造领域专利申请竞争激烈

高温堆建造领域的专利申请重点布局领域主要集中在主设备安装、电仪安装、管道安装、辅助设备安装和模块化管理等几个领域中。在这些技术领域中，主设备安装是重中之重，因为高温堆的主要改进都在主设备安装，因而专利布局的重点也应在主设备安装领域。

5.2　部分单位具有非常强的专利保护意识

随着全民知识产权意识的不断提高，各单位申请专利都比较踊跃，其中特别值得关注的是石岛湾高温气冷堆的业主单位——华能山东石岛湾核电有限公司。该单位作为业主单位，专利申请量排名第4，远超几个建筑施工单位，在大多数技术领域均有专利布局，且个别技术领域的专利布局有明显的技术传承性，如华能山东石岛湾核电有限公司在电仪安装领域的布局，以及在主设备安装领域的布局。

5.3　未来重点领域的专利较少

从整体上看，高温堆建造领域专利申请更偏重于具体的施工技巧，对于国家重点引导领域和未来行业发展领域，缺少专利支撑。例如，碳达峰与碳中和（以下简称“双碳”）是国家重点引导的领域，同时建筑领域的减碳也是重点关注的领域。而在已分析的专利中，双碳方面的专利几乎没有，急需填补空白。

数字化和模块化是未来建造领域的重点技术，因为数字化和模块化可以在节约成本和缩短工期方面发挥重要作用。然而在高温堆建筑建造领域，仅有少部分模块化的专利申请，没有数字化建造的专利。

5.4　专利标准化应考虑

标准必要专利是标准与专利结合的产物。标准具有开放性和公益性，代表着公共利益；专利具有独占性和排他性，代表着私有权益。标准与专利结合的过程是公共利益与私有权益相互冲突并逐渐协调的过程。

高温气冷堆核电站的建设，必然产生大量的标准工装、标准流程、标准工序。如果能将这些标准与专利融合，形成标准必要专利，将对统一工作接口，形成技术高地，建立技术联盟有极大的推动作用。

Analysis of patent protection in the field of high – temperature gas – cooled reactor construction

LIU Xin-yu, SU Chong-yu, WANG Peng, LI Zhe

(China Institute of Nuclear Industry Strategy, Beijing 100048, China)

Abstract: High – temperature gas – cooled reactor is a gas – cooled reactor using gas as coolant. High – temperature gas – cooled reactor (HTGR) is considered as the most promising fourth – generation reactor type due to its inherent safety, modular design and construction, and versatility. Due to the great difference between the core and fuel assembly of HTGR and the third – generation reactor, the construction process of HTGR is also significantly different from that of PWR. From the perspective of patent, this paper analyzes the current status of patent protection of HTGR construction technology, key technical fields, and protection strategies of key units, and gives suggestions on key areas, major strategies, and blank areas of future HTR patent protection, as well as the integration of patent work and other work.

Key words: High – temperature gas – cooled reactor; Construction; Patent

美国核辐射测量全球专利布局研究

李东斌，施岐坤，胡维维，王　朋

（中核战略规划研究总院，北京　100048）

摘　要：美国是世界上最早应用核能的国家之一，在核辐射测量技术领域起步较早，而美国形成的良好创新技术知识产权保护环境，使得美国在核辐射测量技术领域产生的科技创新成果更趋向于通过专利布局进行技术保护以维护其领先的市场主导地位。本文以专利布局为视角，对美国核辐射测量技术领域在全球布局的专利进行分析，重点从专利申请年代、地域分布、重点申请人、关键技术领域等多个维度，分析美国核辐射测量在全球的专利布局情况，并对美国申请人在我国的专利布局情况进行分析，为我国核辐射测量的发展及专利布局战略提供借鉴及预警。

关键词：核辐射测量；美国知识产权；专利布局

美国核能产业历史悠久，工业体系完善，并拥有成熟完备的知识产权保护体系。因此，在美国核能技术发展初期，就开始在本国及全球市场进行专利布局，尤其是在核辐射测量技术领域专利布局起步较早、时间跨度较长且专利布局策略娴熟。

1　全球专利申请情况

1.1　历年专利申请情况

截至 2022 年 12 月，美国在核辐射测量技术领域的全球专利申请量累计 1024 件。如图 1 所示，美国针对核辐射测量技术的专利申请最早出现于 1945 年，1945—1962 年是美国核辐射测量技术的萌芽阶段，其主要特征是各年的专利申请量少，期间几年甚至没有专利申请；1963—1971 年，是美国核辐射测量技术的第一个发展阶段，其主要特征是各年专利申请较上一年快速增长，于 1968—1970 年达到了一个小高峰，在 1971 产生了小幅的回落；1972—1994 年，是美国核辐射测量技术的第二个发展阶段，在该阶段美国核辐射测量的专利申请呈现爆发式增长，并分别于 1978 年、1979 年、1987 年、1990 年达到多次高峰；1996—2018 年，是美国核辐射测量技术的第三个发展阶段，该阶段的专利申请量虽然较上一阶段有小幅回落，但各年申请量均稳定在一个相对较高的数量上，呈现稳定发展的态势。

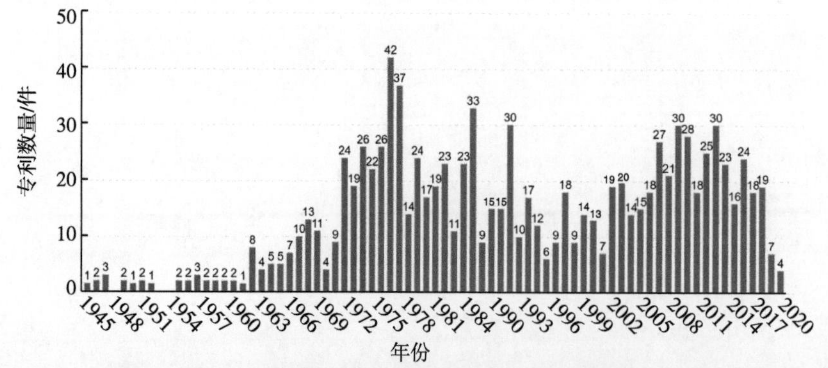

图 1　美国在核辐射测量技术领域全球专利申请年代及趋势

作者简介：李东斌（1982—），男，研究员，主要从事知识产权研究与咨询工作。

1.2 专利目标市场情况

如图 2 所示，美国在本土累计申请专利数量与在其他国家累计申请专利的总和基本持平。可见，在核辐射测量技术领域，美国申请人以美国本土市场为基础，强化在海外市场的专利布局进行市场垄断。在美国本土以外的市场中，美国最重视在日本的专利布局，其次美国十分重视北美市场及欧洲整体市场，特别针对德国、英国、加拿大、西班牙、法国等目标国进行了专利布局，此外，美国也在中国进行了一定数量的专利布局，但其对中国市场的重视程度弱于对北美和欧洲市场的重视程度。

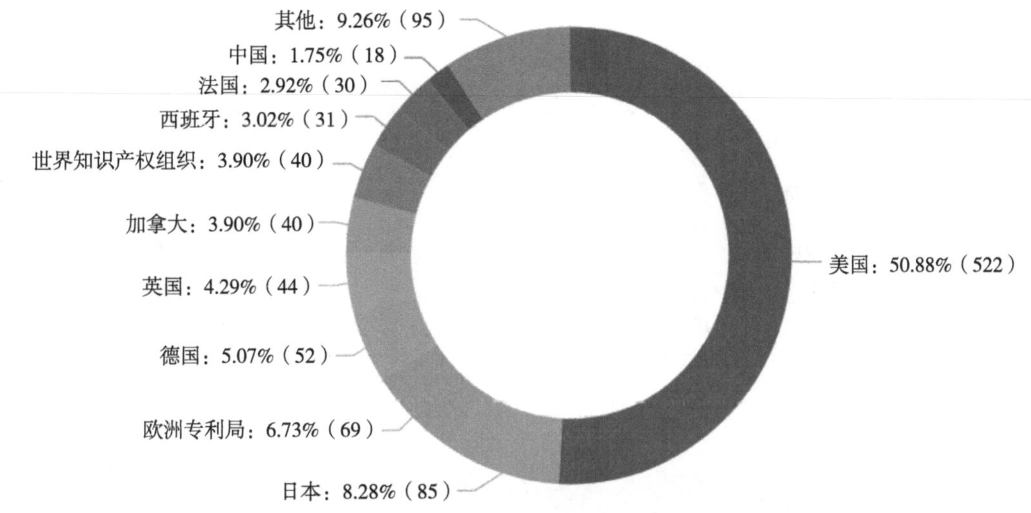

图 2　美国核辐射测量技术领域目标市场国（机构）专利申请情况

1.3 重点专利申请主体情

从累计专利申请数量上看，通用电气公司和西屋电气公司拥有远高于其他申请人的累计专利申请量，形成第一梯队；美国能源部和美国原子能委员会紧随其后，形成第二梯队；贝克休斯公司等其他申请人累计专利申请量较少，处于第三梯队。在近 20 年期间（2003—2022 年），如图 3 所示，通用电气公司的专利申请量为 214 件，仍然以绝对的优势保持首位，占据美国核辐射测量技术领域的主导地位。另外，西屋电气公司在近 20 年的专利申请量仅为 25 件，相较于其总体布局的 226 件，专利申请锐减，反映出西屋电气公司核辐射测量技术布局较早，后期研发重点有所转移；美国能源部和美国原子能委员前期在核辐射测量技术领域布局大量专利，但在近 20 年期间仅有零星专利产出，专利申请锐减。

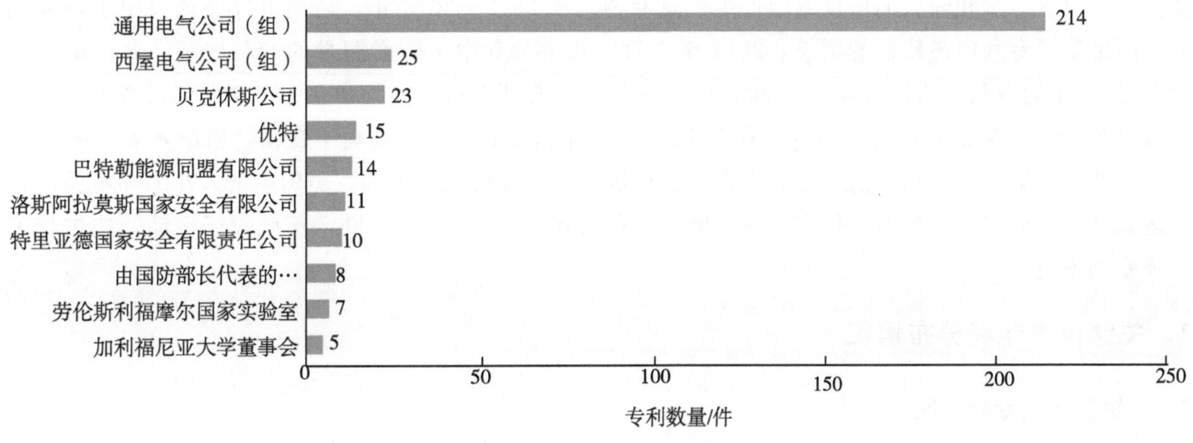

图 3　美国核辐射测量技术近 20 年主要竞争对手专利申请情况

如图 4 所示，通用电气公司和西屋电气公司对美国本土和其他国家进行了较大规模的专利布局。其中，通用电气公司和西屋电气公司均十分重视对日本市场的专利布局。此外，通用电气公司和西屋电气公司也在德国、英国、加拿大、西班牙、法国及中国进行了重点专利布局。美国能源部并未在日本和中国进行布局，而是对德国、英国、加拿大、西班牙、法国进行了布局，美国原子能委员会则仅在德国、英国和法国进行了专利布局。专利累计申请量排名第五的贝克休斯公司并未开展美国本土以外的专利布局。洛斯阿拉莫斯国家安全有限责任公司则将关注点放在亚洲市场，分别在日本和中国 2 个国家均有专利布局。

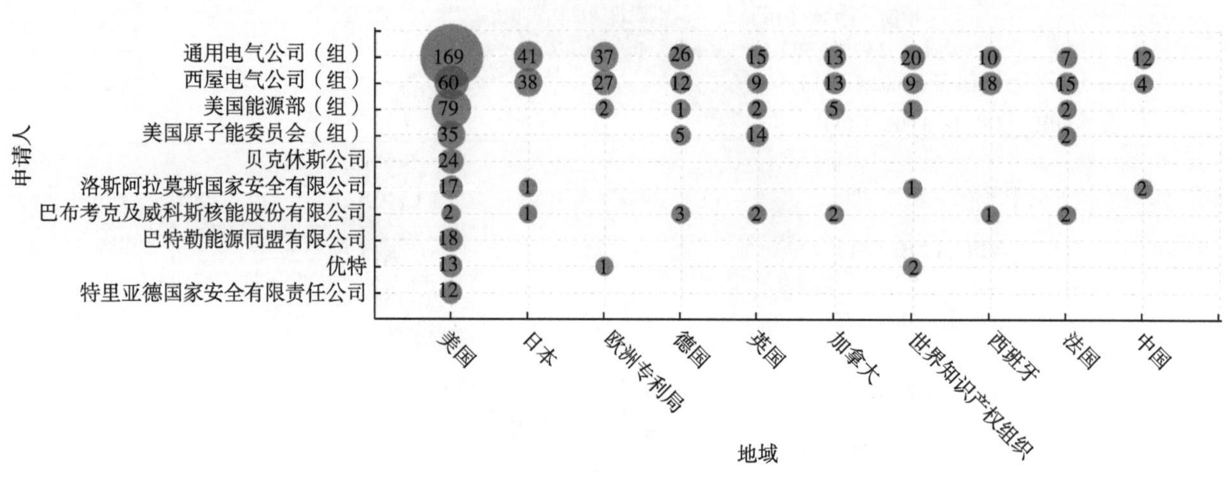

图 4　美国核辐射测量技术主要竞争对手专利地域分布情况

1.4　主要技术分布情况

美国在核辐射测量技术领域中，超过半数的专利申请集中在辐射测量技术上（占比 62.45%），其次集中在中子辐射测量技术上（占比 29.94%），此外，还有少量专利集中在辐射剂量仪器技术（占比 5.04%）及粒子运动轨迹处理技术（占比 2.57%）。近 20 年期间，超辐射测量技术的专利申请比重进一步增加，由占比 62.45%提升至占比 70.05%。中子辐射测量及辐射剂量仪器技术的专利申请量占比变化较小。粒子运动轨迹处理技术的专利申请量大幅减少，由占比 2.57%缩小至占比 0.27%。

通用电气公司，其各年的专利申请主要集中在辐射测量上。此外，在 2012 年之前，几乎每年都会在中子辐射测量和辐射剂量仪方向产生少量专利。在 2012—2013 年，通用电气公司在中子辐射测量方面出现了专利申请数量的增长，2013 年之后则几乎没有中子辐射测量的专利申请。西屋电气公司在近 20 年的专利申请量锐减，在 2003—2015 年，其专利申请主要集中在中子辐射测量方面，仅在 2011 年有少量辐射测量的专利申请，在 2016—2019 年其专利申请主要集中在辐射测量方面。在近 20 年间，其他申请人的专利申请主要集中在辐射测量和中子辐射测量方面，美国申请人几乎并不关注粒子运动轨迹方面的专利申请，仅有特里亚德国家安全有限责任公司在 2007 年就粒子运动轨迹进行了一项专利申请。

2　关键技术专利分布情况

2.1　辐射测量专利情况

截至 2022 年，美国在辐射测量领域申请专利累计 632 件。从图 5 可以看出，辐射测量的专利申请最早出现在 1945 年，1945—1966 年为辐射测量技术的萌芽期，仅有零散的少量专利申请，之后，该技术的专利申请分别在 1972—1978 年，1981—1993 年，1996—1999 年经历了 3 次爆发式增长，并从 2002 年至今依然保持较高的年平均申请量。可见，美国的辐射测量技术的专利布局依然保持活跃发展态势。

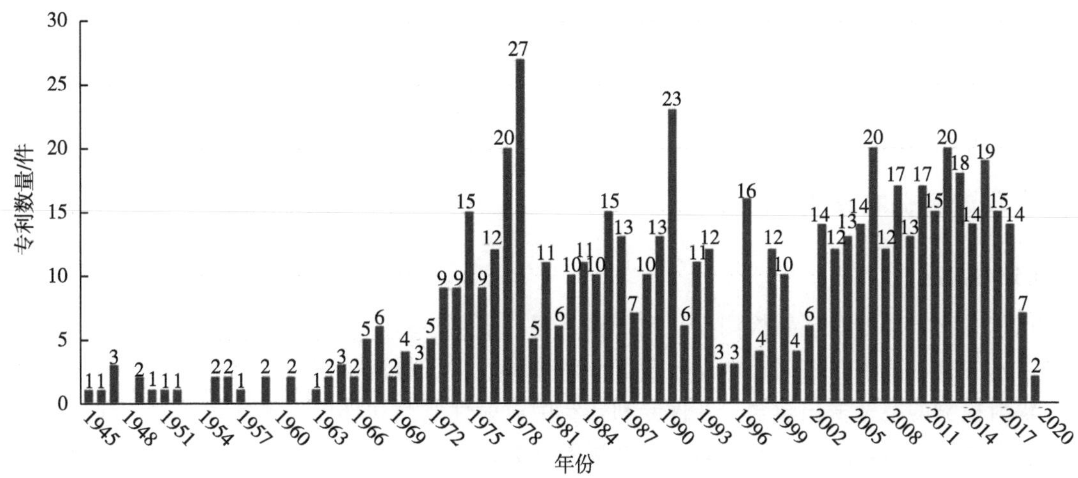

图 5 美国辐射测量技术领域专利申请分布情况

美国的辐射测量技术依然主要布局在美国本土，专利申请数量 340 件，占总量的 53%，其次重点布局在日本、加拿大、德国、英国、以色列、法国和中国，每个国家的专利申请量相对均衡，也反映了美国熟练运用专利规则，在海外目标市场进行专利布局，抢占海外市场。近 20 年来，美国依然主要在其本土进行辐射测量技术的专利布局，而海外专利目标市场有所转移，主要集中在日本和中国等亚洲国家。

截至 2022 年，通用电气公司一直占据辐射测量技术的专利申请的主导位置。其他申请人中，巴特勒能源同盟有限公司、西屋电气公司及洛斯阿拉莫斯国家安全有限责任公司布局有少量专利申请。

2.2 中子辐射测量专利分布情况

从图 6 可以看出，中子辐射测量的专利申请最早出现在 1946 年，1946—1967 年为中子辐射测量技术的萌芽期，仅有零散的少量专利申请；在 1972—1987 年，美国中子辐射测量技术的专利申请量呈突破式增长；1988—2001 年，美国中子辐射测量技术的专利申请量大幅回落，又于 2002—2013 年呈现突破式反弹，随后专利申请迅速回落，专利申请布局进入停滞阶段。

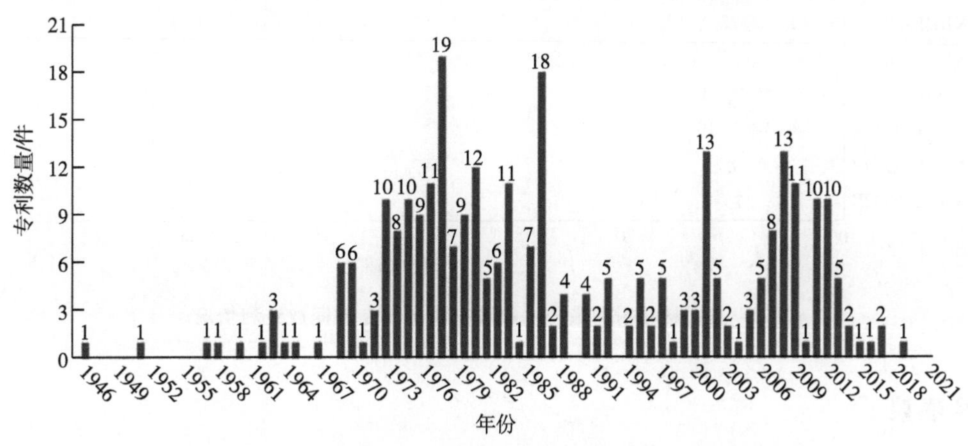

图 6 美国中子辐射测量技术领域专利申请分布情况

美国的中子辐射测量技术依然主要布局在美国本土，专利申请数量 140 件，占总量的 46%；其次重点布局在日本、德国、西班牙、法国、英国、瑞典、加拿大。值得关注的是，与核辐射测量整体技术领域目标市场国布局略有不同的是，美国中子辐射测量技术在加拿大的布局比重大幅缩小。

虽然从 1946—2022 年，通用电气公司、西屋电气公司的累计申请量占据半壁江山，贝克休斯公司的累计申请量远远少于通用电气公司、西屋电气公司，但是贝克休斯公司的中子辐射测量专利申请主要集中在近 20 年，并在近 20 年的专利申请中占据相当的比例，可见贝克休斯公司在中子辐射测量技术领域具有一定的研发实力。但是值得关注的是，2015—2018 年，各申请人的专利申请数量极少，专利布局活动并不活跃。

3 美国在华专利分布情况

3.1 专利分布情况

美国在华专利布局涉及辐射检测器、粒子检测器、辐射检测的视觉输出、空中放射性监测及堆内探测器等技术主题。其中，辐射检测器包含了 6 件专利，中子检测器包含了 4 件专利，粒子检测器 3 件专利，辐射检测的视觉输出包含了 3 件专利，空中放射性监测和堆内探测器各 1 件专利。

从申请人的维度看，通用电气公司在华布局专利数量最多（共 12 件），主要集中在辐射检测的视觉输出（1 件）、中子检测器（4 件）、粒子检测器（1 件）及辐射检测器（6 件），其中，在华的中子检测器和粒子检测器相关专利全部由通用电气公司布局。西屋电气公司在华布局专利数量共计 4 件，主要涉及辐射检测时视觉输出（2 件），空中放射性监测和堆内探测器。洛斯阿拉莫斯国家安全股份有限公司在华布局专利数量共计 2 件，主要涉及粒子检测器。

3.2 热点技术情况分析

如图 7 所示，美国核辐射测量技术领域在中国布局的专利存在大量的同族专利，同族专利的数量，体现了申请人对专利技术的重视程度和市场布局策略，利用同族专利数量也可以侧面反映出专利的重要程度。在中国布局的授权公告号为 CN101606083B 的专利拥有 77 件同族专利，除中国布局以外，还在美国、新加坡、俄罗斯、日本、以色列、西班牙、德国、加拿大、澳大利亚及阿联酋等国家进行了布局，该专利现处于授权状态，专利权归属洛斯阿拉莫斯国家安全股份有限公司。该专利的技术包括粒子检测器以及检测用相关组件，主要用于车载核装置爆炸物的探测。

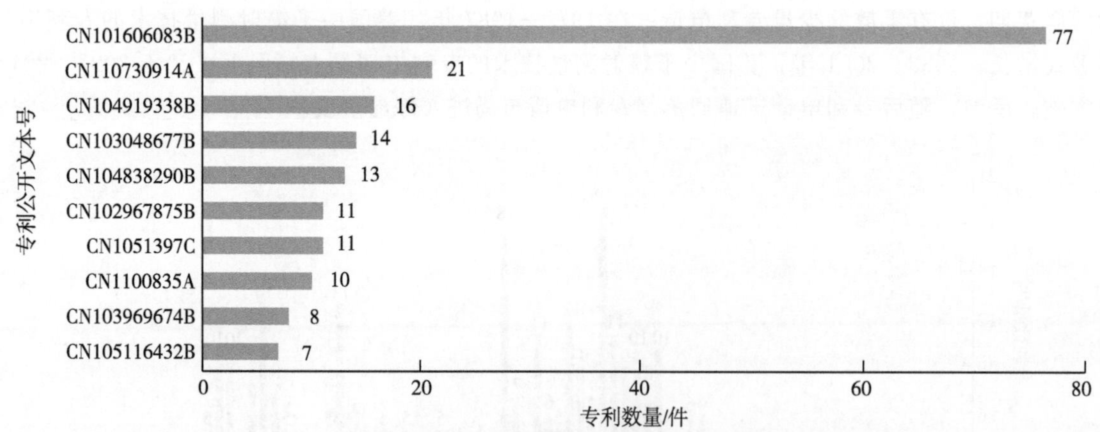

图 7 美国核辐射测量技术领域在华申请专利同族专利情况

4 结论及建议

美国是世界上最早应用核能的国家之一[1]，其核辐射测量技术领域的专利跨度较大，美国除了主要在本土进行专利的布局外，非常重视海外市场的专利布局，并在不同时期及时调整海外专利布局目标市场。总体而言，美国最为重视在日本市场的布局，其次是加拿大及欧洲市场。近 20 年，美国对中国市场也逐渐重视，并在中国布局了相当数量的专利。

当前美国申请人在辐射检测领域的专利布局十分活跃，但是在中子检测领域的专利布局活动十分消极。美国研发主体知识产权保护运用娴熟，布局专利价值高，存在大量的同族专利，拥有较高比例的高价值专利，对我国本领域的研发具有较大的参考借鉴作用。

通过对美国核辐射测量全球专利布局的分析，了解其在核辐射测量领域的专利布局特点和全球市场布局情况，能够预判其技术研发方向和市场开拓情况，能够为我国相关技术的的发展和市场战略提供借鉴和预警作用。

参考文献：

[1] 王颖鹏. 苏联核试验早期美国的核情报活动（1939—1949）[J]. 史学月刊，2019（2）：27-37.

Research on the global patent layout of US nuclear radiation measurement

LI Dong-bin, SHI Qi-kun, HU Wei-wei, WANG Peng

(China Institute of Nuclear Industry Strategy, Beijing 100048, China)

Abstract: The United States is one of the first countries to apply nuclear energy in the world. It started early in the field of nuclear radiation measurement technology. The United States has formed a good intellectual property protection environment for innovative technologies, which makes the scientific and technological innovation achievements produced by the United States in the field of nuclear radiation measurement technology tend to be protected through patent distribution to maintain its leading market leading position. From the perspective of patent distribution, this paper analyzes the global distribution of U. S. patents in the field of nuclear radiation measurement technology, focusing on the analysis of the global distribution of U. S. patents in the field of nuclear radiation measurement from the multiple dimensions of patent application years, geographical distribution, key applicants and key technology fields, and analyzes the U. S. applicants' patents in China, It provides reference and early warning for the development of nuclear radiation measurement and patent layout strategy in China.

Key words: Nuclear radiation measurement; US intellectual property; Patent layout

国有企业科创板上市知识产权问题研究

曲 漾，杨安琪，王子薇

（中核战略规划研究总院，北京 100048）

摘 要： 自上海证券交易所设立科创板并试点注册制以来，我国真正迎来了高科技产业的融资自主化，为中国金融市场更好地服务我国高新技术企业的发展提供了重要助力。证监会在多个文件中强调，科创板服务于拥有关键核心技术的高科技企业定位，国有企业作为创新发展的高地，具有技术密集的特点，科创板上市中，需要重点关注知识产权问题。本文针对国家及相关部门对企业科创板上市的要求，重点分析科创板上市对企业“科创属性”的要求，总结国有企业科创板上市中常见的知识产权问题，为此国有企业应当加强高质量专利布局、开展知识产权尽职调查、保障知识产权资产完整性，从而促进国有企业顺利登陆科创板。

关键词： 国有企业；科创板；科创属性；知识产权

随着多层次资本市场的日益完善和股票发行注册制的实施，具有发展潜力、专业优势突出的优质国企纷纷选择适合的资本市场上市，上市成为国有资产证券化和资本运营的重要方式。截至 2023 年 8 月，科创板已支持 53 家央企、国企上市，合计首发募集资金达到 1507 亿元。国有企业科创板上市能够充分发挥资本市场服务企业改革发展和优化资源配置的功能，实现产业经营和资本运营融合发展、相互促进。因此，把握科创板对“硬科技”企业的支持，加强对企业科创属性的研究，深入分析国有企业科创板上市中知识产权问题十分必要。

1 科创板上市对知识产权的规定和要求

中国证券监督管理委员会（简称“证监会”）对科创板上市企业知识产权的要求，主要规定在《科创属性评价指引（试行）》中，上海证券交易所（简称“上交所”）在《科创属性评价指引（试行）》的指导下，深入解读企业科创属性，在《上海证券交易所科创板企业发行上市申报及推荐暂行规定》中有所规定，上述两个制度对企业科创板上市知识产权做出基本的要求，其他规定零散分布在信息披露、上市审核问答等制度中。上交所发布的业务指南、流程等文件对科创板上市的企业知识产权披露要求进行了细化。上交所根据《上海证券交易所科创板股票发行上市审核问答》对拟科创板上市的发行人进行实质性个案审核。

证监会、上交所通过构建科创属性评价指标体系、限定发行人的行业领域等对企业的科技创新能力、属性做出要求。

1.1 科创属性评价指标体系

2020 年 3 月，证监会在总结前期审核注册实践的基础上，会同有关部委认真研究论证，出台了《科创属性评价指引（试行）》，制定了“3＋5”科创属性评价指标体系，该指标体系的推出，增强了审核注册标准的客观性、透明度和可操作性，为科创板集聚优质科创企业发挥了重要作用。为加大对具有“硬科技”实力和市场竞争力创新企业的培育，2021 年 4 月证监会修订《科创属性评价指引（试行）》，更加重视科技人才在创新中的核心作用，形成“4＋5”的科创属性评价指标。2022 年 12 月，证监会进一步将发明专利数量指标限定在应用公司主营业务上，并对制度进行了修订。具体修订

作者简介： 曲漾（1996—），女，黑龙江大庆人，硕士研究生，助理工程师，现主要从事知识产权与成果转化工作。

情况如表1所示。

表1 《科创属性评价指引（试行）》修订情况

发布/修订时间	2020年3月	2021年4月	2022年12月
指标一： 支持和鼓励科创板定位规定的相关行业领域中，同时符合下列项指标的企业申报科创板上市	①最近三年研发投入占营业收入比例5%以上，或最近三年研发投入金额累计在6000万元以上；②形成主营业务收入的发明专利5项以上；③最近三年营业收入复合增长率达到20%，或最近一年营业收入金额达到3亿元。	增加“②研发人员占当年员工总数的比例不低于10%”。	将“形成主营业务收入的发明专利5项以上”修改为“应用于公司主营业务的发明专利5项以上”。
指标二： 支持和鼓励科创板定位规定的相关行业领域中，虽未达到前述指标，但符合下列情形之一的企业申报科创板上市	①发行人拥有的核心技术经国家主管部门认定具有国际领先、引领作用或者对于国家战略具有重大意义；②发行人作为主要参与单位或者发行人的核心技术人员作为主要参与人员，获得国家科技进步奖、国家自然科学奖、国家技术发明奖，并将相关技术运用于公司主营业务；③发行人独立或者牵头承担与主营业务和核心技术相关的“国家重大科技专项”项目；④发行人依靠核心技术形成的主要产品（服务），属于国家鼓励、支持和推动的关键设备、关键产品、关键零部件、关键材料等，并实现了进口替代；⑤形成核心技术和主营业务收入的发明专利（含国防专利）合计50项以上。		将⑤修改为“形成核心技术和应用于主营业务的发明专利（含国防专利）合计50项以上”。

上交所发布《公开发行证券的公司信息披露内容与格式准则第41号——科创板公司招股说明书》中强调，发行人作为信息披露第一责任人，应保证披露的相关信息内容真实、准确、完整，特别需要披露重大技术、产品纠纷或诉讼风险，以及资产权属瑕疵等其他影响发行人经营的信息。《上海证券交易所科创板上市公司自律监管规则适用指引第3号——科创属性持续披露及相关事项》第十二条强调科创公司应当及时披露核心技术、主要在研产品的重大进展、阶段性成果，以及主要在研产品上发生的对公司核心竞争力和持续经营能力重大风险事项①。

1.2 发行人行业领域的要求

上交所对《科创属性评价指引（试行）》确定的科创属性评价规则进行细化，在《上海证券交易所科创板企业发行上市申报及推荐暂行规定》中进一步对发行人科创属性、行业领域等做出要求。《上海证券交易所科创板企业发行上市申报及推荐暂行规定》第三条规定，“科创板优先支持符合国家科技创新战略、拥有关键核心技术等先进技术、科技创新能力突出、科技成果转化能力突出、行业地位突出或者市场认可度高等的科技创新企业发行上市”，发行人需要对此进行自我评估，并在招股说明书中详细说明。

另外，《上海证券交易所科创板企业发行上市申报及推荐暂行规定》要求发行人属于新一代信息技术、高端装备、新材料、新能源、节能环保、生物医药及其他符合科创板定位的领域。并且发行人需要根据高新技术产业和战略性新兴产业规划、政策文件，国家统计局《战略性新兴产业分类》和《上海证券交易所科创板企业发行上市申报及推荐暂行规定》确定的科技创新行业领域，结合公司核

① 《上海证券交易所科创板上市公司自律监管规则适用指引第3号——科创属性持续披露及相关事项》第十二条：科创公司应当及时披露核心技术、主要在研产品的重大进展、阶段性成果。科创公司核心技术、主要在研产品发生下列重大风险事项，应当及时披露原因及对公司核心竞争力和持续经营能力的具体影响：

（一）核心商标、专利、专有技术、特许经营权或核心技术许可丧失、到期或出现重大纠纷；（二）主要产品、业务或所依赖的基础技术研发失败或被禁止使用；（三）主要产品或核心技术丧失竞争优势；（四）其他重大风险事项。

心产品及其应用情况等，说明公司属于该行业领域依据和理由。

2 国有企业科创板上市中常见的知识产权问题

通过查阅科创板上市国有企业招股说明书、问询函及回复、法律意见书等文件，总结国有企业科创板上市中常涉及的知识产权问题。

2.1 科创属性不够

证监会在《科创板首次公开发行股票注册管理办法（试行）》第三条中明确指出，“发行人申请首次公开发行股票并在科创板上市，应当符合科创板定位，面向世界科技前沿、面向经济主战场、面向国家重大需求”，强调科创板服务于拥有关键核心技术的高科技企业的定位。查阅上交所对科创板上市国有企业的问询函，发现很多企业的科创属性被质疑，主要体现在：公司独立研发能力不足、研究人员配置及费用投入不足以支持相关技术的研发、形成核心技术和应用于主营业务的发明专利数量较少等。例如，北京神州航天软件技术股份有限公司曾被要求着重阐述公司核心技术“达到国内先进水平”的具体依据及公司的独立研发能力等问题。中电科思仪科技股份有限公司被质疑核心技术来源于实际控制人，此外其研发投入虽然符合证监会对研发投入占营业收入比例不低于5%的基本要求，但低于同行可比公司的平均值。

2.2 知识产权法律纠纷风险高

上交所《公开发行证券的公司信息披露内容与格式准则第41号——科创板公司招股说明书》中强调，发行人存在重大技术、产品纠纷或诉讼风险的，需要在招股说明书中着重披露。通过对相关文件的整理与分析，发行人存在以下的技术、知识产权纠纷会影响科创板上市：①发行人被起诉侵害他人发明专利；②核心技术路线存在侵犯他人专利的情形；③发行人创始股东、董监高和核心技术人员存在违反与原单位的竞业禁止的协议或承诺，导致发行人出现知识产权纠纷或争议；④发行人主要产品和核心知识产权存在其他纠纷或潜在法律风险。

2.3 知识产权资产完整性受质疑

发行人应在招股说明书中分析披露其具有直接面向市场独立持续经营的能力，特别是需要有合法拥有与生产经营有关的商标、专利、非专利技术的所有权或者使用权①。若发行人存在发明专利、国防专利存在与他人共有的情况，需要解释共有专利在发行人业务中的作用，使用共有专利及其相关技术是否会受限或需支付相应对价。若共有专利是主要核心技术，不仅上交所会质疑发行人的核心技术水平，资产完整性也受到质疑。特别是，与同体制内科研院所、事业单位有密切合作的企业，其合作研发项目形成的技术、研发成果归属问题也是科创板上市中备受关注的问题。

3 对国有企业科创板上市知识产权问题的建议

3.1 加强高质量专利布局

企业核心专利与公司核心技术及主业相匹配，数量达标是申报科创板的基本要求。专利申请时间的连续性与合理性是企业研发能力的可持续性的外在体现。根据有关统计，多数申报企业在IPO问询阶段都收到关于企业科创属性、核心技术、研发能力等问题的问询，而企业通常将发明专利、国防专利的数量，所获得国家级、省部级奖项等指标作为说明技术的先进性的依据，可见知识产权不仅是企业研发成果的体现，也是企业将研发投入转化为竞争优势的保障。因此，国有企业在科创板上市之

---

① 上交所《公开发行证券的公司信息披露内容与格式准则第41号——科创板公司招股说明书》第53条、第62条规定。

前，应当建立健全的知识产权管理体系，围绕主营业务与核心技术展开知识产权布局，在增加研发投入的基础上，注意研发布局的合理性，以满足科创板对企业“科创属性”的要求。以专利为例，需要形成主营业务收入的发明专利5项以上，或形成核心技术和主营业务收入的发明专利50项以上。成功上市的国有企业，如中国铁建重工集团股份有限公司、中国铁路通信信号股份有限公司、中船（邯郸）派瑞特种气体股份有限公司等企业都拥有完善的知识产权体系，高质量的知识产权布局，在首轮问询中不存在知识产权方面的问题，也不存在影响科创板上市的知识产权问题。

3.2 开展知识产权尽职调查

国有企业科创板上市前，应当进行知识产权尽职调查工作，按照上交所规定的信息披露准则，对知识产权可能涉及的法律风险、知识产权资产的构成、知识产权权属情况、知识产权与主营业务、核心技术之间的关系进行调查。一方面，不仅有利于企业充分把握自身知识产权情况，及时进行知识产权管理与保护，解决知识产权纠纷，还能保证在招股说明书中对知识产权信息披露的完整。另一方面，将知识产权尽职调查作为科创板上市等工作的前置程序，能够提高企业决策精度，提高成功概率，防范经营风险。

3.3 保障知识产权资产完整性

从以上分析可知，国有企业中合作研发项目形成的技术、研发成果的权属是否单一固定，将会影响知识产权资产的完整性。通常在合作研发项目合同中，合作方会规定知识产权属于双方共有，因此拟科创板上市企业应当尽量避免通过合作研发获得的核心技术。此外，有部分国有企业利用其出资方的资金进行项目的集中研发，此部分项目成果的知识产权一般归属于资金的出资方，但实际成果的使用权、收益权由研发单位掌控，出资方通常不会要求收回此部分成果的知识产权，仅在涉及国家重大利益情况下行使相关的知识产权的权益，因此应当将双方的权利义务在技术研发合同中加以固定，避免影响拟上市企业资产的独立性及业务的拓展。

参考文献：

[1] 钱明月，宋鑫．科创板审核问询中知识产权问题的企业风险及对策研究［J］．改革与开放，2022，580（7）：27－33.

[2] 姚李英，朱翊．科创板与企业知识产权管理［J］．中国工业和信息化，2020，25（7）：78－82.

[3] 专精特新服务联合体：科创板上市这些知识产权问题要注意［J］．中小企业管理与科技，2022，681（12）：27.

[4] 李秀改，马婷．浅析科创板企业知识产权相关问题及对策［J］．中国发明与专利，2019，16（10）：62－65.

[5] 邓云云．专利质量对科创板上市企业发展影响实证研究［D］．武汉：华中科技大学，2020.

[6] 刘逸云．科创板知识产权信息披露问题研究［D］．南京：南京大学，2020.

Research on intellectual property rights of state – owned enterprises listed on star market

QU Yang, YANG An-qi, WANG Zi-wei

(China Institute of Nuclear Industry Strategy, Beijing 100048, China)

Abstract: Since the establishment of Star market and the pilot registration system at the Shanghai Stock Exchange, China has truly ushered in the financing autonomy of high – tech industries, which has provided important assistance for China's financial market to better serve the development of high – tech enterprises in China. The CSRC stressed in several documents that Star market serves the positioning of high – tech enterprises with key core technologies. As the highland of innovation and development, state – owned enterprises have the characteristics of technology – intensive. In the listing of Star market, it is necessary to focus on intellectual property issues. In view of the requirements of the state and relevant departments for the listing of enterprises on Star market, this paper focuses on the analysis of the requirements of the listing of enterprises on Star market for the "scientific and technological innovation attribute" of enterprises, and summarizes the common intellectual property problems in the listing of state – owned enterprises on Star market, State – owned enterprises should strengthen the layout of high – quality patents, carry out intellectual property due diligence, and protect the integrity of intellectual property assets, so as to promote the smooth listing of state – owned enterprises on the Star market.

Key words: State-owned enterprises; Star market; Scientific and technological innovation attribute; Intellectual property right

商标管理战略及其适用性研究

王宁远，任　超，董和煦，闫兆梅

（中核战略规划研究总院，北京　100048）

摘　要：商标作为品牌的重要组成部分，起到了区分和识别品牌的作用，是企业形象的重要载体，也是最常见、对消费者影响最大的表现形式，可看作是狭义的品牌。研究商标管理及布局情况和策略，有助于提高企业的商标管理水平和能力，推进企业的商标品牌建设。为助力核行业商标品牌建设，本文首先调研国内外知名企业的商标管理案例，研究商标管理战略分类及其优缺点，并进行商标管理战略分类适用性研究，为制定商标管理战略提供一定的借鉴意义，助力我国知识产权事业发展和知识产权强国建设。

关键词：商标战略；商标管理；知识产权管理

商标，具体指的是任何能够将自然人、法人或者其他组织的商品与他人的商品区分开的标志，既是企业知识产权的一种，又是企业重要的无形资产和企业核心竞争力的构成部分。2021 年 9 月，中共中央、国务院发布了《知识产权强国建设纲要（2021—2035 年）》，为我国知识产权事业未来十五年的发展做出了重大的顶层设计，为我国知识产权强国建设做出了整体部署，对知识产权工作具有重要的指导意义。

《知识产权强国建设纲要（2021—2035 年）》指出，要推进商标品牌建设，加强驰名商标保护，发展传承好传统品牌和老字号，大力培育具有国际影响力的知名商标品牌[1]。

商标作为品牌的重要组成部分，起到了区分和识别品牌的作用，是企业形象的重要载体，也是最常见、对消费者影响最大的表现形式，可看作是狭义的品牌。而品牌如果没有从法律上进行注册商标保护，则失去了建设和发展的基石，犹如空中楼阁、岌岌可危。可以说商标是品牌建设的基石，品牌则是商标存在的目的[2]。因此，研究商标管理及布局情况和策略，有助于提高企业的商标管理水平和能力，推进企业的商标品牌建设。

本文针对商标管理战略开展研究分析，通过调研国内外知名企业的商标管理案例，研究商标管理战略分类及其优缺点，并进行各商标管理战略分类的适用性研究，给出商标管理战略建议，为企业的商标品牌建设的推进和培育提供理论支撑与保证，提高企业的商标管理水平和能力，推进企业的商标品牌建设。

1　国内外知名企业商标管理案例

企业商标管理，一般可包括两方面的含义：一是从法律角度，指的是企业对于其品牌相关的商标注册、规范使用、维护等过程；二是从市场角度，指的是企业为了提高消费者对产品的辨识率、提高其市场占有率和品牌价值，在生产经营的各个环节所进行的商标规划、布局、使用、保护的过程[3]。

1.1　诺基亚公司商标管理分析

诺基亚公司作为主营移动通信设备生产和相关服务的跨国公司，虽然因为没有跟上市场和时代的发展导致其在通信市场上几乎销声匿迹，但因为其优秀的品牌和知识产权运营策略，每年仍能实现不菲的营收。2021 年，诺基亚公司实现了 222.02 亿欧元（约合人民币 1565.24 亿元）的出售金额，较

作者简介：王宁远（1989—），女，河北保定人，硕士，中核战略规划研究总院有限公司职员，研究方向为知识产权。

上年同期增加 2%，净利润 16.23 亿欧元（约合人民币 114 亿元）[4]。诺基亚公司在华部分注册商标情况如表 1 所示。

表 1　诺基亚公司在华部分注册商标情况

商标	类别	类别数量	商标数量
NOKIA	1，2，3，4，5，6，7，8，9，10，11，12，13，14，15，16，17，18，19，20，21，22，23，24，25，26，27，28，29，30，31，32，33，34，35，36，37，38，39，40，41，42，43，44，45	45	152
诺基亚	1，2，3，4，5，6，7，8，9，10，11，12，13，14，15，16，17，18，19，20，21，22，23，24，25，26，27，28，29，30，31，32，33，34，35，36，37，38，39，40，41，42，43，44，45	45	139

从表 1 中可看出，诺基亚公司在华的商标注册及管理围绕其核心商标“NOKIA”和“诺基亚”进行，属于其企业商号的中英文。在诺基亚公司的生产和经营活动中，均使用这 2 个核心商标对其所生产的产品和提供的服务进行标识和区分，商标的管理也是围绕这两个核心商标所开展的。

1.2　奇虎公司商标管理分析

奇虎公司作为我国有代表性的互联网公司，因其互联网性质所致，该公司的商标注册量大、侵权事件的发生概率远高于传统的实体企业。奇虎公司在国内部分注册商标情况如表 2 所示。

表 2　奇虎公司在国内部分注册商标情况

商标	类别	类别数量	商标数量
360	1，2，7，9，10，11，12，14，18，21，28，30，35，36，37，38，41，42，44，45	20	146
奇虎	9，10，11，14，15，16，17，18，19，20，21，22，23，24，25，26，27，28，29，31，32，34，35，37，38，40，41，42，44，45	30	33
奇酷	7，8，9，11，12，14，16，21，25，28，35，37，38，41，42，44，45	17	24
360 儿童	9，10，11，12，14，16，18，21，28，35，36，38，41，42，45	15	24
360 金融	9，35，36，41，42	5	25
360 搜索	9，35，36，38，41，42，45	7	24
＋360	1，9，11，12，39，41，42	7	12
三六零	9，35，38，41，42，45	6	9
三六零安全大脑	9，35，36，38，41，45	6	6
奇虎 360 安全卫士	9，38，42	3	6
360 安全中心	9，35，42	3	6

从表 2 中可看出，奇虎公司在国内的商标注册及管理围绕其 2 件核心商标“360”和“奇虎”及其相关变形进行的，其中，“奇虎”属于其企业商号。从奇虎公司的商标布局中可看出，其以“360”和“奇虎”及其相关变形作为母商标，并根据其产品的用途、功能等性质分别注册以母商标为基础的各种子商标，如“360 金融”“360 安全中心”等。子商标仅按照其产品需求在对应的类别进行注册；而母商标的注册类别远多于子商标，倾向于 45 类全类注册，以避免被抢注的风险。

1.3　中粮集团商标管理分析

中粮集团因其横跨农产品贸易、生物质能源开发、食品生产加工、地产、物业、酒店经营及金融服务等领域，其注册商标呈多点开花形式。中粮集团在国内部分注册商标情况如表 3 所示。

表 3　中粮集团在国内部分注册商标情况

商标	类别	类别数量	商标数量
中粮	1，2，3，4，5，6，7，8，9，10，11，12，13，14，15，16，17，19，20，21，22，23，24，25，27，28，29，30，31，32，33，34，35，36，37，38，39，40，41，42，43，44	42	58
COFCO	1，2，3，4，5，6，7，8，11，13，14，16，17，18，20，21，22，23，24，25，26，27，29，30，31，32，33，35，36，37，38，39，40，41，42，43，44	37	40
中粮保供	1，3，4，5，9，10，11，14，16，18，20，21，22，24，25，27，29，30，31，32，33，35，36，37，39，40，41，42，43，44	30	30
福临门	3，5，14，21，24，28，29，30，31，35，39，40，41，42	14	32
GREATWALL	33	1	19
滋采	29，30，31，33，35，40，43	7	16
长城	35	1	12
特美	7，14，16，17，20，29，30，32，35，40，42	11	11
天赋葡园	29，30，31，32，33，35，43	7	8
中粮生化	1，5，29，30，31，32，39	7	11
中粮大悦汇	9，14，35，42	4	4
COFCO TEA	21，30，35，43	4	4
长城葡萄酒 GREATWALL	33	1	4
长城干红葡萄酒 BACCHUS GREATWALL	33	1	1
长城干白葡萄酒 经典·蓝标 GREATWALL	33	1	1
福临门福至心礼	29，30	2	2
福临门世界好面	30	1	1
福临门优选好面	30	1	1

从表 3 中可看出，中粮集团在国内的商标注册呈多元化结构，根据其产品线的设置分别注册了多个单独的商标作为该产品线的母商标，如在葡萄酒系列中均采用“长城”“GREATWALL”作为该产品线的母商标，并下设多个子商标，如“长城葡萄酒 GREATWALL”等；在粮油系列中采用“福临门”作为该产品线的母商标，并下设多个子商标，如“福临门福至心礼”等。

2　商标管理战略分类

根据企业的发展规划、产品情况及市场环境，不同企业根据其自身情况会采用不同的商标管理战略，以达到企业品牌形象的提升、市场占有率的提高。通过调研的知名企业的商标管理情况和现状，对其商标管理战略进行分析分类，确定商标管理战略的类型及其优缺点，能够为企业商标管理战略的制定提供一定的借鉴意义。

2.1 单一商标管理战略

通过调研分析诺基亚公司的商标管理情况可知，其贯彻的是单一商标管理战略，即在其所生产的所有产品上均使用同一件商标的战略模式[5]。根据其市场和品牌发展的情况，可分析得知，采用单一商标管理战略能够将企业宣传中心集中，企业的品牌形象建设易于发力，有利于市场影响力和知名度的迅速提升和扩大。此外，在推出新产品时也能够利用该单一商标的知名度和影响力，迅速起到消费者识别商品来源的作用，无须过多宣传便会得到消费者的信任，降低宣传的成本。但单一商标管理战略也存在其明显的不足之处，企业品牌均以该单一商标为基础，一旦某一商标出现问题，则会影响企业的整体形象，一荣俱荣一损俱损。

此外，诺基亚公司的单一商标管理战略是以其商号作为商标进行的，有助于其企业知名度的快速提升。但就我国的大多数企业而言，将商号作为单一商标存在一定的弊端：一是企业商号的显著性一般较低，注册商标的成功率无法保证，容易造成企业商标战略失去根基，影响企业的品牌建设和生产经营；二是商号一般不具备唯一性，如果围绕商号进行母子商标体系的构建，容易导致消费者对商品来源产生混淆，不利于企业的市场竞争力和品牌影响力的提高。究其原因，一方面在于中国商标申请量大，商标显著性要求较高；另一方面在于企业商号一般具有对其行业属性的描述或者对其目标的憧憬等，重复度较高。

2.2 母子商标管理战略

通过调研分析，奇虎公司的商标管理策略是围绕其构建的母子商标体系进行的，可称其为母子商标管理战略。奇虎公司对母商标、子商标进行差异化的保护和管理，按照对品牌战略的重要性，将重要程度高的核心商标“360”作为母商标进行保护，并围绕其构建其他产品线的子商标，子商标在母商标的基础上增加用于标识其特定产品的用途、功能、成分、品质等性质的文字，分别对其不同产品线的产品进行标识，构成母子商标体系。母子商标管理战略的优势是利用母商标建立其不同产品线之间的联系，实现多产品线的联动发展，共同促进以母商标为核心、子商标为分支的商标品牌建设；用子商标来区分不同的产品线，母子商标协同发展，形成合力共同作用助力企业市场竞争力的提升。

除了“360”之外，奇虎公司将其商号“奇虎”作为核心商标在多个类别进行的注册保护，从商标角度对其企业商号进行保护，还以“三六零”、“奇虎”和“奇酷”为母商标构建了另一套母子商标布局体系，对其商标体系进行扩充。也就是说，在母子商标管理战略中，可根据企业的发展规划、产品情况及市场环境，以一个或多个核心商标为母商标，建立多个母子商标体系，灵活运用。

2.3 多商标管理战略

从中粮集团的商标管理情况分析可知，其制定的是围绕多个核心商标多点开花的多商标管理战略，在不同的产品、服务领域分别使用不同的注册商标，每个商标面向不同类型的消费者，突出每类产品不同的个性和特点，从而满足不同消费者的消费习惯，有利于引导消费者购买符合其消费习惯的产品。

多商标管理战略虽然能够通过每个核心商标对其产品进行精准定位、适应市场的差异性、灵活性高，但其缺点也较为明显：一是，多商标管理战略的管理难度大，容易出现商标相互冲突的情况，风险较大；二是，多商标管理战略的宣传成本高、新的核心商标构建不易；三是，企业的商标品牌建设分散，没有合力，造成企业资源的分散，不利于明确企业的核心价值。

3 商标管理战略适用性分析

3.1 单一商标管理战略适用于产业较为单一的企业

单一商标管理战略的优势在于可以将企业的宣传和品牌建设力度集中在一点，因此，在产业单一型企业中采用单一商标管理战略，能充分发挥该战略的优势，并且避免了该战略存在的一荣俱荣一损俱损的劣势，更有利于其企业形象的彰显，提高企业的核心竞争力。例如，香奈儿作为单一型奢侈品相关产业的企业，采用单一商标管理战略能加速提高其品牌知名度和企业影响力。

另外，单一商标管理战略还适用于需要整合业务资源的企业，通过单一商标管理战略重点推进核心商标的建设，加快业务资源的整合进度，更专注于其核心商标的建设与打造，有利于企业核心价值观的统一。

3.2 母子商标管理战略适用于同一产业链条内多产品线协同发展的企业

母子商标管理战略是围绕着母子商标体系进行的，将核心商标作为母商标，在母商标的基础上增加用于标识其特定产品性质的文字构成子商标。因此，在同一产业链条内多产品线协同发展的企业中采用母子商标管理战略的优势是可以利用母商标对其产业链条进行统一标识，有利于消费者辨识该同一产业链条内的产品线均隶属于该企业；同时，利用母子商标之间的关联，也可以将多个产品线均关联至该产业链条和该企业，实现多产品线的联动发展，利于消费者分辨产品线、链条及企业之间的联系。

此外，在多产业链条的企业中实施母子商标管理战略还能协助企业对不同产业链条进行区分管理，在不同的产业链条中采用不同的母子商标体系统，提高消费者对于其不同产业链条之间的识别度。多产品线协同发展的企业采用母子商标管理战略可以充分发挥其优势，并利用其商标体系特点充分助力企业发展，提高企业的知名度和辨识度，助力企业的商标品牌建设。

3.3 多商标管理战略适用于产品和消费者类型多样化的企业

多商标管理战略因其具备定位精准、灵活性高及适应市场差异性的优点，较适用于产品和消费者类型多样化的企业。企业可以通过在不同的产品、服务类型上分别使用不同的注册商标，通过商标区分产品类型及其受众，对不同类型的消费者进行分类指引。采用多商标管理战略，可以使得企业的宣传手段更具有针对性。

例如，宝洁集团就是典型的产品和消费者类型多样化的企业，也是实施多商标管理战略的杰出代表。宝洁集团通过将同一个产品划分出多个细分市场，面对不同的市场采用互不相关的商标以便消费者识别，以满足不同类型、不同需求的消费者。

《知识产权强国建设纲要（2021—2035 年）》的印发，表明我国对知识产权工作的日益重视，正大力推进具有国际影响力的知名商标品牌。商标作为品牌的重要体现形式和外在表现，在面临市场竞争日益激烈的境况下，企业应制定适应其发展和自身情况的商标管理战略。商标管理战略的制定应与国家发展战略与宏观政策相适应，并依托国家法律制度，在对企业发展现状和未来发展目标充分认识的基础上，从全局、从长远角度有针对性地研究制定，并符合企业的总体战略布局和站位。

通过调研知名企业的商标管理案例，研究商标管理战略分类及其优缺点，并进行各商标管理战略分类的适用性研究，为企业商标管理战略提供理论支撑，为企业无形资产的增值和企业形象的构建提供支撑，有助于提升企业品牌价值，助力我国的知识产权事业发展和知识产权强国建设。

参考文献：

[1] 知识产权强国建设纲要（2021—2035 年）[J]．知识产权，2021（10）：3 - 9.

[2] 罗仕华．基于品牌竞争力的企业商标价值评估研究 [D]．兰州：兰州财经大学，2018.

[3] 简立．C 食品企业商标管理风险评价及防范对策研究 [D]．重庆：重庆理工大学，2021.

[4] NOKIA. Nokia Corporation Financial Report for Q4 and full year 2021[EB/OL]．(2022 - 02 - 03) [2023 - 09 - 10]. https：//www. nokia. com/about - us/news/releases/2022/02/03/nokia - corporation - financial - report - for - q4 - and - full - year - 2021/.

[5] 张芊，白洋，李萍．国内外优势企业商标战略模式分析及启示[EB/OL]．(2015 - 05 - 25)[2023 - 09 - 10]. https：//www. cnipa. gov. cn/art/2015/5/25/art _ 1415 _ 133153. html.

Research on trademark management strategy and its applicability

WANG Ning-yuan, REN Chao, DONG He-xu, YAN Zhao-mei

(China Institute of Nuclear Industry Strategy, Beijing 100048, China)

Abstract: As an important component of a brand, a trademark plays a role in distinguishing and identifying the brand. It is an important carrier of corporate image and the most common and influential form of expression for consumers. It can be seen as a narrow definition of a brand. Studying the management and layout and strategies of trademarks can help improve the level and ability of trademark management in enterprises, and promote the construction of trademark brands. In order to assist in the construction of trademark brands in the nuclear industry, this article first investigates the trademark management cases of well-known enterprises at home and abroad, studies the classification of trademark management strategies and their advantages and disadvantages, and conducts a study on the applicability of the classification of trademark management strategies, providing certain reference significance for the formulation of trademark management strategies, and assisting the development of China's intellectual property industry and the construction of an intellectual property power.

Key words: Trademark strategy; Trademark management; Intellectual property management

军民两用重要核材料技术发展态势研究

张　俊

（中国工程物理研究院科技信息中心，四川　绵阳　621900）

摘　要：军民两用重要核材料相关技术是未来核工业能力升级和核装备更新换代的重要基础，同时也是国家高新技术创新能力的综合体现，主要包括铀、钚、氚等，它们在核、航空、航天和舰船等技术领域有着广泛的应用。近年来，军民两用重要核材料技术发展取得了新的技术突破，材料性能不断提高，国内外围绕军民两用重要核材料的新概念新原理的探索日益活跃，核材料技术呈现出蓬勃发展的态势，使其在工业、能源、科学应用等民用领域的研究日益广泛。本文梳理了军民两用重要核材料的制备技术及应用技术的发展脉络，分析了国内外军民两用重要核材料专利技术的整体发展态势，研究发现：①目前，国外军民两用重要核材料的技术发展已经趋于成熟，而我国仍处于快速发展阶段；②全球相关专利主要集中在铀钚的分离纯化技术、氚提取和回收技术、核燃料元件制造、乏燃料后处理技术及放射性废物处理技术；③重要的研发机构，如原子能和替代能源委员会、英国原子能管理局的专利布局方向在铀的分离技术、铀燃料元件的制备方法方面。基于上述分析，笔者给出了军民两用重要核材料的技术发展趋势，并提出我国未来在核材料领域的研发重点方向，以期为从事该领域研究的人员提供参考和借鉴。

关键词：军民两用重要核材料；制备技术；应用技术；发展态势

军民两用重要核材料包括铀、钚、氚等，这些材料都是以某种形式的同位素而存在的特种物质，同位素铀-235、钚-239、氚的核裂变或核聚变特性为武器的制造奠定了物质与技术基础[1]。核材料相关技术作为一项军民两用的高技术，其研发不仅支撑了武器、核动力舰船等重要武器装备的发展，也促进了核技术在能源、工业、科研等方面的广泛应用。

近年来，军民两用重要核材料相关技术不断取得突破和新进展，我国军民两用核材料专利申请量也不断攀升，但是当前国内并未针对军民两用重要核材料技术开展过系统深入的专利分析工作，因此，有必要从专利技术情报的研究角度，分析军民两用核材料专利技术的发展态势、技术构成、研究热点、主要专利申请人的布局情况等，以期为从事该领域研究的人员提供参考和借鉴。

1　主要研究进展

目前，美、英、法等国家均掌握了成熟的铀、钚、氚等核材料的生产技术，储备了大量核材料，同时为了确保维持战略威慑能力，保持核材料生产技术的先进性，这些国家继续推进核材料生产技术的发展。由于氚的半衰期仅有 12.26 年，需要长期补充，因此美国开发了商业压水堆产氚技术，日本也掌握了先进的后处理技术，并且还掌握了气体离心铀浓缩技术[1]。

为保证库存核材料的安全，各国积极开发核材料安全贮存，尤其是钚的安全贮存技术。此外，钚材料的老化可能对武器的安全性、可靠性和性能产生严重影响，各国非常重视老化钚处理技术研究[2]。美国积极提升高浓铀、钚加工能力，并且提出了高效能低排放创新型钚-238 制备技术等[3]。

2　数据来源

为了分析军民两用重要核材料专利的发展情况，采用 Innography 作为数据来源和分析工具，以“uranium”“plutonium”“tritium”为关键词，在题目和摘要中进行检索，共检索到全球相关专

作者简介：张俊（1994—），女，四川绵阳人，研究实习员，主要从事知识产权研究与服务。

利 17 538 件，检索日期截至 2022 年 3 月 11 日，选择每件专利只保留一个最新公开的文本，最后得到 13 412 件专利结果。

3 军民两用重要核材料专利技术发展态势分析

3.1 专利申请量的年度发展趋势

图 1 显示了军民两用重要核材料全球专利申请趋势，从图中可以看出，军民两用重要核材料相关专利最早出现在 1923 年，由德国 URSULA DIEBNER GEBR SACHSSE 申请，该专利公开了一种反应堆，从 1923—1943 年，军民两用重要核材料专利都较少，只零星地出现过几件；从 1944 年开始，相关专利数量逐渐开始增多；经过 36 年左右的缓慢发展，从 1959 年开始，年专利申请量保持在 100 多件，军民两用重要核材料专利技术进入稳定发展阶段。从 2006 年开始，专利数量出现了明显的增长趋势，军民两用重要核材料专利技术进入快速发展阶段。由于专利申请具有一定的滞后期，所以 2020 年和 2021 年的数据仅做参考。

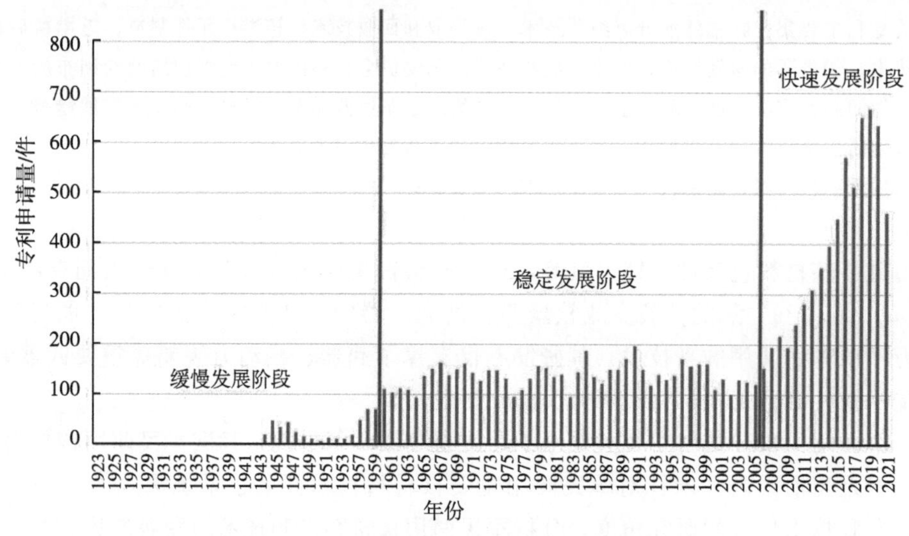

图 1 军民两用重要核材料全球专利申请趋势

上述技术发展态势与军民两用重要核材料技术本身的发展历程较为吻合：

缓慢发展阶段（1923—1958 年）：20 世纪 30 年代，核能的利用被提上日程，20 世纪 40 年代初，美国开始了核技术研究和核工业创建，并先后建立了生产钚的反应堆及气体扩散和电磁分离铀厂等。这一阶段的理论研究及应用技术的探索为后续核工业的发展奠定了基础。

稳定发展阶段（1959—2005 年）：20 世纪 60 年代后，世界上许多国家开始重视核技术和核工业的发展，一方面将核能利用作为船舰的动力，另一方面建设核电站。这一阶段实现了核科学技术从军事利用到和平利用的重大转变。

快速发展阶段（2006 年至今）：进入 2000 年后，随着核技术的成熟，核工业的发展突飞猛进，核技术的应用渗透到了能源、工业、农业、医疗、环保等各个领域。

迄今为止，中国在军民两用重要核材料领域累积的专利数量领先于其他国家。中国虽然起步较晚，但是发展很迅速，特别是在 2010 年之后，专利技术蓬勃发展，专利的年均申请量遥遥领先于其他国家（图 2）。美国的军民两用重要核材料专利技术发展得较早，从 1966 年开始，相关专利技术逐渐发展起来，并且呈现稳步上升的趋势，1982—1987 年，出现了短暂的回落，之后专利技术又迅速发展，在 1995 年达到顶峰，接着专利技术经过曲折式的发展又在 2008 年达到顶峰。

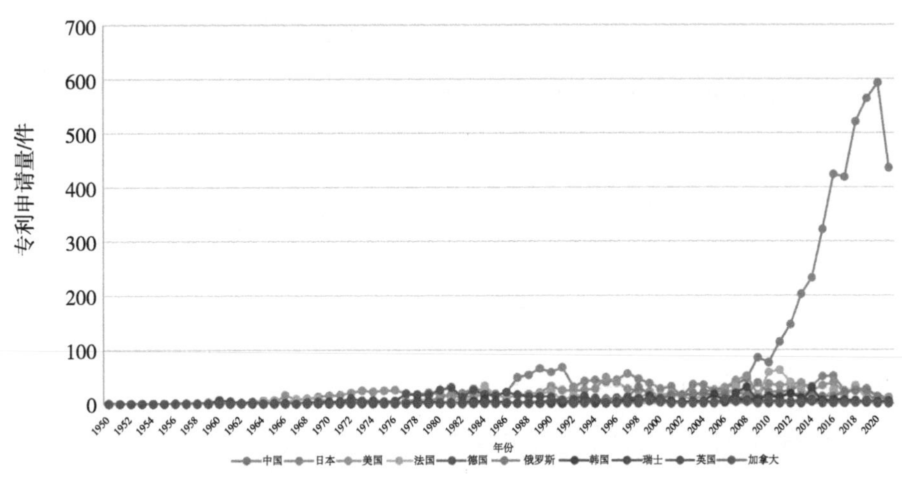

图 2　军民两用核材料主要专利技术来源国专利的年均申请量发展趋势

3.2　重要专利技术分布及技术领域热点情况

根据军民两用重要核材料技术分类，按照铀、钚、氚等类别分别对 13 412 件专利进行解读分析，图 3 统计了军民两用重要核材料的专利技术分布情况。由图 3 可知，主要专利都集中铀、钚作为反应堆燃料的应用及乏燃料后处理，进一步分析，得到子类涉及铀的氧化物/碳化物等陶瓷型燃料、反应堆燃料中钚的回收、将钚制成混合氧化物燃料的方法、氚的回收利用、含氚废水的处理装置等。总的来看，在所有专利中，申请最多的技术分支主要是铀及其化合物的制备与应用及从乏燃料中提取铀的工艺，即铀的制备技术和应用技术是军民两用重要核材料领域的研究重点，剩余的专利主要分布在钚、氚在反应堆中的应用及相关的分离纯化工艺。

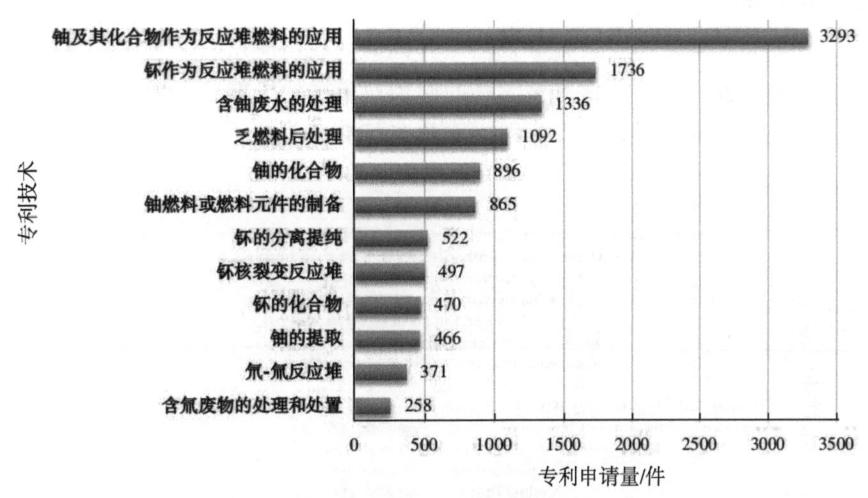

图 3　军民两用核材料的专利技术分布情况

基于 Innography 的关键词聚类，分析军民两用重要核材料技术领域的研究热点，如图 4 所示。图 4 是热点聚类图，由图可知军民两用重要核材料领域的专利技术热点主要包括：铀钚的分离、提取、纯化研究、含铀废水的处理研究、烧结二氧化铀芯块研究、乏燃料中钚的回收研究等。

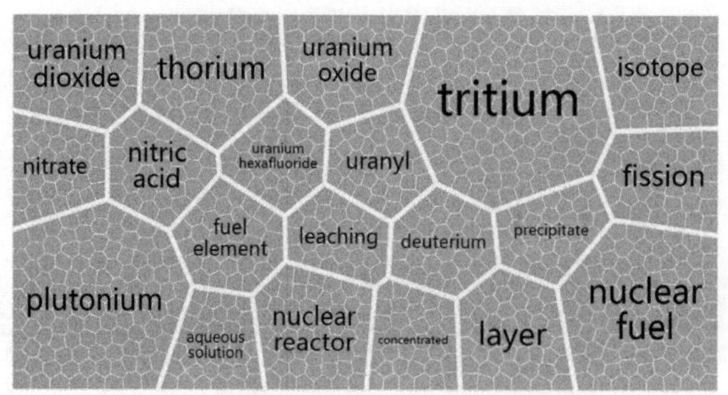

图 4　军民两用核材料专利热点聚类图

3.3　重要研发机构的专利布局及技术热点情况

军民两用重要核材料专利技术领域的重要研发机构如图 5 所示，专利申请量最多的是法国原子能和替代能源委员会，其次是英国原子能管理局。除此之外，排名靠前的主要是美国原子能委员会、日本的东芝公司、日立公司、美国的通用电气公司、西屋电气公司、美国能源部等。其中，美国原子能委员会和通用电气公司是最早发展军民两用重要核材料专利技术的机构（图 6），英国原子能管理局在 1944—1973 年发展较为迅速，之后专利数量明显减少，表明相关技术已相对成熟。从 2001 年至今，法国原子能和替代能源委员会在军民两用重要核材料专利技术方面的发展领先于其他机构。

不同研发机构的技术侧重点有所不同。如图 7 所示，原子能和替代能源委员会主要集中在 G21C、C01G 和 B01D 方向，G01N 和 C01B 方向比较少，即主要关注军民两用重要核材料的制备与相关化合物的研究及其作为核燃料的应用研究，军民两用重要核材料在核分析方面的应用研究较少；英国原子能管理局主要集中在 G21C 和 C01G 方向，即军民两用重要核材料作为反应堆燃料的应用及其相关金属化合物的研究，专利分布较少的是 G01T、G01N 和 G21F 方向，即在军民两用重要核材料的辐射效应与应用方面的研究较少；美国原子能委员会和通用电气公司主要集中在 C01G 和 G21C，与英国原子能管理局关注重点类似。

比较来看，原子能和替代能源委员会研究热点有钚的回收与应用、乏燃料的后处理、核燃料；东芝公司主要研究了氚的聚变、铀钚等作为核燃料的应用；英国原子能管理局主要研究热点是钚的制备与应用、铀的提取和纯化、核燃料；日立公司主要热点是钚和氚的制备与应用；美国原子能委员会主要研究钚的回收及其应用。

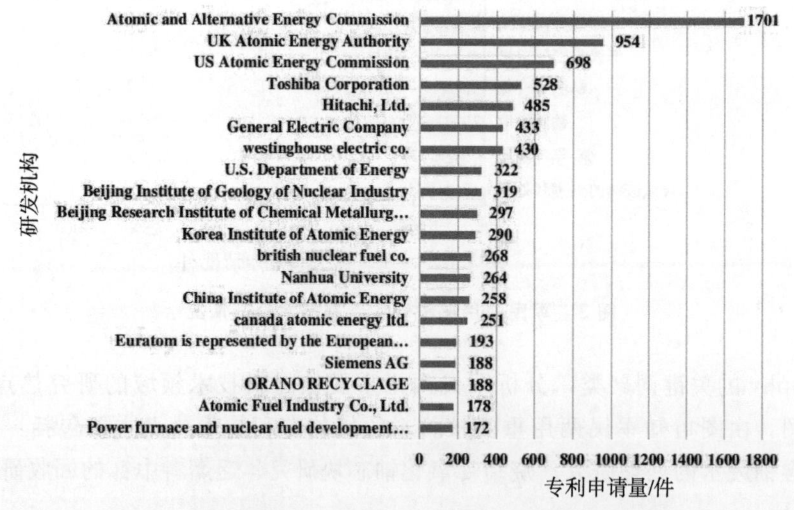

图 5　军民两用核材料专利技术领域的重要研发机构情况

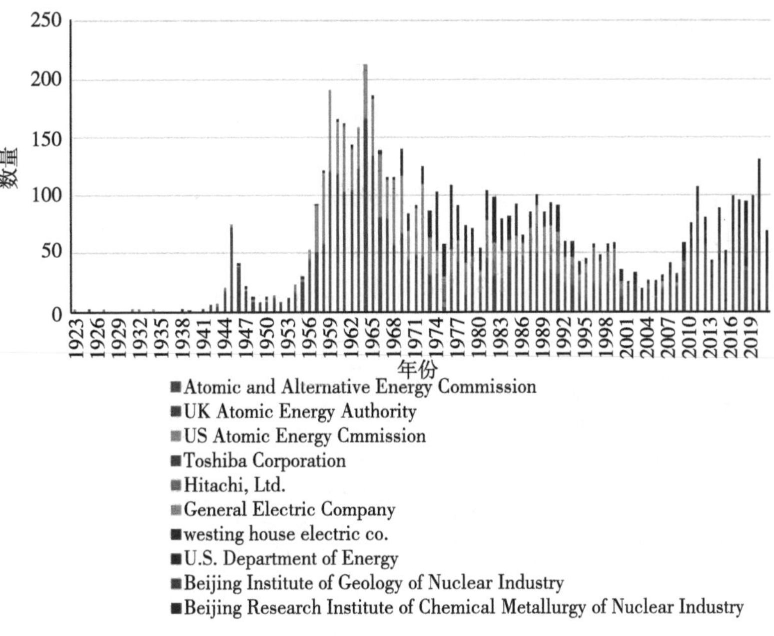

图 6　军民两用核材料专利技术机构发展趋势

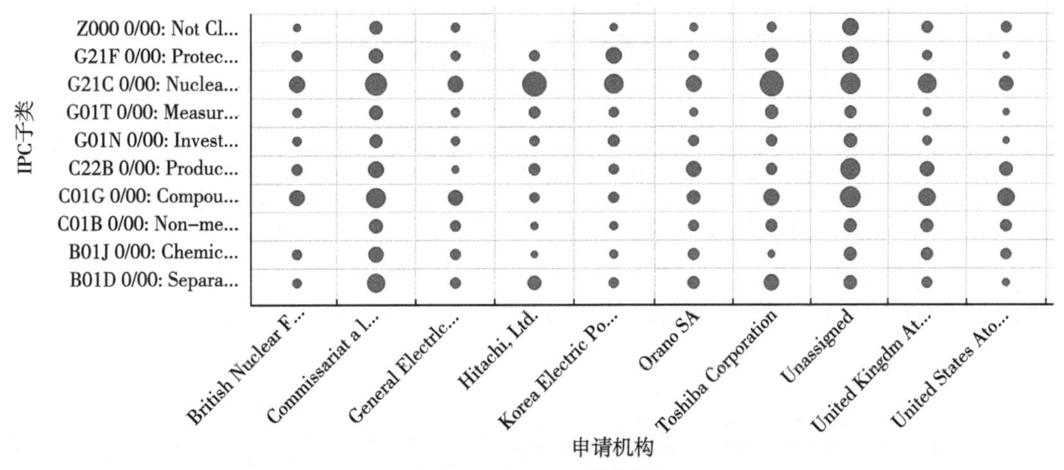

图 7　主要申请机构的 IPC 分布情况

3.4　专利技术发展路线

图 8 和图 9 筛选了在不同阶段具有代表性的军民两用重要核材料相关专利，筛选这些专利的标准为在该阶段新出现的专利技术或者出现次数较多的专利技术，通过综合分析各个阶段侧重或者聚焦的专利技术，可以获得军民两用重要核材料专利技术的大致发展路线。

以军民两用重要核材料的制备技术为例，在铀、铀合金或者铀化合物的制备方面，美国在 1923—1932 年就已经开展了铀制备技术的研究，在铀矿石的提取工艺方面做了许多奠基性的工作，其中涉及铀的电解提纯技术、纯化转化技术、分离浓缩技术等，这些技术的积累，促进和发展了铀在武器上的应用，同时也奠定了美国在武器研制领域的领先地位。随后，英国、日本、法国等国也相继赶上，在已有专利技术的基础上持续地进行改进和深化，并且随着铀从军事领域的应用逐渐发展过渡到民用领域，铀的提取、分离、浓缩等工艺技术也在不断地更新。近年来，中国在铀的分离方法、铀合金的熔炼工艺等领域具有较强的专利实力。

图 9 展示了铀、钚应用技术的发展历程。基于检索到的专利情况，将铀和钚在核能发电领域的应用分为反应堆的设计、核燃料的设计与制备、核燃料元件或组件的制备、乏燃料后处理、放射性废物的处置 5 个技术分支。以乏燃料后处理这个技术分支为例，美国最早开始这方面的研究，并且当时的主要目的是为了回收能够制造原子弹的钚，随后，英国也开始进行以提取钚为目的的后处理技术开发，美国在早期引领着世界的乏燃料后处理技术，之后，日本也在乏燃料后处理技术领域进行了持续的研究，改进和开发了新的技术，而由美国开发的普雷克斯法仍然是当今后处理法的主流技术，目前我国的后处理技术与国外先进水平相比还有一定的差距。此外，铀和钚在核能动力及武器制造领域的专利相对较少。

	技术分支	1923—1942	1943—1962	1963—1982	1983—2002	2003—2022
军民两用重要核材料的制备	铀、铀合金、铀化合物的制备	US1814721A-韧性铀的制备；US2173523A-从矿石中获得铀和钒的工艺；US2519792A-电解生产金属铀	GB790991A-铀铌合金；US2894827A-铀的分离工艺；GB1220441A-铀同位素浓缩的改进	US3511620A-分离铀同位素的离子交换法；GB1212449A-一种气体离心机和一种浓缩铀 235 的方法；US4734177A-激光同位素分离	WO1984004912A1-从海水中提炼铀的方法；US4567025A-铀同位素的化学分离方法；US4935200A-高密度、高强度铀钛铪合金	US4567025A-铀同位素的化学分离方法；US4935200A-高密度、高强度铀钛铪合金；CN103981364B-一种铀钒分离方法
	钚及其化合物的制备	GB854818A-镎和钚的生产工艺	US2917382A-从铀中分离钚；GB880919A-钚提取工艺；GB855490A-浓缩钚的方法	GB1084936A-钚的电解精炼；GB1092896A-钚的热处理；GB2080268A-氧化钚的制备	EP0251399A1-钚的分离方法；RU2131477C1-军用钚的加工方法；JP2001337192A-一种铀钚混合氧化物粉末的生产方法	RU2307794C2-从铀中提炼钚的方法；CN104004928B-一种钚的纯化浓缩方法；JP2019215166A-钚同位素的分离方法
	氚的制备		US3079317A-氚的生产；US3037922A-传热及产氚系统	US3957597A-从熔融金属锂中回收氚的方法；US3904500A-从水中分离氢同位素；US4173620A-氚的提取方法	JP1986249531A-分离浓缩氚的方法；RU2088312C1-氦氚分离装置；US5768329A-用于生产氚的加速器装置	JP2010006637A-多级氚浓缩器及氚浓缩法；CN105347305B-一种氚气纯化系统；US20140138257A1-从液态金属冷却剂中提取氚的系统

图 8　军民两用重要核材料制备技术发展路线

	技术分支		1943—1962	1963—1982	1983—2002	2003—2022
铀、钚的应用	核能发电	反应堆的设计	GB817755A-反应堆控制；GB825521A-气冷核反应堆；GB771111A-核反应堆的改进	GB1067136A-热中子反应堆；GB1063683A-轻水冷天然铀动力堆；US4251321A-使用钚的核反应堆	CN85109302B-轻水慢化型原子核反应堆；JP1991274488A-冷聚变反应堆；RU94022117A-锂钚反应堆	CN1624808A-锂铀反应堆；US20060210011A1-高温气冷快堆；JP2008275572A-聚变裂变混合反应堆
		核燃料的设计、制备	US3114689A-核反应堆用陶瓷燃料；US3168601A-含氧化钚核燃料压块的生产工艺；GB841740A-均质核反应堆燃料成分	US3228749A-球形铀核燃料的生产；US3249509A-涂有热解碳和碳化硅混合物的核燃料颗粒；GB1032779A-制备二氧化铀燃料压块的方法	US4965024A-制造陶瓷核燃料芯块的方法；JP1990236197A-MOX燃料芯块及其填充方法；RU2068202C1-一种生产钚-铀颗粒燃料的方法	EP1482517B1-MOX型核燃料芯块的生产方法；CN103466568B-氮化铀燃料粉末和芯块的制备方法；JP2014139559A-一种利用剩余钚生产金属燃料的方法
		核燃料元件/组件的制备	US2927071A-夹套铀核反应堆燃料元件；GB859940A-核燃料元件的改进；GB854122A-热裂变核反应堆燃料元件	GB1137939A-球形石墨燃料元件的生产工艺；US3236922A-一碳化铀-一碳化钚燃料元件的制备方法；GB1096306A-核反应堆燃料元件的改进	US4606880A-对称包层核燃料组件；US5089210A-MOX燃料组件设计；JP1997166678A-MOX燃料组件	US8920871B1-制造多孔核燃料元件的方法；CN103578578B-一种先进的聚变-裂变次临界能源堆堆芯燃料组件；US9984779B2-先进的第一堆芯燃料组件配置
		乏燃料后处理	GB870691A-一种处理核反应堆燃料材料的方法；GB985042A-从处理乏核燃料产生的硝酸盐水溶液中去除氯化物	GB1031593A-辐照核燃料后处理的改进；GB1247248A-一种液液萃取法从裂变产物中回收钚和铀的方法；US4202861A-辐照核燃料的干式后处理方法	US6056865A-乏核燃料干化学后处理方法及装置；RU94037117A-核燃料高温化学回收工艺；GB2330448B-反应堆乏燃料处理方法	CN101088129B-改进的普雷克斯法及其应用；JP3910605B2-乏燃料熔盐电解后处理方法；WO2004036595A1-轻水堆乏燃料后处理方法及装置
		放射性废物的处置	GB837967A-处理放射性废物溶液的方法	US4269706A-放射性工艺废水净化方法；US4472298A-包埋放射性废物的工艺	GB2286716B-固体废物的处理；US5597516A-将钚固定到玻璃陶瓷废料中的方法；JP3151401B2-放射性废液的净化方法及装置	JP2014174158A-高放射性废物的长期贮存；CN104599731A-含铀废液的一种矿化处理方法；US20070219402A1-危险废物的封装
	核能动力		GB1029840A-热力发动机的改进	GB997276A-火箭发动机或推进器的改进；GB1036981A-涡流火箭反应堆	RU2222062C2-空间核电站核反应堆；RU94036369A-核聚变发动机	RU2383953C2-核反应堆微型燃料电池；CN106321390A-核子发动机；US20170129628A1-使用非低温推进剂的热核动力火箭
	武器制造		US2993786A-热压成型的罐装铀弹头；GB950609A-弹药筒的改进	GB1411822A-高能二次炸药；US4592790A-聚能射孔弹衬里用颗粒铀的制造方法；US4112846A-穿甲燃烧弹	GB2302935B-爆炸聚能装药；US6010580A-复合穿甲弹；WO1992011503A1-易碎管状动能穿甲弹	UA63707U-光子炸弹；EP1333242A1-箭型射弹的弹壳

图 9　铀、钚应用技术发展路线

4 技术发展趋势

军民两用重要核材料技术在国防中具有重要的地位和作用，世界各国都予以了高度重视，并积极推进其与高新技术的融合，在此背景下，军民两用重要核材料技术得到了蓬勃发展，包括从利用裂变能到开发聚变能。此外，就军民两用重要核材料技术的开发广度和深度而言，其开发潜力是无限的。

从全球专利发展态势来看，军民两用重要核材料专利技术起源于 1923 年，经历了缓慢发展和稳步推进的阶段，近年来随着军民两用重要核材料应用技术的新发现和新突破，相关专利技术进入快速发展阶段。

军民两用重要核材料相关专利主要集中在铀钚的分离纯化技术、氚提取和回收技术、核燃料元件制造、乏燃料后处理技术及放射性废物处理技术。重要的研发机构包括法国原子能和替代能源委员会、英国原子能管理局等，其中法国原子能和替代能源委员会的专利布局方向集中在铀的化合物、铀钚的提取、金属型/陶瓷型核燃料的制备、乏燃料的再处理等；英国原子能管理局的专利布局方向集中在用于反应堆燃料的铀合金/铀氧化物的开发设计、铀的提取、燃料元件的制备、铀钚的分离与回收等。

军民两用重要核材料制备技术早期以铀矿石提取工艺为主，包括电解提纯技术、纯化转化技术、分离浓缩技术等，随着应用技术的发展，军民两用重要核材料涉及的提取与精制工艺技术也在不断地改进和革新，其中铀、钚化合物的制备、铀合金的熔炼等新工艺相继出现并得到持续的完善，而发展到近年，海水提铀则成为各个国家的研究热点。

军民两用重要核材料早期被应用于军事领域而得以迅速发展，之后逐渐发展过渡到民用领域，尤其是核能发电领域，其中新型核燃料的设计、核燃料元件的制备、先进后处理技术等不断涌现。目前，军民两用重要核材料在核反应堆和核动力领域的应用技术仍是研究的热点，而其在武器制造领域的研究方向则是探索一些新概念武器。

5 建议

我国的军民两用重要核材料技术虽然发展迅速，但是仍然存在一些不足：①近年来我国军民两用重要核材料相关专利申请数量遥遥领先于其他在核材料领域发展较早的国家，说明国外在军民两用重要核材料的专利技术方面已经趋于成熟，而我国仍处于快速发展阶段，因此需要着重提升我国军民两用重要核材料的可靠性、稳定性，缩小与国际先进水平的差距，尤其是耐高温、抗辐照、耐腐蚀的核材料。②我国在军民两用重要核材料领域专利申请总量虽然领先，但是排名靠前的专利申请人相对较少，专利较为分散，说明虽然国内研究军民两用重要核材料的高校和研究院所众多，但是技术实力还有待提高，因此，相关机构应该加强适用于未来的核能系统的燃料与材料设计、铀基金属的组分调控策略及性能改善方法、核聚变用关键结构材料开发等方面的基础研究，进一步完善和充实相关技术积累。

中国应加强相关研发工作，突破技术难题，同时加强相关核心技术的全球专利布局。建议重点考虑方向有：①开发先进的后处理技术；②钚金属和合金的各种性能（结构、电化学和老化过程）测试研究；③核燃料成分优化及性能表征方法；④铀及铀合金的微观组织表征与性能调控方法；⑤氚的测量分析技术；⑥氚贮存、氘氚高效回收技术。

参考文献：

[1] 哈琳，王超，孙晓飞．军用核材料技术发展新动向［J］．装备，2015，2：73－75.

[2] 王超，孙晓飞．国外军用核材料生产、贮存、加工技术发展概况［J］．国外核技术简报，2014，16：1－12.

[3] 刘渊，哈琳．核技术新概念新原理发展动向［J］．装备，2015，7：63－65.

Research on the development situation of dual－use important nuclear materials technology

ZHANG Jun

(China Academy of Engineering Physics，Mianyang，Sichuan 621900，China)

Abstract：Dual－use important nuclear materials technology is an important basis for future nuclear industry capability upgrade and weapons renewal，as well as a comprehensive embodiment of national high－tech innovation capability，mainly including uranium，plutonium，tritium，etc. In recent years，the exploration of new concepts and principles of dual－use important nuclear materials at home and abroad has become increasingly active，and dual－use important nuclear materials technology has shown vigorous development，making its research in industry，energy，scientific applications and other civilian fields more and more extensive. This paper analyzes the development of the preparation technology and application technology of dual—use important nuclear materials and its overall development trend. It is found that：① at present，the technological development of important nuclear materials for dual—use in foreign countries has matured，while China is still in the stage of rapid development；② the relevant patents are mainly focused on the separation and purification technology of uranium and plutonium，the tritium extraction and recycling technology，the fabrication of nuclear fuel elements，the reprocessing technology of spent fuels，and the technology for the treatment of radioactive wastes；and ③ the patent layout of important research and development organizations，such as the Atomic Energy and Alternative Energy Commission（AEAC），and the Atomic Energy Authority of the United Kingdom（AEA UK），is oriented in the direction of the separation technology of uranium，and the method for the preparation of uranium fuel elements. Based on the above analysis，the author gives the technical development trend of dual－use important nuclear materials and proposes the key directions of China's future R&D in the field of nuclear materials.

Key words：Dual－use important nuclear materials；Preparation technology；Application technology；Development trend

基于美国三大武器实验室专利技术谱系的技术发展态势分析

刘　璐，刘媛筠，张晓林

（中国工程物理研究院科技信息中心，四川　绵阳　621000）

摘　要：美国三大武器实验室承担美国国家安全的使命，围绕国防需要开展相关装备研究，并积极探索多学科基础研究和工程应用。专利数据是研究机构技术发展态势的重要素材，目前美国三大武器实验室专利数据量较大，并且涉及众多的技术方向，难以快速、准确、全面地分析实验室的整体技术分布、主要技术分支的发展脉络、热点技术的研发路线及关键问题的解决思路。因此，本文结合美国三大武器实验室的任务、科学技术、工程技术、组织机构等信息对其专利数据进行了研究，采用技术领域结合 IPC 分类的方式构建了适用于研究其技术发展的专利技术谱系，并基于这一专利技术谱系，提出了技术发展态势的分析方法，以“安全与防御”一级技术分支和“辐射测量”三级技术分支为实例，分析了机构的专利技术发展脉络、热点技术研发路线和关键问题解决思路。本文所提出的基于机构技术研发特点构建的专利技术谱系方法及实例应用可以为相关研究人员提供更具有针对性的专利分析结果和建议。

关键词：美国三大武器实验室；专利谱系；专利分析

美国三大武器实验室具体包括洛斯阿拉莫斯国家实验室（Los Alamos National Laboratory，LANL）、圣地亚国家实验室（Sandia National Laboratories，SNL）和劳伦斯利弗莫尔国家实验室（Lawrence Livermore National Laboratory，LLNL），其科技创新与发展受到广泛关注。

专利数据是研究感兴趣机构技术发展态势的重要素材，通过专利分析能够了解到感兴趣机构的多种信息。随着专利分析工作的不断深入，各类用户对专利分析的期望也越来越高，特别是专家、学者和技术人员这一类重要用户，往往期望从专利分析报告中了解到科技发展的过程、技术研发的路径，以及找到解决问题的思路等与技术密切相关的信息。

然而，美国三大武器实验室专利数据量较大，根据 2022 年 10 月在智慧芽专利数据库检索的结果可知，美国三大实验室产出的专利申请已经达到 13 000 余件，属于约 7300 项简单同族；并且这些专利数据涉及众多的技术方向，难以快速、准确、全面地分析实验室的整体技术分布、主要技术分支的发展脉络、热点技术的研发路线及关键问题的解决思路。

因此，本文结合美国三大武器实验室的任务、科学技术、组织机构等信息对其专利数据进行了研究，采用文献调研结合 IPC 分类的方式构建了适用于研究其技术发展的专利技术谱系，并基于这一专利技术谱系，从宏观、中观和微观 3 个层面分别提出了技术发展态势的分析方法。

1　技术谱系的搭建

为了深入分析专利数据中技术信息，首要的步骤是建立一个适合的分类体系，然后对专利进行分类，随后逐层进行更深入的分析，以揭示专利领域中隐藏的技术发展脉络和关键要素[1-2]。

搭建专利数据技术分类体系的几种常见方法主要包括：基于专利分类号的方法、基于文献调研的方法及基于专家咨询的方法等。美国三大武器实验室专利数据的 IPC 主分类号涉及 IPC 分类体系的 8 个部、111 个大类和 368 个小类。以 IPC 部进行分类过于粗略，且不利于将专利与实验室研发信息进行关联分析；IPC 大类和小类数量较多，若直接按 IPC 大类或小类进行分类则分类粒度过小，若根据专利申请数量截取后分类则容易漏掉比较专用的或新兴的技术方向。因此，仅仅依靠 IPC 分类来建立

作者简介：刘璐（1991—），女，四川绵阳人，硕士研究生，助理研究员，知识产权研究与服务。

美国三大实验室的技术谱系，会导致分析结果难以准确、全面地反映技术发展情况，但其具有无需人工标引和快速分析的优点。通过文献调研，能够了解美国三大实验室任务、科学技术、组织机构等信息，从中可以初步确定实验室涉及的技术领域分类，以此分类便于将三大实验室的专利信息与研发活动关联起来。然而，不同实验室具体的研究方向存在较大差异，且相关介绍也不够系统，因此通过文献调研难以进一步细化各学科领域下的技术方向；另外，人工标引二级及以上的技术谱系需要花费较多的时间。专家咨询方法可以对所建立的技术谱系进行优化和调整，确保技术分类体系更加准确和完善[2]。

经过分析不同分类思路的优缺点，并进行试探性的标引和专利数据分析后，本文采用文献调研结合 IPC 分类的方式，构建了适用于研究美国三大武器实验室技术发展的专利技术谱系。具体的方法包括以下步骤：

第一步，通过文献调研确定所分析机构的学科领域，并对存在较多交叉的学科领域进行合并处理，形成便于进行专利数据人工标引的一级技术分支（表 1），并制定相应的标引规则并进行标引。

第二步，针对各一级技术分支，统计涉及的 IPC 主分类号大类（图 1）。对于申请数量较多或意义过于宽泛的 IPC 大类，可以进一步统计其涉及的 IPC 小类。

第三步，根据所统计的分类号及其对应的一级技术分支的含义，进一步合并和归纳，快速构建适用于研究实验室技术发展的专利技术谱系。

第四步，根据标引、归纳或分析的情况，对技术谱系进行反馈调整和优化。

通过以上步骤形成的专利技术谱系（图 2），便于将美国三大武器实验室的专利技术与其研发活动联系起来，并能够在宏观、中观和微观层面上深入分析实验室的专利技术发展、热点问题和关键问题。这个谱系图有助于更全面地理解和解读实验室的技术发展情况。

表 1　美国三大武器实验室技术谱系的一级技术分支

学科领域	涵盖范围
生物科学	包括医学、生物学、生物工程等方面的专利
电子、光电子与光学	包括电子、电学、电磁、光电、电学、光学、激光等方面的专利
能源与环境	包括能源利用、开采、装置等，以及污染治理、环境保护等方面的专利
信息与计算机系统	包括信息处理、高新能计算、仿真模拟和计算机系统等方面的专利
制造与保证	包括制造与保证涉及的工艺、工具、方法、装置等方面的专利
材料与化学	包括材料、化学、纳米方面改进或应用的专利
安全与防御	包括人、物、地球、太空等安全和军事/防御相关的或可能相关的专利

IPC主分类号大类	生物科学	电子、光电子与光学	能源与环境	信息与计算机系统	制造与保证	材料与化学	安全与防御
A01	21						
A61	270						
A62							17
B01	81	45	85	10	34	168	25
B05						28	
B09			15				
B22		10			17	43	
B23		54			40	18	
B29		26		13	36	40	
B32						42	
B81		33					
C部–E部	……	……	……	……	……	……	……
F42							37
G01	215	663	83	116	93	128	292
G02		263					14
G03		55					
G05			12	10			12
G06	26	63		345			43
G08		12					
G10				11			
G11				12			
G21		17	26				52
H01	17	545	198	10	20	162	55
H02		36	40		14		
H03		71					
H04		95		63			39
H05		42					38

(a)

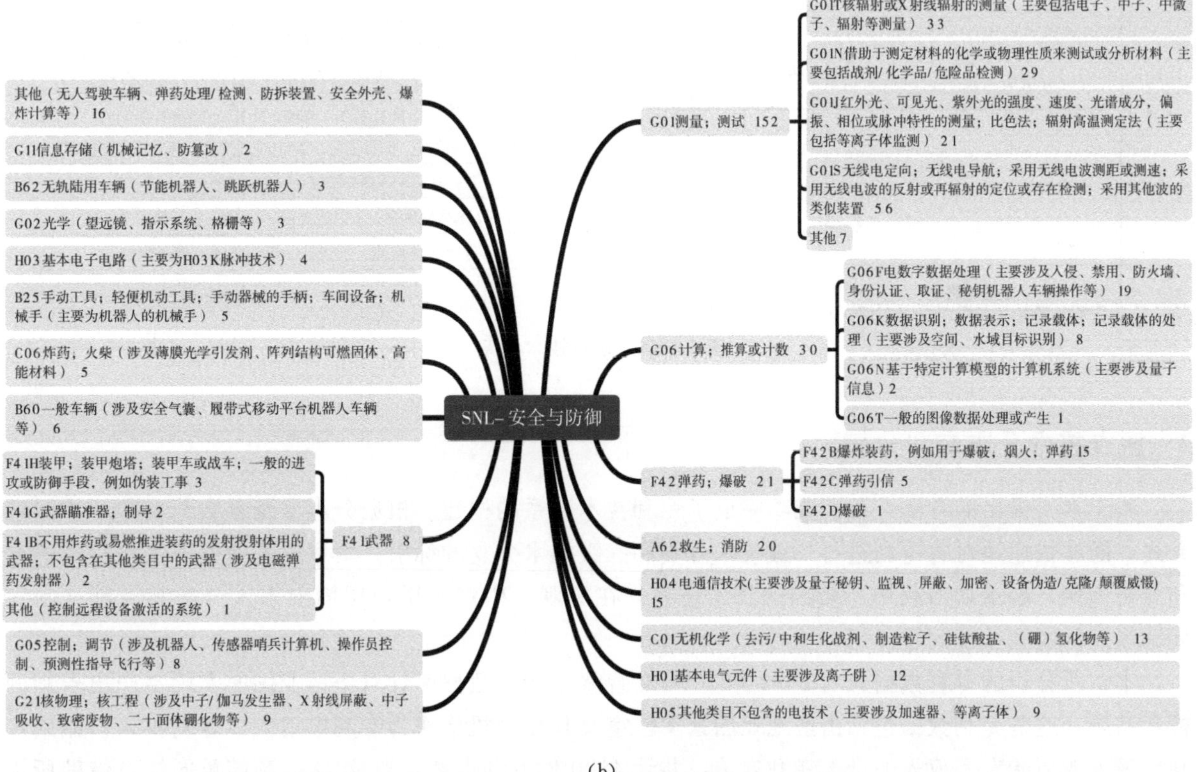

(b)

图 1 IPC 主分类号统计

(a) 以美国三大实验室为整体进行统计；(b) SNL“安全与防御”技术领域统计结果

图 2　SNL 专利技术谱系

2　重点技术分支专利分析

基于本文提出的方法，我们成功完成了专利技术谱系的构建。根据分类号及各级分支的具体归纳方式，能够快速地对各专利进行二级技术分支和三级技术分支的标引。本章以圣地亚国家实验室的专利分析为例，展示如何利用所得到的技术谱系，在宏观、中观和微观层面上深入分析其专利技术发展、热点问题和关键问题。

本章所分析的专利数据来自 2022 年 10 月在智慧芽专利数据库针对圣地亚国家实验室产出专利的检索结果，这些专利数据包括由圣地亚国家实验室及其相关机构作为专利申请人、专利权人、原始专利申请人或原始专利权人的全部专利申请，共计 4120 件专利申请，涉及 2734 项简单同族。借助所构建的技术谱系，可以针对这些数据在不同层面上深入研究专利技术的相关问题，探索其技术发展趋势、热点领域及关键问题。

2.1　宏观分析：技术发展脉络——以 SNL“安全与防御”技术领域为例

圣地亚国家实验室“安全与防御”技术领域的二级和三级技术分支如图 2 所示，由图可知，圣地亚国家实验室在“安全与防御”技术领域产出的专利主要涉及身份认证、目标识别、图像处理、加密、机器人及无人驾驶、雷达、武器、弹药、炸药、战剂中和、辐射测量、中子/伽马发生器、加速器等技术方向。

圣地亚国家实验室“安全与防御”技术领域专利申请趋势如图 3 所示，根据美国社会安全防御领域的大事件，将该领域专利申请可以划分为起步阶段（1984—1990 年）、高速发展阶段（1991—2000 年）和稳定发展阶段（2001—2022 年）3 个阶段。1984—1990 年，SNL 开始在本领域产出少量专利申请，在 7 年内共产出专利技术 6 项；1991—2000 年，SNL 在本领域产出专利的数量快速增长，在 10 年内共产出了 77 项专利申请；2001—2022 年，SNL 在本领域产出专利技术的增长势头有所放缓，在 22 年内共产出了 273 项专利技术。同时，SNL“安全与防御”技术领域在各阶段的表现也符合美国社会冷战时期、繁荣时期和“反恐”战争时期的社会情况。

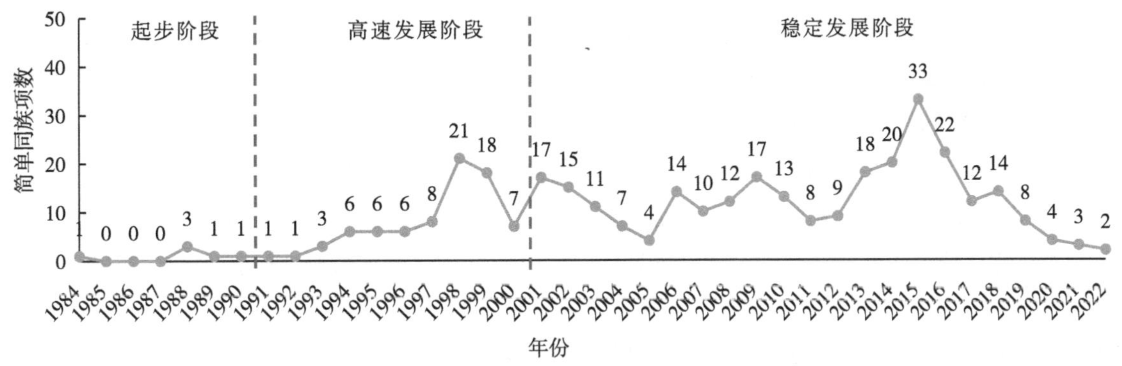

图 3　SNL“安全与防御”技术领域专利申请趋势

（注：合并简单同族后统计）

圣地亚国家实验室“安全与防御”技术领域的发展脉络可以由图 4 反映出来，由图可知圣地亚国家实验室各技术分支的兴起时间与技术成果产出情况。

		1984—1990							1991—2000										2001年至今																					
计	计算类																		1		1			1			5	1	1		4	1	8	12	6	3	1			
	机器人											1	1		2	1	1	2	3					1			1	2	1		2	1	3							
	雷达						1						1			1			3	1	5	1		3	2	2	2	2	3	3	4	5	9	3	2	3				
武	武器																		1	1			1	1	1	1		1	1											
	弹药					2								1		1	5		1				1	2	1	1	3	1	1				1							
	火炸药																1								1						1		1		1					1
	战剂中和							1	1		1	2	1	3	4		4	3	2	9	2	3		2	3	3	2	1		2		1	2			1				
核	辐射测量	1				1							1		1	2	3	1	3						1	2	1	2			2	5	1	1	1	2	3	1		
	中子发生/屏蔽										1			1	1						1						1		1		1		1			2				1
	等离子体和加速器											1		1		■	2		2	3	1		1	1		1		1		1	1	5	3	2				1		

SNL本领域历史事件
*从1984年以来

1991-SNL的先进SAR用于海湾战争
1993-接受中子发生器生产任务
1994-合作监测中心交流军备控制
1997-抵达火星的探测器的气囊
2001-合作开发的称重和泄漏检查机器人系统移动了第一个放射性核材料
2001-开发的去污泡沫用于中和国会山建筑中的炭疽
2012-开发的CST被用于福岛核废水去污
2015-开始研制用于武器和特殊核材料公路运输的第三代安全系统“移动守护者运输车”，2020年获认证。
2018-无人机器系统先进控制的研究
2018-新裁武条约核查人员部署了桑迪亚设计的新一代辐射探测设备。
2018-Mk21-武装和引信组件(AFAs)

图 4　SNL“安全与防御”技术领域的发展脉络（合并简单同族后统计，数量单位：项）

圣地亚国家实验室在本领域最早产出的专利（US4641037A，1984 年）是“辐射探测”技术的分支；1984—1990 年，圣地亚国家实验室还开始产出“弹药”、“雷达”和“战剂中和”技术分支的专利。

1991—2000 年，圣地亚国家实验室在本领域产出的专利覆盖了更多的技术分支，新增技术分支包括“机器人”、“火炸药”、“中子发生/屏蔽”与“等离子体和加速器”。从专利数量来看这一时期的专利技术热点集中在“战剂中和”与“等离子体和加速器”技术分支。从圣地亚国家实验室历史来看“雷达”、“中子发生器”、“辐射测量”和“机器人”技术分支是其科研或生产活动较为活跃的技术分支。

2001—2022 年，圣地亚国家实验室在本领域产出的专利覆盖了全部的技术分支，新增技术分支包括“计算类”和“武器”。从专利数量来看这一时期的专利技术热点集中在“计算类”、“雷达”、“战剂中和”与“辐射测量”技术分支。从圣地亚国家实验室历史来看“机器人”、“战剂中和”、“辐射探测”与“弹药”技术分支是其科研或生产活动较为活跃的技术分支。

从历史事件发生事件节点与对应技术分支专利产出情况来看，圣地亚国家实验室在本领域的专利产出与相关科研生产任务有着密切的联系，如在生产任务下达之前，相应技术分支通常已经产出了若干专利；在研制任务下达的当年或之后一段时间，相应技术分支通常会产出若干专利。这种联系有助进一步分析某项研发/生产项目的技术方案，同时也从一定程度上证明了，本文提出的技术谱系与实验室的技术研发活动有较强的关联性。

2.2 中观分析：技术热点分析——以 SNL“辐射测量”技术分支为例

在综合考虑近期热点技术分支和近期圣地亚国家实验室大事件后发现，“辐射测量”技术分支在 2010 年之后既有较多的专利申请量，也有相应的任务输入，因此，选取“辐射测量”技术分支作为示例，开展热点技术的研发路线分析。

图 5 显示了“辐射测量”技术分支的热点技术研发路线。从图中可以看出，圣地亚国家实验室在“安全与防御”技术领域的“辐射测量”技术分支进一步可分为“中子测量”和“X 辐射等其他辐射测量”2 类技术。

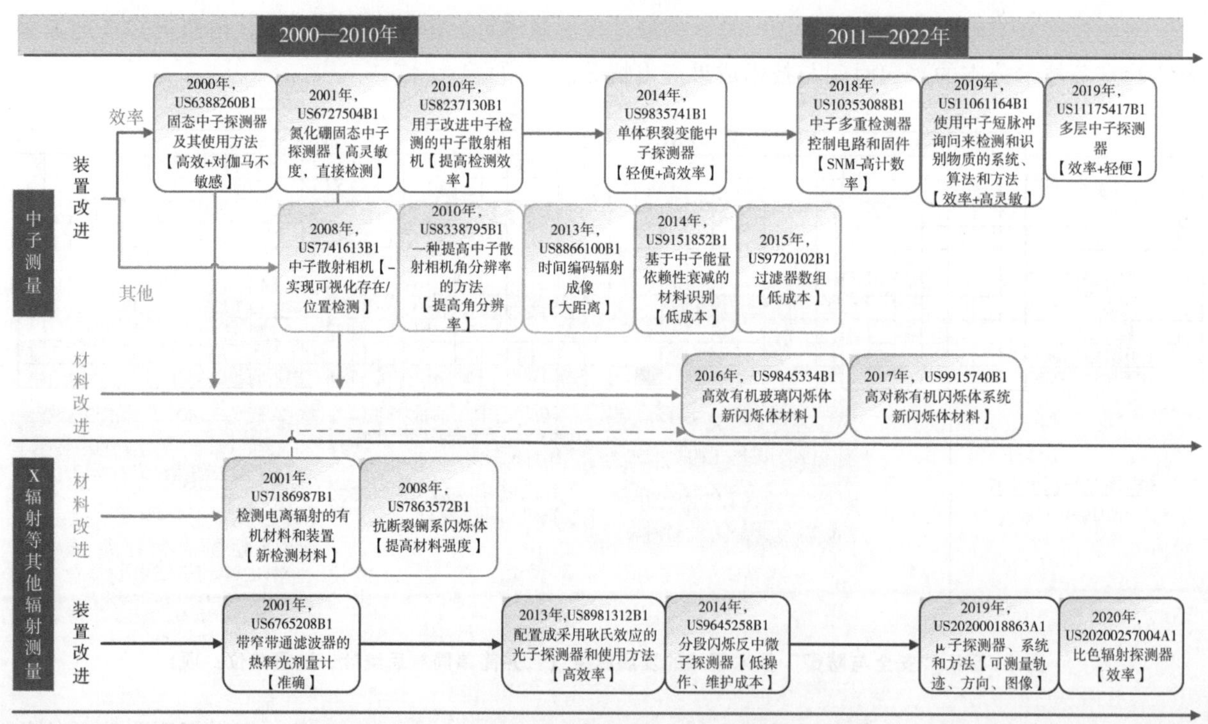

图 5 SNL“辐射测量”技术分支的热点技术研发路线

近年来，“中子测量”专利技术的热点主要集中在“装置的检测效率提升”“装置的其他功能与效果实现”“闪烁体材料的创新”等方向。其中，“装置的检测效率提升”是圣地亚国家实验室最关注的研发方向。2000—2019 年，圣地亚国家实验室陆续进行了固态中子探测器、中子散射相机、裂变能中子探测器、中子多重检测器和特殊核材料识别系统等检测装置和系统的研究，以提高其检测效率。此外，在 2008—2015 年，圣地亚国家实验室还开发了具有检测可视化、定位能力提升、角分辨率提高、远距离成像能力提升和成本降低等特点的中子探测装置。

在"X 辐射等其他辐射测量"专利技术方向上，圣地亚国家实验室注重提高探测装置的准确性、效率和降低成本，同时还致力于改进和研发 μ 子轨迹、方向和图像探测等方面的技术。

2.3 微观分析：关键问题分析——以 SNL"提高中子测量装置检测效率提升"问题为例

进一步分析图 5 中第一行的专利数据可知，圣地亚国家实验室关于"提高中子测量装置检测效率"这个问题的思路，具体的内容在表 2 中展示。通过表 2 可了解到，为了解决这一问题，圣地亚国家实验室从多个角度研究影响中子测量装置检测效率的因素，并主要采用了改进闪烁体、改进测量原理和结构，以及改进控制电路等技术解决思路。

表 2 SNL 解决"提高中子测量装置检测效率提升"问题的思路汇总

装置名称	定位的具体问题	解决思路
固态中子探测器	现有中子探测器的闪烁体存在效率低、对伽马射线敏感等问题	提出新的闪烁体——四硼酸锂或 α-硼酸钡晶体，以及这种闪烁体的制备方法
氮化硼固态中子探测器	现有技术中六方氮化硼用作闪烁体，以响应中子转换产生光，然后在二次过程中检测光。这影响了伽马射线的辨别能力，且检测依赖于辅助检测手段，不能直接检测	提出新的测量原理——通过测量中子与六方氮化物（hBN）相互作用时产生的电流，实现中子的直接检测
中子散射相机	提高检测效率对于检测特殊核材料（SNM）威胁至关重要	改进测量原理和结构——使用"沉积在 2 个散射平面中的第二个散射平面中的反冲质子能量"来测量散射中子动能
单体积裂变能中子探测器	常规裂变能中子检测系统使用至少两个独立的闪烁体体积，并且它们必须相对于彼此相对精确地定位，检测设备笨重，过程麻烦	改进测量原理和结构——采用单个体积的闪烁体，光电探测器具有与其对应的相对较小的空间分辨率和时间分辨率
中子多重检测器	现有技术中的中子多重性探测器（MC-15）计数率不够高，增加了收集数据和获得具有统计意义的结果所需的时间	改进控制电路
特殊核材料识别系统	目前主动 SNM 检测系统通常需要较长的计数时间才能满足灵敏度要求，并且昂贵	改进测量原理和方法——使用短而强的中子脉冲对材料进行主动询问，并进行其他相关操作
多层中子探测器	目前，固态探测器的探测效率还较低，若增加其表面积导致中子探测器大而笨重	改进测量结构——将多个转换器材料层和多个探测器材料层用于探测器，每一层转换器材料可以紧邻至少一层探测器材料并且每一层探测器材料可以紧邻至少一层转换器材料

3 结论

本文首先分析了不同分类思路对美国三大实验室专利数据进行分类的优缺点，在进行试探性的标引和分析后，提出了一种文献调研结合 IPC 分类的谱系搭建方法。基于本文提出的方法，成功完成了专利技术谱系的构建，该谱系的一级技术分支来自文献调研确定的机构的技术领域，二级和三级技术分支来自以对分类号的进一步归纳总结，其能够实现技术谱系与专利数据和实验室研发活动的有效对应。

随后，以圣地亚国家实验室的专利分析为例，展示如何利用所得到的技术谱系，在宏观、中观和微观层面上深入分析其专利技术发展、热点问题和关键问题。通过在宏观、中观、微观三个层面上对机构专利技术发展情况的分析，能够较为系统地获得该机构的技术发展水平、技术研发脉络、技术研究热点及关键技术解决方案，从而提升专利分析的深度、广度，更好地支撑科研机构的战略发展和技术研发的需要。

同时，需要指出本项目的研究还存在一些不足之处：①专利技术谱系还需要不断地优化和完善，目前的技术谱系可能导致某些技术分支中的重要信息被忽略；②基于技术谱系进行专利分析时的手段还不够丰富。为此我们将不断改进和更新专利技术谱系搭建的工作方法和思路，积极寻求专家的意见和建议，并加强与用户的沟通，深入了解他们的具体分析需求，并针对这些需求进行更深入的分析，以提供更准确、全面的专利技术谱系和更加丰富、实用的分析手段。

参考文献：

[1] 杨铁军．专利分析实务手册［M］．北京：知识产权出版社，2012.

[2] 马天旗．专利分析：检索、可视化与报告撰写［M］．北京：知识产权出版社，2019.

Analysis of technology development trend of three major American weapon laboratories based on patent technology map

LIU Lu，LIU Yuan-jun，ZHANG Xiao-lin

(Science and Technology Information Center，China Academy of Engineering Physics，Mianyang，Sichuan 621000，China)

Abstract: The three major US weapon laboratories undertake the mission of US national security，carry out relevant equipment research around the national defense needs，and actively explore multidisciplinary basic research and engineering applications. Patent data is an important material for the technological development trend of research institutions. At present，the patent data of the three major weapons laboratories in the United States is large and involves many technical directions. To analyze the patent technology development trend of three major weapon laboratories in the United States quickly，accurately，and comprehensively，this paper constructed a patent technology map suitable for studying the development trend of patent technology by combining technical fields with IPC classification. Based on this patent technology map，a method for analyzing the development trend of patented technology was proposed，and several examples were given to analyze the development trends of patent technology，R&D routes of hot technologies，and solutions to key problems in a primary technical branch and a third level technical branches. The technology map method based on the technical R&D characteristics of the institution and its application examples presented in this paper can provide more targeted patent analysis results and suggestions for relevant researchers.

Key words: Three major American weapon laboratories；Patent technology map；Patent analysis

高质量知识产权助力核工业产业链创新链融合发展

张雅丁

（中核战略规划研究总院，北京　100048）

摘　要：核工业是高科技战略产业，是国家安全的重要基石。知识产权工作直接关系到核工业的安全发展、创新发展。党的十八大以来，党中央把知识产权保护工作摆在更加突出的位置。习近平总书记多次强调，创新是引领发展的第一动力，保护知识产权就是保护创新。在我国建设核工业强国、知识产权强国的新征程上，以高质量的知识产权工作助力我国核工业产业链、创新链融合发展具有重要意义。本文通过研究高质量的知识产权工作对筑牢核领域产业健康稳定发展、助推核科技创新能力跃迁的重要意义和主要途径，探索如何利用好知识产权技术、经济、法律复合体的优势助力我国核工业产业链、创新链融合发展。

关键词：核工业；知识产权；产业链；创新链

本文首先分析了核工业知识产权面临的形势，然后分别从研判产业创新格局、支撑产业创新发展、赋能产业创新升级 3 个角度论述了如何以高质量知识产权助力核工业产业链创新链融合发展，并提出了后续发展的展望。

1　核工业知识产权面临的形势

核工业是高科技战略产业，是国家安全的重要基石。建设与我国大国地位相称的强大核工业，是国家安全和发展的重要战略支撑。正因为我们掌握了核工业全产业链的自主知识产权，所以才能够提供从基建、运行到核燃料供应等所有环节的自主产品和服务[1]。伴随日益复杂的国际环境，中国将面临更加严峻的挑战，迫切需要提高中国核工业的技术水平和持续发展能力。核行业中的知识产权涉及国家安全和国家重大利益，是国家的战略性资源，是国家科技发展水平的集中体现[2]。

知识产权是一种激励和保护创新的产权安排机制。它通过法律赋予创造性成果财产权，规定创新主体对智慧性成果的所有权、使用权、支配权、收益权，从而激发人们的科技创造和创新热情。同时，知识产权是一种有效的市场机制。有效的市场机制是指人们针对知识产权的非物质性特点所设计的一种集许可、交易、咨询、催化、转让等行为于一体的规则。通过这种规则，科技成果能够顺利实现转移转化和产业化，形成比较竞争优势，促进生产力的发展[3]。可见，知识产权其实一端连接着“创新”，另一端连接着“市场”，成为科技成果向现实生产力转化的重要纽带，是实现科技强到产业强和经济强的中间环节。因此，基于核工业的极端重要性，通过高质量的知识产权工作筑牢核领域产业健康稳定发展、助推核科技创新能力跃迁就有着更加现实的意义和必要性。

2　高质量知识产权对核工业双链融合发展的支撑

2.1　高质量知识产权分析可以研判产业创新格局

世界核能产业正在进行新一轮的产业结构调整和转型升级，拓宽核能综合利用资源。核能综合利用的探索越来越多，边界越来越宽，中国的核工业正在持续探索高温气冷堆、模块化小堆、低温供热

作者简介：张雅丁（1986—），男，河北石家庄人，硕士研究生，高级工程师，现主要从事核行业知识产权研究咨询。

堆、海上浮动堆等各自优势，紧密结合用户侧综合能源消费需求，建立集供电、供热（供冷）、制氢、海水淡化等为一体的多能互补、多能联供的区域综合能源系统。新的发展环境更需要以高质量的知识产权分析特别是专利发展态势研究来研判产业创新格局。

从知识产权发展形势来看，我国核领域产业链创新链面临着各方面的竞争态势。基于《核行业知识产权发展报告（2022）》的数据，中国核领域相关专利主要集中于以中国核工业集团有限公司等核电集团、中国工程物理研究院等科研院所、清华大学等高等院校为代表的我国创新主体，同时民营企业拥有的核领域相关专利也在快速增长，这些创新主体为我国核领域产业链创新链融合发展提供了基础的知识产权保障；知识产权作为上述创新主体智慧成果的产权化形式，将发挥依靠科技创新驱动产业发展的基本重要作用。

核工业具有高技术敏感度和强政治色彩，全球政治环境的变化将进一步影响核工业国际产业创新格局。例如，在 2022 年 10 月 21 日，西屋电气有限责任公司向哥伦比亚地方法院提起诉讼，认为韩国电力公司（KEPCO）拟在波兰、沙特、捷克的核电站技术供应合同投标中采用的 APR1400 压水堆技术是西屋公司授权给其技术的再转让，这一行为侵犯了西屋公司的技术许可权，要求限制韩国出口 APR1400 技术。此次西屋公司起诉韩国，正是通过知识产权直接影响产业的典型案例。

2.2 高质量知识产权保护可以支撑产业创新发展

2020 年 2 月，国资委、国家知识产权局印发了《关于推进中央企业知识产权工作高质量发展的指导意见》，明确指出“聚焦核心技术，在关系国家安全和国民经济命脉的重要行业和关键领域、战略性新兴产业，加快关键核心技术知识产权培育，增强企业竞争力”。聚焦高端和具有核心竞争力的技术，在核工业的核心技术领域，加快高质量知识产权保护，可以形成与核工业的产业创新能力、技术市场前景相匹配的知识产权保护体系，进而持续强化知识产权制度供给、技术供给双重作用，不断增强核能产业发展新动能，提高企业创新效率，畅通创新价值实现渠道，为新技术、新产品、新模式蓬勃发展提供坚实的知识产权制度保障、政策保障和环境保障，推动核能产业加快高质量发展。

2022 年举办的“第二十三届中国专利奖”的评选中，核行业大放异彩。中国专利金奖一共 30 项，其中核领域 3 项；中国专利银奖一共 60 项，其中核领域 4 项。这些典型的高价值的核行业知识产权成果，既包括中国原子能科学研究院申请的“钠冷快堆核电站冷却剂系统和部件的设计瞬态确定方法”、中国科学院合肥物质科学研究院申请的“一种用于核聚变极向场超导磁体制造的双线并绕系统”这 2 件聚焦快堆、核聚变等核行业创新链最前端的基础型、前瞻性技术相关的金奖专利；也包括中国广核集团有限公司等申请的“压水堆核电站反应堆一回路抽真空排气装置和系统”、上海核工程研究设计院联合中国同辐股份有限公司申请的“重水堆钴调节棒组件”这些聚焦核电、核技术应用等核行业产业链各个环节的应用型、改进型技术相关的银奖专利；还包括核电集团、科研院所、高校和民营企业等多类型产业单位和创新主体申请的多件优秀奖专利。

知识产权是国际竞争力的核心要素，是科技创新实力的体现。在这些从产业到创新上不断涌现的专利背后，正是知识产权在核行业对激励创新、打造品牌、规范市场秩序、扩大对外开放的支撑保障，也是知识产权助力核工业产业链创新链融合发展进而实现中国由核大国向核强国跨越升级的持续探索。

2.3 高质量知识产权研究可以赋能产业创新升级

2022 年 2 月 28 日，中央全面深化改革委员会通过的《关于加快建设世界一流企业的指导意见》《关于推进国有企业打造原创技术策源地的指导意见》都提出要提升技术牵引和产业变革的创新力的要求，并且明确指出“推动建立专利导航决策机制，引导企业加强重点领域关键核心技术知识产权储备，探索建立专利池”。以专利导航为代表的知识产权研究聚焦赋能产业创新升级，在强化知识产权创造、保护、运用方面具有重要意义。

核燃料组件是核电站的核心部件，是核电的能量源泉，完整的核燃料组件研发体系产业化能力是核电安全和自主化的根本保障。中国核工业集团有限公司坚持专利导航思维，确保中国原子能工业有限公司、中国核动力研究设计院、中核建中核燃料元件有限公司、西部新锆科技股份有限公司等创新链和产业链相关单位的高效对接，突破了国外专利和技术转让协议的限制，支撑了关键核心技术自主创新方向的选择和验证，形成了高价值的知识产权和完整的技术创新链，相关专利配合核电走出去产业发展形势和产业链关键环节在多个目标出口国进行提前布局并多次获得中国专利优秀奖，相关科技成果转化在将创新实力直接发展为产业控制力和影响力的同时实现了对科研人员的精准奖励，形成了完整的具有国际市场竞争力的自主燃料体系和产品供应能力，是核工业以精准导航赋能产业创新升级的典型案例。

随着高质量知识产权研究在先进核能利用、天然铀、核燃料、核技术应用、工程建设、核环保、装备制造等重点领域的持续推进，专利导航在嵌入产业技术创新、产品创新和组织创新等方面大有可为，既可以通过向核能企业推送全球核能产业发展动态信息和科技情报，分析全球核能产业创新发展方向，也可以科学规划核能产业创新发展路径，为产业链、创新链、人才链、资本链合理配置创新资源，从而引导和支撑核工业实现自主可控和科学发展。

3 结论

无论是我们国家核工业产业链、创新链的发展，还是高质量知识产权的内涵和具体工作，都在不断发展的过程中。随着国家加快构建新发展格局，核工业相关从业人员要结合产业链、创新链发展对知识产权的需求，通过系统思维将知识产权价值最大限度地发挥出来。在认识层面要有理念创新，站在国家战略高度认识知识产权在核工业发展中的重要性，从维护国家安全、推动高质量发展角度加强知识产权；在方法层面要有手段创新，根据国家政策在核工业全面贯彻落实重大经济活动知识产权评议制度、融合创新和产业发展的专利导航制度，推动建立以知识产权为重要内容的创新驱动发展新模式。

参考文献：

[1] 余剑锋．回眸40年发展再创新辉煌［J］．国资报告，2018，48（12）：13-15.

[2] 陈晓菲，苏崇宇，赵然，等．俄罗斯国家原子能集团公司的全球专利布局及其对中国核工业专利战略的启示［J］．科技促进发展，2020，16（11）：1299-1306.

[3] 戚建刚，张晓旋．论新发展格局与知识产权新发展思路［J］．中国高校社会科学，2022（3）：109-123，160.

High quality intellectual property rights promote the integrated development of the nuclear industry chain and innovation chain

ZHANG Ya-ding

(China Institute of Nuclear Industry Strategy, Beijing 100048, China)

Abstract: The nuclear industry is a high - tech strategic industry and an important cornerstone of national security. Intellectual property work is directly related to the safe and innovative development of the nuclear industry. Since the 18th National Congress of the Communist Party of China, the Party Central Committee has placed the protection of intellectual property rights in a more prominent position. General Secretary Xi Jinping has repeatedly pointed out that innovation is the first driving force behind development, and protecting intellectual property is protecting innovation. It is of great significance to provide high - quality intellectual property work to assist the integrated development of the innovation chain and the nuclear industry chain. This article explores the important significance and main ways of high - quality intellectual property work in securing the healthy and stable development of the nuclear industry and promoting the leap in nuclear technology innovation capabilities, explores how to make good use of the advantages of the intellectual property as technology, economy, and legal complex to facilitate the integrated development of China's nuclear industry chain and innovation chain.

Key words: Nuclear industry; Intellectual property; Industry chain; Innovation chain

美国核医学诊断全球专利布局研究

施岐坤，苏崇宇，王　朋，李东斌

（中核战略规划研究总院，北京　100048）

摘　要： 美国在核医学诊断技术起步较早，根据放射诊断仪器和诊断目的的测量两个关键技术对全球的主要市场进行布局，依靠专利布局保证其研发的核心技术在竞争中获得优势。本文以专利布局为视角，从专利申请年代、专利目标市场、主要竞争对手、关键技术分布等多个维度对美国核医学诊断技术领域在全球布局的专利进行分析，了解美国在核医学诊断技术领域的专利布局特点和全球市场布局情况，为我国核医学诊断的发展及专利布局战略提供建议。

关键词： 核医学诊断；美国知识产权；专利布局

美国是世界上最早应用核能的国家之一，美国在核医学诊断技术领域起步较早，并形成良好的知识产权保护环境。美国非常重视海外市场的专利布局，在核医学诊断技术领域产生的技术创新成果趋向于通过专利布局进行技术保护以维护其领先的市场主导地位。

1　全球专利申请情况

1.1　历年专利申请情况

截至 2021 年 12 月，美国在核医学诊断技术领域的全球专利申请量累计 996 件。从图 1 中可以看出，美国针对核医学诊断技术的专利申请最早出现于 1947 年；1947—1972 年，仅有极为少量的专利申请，是美国核医学诊断技术的萌芽阶段，期间几年甚至没有专利申请；1973—1982 年，是美国核医学诊断技术的初步发展阶段，专利申请量小有增长；1983—1993 年，是美国核医学诊断技术突破性发展阶段，美国核医学诊断技术的专利申请呈现爆发式增长，并于 1991 年达到专利申请量顶峰；经历了 1994—1998 年的小幅回落后，美国核医学诊断技术的专利申请在 1999—2018 年又经历了 2 次快速的增长。

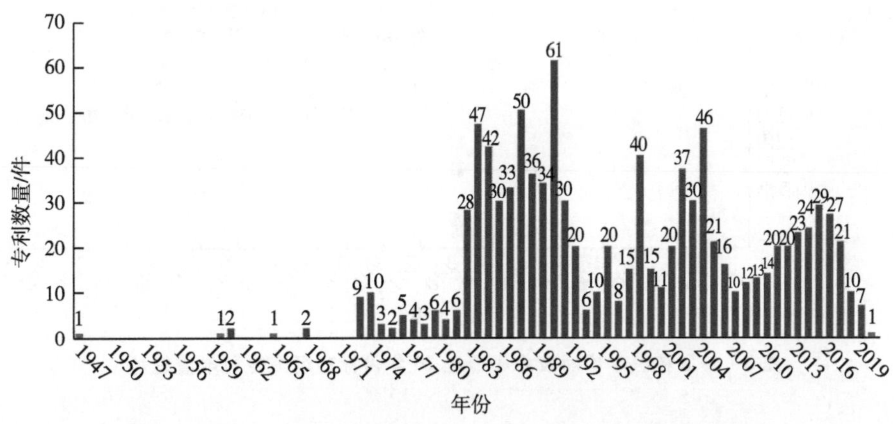

图 1　1947—2019 年美国核医学诊断技术领域全球专利申请趋势

作者简介： 施岐坤（1992—），男，浙江人，工学硕士，现主要从事知识产权工作。

1.2 专利目标市场情况

如图 2 所示，美国在本土累计申请专利数量略少于其他国家（机构）的专利数量总和，但在美国本土进行专利布局的比例仍能达到 38.86%，可见，在核医学诊断技术领域，美国申请人不仅保证本土市场的竞争优势，更注重在本土以外的市场进行专利布局，希望在该领域取得竞争优势，对全球的主要核医学诊断市场进行垄断。针对美国本土以外的市场，美国最重视日本核医学诊断市场（占比 17.47%），其次是欧洲专利局核医学诊断市场（占比 16.67%），此外，美国在以色列、中国、加拿大、韩国等国家也进行了一定数量的专利布局，特别是美国申请人整体上对中国核医学诊断市场的重视程度弱于对日本和欧洲的重视程度。

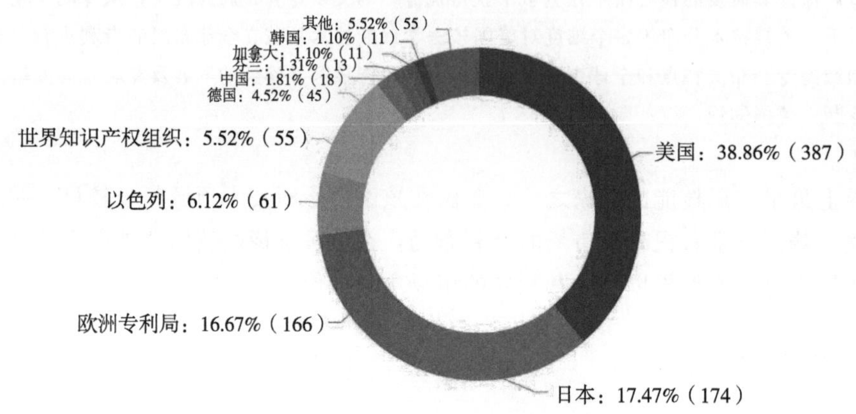

图 2 美国核医学诊断技术领域目标市场国专利申请情况

如图 3 所示，近 20 年以来，美国对本土以外的主要市场的整体关注度保持稳定。美国仍然持续重点布局日本和欧洲核医学诊断市场。特别是美国更加注重中国核医学诊断市场，美国对中国核医学诊断市场的关注度上升较快，超越了以色列上升到仅次于日本的位置。此外，美国对以色列、德国、法国等发达国家依旧保持着较高的关注。

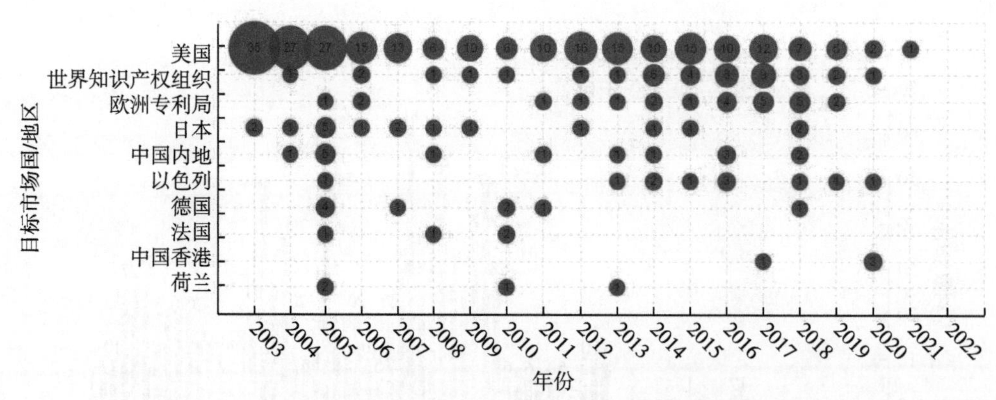

图 3 美国核医学诊断技术领域近 20 年目标市场国专利申请趋势

1.3 主要竞争对手情况

如图 4 所示，通用电气公司为核医学诊断技术领域的独一档申请人，在累计专利申请量上占据了美国核医学诊断技术领域的绝对优势地位。具体来看，通用电气公司的累计专利申请量在排名前 10 位的专利申请量总和中占比高达 94%，其余申请人仅有零星的专利产出，可见通用电气公司在该领域具有举足轻重的统治地位。

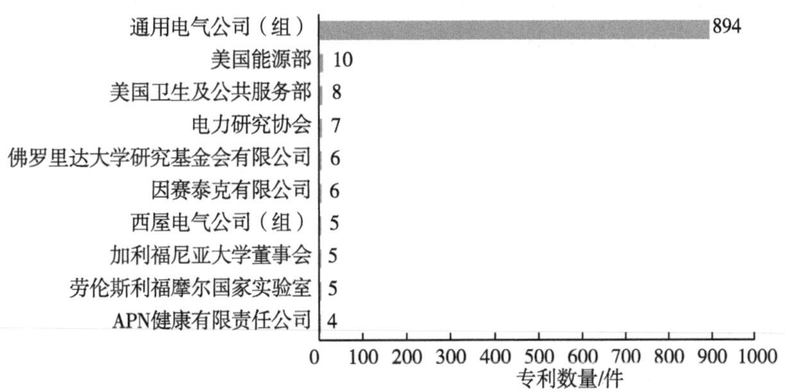

图 4　美国核医学诊断技术领域排名前 10 位申请人专利申请情况

结合图 5 和图 6 可知，近 20 年通用电气公司在美国核医学诊断技术领域的专利布局依然保持着绝对的优势地位，通用电气公司的专利申请量在 2005 年出现了突破性的增长，其专利申请量虽然在 2006—2011 年存在微小的回落，但从 2012—2018 年保持稳步增长，2019—2021 年的专利申请量有较为明显的下滑，但相比于劳伦斯利福摩尔实验室和 APN 健康有限责任公司仍保持优势，可见通用电气公司在核医学诊断技术领域的专利布局依然活跃并保持领先。

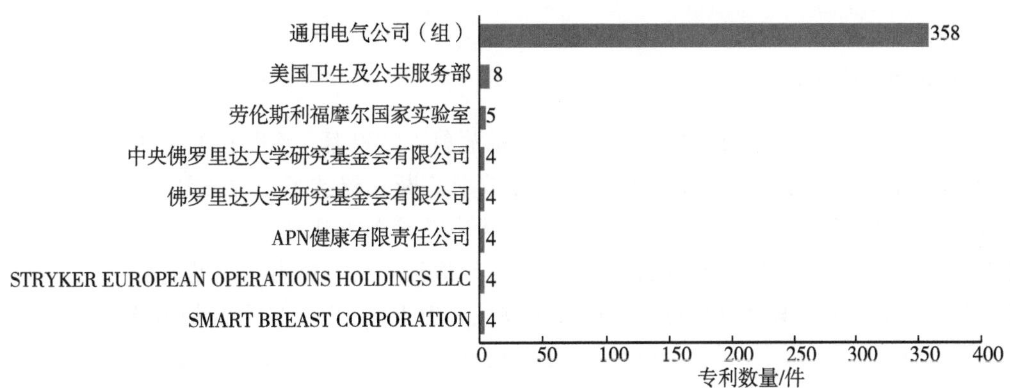

图 5　美国核医学诊断技术主要竞争对手专利申请情况

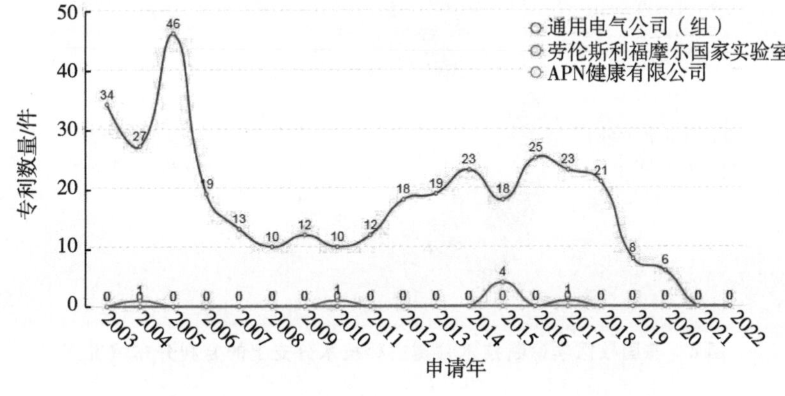

图 6　美国核医学诊断技术主要竞争对手专利申请情况

由于通用电气公司在美国核医学诊断技术领域的绝对优势地位，通用电气公司在美国及美国以外的市场布局与美国总体布局相似。结合图 5 和图 7 可知，通用电气公司首先十分重视美国本土的专利布局。针对美国本土以外的市场，通用电气公司首先重点布局了日本市场和欧洲市场，其次对以色列市场进行了专利布局，此外，通用电气公司在德国、中国、芬兰、加拿大、韩国等国家也进行了一定数量的专利布局。美国能源部和美国卫生及公共服务部重视美国本土市场，并未对日本、欧洲和中国市场进行专利布局。

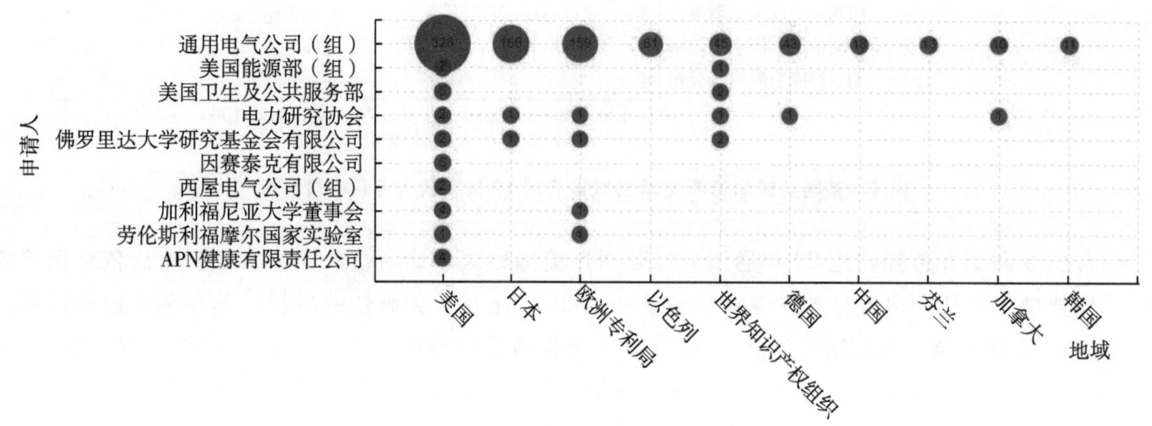

图 7　美国核医学诊断技术主要竞争对手专利申请情况

1.4　主要技术分布情况

如图 8 所示，美国核医学诊断技术领域主要包括放射诊断仪器、诊断目的的测量及诊断方法等技术。在该技术领域中，接近半数的专利申请集中在放射诊断仪器技术上（占比 48.48%），其次是集中在诊断目的的测量技术上（占比 38.74%），然后集中在诊断方法技术上（占比 12.77%）。放射诊断仪器的专利布局占据美国核医学诊断技术领域的主导地位并具有更为广阔的发展空间，放射诊断仪器在近 20 年进一步扩大了其优势地位，在该技术领域内由占比 48.48%上升到占比 69.47%，诊断目的的测量的专利布局占比次之，并保持相对稳定，而诊断方法的专利布局占比下降明显，在近 20 年间大幅萎缩。

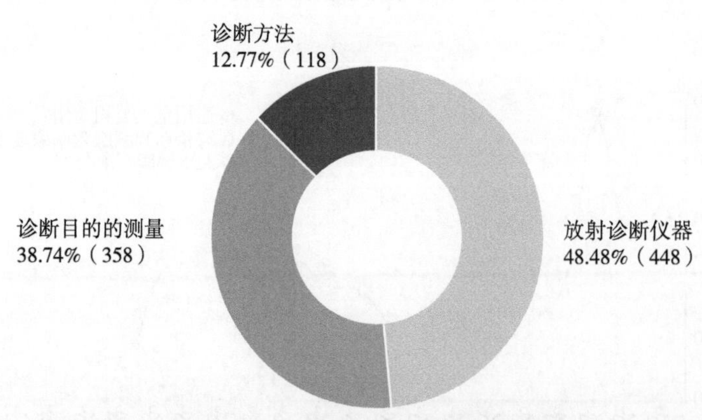

图 8　美国核医学诊断技术领域主要技术分支上的专利分布情况

如图 9 所示，通用电气公司的专利布局侧重于放射检测仪器技术领域，在 2003—2005 年有快速的增长，并在 2014—2019 年的专利申请量有明显的增长，通用电气公司还在诊断目的的测量技术领域持续进行专利布局；相比较之下，其他申请人仅有在放射诊断仪器上有零星的专利布局，仅有美国卫生及公共服务部在诊断目的的测量技术领域有一件专利布局。

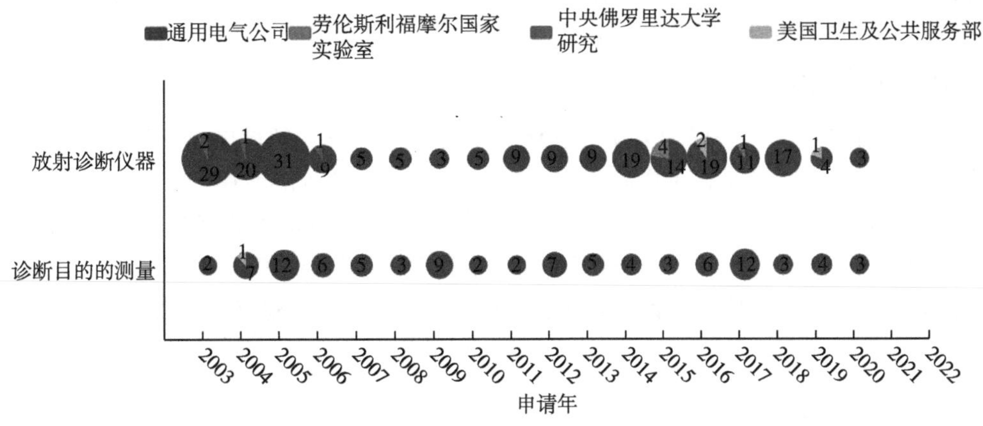

图 9　美国核医学诊断技术领域近 20 年各技术分支上的专利分布情况

2　关键技术专利分布情况

2.1　放射诊断仪器专利分布情况

如图 10 所示，截至 2021 年 12 月，美国在放射诊断仪器技术领域申请专利累计达 448 件，美国放射诊断仪器技术领域的专利申请最早出现于 1947 年；1947—1973 年，仅有极为少量的专利申请；1974—1986 年，专利申请量稍有增长；1987—1995 年，美国放射诊断仪器技术的专利申请量经历了一次短期的快速增长，并迅速回落；然后迎来了高速发展期，从 1996—2009 年，美国放射诊断仪器技术的专利申请量经历了爆发式增长，尤其是 2003 年专利申请量达到 33 件，2005 年专利申请量达到 32 件，达到历史高峰；2010—2018 年美国放射诊断仪器技术的专利申请量依然保持的良好的发展势头。

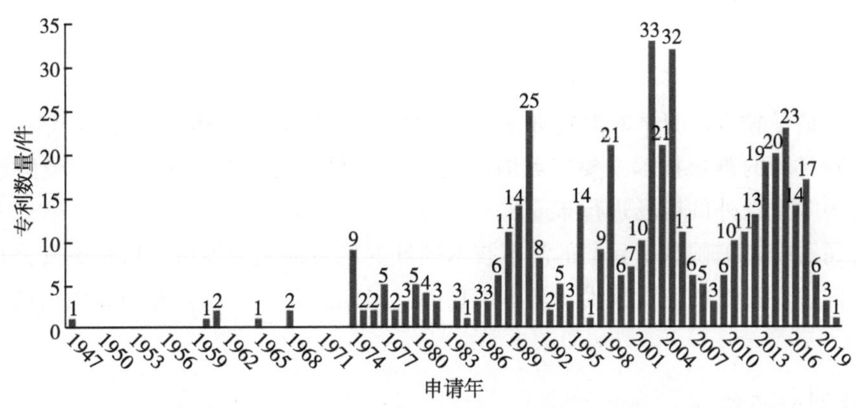

图 10　美国放射诊断仪器技术领域专利申请分布图

美国放射诊断仪器技术主要在美国本土进行布局，专利申请数量 237 件，占总量的 52.90%，针对美国本土以外的市场，美国仍然十分重视欧洲、日本和以色列市场，其次在德国、中国、法国、荷兰、加拿大等国均有一定数量的专利布局。在近 20 年期间，美国放射诊断仪器技术在美国本土的专利申请量在 2003—2009 年经历了大幅下跌，接下来 2010—2018 年专利申请量缓慢的回升并稳定的发展。美国本土以外的海外市场的专利申请量仅有小幅变化，一直稳定发展。

通用电气公司依然占据放射诊断仪器技术专利布局的绝对优势地位，其他申请人仅有零星专利提出申请。1987—1995 年，通用电气公司放射诊断仪器技术的专利申请量经历了一次短期的快速增长并迅速回落，此后的 1996—2009 年，通用电气公司放射诊断仪器技术的专利申请量经历了爆发式增长，2010—2018 年通用电气公司放射诊断仪器技术的专利申请量依然保持良好的发展势头。

2.2 诊断目的的测量专利分布情况

如图 11 所示，截至 2021 年 12 月，美国在诊断目的的测量技术领域申请专利累计达 358 件。美国诊断目的的测量技术领域的专利布局起步较晚，最早的专利申请出现在 1973 年；1973—1983 年，仅有间断的极为少量的专利申请；1984—1993 年，专利申请量出现了突飞猛进的增长，尤其是在 1991 年，专利申请量达到 31 件，为历史最高峰；但是在 1994 年大幅回落，之后，从 1995—2019 年，美国在诊断目的的测量技术领域的专利申请量小幅回升，并一直保持稳定的发展势头。

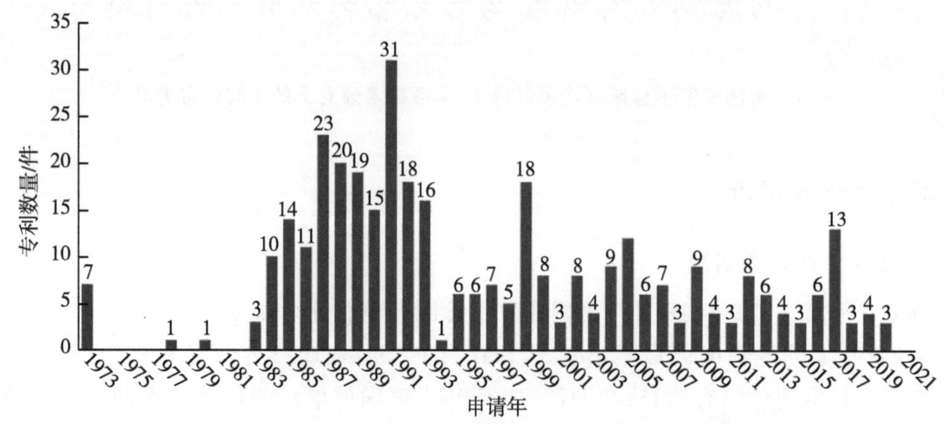

图 11 美国诊断目的的测量技术领域专利申请分布情况

美国诊断目的的测量技术在美国、日本及欧洲的布局数量大体相当，在美国布局的专利占比为 34.36%，在日本布局的专利占比为 21.51%，在欧洲布局的专利占比为 21.51%。可见，美国诊断目的的测量技术不仅重视美国本土市场，而且重视日本及欧洲市场，相比于放射诊断仪器技术，诊断目的的测量技术在日本及欧洲的空白较多，美国诊断目的的测量技术倾向于填补空白及革新相关技术，从而获得日本及欧洲市场的优势。在以色列、德国、中国、法国、荷兰、加拿大等国均有一定数量的专利布局，专利申请量较少，只针对对行业影响较大的核心技术进行布局。近 20 年中，2003—2013 年期间，美国诊断目的的测量技术主要在美国本土进行专利布局，2013 年之后，美国诊断目的的测量技术偏重在美国本土以外的市场进行布局。

通用电气公司占据着美国诊断目的的测量技术领域的绝对的主导地位，通用电气公司的专利申请量发展趋势与美国诊断目的的测量技术专利申请量的发展趋势几乎一致，然而其他申请人仅有零星专利提出申请。

3 美国在华专利分布情况

美国在华布局的专利仅有 1 件（申请号为 201680045682.5）。该专利的专利权人为通用电气公司，优先权日为 2015 年 8 月 3 日，该专利于 2021 年 11 月 30 日获得授权，目前权利维持有效。该专利的优先权专利为美国专利（申请号为 US14/817138），通过 PCT 途径进入中国，换言之，针对该专利所包含的技术，通用电气公司仅在美国和中国进行了专利布局。该专利主要涉及磁共振成像(Magnetic Resonance Imaging，MRI)。具体来说，该专利用于检测 MRI 系统中断开连接的射频线圈，用于规避断开连接的射频线圈对被检测人员造成的安全隐患。

美国核医学诊断技术领域中，通用电气公司占据了巨大的优势地位。针对美国本土以外的市场，美国核医学诊断技术领域更关注日本、欧洲、以色列等国家（地区）的专利布局，近 20 年美国申请人对中国的关注度逐渐提升，但仍未在中国形成有一定规模的专利布局。

4 结论

美国是世界上最早应用核能的国家之一[1]，其核医学诊断技术领域的专利跨度较大，美国除了主要在本土进行专利的布局外，非常重视海外市场的专利布局，并在不同时期及时调整海外专利布局目标市场。美国最为重视对日本市场和欧洲市场的布局，其次是以色列市场。近 20 年间，美国开始关注中国市场，并开始在中国布局了一定数量的核心专利，但是外围专利布局仍然较少。

当前美国申请人在放射诊断仪器和诊断目的的测量技术领域的专利布局活动十分活跃，但是在诊断方法技术领域的专利布局活动比较消极，并在近 20 年间专利申请量大幅萎缩。美国研发主体知识产权保护运用娴熟，布局专利价值高，存在大量的同族专利，拥有较高比例的高价值专利，对我国本领域的研发具有较大的参考借鉴作用。

总体而言，通过对美国核医学诊断技术领域全球专利布局的分析，了解其在核医学诊断技术领域的专利布局特点和全球市场布局情况。一方面能够预判其技术研发方向，能够为我国相关技术的发展和市场战略提供借鉴和预警作用，尤其是对于美国在中国布局的专利数量整体较少并且外围专利数量较少的情况，国内相关企业根据美国在中国专利布局的特点，从核心技术出发研发相关的外围技术并布局外围专利，从而能够获得在本土市场的优势。另一方面能够判断其市场开拓倾向，近 20 年间，美国在一些发展中国家布局专利十分少的情况，国内相关企业可以根据这种情况调研原因，可以尽早进入这些发展中国家的市场。

参考文献：

[1] 王颖鹏．苏联核试验早期美国的核情报活动（1939—1949）[J]．史学月刊，2019（2）：27-37.

Study on the global patent layout of nuclear medicine diagnostics in the United States

SHI Qi-kun，SU Chong-yu，WANG Peng，LI Dong-bin

（China Institute of Nuclear Industry Strategy，Beijing 100048，China）

Abstract：The United States started early in the art of nuclear medicine diagnostic technology. The United States lays out the major global markets according to the two key technologies of radiological diagnostic instruments and measurement for diagnostic purposes，and relies on the patent layout to ensure that the core technologies developed by the United States gain an advantage in the competition. From the perspective of patent distribution，this paper analyzes the global distribution of US patents in the field of nuclear medicine diagnostic technology from multiple dimensions such as patent application period，patent target market，main competitors，and distribution of key technologies，so as to understand the characteristics and global market layout of US patents in the field of nuclear medicine diagnostic technology，and provides suggestions for the development of nuclear medicine diagnosis and patent layout strategies in China.

Key words：Nuclear medicine diagnosis；US intellectual property；Patent layout

核工业专利发展现状与趋势浅析

司　宇，钟昊良，薛　岳，陈早璟，王子薇

（中核战略规划研究总院，北京　100048）

摘　要：核工业是高科技战略产业，是国家安全的重要基石。专利是知识产权的重要组成部分，是科技创新实力的体现，是掌握发展主动权的关键。中国核工业坚持打造具有完全自主知识产权的技术产品，持续推动核工业高质量发展。本文以近三年公开的专利数据为基础，统计分析核工业中国专利的总体情况，对国内外创新主体开展专利态势分析，重点开展专利申请时间和专利技术领域的研究，分析国内外创新主体专利技术分布情况，进一步聚焦外国在华专利布局情况。通过数据统计分析，呈现了核工业专利最新动态，持续追踪核工业专利发展，充分发挥知识产权赋能核工业科技创新的重要作用。

关键词：核工业；知识产权；专利动态；态势分析

党的十八大以来，我国知识产权事业发展取得显著成效，知识产权法规制度体系逐步完善，知识产权保护效果、运用效益和国际影响力显著提升，全社会知识产权意识大幅提高[1]。当前，国家知识产权事业已经进入新发展阶段，知识产权作为国家发展战略性资源和国际竞争力核心要素的作用更加凸显。我国核工业始终把打造具有完全自主知识产权的核电研发设计、核燃料生产、装备制造、工程建设、核电运营等作为矢志不渝的努力目标，坚持自主创新，大力协同，奋发进取，推动核工业高质量发展[2]。

本文以 2020—2022 年国家知识产权局公开的核工业中国专利为分析对象，聚焦核工业国内外主要创新主体，对核工业中国专利近 3 年的专利数量情况、专利申请时间、专利技术领域等现状进行梳理统计，研究分析核工业专利发展趋势。

1　核工业专利发展现状

2020—2022 年，公开、公告的核工业中国专利共计分别为 9754 件、12 663 件、16 539 件，其中公开的专利申请分别为 4582 件、5950 件、7691 件，公告的授权专利分别为 5172 件、6713 件、8848 件，具体分布情况如图 1 所示。

近 3 年以来，核工业中国专利数量呈持续增长态势。在专利整体数量上，2021 年相较于 2020 年涨幅为 29.8%，2022 年相较于 2021 年涨幅为 31%；在公开专利申请数量方面，2021 年相较于 2020 年涨幅为 29.9%，2022 年相较于 2021 年涨幅为 29.3%；在公告专利授权数量方面，2021 年相较于 2020 年涨幅为 29.8%，2022 年相较于 2021 年涨幅为 31.8%。可以看出，核工业中国专利的总量、公开专利申请数量及公告专利授权数量的年涨幅均较为稳定。

作者简介：司宇（1995—），男，满族，河北承德人，研究实习员，工学硕士，主要从事知识产权与科技成果转化研究工作。

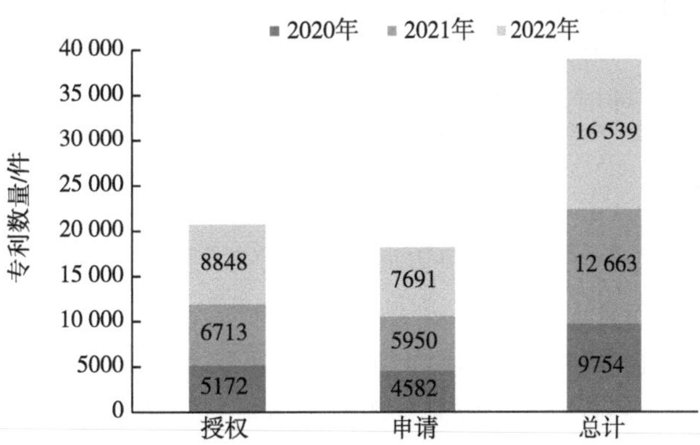

图 1　2020—2022 年专利数量情况

核工业相关专利集中在主要拥核国家核科技创新实力较强的大型企业集团中。由表 1 可知，近 3 年以来，中、法、美、俄、韩等国是重要的核工业技术研创区域，核心专利技术主要集中于以中国核工业集团有限公司（简称“中核”）、中国广核集团有限公司（简称“中广核”）、国家电力投资集团有限公司（简称“国家电投”）、中国华能集团有限公司（简称“中国华能”）、中国工程物理研究院（简称“中物院”）、中国科学院等为代表的中国创新主体和以法国法玛通公司（FRAMATOME）、法国原子能和替代能源委员会（CEA）、俄罗斯国家原子能公司（ROSATOM）、美国西屋电气集团公司（WESTINGHOUSE）、加拿大坎杜能源公司（CANDU）、韩国原子力研究院（KAERI）、韩电原子力燃料株式会社（KEPCO NUCLEAR FUEL）等为代表的外国创新主体。

表 1　核工业中国专利情况

	2020 年	2021 年	2022 年
专利数量	公开申请 4582 件 授权 5172 件	公开申请 5950 件 授权 6713 件	公开申请 7691 件 授权 8848 件
中国主要创新主体	中核、中广核、国家电投、中物院	中核、中广核、国家电投、中国华能、中国科学院 、中物院	中核、中广核、国家电投、中国华能、中国科学院、西安交通大学
外国主要创新主体（在华核工业专利数量）	CEA（17） FRAMATOME（16） ROSATOM（16） WESTINGHOUSE（13） CANDU（10）KAERI（8）	FRAMATOME（17） CEA（9） ROSATOM（8） SIEMENS HEALTHCARE GMBH（6） WESTINGHOUSE（5）	FRAMATOME（22） CEA（21） ROSATOM（18） WESTINGHOUSE（16） KEPCO NUCLEAR FUEL（7）
中国创新主体主要市场（核工业专利数量）	中国（9548）、欧洲专利组织（7）、美国（6）、日本（6）、英国（5）、韩国（3）	中国（12 470）、世界知识产权组织（89）、美国（21）、欧洲专利局（12）、英国（5）、俄罗斯（4）	中国（16 348）、世界知识产权组织（63）、美国（28）、欧洲专利局（12）、英国（5）、日本（5）
外国创新主体主要市场（核工业专利数量）	中国（206）、美国（149）、欧洲专利组织（143）、韩国（122）、日本（85）、加拿大（82）、法国（49）、俄罗斯（39）	中国（190）、世界知识产权组织（151）、美国（149）、欧洲专利组织（143）、韩国（104）、日本（95）、加拿大（51）、俄罗斯（36）、巴西（30）、法国（24）	中国（191）、世界知识产权组织（157）、美国（130）、欧洲专利组织（128）、韩国（94）、日本（81）、加拿大（62）、俄罗斯（41）、法国（37）、巴西（21）

2020—2022 年，中国创新主体在世界知识产权组织、欧洲专利组织、美国、日本、英国等都开展了一定数量的专利布局工作；外国创新主体主要布局国家（地区）除中国外，还包括美国、世界知识产权组织、欧洲专利组织、韩国、日本、加拿大等。

2 核工业专利发展趋势

2.1 专利申请时间趋势

2.1.1 近 3 年中国创新主体申请时间趋势

在 2020—2022 年，中国创新主体的发明专利申请时间基本均处于 2016—2022 年。《中华人民共和国专利法》规定，国务院专利行政部门收到发明专利申请后，经初步审查认为符合本法要求的，自申请日起满十八个月，即行公布。国务院专利行政部门也可以根据申请人的请求早日公布其申请，即发明专利申请从发出初审合格通知书起进入公布阶段。此外，近 3 年来，在中国创新主体专利申请中，每年都有超过半数的发明专利申请为同年申请并公开，说明中国创新主体倾向于通过请求早日公布的形式及早获得授权。

对于中国创新主体拥有的授权专利分布于 2020—2022 年，专利申请时间基本分布于 2016—2022 年。根据我国目前的审查周期，实用新型和外观设计的审查周期平均控制在 1 年以内，发明专利的审查周期平均为 1～3 年。

如图 2 所示，近 3 年以来，中国创新主体拥有的授权专利中，各专利类型占比如下：发明专利分别为 1651 件（32%）、1959 件（29%）和 3477 件（40%），实用新型专利分别为 3387 件（66%）、4568 件（69%）和 5121 件（58%），外观设计专利分别为 72 件（2%）、112 件（2%）和 161 件（2%）。可以看出，近 3 年核工业中国创新主体专利以实用新型专利为主，2020 年和 2021 年实用新型专利占比均超过 60%，而这一数据在 2022 年有所下降，发明专利占比在 2022 年首次达到 40%。此外，外观设计专利占比每年稳定保持在 2%。

近 2 年，国家相继出台了若干项知识产权相关重要文件，对我国知识产权整体未来发展提出了指导性目标及发展路线。2020 年，国资委、国家知识产权局联合印发《关于推进中央企业知识产权工作高质量发展的指导意见》，其总体目标包括“到 2025 年，中央企业有效发明专利拥有量占有效专利拥有量的比重达到 50%以上”。在国家相关政策的引导下，中央企业积极谋划知识产权战略转型、转段工作，不断提升发明专利数量占比，共筑核工业知识产权高质量发展的快速路。

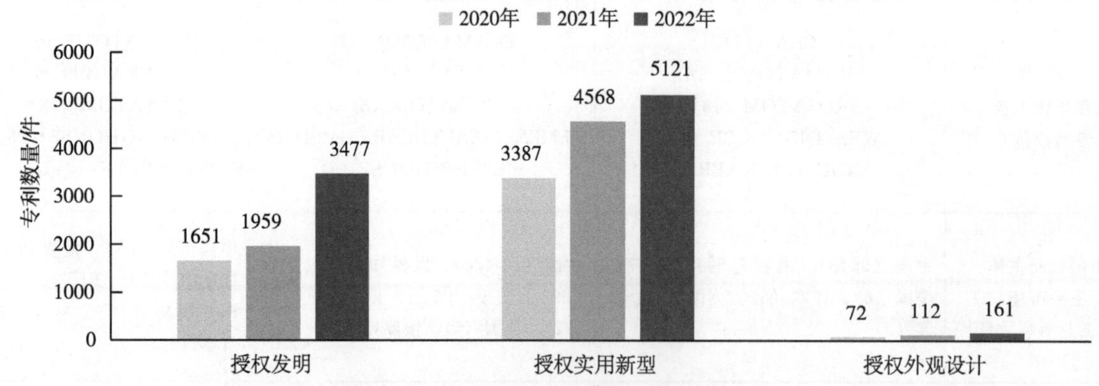

图 2 中国创新主体授权专利类型分布

2.1.2 近 3 年外国创新主体申请时间趋势

在 2020—2022 年，对于外国创新主体拥有的发明专利申请，申请时间基本均处于 2015—2022 年。近 3 年的专利申请总量为 587 件，其中 582 件（占比 99%）为创造性审查要求较高的发明专利申请，说明外国创新主体拥有的专利申请虽然数量较少，但质量相对较高。

近 3 年中，中国创新主体专利申请的申请时间略晚于外国创新主体，造成这一现象的主要原因为外国创新主体在中国布局的专利是通过 PCT 国际申请及《巴黎公约》途径进入中国，这侧面体现出外国创新主体较强的专利布局意识和能力，相较我国创新主体专注于本国市场专利布局，外国创新主体在立足本国市场的基础上也非常注重对技术来源国和目标出口国的专利风险规避。

2.2 专利技术领域发展趋势

核工业中国专利在核领域可划分为反应堆及核动力、核电建设及运行、核燃料循环、核技术应用等。如表 2 所示，2020—2022 年，核工业中国专利主要集中在核电建设及运行领域，该领域每年占比接近 50%；核技术应用领域近年来占比持续提升，2022 年占比超过 20%；核燃料循环领域占比出现下降趋势，2020—2022 年下降幅度约为 10%；反应堆及核动力领域占比较为稳定，近 3 年来保持在 10%左右。

表 2 2010—2021 年核工业中国专利在核领域分布情况

技术领域	2020 年	2021 年	2022 年
反应堆及核动力	912 件，9.4%	1699 件，13.4%	2047 件，12.4%
核电建设及运行	4870 件，49.9%	6119 件，48.3%	8260 件，49.9%
核燃料循环	2151 件，22.1%	2140 件，16.9%	1930 件，11.7%
核技术应用	1303 件，13.4%	2207 件，17.4%	3799 件，23.0%
其他	518 件，5.2%	498 件，4.0%	503 件，3.0%

2.2.1 近 3 年中国创新主体专利在核领域发展趋势

如图 3、图 4 所示，中国创新主体的专利申请主要集中于核电建设及运行技术领域，该领域专利总量由 2020 年的 4000 余件增加至 2022 年的 8000 余件，但在全部专利总量增长的情况下，该领域专利的占比保持着相对稳定的态势，近 3 年均接近 50%；在核技术应用领域，中国创新主体的专利申请数量持续增长，该领域专利占比以 6%的增幅稳步提升；在反应堆及核动力领域，近 3 年专利申请量出现较大增长，但该领域占比基本保持稳定；在核燃料循环领域，2022 年专利申请出现一定数量的下降。

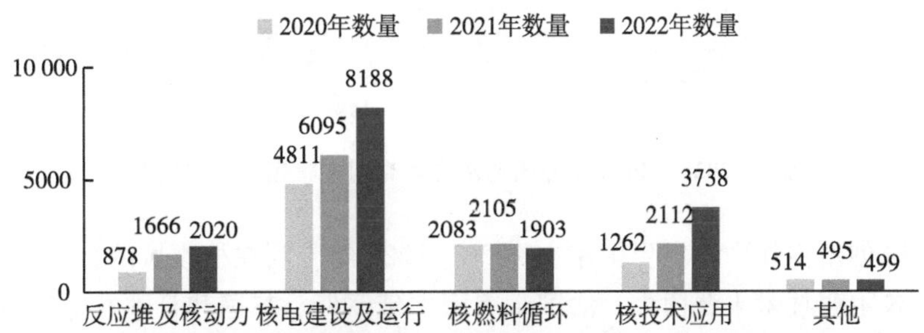

图 3 2020—2022 年中国创新主体专利在核领域分布数量情况

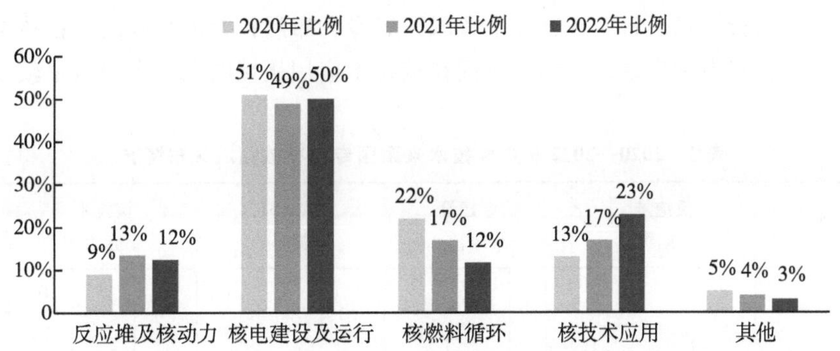

图 4 2020—2022 年中国创新主体专利在核领域分布比例情况

2.2.2　近3年外国创新主体专利在核领域发展趋势

如图5、图6所示，外国创新主体的专利申请主要集中于核技术应用领域，在2021年该领域占比达到50%，2022年则有所下降；核电建设及运行领域也是外国创新主体进行专利申请的主要领域，特别是2022年，该领域的专利数量出现较大的涨幅；在反应堆及核动力领域，外国创新主体的专利申请情况较为平稳；在核燃料循环领域的申请量和占比都出现了下降趋势，这与中国创新主体的专利发展趋势基本一致。

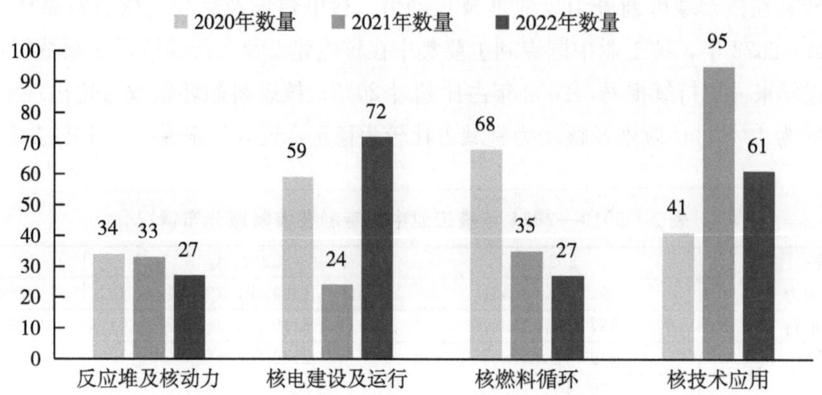

图5　2020—2022年外国创新主体专利在核领域分布数量

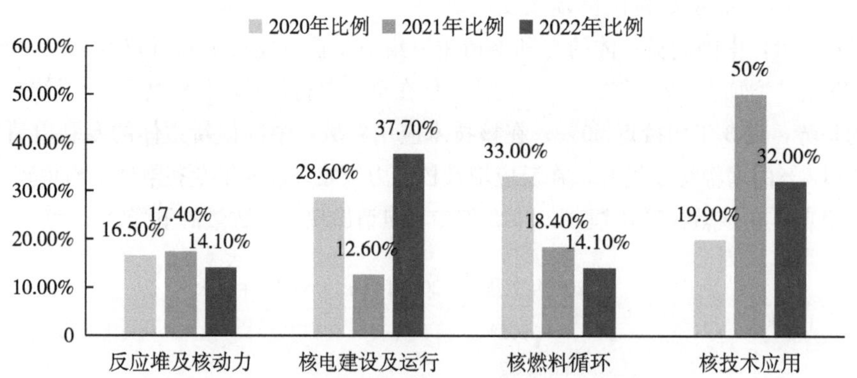

图6　2020—2022年外国创新主体专利在核领域分布比例

进一步关注外国创新主体中各主要国家在2020—2022年专利在核领域的分布趋势。

由表3可知，各主要技术来源国中，法国、美国、俄罗斯、韩国和日本在专利布局总量上占据优势，德国、加拿大、英国等每年均有一定数量的在华专利申请。法国和美国在反应堆及核动力、核电建设及运行、核燃料循环、核技术应用等领域均分布了一定数量的专利；俄罗斯较为注重在反应堆及核动力、核电建设及运行、核燃料循环这3个领域开展专利布局；韩国则倾向于在核电建设及运行与核燃料循环领域进行在华专利申请；日本和德国在核技术应用领域的专利布局数量较多。

表3　2020—2022年主要技术来源国专利在核领域分布情况

国家	反应堆及核动力			核电建设及运行			核燃料循环			核技术应用			其他		
法国	9	10	10	17	5	19	14	8	7	11	9	10	3	0	3
美国	6	8	5	13	1	19	18	10	6	11	14	15	0	1	0

续表

国家	反应堆及核动力			核电建设及运行			核燃料循环			核技术应用			其他		
俄罗斯	5	7	7	11	8	12	10	7	4	0	4	3	0	0	0
韩国	2	1	0	9	2	8	11	4	4	3	0	0	1	1	0
日本	0	0	2	4	4	4	3	2	2	3	29	14	0	1	1
德国	1	5	0	0	0	2	3	0	2	3	13	7	0	0	0
加拿大	4	0	0	2	1	2	7	1	0	1	2	1	0	0	0
英国	5	0	0	1	0	2	1	1	0	2	1	0	0	0	0
总计	34	31	24	59	21	68	68	33	25	41	72	50	4	3	4

对外国创新主体中的主要创新主体单位在 2020—2022 年的专利在核领域发展趋势进行分析，具体如表 4 所示。

表 4　2020—2022 年主要外国创新主体专利在核领域分布情况

创新主体	反应堆及核动力			核电建设及运行			核燃料循环			核技术应用			其他		
CEA	0	4	3	2	3	5	6	0	2	6	2	8	3	0	3
FRAMATOME	3	6	2	9	0	13	2	5	5	2	1	2	0	0	0
ROSATOM	3	3	6	8	2	8	5	1	2	0	2	2	0	0	0
WESTINGHOUSE	3	1	1	7	0	7	3	2	2	0	1	6	0	1	0
总计	9	14	12	26	5	33	16	8	11	8	6	18	3	1	3

CEA 是法国重要的核能研究开发和创新机构，其布局专利在各技术领域分布较为均衡；FRAMATOME 在核能建设领域全球处于领先地位，其布局专利主要集中于反应堆及核动力、核电建设及运行和核燃料循环技术领域；ROSATOM 是俄罗斯核电领域的巨头企业，其布局专利主要涉及反应堆及核动力和核电建设及运行技术领域；WESTINGHOUSE 是美国主要核电设备制造商，其布局专利主要涉及核电建设及运行技术。

3　结论

本研究通过对核工业中国专利近 3 年的专利数量情况、专利申请时间、专利技术领域等现状进行梳理统计，研究分析核工业专利发展趋势，得到如下结论：

①近 3 年以来，核工业中国专利数量呈持续增长态势，年涨幅均较为稳定。

②核工业专利集中在主要拥核国家核科技创新实力较强的大型企业集团中，中国、法国、美国、俄罗斯、韩国等国是重要的核工业技术研创区域。中国主要创新主体为中核、中广核、国家电投、中物院等单位，外国主要创新主体为 CEA、FRAMATOME、ROSATOM、WESTINGHOUSE 等。

③中国创新主体的发明专利申请时间基本均处于 2016—2022 年，每年都有超过半数的发明专利申请为同年申请并公开，倾向于通过请求早日公布的形式及早获得授权。

④近 3 年核工业中国创新主体专利以实用新型专利为主，实用新型专利占比在 2022 年有所下降，外观设计专利占比每年保持稳定。

⑤近 3 年外国创新主体拥有的发明专利申请时间基本均处于 2015—2022 年，99%的专利为创造性审查要求较高的发明专利申请，专利质量相对较高。

⑥中国创新主体的核工业专利主要集中于核电建设及运行技术领域，在核技术应用领域数量持续保持增长；外国创新主体的专利申请主要集中于核技术应用领域，核电建设及运行领域也是外国创新主体进行专利申请的主要领域。

⑦法国、美国、俄罗斯、韩国和日本在专利布局总量上占据优势。法国和美国在各领域均分布了一定数量的专利；俄罗斯注重于在反应堆及核动力、核电建设及运行、核燃料循环这 3 个领域开展专利布局；韩国倾向于在核电建设及运行与核燃料循环领域进行在华专利申请；日本和德国在核技术应用领域的专利布局数量较多。

参考文献：

［1］ 中共中央　国务院印发《知识产权强国建设纲要（2021—2035 年）》［J］．科学中国人，2021，485（29）：54 - 57.

［2］ 原诗萌．观点览要［J］．国资报告，2022，89（5）：24 - 25.

A brief analysis of the status and trend of patent development in nuclear industry

SI Yu，ZHONG Hao-liang，XUE Yue，
CHEN Zao-jing，WANG Zi-wei

（China Institute of Nuclear Industry Strategy，Beijing 100048，China）

Abstract：The nuclear industry is a high - tech strategic industry，is an important cornerstone of national security. Patent is an important part of intellectual property rights，is the embodiment of scientific and technological innovation strength，is the key to the development of the initiative. China's nuclear industry adheres to creating technology products with fully independent intellectual property rights，continues to promote high - quality development of the nuclear industry. Based on the patent data published in recent three years，this paper makes a statistical analysis of the overall situation of Chinese patents in the nuclear industry，carries out patent situation analysis of domestic and foreign innovation subjects，focuses on the research of patent application time and patent technology fields，analyzes the patent technology distribution of domestic and foreign innovation subjects，and further focuses on the distribution of foreign patents in China. Through statistical analysis of the data，the latest trends of patents in the nuclear industry are presented，the development of patents in the nuclear industry is continuously tracked，and the important role of intellectual property enabling technological innovation in the nuclear industry is fully played.

Key words：Nuclear industry；Intellectual property rights；Patent dynamics；Situation analysis

专利视角下人工智能在磁约束核聚变领域的应用和发展探究

苏崇宇，施岐坤，王　鹏，刘昕宇

（中核战略规划研究总院，北京　100048）

摘　要：人工智能自 20 世纪 50 年代问世以来，经过不断研究与积累，伴随近年来计算机硬件水平的提高获得了飞速发展，大量的机器学习算法被提出并得到广泛应用，过去的 5 年全球人工智能领域专利申请量超过 115 万件。本文从专利视角出发，开展对人工智能在磁约束核聚变领域内直接相关的专利研究，形成专利来源国、技术创新主体、技术发展方向等多维度研究成果，分析人工智能在磁约束核聚变领域的应用现状，探究未来的技术发展趋势，为相关科研单位的技术研发提供支撑。同时，结合我国当前技术发展情况，对未来我国科技创新主体的相关成果布局全生命周期知识产权保护提出建议。

关键词：人工智能；磁约束核聚变；知识产权

1956 年，美国达特茅斯学院的约翰·麦卡锡博士在“达特茅斯会议”上提出了“人工智能”概念，1971 年麦卡锡博士因在人工智能领域的贡献而获得计算机界的最高奖项——图灵奖。人工智能作为一个计算机科学的分支，它尝试了解智能的实质，并产生一种与人类智能活动相似的智能机器，完成机器人、语言和图像识别等领域的智能活动[1]。

人工智能技术发展至今虽经历了近七十年时间，但受限于计算机硬件的内存与处理速度的限制，它的春天直到 20 世纪 90 年代才真正到来，目前在自动化控制、电子技术、计算机网络、信息工程等领域中都有着广泛应用[2]。《2022 年人工智能领域技术创新指数分析报告》显示，近 5 年全球人工智能领域专利申请量达 115 万件，其中，中国申请量排名第一，美国和韩国紧随其后，专利申请量分别约 64.85 万件、19.10 万件和 5.28 万件。在近几年我国出台的政策中，人工智能技术颇受关注，2016 年人工智能写入“十三五”规划纲要，2017 年国务院印发《新一代人工智能发展规划》，2020 年中央网信办等五部门联合发布《国家新一代人工智能标准体系建设指南》，同时，多地配套政策中重点提出算力端发展，加大算力基础设施建设力度，拓展 AI 创新应用场景的深度与广度等要求。不难看出，人工智能产业的新一轮竞争将持续升温。但是，如何通过人工智能技术解决磁约束核聚变领域的瓶颈问题仍处于探索阶段。2022 年 2 月 16 日，谷歌旗下人工智能公司 Deepmind 和瑞士洛桑联邦理工学院等离子体中心共同发布题为《通过深度强化学习对托卡马克等离子体进行磁控》（*Magnetic control of tokamak plasmas through deep reinforcement learning*）的论文登上 *Nature*，引发了学界热议，该技术已于 2021 年 7 月 8 日在美国提出专利申请（申请号：PCT/EP2022/069047）。而我国作为国际磁约束核聚变领域研究的领跑者之一，有必要以专利文献为切入点，对人工智能解决磁约束核聚变问题的方向与前景展开研究。

专利文献作为科技情报的重要信息源之一[3]，能够对特定技术领域的发展做出跟踪研究与趋势预测，本文试图通过检索人工智能技术在磁约束核聚变领域相关专利的分析，将人工智能技术相关专利的分散信息彼此联系，厘清人工智能技术在磁约束核聚变领域内的发展脉络与趋势，通过人工智能技术推动磁约束核聚变的研究发展。

1　检索策略及结果

本文涉及的专利数据检索自中国国家知识产权局专利数据库，数据检索时间截至 2023 年 6 月 12

作者简介：苏崇宇（1994—），男，硕士研究生，助理研究员，现主要从事核行业知识产权研究与咨询工作。

日。检索策略是在专利文献的标题、摘要中围绕磁约束核聚变领域的关键词，如“磁约束”“托卡马克”“聚变”“场线圈”等进行检索，再通过阅读说明书筛选通过人工智能技术解决磁约束核聚变领域技术问题的专利，最终筛选出强相关专利共计 40 件，通过对这 40 件专利的深入分析，能够得到从专利视角出发，人工智能技术在磁约束核聚变领域的应用现状，并为未来研发方向提出指引依据，进一步促进本领域产学研发展。

2 总体专利态势分析

2.1 人工智能在磁约束核聚变领域应用的强相关专利

为了解将人工智能技术应用于磁约束核聚变领域的科技创新主体情况，将相关专利按照申请人进行统计，结果如图 1 所示。

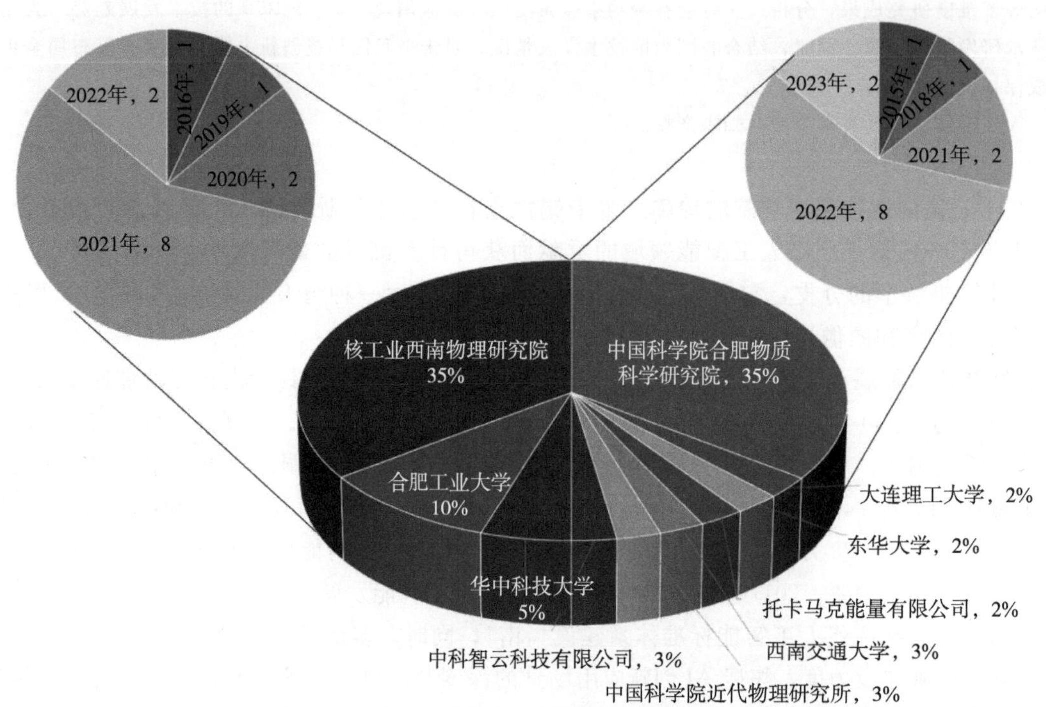

图 1 人工智能技术应用于磁约束核聚变领域的申请人情况

从图 1 中可以看出，将人工智能技术应用于磁约束核聚变领域的科技创新主体主要集中在核工业西南物理研究院（以下简称“西物院”）和中国科学院合肥物质科学研究院（以下简称“合肥院”），两家单位的专利申请量均为 14 件，各占专利总量的 35%，这与两家单位在国内核聚变研究领域的行业地位是相称的。剩余 30% 的专利主要集中在合肥工业大学、华中科技大学等科研机构。其中，合肥工业大学专利量为 4 件，华中科技大学专利量为 2 件，其余单位专利量均为 1 件。

从申请趋势来看，西物院与合肥院的专利申请时间集中在 2021—2022 年这一时间段。在此时间段，两家单位合计的专利申请量占专利总量的 50%，这一显著的专利申请量变化趋势一定程度上反映了人工智能技术在磁约束核聚变领域的应用情况，一方面是国家 2020 年发布的《国家新一代人工智能标准体系建设指南》进一步促进了我国磁约束核聚变领域引入人工智能技术解决瓶颈问题的探索，同时也是人工智能技术正在快速发展的明证。

2.2 人工智能在磁约束核聚变领域的应用情况

通过对人工智能技术在磁约束核聚变领域的专利涉及的应用方向进行划分，得到如图 2 所述的人工智能技术在磁约束核聚变领域的应用方向情况，可以发现在磁场控制、等离子体位形监测、破裂预测和集成平台这 4 个方向的应用成果较多，其中磁场控制方向的专利数量最多，涉及 7 件专利，5 家创新主体，是当前竞争最为激烈的应用方向，与这一结论相互印证的是本文引言中提到的美国 Deepmind 的研究成果，同样是磁场控制方向。

此外，图 2 中还展现了人工智能技术在磁约束核聚变领域中主要创新主体的研发方向，如以合肥院为首的科研主体通过图像识别技术对等离子体图像的特征提取、图像拼接、边界识别、图像分割等操作，是将较为成熟的人工智能技术应用于磁约束核聚变领域的典型案例；西物院通过神经网络训练，获得等离子体破裂预测模型，为研究各个物理参数与破裂之间的相关性大小提供了验证依据。

整体而言，人工智能技术在磁约束核聚变领域的应用呈现以下态势：

①目前国外单位在我国的专利布局尚且较少，研究检索到仅有来自英国的托卡马克能量有限公司布局有 1 件与磁场控制相关的专利，国内单位专利布局普遍较为分散，仅有西物院、合肥院等研究单位出现较为集中的专利申请；

②目前人工智能技术在磁约束核聚变领域应用的研究主体集中在科研院所，部分单位间出现应用方向的合作萌芽，如合肥院与合肥工业大学在等离子体图像识别、等离子体密度监控、电源控制等方向存在研究方向的近似；

③相关单位的专利申请量较少，且集中在某些固定领域，研究领域涉及最多的是西物院与合肥院，这也符合两家单位在我国核聚变研究领域的学术地位。

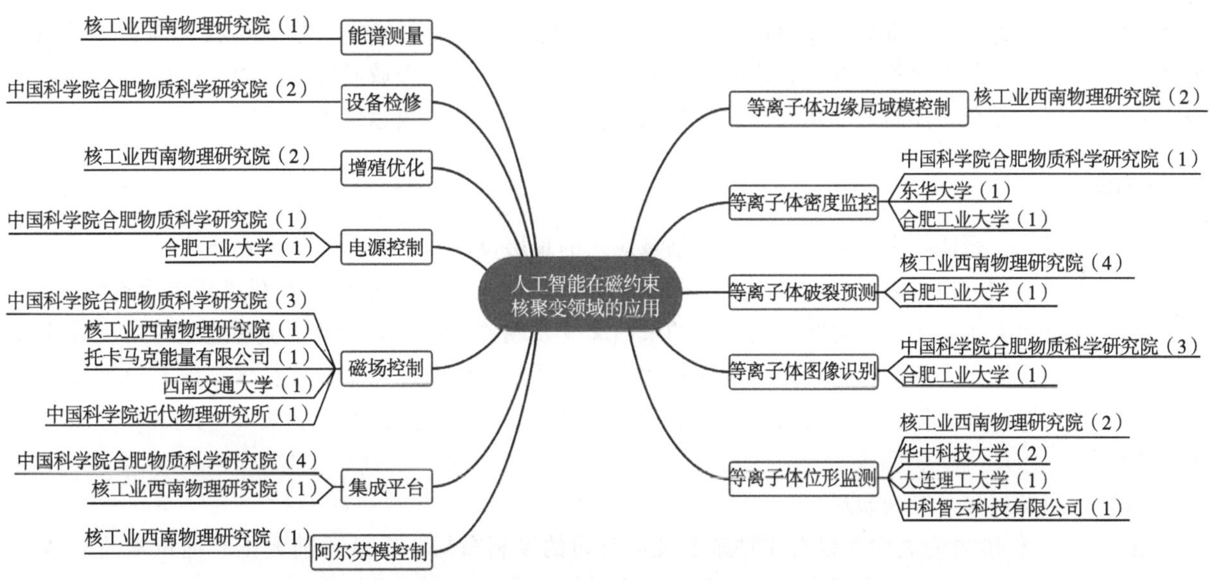

图 2　人工智能技术应用于磁约束核聚变领域的应用方向情况

2.3　相关专利的基本态势

通过对上述 40 件专利的基本情况进行整理，获得了人工智能技术在磁约束核聚变领域的相关专利态势，具体情况如图 3 所示。

①《中华人民共和国专利法》明确指出，发明是指对产品、方法或者其改进所提出的新的技术方案。从专利类型来看，上述 40 件专利均为发明专利，一方面通过人工智能技术解决磁约束核聚变领域技术问题的技术方案均为方法或系统，此类成果需要通过发明专利形式进行保护；另一方面同样体现出此类成果整体创造性水平较高。

②通过对专利的法律状态进行分析，一方面可以总结出本领域技术发展情况，另一方面可以通过

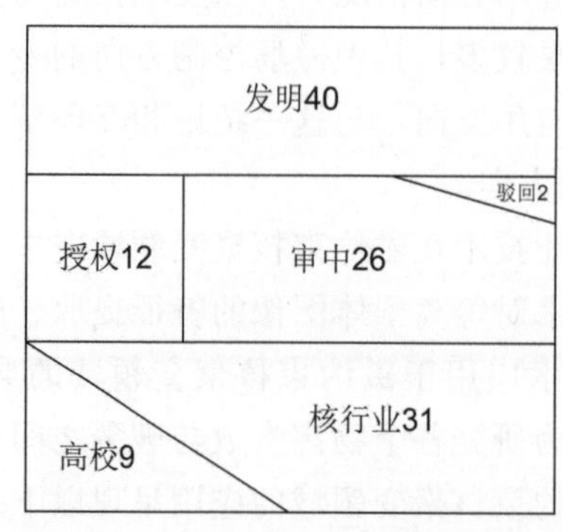

图 3　人工智能技术在磁约束核聚变领域的相关专利态势

统计专利信息应用、许可情况，规避侵权风险，调整研发方向。上述 40 件专利中，授权专利 12 件，审中专利 26 件，驳回专利 2 件，说明近两年来本领域专利申请较为集中，申请量呈现爆发式增长，同时作为新兴的行业应用，专利质量较高，驳回专利数量占比较少，反映出人工智能技术在磁约束核聚变领域的应用前景广阔，其他单位在后续探索人工智能技术在磁约束核聚变领域的应用时，要对在先申请专利的技术方案加以规避，防止侵权。

③受限于我国磁约束核聚变领域的研发单位数量本身较少，同时对人工智能技术的成熟度要求较高，国内将人工智能技术应用于磁约束核聚变领域的创新主体主要集中在以西物院、合肥院为首的核行业研究机构，其专利数量高达 31 件，其中有 1 件专利为合肥院与华中科技大学共同申请，其余 9 件专利来自合肥工业大学等高校，这表明核行业研究机构是目前本领域研究的主力，应进一步加大产学研融合力度，充分发挥高校学术优势，促进磁约束核聚变领域的快速发展。

3　结论

（1）加强人工智能技术在磁约束核聚变领域应用的顶层设计，培育高价值专利集群

通过上述应用方向可以看出，各创新主体研发方向之间离散程度较高，专利成果多为点状分布，这是由于缺乏对人工智能技术可能解决的磁约束核聚变领域关键技术进行系统梳理造成的。在后续工作中，一方面要通过专利文献持续跟踪最新技术动态，系统尝试通过人工智能技术突破磁约束核聚变领域“卡脖子”问题；另一方面要通过系统的专利布局策划，打造高价值专利集群，加强自主知识产权保护。

（2）适当开展国外专利布局

虽然在上述 40 件专利中，仅有 1 件来自英国公司的专利布局，但从目前人工智能技术的发展趋势及相关专利较高的授权率来看，在未来几年，人工智能技术在磁约束核聚变领域很可能会形成较强的知识产权壁垒，同时，鉴于专利公开的滞后性，以及 PCT 专利未进入指定国的情况存在，不排除国外相关科研主体在我国进行专利布局的情况。因此，在进行专利动态跟踪的同时，要积极进行技术储备并在国内乃至国际开展知识产权布局，以在竞争中掌握主动，提升国际竞争力。

综上所述，核聚变作为解决世界能源问题的重要途径，备受世人瞩目，我国作为磁约束核聚变研究领域的前沿梯队，要善于运用系统思维，尝试通过人工智能技术解决磁约束核聚变研究的“卡脖子”问题，打破核聚变技术的“五十年”魔咒，在此过程中，可以充分利用专利文献信息，开展专利导航等研究，通过专利支撑科研攻关工作。同时，也要积极开展对自主知识产权的专利保护，使我国磁约束核聚变研发水平和知识产权保护力度同步走在世界前列，助力我国核工业科技高水平自立自强。

参考文献：

［1］ 梁卫国．人工智能的发展历程及其对人类的影响［J］．当代电力文化，2020，89（11）：62－63.

［2］ 苑振宇，孟凡利，李晋，等．人工智能在工业自动化中的应用［J］．科技创新与应用，2020，317（25）：176－178.

［3］ 王伟琼．专利信息采集及分析系统设计与开发［D］．杭州：浙江大学，2008.

Application and development of artificial intelligence in the field of magnetic confinement nuclear fusion from the perspective of patent

SU Chong-yu，SHI Qi-kun，WANG Peng，LIU Xin-yu

（China Institute of Nuclear Industry Strategy，Beijing 100048，China）

Abstract: Since the advent of artificial intelligence in the 1950s，after continuous research and accumulation，in recent years with the improvement of the level of computer hardware has achieved rapid development，a large number of machine learning algorithms have been proposed and widely used，the number of global patent applications in the field of artificial intelligence in the past 5 years more than 1.15 million. From the perspective of patents，this paper carries out patent research directly related to artificial intelligence in the field of magnetic confinement nuclear fusion，forms multi－dimensional research results such as the main body of technological innovation and the direction of technological development，analyzes the application status of artificial intelligence in the field of magnetic confinement nuclear fusion，explores future technological development trends，and provides support for technology research and development of relevant scientific research institutions. At the same time，combined with the current technological development of our country，the author puts forward some suggestions on the intellectual property protection of the whole life cycle of the relevant achievements of the main body of scientific and technological innovation in our country in the future.

Key words: Artificial intelligence；Magnetic confinement nuclear fusion；Intellectual property

国际核燃料企业在华商标布局及其启示

苏崇宇，胡维维，王　鹏，刘昕宇

（中核战略规划研究总院，北京　100048）

摘　要：核燃料作为核电粮仓，为核电发展提供了坚实有力、稳定可靠的保障供应。随着我国核电“走出去”战略的进一步实施，核燃料在国际供需格局基本保持稳定的环境中发展同样困难重重。如何在核燃料全产业链“走出去”的过程中充分保护国内创新主体的创新成果，是长期以来不可避免的问题。目前，已有众多知识产权研究成果从专利角度形成了保护策略。相较于专利，商标往往是更容易被忽视的环节。本文通过对美国西屋电气公司、法国阿海珐集团等国外核燃料生产企业在华商标布局情况的深入分析，总结了国外核燃料企业的商标布局方向，最后结合分析内容从商标保护角度为国内核燃料企业带来有益的启示。

关键词：核燃料；商标；知识产权

商标（Trademark）是企业重要的无形资产，是企业核心竞争力的构成部分。随着经济全球化进程在新世纪里不断推进，世界经济正快速进入知识经济时代，以商标为代表的知识产权创新能力正成为企业竞争的优势和有力手段[1]。2020 年，国资委、国家知识产权局联合印发《关于推进中央企业知识产权工作高质量发展的指导意见》（以下简称《意见》），《意见》中指出，加强国际商标注册，培育知名品牌，对科技创新成果、核心竞争优势、商业模式等进行商标品牌化建设。当前，全球社会经济一体化程度不断加深，我国经济开放程度不断加大，国内外市场竞争的激烈态势逐渐升级。随着我国核电健步“走出去”，核燃料“走出去”是未来的大势所趋。相较于专利保护，商标保护的受重视程度较低，本文旨在通过分析国际核燃料企业的在华商标布局情况，聚焦商标布局对象与类别，为中国核燃料“走出去”打好重要的商标基础。

1　检索策略及结果

本文涉及的商标数据检索自国家知识产权局商标局商标数据库，数据检索时间截至 2023 年 3 月。检索策略是首先通过对照《商标注册用商品和服务国际分类》（即尼斯分类），挑选出与核燃料领域强相关的商品/服务项目，核燃料领域强相关商品/服务名录如表 1 所示。然后分别以美国西屋电气公司和法国法马通公司为分析对象，在商标局网站中，以“西屋电气有限责任公司”、“西屋电气公司”、“WESTINGHOUSE ELECTRIC COMPANY LLC”、“法马通公司”、“FRAMATOME”、“FRAMATOME ANP”（法马通先进核电公司）和“FRAMATOME GMBH”（法马通股份有限公司）作为申请人进行检索，检索到注册商标共计 14 件，申请中（领土延伸）商标 4 件。

作者简介：苏崇宇（1994—），男，北京人，硕士研究生，助理研究员，现主要从事核行业知识产权研究与咨询工作。

表 1　核燃料领域强相关商品/服务名录

类别	类似群	商品/服务
第一类	0103 -放射性元素及其化学品	核反应堆用燃料、核反应堆减速材料、核能用可裂变物质、氧化铀、铀
第七类	0749 -泵，阀，气体压缩机，风机，液压元件，气动元件	离心机、泵（机器、引擎或马达部件）、阀门（机器、引擎或马达部件）
第九类	0910 -测量仪器仪表，实验室用器具，电测量仪器，科学仪器	粒子加速器、测量装置、核原子发电站控制系统、核子仪器、探测器
第十一类	1113 -核能反应设备	核燃料和核减速剂处理装置、聚合反应设备、核反应堆
第四十类	4012 -污物处理服务	核废料处理、核燃料回收
	4015 -单一服务	能源生产、燃料加工

2　国际核燃料产业公司的在华商标布局情况

2.1　美国西屋电气公司

美国西屋电气公司（以下简称“西屋公司”）是全球领先的核电技术服务提供商和环保服务巨头，西屋公司于 1957 年为美国宾夕法尼亚州的一座商用核电站提供了世界上首台压水堆核电机组。目前，全球近 50%、美国近 60%正在运行的商用核电站采用了西屋公司的核电技术。经检索，其在华核燃料领域商标注册共计 10 件，具体情况如表 2 所示。

表 2　西屋公司在华核燃料领域商标注册情况

序号	商标名称	类别	申请号	专用权截止日	申请群组	有效商品项目
1	AP1000	11	10426050	2024/4/20	1113	原子堆；核反应堆；核燃料和核减速剂处理装置；燃料和核慢化剂处理装置；聚合反应设备
2	AP1000（图）	11	6244642	2030/6/6	1113	核燃料加工及减少核放射材料加工装置；燃料及核中和材料处理装置；聚合反应设备
3	WEC	1	9584011	2032/7/6	0103	原子堆燃料；可裂变化学元素；工业用同位素；核反应堆减速材料；核能用可裂变物质；氧化铀；科学用放射性元素；科学用镭；钚；铀
4	WEC	9	9584009	2027/1/20	0910	(6) 原子射线仪器；(6) 回旋加速器；(6) 宇宙学仪器；(6) 导弹控制盒；(6) 工业或军用金属探测器；(6) 核原子发电站控制系统；(6) 核子仪器；(6) 电子回旋加速器；(6) 粒子加速器；(6) 非医用激光器
5	WEC	11	9584008	2032/8/6	1113	原子堆；核反应堆；核燃料加工及减少核放射材料加工装置；燃料及核中和材料处理装置；聚合反应设备
6	WEC	40	9584007	2032/7/6	4015	(1) 艺术品装框；(10) 化学试剂加工和处理；(2) 雕刻；(4) 能源生产；(5) 发电机出租；(8) 药材加工；(9) 燃料加工；牙科技师（工匠）
7	维科	1	9584006	2032/7/6	0103	原子堆燃料；可裂变化学元素；工业用同位素；核反应堆减速材料；核能用可裂变物质；氧化铀；科学用放射性元素；科学用镭；钚；铀

续表

序号	商标名称	类别	申请号	专用权截止日	申请群组	有效商品项目
8	维科	9	9584004	2032/8/13	0910	(6) 原子射线仪器；(6) 回旋加速器；(6) 宇宙学仪器；(6) 导弹控制盒；(6) 工业或军用金属探测器；(6) 核原子发电站控制系统；(6) 核子仪器；(6) 电子回旋加速器；(6) 粒子加速器；(6) 非医用激光器
9	维科	11	9584003	2032/8/6	1113	原子堆；核反应堆；核燃料加工及减少核放射材料加工装置；燃料及核中和材料处理装置；聚合反应设备
10	维科	40	9584002	2024/1/6	4015	(1) 艺术品装框；(10) 化学试剂加工和处理；(2) 雕刻；(4) 能源生产；(5) 发电机出租；(8) 药材加工；(9) 燃料加工；牙科技师（工匠）

从表 2 中可以看出，西屋公司商标布局有以下 2 个方向：

第一，商标布局的对象围绕产品名称“AP1000”字样。AP1000 是西屋公司自主研发的第 3 代核电堆型，我国于 2006 年 11 月决定引进 AP1000 技术，而西屋公司于 2007 年 8 月在中国提出商标申请，商标布局是紧随商品进入中国市场的。

第二，商标布局的对象围绕其参股企业的企业名称“维科”字样和“WEC”字样，布局时间为 2011 年。

整体从西屋公司商标布局类别的角度来看，“AP1000”作为第 3 代核电堆型产品，其商标布局围绕 1113 类似群（核能反应设备）是与产品实际应用场景最为贴切的，而“维科”和“WEC”作为企业名称，其无论是经营范围还是应用场景均要大于产品应用，故其布局涉及的商品类别必然比产品要广，由此看来，西屋公司的商标布局是兼顾保护范围与实际应用的。

2.2 法国法马通公司

法国法马通公司（以下简称“法马通”）成立于 1958 年，隶属于世界 500 强法国电力集团，因其为全球核反应堆的设计、建造、检修、升级改造提供创新的解决方案和增值服务而获得认可，是全球 92 座核电站原始设备制造商（OEM）。经检索，其在华核燃料领域商标布局共计 8 件，有效商标 4 件，申请中（领土延伸）商标 4 件，具体情况如表 3 所示。

表 3　法马通核燃料领域商标注册情况

序号	商标名称	类别	申请号	申请日期	专用权截止日	申请群组	商品项目
1	法马通	7	28415938	2017/12/29	2028/12/06	0749	增压机；涡轮压缩机；泵（机器、引擎或马达部件）；泵（机器）
2	法马通	9	28415937A	2017/12/29	2029/02/20	0910	测量器械和仪器；材料检验仪器和机器；探测器；核原子发电站控制系统
3	法马通	11	28415938	2017/12/29	2028/12/06	1113	燃料和核慢化剂处理装置；核反应堆；核燃料和核减速剂处理装置
4	法马通	40	28415938	2017/12/29	2028/12/06	4012 4015	净化有害材料；废物再生；核能生产；能源生产；核燃料再处理
5	AFA 3G	11	G823335	2004/06/09	—	1113	核燃料处理和燃料汇集用的装置
6	EPR	11	G927695	2007/08/14	—	1113	核燃料生产和再处理装置（机器）；核反应堆

续表

序号	商标名称	类别	申请号	申请日期	专用权截止日	申请群组	商品项目
7	COVALION	1	G1462194	2019/04/18	—	0103	工业用和科学用放射性同位素
8	COVALION	40	G1462194	2019/04/18	—	4015	能源生产

与西屋公司相同，法马通在华布局的核燃料领域商标同样围绕企业名称与产品名称，目前只有企业名称“法马通”字样为注册状态，产品名称“AFA 3G”“EPR”“COVALION”3 种字样在核燃料领域存在商标布局，但状态均为申请中（领土延伸），其中“AFA 3G”指代的对象为 AFA 3G 型燃料组件，“EPR”指代的对象是法马通和西门子联合开发的三代核电反应堆型号，“COVALION”指代对象为法马通旗下储能品牌 COVALION，与核燃料领域相关性较弱。

3 结论

从西屋公司和法马通两家国际企业核领域在华商标布局情况来看，其布局对象均围绕企业名称和产品名称两个角度，布局选择的商品类别多集中在第十一大类，第 1113 类似群，从布局商品项目来看，在华申请商标多直接选择来自尼斯分类的标准项目，包括核燃料和核减速剂处理装置、聚合反应设备、核反应堆等，而通过领土延伸布局的商标商品项目多为非标准项目，这是由于原始申请国家的商标法律法规限制。

随着我国核电与核燃料共同“走出去”的步伐逐步加快，我国核燃料产品的在国际市场的影响力与品牌效应与日俱增，而商标作为品牌建设的重要法律载体[2]，我国核燃料企业有必要做好以下工作：

第一，要提升企业商标保护管理意识。通过分析西屋公司和法马通公司的商标情况不难发现，企业均会对其企业名称及重要产品开展商标布局工作。我国核燃料企业面对当前纷繁复杂的竞争环境及商标抢注的不良风气，要以躬身入局的态度提升自身企业商标保护管理意识，按需开展商标布局及管理工作，避免让商标成为企业发展的“绊脚石”。

第二，要形成规范化商标布局管理模式。商标布局除了面向企业中英文名称及其缩写、重点产品外，还存在若干高价值的布局对象，如西屋公司对其参股公司布局的“维科”和“WEC”字样商标。因此，商标布局意识应通过制度约束，规范化融入企业的各项生产经营活动中，确保企业利益不因商标问题受损。

第三，从商标到品牌，提升我国核燃料企业国际竞争力。品牌是以商标为法律载体的基础上建立起来的，随着贴有商标标识的产品流通范围的扩大，商标知名度、美誉度的提高，客户对贴有该商标产品忠诚度的提高，伴随商品在市场占有率的提高和影响的扩大，逐渐形成品牌，所以品牌的范围，远远大于商标。随着新一轮科技和产业革命的加快演进，过去支撑我们快速发展的经济技术和社会条件已经或正在发生重大变化，产能过剩日益严重，资源与环境约束不断加大，生产成本不断上升。我国核燃料企业要在危机中育先机，于变局中开新局，就必须进一步加强技术创新、产品创新和商业模式创新，打造具有核心知识产权的自主品牌。

参考文献：

[1] 郑乃林．企业商标评估体系研究［J］．中华商标，2007（11）：24－27.
[2] 臧文如．中国地理标志商标品牌价值评价体系与标准发布［J］．中华商标，2018（9）：50－51.

Brand layout of international nuclear fuel enterprises in China and its enlightenment

SU Chong-yu, HU Wei-wei, WANG Peng, LIU Xin-yu

(China Institute of Nuclear Industry Strategy, Beijing 100048, China)

Abstract: As the granary of nuclear power, nuclear fuel provides a solid, stable and reliable guarantee supply for the development of nuclear power. With the further implementation of China's nuclear power "going out" strategy, the development of nuclear fuel in the international supply and demand pattern remains basically stable environment is also difficult. How to fully protect the innovation achievements of domestic innovation subjects in the process of "going out" of the whole nuclear fuel industry chain is an inevitable problem for a long time. At present, many intellectual property research results have formed a protection strategy from the perspective of patents. Compared with patents, trademarks are often more easily ignored. Based on the in-depth analysis of the trademark layout of foreign nuclear fuel manufacturers such as Westinghouse Electric Company of the United States and Areva Group of France in China, this paper summarizes the trademark layout direction of foreign nuclear fuel enterprises, and finally, combining the analysis content, it brings beneficial enlightenment for domestic nuclear fuel enterprises from the perspective of trademark protection.

Key words: Nuclear fuel; Trademarks; Intellectual property

β 辐射伏特效应电池领域关键技术专利分析

胡维维，苏崇宇，陈丽丽，李东斌

（中核战略规划研究总院，北京 100048）

摘 要： β 辐射伏特效应电池是通过半导体换能器件将 β 放射源衰变产生的 β 粒子直接转换成电流，具有安全性好、使用寿命长、可微型化、可集成化的特点，作为微型电源的理想选择，在军事国防、生物医疗、气象监测、航空航天探测等领域广泛应用。β 辐射伏特效应电池技术本身属于技术密集型产品，通过 β 辐射伏特效应电池的专利竞争情报分析，对于促进我国 β 辐射伏特效应电池技术创新和产业发展具有重要意义。

关键词： β 辐射伏特效应电池；专利竞争情报分析；技术创新；产业发展

β 辐射伏特效应电池通过半导体换能材料将 β 放射源辐射产生的 β 粒子转变为电能，具有寿命长、工作可靠、安全性高、能量密度高、抗干扰性强、便于微型化、便于集成化和环境适应能力强的特点，是微型电源的理想选择。β 辐射伏特效应电池的技术发展始于 1913 年，Mosley 首次展示了一种 β 射线直接转换核电池。1937 年，Becker 和 Kruppke 首次报道了硒的电子辐射伏特效应。1951 年，Ehrenberg、Lang 和 West，报道了硒和氧化铜的电子辐射伏特效应。1953 年，Rappaport 发现 β 放射源同样也能在半导体材料内产生电子空穴对，即 β 辐射伏特效应。1954 年，诞生第一块真正意义上的 β 辐射伏特效应电池，同年 Pfann 和 VanRoosbroeck 也进行了类似的研究。在 2 项研究中，β 放射源均为 90S－90Y，半导体换能材料均为是 Si－Ge PN 结，PN 结的参杂工艺均采用热扩散掺杂工艺。1964 年，Flicker 等报道了以 ^{147}Pm 作为 β 射线发射源的辐射伏特核电池的研究结果。2003 年，美国康奈尔大学的 Hang Guo 和 AmitLal 采用 63NiCl 溶液作为放射源，半导体 PN 结采用倒金字塔形，有效提高了放射源与半导体换能材料的接触面积，提高了能量利用率。2005 年，加拿大的 Toronto 大学、BetaBett 公司和美国的 Rochester 大学合作，成功加工出了三维多孔阵列的 PN 结，同样是有效增加了放射源与半导体换能材料的接触面积，β 辐射伏特效应电池的输出性能提升。2006 年，美国 Cornell 大学研究组发现 4H－SiC 比硅具有更高的能量转换效率，并制作出了 4H－SiC PN 结的 β 辐射伏特效应电池。此后，多个研究组对 4H－SiC PN 结做了大量工作，取得了一系列丰硕成果。2008 年，西安电子科技大学的张林和西北工业大学的乔大勇合作研发了一种基于 4H－SiC 肖特基结的微型核电池。2011 年，第三代半导体材料 GaN 出现，Z. J. Cheng、H. S. San 报道了基于 GaN 的 pin 结同位素微电池。β 辐射伏特效应电池由半导体 PN 结结构，金属电极和同位素源组成。由于宽禁带半导体材料有助于提高 β 辐射伏特效应电池能量转换效率，目前，β 辐射伏特效应电池的研究主要集中在第三代宽禁带、第四代超宽禁带半导体换能材料 SiC、GaN 和金刚石上。另外，纳米材料和液态半导体材料也是 β 辐射伏特效应电池的研究方向，如碳纳米管的高长径比、大表面积有利于电子-空穴对的分离和输运；液态半导体材料有效降低载能粒子对半导体材料辐照造成的核电池退化现象。β 辐射伏特效应电池技术本身属于技术密集型产品，通过 β 辐射伏特效应电池的专利竞争情报分析，对于促进我国 β 辐射伏特效应电池技术创新和产业发展具有重要意义。

作者简介： 胡维维（1990—），女，安徽桐城人，北京化工大学化学工程专业研究生，2016 年参加工作以来一直致力于知识产权工作。

1 β辐射伏特效应电池全球专利竞争态势

截至 2023 年 6 月，全球涉及β辐射伏特效应电池的专利申请达 428 件。全球β辐射伏特效应电池专利竞争态势分析如下。

1.1 全球β辐射伏特效应电池专利申请

如图 1 所示，近 20 年来，β辐射伏特效应电池专利申请量稳步增长，具体而言，β辐射伏特效应电池专利申请从 1952 年开始，此后专利申请数量零星出现，在经过近 50 年的技术积累，从 2004 年开始，β辐射伏特效应电池专利申请数量呈现一定规模，此后，每年的专利申请数量均保持在一定数量并在 2014 年达到峰值，期间β放射源从^{147}Pm 和^{241}Am 到^{63}Ni、^{3}H、^{35}S 和^{90}Sr－^{90}Y，半导体材料从第一代半导体材料 Si 发展到第二代半导体材料 SIC 和第三代半导体材料 GaN，半导体材料种类从 PN 结发展到肖特基二极管，半导体材料结构从平面型结构、沟槽型结构发展到倒金字塔形结构和三维多孔结构。2014 年以后，β辐射伏特效应电池专利申请量每年仍然保持稳定增长趋势，β辐射伏特效应电池仍保持着高研发活度。

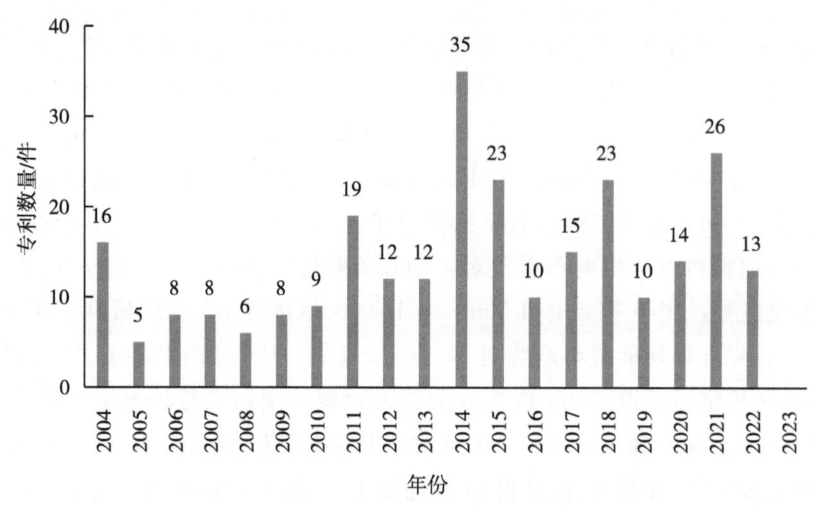

图 1 β辐射伏特效应电池全球专利申请年度趋势

1.2 中、美、英、韩是全球专利重点布局区域

如图 2 所示，在β辐射伏特效应电池专利申请布局区域中，在中国地区的申请量最大，达到 156 件，占该领域专利申请总量的 36.4%，说明中国既是市场大国，也是专利强国，各国创新主体都非常重视中国的专利申请。排名第二的是美国，达 78 件，占该领域专利申请总量的 18.2%，说明美国重视本土的专利申请。排名第三的是英国，达 19 件，占该领域专利申请总量的 4.2%，说明英国重视本土的专利申请。排名第四的是韩国，达 16 件，占该领域专利申请总量的 3.7%，说明韩国重视本土的专利申请。可以看出，各国创新主体已在中国大量布局专利，对中国创新主体实现β辐射伏特效应电池自主可控造成一定威胁。

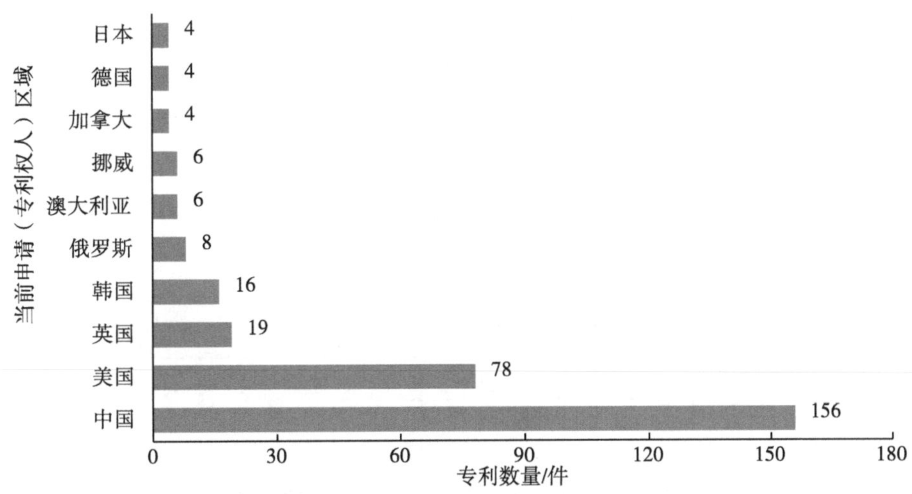

图 2　β辐射伏特效应电池专利申请布局区域分布

1.3　专利较为分散，产学研有待提高

如图 3 所示，从 β 辐射伏特效应电池全球重点申请人和专利申请量占比的情况来看，西安电子科技大学作为 β 辐射伏特效应电池研发的领先者，其专利申请数量最多，共申请 26 件。西安电子科技大学作为国内少数几家研究 β 辐射伏特效应电池的科研院所，在 2008 年率先实现了 4H－SiC 肖特基结的 β 辐射伏特效应电池。排名第二的是吉林大学，其专利申请数量在 13 件。并列排名第三的是全球技术股份有限公司和赛克斯大学。另外，密苏里大学、溧阳市浙大产学研服务中心有限公司、韩国电子通讯研究院、南京航空航天大学、中国核动力研究设计院和东华理工大学在 β 辐射伏特效应电池领域均有一定的研发投入，并积极进行专利布局。可以看出，β 辐射伏特效应电池领域的重点申请人主要是科研院所，其产学研还需进一步结合。

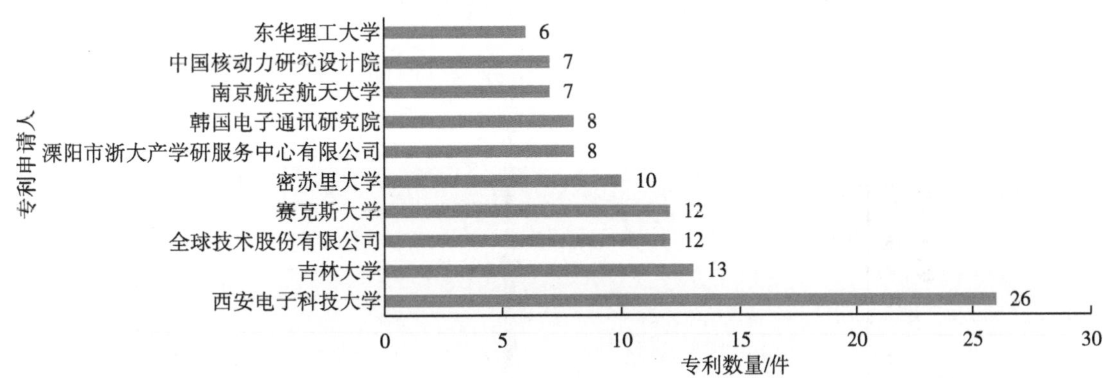

图 3　β辐射伏特效应电池全球专利申请的重点申请人

1.4　半导体材料结构是创新热点

β 辐射伏特效应电池技术主要涉及放射源的选择、半导体材料的选择和半导体材料结构等关键技术，如图 4 所示，半导体材料结构技术分支是专利布局的热点，根据 IPC 主分类号统计，排名第一的是 G21H1/06（放射源辐射运用于不同半导体材料结的电池），且一直保持着较高的增长；排名第二的是 G21H1/00（从放射源取得电能的装置），专利申请数量呈现波动式增长；排名第三的是 G21H1/02（用 β 辐射直接充电的电池），专利申请趋势与 G21H1/00 相似。

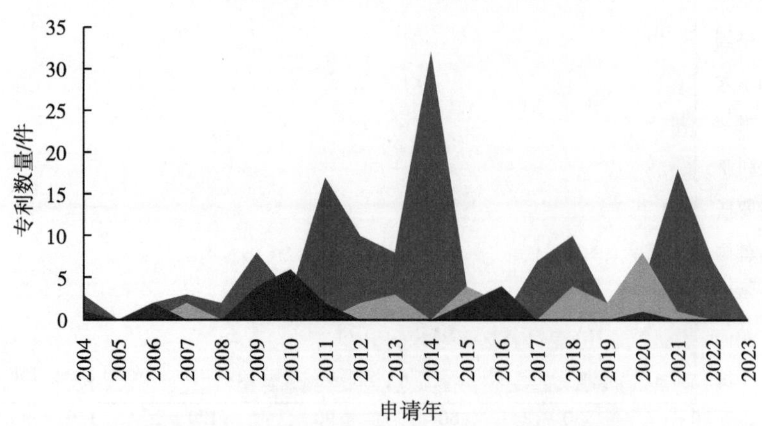

图 4　β辐射伏特效应电池 IPC 主分类申请趋势

2　β辐射伏特效应电池重点企业专利竞争格局

当前，β辐射伏特效应电池基本处于实验室研发阶段，科研院所在其中占主导地位，了解重点申请人的专利布局对了解β辐射伏特效应电池产业竞争格局具有重要意义。

西安电子科技大学是国内少量几家研究β辐射伏特效应电池的院校，其在 2008 年研发了一种基于 4H－SiC 肖特基结的微型核电池，是国内也是全球β辐射伏特效应电池研发的领导者，技术实力强。如图所示，西安电子科技大学在β辐射伏特效应电池领域布局了 35 件专利申请，绝大部分都是在国内进行专利布局，其专利布局自 2008 年开始专利布局后，陆续在 2011 年、2014 年和 2021 年进行了专利布局，其中 2014 年专利布局数量最多，达到 26 件。西安电子科技大学在β辐射伏特效应电池领域的专利布局涉及平面 PIN 型核电池、沟槽 PIN 型核电池、3DPIN 型核电池、基于 GaN 的 PIN 型核电池、I 层钒掺杂的 PIN 型核电池等，涵盖 PIN 结各种结构改进。

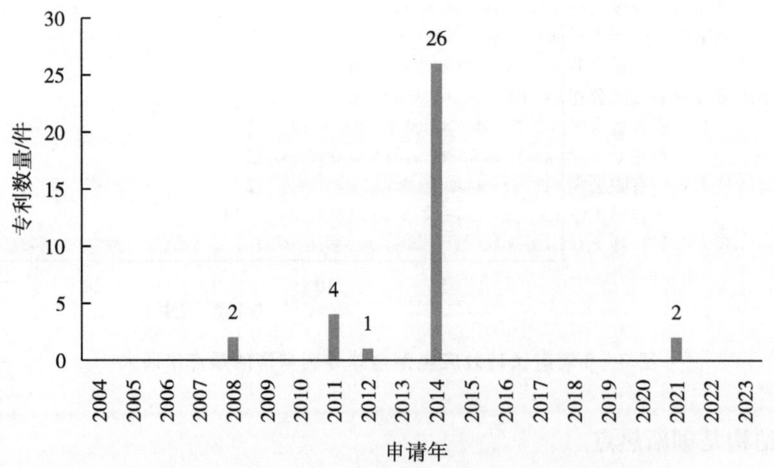

图 5　辐射伏特核电池西安电子科技大学全球专利申请趋势

3　结论

β辐射伏特效应电池领域的创新研发活跃，全球专利申请数量仍然保持着快速增长的趋势，中、美、英、韩是全球专利重点布局区域，西安电子科技大学在技术创新和专利布局上处于领先地位，半导体结是创新主体重点关注方向。β辐射伏特效应电池领域的重点申请人主要是科研院所，建议国内相关企业加强与这些科研院所的紧密合作，充分利用国内科研院所获得的技术积累，将研发成果转化为产业输出，实现经济价值转化。作为国内少量几家研究β辐射伏特效应电池的院校，西安电子科技大学海外专利布局较少，建议加强海外专利布局，为后续海外市场开拓奠定基础。

致谢

在本文的撰写过程中，得到了中核战略规划研究总院有限公司各位同事的大力支持，并提供了很多有益的数据和资料，在此向中核战略规划研究总院有限公司各位同事的大力帮助表示衷心的感谢。

参考文献：

[1] 张玉娟．4H－SiC β射线核电池和探测器的研究［D］．西安：西安电子科技大学，2012.

[2] 李潇祎，陆景彬，郑人洲，等．核电池概述及展望［J］．原子核物理评论，2020，37（4）：875－892.

[3] 李潇祎．以 ZnO 为换能材料的β辐射伏特效应核电池可行性探究［D］．吉林：吉林大学，2017.

[4] 刘本建，张森，郝晓斌，等．金刚石辐射伏特效应同位素电池器件研究进展［J］．人工晶体学报，2022，51（5）：801－813.

[5] 陈宁，张家磊，胡成，等．GaN 放射同位素电池性能研究［J］．湖北电力，2019，43（4）：14－18.

Patent analysis of key technologies in the field of betavoltaic battery

HU Wei-wei，SU Chong-yu，CHEN Li-li，LI Dong-bin

（China Institute of Nuclear Industry Strategy，Beijing 100048，China）

Abstract: Betavoltaic battery convert beta particles generated by the decay of beta radiation source directly into current through semiconductor transducers. It has the characteristics of good safety，long service life，miniaturization and integration. As an ideal choice of micro power supply，it is widely used in military and national defense，biomedicine，meteorological monitoring，aerospace exploration and other fields. Betavoltaic battery technology itself is a technology intensive product. Through patent Competitive intelligence analysisofBetavoltaic battery，it is of great significance to promote Betavoltaic batterytechnological innovation and industrial development.

Key words: Betavoltaic battery；Patent competitive intelligence analysis；Technological innovation；Industrial development

从专利视角分析核电安全生产信息管理技术发展态势

王 朋，蔡 丽，施岐坤，陈丽丽

（中核战略规划研究总院，北京 100048）

摘 要：核电行业的安全生产与国民安全息息相关，因此核电安全生产管理成为核电运行的重中之重。随着信息科技的蓬勃发展，各类信息技术逐渐在核电安全生产的管理中崭露头角，辅助实现核电安全生产信息的获取、流转、存储、统计分析等功能，大大提升了核电安全生产的管理效率和质量。本文通过对在华申请的核电安全生产信息管理技术相关专利文献的统计分析，尝试梳理核电安全生产信息管理技术发展脉络，厘清潜在的技术壁垒和技术空白点，从而对我国核电安全生产信息管理技术发展提供有效支撑。

关键词：核电安全生产；信息管理；专利分析

核电厂安全生产信息管理技术是将核电厂安全管理体系标准化和现场安全标准化有机结合，是包括核电厂的组织策划、风险评估，系统控制、审核评审和绩效提升等管理模块的综合平台[1]。我国安全生产信息管理技术的发展对于我国核安全生产信息管理系统国产化、促进核能自主化具有重要的意义，在国产化的过程中，需要了解行业专利布局状态，对重点技术分支领域进行深入分析。

1 研究方法

本文主要通过对安全生产信息管理技术专利申请主体进行调研分析，结合对关键技术的分解，制定科学合理的专利检索策略，并通过检索过程中的策略优化调整，在商业数据库检索获得安全生产信息管理技术在中国专利申请文献；通过对安全生产信息管理技术的专利申请年代、地域分布及关键技术的专利布局情况分析，获知安全生产信息管理技术的专利发展态势与竞争格局，为我国的核电安全生产管理信息化建设的发展提供对策建议。

本文中，术语“项”表示为一个专利族群，专利族群是同一项发明创造在多个国家申请专利而产生的一组内容相同或基本相同的文件出版物；术语“件”表示为申请专利的件数，在进行专利申请数量统计时，为了分析申请人在不同国家、地区或组织所提出的专利申请的情况，将同族专利申请分开进行统计，每件专利对应于单次申请的专利。通常来讲，1 项专利可能对应于 1 件或多件专利申请。

对日期的约定：依照最早优先权日确定每年的专利数量，无优先权日以申请日为准。

对图表数据的约定：由于专利公开的延时性，近 18 个月的专利数据不能代表真正的变化趋势。

2 总体专利态势分析

2.1 历年专利申请情况

经检索得到核电安全生产信息管理技术的总体专利申请量共 3143 项，如图 1（a）所示，核电安全生产信息管理技术历年专利发展态势具体可以分为以下几个阶段。

（1）起步阶段（1993—2000 年）

从 20 世纪 90 年代开始，核电安全生产信息管理技术开始出现专利申请，如图 1（a）所示，最早的专利申请始于 1993 年，1993—2000 年，核电安全生产信息管理技术刚刚兴起，大多数技术仍处于

作者简介：王朋（1984—），女，研究生，工程师，现主要从事知识产权研究及专利代理工作。

理论探索阶段，专利申请行为并不活跃，各年专申请量仅为个位数，专利申请量增长十分缓慢。在起步期阶段，核电安全生产信息管理技术专利申请的授权率波动式发展。

（2）缓慢发展阶段（2002—2008 年）

如图 1（a）所示，从 2002 年开始，核电安全生产信息管理技术专利申请进入缓慢发展阶段，与起步阶段相比，该阶段的逐年专利申请量有一定的提升，专利申请量增长也稍有起色。

此外，与前一阶段相比，缓慢发展阶段专利申请的授权率有所提升，并平稳定发展。在缓慢发展阶段，除了 2004 年授权率较低（34.78%）外，其他年份的专利授权率均在 50%以上，尤其在该阶段后期（2006—2008 年），核电安全生产信息管理技术专利的专利申请数量和专利授权率的进一步提升（历年专利申请量大于 40 件，历年专利授权率大于 65%）。

（3）快速发展阶段（2009 年至今）

2009 年之后，核电安全生产信息管理技术专利申请量呈现快速增长的态势，其专利授权率有了进一步提升，2009—2014 年的专利授权率稳定维持在 67%～79%，此外，结合图 1（a）和图 1（b）可以看出，2015 年之后专利授权率下降的幅度与在审专利增长幅度相对应，预计 2015 年之后专利授权率可以大概率稳定维持在本阶段前期的水平。综上可以看出，2009 年至今，核电安全生产信息管理技术已经充分地面向市场应用发展，专利申请行为十分活跃，专利技术总体新创性较高。

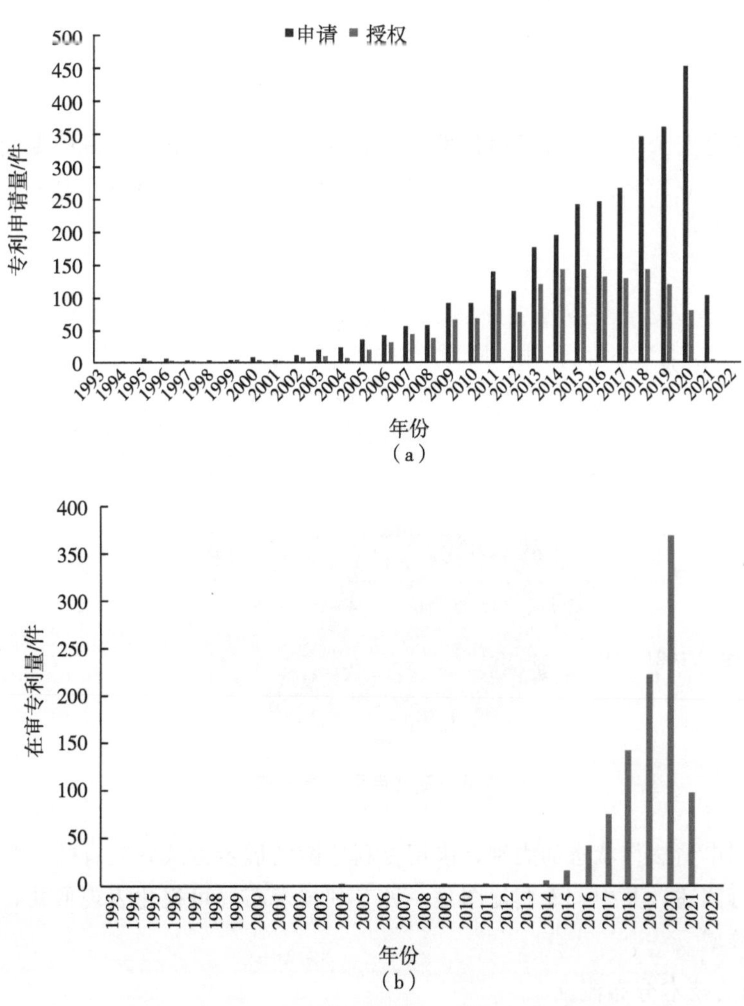

图 1 核电安全生产信息管理技术历年专利情况

（a）核电安全生产信息管理技术历年专利申请量变化趋势；（b）核电安全生产信息管理技术历年在审专利量变化趋势

2.2 专利申请类型和法律状态

如图2所示，核电安全生产信息管理技术的专利申请中，绝大多数为发明（占总量的87.39%），主要涉及系统、软件处理流程等，实用新型仅很小的比例（占总量的12.61%），主要涉及系统架构以及终端设备等。可见，核电安全生产信息管理技术的研发实体更加注重系统平台架构以及处理流程方面的创新，在实体终端方面的关注度较低。

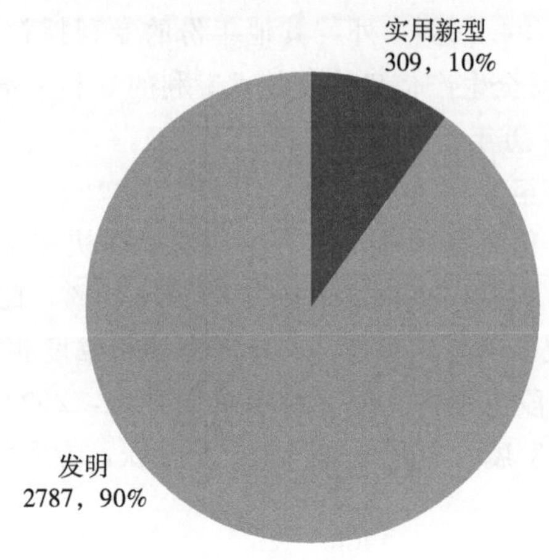

图2 专利申请类型

如图3所示，核电安全生产信息管理技术申请的专利中，有效专利、审中专利及失效专利三者的比例较为平均，其中有效专利占比稍多，占总量的37.98%，在审的专利申请占总量的34.34%，失效专利占总量的27.69%。

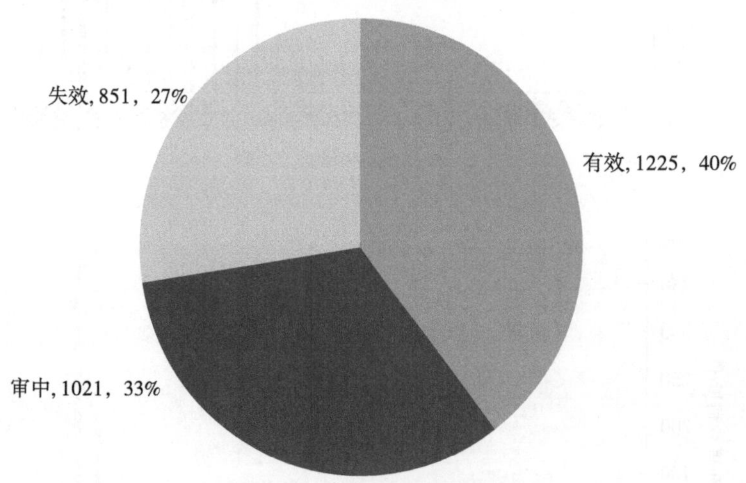

图3 专利申请法律状态

以下将按照专利申请法律状态的类别，采用专利地图的展示方式，对有效专利、审中专利及失效专利的技术分布进行阐述。其中，专利地图是一种专利技术布局可视化表现形式，专利地图中的高峰代表了技术聚焦的领域。

2.3 不同法律状态的技术分布概况

2.3.1 有效专利的技术分布

如图4所示，核电安全生产信息管理技术的有效专利的关注点主要集中在以下几个技术领域：①剂量监测系统、方法；②事故故障的诊断；③剂量监测设备；④电子围栏、认证系统（包括利用电子围栏无人飞行器的控制，以及电子围栏技术相关的认证系统等）；⑤自动化系统（包括系统内的行为管理、资产、设备管理等）；⑥数据通信（如端口、无线网络、网络接口、数据包等）。

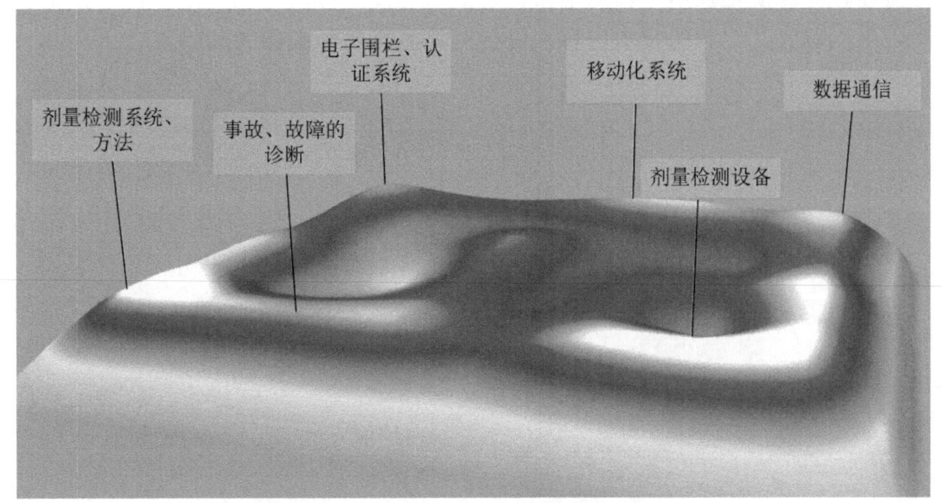

图 4　有效专利的技术分布专利地图

对于有效专利，若在研发生产及销售过程中涉及上述技术，则需要对上述有效专利的具体技术方案进行深入研判，并基于研判结果进行必要的规避，防止发生专利侵权。

2.3.2　审中专利的技术分布

如图 5 所示，核电安全生产信息管理技术的审中专利主要集中在以下几个技术领域：①事故、故障诊断，以及故障进程控制；②工业监测；③人工智能（包括机器学习）；④智能仓储（包括备件、设备的管理）；⑤剂量监测系统；⑥数据监测；⑦工业控制系统；⑧无线通信网络；⑨工业自动化控制。

对于处于实质审查阶段的专利申请，需要进一步跟踪专利审查状态，对技术相关性较高，侵权风险较大专利申请，可以进行审查阶段的异议处理，对可能产生侵权风险对专利进行干预。

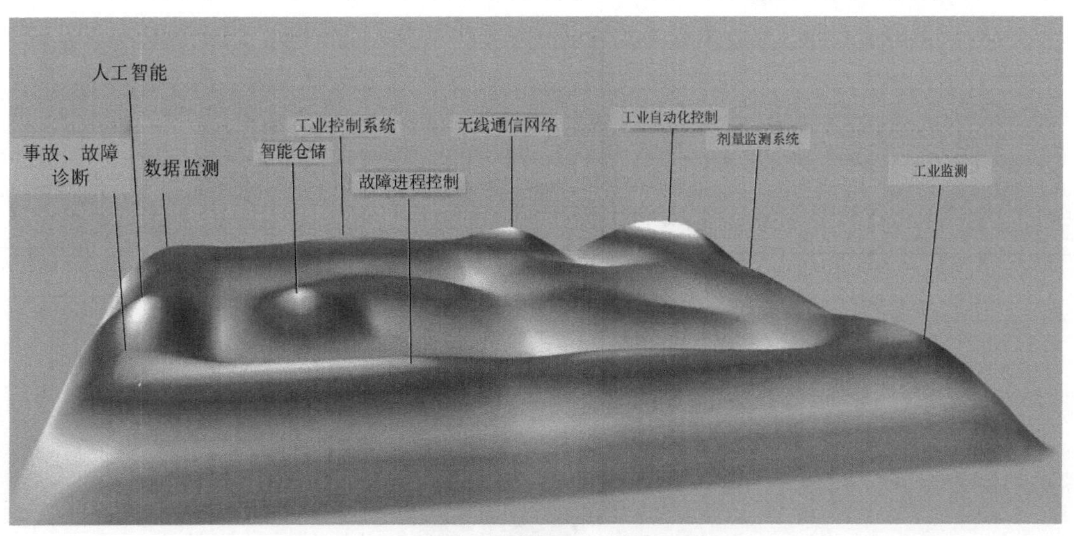

图 5　审中专利申请的技术分布专利地图

2.3.3　有效专利的技术分布

如图 6 所示，核电安全生产信息管理技术的失效专利主要集中在以下几个技术领域：①事故、故障的诊断；②设备、备件管理；③计算机自动化系统（包括计算机功能单元、通信系统、传输协议以及微控制器等）；④试验管理、采集控制装置；⑤剂量检测系统、方法；⑥剂量监测设备；⑦三维核电站；⑧智能监控；⑨自动化技术、功能单元、通信系统传输协议、微控制器；⑩智能移动设备。对于失效的专利，可以研究其记载的技术内容，以便对企业研发形成参考和借鉴。

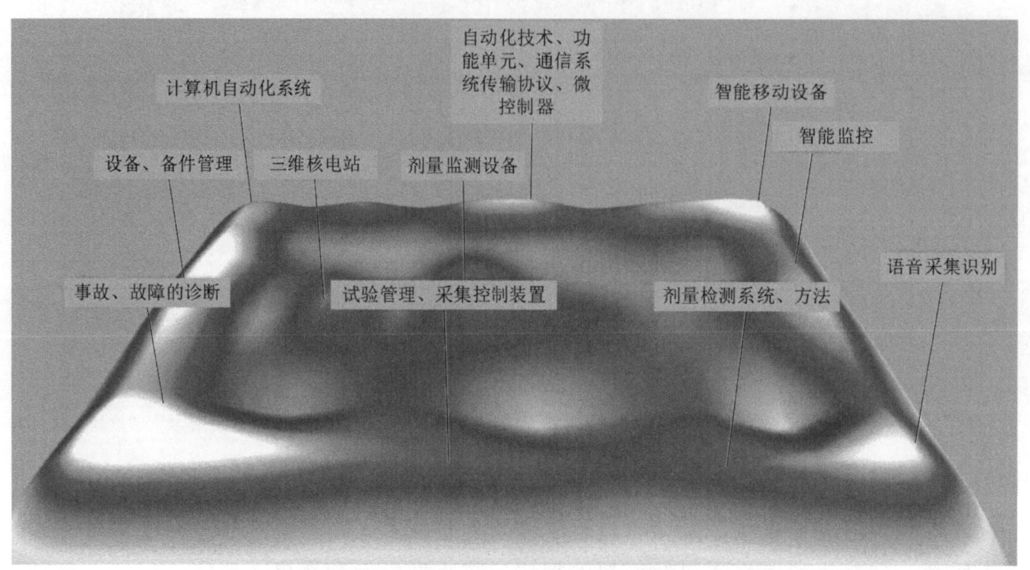

图 6　失效专利的技术分布专利地图

3　技术来源国家/地区分布情况

以下对核电安全生产信息管理技术的技术来源国家/地区进行分析，以反映各技术来源国家/地区在核电安全生产信息管理技术领域的技术实力和研发活跃程度。

3.1　技术来源国家/地区专利总体分布情况

从图 7 可以看出，中国申请人的专利申请量在总量中占据了相当大的比例（共 2130 件，占总量的 67.77%）；中国申请人的总数甚至多于外国申请人专利申请量的总和。

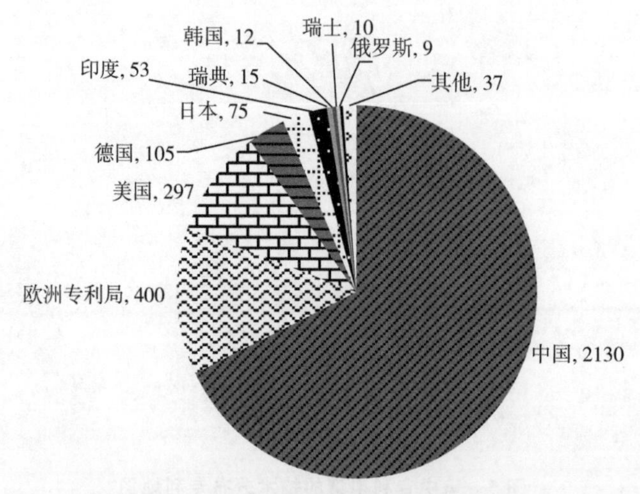

图 7　技术来源国专利申请量占比

在外国申请人中，欧洲专利局、美国、德国，形成第一梯队，欧洲专利局申请人的专利申请量最多（共 400 件，占总量的 12.73%）；其次分别是美国申请人（共 297 件，占总量的 9.45%）、德国申请人（共 105 件，占总量的 3.34%），相比之下，日本、印度、瑞典、韩国等国的申请人仅有少量的专利申请。

3.2 技术来源国专利历年变化趋势情况

结合图 1（a）和图 8 可以看出，针对核电安全生产信息管理技术领域，在起步阶段（1993—2000 年），美国申请人的专利申请行最为活跃，几乎每年均有专利申请，其专利申请数量最多（累计 15 件），相比之下，德国、欧洲专利局、中国及日本申请人仅在几个年份有专利申请，在起步阶段的累计专利申请数量也非常少。

在缓慢发展阶段（2002—2008 年），美国申请人的专利申请量保持了稳定且快速的专利增长势头；中国、德国、欧专局申请人的专利申请量在该阶段后期也有较快的增长；日本申请人仅仅间断进行少量的专利申请，专利申请行为仍不活跃。

在快速发展阶段（2009—2020 年），中国申请人携后发优势，历年专利申请数量呈爆发式增长，可见，快速发展阶段专利申请数量的指数型激增态势主要得益于中国申请人的专利申请的爆发式增长；相比之下，美国、欧洲等外国申请人历年的专利申请量虽然稳步快速增长，但其体量无法与中国申请人相比；日本、印度和韩国在快速发展阶段的专利申请行为开始活跃，专利申请量开始稳步增长；德国申请人在快速发展阶段的专利申请数量锐减，甚至在 2018 年以后几乎没有专利申请，这与德国 21 世纪初开始实施的关停核电站的计划密切相关[2]。可见，德国的申请人因政策导向正在迅速退出核电安全生产信息管理技术领域；此外，瑞典、俄罗斯在快速发展阶段也有少量的专利布局。

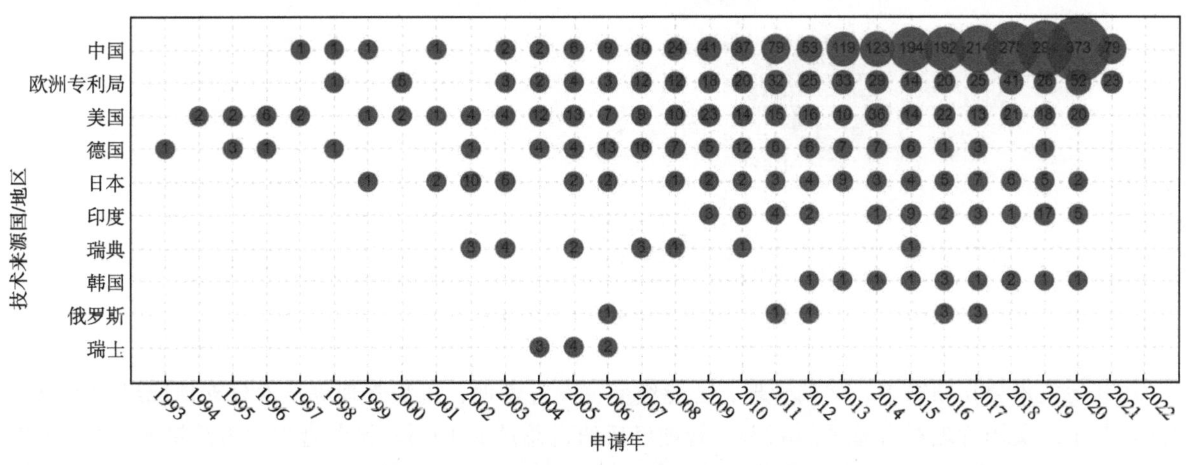

图 8 技术来源国/地区历年专利申请量变化

总的来看，美国、欧洲申请人在核电安全生产信息管理技术领域的专利申请一直保持稳步增长的态势，日本、韩国、印度、俄罗斯、瑞士等国申请人在后期进入核电安全生产信息管理技术领域，并有少量的专利布局，德国申请人因其国内的政策导向，逐渐退出了核电安全生产信息管理技术领域，相比之下，中国申请人自缓慢发展阶段进入核电安全生产信息管理技术领域之后呈爆发式增长，以绝对的优势成为核电安全生产信息管理技术领域专利申请的领跑者。

4 各技术分支领域的专利布局

在本文中，将核电安全生产信息管理技术划分为安全防护、文档管理、流程管理、智能经反、设备管理、运维、智能仓储、实验管理、SSCs 管理及移动应用 10 个一级分类[3]。其中，安全防护类别包括了核电站的辐射检测和防护、安全保卫、消防等；文档管理包括了核电站各类电子文件的存储、利用技术；流程管理包括了对核电站各类工作流程进行管理的技术；智能经反包括了利用经验反馈理论对核电站相关运维活动进行辅助决策的技术；设备管理包括了对核电站的相关设备进行管理的技术；运维包括了核电站运行、维修巡检进行管理的；智能仓储包括了采用智能化手段对核电站仓储系统进行管理的技术；实验管理包括了对核电站实验室及实验流程进行管理的技术；SSCs是构筑物（Structure）、系统（System）和设备（Component）的缩写，是核电站生产相关构筑物、系统和设备的总称，系统设备中运行的软件也属于SSCs的范畴，SSCs管理包括基于电厂级SSCs数据构建电厂模型的技术；移动应用包括采用移动设备对核电厂进行管理的技术。

4.1 各分支技术总体分布情况

图9是核电安全生产信息管理技术各分支技术的专利申请量占比总体概况（专利申请量以项为单位），在数量方面，安全防护分支领域的专利数量最多，几乎占到了总体专利数量的一半（约占总量的47%），该分支领域本身形成第一梯队，可见，在核电安全生产信息管理技术领域，相关申请人最为关注核电厂的安全生产，针对安全防护技术分支领域进行着重专利布局。

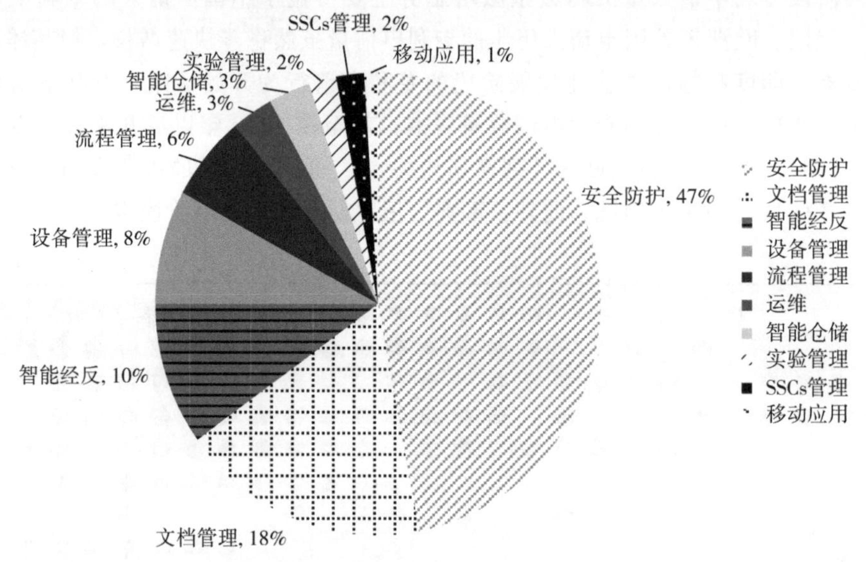

图9 各分支技术的专利申请量占比

在其他技术分支领域中，文档管理、智能经反、设备管理、流程管理等技术分支领域组成了第二梯队，其中，文档管理约占总量的18%、智能经反约占总量的10%、设备管理约占总量的8%、流程管理约占总量的6%，可见，相关申请人在涉及核电厂文件及文件流转的文档管理分支领域及流程管理分支领域，涉及决策支持的智能经反分支领域，核电厂设备管理分支领域给予了一定的重视。

如图9所示，运维、智能仓储、试验管理、SSCs管理及移动应用等技术分支领域组成第三梯队，第三梯队中的各技术分支领域的专利申请量在总量中仅占有很少的比例。

4.2 各分支技术历年变化趋势情况

图10是历年各分支技术专利申请数量发展趋势（专利申请量以项为单位），从图中可以看出，在2010年之前，各技术分支领域的专利申请量均较少；2010—2015年，安全防护分支领域的专利申请有较快速的增长，文档管理分支领域的专利申请有小幅的增长；2015—2021年，除了2019年申请量的下滑，安全防护分支领域的专利申请有了飞跃式的增长，这一期间安全防护分支领域的年均申请量是2010—2015年年均申请量的2～3倍；此外，2015—2021年，文档管理、智能经反及设备管理分支领域的专利申请也有不同幅度的增长。相比较之下，流程管理、运维、智能仓储、实验管理、SSCs管理和移动应用等其他技术分支领域的专利申请量较少。

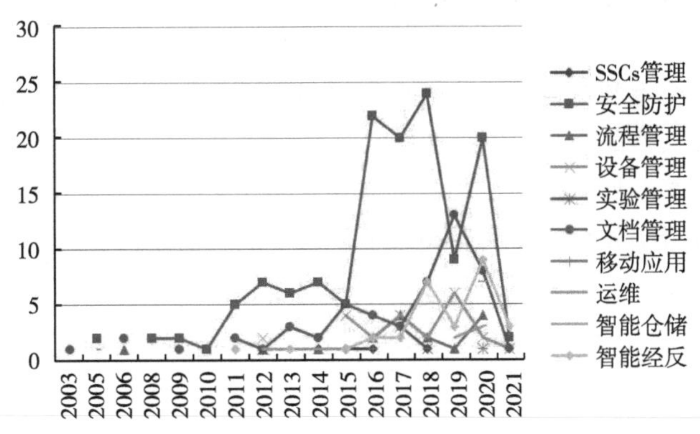

图 10 历年各分支技术专利申请量发展趋势

5 申请人分布情况

图 11 展示了专利累计申请量较多的专利申请人（专利申请量以项为单位），从图中可以看出，核电安全生产信息管理技术领域的专利申请主要集中在个别申请人上，专利申请量排名前四位的申请人的专利申请总量占总体专利申请量的 67%，中国申请人主要包括中国广核集团及其成员单位（简称“中广核”）及中国核工业集团及其成员单位（简称“中核”），外国申请人主要包括 ABB（瑞士）股份有限公司（简称 ABB 公司）和日立及其子公司。

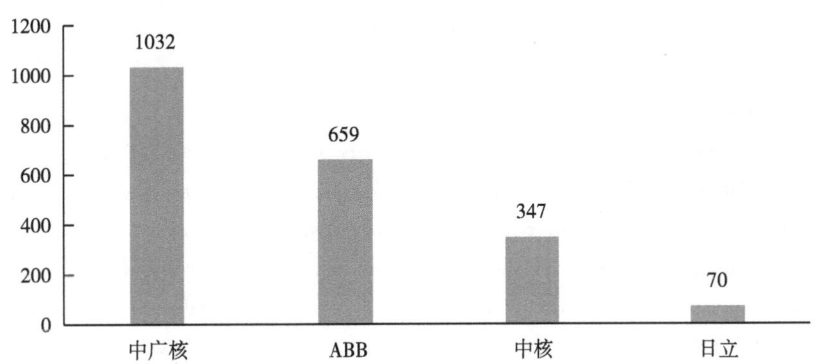

图 11 专利申请量排名前 10 位的专利申请人及申请量分布情况

由图 11 可知，位列第一的中广核专利申请量巨大，占总体专利申请量的 32.8%，占中国申请人专利申请总量的 48.5%；位列第二的 ABB 公司的专利申请量占总体专利申请量的 20.9%，占外国申请人专利申请总量的 65%；位列第三的中核专利申请数量较少，占总体专利申请量的 11%，占中国申请人专利申请总量的 16%；位列第四的日立公司专利申请数量远远少于前三位申请人，仅占总体专利申请量的 2%，占外国申请人专利申请总量的 6.9%。排名前四位的申请人，其申请量按照排名递减的顺序呈倍递减。

6 结论

综上所述，在核电安全生产信息管理技术领域，从申请人的维度来看，国内外庞大的集团组织在研发及创新方面优势明显，贡献了绝大多数的专利申请量，中广核集团及其成员单位和 ABB 公司及其下属公司是安全生产信息管理技术专利布局的主力军；此外，中核集团成员单位也拥有一定数量的布局，但布局数量上远小于前 2 名；从分支技术的维度来看，安全防护分支领域是各申请人最为关注的分支技术领域，尤其在 2015 年之后，大量的申请人涌入该技术领域进行专利布局；此外，文档管理、智能经反等也受到一定关注的领域，设备管理和流程管理有少量专利布局，相比之下，运维、智能仓储、实验管理、SSCs管理和移动应用等分支技术仅有零散的专利布局。考虑国际专利申请的高成本和技术垄断属性，各个专利申请主体只会将发明创造性高、市场竞争力强的专利在目标市场国进行专利申请，申请人的相关产品在进入安全防护、文档管理及智能经反等领域时存在较大的风险；在进入设备管理和流程管理等领域时也存在一定的风险；此外，运维、智能仓储、实验管理、SSCs管理和移动应用等其他技术分支领域的专利布局较少，技术发展的空间相对较大。

参考文献：

［1］ 隋阳，丁睿，王汉青．运行核电厂安全生产标准化管理信息系统的研发［J］．核动力工程，2018，39（4）：152－156.

［2］ 陆颖．德国弃核政策形成过程分析：基于多源流理论视角［D］．上海：上海交通大学，2015.

［3］ 韩冰．核电厂运行的安全目标解析［J］．科技创新与应用，2016，23：129.

Patent analysis of the development trend of nuclear power safety information management technology

WANG Peng，CAI Li，SHI Qi-kun，CHEN Li-li

（China Nuclear Strategic Planning Research Institute，Beijing 100048，China）

Abstract：The safety production of the nuclear power industry is closely related to national safety，so the safety production management of nuclear power has become the top priority of nuclear power operation. With the vigorous development of information technology，various information technologies have gradually emerged in the management of nuclear safety production，assisting in the acquisition，circulation，storage，statistical analysis，and other functions of nuclear safety production information，greatly improving the management efficiency and quality of nuclear safety production. This paper through statistical analysis of patent documents related to nuclear safety production information management technology applied in China，this article attempts to sort out the development context of nuclear safety production information management technology，clarify potential technical barriers and technical gaps，thereby providing effective support for the development of nuclear safety production information management technology in China.

Key words：Nuclear power safety production；Information management；Patent analysis

放射性固体废物处理技术专利分析

任　超，王宁远，董和煦，闫兆梅

（中核战略规划研究总院，北京　100048）

摘　要：本文调研放射性固体废物处理技术专利现状，对放射性固体废物处理技术专利展开专利检索，并对检索到的相关专利进行国别、申请人、法律状态、申请类型等方面的统计，分析国内外申请人专利申请的积极性，以及该领域潜在的侵权风险等。在此基础上，对放射性固体废物处理技术领域的专利布局提出建议，使我国在放射性固体废物处理技术领域的知识产权得到更好的保护。

关键词：放射性固体废物；专利；知识产权

原子能技术在给人类带来巨大好处的同时，也产生了相当数量的放射性废物。若这些放射性废物处理不当，会对环境造成污染，恶化水体，影响动植物的生长，危害人体健康[1-2]。因此，放射性废物的处理是极为重要的问题。而放射性固体废物因其自身的独特性质，成为放射性废物的处理中极为重要的部分。我国在该领域的技术相比发达国家尚有一定的差距，这就需要调研相关专利文献，了解掌握最新的放射性固体废物处理关键技术发展情况，引导相关技术创新。

同时，我国放射性固体废物处理领域亟须加强知识产权研究工作，规避他人设置的专利壁垒，避免侵犯他人知识产权；同时提高我国放射性固体废物处理技术自主知识产权拥有量，促进知识产权保护，保障实现经济效益。

1　放射性固体废物处理技术分析

对放射性固体废物处理技术进行分解和细化。这里必须要指出，专利技术分解不同于行业技术分类，专利技术分解既要方便专利研究分析人员对专利数据检索及检索结果处理，还要符合技术本身的特点。本文结合国内外放射性固体废物处理发展现状和发展趋势，并结合放射性固体废物处理本身的特点，将放射性固体废物处理分解为预处理、高放废物及 α 废物处理、中低放废物处理、放射性固体废物、其他相关技术这几个一级技术类别，并对每一个一级技术类别进一步细化为二级技术类别，从而形成技术图谱，如图 1 所示。

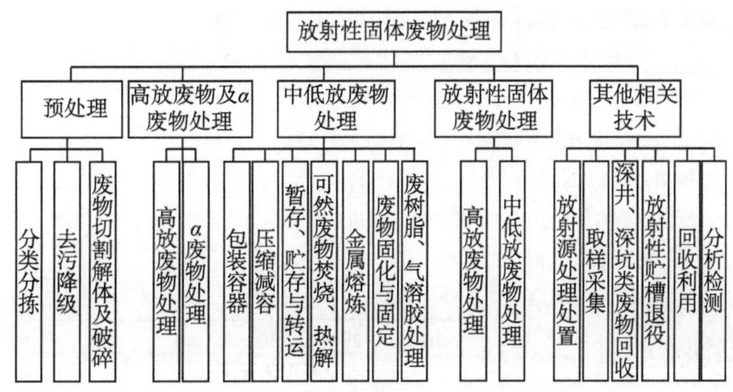

图 1　放射性固体废物处理技术图谱

作者简介：任超（1987—），男，北京人，硕士，高级工程师，现主要从事知识产权工作。

根据放射性固体废物处理技术图谱，展开专利检索，并经人工去噪，共得到 534 件相关专利。下面将对这 534 件相关专利展开统计分析。

2　放射性固体废物处理技术专利情况

2.1　技术类别及专利情况

从图 2 中可以看出，在放射性固体废物处理各技术类别中，中低放废物处理专利申请所占的比例最高，达到 305 件，占 57%；而预处理、其他相关技术依次有 87 件和 85 件，各占 16%；高放废物及 α 废物处理和放射性固体废物处置相对较少，有 24 件和 33 件。

由此可见，申请人就中低放废物处理技术的专利布局力度最大，应重点关注。

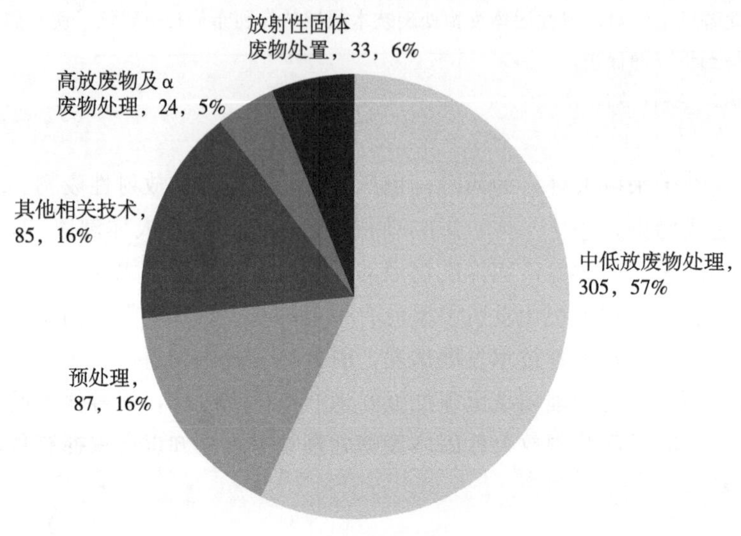

图 2　专利类别划分

2.2　申请人及专利情况

如图 3 所示，在申请人方面，中国辐射防护研究院的专利申请量最多，达到 52 件，其次为中国原子能科学研究院，达到 33 件，第三为中国广核集团，为 32 件；从申请人排名中可以看出，国内申请人占了绝大多数，国外申请人方面仅西屋电气公司与法国原子能委员会上榜，申请量分别为 12 件、11 件。

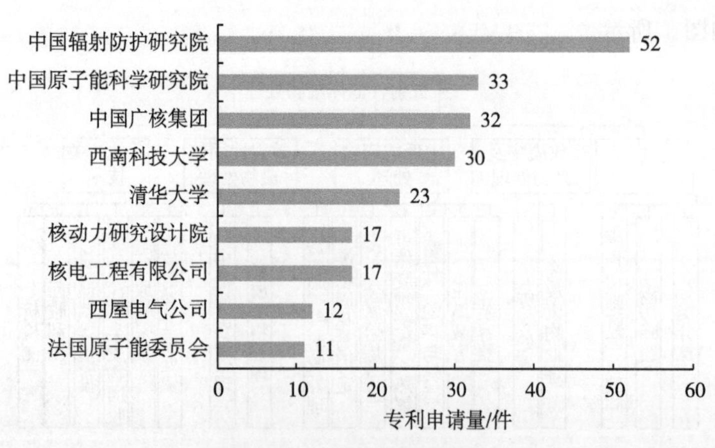

图 3　申请人及专利情况

2.3 专利法律状态

从图 4 可以看出，处于授权状态的专利共有 280 件，占 53%；处于审查中状态有 145 件，占 27%；而处于无效状态的专利有 109 件，占 20%。对于处于授权状态的专利，要注意规避其技术方案，避免侵权的发生；而对于与审查中的专利，要持续关注其法律状态的走向，若其最终得到授权，同样要注意侵权问题。

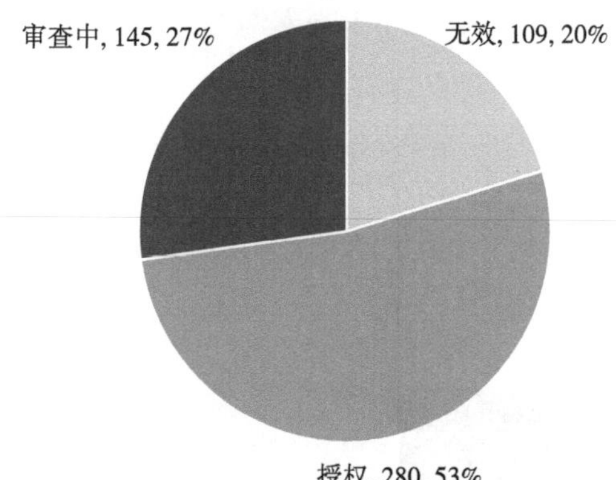

图 4　专利法律状态情况

从国内外申请人的角度看，中国申请人中，处于授权状态的专利较多，为 242 件；处于审查中的专利有 136 件，处于无效的专利为 71 件；而外国申请人中，各有 38 件专利处于无效状态，38 件专利处于授权状态（图 5）。我国相关单位在开展放射性固体废物处理科研生产的同时，对于外国申请人所申请的，处于授权状态的专利，要特别注意侵权问题。

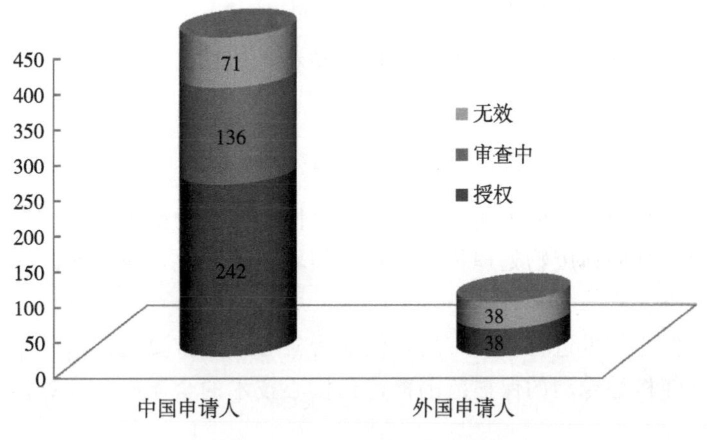

图 5　国内外申请人法律状态

2.4 专利类型分析

从图 6 可以看出，发明专利有 277 件，占 71%，实用新型专利有 157 件，占 29%，可见放射性固体废物处理技术中，发明专利所占比重较大。

从图 7 可以看出，中国申请人中，发明专利为 294 件，实用新型专利 156 件；而外国申请人中，发明专利为 83 件，占绝对多数，实用新型专利仅 1 件；可见外国申请人的申请重点都放在了发明专利上。

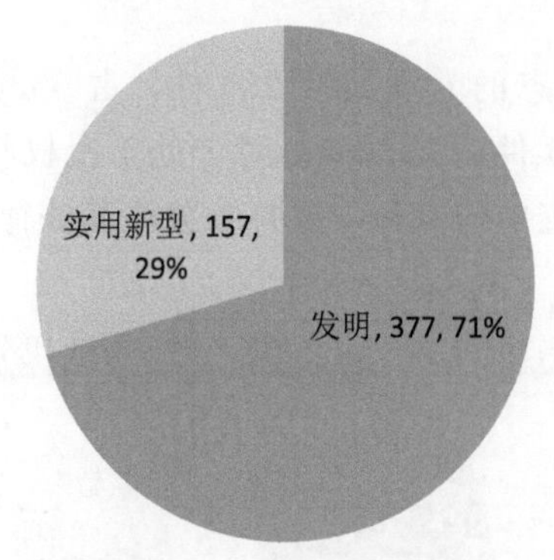

图 6　专利申请类型

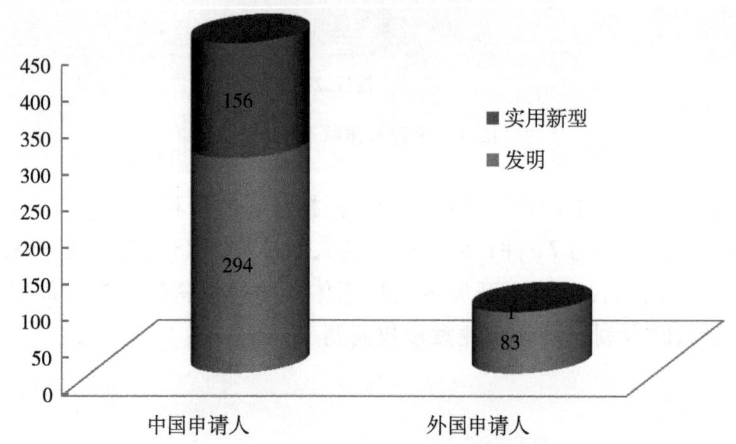

图 7　国内外申请人专利申请类型

3　专利布局

根据上述专利分析，目前国内外申请人已经就放射性固体废物处理技术进行了一定数量的专利布局，且基本覆盖到了放射性固体废物处理技术的各个领域。鉴于此，我们建议国内相关单位在后续专利局部时，注意以下几点：

①围绕重点技术，核心技术进行专利布局，使最为核心最为重要的技术得到全面的保护。

②打造核心专利，使核心专利的保护范围覆盖到核心技术的全流程，并对核心专利所涉及的技术团队适当予以奖励。

③打造特色专利，使该专利能充分地突出放射性固体废物处理领域的特点，以区别传统技术领域。

4　结论

本文调研了放射性固体废物处理技术专利情况，对相关专利进行了多方面的统计分析，初步得出以下结论：

①在放射性固体废物处理各技术类别中，申请人就中低放废物处理技术的专利布局力度最大。

②在申请人方面，中国申请人的专利申请量较多，其中中辐院的专利申请量最多，而国外申请人中，西屋电气公司与法国原子能委员会的申请量较多。

③法律状态方面，处于授权状态的专利共有 280 件，处于审查中状态有 145 件，对于这些专利要

注意避免侵权的发生。

④申请类型方面，国外申请人的申请类型主要为发明专利，基本回避了实用新型。

⑤在以上几点的基础上，本文提出了围绕核心技术进行专利布局、打造核心专利、打造特色专利等放射性固体废物处理技术的专利布局建议。

参考文献：

[1] 邓才远，罗刚．核电厂放射性废物治理现状及面临的主要问题［J］．辐射防护通讯，2018，38（6）：11－16.

[2] 张根，熊骁，任丽丽，等．核电厂放射性废物管理策略研究［J］．核安全，2022，21（1）：104－111.

Patent analysis of radioactive Solid waste treatment technology

REN Chao，WANG Ning-yuan，DONG He-xu，YAN Zhao-mei

(China Institute of Nuclear Industry Strategy，Beijing 100048，China)

Abstract: This paper investigates the current status of patents in the field of radioactive solid waste treatment technology, conducts a research on patents in the filed of radioactive solid waste treatment technology, and compiles statistics on the country, applicant, legal status and type of application of the retrieved relevant patents, analyzes the enthusiasm of domestic and foreign applicants for patent applications, as well as the potential infringement risks in this field. On this basis, suggestions are made on the layout of patents in the field of radioactive solid waste treatment technology, so that China's intellectual property rights in the field of radioactive solid waste treatment technology can be better protected.

Key words: Radioactive solid waste; Patents; Intellectual property rights

针对 MOX 燃料技术的国内专利环境分析

任 超，董和煦，王宁远，闫兆梅

（中核战略规划研究总院，北京 100048）

摘 要：本文对 MOX 燃料技术国内专利展开专利检索，并对检索到的相关专利进行国别、申请人、法律状态、申请类型等方面的统计，分析国内外申请人专利申请的积极性，以及该领域潜在的侵权风险等，综合得出 MOX 燃料技术的国内专利环境。在此基础上，为了使我国在 MOX 燃料技术领域的知识产权得到更好的保护，对国内单位在 MOX 燃料技术领域的专利布局提出建议。

关键词：MOX 燃料；专利；知识产权

核能的发展对铀资源有着巨大而持续的需要，但铀是不可再生的资源，含量有限，这就需要我们尽可能地提高铀的利用率。而高效利用铀的方法之一就是使用铀钚混合燃料，即 MOX 燃料[1-2]。早在 20 世纪 60 年代，MOX 燃料就被用于热堆，但直到 20 世纪 80 年代才得到较为广泛的应用。目前，日本、德国、瑞士、比利时等国家正在积极将 MOX 燃料应用到本国的反应堆中，并积极开展相关研究工作[3-4]。我国在此领域的水平相比发达国家尚有一定的差距，这就需要我们充分调研相关专利文献，了解 MOX 燃料技术领域的最新发展动态；为我国的 MOX 燃料技术发展提供参考依据。同时，了解申请人在我国就 MOX 燃料技术的专利布局情况，规避潜在的知识产权侵权风险。在此基础上，引导 MOX 燃料技术全面系统的专利布局，为解 MOX 燃料技术领域的创新打下基础。

1 MOX 燃料技术分析

结合国内外 MOX 燃料技术发展现状和发展趋势，并结合 MOX 燃料技术本身的特点，将 MOX 燃料技术分解为 MOX 芯块制造、MOX 燃料组件、MOX 相关技术，并且将 MOX 芯块制造分解为干法混合压制与烧结、湿法混合压制与烧结，将 MOX 相关技术分解为分析检测、组装贮存及运输、废液处理及提取再生，整理为技术图谱的形式，如图 1 所示。

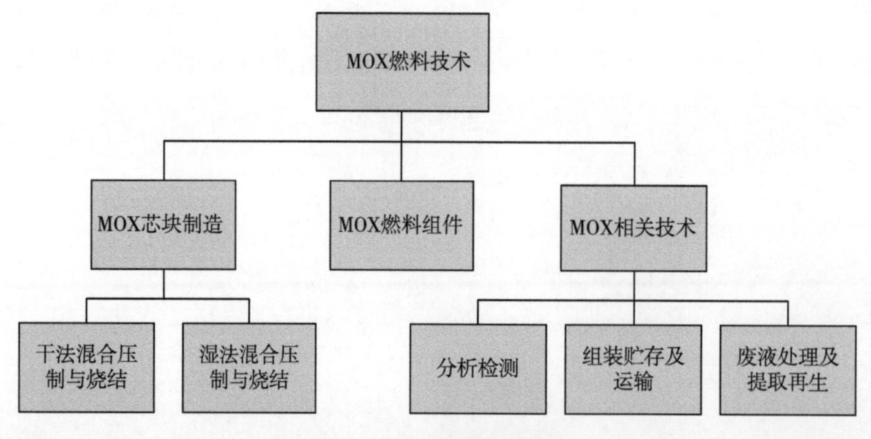

图 1 MOX 燃料技术图谱

作者简介：任超（1987—），男，北京人，硕士，高级工程师，现主要从事知识产权工作。

根据 MOX 燃料技术图谱，展开专利检索，并经人工去噪，共得到 320 件国内相关专利。下面将对这 320 件相关专利展开统计分析。

2　MOX 燃料技术国内专利情况

2.1　技术类别及专利情况

从图 2 可以看出，在 MOX 燃料各技术类别中，MOX 芯块制造专利申请所占的比例最高，达到 198 件，占 62%；而 MOX 燃料组件、MOX 相关技术分别有 48 件和 74 件，占 15%和 23%。

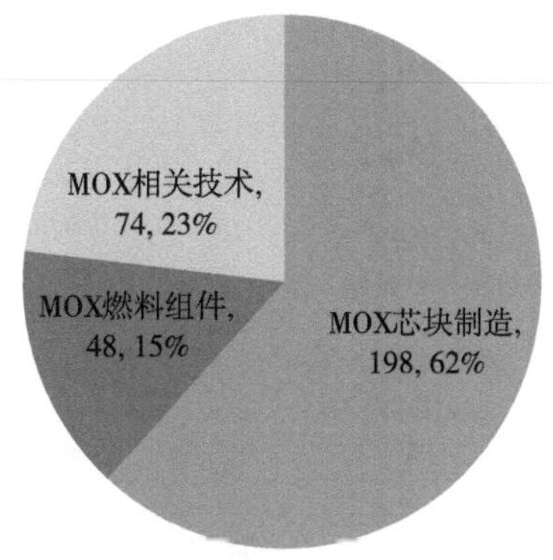

图 2　专利类别划分

由此可见，MOX 芯块制造的专利布局力度最大，应重点关注。

2.2　申请人及专利情况

如图 3 所示，在申请人方面，国内科研生产单位有 160 件申请，国内高校有 78 件，国外公司有 68 件；对于国外申请人，要格外注意其专利的法律状态，从而避免侵权问题的发生。此外，我们发现法国的申请人拥有较多的专利申请量，可见法国在 MOX 燃料技术领域拥有较强的实力，且积极在中国进行专利布局，应予以特别关注。

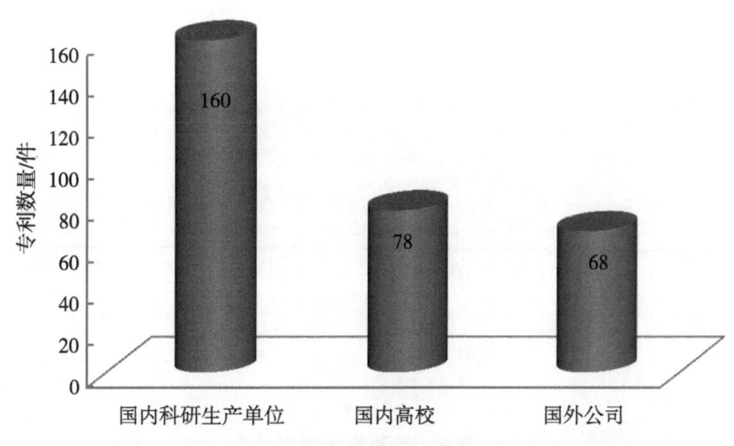

图 3　申请人及专利情况

2.3 专利法律状态

从图 4 可以看出，处于授权状态的专利共有 142 件，占 44%，处于审中状态有 108 件，占 34%，而处于无效状态的专利有 70 件，占 22%。对于处于授权状态的专利，要注意规避其技术方案，避免侵权的发生；而对于与审中的专利，要持续关注其法律状态的走向，若其最终得到授权，同样要注意侵权问题。

从国内外申请人的角度看，中国申请人中，98 件处于授权状态；处于审中的专利有 102 件，处于无效的专利为 52 件；而外国申请人中，有 28 件专利处于无效状态，44 件处于授权状态，6 件处于审中状态（图 5）。

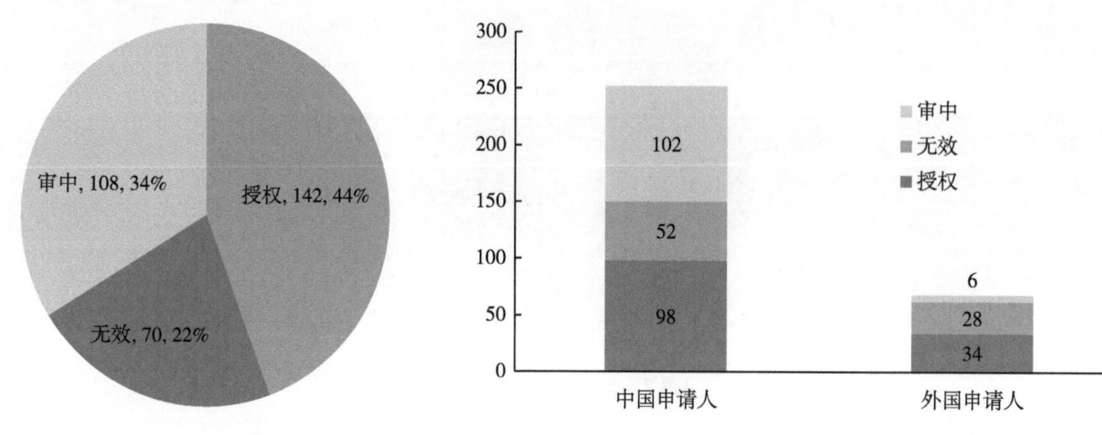

图 4　专利法律状态情况

图 5　国内外申请人法律状态

2.4 专利类型分析

从图 6 可以看出，发明专利有 275 件，占 86%，实用新型专利有 45 件，占 14%，可见 MOX 燃料技术中，发明专利所占比重较大。

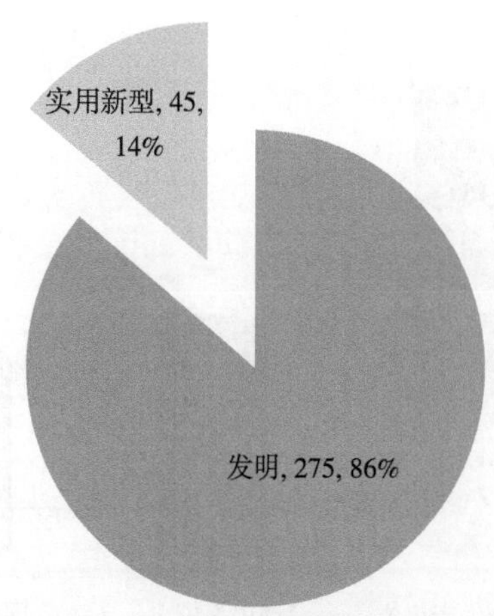

图 6　专利申请类型

3 结论

本文分析了 MOX 燃料技术国内专利环境，统计了 MOX 燃料技术中不同技术类别的专利申请数量；国内科研生产单位、国内高校、国外公司的申请量，以及分别处于授权、审中、无效等法律状态的专利数量；发明与实用新型专利的占比等。

通过以上分析，我们初步得出了 MOX 燃料技术的国内专利环境，并建议应、加强在该领域的专利布局力度，从而抢占知识产权工作的主动权。

在具体的专利布局中，应先对自身的技术特点、技术路线进行梳理，明确自身的优劣势，有针对性地进行全面系统的专利布局。

参考文献：

[1] 李怀林，李文埃，尹邦跃．CeO_2 代替 PuO_2 模拟制造 MOX 燃料芯块的可行性［J］．原子能科学技术，2003，37（增刊 1）：24－39.

[2] 尹邦跃，梁雪元，梁启东．模拟 MOX 燃料粉末混合均匀性研究［J］．原子能科学技术，2005，39（增刊 1）：125－130.

[3] 李锐，周洲，聂立红，等．MOX 燃料的特点、制备工艺、应用现状与研究新进展［C］．第七届中国功能材料及其应用学术会议论文集，2010：110－114.

[4] 章宗耀，王连杰．MOX 燃料在轻水堆核电站中的应用［J］．中国核电，2008，1（4）：354－357.

Analysis of the domestic patent environment for MOX fuel technology

REN Chao，DONG He-xu，WANG Ning-yuan，YAN Zhao-mei

(China Institute of Nuclear Industry Strategy，Beijing 100048，China)

Abstract: This paper conducts a patent search for MOX fuel technology domestic patents，analyzes the relevant retrieved patents in terms of country，applicant，legal status and type of application，and analyzes the enthusiasm of domestic and foreign patent applicants and the potential infringement risks in this field. As a result，we make a comprehensive conclusion on the domestic patent environment for MOX fuel technology. On this basis，in order to better protect China's intellectual property rights in the field of MOX fuel technology，suggestions are made for the patent design of domestic institutions in the field of MOX fuel technology.

Key words: MOX fuel；Patent；Intellectual property

MOX 燃料技术国外专利分析

任　超，王宁远，董和煦，闫兆梅

（中核战略规划研究总院，北京　100048）

摘　要：本文根据各国 MOX 燃料技术的发展情况，针对 MOX 燃料技术国外专利展开专利检索，结合专利文献检索结果，筛选密切相关专利文献，并进行专利定量统计分析，展开包括国别、申请人、技术类别等方面的统计，分析各国申请人专利申请的积极性，以及不同技术领域的专利布局重点等；同时，对检索到专利的技术方案进行分析比较，为我国 MOX 燃料技术的发展提供参考依据。

关键词：MOX 燃料；专利；知识产权

国际上 MOX 燃料技术研究始于 20 世纪五六十年代。美国、法国分别于 1970 年、1971 年在实验快堆内考验了 MOX 燃料组件。到 21 世纪末，相当数量的快中子堆都成功的使用了 MOX 燃料[1]。国外 MOX 燃料厂一般都经历了从小型实验室逐渐过渡到中间试验厂、扩大工厂、大规模工厂等几个不同发展阶段。下面分别介绍各国的 MOX 燃料技术发展情况。

（1）法国

法国是最早将 MOX 燃料用于压水堆和快堆的国家之一。早在 1962 年，法国就开始小规模研制 MOX 燃料，并建造了 MOX 燃料研制生产线。1987 年，初步实现了实际生产，在 900 万千瓦的 PWR 核电站中装载 MOX 燃料，之后在若干座压水堆中使用 MOX 燃料。目前，法国研究将 MOX 燃料应用于欧洲压水堆机组（EPR）即弗拉芒维尔 3 号机组[2]。

（2）美国

美国在 20 世纪 70 年代初即建成了多个小规模 MOX 燃料制造厂。美国的萨凡纳河 MOX 燃料厂于 2007 年正式开始动工建设，美国众议院于 2014 年通过了国会综合拨款法案，该法案要求为 MOX 燃料制造厂的续建拨付款项[3]。

（3）俄罗斯

俄罗斯在 20 世纪 50 年代开始研究 MOX 燃料。20 世纪 70 年代，建成了多个 MOX 燃料制造厂。之后一直持续 MOX 燃料技术的相关研究。俄罗斯 BN－800 于 2014 年建成，2016 年 10 月投入运行。而相应的 MOX 燃料制造厂则坐落于热列兹诺戈尔斯克，2014 年底全面投入运行[4]。

（4）日本

日本从 20 世纪 60 年代即开始 MOX 燃料的研制，于 20 世纪 70 年代推出了“钚热利用计划”，致力于发展 MOX 燃料。1972 年，建造了含有 2 条 MOX 燃料生产线的工厂。根据日本与美国达成的后处理交涉，为了防止核扩散，日本后处理厂尾端不能单独分离钚。尽管福岛核事故对日本的核能事业造成了一定的影响，日本电力公司联盟（FEPC）于 2020 年仍发布《新钚热计划》，继续在核电厂推进铀钚混合氧化物（MOX）燃料的使用[5]。

作者简介：任超（1987—），男，北京人，硕士，高级工程师，现主要从事知识产权工作。

（5）英国

英国 Newcleo 公司 2022 年宣布与法国欧安诺公司（Orano）展开合作，并就 MOX 燃料生产厂建设可行性研究进行磋商。Newcleo 同时就 MOX 燃料研发与其他法国企业进行相关谈判[6]。

从以上可以看出，各国均积极开展 MOX 燃料技术的研究工作，并对相关领域不断加大投入。而我国的 MOX 燃料技术研究相对起步较晚，相对西方国家仍有一定差距。这就更需要我们重视搜集的专利信息，从而充分了解发达国家的技术现状，在充分吸收国外先进技术的基础上，设计更为合理的 MOX 燃料技术发展路线，将有限的科研经费利用在最为关键的环节，降低成本，节约时间，少走弯路。

1 MOX 燃料技术分析

结合国内外 MOX 燃料技术发展现状和发展趋势，并结合 MOX 燃料技术本身的特点，将 MOX 燃料技术分解为 MOX 芯块制造、MOX 燃料组件、MOX 相关技术，并且将 MOX 芯块制造分解为干法混合压制与烧结、湿法混合压制与烧结，将 MOX 相关技术分解为分析检测、组装贮存及运输、废液处理及提取再生，整理为技术图谱的形式，如图 1 所示。

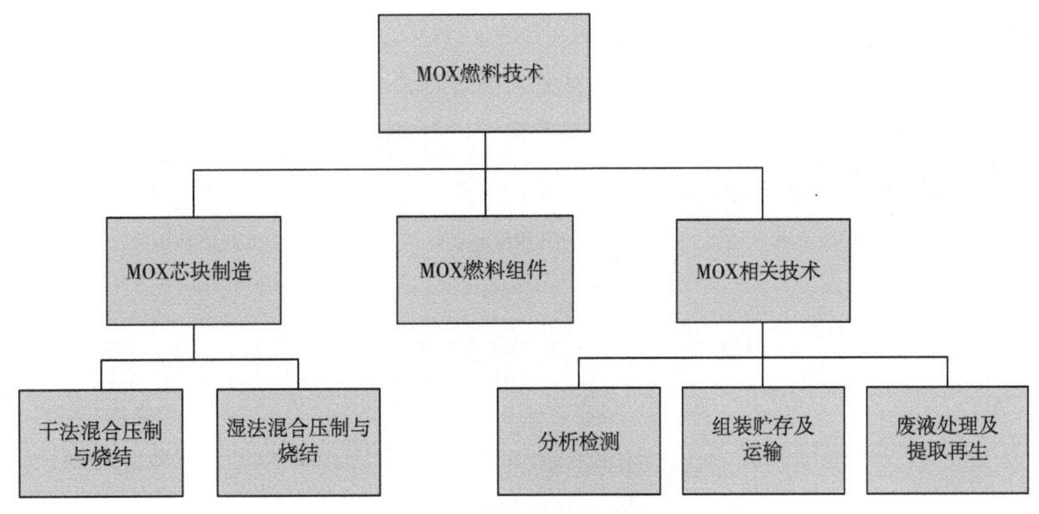

图 1　MOX 燃料技术图谱

根据 MOX 燃料技术图谱，展开专利检索，并经人工去噪，共得到 3787 件相关专利。下面将对这 3787 件相关专利展开统计分析。

2 MOX 燃料技术国外专利情况

2.1 年代及专利申请量情况

从图 2 中可以看出，1980 年以前 MOX 燃料技术的专利申请量很少，仅有 36 件；而在 1995 年前，均在较低的水平；1995 年后，MOX 燃料技术的专利申请量迅速提高，尤其是 2011—2015 年，专利的申请量超过 700 件，2015 年之后的申请量也维持在较高的水平。

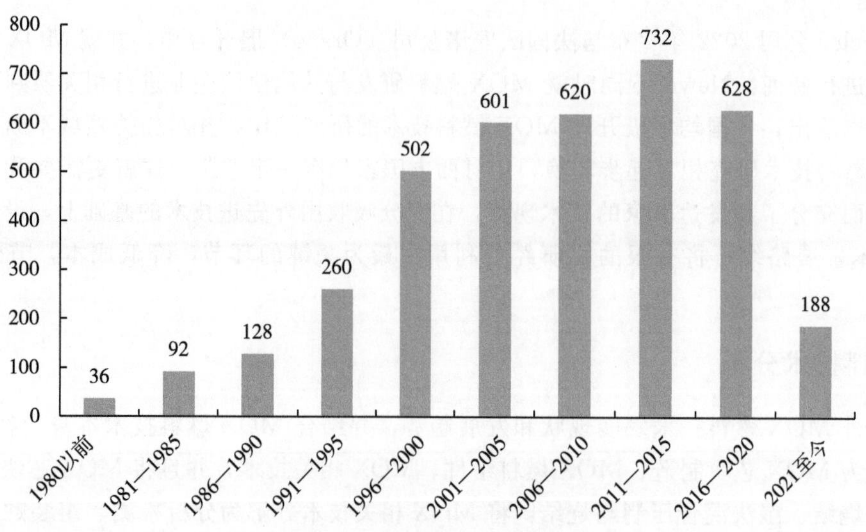

图 2　年代及专利申请量情况

2.2　技术类别及专利情况

从图 3 中可以看出，在 MOX 燃料技术国外专利的各技术类别中，MOX 芯块制造专利申请数量最多，达到 1450 件，占 38%；其次为 MOX 相关技术，为 1234 件，占 33%；而 MOX 燃料组件为 1103 件，占 29%。

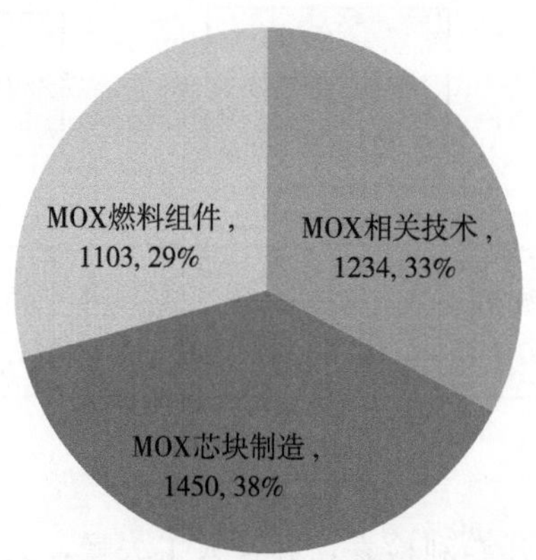

图 3　专利及技术类别

可见 MOX 燃料技术国外专利的技术类别分布较为均匀，申请人对 MOX 芯块制造、MOX 燃料组件、MOX 相关技术这 3 个技术类别都很重视。

2.3　申请人及专利情况

如图 4 所示，在申请人方面，日本的日立公司的专利量最多，达到 268 件；其次为法国原子能委员会及日本的东芝公司，均为 232 件；三菱公司及原子能燃料株式会社分别为 163 件、142 件；英国核子燃料公司、法国的阿雷瓦核废料回收公司分别为 110 件、92 件。

可以看出，法国及日本的申请人所申请的专利数量较多，可见法国及日本的申请人就 MOX 燃料技术的专利布局力度较大，应予以重点关注。

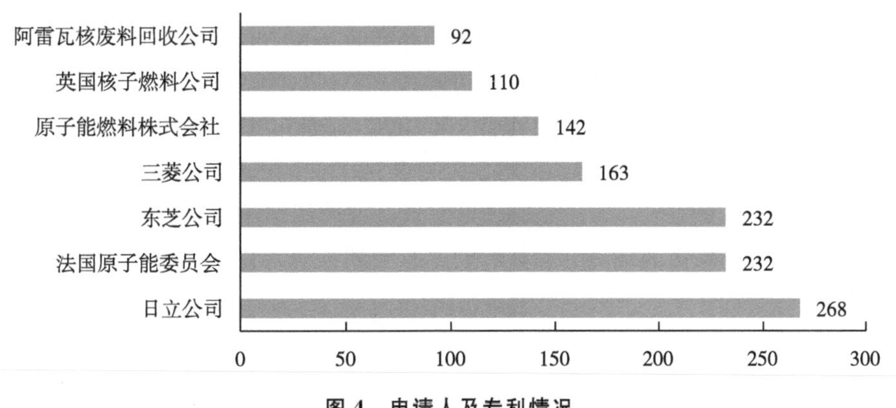

图 4　申请人及专利情况

2.4　专利法律状态

从图 5 可以看出，处于有效状态的专利共有 1507 件，占 40%，处于审查中状态有 656 件，占 17%，而处于无效状态的专利有 1624 件，占 43%。对于国外专利，可以充分地借鉴其相关的技术内容作为参考，但在参考借鉴的同时，应密切关注 MOX 燃料技术国外专利进入中国的情况，避免侵权的发生。

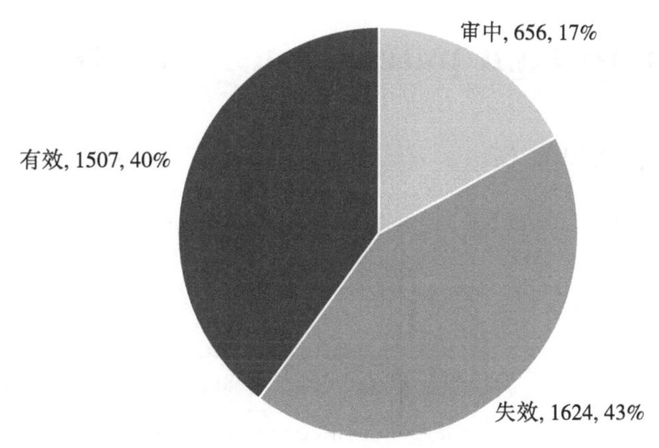

图 5　专利法律状态情况

3　MOX 燃料技术国外专利技术方案参考

以上对 MOX 燃料技术国外专利进行了统计分析，并对专利技术方案进行分析，与相关技术专家讨论，初步得出国外 MOX 燃料技术专利可供参考的技术方案。

相当多的专利采用了添加硼、锰、硫等元素的方法，或采用粉碎机、磁针搅拌，或采用增稠剂、辐照等方法，使铀钚粉末取得更好的混合效果。部分专利适当调整氧化铀钚混合燃料棒的位置排列关系，从而取得更好的技术效果。部分专利通过添加铀的不同氧化物，调整 O/M 比；采用由钨铼合金构成的容器测量 MOX 燃料熔点等。

4　结论

本文调研了 MOX 燃料技术国外专利情况，对相关专利进行了多方面的统计分析，初步得出以下结论：

①1980 年以前 MOX 燃料技术的专利申请量很少，而 1995 年后，MOX 燃料技术的专利申请量

迅速提高，2015 年之后的申请量维持在较高的水平。

②在申请人方面，法国及日本的申请人所申请的专利数量较多，尤其是法国原子能委员会、阿雷瓦核废料回收公司，日本的日立、东芝、三菱公司等。

③法律状态方面，处于有效状态的专利共有 1507 件，处于审查中状态有 656 件，处于失效状态的专利有 1624 件。应密切关注 MOX 燃料技术国外专利进入中国的情况，避免侵权的发生。

④国外 MOX 燃料技术专利中，采用添加硼等元素，或采用增稠剂、辐照等方法使铀钚粉末取得更好的混合效果。通过调整氧化铀钚混合燃料棒的位置排列关系，添加铀的不同氧化物等方法，以取得更好的技术效果。

参考文献：

[1] 杨启法，杨廷贵，李磊．快堆 MOX 燃料技术研发进展［J］．原子能科学技术，2020，54（增刊 1）：246－250.

[2] 伍浩松．法国将研究在更大型反应堆中使用 MOX 燃料［J］．国外核新闻，2016，12：20.

[3] 戴定．美国为续建 MOX 燃料厂注资［J］．国外核新闻，2015，1：27.

[4] 伍浩松，赵宏．俄 BN－800 钠冷快堆 1/3 堆芯装填 MOX 燃料［J］．国外核新闻，2021，4：17.

[5] 赵宏，伍浩松．日将继续推进 MOX 燃料的使用［J］．国外核新闻，2021，1：16.

[6] 李晨曦，伍浩松．英法企业即将开展 MOX 燃料厂建设可行性研究［J］．国外核新闻，2022，7：16.

Analysis of foreign patents on MOX fuel technology

REN Chao，WANG Ning-yuan，DONG He-xu，YAN Zhao-mei

(China Institute of Nuclear Industry Strategy，Beijing 100048，China)

Abstract：In this paper，a patent search was conducted for foreign patents on MOX fuel technology，and closely related references were selected based on the search results. In addition，a quantitative statistical analysis of patents was conducted，including the country，applicant，technology category，etc.，the enthusiasm of patent applicants in different countries was compared，and the focus of patent layout in different technology fields was analyzed. The analysis will provide a reference basis for the development of MOX fuel technology in China.

Key words：MOX fuel；Patentp；Intellectual property

重水堆压力管专利态势分析

孙成林，施岐坤

（中核战略规划研究总院，北京 100048）

摘　要：本文主要分析了重水堆压力管相关技术的专利发展态势与竞争格局。通过对专利申请人的专利文献分析，并结合非专利文献的调研，全面了解和评估压力管更换相关技术的发展态势及其专利全球布局情况，获悉相关重点企业技术发展竞争态势及利用专利布局而进行的市场战略布局情况。报告采用创新词云、旭日图、专利地图等多种可视化手段，对该领域内最热门的技术主题词进行了分析，以便于分析该技术领域内最新重点研发的主题。同时，通过对压力管更换相关技术专利申请主体进行调研，深入了解行业专利布局状态及主要申请人在国内专利布局状态。

关键词：重水堆；压力管；专利分析

重水堆除使用天然铀作为核燃料，使用重水作为冷却剂和慢化剂外，最大的特点就是堆芯水平布置了 380 个燃料通道。每个燃料通道包含一根压力管和排管，每个压力管内均匀装载着 12 个燃料棒束，高温高压重水冷却剂流经压力管，将燃料裂变产生的热能带出堆芯，通过蒸汽发生器传递给二次侧的轻水，由其产生高温高压蒸汽，驱动汽轮发电机组发电[1]。压力管为重水堆机组的关键核心部件。

本文主要以专利数据分析为切入点，分析压力管更换相关技术的专利发展态势；通过开展对申请人的专利文献分析，并结合非专利文献的调研，全面了解和评估压力管更换相关技术的发展态势及其专利全球布局情况。文中主要通过对压力管更换相关技术专利申请主体进行调研分析，结合压力管更换技术关键词、技术分类重点关注的申请人、申请国等，制定科学合理的专利检索策略，并通过检索过程中的策略优化调整，在商业数据库检索获得压力管更换相关技术在全球的专利申请文献。

1　压力管总体专利态势分析

截至 2023 年 6 月，全球涉及重水堆压力管的专利申请达 899 件。全球重水堆压力管专利竞争有以下特点。

1.1　压力管专利申请

如图 1 所示，压力管专利申请经过明显的 4 个阶段：

（1）起步阶段（1943—1955 年）

从 20 世纪 40 年代开始，压力管更换相关技术开始出现专利申请，如图 1 所示，最早的一件专利申请始于 1943 年，1943—1954 年，压力管更换相关技术刚刚兴起，大多数申请人对此技术仍处在前期探索阶段，专利申请行为并不活跃，专利申请量增长十分缓慢。在起步阶段，压力管更换相关技术专利总体上申请量偏少，且申请过程也不连续，其中有些年份如 1948—1950 年甚至没有相关专利申请，但是在该阶段专利的授权率非常高为百分之百，更好地印证了该技术处于一个早期研发阶段，相关技术成果未通过其他形式进行公开，同时各个申请人在专利申请前期进行了很好的技术相关资料的保密工作。

作者简介：孙成林（1981—），男，辽宁海城人，中国原子能科学研究院核能科学与工程专业硕士研究生，目前致力于知识产权工作。

（2）快速发展阶段（1956—1968 年）

如图 1 所示，从 1956 年开始，压力管更换相关技术专利申请进入快速发展阶段，与起步阶段相比，该阶段的专利申请量获得显著的提升，从起步阶段的一年几件上升至该阶段的一年十几件，到该阶段后期每年的申请量超过百件，可见随着重水堆技术的逐步成熟，新的电站的建设，市场预期乐观，大量的关键技术得以攻克，压力管更换相关技术也从早期的研发阶段迅速地过渡到技术快速发展阶段，主要申请人在此阶段都加大了相关专利的申请力度，迅速地进行跑马圈地，尽早尽快地进行专利申请，以期拿到授权。

同时，尽管与起步阶段百分百的授权率相比此阶段的授权率有所下降，但该阶段的专利申请的授权率也相对较高，总体保持在 75%以上，可见主要申请人的技术创新性较强。授权有效专利的总量在此阶段也迅速增长，为各申请人的市场竞争奠定了基础。

（3）衰退阶段（1969—2004 年）

1969 年之后，压力管更换相关技术专利申请量呈现比较明显的下降趋势，从快速增长阶段的年逾百件下降到年均申请量几十件，只有个别年份，如 1985 年申请量为 74 件，有些年份的申请量甚至下降至个位数，甚至如 1978 年申请量为 0，该阶段的申请量出现断崖式的下降，同时波动性也很大，授权率在此过程也出现较大幅度波动，有些年份的授权率为百分百，总体上在申请量较少的年份授权率相对较高能够维持在 70%左右，在申请量相对较多的年份，授权率有所下降，有的降至 30%左右；相较于快速增长阶段，该阶段无论从申请量，还是授权率来看都呈现出明显的下降趋势，这表明压力管更换相关技术的研发活力在下降，该技术已进入一个相对稳定和成熟的阶段，技术改进变少，技术改进的质量也有所下降。

（4）复苏阶段（2005 年至今）

2005 年之后，在经历了长达 30 余年的衰退阶段后，压力管更换相关技术开始有所复苏，专利申请量从之前的每年几件开始逐步的回暖，到 2012 年达到一个相对高点（申请量为 87 件），之后申请量开始下降，整体上也处于一个前期上升后期下降的过程，这表明该技术尽管处在一个复苏期，但是复苏乏力，同时该阶段的申请总量要少于快速发展阶段和衰退阶段。在授权率方面，由于专利的审查周期，近三四年的授权量无法准确地进行统计，因此，该阶段的授权率要明显低于早期阶段和快速发展阶段，与衰退阶段基本持平，授权率相对不高。

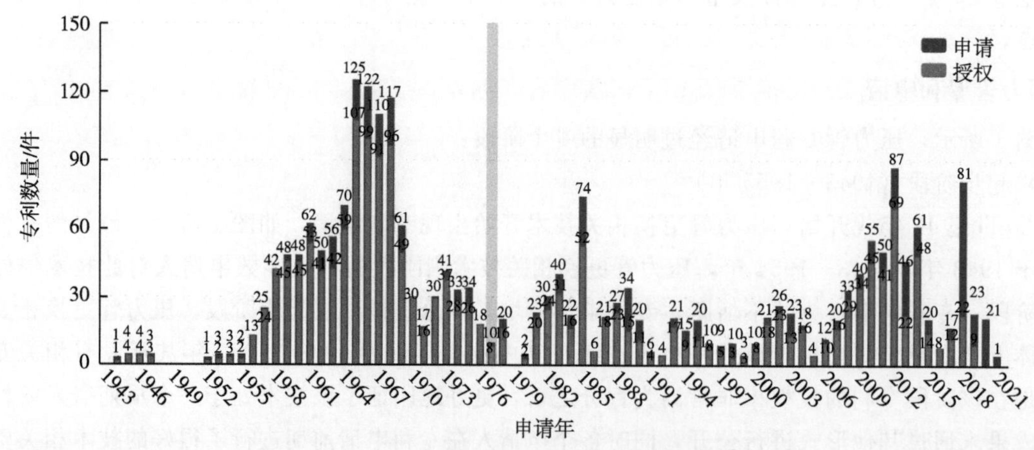

图 1　压力管更换相关技术历年专利申请量变化情况

1.2　美、法、英、加是全球专利重点布局区域

如图 2 所示，压力管更换相关技术的申请人主要集中在美国、法国、英国和加拿大这 4 个国家，

其申请量占总量的八成以上（占总量的81.94%），其他如韩国、德国、比利时、意大利、瑞士、瑞典等占比为15.40%，不到美国申请量的一半。可见，该领域的专利申请主要集中在欧美发达国家。

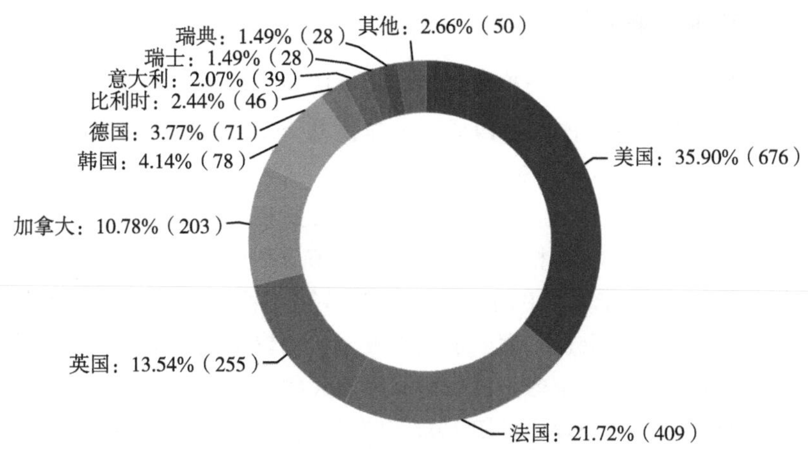

图 2　压力管专利申请布局区域分布情况

1.3　专利较为分散，主要为公司申请

如图3所示，压力管更换相关技术领域的专利申请主要集中在少数个别申请人上，位居前10的申请人分别是加拿大原子能有限公司、原子能和替代能源委员会、英国原子能管理局、西屋电气公司、通用电气公司、韩国水力原子力株式会社、坎杜能源公司、西门子公司、欧洲原子能共同体由欧洲委员会代表和GE日立核能加拿大公司。其中，加拿大原子能有限公司的专利申请量巨大，共计申请424件，位列第一，占专利申请总量的18%。原子能和替代能源委员会的专利申请量为256件位，列第二，占专利申请总量的11%。英国原子能管理局的专利申请量为200件位，列第三，占专利申请总量的8%。另外，西屋电气公司、通用电气公司、韩国水力原子力株式会社、坎杜能源公司、西门子公司、欧洲原子能共同体在压力管领域均有一定的研发投入，并积极进行专利布局。可以看出，压力管领域的重点申请人主要是各大公司。

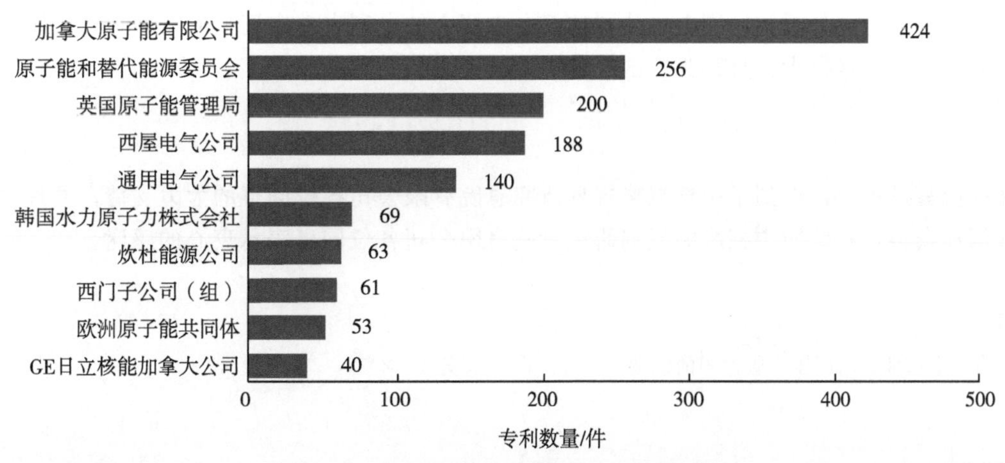

图 3　压力管全球专利申请的重点申请人

1.4　压力管的创新热点

压力管专利布局的热点方面，根据IPC主分类号统计，排名第一的是G21C1（反应堆类型），且一直保持着较高的增长；排名第二的是G21C3（反应堆燃料元件及其组装；用作反应堆燃料元件的材

料的选择），专利申请数量呈现波动式增长；排名第三的是G21C19（用于反应堆，如在其压力容器中处理、装卸或简化装卸燃料或其他材料的设备）。

2 压力管重点企业专利竞争格局

当前，加拿大原子能有限公司压力管更换相关技术申请的专利中，有效专利占比很高接近总量的一半（占总量的46.7%），失效专利占比约四成（占总量的39.62%），其他如审查中，PCT指定届满等占比约为总量的1/10左右，尽管其专利大多发生在20年内，很多都处于有效的状态，但是由于近5年的申请量有所减少导致其审查中的专利占比很低，可见相关的技术改进有所减少。

加拿大原子能有限公司压力管更换相关技术的目标市场分布相对比较均衡，主要集中在美国、加拿大本国、韩国、世界知识产权组织、中国和欧洲专利局等，尽管在美国和加拿大本土占比相对较高，但是并没有占据统治地位，可见加拿大原子能有限公司比较重视全球市场，尤其是其进行技术输出国，都有专利在进行布局，同时在全球主要发达国家和大的经济体都有相关的专利进行布局。

加拿大原子能有限公司的起步期较早，于1955年申请了压力管更换相关技术领域的第一件专利，在起步阶段和缓慢发展阶段专利申请行为并不活跃，但经过起步阶段的科研积累后，在2005—2013年申请了大量的专利，其专利申请数量呈快速增长，其专利新创性较高，发明专利占有绝对的比重，保持了较高的授权率，从总体趋势来看，加拿大原子能有限公司的专利申请步伐有所减慢，近5年申请的专利有所减少，其专利的全球布局工作集中在其技术输出国，同时对其他欧洲发达国家也有一定的申请布局。

3 结论

重水堆压力管专利申请相关技术历经了起步阶段、快速发展阶段、衰退阶段和复苏阶段，目前还处于复苏期，适于申请人进入。该领域的专利申请的发明占有绝对的优势，具有很强的专利创新性，早期发展阶段的专利授权率很高，快速成长阶段和衰退阶段的授权率有所下降；针对压力管更换技术领域，绝大多数专利都为国外申请人的申请，其中国内申请人主要有中核核电运行管理有限公司和秦山第三核电有限公司，其他核电相关企事业单位没有在此领域进行布局。同时，专利的集中的度较高，主要集中于少数头部申请人，尤其是加拿大原子能有限公司、原子能和替代能源委员会、英国原子能管理局、西屋电气公司和通用电气公司这5个申请人的专利占总申请量的份额很高，国内申请人在此领域的专利申请量很少，且都为本国申请，并没有进行全球的布局。

致谢

本文在撰写过程中，得到了中核战略规划研究总院有限公司各位同事的大力支持，并提供了很多有益的数据和资料，在此向中核战略规划研究总院有限公司各位同事表示衷心的感谢。

参考文献：

[1] 王常明．重水堆核电厂压力管泄漏的识别与处理［J］．核安全，2022，21（2）：43-50.

Analysis of patent situation for pressurized heavy water reactor pressure tubes

SUN Cheng-lin, SHI Qi-kun

(China Institute of Nuclear Industry Strategy, Beijing 100048, China)

Abstract: This article mainly analyzes the patent development trends and competitive landscape of pressure tubes for pressurized heavy water reactors. Through analyzing patent documents of patent applicants and conducting research on non-patent literature, it comprehensively understands and evaluates the development trend of pressure tube replacement technology and its patent global layout, as well as the competition status of key enterprises in related technologies and the market strategy layout based on patent layout. The report uses various visualization methods such as innovative word clouds, sunburst charts, and patent maps to analyze the most popular technology keywords in this field, in order to facilitate the analysis of the latest key research and development topics in this technology field. At the same time, through research on the patent applicants of pressure tube replacement related technology, it deeply understands the status of industry patent layout and the main applicants' domestic patent layout status.

Key words: Heavy water reactor; Pressure tubes; Patent analysis

浅谈国防知识产权制度建设与管理

董和煦，任　超，王宁远，闫兆梅

（中国战略规划研究总院，北京　100048）

摘　要：国防知识产权是各军工集团核心技术秘密，国防知识产权制度建设为国防知识产权的保护提供基本保障。国防知识产权作为一种战略资源，不仅关系到国家安全和军事现代化的发展，也对国家经济和社会的长期发展起着重要的作用。通过分析国防知识产权制度建设的现状，提出有针对性的对策与建议，推动进一步加强国防知识产权的管理，提高国防知识产权的运营与发展。

关键词：国防知识产权；制度建设；知识产权管理

随着经济全球化和信息技术的飞速发展，知识产权（Intellectual Property，IP）已成为现代社会不可或缺的资源和财富，国家安全和军队建设也离不开知识产权的保护和利用。国防知识产权作为一种战略资源，不仅关系到国家安全和军事现代化的发展，也对国家经济和社会的长期发展起着重要的作用。国防知识产权的保护和管理不仅涉及国家安全和军队建设，也关系到国家的核心利益和竞争力。目前，我国国防知识产权制度建设和管理仍存在不足，需要进一步加强和完善。因此，加强国防知识产权的保护和管理，建设健全的知识产权制度，成为国家和军队的重要任务[1-3]。

1　国防知识产权制度的概述

国防知识产权是国家创新能力的重要标志，是国家战略资源的组成部分。国防知识产权制度是指为了保护和管理国防领域内的知识产权而建立的一系列法律、法规、政策和制度，其目的是确保国防科技创新成果的合法性、保密性、应用性和可持续性，促进国防科技进步和经济社会发展。对于激励国防科技创新，提高军工核心能力，保障武器装备科研生产和建设先进的国防科技工业有着重要的支撑作用。

国防知识产权制度包括专利、商标、著作权、发明、实用新型、外观设计等各类知识产权的保护。同时，国防知识产权制度还涉及知识产权的管理、运用、转化和评价等方面。

目前，国防领域中的知识产权制度建设和管理还存在一些问题。

1.1　知识产权意识不足

国防部门中，知识产权保护意识的普及和落实存在不足，知识产权保护工作没有得到足够的重视。军队科研单位普遍存在着技术创新能力强，但知识产权保护意识较差的情况。

1.2　知识产权保护法律制度不完善

当前，虽然国家出台了一系列知识产权保护的法律法规，如《中华人民共和国专利法》、《中华人民共和国商标法》和《中华人民共和国著作权法》等，但是在国防领域中的知识产权保护方面还存在很多法律制度上的不足，如在军队科研单位中，涉密技术和成果的保护法律制度不完善，知识产权保护的法律责任和惩处机制不健全等。

1.3　知识产权管理机制不完善

国防领域中，知识产权管理机制尚不完善，缺乏统一的管理机构和管理规定；知识产权管理事务

作者简介：董和煦（1985—），男，北京人，硕士研究生，高级工程师，现主要从事知识产权工作。

大多由法务部门或技术部门兼职执行，企业无法系统性对知识产权进行专业管理，也容易造成管理的低效；知识产权行政管理体制还不够完善，各级政府之间的协调配合还有待加强。

2　国防知识产权制度建设与管理的必要性

国防知识产权制度建设与管理是国家安全和军事现代化发展的关键。随着国防科技的不断进步和创新，国防知识产权的价值和重要性也日益凸显。因此，建立健全国防知识产权制度，对于提升国家安全保障和军事实力具有重要意义。

2.1　促进国防科技创新成果的合法权益得到保护

国防知识产权制度的建设需要建立完善的法律法规体系，明确知识产权的归属和分配，保护知识产权的所有者和利益相关者的权益。国防科技创新的成果往往具有高度的保密性和技术含量，其知识产权的保护需要更为严格和专业的管理和保障。国防知识产权制度的建设和管理，可以有效保障国防科技创新成果的合法权益。

2.2　加强国防技术的应用和转化

国防知识产权的有效管理和运用，可以促进国防技术的应用和转化。通过合理的知识产权运作模式和机制，可以更好地推广和利用国防科技成果，促进军民融合和国防技术转化，推动国防科技工业的创新发展，提高国家综合实力。

2.3　优化知识产权的评价和管理

国防知识产权制度建设和管理，可以优化知识产权的评价和管理。通过建立科学的知识产权评价和管理机制，可以有效提高知识产权的价值和保护效果，促进国防科技创新和发展。

3　国防知识产权制度建设与管理的现状分析

目前，我国国防知识产权制度建设和管理仍存在不足，主要表现在：制度建设不够完善、知识产权保护意识不强、缺乏专业的知识产权管理机构。

3.1　制度建设不够完善

国防知识产权制度建设还存在不够完善的问题。尤其是在专利申请、授权和保护等方面，需要进一步完善和优化制度。

3.2　知识产权保护意识不强

国防科研人员对知识产权保护意识普遍不够强，缺乏对知识产权的重视和保护意识。

3.3　缺乏专业的知识产权管理机构

目前，国防部门缺乏专业的知识产权管理机构，对于知识产权的管理和保护专业化和标准化不足。

4　国防知识产权制度建设与管理的策略和措施

为了加强国防知识产权制度建设与管理，需要采取的策略和措施包括：完善国防知识产权制度、增强知识产权保护意识、建立专业的知识产权管理机构、加强知识产权创造和运用。

4.1　完善国防知识产权制度

应加强国防知识产权制度的完善，建立更为全面、科学、规范的专利、商标、著作权等知识产权保护和管理体系。同时，加强知识产权的保护和管理，形成有效的知识产权保护机制。建全针对涉密技术和成果的保护，完善军队科研单位中的知识产权保护法律制度，明确涉密技术和成果的保护范围和标准，完善知识产权保护的法律责任和惩处机制。

4.2 增强知识产权保护意识

应加强对国防科研人员的知识产权保护意识教育。通过增强知识产权保护意识教育，提高国防科研人员对知识产权保护的认识和重视程度，增强知识产权保护的自觉性和主动性。加强国防领域中对知识产权保护意识的宣传和教育，提高军队科研单位对知识产权保护的认识，增强他们的知识产权保护意识，促进他们自觉遵守知识产权保护法律法规。

4.3 建立专业的知识产权管理机构

应建立专业的知识产权管理机构，对国防知识产权的管理和保护进行专业化和标准化。同时，加强知识产权管理人员的培养和管理，提高知识产权管理的专业化水平。同时，建立国防领域中的知识产权管理机制，明确军队科研单位之间的知识产权交流和合作机制，鼓励知识产权转化和利用。同时，加强对知识产权的监管和执法，严格打击侵犯知识产权的行为，保障国防领域中的知识产权安全。

4.4 加强知识产权创造和运用

应加强国防科技创新、知识产权创造和运用。通过加强创新和知识产权创造，提高知识产权的价值和保护效果。同时，加强知识产权的运用和转化，促进国防科技成果的应用和转化，提高国家综合实力。

5 结论

国防知识产权制度建设与管理是国家安全和军事现代化发展的重要组成部分。当前，我国国防知识产权制度建设和管理仍存在不足。因此，应加强国防知识产权制度的建设和管理，完善国防知识产权制度，增强知识产权保护意识，建立专业的知识产权管理机构，加强知识产权创造和运用，为国家安全和军事现代化发展提供有力支撑。

参考文献：

［1］ 刘婷立. 国防知识产权转化法律制度研究［J］. 法制与社会，2021（1）：192－193.

［2］ 屈振辉，黄莎. 军转民过程中的知识产权归属变迁研究［J］. 科学管理研究，2016（6）：26－28.

［3］ 徐辉. 国防知识产权转化问题及美国经验研究［J］. 国防科技，2016（3）：48－52.

On the construction and management of national defense intellectual property system

DONG He-xu，REN Chao，WANG Ning-yuan，YAN Zhao-mei

（China Institute of Nuclear Industry Strategy，Beijing 100048，China）

Abstract：National defense intellectual property rights are the core technological secrets of various military industry groups，the construction of national defense intellectual property rights systems provides basic protection for national defense intellectual property rights. As a strategic resource，national defense intellectual property is not only related to the development of national security and military modernization，but also plays an important role in the long－term development of national economy and society. Through analyzing the current situation of national defense intellectual property rights system construction，targeted countermeasures and suggestions are proposed to further strengthen the management of national defense intellectual property rights and improve the operation and development of national defense intellectual property rights.

Key words：Defense intellectual property rights；Institutional construction；Intellectual property management

关于完善中国知识产权金融体系的思考

杨安琪，曲　漾，王子薇

（中核战略规划研究总院，北京　100048）

摘　要： 知识产权是国家发展的战略性资源和国际竞争力的核心要素，金融是现代经济的核心。加强知识产权与金融有效融合是贯彻落实“十四五”规划关于实施知识产权强国战略的积极举措，是改善市场主体创新发展环境和促进创新资源良性循环的重要手段。当前，我国知识产权金融体系尚未健全，本文将对现阶段我国知识产权金融发展现状进行分析，并对美、欧等发达国家知识产权融资模式与机制进行梳理，以此为我国知识产权金融体系的建设提供借鉴。

关键词： 知识产权金融；国内外现状；融资模式与机制

用知识产权作为抵押品来获得融资的做法已经有一个多世纪的历史：19世纪80年代末，托马斯·爱迪生（Thomas Edison）用他的白炽灯专利作为抵押品，借钱创办的公司，最终成为通用电气公司。然而，贷款人为了尽量减少自身风险，历来对以知识产权为抵押的贷款犹豫不决，倾向于更传统的、有形的抵押品，如土地、建筑物及设备。

近年来，随着知识产权迅速成为企业所拥有的最重要的资产，各种形式的知识产权是许多企业取得市场主导地位和持续盈利的基础，其成熟商标价值的形象往往也是商业兼并和收购的目标。例如，雀巢公司就曾向 Rowntree 支付 45 亿美元以此获得 kit kat、Aero、After Eight 等深受市场欢迎的零食品牌[1]。如今，知识产权正逐步取代传统实物资产的地位成为企业的核心竞争力，其所蕴含的资本价值逐渐获得社会认可后，知识产权作为质押融资等金融业务开始增多，成为新型融资工具。

1　国内知识产权金融发展现状

1.1　市场环境

当前，全球经济正在经历一个缓慢的复苏时期，全球经济复苏乏力，主要经济体增长分化严重，贸易保护主义抬头等因素交织叠加，给世界各国带来严峻挑战。全球经济运行的复杂性和不稳定性因新冠疫情的影响而进一步加剧，呈现出更加错综复杂的态势。与此同时，全球主要经济体复苏乏力，大宗商品价格大幅波动，国内需求不足，产能过剩等问题交织叠加，使得我国经济发展环境发生深刻变化。随着中国在国际经济金融秩序中的地位和角色的不断提升，以及对外开放的内涵和战略的逐步转变，其所面临的竞争和压力也变得越来越紧迫。此外，贸易保护主义抬头，主要发达国家和新兴经济体之间的矛盾进一步凸显。自党的十九大以来，全国经济工作的核心在于聚焦重点、弥补短板、加强实力，坚决打赢防范化解重大风险、精准扶贫的攻坚战，重申金融业务服务实体经济、防范金融风险、深化金融改革的三大重点任务，这将在一定程度上重塑我国未来经济发展的基本态势和整体格局。同时，随着互联网技术、信息技术及人工智能应用向社会各领域深入拓展，企业融资方式将发生深刻变革。随着经济结构调整的不断推进，传统的驱动经济增长的力量逐渐减弱，民生服务投入的增长挤压了各级政府用于投资的资金，同时融资行为也将受到更多规范和约束，因此，质量和效益将成为经济增长的主要关注点，而速度则将逐渐被忽视。在未来，企业融资将面临更大的挑战，因为不同层级的企业在盈利能力、现金流等方面的差异将持续存在并不断扩大，而知识产权金融正是在这样的

作者简介： 杨安琪（1993—），女，硕士研究生，主要研究方向为知识产权与成果转化。

背景下应运而生的。

1.2 参与主体

知识产权金融市场参与主体主要包括金融机构与各类中介机构，如知识产权交易平台、资产评估机构、律师事务所等。

依据金融机构类型可划分为资金融通类、融资担保类及业务辅助类，各类金融机构开展知识产权金融相关业务的内容不尽相同。银行、信托、基金公司及私募基金等机构负责为有资金需求的企业提供股权融资或债务融资服务；融资担保公司、保险公司等机构主要为知识产权金融业务提供担保；证券公司、基金公司、信托公司则负责开展用于特殊目的载体参与知识产权证券化。

国家发展改革委等六部门联合发布的《建立和完善知识产权交易市场的指导意见》明确提出“通过政府引导和市场推动，逐步构建以重点区域知识产权交易市场为主导，各类分支交易市场为基础，专业知识产权市场为补充，各类专业中介组织广泛参与，与国际惯例接轨，布局合理，功能齐备，充满活力的多层次知识产权交易体系”后，受国家层面与各个地方政府政策鼓励，各类型知识产权交易平台相继出现。据不完全统计，截至2019年年底，全国各类型知识产权交易平台，如综合交易平台、版权交易平台、专利交易平台等已有百余家。

资产评估机构，是指具备资产评估资质，依据国家有关规定，接受委托对资产价值进行评定和估算的机构。在知识产权金融业务开展中，资产评估机构能够根据委托人的要求，对专利技术、商标品牌、版权资产等知识产权进行资产评估并发表专业意见，以确定知识产权的真实价值作为交易基础，为投资提供决策依据，主要包括以下内容：一是为知识产权质押融资等债务融资业务提供资产评估服务，从而确定抵押物的资产价值、未来收益等；二是为知识产权出资等股权融资业务提供资产评估服务；三是为企业知识产权资产与其他有形资产的全体或部分提供资产评估服务，作为企业日常运营等管理的决策基础。

律师事务所是获得律师职业许可资质，接受当事人的委托，提供法律服务的中介机构。在知识产权金融业务开展过程中，律师事务所可以为当事人提供知识产权资产状况尽职调查、确认交易方案、交易结构和系统化梳理，发现并解决问题，评估潜在风险，提出专业的解决方案，具体工作包括：一是围绕委托人的战略目标与工作要求，调查知识产权资产并审查其有效性、稳定性；二是协助监控、规避或降低知识产权资产交易过程中存在的各类型法律风险；三是协助设计完善各类型知识产权金融交易的交际结构、产品设计，提供各种专利的咨询意见等。

1.3 基础设施

金融基础设施，是指为货币、证券、基金、期货、外汇等金融市场交易或活动提供基础性公共服务的系统及制度安排。在金融市场的运转中，金融基础设施扮演着至关重要的角色，它是确保金融市场稳健高效运行的基础性保障，同时也是实施宏观审慎管理和强化风险防控的关键抓手。金融基础设施作为国家金融体系的重要组成部分，扮演着连接金融机构、保障市场运行、服务实体经济、防范金融风险等至关重要的底层服务功能，其存在于金融服务体系的后台，为金融体系的稳健发展提供了坚实支撑。

互联网技术与金融业深度融合发展，金融基础设施逐渐成为现代金融市场不可或缺的要素之一，并对金融系统整体运行和风险防控能力提出了新要求。随着金融基础设施供给的增加，金融市场基础设施所连接的机构数量不断增加，市场资源逐渐聚集，从而产生规模效应，市场成本逐渐降低，同时运行效率也得到了提高。随着金融市场发展和创新步伐加快，金融市场基础设施在配置各类金融资源中作用凸显，但也存在一些不容忽视的问题。建立完善高效的金融基础设施，为金融市场的稳健高效运行提供坚实的基础保障，塑造健康的金融生态，支撑金融体系的正常运转。近年来，我国金融业快速发展，金融基础设施取得了显著成绩，但仍然存在一些问题和不足。为促进现代化金融体系的建设，充分发挥金融市场的定价和资源配置功能，需要加强对我国金融基础设施的整体监管和规划建设，提高政府、银行和企业的投融资服务效率。

2 国外知识产权金融的发展

2.1 美国知识产权金融特点

知识产权金融的萌芽始于发达国家。通过采用知识产权担保融资、知识产权基金、知识产权证券化及知识产权出资等多元化方式，市场主体得以充分利用知识产权资产价值参与市场竞争，从而有效地激活了知识产权市场交易和产业创新活动的活力。

美国采取以市场为主导的知识产权担保贷款融资模式，政府不作为当事人参与到融资活动的法律关系中，不直接向资金需求方提供贷款，而是通过政策、法律方面的支持，为担保贷款提供良好环境，间接协助促进知识产权担保贷款的发展。[2] 实践操作中，美国知识产权担保贷款的方式多种多样，包括美国联邦小企业管理署（Small Business Administration，SBA）模式中机构保模式市政债保险信用担保模式等[3]。以美国联邦小企业管理署模式为例，贷款企业向银行提出申请，出具企业情况陈述材料，因信用不足而未获得通过的企业可向 SBA 申请企业信用担保。通过信用担保申请审查后，SBA 向企业出具贷款相应所需的担保，银行根据担保向企业提供贷款，贷款企业根据协议按期还款，若出现违约现象，SBA 将依据协议及相关法律回收作为抵押物的知识产权，从而偿还贷方银行相关贷款。与此同时，美国的知识产权基金市场化程度较高，其中以 Intellectual Ventures 公司为典型代表作为知识产权持有和运营公司，该公司采用不同的商业模式对专利等知识产权进行市场化运作：①发明科研基金（Invention Science Fund，ISF）以公司内部研究成果为主在获取知识产权后通过自产自销获得利润；②发明投资基金（Invention Investment Fund，IIF）通过收购公司外部具有市场前景的知识产权，经过合理组合和深度研发，最后转让获得利润；③发明开发基金（Invention Development Fund，IDF）通过资助大学科研项目，以独占许可的方式获得利润[4]。

2.2 欧洲知识产权金融特点

20 世纪 90 年代，欧洲各国出现了知识产权保险的源头，开始创设和发展专利保险制度。2006 年，欧盟委员会完成了关于专利保险制度的最终报告，认为只有强制专利保险机制才能为欧盟和个体专利权人带来经济和技术效益。欧洲各国以企业自愿投保为基础、保险公司主动开发提供的专利保险服务模式一直保持着继续发展的态势[4]。

德国以政府、协会和企业共同参与的公益性运营模式为基础，积极推进知识产权基金的发展。在政府资助下，由行业协会或其成员组成知识产权管理机构负责对中小企业开展技术研发活动进行引导、支持和服务，并将科研成果转化为生产力。“德国中小企业专利行动”被世界知识产权组织选为最佳范例之一。1995 年，德国联邦教育研究部成立激励创新计划，旨在为中小企业和发明人创造优越的创新环境。该计划的最显著贡献在于资助中小型企业运用知识产权，并将其创新成果进一步转化为市场上的产品。激励创新计划主要由政府出资，以支持中小企业进行技术创新活动，同时促进科技成果向现实生产力转移。德国的专利申请和产业化实施计划，以联邦政府专项拨款为核心，为中小企业提供资金补贴，从而创造了一个有利于创新和发明的环境，同时该计划的准入门槛较低，申请程序也相对简便。此外，项目还可向所有需要进行专利许可或转让的企业发放补助，以促进他们更有效地开展研发工作。此外，该计划还包括对技术发展现状进行深入研究、进行成本效益分析、协助申请人寻找合适的代理人、进行产业化前的准备工作，以及向国外申请资助等其他相关事宜。同时，政府与民间合作开展技术创新活动，不仅能够促进经济增长而且对推动科技进步发挥着重要作用。除了德国联邦政府，德国各州政府也积极参与了多种技术交易平台的建设。这些平台不仅包括大学、科研机构、企业及个人的研发中心、实验室及风险投资机构等，还有一些专门面向科技型小企业开展服务的中介服务平台。除了积极参与各种技术交易平台的建设，德国还采取了多种措施来支持创新企业的启动和中小企业的创新，其中包括资助 ERP - EIFDachfonds 基金和 Griinderfonds 基金等项目，这些项目已经被数十家高科技和创新公司所投资，以支持企业的成立和早期发展。与此同时，在这些基金中还设有专门针对中小型科技公司的基金，并通过对这些公司进行税收优惠来吸引更多的风险投资。上述基金被证明具有较高的杠杆效应，已成为德国风险资本重要的组成部分[5]。

参考文献：

[1] BALDWINT S K. "To promote the progress of science and useful arts": a role for federal regulation of intellectual property as collateral [J]. University of pennsylvania law review, 1995, 143 (5): 1701 - 1738.

[2] 鲍新中. 知识产权融资：模式与机制 [M]. 北京：知识产权出版社，2017.

[3] 刘雪凤，杜浩然，吴凡. 美国知识产权信用担保质押模式研究 [J]. 中国科技论坛，2016 (6): 81 - 87.

[4] 陈磊. 知识产权金融 [M]. 北京：法律出版社，2021.

[5] 任霞. 全球知识产权股权基金运营模式浅析 [J]. 中国发明与专利，2016 (10): 23 - 27.

Reflections on improving China's intellectual property financial system

YANG An-qi, QU Yang, WANG Zi-wei

(China Institute of Nuclear Industry Strategy, Beijing 100048, China)

Abstract: Intellectual property is a strategic resource for national development and a core element of international competitiveness, while finance is the core of modern economy. Strengthening the effective integration of intellectual property and finance is a positive measure to implement the strategy of the 14th Five - Year Plan on the implementation of a strong intellectual property country, and an important means to improve the innovation development environment of market entities and promote the virtuous cycle of innovation resources. At present, China's IPR financial system is not yet complete. This paper will analyze the current situation of China's IPR financial development and sort out the IPR financing models and mechanisms of developed countries such as the United States and Europe, so as to provide reference for the construction of China's IPR financial system.

Key words: Intellectual Property Finance; Domestic and International Status; Financing Models and Mechanisms

专利等无形资产采购问题及其对企业创新能力和市场竞争力的影响

田梦雨，钟昊良，陈晓菲，司　宇

（中核战略规划研究总院，北京　100048）

摘　要：本文旨在研究专利等无形资产采购问题，以探讨企业在采购专利等无形资产时需要注意的问题。首先分析了专利等无形资产采购的意义，强调其对企业创新能力和市场竞争力的重要性。随后，详细分析了企业在进行专利等无形资产采购时需要关注的问题，其中包括技术评估、商业评估和风险评估等方面。此外，本文还对专利等无形资产采购的模式进行了比较分析，包括自主研发、合作研发和收购等模式的优缺点。最后，本文提出一些建议，如加强技术评估和商业评估、掌握风险评估方法及选择适合企业发展需要的采购模式等，旨在提高企业在专利等无形资产采购中的效率与质量，从而增强企业的核心竞争力。

关键词：专利采购；无形资产；市场竞争力；采购模式

目前，先进的科技正逐步成为一种重要的生产因素，使企业得以持续发展。在产业竞争中，企业的无形资产不仅可以给企业带来更多的收益，还可以给企业的发展注入更强的推动力，逐渐成为企业保持核心竞争力的重要资源。因此，对企业发展来讲，拥有的无形资产的质量与数量直接关系企业在市场竞争中的核心力。对于专利等无形资产，企业要做好有效的评估与交易才能最大限度地利用无形资产的独特优势，为企业的可持续发展提供更多的帮助。当前，无形资产评估工作中评估程序、评估参数界定中仍存在难点和尚未明确的地方。因此，如何做好无形资产的评估、提高企业对于无形资产采购中的效率与质量已成为重要课题。

1　引言

1.1　研究背景和目的

随着知识经济时代的到来，无形资产在企业发展中的重要性逐渐凸显。其中，专利等无形资产的采购对企业创新能力和市场竞争力具有关键作用。尽管专利等无形资产的采购在许多企业中被广泛应用，但仍然存在一系列需要注意的问题[1-2]。因此，本文旨在研究专利等无形资产采购问题，以明确企业在采购过程中需要注意的关键问题，并为企业提供相应的解决方案。

1.2　研究意义

专利等无形资产采购的有效实施将直接影响企业的创新能力和市场竞争力。通过深入研究，可以帮助企业更好地理解和应对专利等无形资产的采购问题，从而提高采购效率和质量。此外，本文的研究结果还能为企业决策者提供战略指导，使其能够更好地利用专利等无形资产来实现企业的长期发展目标[3]。

1.3　研究方法和框架

本文采用文献研究和案例分析相结合的方法，以系统性地研究和分析专利等无形资产采购问题。首先，通过对相关文献的综合分析，探讨了专利等无形资产在企业发展中的重要性。然后，通过案例

作者简介：田梦雨（1986—），男，中核战略规划研究总院有限公司经营管理部副主任。

分析，详细分析了企业在采购专利等无形资产时需要注意的关键问题，并评估了不同采购模式的优缺点。最后，基于研究结果，提出了一些关于专利等无形资产采购的意见建议，以指导企业在采购过程中的决策和实践。

在第 2 节中，将进一步探讨专利等无形资产的意义，以及其对企业创新能力和市场竞争力的影响。通过深入分析，本文将为企业管理者提供更全面的认识，帮助他们在专利等无形资产采购中做出明智的决策。

2 专利等无形资产采购的意义

2.1 无形资产的概念

无形资产是指不能触摸或量化的资产，包括专利、商标、版权、品牌价值、商业秘密等。与有形资产不同，无形资产的特点在于其具有较长的生命周期和较高的价值创造潜力。无形资产的价值主要体现在企业的创新能力、品牌影响力、市场份额等方面。专利作为一种重要的无形资产，具有独特的价值和意义[4]。

2.2 专利等无形资产的重要性

专利等无形资产的采购对企业的发展至关重要。首先，专利等无形资产能够保护企业的创新成果，确保其在市场竞争中的优势地位。其次，专利等无形资产为企业提供了资本价值，帮助企业实现财务目标。此外，专利等无形资产还能够吸引投资者和合作伙伴，增加企业的发展机会。因此，企业在采购专利等无形资产时应高度重视其意义和作用。

2.3 专利等无形资产对企业创新能力的影响

专利等无形资产的采购对企业的创新能力具有积极的影响。专利能够保护企业的创新成果，防止其被竞争对手复制，鼓励企业持续进行技术创新。同时，专利还能为企业带来技术积累和知识转移的机会，推动企业的技术进步和创新能力提升。因此，企业在采购专利时需要综合考虑专利的技术价值和创新能力的提升[5-7]。

2.4 专利等无形资产对企业市场竞争力的影响

专利等无形资产的采购对企业的市场竞争力同样具有重要意义。通过拥有专利等无形资产，企业能够巩固市场地位，抵御竞争对手的侵犯，提高产品或服务的差异化程度。同时，专利等无形资产还提供了一定的市场壁垒，降低了新进入者的竞争压力，为企业创造更长期的竞争优势。因此，企业在采购专利时需要考虑其对市场竞争力的提升效果。

本节主要分析了专利等无形资产采购的意义，包括无形资产的概念、专利等无形资产的重要性，以及其对企业创新能力和市场竞争力的影响。这些分析为第 3 节的讨论提供了基础，进一步研究企业在采购专利等无形资产时需要注意的问题。

3 企业在采购专利等无形资产时需要注意的问题

3.1 技术评估的重要性和方法

技术评估是在采购前对专利等无形资产的技术内容进行评估，以确保其技术水平与企业的需求相匹配。技术评估的重要性在于有效减少采购错误和风险，同时提高采购决策的科学性和准确性。在进行技术评估时，企业需要综合考虑专利文件、专利权利人的技术能力和历史数据等，并运用评估模型和方法进行定量和定性的评估。

3.2 商业评估的重要性和方法

商业评估是对专利等无形资产的商业价值进行评估，包括市场需求、竞争环境、收益预测等。商业评估的目的在于评估采购专利能否满足企业的商业目标和战略需求，以及其所能带来的经济效益。企业在进行商业评估时需要考虑市场规模、市场竞争力、技术替代品等因素，并运用市场调研、竞争分析和财务分析等方法进行评估。

3.3 风险评估的重要性和方法

风险评估是在专利等无形资产采购过程中对潜在风险进行分析和评估。企业在采购专利前需要识别和评估可能存在的风险，如专利的有效性、侵权诉讼风险、市场反应等。风险评估的目的在于帮助企业避免采购失败和损失，及时制定相应的风险管理策略。在进行风险评估时，企业可以运用SWOT分析、风险矩阵和潜在影响分析等方法进行综合评估。

3.4 其他需要注意的问题

除了技术评估、商业评估和风险评估外，企业在采购专利等无形资产时还需要注意其他一些关键问题。其中之一是专利的管理和维护，包括专利文件的归档保存、专利权的监管和维权等。另外，企业还需要考虑专利采购与企业的长期战略目标的一致性，确保采购的专利能够符合企业的长期发展需要。

综上所述，本章主要分析了在采购专利等无形资产时企业需要注意的问题，包括技术评估、商业评估和风险评估等方面。这些问题的合理考虑和解决，可以帮助企业降低采购风险并提高采购决策的科学性，从而实现采购的有效性和价值。在第4节中，将进一步探讨专利等无形资产采购的不同模式，并比较它们的优缺点，以帮助企业选择适合自身发展需要的采购模式。

4 专利等无形资产采购的模式及其优缺点

4.1 自主研发的模式及优缺点

自主研发是指企业通过自身的研发能力进行专利等无形资产的创造和采购。这种模式的优点在于可以充分发挥企业的技术优势和创新能力，保持对知识产权的控制。此外，自主研发模式还能够更好地与企业的长期战略和研发需求相匹配。然而，自主研发模式需要较高的研发投入和时间，以及对市场需求的准确预估。同时，企业还需要承担自主研发过程中的技术和商业风险。

4.2 合作研发的模式及优缺点

合作研发是指企业通过与其他企业、研究机构或大学等进行合作，共同进行专利等无形资产的创造和采购。合作研发模式的优点在于能够整合多方资源和技术优势，促进知识共享和技术创新。此外，合作研发模式还能够有效降低研发成本和风险，加快产品或服务的上市速度。然而，合作研发模式需要良好的合作伙伴关系和协作能力，同时需要解决合作中的知识产权和利益分配等问题。

4.3 收购的模式及优缺点

收购是指企业通过购买其他企业或组织的专利等无形资产进行采购。收购模式的优点在于能够快速获得专利等无形资产，并整合购并方的技术和市场资源。此外，收购模式还能够帮助企业扩大市场份额和快速进入新兴领域。然而，收购模式需要考虑被收购方的合法性和财务状况，以及整合过程中可能存在的风险和挑战。同时，企业在采购后还需要进行有效的管理和整合，以实现预期的效益。

4.4 模式选择的影响因素

在实际采购过程中，企业在选择专利等无形资产采购模式时需要考虑多种因素。其中包括企业的自身实力和资源状况、市场需求和竞争环境、采购目标和战略需求等。此外，行业特性和国家政策也会对采购模式的选择产生影响。因此，在选择采购模式时，企业需要综合考虑各种因素，并根据实际情况进行决策。

综上所述，本节主要分析了专利等无形资产采购的不同模式，包括自主研发、合作研发和收购等模式，并比较了它们的优缺点。在实际采购过程中，企业应根据自身需求和实际情况选择适合的采购模式，以实现最大利益和效益。在第 5 节中，将提出关于专利等无形资产采购的一些建议和意见，为企业的实际操作提供指导。

5 专利等无形资产采购的意见建议

5.1 加强技术评估和商业评估

在采购专利等无形资产时，企业应加强对技术和商业的评估。技术评估方面，应对专利的技术内容进行全面评估，包括技术水平、有效性和与企业需求的匹配程度等。商业评估方面，应对专利的商业价值和市场前景进行综合评估，包括目标市场规模、竞争环境、产品的商业潜力和收益预测等。加强技术评估和商业评估能够帮助企业降低采购风险，确保采购决策的科学性和准确性[8]。

5.2 掌握风险评估方法

风险评估是在专利等无形资产采购过程中必不可少的环节。企业应掌握风险评估的方法和工具，如 SWOT 分析、风险矩阵和潜在影响分析等。通过对潜在风险的识别和评估，企业能够制定相应的风险管理策略，降低采购风险和不确定性。此外，企业还应密切关注市场变化和竞争格局的变化，及时调整采购策略，以应对潜在的风险和挑战[9-10]。

5.3 选择适合自身发展需要的采购模式

在选择专利等无形资产采购模式时，企业应充分考虑企业的实力、资源状况和发展需求。自主研发适合具备较强研发能力和资源的企业，能够创造高附加值的专利等无形资产。合作研发适合与其他企业或研究机构具有合作潜力的企业，能够整合多方资源和优势，快速实现技术创新。收购适合追求快速扩张和市场拓展的企业，能够快速获取专利等无形资产和市场份额。企业应根据自身发展需要和实际情况，选择适合的采购模式。

5.4 其他意见建议

除了上述建议，企业在采购专利等无形资产时还应注意以下几个方面。首先，建立完善的专利管理制度，保护和维护采购的专利等无形资产，确保其有效性和可持续性。其次，加强与专利权利人的合作和沟通，建立长期稳定的合作伙伴关系。此外，企业还应关注专利等无形资产的保密和保护，防止知识泄漏和侵权行为。最后，企业应建立专门的团队或部门负责专利等无形资产的采购和管理，确保专业性和专注性。

本节主要提出了关于专利等无形资产采购的意见建议，包括加强技术评估和商业评估、掌握风险评估方法、选择适合自身发展需要的采购模式等。这些意见建议可以帮助企业在专利等无形资产采购过程中做出更明智的决策和实践，提高采购效率和质量，增强企业的核心竞争力。在第 6 节中，将对本论文的研究进行总结，并提出一些不足之处和展望。

6 结论

6.1 研究总结

本文旨在研究专利等无形资产采购问题，探讨企业在采购专利等无形资产时需要注意的问题。在第 1 节中，介绍了研究的背景和目的，明确了研究的意义和方法。在第 2 节中，分析了专利等无形资产的意义，并强调了其对企业创新能力和市场竞争力的重要性。然后，在第 3 节中，详细分析了企业在采购专利等无形资产时需要注意的问题，包括技术评估、商业评估和风险评估等方面。接着，在第 4 节中，比较了专利等无形资产采购的不同模式，包括自主研发、合作研发和收购等模式，分析了它们的优缺点。最后，在第 5 节中，提出了一些建议和意见，包括加强技术评估和商业评估、掌握风险评估方法、选择适合自身发展需求的采购模式等。

6.2 研究的不足与展望

本文对专利等无形资产采购问题进行了一定的研究和分析，但仍存在一些不足之处。首先，由于篇幅和时间限制，本文对专利等无形资产采购的具体案例研究和实证分析较为有限。在今后的研究中，可以结合实际案例进行深入探讨，以提供更具体和实际的指导。其次，本文在模式选择和意见建议方面仅给出了一些基本的框架，实际操作中仍需要根据企业的具体情况进行具体化和细化。因此，今后的研究可以进一步深入探讨模式选择和实践指导，为企业提供更有针对性的建议。

展望未来，对于专利等无形资产采购问题的研究可以进一步拓展。首先，可以加强与知识产权相关的法律和政策研究，以更好地指导企业在采购过程中遵守法规和规范。其次，可以对知识产权市场的发展趋势进行跟踪和研究，以了解其动态和变化。此外，还可以研究专利等无形资产采购对企业绩效的影响，以及在不同行业和国家背景下的差异。总之，未来的研究可以进一步拓展和深化对专利等无形资产采购问题的认识和理解。

综上所述，通过本论文的研究，我们对专利等无形资产采购问题有了更深入的认识，并提出了一些意见建议。这些研究成果有助于企业在采购专利等无形资产时提高采购效率和质量，增强企业的核心竞争力。希望本论文的研究能为相关领域的进一步发展和实践提供参考，并为未来的研究提供启示。

参考文献：

[1] 李志强．无形资产采购对企业创新能力的影响研究［J］．商业时代，2019（4）：56－60.

[2] 张明．专利等无形资产采购模式研究与案例分析［J］．科技经济导刊，2018，26（3）：76－80.

[3] 张宇，李红．企业无形资产采购风险评估研究［J］．现代管理科学，2017，34（3）：53－57.

[4] 郑文杰，王立刚．专利等无形资产采购对企业市场竞争力的影响研究［J］．图书馆学研究，2016，1（5）：51－55.

[5] 邓海洋，张晶．专利等无形资产采购的商业评估方法研究［J］．管理评论，2015，27（2）：58－64.

[6] 王丽，刘伟．专利等无形资产采购决策模型研究综述［J］．商业研究，2014（5）：55－60.

[7] 高宇，杨俊．企业无形资产采购创新模式研究［J］．科技导报，2013，31（2）：56－59.

[8] 王小明，李华．专利等无形资产采购对企业创新能力和市场竞争力的影响研究［J］．科技经济研究，2012（3）：62－65.

[9] SMITH J D，PARR R B. Assessing the importance of intellectual property rights in international supply chain management［J］．Journal of world business，2011，46（3）：356－368.

[10] CHEN A，AMUDARAJU A B. Assessing technology and product acquisition in technology based ventures［J］．Technovation，2010，30（12）：609－619.

The procurement of intangible assets such as patents and their impact on the innovation ability and market competitiveness of enterprises

TIAN Meng-yu，ZHONG Hao-liang，CHEN Xiao-fei，SI Yu

(China Institute of Nuclear Industry Strategy，Beijing 100048，China)

Abstract：This article aims to study the procurement of intangible assets such as patents，in order to explore the issues that enterprises need to pay attention to when purchasing intangible assets such as patents. Firstly，this article analyzes the significance of intangible asset procurement such as patents，emphasizing its importance for enterprises' innovation capabilities and market competitiveness. Subsequently，this article provides a detailed analysis of the issues that enterprises need to pay attention to when purchasing intangible assets such as patents，including technical evaluation，commercial evaluation，and risk assessment. In addition，this article also compares and analyzes the procurement models of intangible assets such as patents，including the advantages and disadvantages of independent research and development，cooperative research and development，and acquisition. Finally，this article proposes some suggestions，such as strengthening technical and commercial assessments，mastering risk assessment methods，and selecting procurement models that are suitable for the development needs of enterprises. The aim is to improve the efficiency and quality of enterprises in the procurement of intangible assets such as patents，thereby enhancing their core competitiveness.

Key words：Patent procurement；Intangible assets；Market competitiveness；Procurement mode

核工业领域企业海外专利布局研究

陈丽丽，胡维维，蔡　丽

（中核战略规划研究总院，北京　100048）

摘　要：本文通过海外专利布局研究分析和海外专利布局对策建议对海外专利布局进行了深入探讨。从海外专利申请途径及海外专利申请考量因素两方面阐述了海外专利布局研究分析思路。从对目标申请国家或地区进行分级分类、选择合适的申请途径、增加海外外观设计申请3个方面给出了海外专利布局对策建议。以期在世界范围内，使我国核工业领域的自主知识产权能够获得有效保护，并能够避免知识产权侵权风险，推动我国核工业领域的自主知识产权保护工作迈上新的台阶。

关键词：海外专利布局；企业；核工业

目前，我国正处于由核工业大国向核工业强国转变的重要历史时期。推动我国建成核工业强国，必然需要进行核心技术的研发创新及自主知识产权的有效保护。虽然，近年来我国核工业领域企业的专利申请量不断攀升，甚至赶超美国、法国、日本等发达国家，但专利申请主要集中于国内申请，海外专利申请占比少之又少。我国核工业领域企业想要在国际竞争中占有一席之地，势必要开展海外专利布局。海外专利布局相比于国内专利布局，其要考虑的因素更多更复杂，因此迫切需要开展核工业领域企业海外专利布局研究。

1　选题的背景与意义

习近平总书记在十九届中央政治局第二十五次集体学习时的讲话中明确提出“创新是引领发展的第一动力，保护知识产权就是保护创新”[1]。当前，我国正在从知识产权引进大国向知识产权创造大国转变，知识产权工作正在从追求数量向提高质量转变。

在海外专利申请布局方面，国际核电巨头企业往往在主要核电出口市场预先申请专利，给竞争对手设置技术壁垒，从而在技术和市场两方面制约竞争对手的技术发展及知识产权保护[2]。基于此，我国核工业领域企业更需要积极开展海外专利申请布局，从而有效保护该领域的自主知识产权，防御、阻碍竞争对手的未来发展；同时，还可以有效规避侵权风险，避免企业利益受损。

2　研究现状

我国核工业领域企业与国际核电巨头企业相比，海外专利申请布局起步较晚，开展海外专利申请布局的企业较少[3]，海外申请布局的国家分布比较单一，大多集中在美国、欧洲的部分国家。此外，在选择申请途径时，很多企业误以为通过PCT途径只要提出一份“国际”专利申请，即可获得多个国家的专利保护，进而没有办理进入国家阶段的手续，错过了专利进入目标国家的国家阶段，白白丧失了专利在目标国家的权利保护。

作者简介：陈丽丽（1985—），女，天津人，北京化工大学化学工程硕士研究生，工程师，2012年参加工作以来始终致力于知识产权研究相关工作。

3　海外专利布局研究分析

3.1　海外专利申请途径

专利保护具有地域性的特点，根据申请的国家或地区，获得相应国家或地区的专利保护。每个国家或地区，将依据各自的国家法律对专利申请做出是否授予专利权的决定。一个国家或一个地区所授予的专利保护权仅在该国或地区的范围内有效，除此之外的国家或地区不具有法律效力，专利保护权是不被确认与认可的。对于申请人为中国申请人，申请中国专利以外的其他国家或地区的专利，统称为海外专利申请。海外专利申请途径包括《巴黎公约》、专利合作条约和海牙协定。

3.1.1　《巴黎公约》途径

《巴黎公约》，即《保护工业产权巴黎公约》的简称，于1884年生效，截至2022年7月6日共有179个成员国。中国于1985年3月19日正式成为《巴黎公约》成员国。

通过《巴黎公约》途径，申请人直接向《巴黎公约》成员国或地区专利组织提出专利申请，包括发明、实用新型和外观设计专利的申请。要求专利优先权的，发明和实用新型申请：自优先权日起12个月内提出申请；外观设计申请：自优先权日起6个月内提出申请。

针对需要进行多个国家或地区的专利保护情况，通过《巴黎公约》途径，申请人需要分别向多个国家或地区专利组织提交多份申请文件，并且每个国家或地区的专利申请文件需要符合该国家或地区的法律要求，并指明专利保护类型。换言之，通过巴黎公约途径进行多个国家或地区的海外专利申请时，在提出海外专利申请时，即需要准备多份不同的申请文件，特别是进行申请的多个国家或地区的指定官方语言不同时，还需要准备申请文件的多种语言的翻译文本。

3.1.2　专利合作条约途径

《专利合作条约》（*Patent Cooperation Treaty*，以下简称PCT）于1978年生效，截至2022年7月6日共有156个PCT成员国。中国于1994年1月1日正式成为专利合作条约成员国。

PCT是在《巴黎公约》下仅对《巴黎公约》成员国开放的一个特殊协议。PCT由世界知识产权组织（WIPO）管理[4]。通过PCT途径，申请人可以直接向PCT国际申请的受理局提交一份PCT国际申请，包括发明和实用新型专利的申请；并且该PCT国际申请的申请文件只需要提供受理局指定的一种语言的文本即可。在提交PCT国际申请时，不需要指定专利保护类型。要求专利优先权的，自优先权日起12个月内提出PCT国际申请。

提出PCT国际申请，通常称为国际阶段。国际阶段，将由国际检索单位对国际申请进行国际检索，并出具国际检索报告及书面意见；并且自申请日起（要求优先权的，自优先权日起）18个月，由国际局进行PCT专利申请的国际公布。

此外，根据申请人的需要，在国际阶段，自申请日起（要求优先权的，自优先权日起）22个月内，申请人可以请求国际初步审查。根据请求，将由国际初步审查单位进行国际初步审查，并出具国际初步审查报告及书面意见，在国际初步审查报告的书面意见中对PCT国际申请的可专利性作出评述。申请人可根据书面意见、特别是对PCT国际申请的可专利性的评述，结合市场、研发程度、资金等多方面因素，综合考虑该PCT国际申请是否有必要进入国家阶段，指定进入哪些国家或地区的国家阶段，以及进入国家阶段时是否需要依据各国的相关法律修改申请文件，进而有效提高该PCT国际申请在指定国家的授权前景。

对于中国申请人，中国国家知识产权局既是PCT国际申请的受理局，同时也是国际检索单位和国际初步审查单位。

提出PCT国际申请后，申请人需要在进入国家阶段期限内向指定的PCT成员国中的国家或地区专利组织办理进入国家阶段的手续，即提出国家阶段申请。进入国家阶段的期限，绝大多数国家或地区为自PCT国际申请的申请日起（要求优先权的，自优先权日起）30个月。

对于未在进入国家阶段期限内办理进入手续的国家或地区，该 PCT 国际申请在该国家或地区的效力终止。各个国家或地区的专利组织不会主动对未办理进入该国家或地区的国家阶段手续的国际申请进行审查。

在办理进入国家阶段的手续时，申请人要根据指定的国家或地区专利组织的法律规定，提交其指定的官方语言的国际申请翻译文本，指明专利保护类型。

成功进入国家阶段的 PCT 国际申请，将由指定的各个国家或地区专利组织分别依据各自国家或地区的法律分别对其进行审查，并做出是否授予专利权的决定。

因此，PCT 国际申请只有经过国家阶段才能完成授权过程，最终取得的仍是各个国家或地区的专利，而并不存在一个各个国家或地区通用的专利。简单来说，只有 PCT 国际申请，没有 PCT 国际专利。

3.1.3 《海牙协定》途径

《海牙协定》，即《工业品外观设计国际注册海牙协定》的简称，《海牙协定》自签定后做过多次修订，最早的《海牙协定》文本于 1928 年生效，并成立了“海牙联盟”，最新文本是《海牙协定日内瓦文本》(1999 年)，于 2004 年 4 月 1 日实施。截至 2022 年 7 月 22 日，共有 78 个海牙联盟成员国。中国于 2022 年 5 月 5 日正式成为海牙联盟成员。

通过海牙协定途径，申请人直接向世界知识产权组织（WIPO）的国际局提交海牙体系国际申请，海牙协定仅可以进行外观设计专利的申请。在提交海牙体系国际申请时，从海牙联盟成员国中指定要进入的国家或地区，以期在指定的国家或地区获得外观设计专利保护。

海牙体系国际申请的申请文件只需要提供国际局指定的一种语言的文本即可。要求外观设计专利优先权的，自优先权日起 6 个月内提交海牙体系国际申请。

国际局收到海牙体系国际申请后，进行形式审查及国际公布。国际公布后，各个指定的国家或地区专利组织将根据该国家或地区的法律对该国际申请进行审查，如果在规定期限内未给出驳回意见，或者已经发出驳回通知，但是之后该驳回被撤回，则该国际申请视为在其管辖范围内有效，并具有在有关管辖区内被授予保护的效力。该海牙体系国际申请，自国际注册日起即具有了与在指定国直接提交的国家申请相同的效力。

通过《海牙协定》途径获得专利权的国际外观专利由各相应指定国的国家法或其法院确定具体的保护范围，以及执行侵权诉讼案件。《海牙协定》仅仅是一个国际程序的协议，专利的实际保护还是由各个指定国国家法所决定的。

针对需要进行多个国家或地区的外观设计专利保护情况，通过《海牙协定》途径，申请人只需向 WIPO 国际局提交一种语言的申请文件，同时指定要进入的国家或地区，经过国际形式审查及国际公布，满足各个指定国家或地区的授权条件后，即可获得多个国家或地区的外观设计专利授权，并与在指定国直接提交的国家申请相同的效力。

3.2 海外专利申请考量因素

3.2.1 考虑企业的战略发展目标

海外专利申请布局是综合考虑技术、市场、法律等因素的前提下，有针对性、有策略性地对技术进行前瞻性规划和动态部署的过程。海外专利申请布局是在技术研发支撑的基础上，先于产品上市、应用、销售等，抢先获取专利的地域性保护，从法律层面为技术保驾护航，有效设置技术壁垒、规避侵权风险。

企业是否进行海外专利申请布局及如何进行海外专利申请布局，不仅要考虑当前的技术研发情况及市场投入情况，更多地要考虑企业战略发展目标及企业所属行业的发展态势和发展动向，涉及的技术发展成熟度、技术未来发展趋势。如果企业有海外发展计划，产品在海外具有良好的发展前景及潜在的市场，则可以计划进行海外专利申请布局。

企业可以根据企业相关产品的生产所在地、销售所在地，竞争对手的产品生产所在地、销售所在地及企业相关产品技术在海外的发展趋势等，选择进行海外专利申请布局的国家或地区，以期能够在这些国家或地区获得专利保护。

3.2.2 考虑国家或地区的知识产权保护环境

由于不同国家或地区的知识产权法律条款、专利审查制度、专利授权后程序等均不尽相同，因此，在不同国家或地区构成了不同的知识产权保护环境。对于知识产权制度相对完善的国家或地区，在这些国家或地区进行专利申请获得授权后，能够利用专利制度充分保护专利技术，起到限制对手、提高企业竞争力的作用。

例如，在欧洲专利制度中的异议程序，即在欧洲专利授权公布之日起九个月内，任何人均可向欧洲专利局对所授予的专利提出异议。异议程序对欧洲地区的所有缔约国生效，无需针对每个专利生效的缔约国分别进行。由于异议程序的便利性，通常在监控竞争对手的欧洲专利时，一旦专利获得授权，即可利用异议程序对授权专利提出异议，通过充分利用异议程序，尽早、高效撤销竞争对手在欧洲的专利权，有效避免侵权风险。

3.2.3 考虑海外专利申请类型

因法律具有地域性，不同国家或地区对专利的保护类型存有差异。例如，美国、英国、瑞士等国家，没有实用新型专利申请。因此，企业在进行海外专利布局时，需要对不同国家或地区的专利申请类型做出具体考量。

除此之外，专利申请布局前，需要对技术本身进行研判，根据技术的主题及技术的创新程度，初步确定海外专利申请类型。对涉及创造程度高的产品、装置及方法的创新、改进的技术方案，适合申请发明类专利；对涉及创造程度次高的产品、装置的结构性改进的技术方案，适合申请实用新型类专利；对涉及产品的形状与图案的改进的技术方案，适合申请外观设计类专利。

3.2.4 考虑海外专利申请时机

不同的技术成熟度、处于技术发展的不同时期的技术，需要考虑在时间上的合理布局，以把握海外专利的合适申请时机。

对于技术萌芽期的技术成果，应及时跟踪本行业领域的专利信息及行业发展动态，有针对性地尽早进行海外专利申请布局，避免竞争对手抢占专利先机，限制其在某种程度上形成垄断。

对于技术成长期的技术成果，应在技术成长的不同时间点上进行阶梯式多方面布局。例如，核材料领域，可以围绕核材料组分的不断改进，对核材料本身及其制备方法、应用等在不同时间点上进行多方面布局。随着技术成果的取得及时间的推演能够形成专利池，有效构筑专利保护网，为竞争对手设置技术壁垒。与此同时，还应尽可能地规避竞争对手设置的技术壁垒，降低侵权风险的同时，重视对外围技术及技术空白进行海外布局。

对于技术成熟期的技术成果，通过对技术的改进，在专利申请的时间上交错进行不同市场的海外专利布局，以期能够延长专利保护的时间，延长技术在市场上的生命周期。

3.2.5 考虑海外专利申请周期

每个国家或地区依据各自的国家法律分别对专利申请进行审查，审查流程及审查周期不尽相同。在海外专利申请布局时，需根据技术发展成熟度、未来发展趋势，产品预期投放市场时间等因素，结合专利申请在不同国家或地区的审查周期，确定目标申请国家或地区。

例如，巴西专利申请，申请周期为10年左右，对于发展更新速度较快的技术或急于投放市场的产品，申请巴西专利显然不合适。由于获得专利授权时，授权的技术早已被新的技术取代，即使获得专利保护，其专利保护的意义也不复存在了。而对于急于投放市场的产品，由于巴西申请周期过长，在获得专利授权前，产品迟迟不能投放市场，影响产品的销售，严重制约企业的发展；或者在获得专利授权前，由于其他因素使得产品不得不投放市场，投放市场后即可能存在侵权风险，损害企业的权益。

4 海外专利布局对策建议

4.1 对目标申请国家或地区进行分级分类

根据产品或技术要进入市场的市场容量及进入市场的难易程度，对海外市场进行等级划分。初步将海外市场分为4个级别：市场容量及对产品或技术认可度均较高的市场划分为一级市场；市场容量较高但对产品或技术认可度相对较低的市场划分为二级市场；对产品或技术认可度较高但市场容量相对较低的市场划分为三级市场；市场容量及对产品或技术认可度均较低的市场划分为四级市场。

根据海外市场的等级划分，对目标申请国家或地区进行分级分类，即将划分为一级市场的海外申请国家或地区定义为一类，将划分为二级市场的海外申请国家或地区定义为二类，将划分为三级市场的海外申请国家或地区定义为三类，将划分为四级市场的海外申请国家或地区定义为四类。

根据对海外申请国家或地区的分类，对海外专利申请中每个国家或地区的申请数量进行布局。重点布局一类和二类海外申请国家或地区，侧重布局三类海外申请国家或地区，少量布局四类海外申请国家或地区。

4.2 选择合适的申请途径

首先，根据待保护专利的类型，选择海外申请途径。对于发明和实用新型类专利，可以通过《巴黎公约》或PCT途径进行海外专利申请；对于外观设计类专利，可以通过《巴黎公约》或《海牙协定》途径进行海外专利申请。

其次，对于发明和实用新型类专利，可以根据以下情况来确定通过选择《巴黎公约》途径还是PCT途径进行海外专利申请：目标申请国家或地区的数量，申请时是否明确目标申请的国家，待保护的技术未来的发展前景是否明确，是否迫切需要获得专利授权。一般来讲，对于目标申请国家数量超过2个的海外申请，建议通过PCT途径进行申请，因为PCT途径进行海外申请时只需提出一份国际申请，对于申请2个以上国家或地区的情况，能够有效简化申请初期的申请程序及申请文件的准备。申请时不能明确目标申请的国家，待保护的技术未来的发展前景不明确，建议通过PCT途径进行申请，PCT途径具有较长的申请期限，可以为申请人争取更多的考虑时间及市场调研时间，避免盲目指定申请国家或地区。对于迫切需要获得专利授权的海外申请，建议通过《巴黎公约》途径进行申请，因为《巴黎公约》途径的审查程序启动时间较PCT途径的早，因此《巴黎公约》途径申请获得专利授权也会相对PCT途径的快。

此外，由于《巴黎公约》、PCT途径和《海牙协定》途径并非适用于所有的国家，在选择海外申请途径时，除了考虑专利申请类型及以上情况，还需要考虑目标申请国家或地区的适用申请途径。

例如，法国、意大利不允许通过PCT途径直接进入该国国家阶段，只能通过申请欧洲专利进入欧洲地区阶段，在欧洲地区阶段授权后指定在法国、意大利生效，才能够在这些国家获得专利保护。

4.3 增加海外外观设计申请

目前，中国已成为“海牙联盟”成员国，中国申请人可通过《海牙协定》途径进行海外外观设计专利的申请，申请人只需向WIPO国际局提交一种语言的申请文件，同时指定要进入的国家或地区，满足各个指定国家或地区的授权条件后，即可获得多个国家或地区的外观设计专利授权，并与在指定国直接提交的国家申请相同的效力。相比于《巴黎公约》途径申请海外外观设计专利申请，海牙协定途径能够极大节省程序并简化申请文件的准备材料。

此前，核工业领域企业的海外外观设计专利申请数量较少，鉴于通过海牙协定途径申请程序简单，并且海外外观设计专利申请周期相较于发明或实用新型专利明显缩短，海外外观设计专利申请一般6～12个月可获得授权，建议企业适当增加外观设计专利申请数量。

5 研究结论

综上所述，本文从海外专利申请途径及海外专利申请考量因素 2 个方面阐述了海外专利布局研究分析思路。从对目标申请国家或地区进行分级分类、选择合适的申请途径、增加海外外观设计申请 3 个方面给出了海外专利布局对策建议。通过以上海外专利布局研究分析和海外专利布局对策建议对海外专利申请布局进行了深入探讨，并结合实际经验给出海外专利申请布局的若干启示。

参考文献：

［1］ 习近平．全面加强知识产权保护工作 激发创新活力推动构建新发展格局［J］．求是，2021（3）：4-8.

［2］ 李臻洋，王洁，程旭辉．核电企业海外专利布局研究［J］．能源研究与信息，2015，31（4）：205-209.

［3］ 蒋佳妮，王灿，翟欢欢．中国核电技术专利国际竞争力研究［J］．中国科技论坛，2017，6：92-99.

［4］ 马天旗．专利布局［M］．2 版．北京：知识产权出版社，2020：63.

Research on overseas patent layout of enterprises in the nuclear industry

CHEN Li-li，HU Wei-wei，CAI Li

（China Institute of Nuclear Industry Strategy，Beijing 100048，China）

Abstract：This paper makes an in-depth discussion on the overseas patent layout through the research and analysis of the overseas patent layout and the countermeasures and suggestions for the overseas patent layout. From the ways of overseas patent application and the considerations of overseas patent application，the research and analysis ideas of overseas patent layout are expounded. From classifying the target application countries or regions，selecting appropriate application ways，and increasing overseas design applications，the suggestions on the layout of overseas patents are given. It is hoped that China's independent intellectual property rights in the nuclear industry can be effectively protected and avoid the risk of infringement worldwide，so as to promote the protection of independent intellectual property rights in China's nuclear industry to a new level.

Key words：Overseas patent layout；Enterprises；Nuclear industry

TRISO 燃料领域专利竞争格局与趋势

胡维维[1]，邢成文[2]，蒋水文[2]，钟　毅[2]，王冬青[2]

（1. 中核战略规划研究总院，北京　100142；2. 中核霞浦核电有限公司，福建　宁德　355100）

摘　要： TRISO 燃料具有良好的耐高温、耐高燃耗及包容裂变产物的能力，不仅能用于高温气冷堆，还有望适用于空间堆和特殊用途的移动微推。本文通过对 TRISO 燃料领域的专利文献进行检索，并结合非专利文献的调研，全面了解和评估 TRISO 燃料领域技术发展态势及其专利全球布局情况，获悉重点申请人技术发展竞争态势以及利用专利布局而进行的市场战略布局情况，为我国 TRISO 燃料技术创新提供研发思路。

关键词： TRISO 燃料；专利布局；技术创新

TRISO 燃料作为一种耐事故燃料，具有裂变产物包容能力良好、基体耐腐蚀能力强和热导率高的优点，成为国际核燃料领域发展的新方向[2]。TRISO 燃料研究始于 20 世纪五六十年代，英国的 R. A. U. Huddle 和美国的 W. Goeddel J. 分别开始通过流化床化学气相沉淀法制备 TRISO 燃料。目前，国际上开展 TRISO 燃料研究的国家先后有德国、英国、美国、比利时、俄罗斯、法国、日本。中国在 20 世纪 70 年代开始 TRISO 燃料的相关研究。TRISO 型包覆燃料颗粒是在 BISO 型包覆燃料颗粒的基础上设计出来的，弥补了 BISO 型燃料颗粒沉积层强度低和对金属裂变产物阻挡能力低的问题。TRISO 型包覆燃料颗粒是在 UO_2 燃料核芯上通过化床化学沉积法从内到外依次沉积疏松热解碳层、致密热解层、碳化硅层和致密热解碳层[1]。流化床化学沉积法涉及反应动力学、流体力学、反应热力学等多学科，是一门复杂的工艺。TRISO 燃料应用在高温气冷反应堆中，能够拓宽高温气冷堆燃料空间，实现资源有效利用。TRISO 燃料应用在压水反应堆、轻水反应堆和重水反应堆等水冷反应堆中，能够降低反应堆建造成本，简化反应堆系统设计，去除堆芯事故冷却系统和融硼系统。TRISO 燃料还可以应用在流化床型核反应堆中。此外，将 TRISO 燃料应用在放射性同位素热源装置和常规用途热源装置上，也是未来研究方向之一。总之，TRISO 燃料研究和制备技术日趋成熟，除了成功地应用于高温气冷堆外，TRISO 燃料颗粒在水冷反应堆、新型流化床反应堆等其他堆型中都有应用的潜在空间，是核能应用在安全方面的一个重大突破，极大地扩展了核能资源的利用空间。本文通过对 TRISO 燃料领域的专利文献进行检索，并结合非专利文献的调研，全面了解和评估 TRISO 燃料领域技术发展态势及其专利全球布局情况，获悉重点申请人技术发展竞争态势以及利用专利布局而进行的市场战略布局情况，为我国 TRISO 燃料技术创新提供研发思路。

1　TRISO 燃料全球专利竞争态势

截至 2023 年 6 月，全球涉及 TRISO 燃料的专利申请达 498 件。全球 TRISO 燃料专利竞争态势分析如下。

1.1　全球 TRISO 燃料专利申请

如图 1 所示，TRISO 燃料专利申请伴随着 TRISO 燃料技术同步进行，TRISO 燃料专利申请从 1957 年开始，此后专利申请数量保持稳定增长，并在 1963 年达到两位数，此后一直保持波动式增

作者简介： 胡维维（1990—），女，安徽桐城人，北京化工大学化学工程专业研究生，2016 年参加工作以来一直致力于知识产权工作。

长，经过近50年的技术积累，在2005年达到峰值，此后每年保持稳步增长趋势，表明TRISO燃料仍保持着高研发活度。

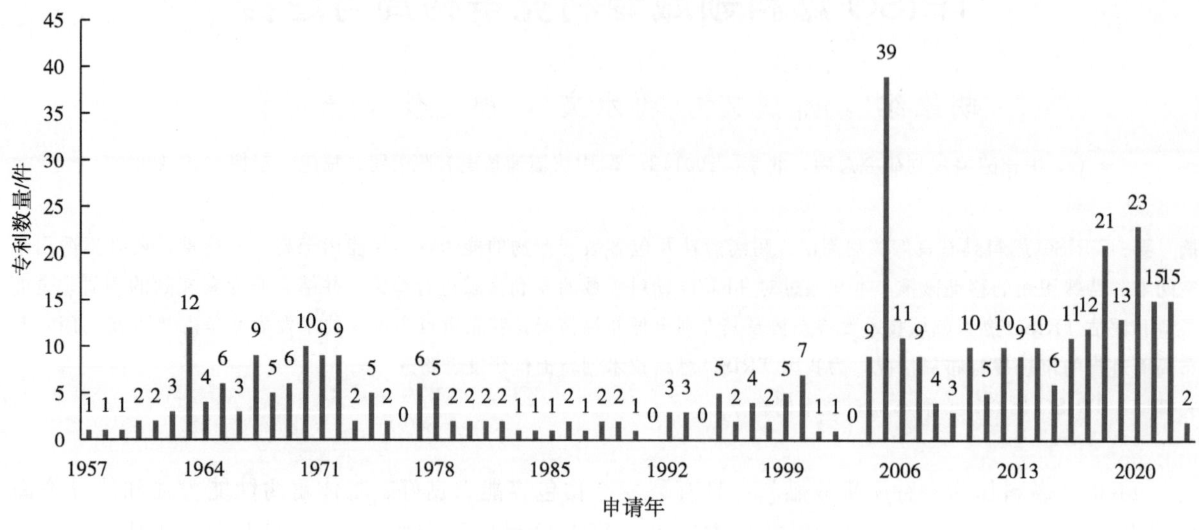

图1 TRISO燃料全球专利申请年度趋势

1.2 美、日、中是全球TRISO燃料专利重点布局区域

如图2所示，在TRISO燃料专利申请布局区域中，在美国地区的申请量最大，达到75件，占该领域专利申请总量的15.0%，说明美国仍然是TRISO燃料的主要市场，同时美国本土专利申请数量达59件，占其全部专利申请的78.6%，表明美国本土的创新能力处于领先地位；排名第二的是日本，达71件，占该领域专利申请总量的14.3%，日本本土专利申请达52件，占其全部专利申请的73.2%，略低于美国本土的专利申请，表明日本是TRISO燃料的第二市场，同时也表明日本本土的创新能力略低于美国本土的创新能力。排名第三的是中国，达67件，占该领域专利申请总量的13.5%，中国本土专利申请达52件，占其全部专利申请的77.6%，略低于美国本土的专利申请，高于日本本土的专利申请，表明中国是TRISO燃料的第三市场，同时也表明中国本土的创新能力略低于美国本土的创新能力但高于日本本土的创新的能力。美、日、中是全球专利重点布局区域，占该领域专利申请总量的42.7%，此外，在韩国和德国地区的专利申请数量相当，在英国、比利时、法国、俄罗斯和瑞士地区也有一定量的专利申请布局。

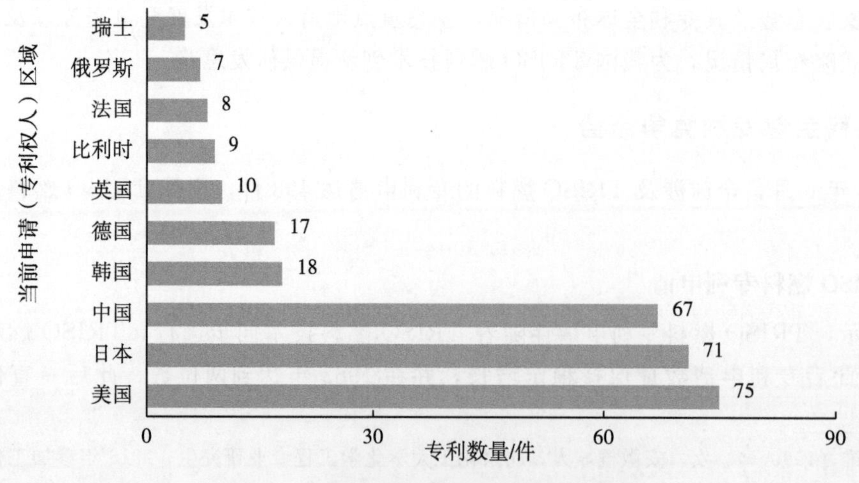

图2 TRISO燃料专利申请布局区域分布

1.3 优势企业专利布局已占明显优势

如图 3 所示，从 TRISO 燃料全球重点申请人和专利申请量占比的情况来看，原子燃料工业株式会社作为 TRISO 燃料研发的领先者，其专利申请数量最多，共申请 55 件，远远高于其他专利申请人。排名第二的清华大学，其专利申请数量在 31 件。清华大学在 20 世纪五六十年代核工业创立初期就成立了核研院，从事先进核燃料循环技术研发，建院六十余年来，一直致力于核能与新能源技术研发，在 TRISO 燃料领域研发实力强。此外，英国原子能管理局、于利奇研究中心有限公司、奥卓安全核能公司、韩国原子力燃料株式会社、中核北方燃料元件有限公司、比利时核能研究中心等申请人在 TRISO 燃料领域均有投入研究，并积极进行专利布局，这些申请人的专利申请数量相当，差距并不明显。原子燃料工业株式会社和清华大学在 TRISO 燃料领域的专利布局明显高于其他申请人，专利布局优势已经凸显，其中，清华大学的专利布局数量相较于原子燃料工业株式会社还存在一定差距。此外，还可以看出 TRISO 燃料领域研发主体呈现多样化特点，既有英国原子能管理局等政府机构，也有原子燃料工业株式会社等核电龙头企业，还有清华大学等科研院所，各主体参与 TRISO 研发活跃度高，表明 TRISO 燃料领域技术处于快速发展阶段，产学研结合紧密。

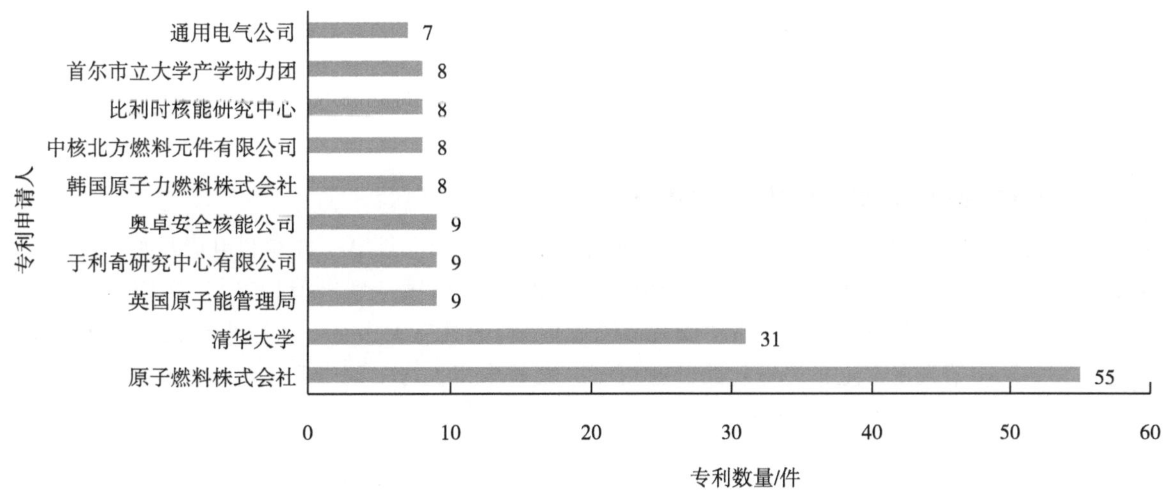

图 3 TRISO 燃料全球专利申请的重点申请人

1.4 TRISO 燃料制备工艺和装置是创新热点

TRISO 燃料主要涉及 TRISO 燃料制备工艺、TRISO 燃料制备装置、TRISO 燃料模拟、TRISO 燃料应用等关键技术，如图 4 所示，TRISO 燃料制备工艺和装置是专利布局的热点，根据 IPC 主分类号统计，G21C3/62（陶质燃料）和 G21C21/02（装在非放射性外壳内的燃料或增殖元件的制造）的专利申请趋势在 2006 年以前相近，但 G21C3/62（陶质燃料）的专利申请在 2006 年以后明显高于 G21C21/02（装在非放射性外壳内的燃料或增殖元件的制造）；此外，G21C3/42（反应堆燃料的材料选择）的申请趋势明显低于 G21C3/62（陶质燃料）和 G21C21/02（装在非放射性外壳内的燃料或增殖元件的制造）。

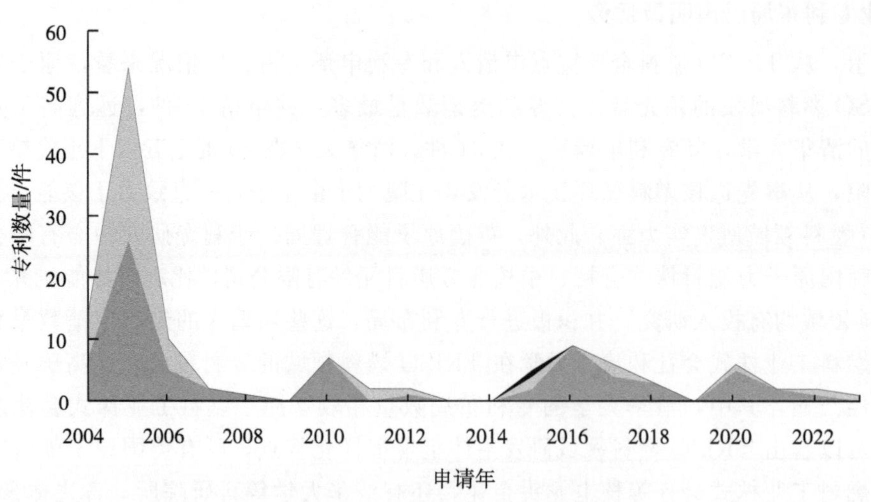

图 4 TRISO 燃料 IPC 主分类申请趋势

2 TRISO 燃料中国专利竞争态势

截至 2023 年 6 月，涉及 TRISO 燃料的中国专利文献达到 80 件。中国 TRISO 燃料专利竞争有以下特点。

2.1 专利申请快速增长，本土专利布局占优势

如图 5 所示，从 TRISO 燃料中国专利申请分布来看，自 2005 年第一件专利申请开始，此后专利申请数量保持稳定增长，并在 2022 年达到峰值。TRISO 燃料中国专利申请趋势与 TRISO 燃料全球专利申请趋势存在一定差异，这是由于中国是 TRISO 燃料的第三大市场，中国申请人十分重视本土专利布局，中国申请人在本土布局专利数量占 65%，国外申请人在中国专利申请仅占 35%。

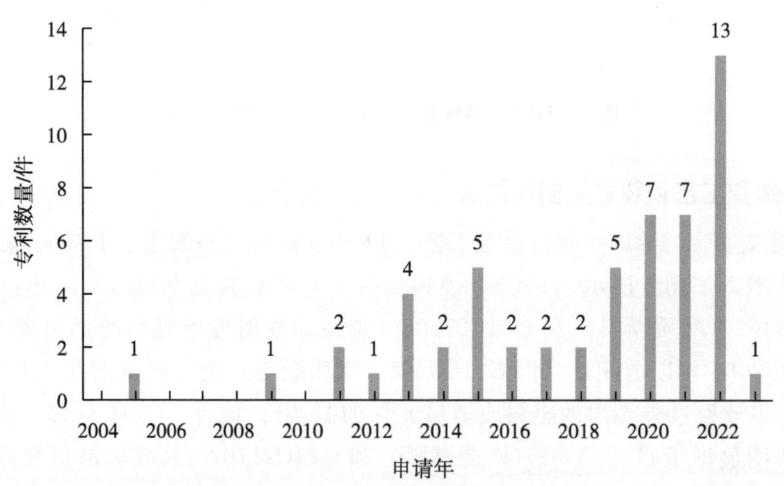

图 5 TRISO 燃料中国专利申请趋势

2.2 国内创新主体多样，专利优势明显

如图 6 所示，清华大学在华专利申请达到 22 件，处于领先地位。排名第二的是中核北方燃料元件有限公司，专利申请达到 8 件。此外，湖南大学、武汉大卉智能科技有限公司、中国核电工程有限公司、中广核、广东核电合营有限公司、西安交通大学、中国科学院、重庆大学等也有一定数量的专利布局。国内创新主体涵盖科研院所和企业，主体多样，说明国内创新主体对本土市场十分重视，技

术创新水平高，专利优势明显。

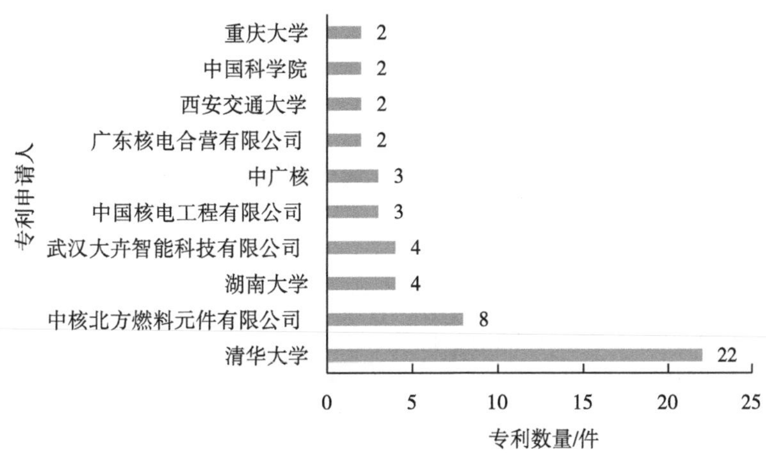

图 6　TRISO 燃料在华申请主要申请人

2.3　TRISO 燃料制备工艺和装置是创新热点

如图 7 所示，TRISO 燃料制备工艺和装置是在华专利布局的热点，根据 IPC 主分类号统计，在华专利申请主要集中在 G21C21/00（专用于制造反应堆或其部件的设备或工序）、G21C3/62（陶质燃料）和 G21C21/02（装在非放射性外壳内的燃料或增殖元件的制造）。

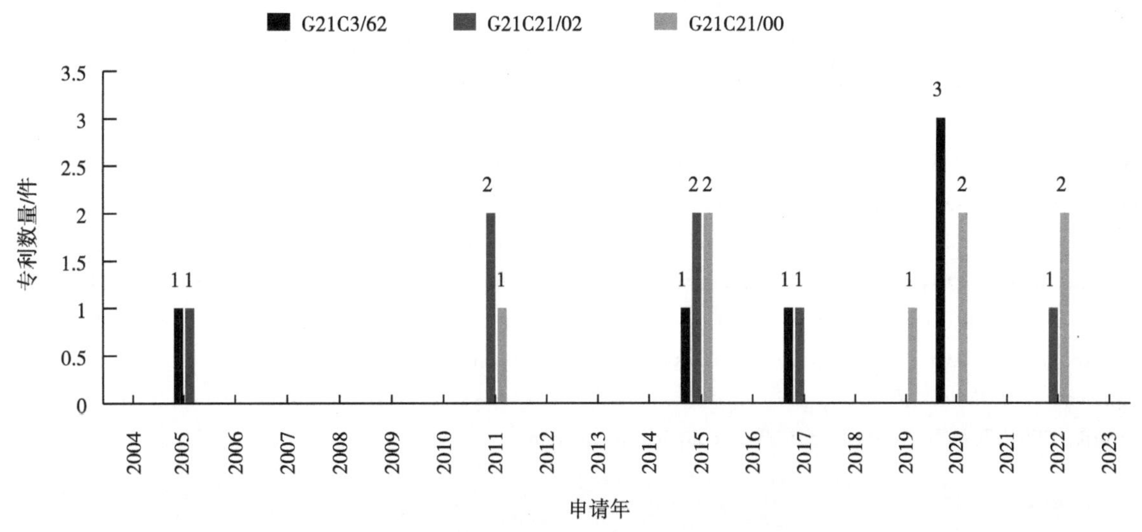

图 7　TRISO 燃料在华申请 IPC 主分类申请趋势

3　结论

TRISO 燃料原子燃料领域的创新研发活跃，全球专利申请数量仍然保持着快速增长的趋势，美、日、中是全球专利重点布局区域，原子燃料工业株式会社在技术创新和专利布局上处于领先地位，TRISO 燃料制备工艺和装置是创新主体重点关注方向。TRISO 燃料领域研发主体呈现多样化特点，既有英国原子能管理局等政府机构，也有原子燃料工业株式会社等核电龙头企业，还有清华大学等科研院所，各主体参与 TRISO 研发活跃度高，表明 TRISO 燃料领域技术处于快速发展阶段，产学研结合紧密。在华专利申请有 65%来自本国申请人，主要包括清华大学、中核北方燃料元件有限公司、湖南大学、中国核电工程有限公司、西安交通大学、中国科学院、重庆大学等，国内创新主体多样，说明国内创新主体对本土市场十分重视，技术创新水平高，专利优势明显，但海外专利布局存在明显不足，建议加强海外专利布局，为后续海外市场开拓奠定基础。

致谢

在本文的撰写过程中，收到了中核战略规划研究总院有限公司和中核霞浦核电有限公司各位同事的大力支持，并提供了很多有益的数据和资料，在此向中核战略规划研究总院有限公司和中核霞浦核电有限公司各位同事的大力帮助表示衷心的感谢。

参考文献：

［1］ 邵友林，朱钧国，杨冰，等．包覆燃料颗粒及应用［J］．原子能科学技术，2005，39（增刊1）：117－121.
［2］ 何广昌，张程．包覆燃料颗粒制备技术简述［J］．科技视界，2016，164（5）：110.

Patent competition pattern and trends in the TRISO fuel industry

HU Wei-wei[1]，XING Cheng-wen[2]，
JIANG Shui-wen[2]，ZHONG Yi[2]，WANG Dong-qing[2]

（1. China institute of nuclear industry strategy，Beijing 100142，China；
2. CNNC xiapu nuclear power Co.，Ltd.，Ningde，Fujian 355100，China）

Abstract：TRISO fuel has good ability of high temperature resistance，high burn up resistance and containing fission products. It can be used not only in High－temperature gas reactor，but also in space reactors and mobile micro thrusters for special purposes. This article conducts a search of patent literature in the TRISO fuel field，combined with research on non patent literature，to comprehensively understand and evaluate the technological development trend and global patent layout of the TRISO fuel field. It learns about the competitive situation of key applicants' technological development and the market strategic layout through patent distribution，providing research and development ideas for TRISO fuel technology innovation in China.

Key words：TRISO fuel；Patent layout；Technological innovation

高铀密度芯块专利分析

张显生，高思宇，王　洁

（中广核研究院有限公司，广东　深圳　518026）

摘　要：高铀密度芯块是近年核燃料研究领域关注的重点方向之一。基于专利文献研究，绘制了近二十年国外高铀密度芯块专利技术路线图，分析了高铀密度研发的关键技术方向、高铀密度芯块研发的初始动机、选型方案变更的可能原因，并对未来发展方向进行了预测。同时，针对国内高铀密度芯块研发，在后续研发方向布局、专利保护布局等方面提出了参考建议。

关键词：核燃料；铀密度；专利分析；技术路线图；专利布局

高铀密度芯块是指铀密度大于传统 UO_2 芯块（9.7 g/cm^3）。芯块中的铀物质是反应堆核裂变反应能量的源头，铀物质含量（铀密度）影响核燃料在反应堆内的循环长度。在同样的 ^{235}U 富集度限制下，增加芯块的铀密度是提升燃料循环长度的潜在方案。

2011年3月，日本福岛核事故后，高铀密度芯块被纳入事故容错燃料（Accident Tolerant Fuel/Advanced Technology Fuel，ATF）候选芯块方案[1]。2017年6月，西屋公司在其燃料用户组会议期间正式推出ATF解决方案——EnCore，并选定 U_3Si_2 作为其ATF高铀密度芯块方案[2]。2019年4月，包含 U_3Si_2 芯块的先导燃料棒组件（LTR/LTA）进入Exelon公司Byron核电站2号机开展商用堆辐照考验[3]。但在2019年年底，西屋公司就认为 U_3Si_2 方案不可行，并将其ATF高铀密度芯块方案变换为UN[4-5]。为什么西屋公司在ATF高铀密度芯块方案选型上会出现这种变化？高铀密度芯块研发的未来又该如何布局？这些疑问是国内核燃料行业比较关心的问题。

新的发明创造往往最先出现在专利文献中，并且许多发明创造往往只在专利文献中公开。本文基于专利文献，在分析高铀密度芯块研发背景和技术方案的基础上，编制了国外高铀密度芯块专利技术路线图，并对西屋公司高铀密度芯块研发初衷、高铀密度芯块后续重点研发方向、高铀密度芯块专利布局思路等方面进行了探讨。本文的研究可为国内ATF高铀密度芯块研发的技术攻关提供重要决策参考，并为高铀密度芯块技术研发的专利保护布局思路提供借鉴。

1　数据来源与申请态势

1.1　概念界定

UO_2 的铀密度约9.7 g/cm^3，理论上表1所示的UN、U_3Si_2、UB_2、UC、U－Mo等燃料均可作为高铀密度芯块候选方案。但在ATF概念框架下，高铀密度芯块主要关注UN、U_3Si_2 及其复合燃料（表1）。对于ATF高铀密度候选芯块，国外专利检索仅发现俄罗斯核燃料公司（TVEL）在2020年提出了U－Mo芯块制备工艺专利申请（RU2020000390）。

作者简介：张显生（1989—），男，硕士，工程师/知识产权专员，现主要从事核燃料研发设计和知识产权分析研究。

基金项目：集团科技创新战略专项课题（3100146545、3100148029）。

表1 不同燃料材料性能[6-8]

材料性能	UO_2	UN	U_3Si_2	UB_2	UC	U-Mo
铀密度/（g/cm^3）	9.7	13.5	11.3	11.7	13.0	15.5
300℃热导率/［W/（m/K）］	6.5	16.6	14.7	16.6	20.0	17.2
熔点/℃	2840	2847	1665	2385	2525	1140

1.2 检索策略

本文研究内容主要关注国外ATF高铀密度芯块专利文献，时间范围上重点关注近20年的专利文献。专利检索数据库为中广核专利检索平台（CGPat），其专利数据来自知识产权出版社，覆盖全球专利数据。检索策略上以关键词、分类号、申请人等要素进行检索，通过快速浏览说明书内容进行专利数据的筛选与标引，并结合专利动态跟踪[9]的数据进行补充。根据上述检索，建立ATF高铀密度芯块专利数据库，检索日期截至2023年5月31日。

1.3 申请态势

国外近20年的ATF高铀密度芯块专利申请有3个特点：①以西屋公司为主导，约4/5的专利由西屋公司及其合作伙伴申请；②高度重视中国市场，约1/3的专利申请有中国布局；③申请活跃情况与西屋公司密不可分，2017年西屋公司发布EnCore解决方案后开始出现申请高峰，2017年后的申请量占比超过2/3。

2 技术路线图与关键技术方向分析

通过专利文献信息解读，编制出专利技术路线图，可以发现近20年国外ATF高铀密度芯块技术研发主要集中在3个方面：①高铀密度芯块、元件设计；②高铀密度芯块制备工艺；③高铀密度芯块防水腐蚀改进（图1）。

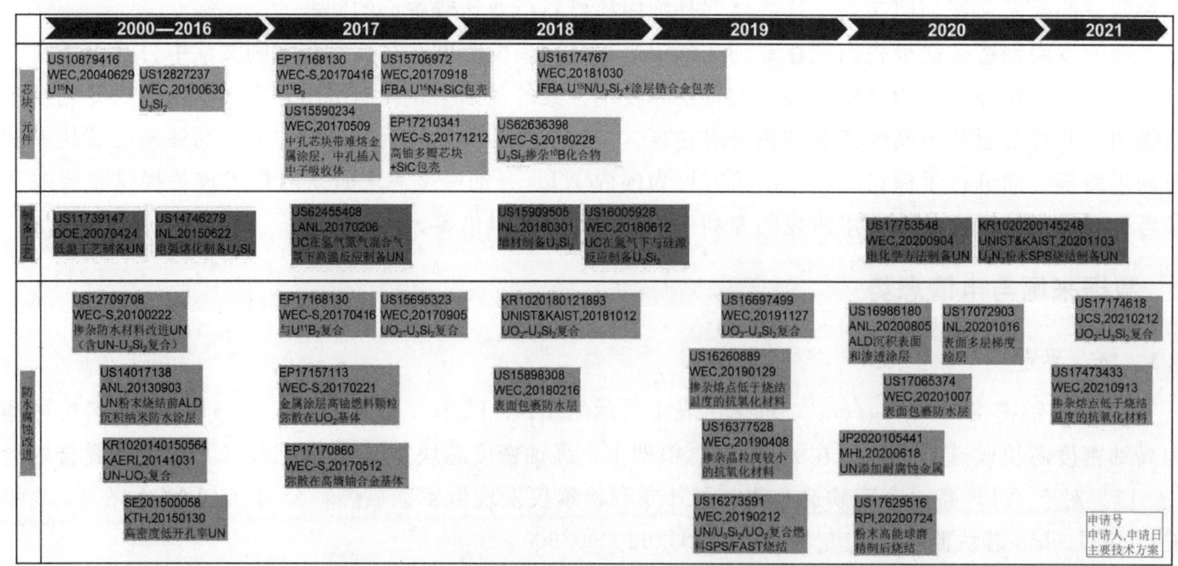

图1 近20年国外ATF高铀密度芯块专利技术路线

ALD—原子层沉积；ANL—阿贡国家实验室；DOE—美国能源部；FAST—场辅助烧结技术；
IFBA—一体化可燃毒物；INL—爱达荷国家实验室；KAERI—韩国原子能研究院；KAIST—韩国科学技术学院；
KTH—瑞典皇家理工学院；LANL—洛斯阿拉莫斯国家实验室；MHI—日本三菱重工；RPI—伦斯勒理工学院；
SPS—放电等离子体火花烧结；UCS—加州大学；UNIST—韩国蔚山科学技术学院；WEC—西屋公司；WEC-S—西屋瑞典公司

2.1 高铀密度芯块、元件设计

2.1.1 高铀密度芯块设计

西屋公司在 2004 年、2010 年和 2017 年分别提出了 $U^{15}N$（US10879416）、U_3Si_2（US12827237）、$U^{11}B_2$（EP17168130）等适用于轻水堆应用场景的 ATF 高铀密度芯块专利申请。为适应长燃料循环需要，西屋公司在 2017 年和 2018 年又先后提出了中孔内置中子吸收体的中孔高铀密度芯块（US15590234）及掺杂富集^{10}B化合物的 U_3Si_2 芯块（US62636398）等带可燃毒物 ATF 高铀密度芯块设计方案。前者在芯块内表面涂敷有难熔金属涂层以提升中子吸收体与燃料材料之间的相容性。

2.1.2 高铀密度芯块燃料元件设计

西屋公司在 2017 年和 2018 年分别布局了带一体化可燃毒物（IFBA）的 $U^{15}N$ 芯块＋SiC 复合材料包壳组合（US15706972）及 IFBA $U^{15}N/U_3Si_2$ 芯块＋涂层锆合金包壳组合（US16174767）等 ATF 燃料元件设计方案。为减少 SiC 复合材料包壳燃料元件芯块包壳相互作用（PCI）失效的风险，西屋公司进一步提出了带有如图 2 所示的高铀密度多瓣组合芯块的 SiC 燃料元件设计方案（EP17210341）。多瓣组合芯块由多个与包壳紧密接触的外圆形芯块瓣形成中部为空腔的组合体，中部空腔可吸收芯块瓣的热膨胀与辐照肿胀等变形。

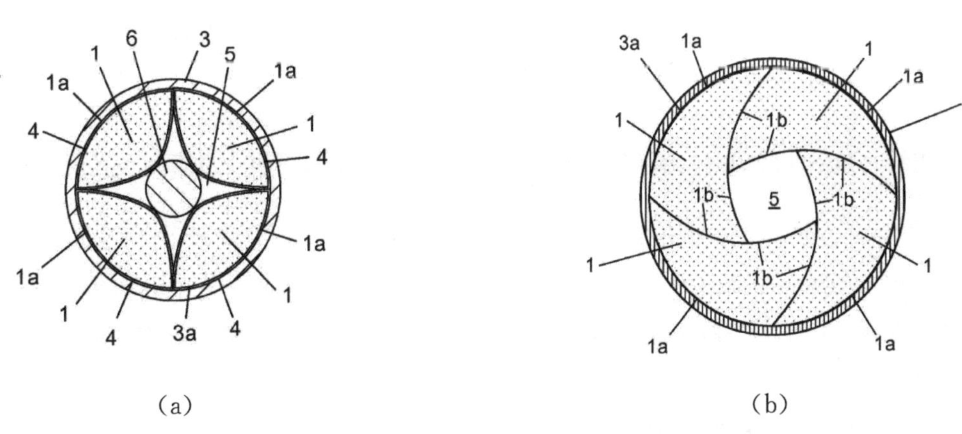

图 2 EP3503119B1 中的多瓣组合芯块设计

1—芯块瓣；1a—芯块瓣外表面；1b—芯块瓣内表面；3—包壳；3a—包壳内表面；
4—芯块瓣外表面涂层；5—中部空腔；6—定位元件

2.2 高铀密度芯块制备工艺

美国国家实验室在高铀密度芯块制备方面布局了 UN 的低温工艺制备（US11739147）、电弧熔化制备 U_3Si_2（US14746279）、UC 在氢气-氮气混合气氛下高温反应制备 UN（US62455408）、增材制备 U_3Si_2（US15653258、US15909505）等专利申请。西屋公司在高铀密度芯块制备工艺方面也布局了 UC 在氢气气氛下与硅源物质（硅烷、卤化硅、硅氧烷等）反应制备 U_3Si_2（US16005928）和电化学方法制备 UN（US17753548）等专利申请。美国之外，韩国相关研究机构也提出 U_2N_3 粉末 SPS 烧结制备 UN（KR1020200145248）的专利申请。

2.3 高铀密度芯块防水腐蚀改进

国外有 3/5 左右的高铀密度芯块专利申请与防水腐蚀改进相关，主要防水腐蚀改进方案包括：掺杂、复合、表面涂层和致密化。

2.3.1 掺杂

所谓掺杂是指在芯块制备混粉步骤中加入耐水腐蚀物（US12709708、US16260889、US16377528、

US17473433、JP2020105441)，或者对高铀密度燃料颗粒进行耐水腐蚀物包覆后再混粉进行烧结(US14017138)。

2.3.2 复合

所谓复合是指将高铀密度燃料复合在耐水腐蚀含铀物质基体中。基于 UO_2 芯块有可以接受的耐水腐蚀性能，一种显而易见的想法就是将高铀密度燃料复合在 UO_2 基体中（KR1020140150564、US15695323、KR1020180121893、US16697499、US17174618)。其他布局还包括将带有耐腐蚀金属涂层的高铀燃料颗粒弥散在 UO_2 基体（EP17157113)、将高铀密度燃料颗粒弥散在高熵铀合金基体中（EP17170860)、将高铀密度燃料与 $U^{11}B_2$ 复合（EP17168130)。早期，西屋公司甚至还考虑 UN 与 U_3Si_2 复合以改善 UN 芯块的耐水腐蚀性能（US12709708)。

2.3.3 表面涂层

基于一体化可燃毒物芯块（IFBA）的设计与制备经验，西屋公司率先提出了在高铀密度芯块表面涂覆耐水腐蚀涂层的设计（US15898308、US17065374)。美国阿贡国家实验室（ANL）和爱达荷国家实验室（INL）也开展了这方面的跟进研究，分别布局了原子层沉积工艺（ALD）制备表面涂层(US16986180）及多层梯度表面涂层设计（US17072903)。

2.3.4 致密化

这种思路认为提高高铀密度芯块的致密度，减少开口孔可以减少芯块的水腐蚀[10-11]。最早由瑞典皇家理工学院在 2015 年布局了高密度低开孔率的 UN 芯块（SE201500058）专利申请。尔后，西屋公司在 2019 年布局了 SPS/FAST 烧结（US16273591)，伦斯勒理工学院在 2020 年布局了粉末高能球磨精制后烧结（US17629516)，希望通过这些方式提高高铀密度芯块致密度。

3 分析与讨论

专利布局具有目的性、前瞻性、针对性、体系性和策略性等特点[12]。分析专利布局策略及专利申请的技术演变，可以正面了解国外高铀密度芯块研发的初衷、选型方案变更的原因，并对后续重点研发方向做出预测。

3.1 西屋公司高铀密度芯块研发初衷

ATF 概念提出于 2011 年，但西屋公司在 2004 年和 2010 年就分别布局了 $U^{15}N$ 和 U_3Si_2 芯块专利申请，可见高铀密度芯块一开始的研究目标并不是为了事故容错。阅读相关专利申请的公开文件(US20050286676A1、US20120002777A1）可知，西屋公司认为高铀密度芯块具有降低燃料富集需要，支持功率升级，延长燃料循环长度，减少换料组件数量，减少乏燃料体积等优势，从而提升反应堆的经济性。实际上，提升 UO_2 芯块的 ^{235}U 丰度也能实现相同的效果，但西屋公司早期考虑到铀浓缩成本会随着 ^{235}U 丰度的增加而非线性增加（将 ^{235}U 丰度从 4%富集到 5%花费的成本将增长 25%)，并且监管当局许可批准的燃料加工设施往往限制 ^{235}U 丰度低于 5%等原因而提出了高铀密度芯块方案。ATF 概念提出后，为抵消部分 ATF 包壳候选方案中子惩罚方面的不利影响，$U^{15}N$、U_3Si_2 等因具有铀密度高和热导率高等优势而被纳入 ATF 芯块候选方案。

3.2 高铀密度芯块选型方案变更原因

西屋公司高铀密度芯块选型上的开放态度表明轻水堆高铀密度芯块研发存在较大的不确定性。2017 年 6 月，在发布 EnCore 解决方案选定 U_3Si_2 作为其高铀密度芯块选型的前两个月，西屋公司还布局了 $U^{11}B_2$ 芯块（EP17168130）作为备选方案。而在 2019 年年底，西屋高铀密度芯块选型则直接从 U_3Si_2 变更为 $U^{15}N$。从专利申请的公开文件上看，选型方案变更的背后至少有如下两点原因。

(1) 早期对 U_3Si_2 芯块的水腐蚀性能认识不足

对于 UN 芯块耐水腐蚀能力不足，西屋公司很早就有认识。早在 2010 年年初，西屋公司就提交了添加耐水腐蚀物掺杂改进的 UN 芯块专利申请（US12709708）。在 US12709708 的技术方案中，西屋公司的耐水腐蚀掺杂物甚至还包括 U_3Si_2，可见当时认为 U_3Si_2 的防水腐蚀能力是可以接受的。而在 2017 年 3 月递交的临时申请中（US62472659），西屋公司就已经认识到 U_3Si_2 芯块在 360℃以上会存在过量氧化的问题。在 2017 年 9 月提交的专利申请中（US20190074095A1），西屋公司则明确指出 U_3Si_2 芯块仅在 300 ℃以下具有与 UO_2 芯块相似的耐水腐蚀能力，在温度上升后 U_3Si_2 芯块晶界将遭受水和水蒸气的优先攻击而导致性能恶化。当温度超过 360℃时，U_3Si_2 芯块将在非常短的时间内被过量氧化。当温度达到 450℃时，U_3Si_2 芯块将在非常短的时间内被完全氧化。

（2）U_3Si_2 芯块因熔点较低瞬态下存在熔化风险

西屋公司远期革新型 ATF 包壳候选方案为 SiC 复合材料包壳[2]。在 ATF 燃料元件设计相关专利申请（US15706972）中指出，U_3Si_2 不适宜作为与 SiC 复合材料包壳相配合的芯块方案。原因在于，为预防 PCI 失效，SiC 复合材料包壳燃料元件需设置较大的芯块包壳间隙，间隙大导致芯块服役温度高，而 U_3Si_2 熔点较低，在瞬态工况下 U_3Si_2 可能会熔化。

3.3 高铀密度芯块后续重点研发方向

（1）ATF 高铀密度芯块的防水腐蚀改进

国外有 3/5 左右的高铀密度芯块专利申请与防水腐蚀改进相关，尤其是近几年的专利申请主要围绕防水腐蚀改进而展开。可见，防水腐蚀改进是 ATF 高铀密度芯块后续研发的重点方向，也是决定其是否深入研发前需要突破的关键技术挑战。

（2）高铀密度芯块的规模化低成本制备

高铀密度芯块制备方法受到国内核燃料界的密切关注[13-16]。如何像 UO_2 芯块一样，规模化低成本的商业化制备，依然是高铀密度芯块研发的重点方向。从专利申请看，国际上西屋公司及其合作伙伴开展了电化学、增材制造、高温反应等高铀密度芯块制备方法探索，但这些技术还远未成熟。

3.4 国外高铀密度芯块专利布局策略

（1）公司主导的以产品开发为中心的专利布局

西屋公司及其合作伙伴在高铀密度芯块专利布局上占据主导地位（专利申请约占总量的 4/5）。西屋公司的高铀密度芯块研发布局引导了美国国家实验室、大学等机构相关的基础研究及相应的专利布局，他们的专利申请共同构成了美国的高铀密度专利网。

西屋公司的专利申请一直围绕着产品开发展开。在推出 EnCore 解决方案前，西屋公司已经完成了高铀密度芯块的基础专利布局，并在制备工艺和防水腐蚀改进等关键技术方面进行了布局申请。EnCore 解决方案发布后，围绕防水腐蚀改进这个关键技术挑战出现专利申请高峰。高铀密度芯块选型方案变更后进一步加强了 UN 相关的制备工艺和防水腐蚀改进等关键技术的专利申请布局。同时，在 U_3Si_2 方向专利布局出现多起未获得授权或主动放弃的情况（表 2）。

表 2　西屋及合作伙伴 U_3Si_2 专利申请未授权或主动放弃情况

技术方案	专利申请历程	专利申请现状
电弧熔化方法制备 U_3Si_2 芯块	2015.06.22，INL 递交正式申请 US14746279 2016.12.22，首次公开 US20160372221A1 2018.10.23，授权公告 US10109381B2	未缴年费失效 （专利权截至 2022.10.23）
U_3Si_2 燃料颗粒表面氧化反应形成 UO_2 层后烧结成 $U_3Si_2-UO_2$ 复合芯块	2017.09.05，WEC 递交正式申请 US15695323 2019.03.07，首次公开 US20190074095A1 2019.11.27，WEC 递交分案申请 US16697499 2020.04.09，分案申请首次公开 US20200111584A1	均未获得授权

续表

技术方案	专利申请历程	专利申请现状
燃料元件设计：IFBA $U^{15}N/U_3Si_2$＋涂层锆合金包壳	2017.10.31，WEC递交临时申请US62579340 2018.10.30，递交正式申请US16174767 2019.05.09，首次公开US20190139654A1	未获得授权
U_3Si_2掺杂^{10}B化合物	2018.02.28，WEC-S递交临时申请US62636398 2018.06.11，递交国际申请WOEP18065345 2019.09.06，国际申请公开WO2019166111A1	未获得授权 （PCT申请有效期满，未进入国家布局）

近二十年来，西屋公司围绕高铀密度芯块设计、制备工艺、元件设计、防水腐蚀改进等进行了持续的递进式组合布局，重要技术则在欧美日韩中等五大局进行布局申请。除了ATF高铀密度芯块研发技术上的不确定性风险之外，西屋公司这种强大的专利保护网，也是其他竞争对手进入ATF高铀密度芯块研发领域的顾虑。

(2) 合理利用专利制度争取最佳保护效果

美国专利制度中的临时申请（Provisional Application）可以提供一年期的优先权，一年期内申请人可以视情况决定是否提交正式申请（Utility Application）。进一步地，申请人可以正式申请为母案（Basic Application）递交后续申请。常见的后续申请包括分案申请（Divisional Application）、续案申请（Continuation Application）和部分续案申请（Continuation-in-part Application），3种后续申请方式的对比如表3所示。

表3 美国专利申请分案、续案和部分续案的比较

项目	分案申请	续案申请	部分续案申请
权利要求	从母案分割出来的发明点	根据母案披露的内容提出，可以是母案权利要求中未出现的或重叠的发明点	可以增加母案中未披露的新发明点
说明书	不超过母案公开范围	不超过母案公开范围	包括新增内容
递交时机	在母案申请授权、放弃或者申请程序终结之前		
申请日	与母案申请日相同	与母案申请日相同	新增部分与母案申请日不同
专利保护期限	与母案起算日相同		
发明人	母案发明人的一部分或全部	母案发明人的一部分或全部	可以是母案发明人的一部分或全部，也可以进一步包含新的发明人

注：该表整理来源于中国（深圳）知识产权保护中心。

西屋公司灵活利用了临时申请、分案申请和部分续案申请等制度，通过临时申请抢占优先权，再根据专利布局策略、竞争对手状态及技术研发进展等因素视情况提交后续申请，以此获得最大的保护范围和最佳保护效果（表4）。同时，西屋公司在专利申请文件的撰写上，尽可能多地考虑候选方案或者将最优方案埋藏在一堆候选方案中，最大化增加了竞争对手模仿的难度。典型的代表如表面涂层防水腐蚀改进方向专利申请（US62472659），西屋公司的耐水腐蚀层材料选择自$ZrSiO_4$、FeCrAl、Cr、Zr、CrAl、ZrO_2、CeO_2、TiO_2、SiO_2、UO_2、ZrB_2、$Na_2O-B_2O_3-SiO_2-Al_2O_3$、$Al_2O_3$、$Cr_2O_3$、SiC等候选材料之中的一种或多种。

表 4　西屋公司高铀密度芯块临时申请、分案申请和部分续案申请案例

技术方案	临时申请	正式申请	分案申请	部分续案申请
UO_2 - U_3Si_2 复合，UO_2 通过 U_3Si_2 颗粒表面氧化反应形成		US15695323 (2017.09.05)	US16697499 (2019.11.27) 独立权利要求中直接将 U_3Si_2 颗粒表面的 UO_2 重量百分比限制在不超过 30%	
表面防水涂层	US62472659 (2017.03.17)	US15898308 (2018.02.16) 芯块对象主要指的是 U_3Si_2		US17065374 (2020.10.07) 将 $U^{15}N$ 囊括进去，并扩充了制备工艺选择
掺杂耐水腐蚀物，烧结温度高于掺杂物熔点	US62623621 (2018.01.30) US62655421 (2018.04.10)	US16260889 (2019.01.29)	US17473433 (2021.09.13) 将制备方法保护专利扩充到产品保护专利	

4　建议

（1）高铀密度芯块研发应与非轻水堆应用场景相结合

ATF 研发的目标在于促进轻水堆的可持续发展，并为先进反应堆开发赋能。2015 年 10 月，西屋公司宣布进军第四代核能系统“铅冷快堆”开发，并提议燃料可能采用 ATF[17]。2017 年 9 月，西屋公司提出基于 UN 芯块和 SiC 复合材料包壳的耐高温燃料元件设计（US15706972），其专利标题和技术领域直接写明适用场景为轻水堆和铅冷快堆。目前，西屋高铀密度芯块重点研发方向已转向 UN，其背后原因可能也综合考虑了铅冷快堆等非轻水堆堆型开发的需要。

我国核燃料研发专家也指出，UN 具有铀密度高、熔点高、热导率高、热膨胀系数低、辐照稳定性好、裂变气体释放率低、与液态金属冷却剂相容性好、中子谱硬等优点，是空间核电源、核火箭、液态金属冷却快堆的重要候选燃料[13]。

因此，建议结合非轻水堆应用场景的需要，以 UN 作为高铀密度芯块研发的首选方向，近期重点开展其低成本规模化制备工艺研究，并开展性能测试积累 UN 芯块的性能数据，不断完善 UN 芯块燃料性能分析模型。其他候选方向则只开展一定的基础研究，作为技术储备和人才培养的渠道。

（2）轻水堆应用场景以 UN - X - UO_2 复合燃料作为重点方向开展探索研究

不考虑专利申请公开的延迟，抛去分案和部分续案申请，目前的专利检索数据认为：2019 年后，西屋公司在高铀密度芯块防水腐蚀改进方向再未提出新的技术方案。而表面涂层可能会因为芯块服役时的开裂而失效。掺杂并不能彻底解决耐氧化性差的问题（西屋公司 2010 年就针对 UN 芯块提出了掺杂耐水腐蚀物改进的专利申请 US12709708，但防水腐蚀依然是当前选型的重大挑战）。芯块内的孔隙本身也是裂变气体储存场所，一味提高致密度并不能彻底解决问题且可能导致芯块综合性能变差（2015 年提出的高密度低开孔率 UN 芯块专利申请直接被放弃未获得授权）。而掺杂、复合等防水腐蚀改进方式无疑又会降低芯块铀密度，影响高铀密度芯块最初的吸引力。

目前，增加 UO_2 芯块 ^{235}U 丰度也成为提升轻水堆燃料循环的潜在方案。美国等国家正在对核燃料加工制造设施进行升级（超越 5% 丰度限制），以制造适用于轻水堆应用场景的 5%～10% 丰度低浓铀燃料（LEU^+）和适用于先进堆应用场景的 10%～20% 高丰度低浓铀燃料（HALEU），并希望通过军民融合等措施降低丰度提升的制造成本。高铀密度芯块研发初始动机中，为规避昂贵的丰度提升和燃料制造设施丰度限制等障碍正在逐步被解决。

UO_2 芯块有 60 多年的应用历史，积累了丰富的性能数据和分析模型，有着强烈的市场锚定效应。在轻水堆应用场景下，UO_2 芯块的改进仍是重点。建议以 UO_2 为基体，以 UN - X - UO_2 复合燃料为方向，探索轻水堆高铀密度芯块研发。X 指的是选择耐水腐蚀物对高铀燃料颗粒进行包覆并解决 UN 和 UO_2 两者之间的相容性问题（如热膨胀匹配、辐照肿胀匹配等）。

（3）提升自主高铀密度芯块技术的专利保护水平

我国核领域专利布局水平与西屋公司等国际巨头相比，还有较大差距[18]。建议加强对西屋公司高铀密度芯块专利布局策略的案例研究，建立企业主导的以产品开发为中心的专利布局网络，通过企业的产品研发布局，带动国内科研院所和大学的相关研究及相应的专利布局。通过芯块设计、元件设计、制备工艺、关键技术挑战攻关等持续开展自主高铀密度芯块的专利布局。建立专利申请分类分级评价制度，对关键技术加强国外专利布局，并通过专利制度的合理利用，尽可能获得最佳的专利保护效果。同时，加强前瞻性技术研究，以抢占未来技术的基础专利。

参考文献：

[1] 张显生，刘彤，薛佳祥，等．事故容错燃料研发相关政策分析［J］．核安全，2018，17（4）：75－81.

[2] WESTINGHOUSE ELECTRIC COMPANY LLC. Westinghouse debuts EnCoreTM，accident tolerant fuel solution［EB/OL］．（2017－06－13）［2017－06－15］．http：//www. westinghousenuclear. com/About/News/View/WESTINGHOUSE－DEBUTS－ENCORE－ACCIDENT－TOLERANT－FUEL－SOLUTION.

[3] WESTINGHOUSE ELECTRIC COMPANY LLC. Westinghouse's EnCore fuel inserted in Exelon generation's Byron unit2［EB/OL］．（2019－09－05）［2019－09－12］．http：//www. westinghousenuclear. com/about/news/view/westinghouse－s－encore－fuel－inserted－in－exelon－generation－s－byron－unit－2.

[4] IDAHO NATIONAL LABORATORY. Advanced fuels campaign 2019 accomplishments［R］．INL/EXT 19－56259，2019.

[5] U. S. NUCLEAR REGULATORY COMMISSION. Longer term accident tolerant fuel technologies［EB/OL］．（2023－02－09）［2023－03－07］．https：//www. nrc. gov/reactors/power/atf/longer－term. html.

[6] WATKINS J K，WAGNER A R，GONZALES A，et al. Challenges and opportunities to alloyed and composite fuel architectures to mitigate high uranium density fuel oxidation：Uranium diboride and uranium carbide［J］．Journal of nuclear materials，2021，553：153048.

[7] HANGBOK C. Evaluation of carbide fuel property and model using measurement data from early experiments［J］. Nuclear technology，2018，204：283－298.

[8] JEFFREY R，SOO K Y，GERARD H L，et al. U－Mo fuels handbook，version1. 0［R］．ANL，2006.

[9] 张显生，余必军，王伟宁，等．微信小程序在专利信息检索与跟踪中的应用［J］．中国发明与专利，2022，19（2）：60－69.

[10] PERTTI M. The manufacturing of uranium nitride for possible use in light water reactors［D］．Stockholm：KTH Royal Institute of Technology，2015.

[11] MIKAEL J，PERTTI M，KYLE J，et al. Uranium nitride fuels in superheated steam［J］．Journal of nuclear science and technology，2017，54（5）：513－519.

[12] 马天旗．专利布局［M］．北京：知识产权出版社，2016：2－7.

[13] 尹邦跃，屈哲昊．热压烧结 UN 陶瓷芯块的性能［J］．原子能科学技术，2014，48（10）：1850－1855.

[14] 张翔，刘桂良，刘云明，等．U_3Si_2 燃料芯块的制备与显微组织研究［J］．核动力工程，2019，40（1）：56－59.

[15] 李宗书，邵宗义，刘文涛，等．氮化铀燃料粉末及芯块制备技术研究［J］．原子能科学技术，2021，55（增刊2）：276－281.

[16] 陆永洪，邱绍宇，贾代坤，等．真空烧结 U_3Si_2 燃料芯块的微观组织与导热性能［J］．粉末冶金材料科学与工程，2022，27（4）：436－441.

[17] WORLD NUCLEAR NEWS. Westinghouse proposes LFR project［EB/OL］．（2015－10－18）［2023－06－27］．https：//www. world－nuclear－news. org/Articles/Westinghouse－proposes－LFR－project.

[18] 余必军，王伟宁，张显生，等．中国专利奖行业获奖状况分析及发展对策研究：以核领域为例［J］．中国发明与专利，2023，20（2）：55－61.

Patent analysis of high uranium density pellets

ZHANG Xian-sheng, GAO Si-yu, WANG Jie

(China Nuclear Power Technology Research Institute Co., Ltd., Shenzhen, Guangdong 518026, China)

Abstract: High uranium density pellet is one of the main/major directions in the field of nuclear fuel research in recent years. Based on the research of patent literatures, the patent technology roadmap of foreign high - uranium density pellet in the past two decades is drawn, the key technical directions and the initial motivation of high - uranium density pellet and the possible reasons for the change of the type - selection scheme are analyzed, and the development direction future is also predicted. At the same time, reference suggestions are put forward on the follow - up research and development (R&D) directions and patent layouts regarding the R&D of domestic high uranium density pellet.

Key words: Nuclear fuel; Uranium density; Patent analysis; Technology roadmap; Patent portfolio planning

基于专利地图识别的抗辐射加固技术创新路径研究

陈晓菲，王会静，苏　然，钟昊良，高安娜

（中核战略规划研究总院，北京　100048）

摘　要： 空间辐射效应是影响在轨航天器安全运行的重要因素之一，辐射效应模拟是航天工程中不可或缺的重要环节。本文基于定量和定性分析相结合的专利地图识别方法，研究了抗辐射加固技术领域全球专利竞争现状和未来发展趋势。基于专利布局国家分布、技术领域、主要创新主体等多维度分析，本文深入研究了国内外关于抗辐射加固技术的专利竞争格局。本文的研究揭示了美国霍尼韦尔是全球专利数量最多的创新主体，专利技术方案覆盖了元器件抗辐射加固、集成电路抗辐射加固、软件加固、系统加固、抗辐射材料、评估测试等技术方向，布局技术领域最全。通过专利技术功效矩阵、专利技术发展路线等专利地图识别研究，揭示了纳米半导体器件的辐射加固方法、低剂量增强效应的加固方法、抗辐射复合材料是未来研发重点。本文的研究成果为我国航天器抗辐射加固关键技术攻关和技术创新路线论证提供重要支撑。

关键词： 抗辐射加固；专利；知识产权

航天器长期工作在空间辐射环境中，空间粒子会引起单粒子效应（Single Event Effects，SEE）、总剂量效应（Total Ionizing Dose Effects，TID）、位移损伤效应（Displacement Damage Effects，DDE）、充放电效应（Charge-Discharge Effect）、低剂量率损伤增强效应（Enhanced Low Dose Rate Sensitivity，ELDRS）、瞬时剂量率效应（Transient Dose Rate Effect，TDRE）等，导致其性能下降甚至失效[1-3]。抗辐射性能是影响在轨航天器安全运行的重要因素之一，因此抗辐射加固是航天工程中不可或缺的重要环节，是满足航天器高可靠性、长寿命、小型化发展要求必须要掌握的技术[4-7]。

专利是排他性权利，只授予新颖和创造性的发明。因此，专利是知识的重要来源（与技术和商业信息相结合），并提供了与相关技术发展现状和方向有关的重要指示信息。本文分析了全球已发表的与抗辐射加固有关的专利，通过从另一个角度分析专利，显著增强了对相关技术先进发展的理解。这些结果将有助于与抗辐射加固的未来相关的决策。

1　方法

本研究检索了包括来自全球116个国家和地区的1.35亿项专利的本领域专利数据。检索日期为申请日期在1970年1月1日至2022年5月1日的全球专利。去除同族专利后，相关专利共计2844件。

2　讨论与结果

2.1　全球专利概况

抗辐射加固领域全球专利概况如表1所示。其中，截至2022年5月，全球专利总量共2844件，主要申请人包括霍尼韦尔国际公司（320件）、赛灵思（174件）、国际商业机器公司（168件）、ARM有限公司（73件）、BAE（70件）。前10位申请人的申请量占总申请量的25%。

作者简介： 陈晓菲（1991—），女，副研究员，主要从事核领域知识产权研究。

表 1　全球专利概况

总申请量/件	2844		
时间范围	1970—2022 年 5 月		
主要申请人（专利数量及占比）	霍尼韦尔国际公司	320	11%
	赛灵思	174	6%
	国际商业机器公司	168	6%
	ARM 有限公司	73	3%
	BAE	70	2%
技术集中度	前 10 位申请人的申请量占总申请量的 25%		

2.2　全球专利目的地分布

抗辐射加固领域全球专利主要目的地分布如图 1 所示。美国、中国大陆分别以 981 件、864 件专利位居前 2 位，是全球专利技术竞争最激烈的两大地域，美、中两地汇聚了 65% 的全球相关专利。同时，全球申请人在欧洲专利局、日本、世界知识产权组织也分别布局了超过 200 件相关专利。此外，法国、中国台湾、德国、英国、澳大利亚也有一定数量专利申请，是申请人较为关注的专利布局目的地。

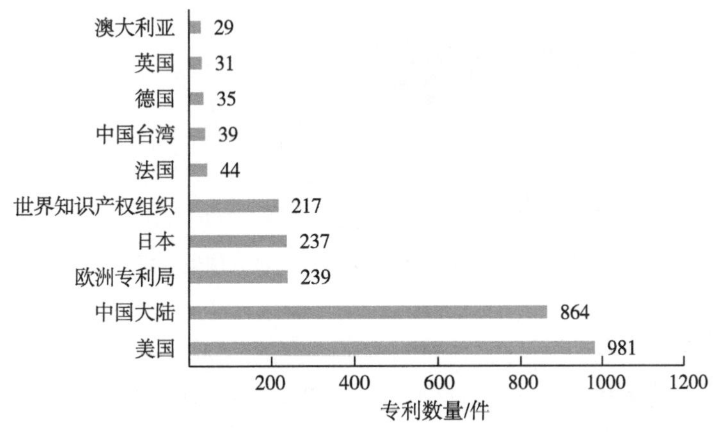

图 1　抗辐射加固领域全球专利主要目的地分布

2.3　全球专利技术来源地

抗辐射加固领域全球专利主要技术来源地分布如图 2 所示。美国相关创新主体共申请了 1526 件相关专利，位居首位，充分体现了美国在抗辐射加固领域技术实力雄厚，经验丰富。中国相关创新主体共申请了 837 件专利，位居第二，比美国少 45%。美、中两地申请的专利占全部专利总量的 83%，反映了抗辐射加固具有技术高度集中的特点，这与美、中两国近年来大力发展航天科技有关。

主要技术来源地中，日本以 225 件专利排名第三，与日本雄厚的电子工业产业链有关。另外法国、英国、意大利、韩国、德国、俄罗斯、印度也有不同数量的专利申请。俄罗斯由于本国专利制度的限制，公开的专利数量极为有限。

2.4　技术构成

抗辐射加固领域全球专利技术分布如图 3 所示，集成电路抗辐射加固的相关专利数量最多，达 1035 件，占比 36%。其次是各种晶体管等元器件抗辐射加固专利，共有 943 件，占比 33 件。关于抗辐射评估测试相关技术共申请了 357 件，占比 33%。通过纠检错算法、信息定时刷新等软件设计手

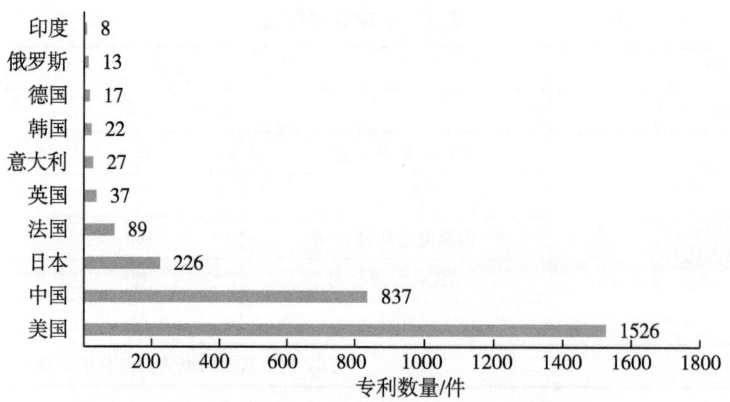

图 2　抗辐射加固领域全球专利主要技术来源地分布

段实现抗辐射加固目的有 248 件专利申请，占比 9%。针对航天器系统级别抗辐射加固技术有 161 件专利，占比 6%，另外还有 87 件抗辐射材料类专利，占比 3%。

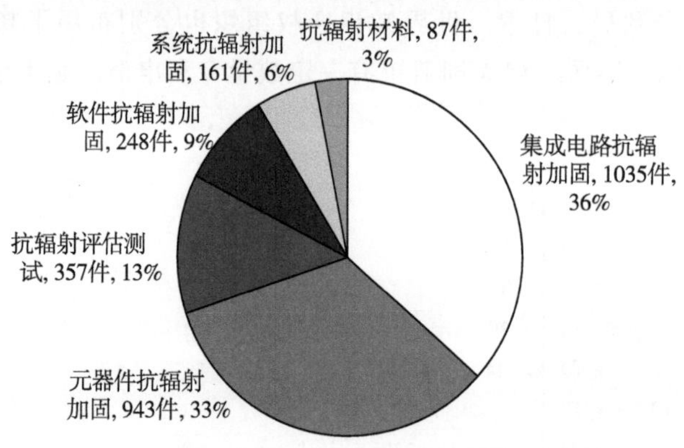

图 3　抗辐射加固领域全球专利技术领域分布

2.5　主要申请人及其技术分支

抗辐射加固领域全球主要申请人的专利技术分布如图 4 所示，五大申请人中只有美国霍尼韦尔在所有技术领域均有布局，展示了全面的技术储备。另外，美国相关申请人专利布局更加聚焦在元器件抗辐射加固和集成电路抗辐射加固领域，并且在软件加固和系统加固也有一定布局。莫诺利特斯 3D 有限公司主要经营抗辐射 3D 半导体元器件的研发和制备，因此其专利布局集中在元器件抗辐射加固领域。英国 ARM 公司是专门从事基于 RISC 技术芯片设计开发的公司，故其在集成电路抗辐射加固及软件抗辐射加固领域掌握一定知识产权资源。英国 BAE 公司在评估测试以外的五大技术领域均有涉及。

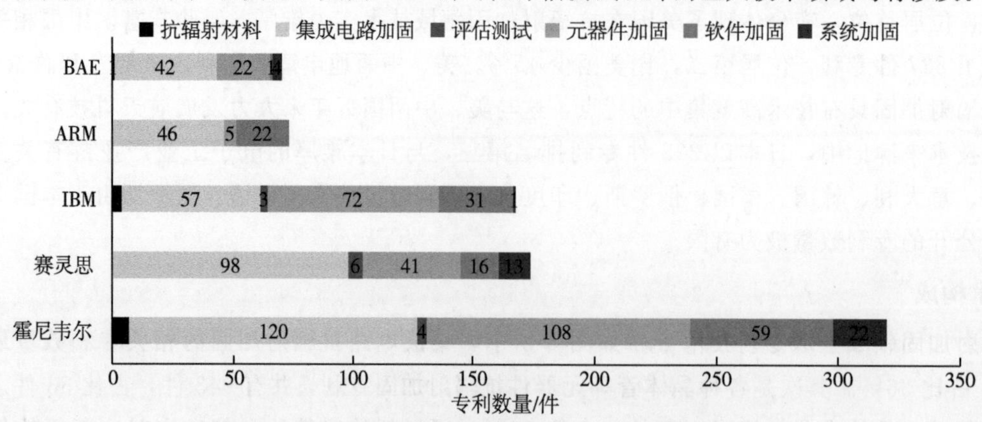

图 4　抗辐射加固领域全球主要申请人技术构成

2.6 技术功效

本文进一步分析了重点专利文献的技术方案及对应技术效果，结果如图 5 所示。

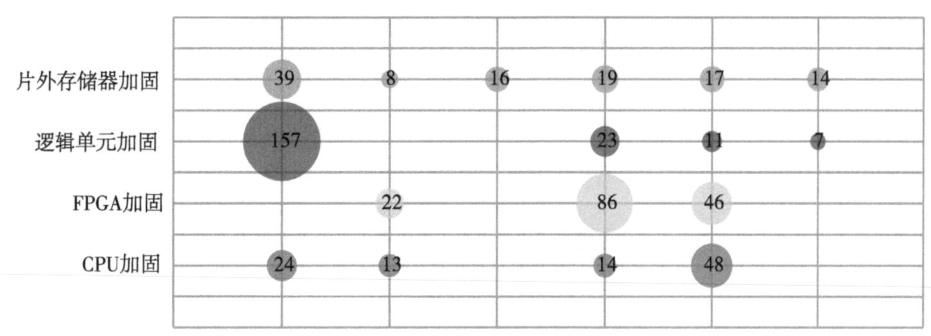

图 5 重点专利技术功效矩阵分析

针对片外存储器加固，目前布局的专利更多采用逻辑单元电路设计的方式。针对逻辑单元加固，全球专利布局聚焦在逻辑单元电路设计，重配置、双模冗余仍然是空白布局点。FPGA 加固领域，专利技术方案采用三模冗余为主，专利技术方案中没有涉及逻辑单元电路设计、双模冗余、ECC 编码。CPU 加固方面，纠错检错、逻辑单元电路设计是主要的加固方法，专利技术方案没有涉及双模冗余、ECC 编码。

2.7 技术路线发展

如表 2 所示，20 世纪 70 年代，随着科学家对半导体材料中中子产生的位移损伤以及 γ 射线产生的瞬态电离效应的理解逐渐加强，出现了针对 MOS 器件、缓冲放大器、前置放大器等元器件的抗辐射加固专利。以美国 US3862930A 专利为代表，通过降低栅极电介质中钠和钾等碱金属元素的含量，设计并制备了经过辐射加固设计的 CMOS 器件。进入 20 世纪 80 年代后，IBM 等主要从事半导体开发设计公司开始研发针对能够抗电离辐射的半导体器件。以 IBM 公司的 EP0066065B1 专利为代表，通过具有高浓度且与半导体衬底相反类型杂质的埋栅，设计了一种耐辐射半导体器件。同期，得州仪器等申请人对存储器单元进行了抗单粒子翻转的专利布局。进入 20 世纪 90 年代后，抗辐射集成电路及微米芯片技术取得进展。以美国能源部专利 US5672918A 为例，通过规避等途径，提供了保护微电子电路免受由于单事件闭锁和瞬态辐射效应引起的电流闭锁和烧坏的技术。20 世纪 90 年代末期，通用动力信息系统公司申请了一系列计算机系统的抗辐射加固专利。EP0972244A4 中，通过容错设计，使得计算机系统检测并纠正单粒子翻转和其他随机故障。2000 年后，随着技术研发主体更加多样，抗辐射加固的技术发展更加多元化，专利申请迅速增加。2000—2010 年，赛灵思公司针对 FPGA 进行了一系列抗辐射加固设计，并申请了相关专利。美国霍尼韦尔对随机存取存储器单元抗单粒子翻转提供了新的解决思路。2010 年后，中国航天器发射任务逐渐频繁，中国申请人开始就自身技术布局专利。中国航天科技集团公司、国防科技大学等申请人就可编辑逻辑器件等元器件的单粒子效应测试系统申请了系列专利。美国 NASA 对抗辐射微电子芯片封装技术进行专利布局。2020 年以来，主要创新主体对抗辐射材料，以及结构改进进行了专利申请。以 US20210217643A1 为例，MONOLITHIC 3D 公司设计了具有抗辐射性能的 3D 半导体器件及结构。

表 2 抗辐射加固技术发展路线

	1970—1980	1980—1990	1990—2000	2000—2010	2010 至今
元器件加固	美国 US3862930A 通过降低栅极电介质中钠和钾等碱金属元素的含量，对 CMOS 器件进行抗辐射加固	IBM EP0066065B1 专利，设计埋栅，实现耐辐射半导体器件	霍尼韦尔 US6225178B1 通过制备富硅氧化物膜来增加 VLSI 亚微米 MOS 器件抗总剂量加固性能	美国海军 US6777753B1 具有抗总剂量效应的辐射硬化 CMOS 器件	MONOLITHIC 3D 公司 US20210217643A1 设计具有抗辐射性能的 3D 半导体器件
	美国空军 US4053917A 辐射硬化的 MNOS 晶体管	IBM US06/333230 增加电荷存储半导体器件的抗辐射性能	雷神 US5047356A 具有低边缘和背向沟道电流泄漏的高速绝缘体上硅辐射硬化半导体器件	IBM US6518112B2 高性能，低功耗垂直集成抗辐射加固 CMOS 器件	BAE 公司 US8547178B2 抗单粒子翻转的环形振荡器
		通用电气 US4797721A 抑制辐射引起的反向沟道泄漏的 MOS/SOI 器件	霍尼韦尔 US5212108A 通过沉积多个多晶硅层实现多晶硅电阻器的抗单粒子翻转	霍尼韦尔 US20080115023A1 抗辐射加固的寄存器	IBM 公司 US10761751B2 根据功能相似性对配置状态寄存器进行分组
集成电路加固	US3700930A 辐射硬化的 r-1 触发器电路	霍尼韦尔 US4659930A 应用于激光探测的抗辐射加固可见光探测电路	美国能源部 US5672918A，通过规避保护微电子电路免受单事件闭锁和瞬态辐射效应	赛灵思公司 US7036059B1 采用三模冗余及配置数据的定时刷新方法，设计抗辐射加固 FPGA	IBM 公司 US9397010B2 从晶片的背面到芯片的 P 势阱和 N 势阱之间的隔离部件形成晶片直通孔，实现抗单粒子闩锁鲁棒性的集成电路
	美国 US4011471A 用于电荷耦合器件辐射硬化的表面电位稳定电路	得州仪器 US4912675A 通过交叉耦合的反相器，实现抗单事件翻转的存储单元	得州仪器 US5293053A 基于高度紧凑的晶体管内沟槽结构实现抗单粒子翻转的 COMS 集成电路	BAE 公司 US6327176B1 通过双端口逆变器实现锁存电路的抗单粒子效应加固	赛灵思 US8516339B1 校正存储器中的相邻位错误的方法
			Maxwell 公司 US5635754A 通过高 Z 材料实现陶瓷和金属封装中集成电路和多芯片模块的辐射屏蔽	桑迪亚国家实验室 US7298010B1 辐射加固的 CMOS 复合晶体管及其电路	雷神 US8629387B2 用于光学成像的辐射加固集成电路，设置有时域集成功能
软件加固		IBM 公司 US4638463A 加速辐射效应软错误保护锁存器的写操作	霍尼韦尔 US5557623A 能承受包括拜占庭故障在内的 n 个故障的容错实时时钟	波音 US6938183B2 容错设计的处理电路	IBM 公司 US9317379B2 通过组合软件冗余线程和指令重复检测软错误，使用软件检查指向/回滚技术恢复错误
		霍尼韦尔 EP0363863B1 对操作软件透明且适用于各种容错体系结构的故障恢复方法	霍尼韦尔 CA1322606C 对复杂数字计算机的控制系统的错误恢复机制	ARM 公司 US7337356B2 在集成电路的处理阶段内进行系统和随机错误检测和恢复实现抗辐射加固	ARM 公司 GB2555627B 至少三个 545 处理电路冗余处理程序指令通用线程，从而检测单粒子翻转事件
系统加固	美国国防部 US4021834A 利用砷化铝镓合金制造高抗辐射性集成光信号通信系统	霍尼韦尔 US4996687A 通过具有备用 RAM 的软错误恢复电路提高计算机系统的可靠性	通用动力信息系统 EP0972244A4 容错设计的计算机系统	霍尼韦尔 US6954875B2 运行多个数据分区的多版本操作程序，实现计算机系统数据恢复	NASA US20120065813A1 采用高性能模块化命令和数据处理系统，实现控制远程航天器上的硬件系统抗辐射加固

续表

	1970—1980	1980—1990	1990—2000	2000—2010	2010 至今
系统加固		IBM 公司 CA1225454A 对封装和接地电子设备设计了辐射屏蔽系统	美国能源部 US5672918A 基于供电母线过流保护电路，实现单粒子和瞬时剂量率加固的微电子电路系统	赛灵思 US6812731B1 采用五路模块冗余，实现可编程逻辑器件的系统加固	NASA US11026331B1 用于空间的 SpaceCube V3.0 抗辐射加固单板计算机系统
评估测试		日本电气 JP1990020039A 对硅半导体器件的进行单粒子闩锁加固性能评估	日立株式会社 JP1997288150A 通过向多个比较器交替注入伪错误，实现对逻辑电路的抗辐射加固测试	赛灵思 US7958394B1 验证三模冗余电路的抗辐射性能	ARM 公司 US9621161B1 通过检测输入信号上的转变，实现单粒子故障事件检测
		日本电气 JP1989109274A 门阵列单离子效应加固性能评估电路	中国科学院近代物理研究所 CN1183564A 单粒子效应引起 CPU 寄存器位翻转的测试方法	赛灵思 US7036059B1 基于 SRAM 的现场可编程门阵列在系统中检测单事件翻转效应	北京时代民芯科技有限公司 CN103021469A 在辐照过程中，实时监测待测存储器的工作电流，从而形成对存储器电路的通用单粒子效应检测方法

综合上述专利技术发展路线和技术功效矩阵，结合非专利文献调研及实际研发需求，可以总结未来技术发展趋势如下：

①超深亚微米和纳米工艺下的集成电路抗剂量率辐射效应的加固技术研究。随着半导体工艺的发展，当工艺发展到超深亚微米乃至纳米级时，要加强 γ 射线、高能中子等产生的电离辐射与半导体的相互作用理论计算，提高空间纳米工艺 CMOS 集成电路的器件级和电路级抗辐射加固性能。

②降低抗辐射加固元器件的成本，以及如何在卫星及有效载荷的抗辐射设计中实现辐射效应管理。

③设计并制造同时实现对中子和 γ 射线有效屏蔽的抗辐射材料。

④加强低剂量增强效应的抗辐射加固方法。

3 结论

本文基于定量和定性分析相结合的专利地图识别方法，研究了抗辐射加固技术领域全球专利竞争现状和未来发展趋势。相关研究揭示了美国霍尼韦尔是全球专利数量最多的创新主体，专利技术方案覆盖了元器件抗辐射加固、集成电路抗辐射加固、软件加固、系统加固、抗辐射材料、评估测试等技术方向，布局技术领域最全。通过专利技术功效矩阵、专利技术发展路线等专利地图识别研究，揭示了纳米半导体器件的辐射加固方法、低剂量增强效应的加固方法、抗辐射复合材料是未来研发重点。本文的研究成果为我国航天器抗辐射加固关键技术攻关和技术创新路线论证提供重要支撑。

参考文献：

[1] 陈伟，杨海亮，邱爱慈，等．辐射物理研究中的基础科学问题［M］．北京：科学出版社，2018.

[2] 侯国伟，于立新，庄伟，等．系统逻辑级抗辐射加固技术综述［C］// 第六届航天电子战略研究论坛论文

集，2019.
[3] 赵元富，王亮，岳素格，等．宇航抗辐射加固集成电路技术发展与思考［J］．上海航天（中英文），2021（4）：12-18，44.
[4] 王焕玉．空间 X/γ 射线探测中的关键问题［J］．科学通报，2017，62（10）：9.
[5] 何君．微电子器件的抗辐射加固技术［J］．半导体情报，2001，38（2）：6.
[6] 王健安，谢家志，赖凡．微电子器件抗辐射加固技术发展研究［J］．微电子学，2014（2）：5.
[7] 周俊，王宝友．半导体器件单粒子效应用标准研究［J］．信息技术与标准化，2009（6）：27-30.

Global patent perspective analysis of technology innovation in radiation hardening

CHEN Xiao-fei, WANG Hui-jing,
SU Ran, ZHONG Hao-liang, GAO An-na

(China Institute of Nuclear Industry Strategy , Beijing 100048, China)

Abstract: Space radiation effect is one of the important factors affecting the safe operation of spacecraft in orbit, and radiation hardening technology is an indispensable and important part of aerospace engineering. Through quantitative and qualitative analysis of patent documents, this paper studies the current situation and future development trend of global patent competition in the field of radiation hardening. In this paper, the global patents portfolio of radiation hardening was investigated based on the distribution, the technology fields and the patent applicants. Combined with qualitative analysis of generic literature, this study revealed the technology feature and the development trend of major applicants. The results showed that the future research priorities include the radiation hardening method of nanosemiconductor devices, the hardening method of low - dose enhancement effect, and radiation - resistant composite materials. Considering the current situation of the related technology in China, the suggestions for the systematic protection of Chinese independent intellectual properties were provided..

Key words: Radiation hardening; Patent; Intellectual property

辐射效应模拟技术全球专利透视分析

陈晓菲，王会静，苏　然，高安娜

（中核战略规划研究总院，北京　100048）

摘　要： 空间辐射效应是影响在轨航天器安全运行的重要因素之一，辐射效应模拟是航天工程中不可或缺的重要环节。本文通过专利文献定量和定性分析，研究了辐射效应模拟技术领域全球专利竞争现状和未来发展趋势。基于专利布局国家分布、技术领域、主要创新主体等多维度分析，本文深入研究了国内外关于抗辐射加固技术的专利竞争格局。通过专利文献定量分析与非专利文献定性分析相结合，剖析了全球主要创新主体的技术特点和未来发展趋势。本文的研究揭示了针对总剂量效应、位移损伤效应等协同效应的模拟方法等方向是未来研发重点。同时，结合我国技术发展现状，对未来我国相关科技成果自主知识产权系统化保护提出了一定建议。本文的研究对辐射效应模拟领域技术研发和知识产权保护具有重要借鉴意义。

关键词： 辐射效应模拟；专利；知识产权

1　概述

航天器长期工作在空间辐射环境中，空间粒子会引起单粒子效应（Single Event Effects，SEE）、总剂量效应（Total Ionizing Dose Effects，TID）、位移损伤效应（Displacement Damage Effects，DDE）、充放电效应（Charge - Discharge Effect，CDE）、低剂量率损伤增强效应（Enhanced Low Dose Rate Sensitivity，ELDRS）、瞬时剂量率效应（Transient Dose Rate Effect，TDRE）等，导致其性能下降甚至失效[1-3]。空间辐射效应是影响在轨航天器安全运行的重要因素之一，因此辐射效应模拟是航天工程中不可或缺的重要环节，是满足航天器高可靠性、长寿命、小型化发展要求必须要掌握的技术[4-7]。

专利是排他性权利，只授予新颖和创造性的发明。因此，专利是知识的重要来源（与技术和商业信息相结合），并提供了与相关技术发展现状和方向有关的重要指示信息。本文分析了全球已发表的与辐射效应建模有关的专利，通过从另一个角度分析专利，显著增强了对相关技术先进发展的理解。这些结果将有助于与辐射效应模拟的未来相关的决策。

2　方法

本研究采用的专利数据库涵盖来自全球 116 个国家和地区的 1.35 亿项专利数据。考虑到辐射模拟技术的起源，检索日期确定为申请日期在 1970 年 1 月 1 日至 2022 年 5 月 1 日的全球专利。去除噪声后，相关专利共计 547 件。

3　讨论与结果

3.1　全球专利概况

辐射模拟领域相关全球专利概况如表 1 所示，截至 2022 年 5 月，全球相关专利共计 547 件。其中，专利数量最多的前 5 位专利主要申请人分别是霍尼韦尔国际公司、中国工程物理研究院、北京圣

作者简介： 陈晓菲（1991—），女，副研究员，主要从事核工业知识产权研究。

涛平试验工程技术研究院、西北核技术研究所、IBM 公司。霍尼韦尔国际公司和 IBM 公司两大申请人属于典型的防务公司，长期为美国政府军方提供辐射效应模拟服务。

表 1 全球专利概况

总申请量/件	547		
时间范围	1970 年 1 月 1 日—2022 年 5 月 1 日		
主要申请人（专利数量及占比）	霍尼韦尔国际公司	44	8%
	中国工程物理研究院	29	5%
	北京圣涛平试验工程技术研究院	20	4%
	西北核技术研究所	19	3%
	IBM 公司	16	3%
技术集中度	前 10 位申请人的申请量占总申请量的 25%		

3.2 全球专利目的地分布

辐射效应模拟领域相关专利全球地域分布如图 1（a）所示，结果表明中国（177 件）、美国（151 件）是全球创新主体最关注的市场竞争地。其次是俄罗斯、世界知识产权组织（WIPO）、日本、欧盟知识产权局（EUIPO）、英国、法国、韩国、德国。

3.3 全球专利技术来源地

全球专利主要技术来源地如图 1（b）所示。美国以 225 件相关专利位列第一，中国以 172 件相关专利紧随其后。另外，俄罗斯、日本、法国、英国、韩国、德国、加拿大、澳大利亚也是重要技术来源地。结合全球专利目的地分布可以发现，美国、中国既是主要技术来源地同时也是全球专利主要目的地，专利竞争激烈。综合专利流向分布可知，中国、俄罗斯、日本专利布局策略偏向保守，各自创新主体主要将专利布局在本土。美国依靠自身技术研发实力，专利布局分布全球多个国家和地区，海外知识产权保护意识强。

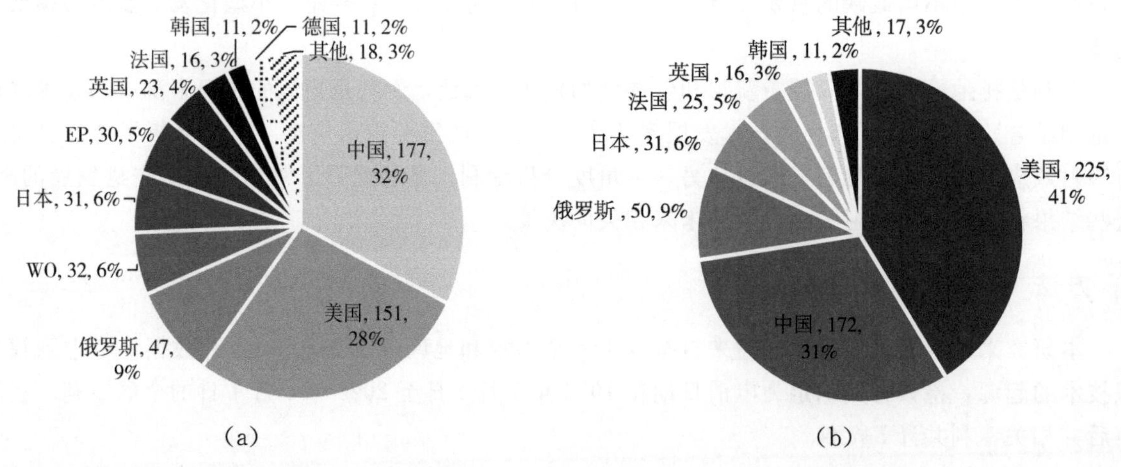

图 1 专利分布

(a) 专利布局目的地分布；(b) 技术来源地分布

3.4 全球专利主要申请人

辐射效应模拟领域主要申请人及其技术领域分布如图 2 所示，重点申请人均未覆盖本领域所有技术方向。一方面是由于本领域技术路线多样；另一方面是由于利用中子源、加速器、激光器等装置开展辐射效应模拟需要较高的技术门槛和完善的实验条件，并不是所有研发主体均有上述资质。图 2 中结果表明，美国霍尼韦尔国际公司的技术覆盖面最广，覆盖了十大技术方向中的6个。中国工程物理研究院、西北核技术研究所、哈尔滨工业大学覆盖了5个技术方向，其他创新主体的技术覆盖面较少。

进一步分析主要申请人的技术侧重点，美国申请人中，霍尼韦尔和IBM两大申请人尽管自身没有中子源、加速器等大型模拟实验装置，但是均对不同辐射效应开展了模拟方法的专利布局。霍尼韦尔主要侧重单粒子效应模拟方法及仿真计算，IBM侧重单粒子效应模拟方法。

中国工程物理研究院由于建有快中子脉冲堆、稳态热中子反应堆，因此其相关专利申请在中子模拟装置中数量最多，其他分支布局数量较为均衡。西北核技术研究所建有“强光一号”加速器，因此其专利布局更加聚焦离子束模拟装置和单粒子效应模拟方法。北京圣涛平试验工程技术研究院作为第三方评估机构，专利申请侧重单粒子效应模拟方法。

ROSATOM依托自身的实验装置，主要聚焦中子模拟装置。法国原子能委员会在激光模拟装置、离子束模拟装置、中子模拟装置和位移效应方法技术方向均有涉及，离子束模拟装置领域布局数量最多，其他方向布局数量较为均衡。

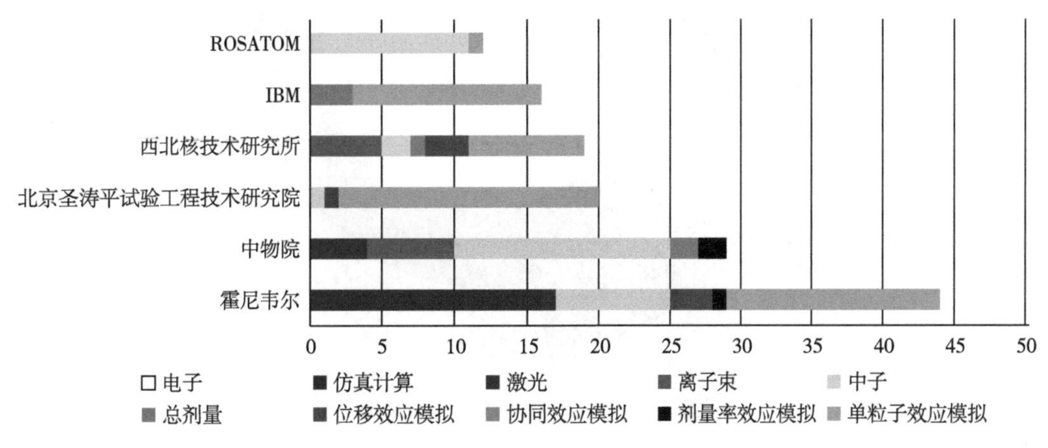

图2　专利主要申请人及其技术分布情况

3.5　全球专利热点技术分布

全球专利技术领域分布如图3所示，结果表明辐射效应模拟相关全球专利有212件是关于模拟方法，关于模拟装置的专利有335件。针对模拟装置，离子束模拟装置、中子模拟装置是各创新主体主要专利布局方向，分别申请了123件、113件专利。电子模拟装置、激光模拟装置、γ射线模拟装置分别有不超过25件专利申请，专利数量较少。

模拟方法中，单粒子效应模拟方法是最主要的技术分支，申请总量达到147件，占全部模拟方法专利的57%。这主要是由于单粒子效应中的单粒子硬错误会导致器件本身永久性损坏，如单粒子栅穿、单粒子烧毁、单粒子锁定等，是空间电子器件首要考虑的辐射效应，因此全球创新主体对此领域开展了大量研究，相应专利数量最多。其次，基于GEANT4、PSPICE等仿真软件开展的仿真计算也是重点关注方向，相关专利数量达45件。另外，剂量率效应模拟方法、位移效应模拟方法、总剂量效应模拟方法分别有24件、19件、17件专利申请。针对中子与γ射线等协同辐射效应的模拟方法是研究的一大难点，因此相关专利数量较少，不足10件。

基于全球主要申请人的相关重点专利文献，本文进一步对专利的主要技术方案进行了分析，得到如图4所示的全球专利技术功效矩阵图。结果表明，对于单粒子效应、剂量率效应、总剂量效应、协同效应的模拟中，现有专利主要布局方向均为反应截面等加固参数的获取方式。在单粒子效应模拟中，还围绕失效率等模拟技术方向申请了23件全球专利。对于在线单粒子效应模拟的技术方案专利数量较少，仅有 7 件专利。对于剂量率效应、总剂量效应、协同效应这 3 种辐射效应，在线模拟方法均属于专利布局空白点。另外，针对单粒子效应与位移效应等协同效应模拟，整体专利布局数量仅有 3 件，是后续技术研发的重点关注方向。针对剂量率效应、总剂量效应、位移效应，需要进一步关注上述辐射效应对于电子设备失效率的模拟验证。此外，现有辐射效应模拟领域的专利总体上并未针对纳米器件开展针对性研究。

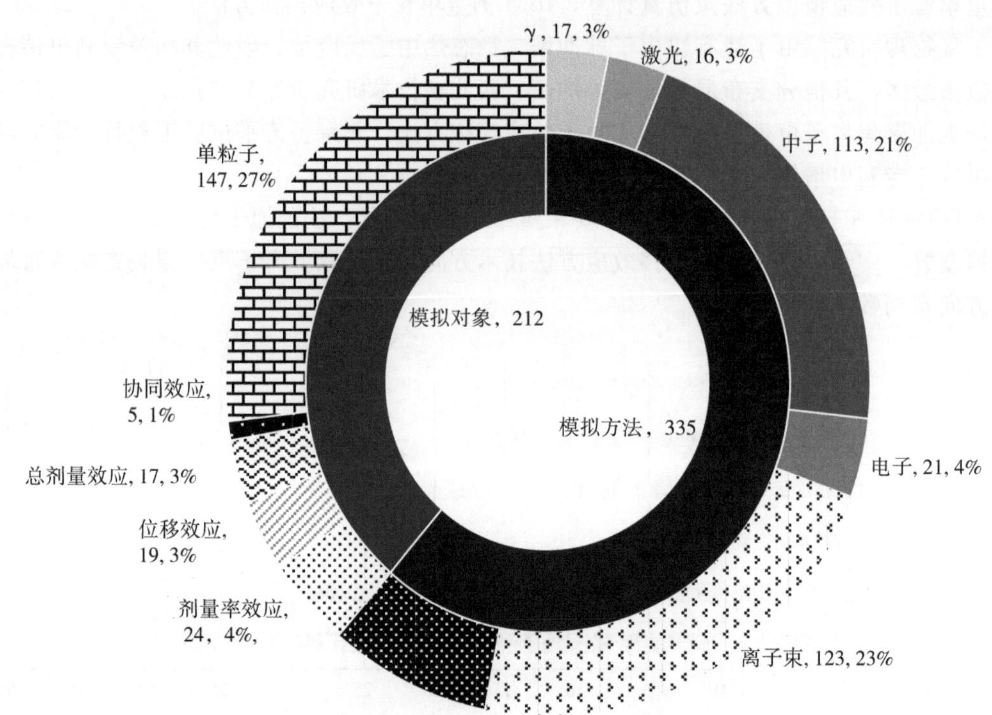

图 3　全球专利技术领域分布情况

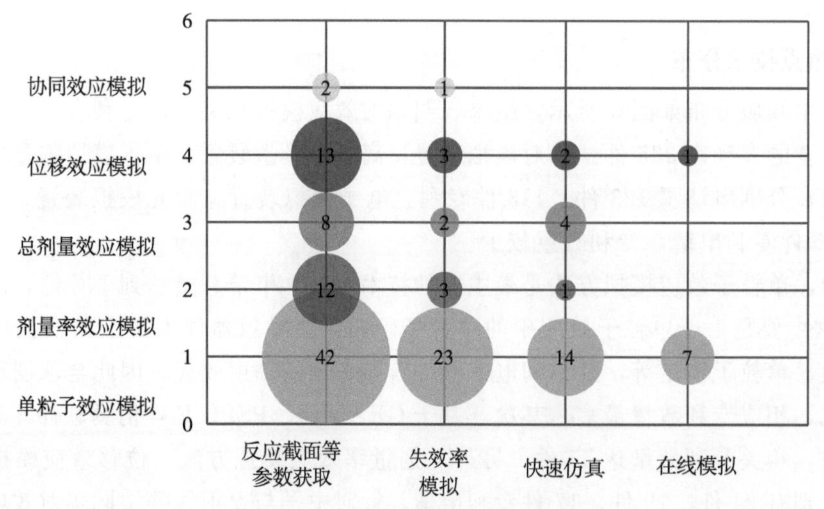

图 4　重点专利技术功效矩阵图

3.6　全球专利技术创新路径分析

针对重点国家、重点申请人不同时期的重点专利，可以总结本领域全球专利技术发展路线。

如表 2 所示，20 世纪 70 年代，全球专利几乎全部来自美国、苏联申请人。该时期的专利技术聚焦利用加速器中子源实现对电离辐射效应的模拟，技术改进主要围绕利用重离子产生高强度 14 MeV 中子的中子发生器。20 世纪 80 年代，美国、苏联申请人基于前期对多种辐射效应的理论研究，初步建立了大型专业模拟系统。以美国波音公司为代表申请的专利 US4786865A，提供了高能射线对星载计算机，存储器和其他集成电路产生的单粒子效应的仿真模拟方法。20 世纪 90 年代，全球专利技术路线主要以传统加速器产生的重离子进行辐射效应模拟，利用质子开展 MOSFET 等器件的单粒子效应的模拟方法开始兴起。以美国得州仪器 US5929645A 专利为代表，通过原子量在 6～20 范围内的离子束照射在集成电路上，以模拟宇宙射线中的中子与集成电路的硅原子相互作用的影响。

进入 21 世纪，出现了激光模拟等新型辐射模拟技术。美国桑迪亚国家实验室在美国能源部授予合同支持下于 2004 年申请的 US7019311B1 专利中，公开了通过波长为 1064 nm 的商业激光器来模拟半导体器件的电离辐射效应。这一时期，基于计算机软件的理论仿真技术也在快速发展，日本日立株式会社在 2010 年申请的专利 US9507895B2 等中，针对单粒子软错误建立了离散事件仿真模拟器和模拟方法。2010 年以来，北京圣涛平试验工程技术研究院有限责任公司针对单粒子效应试验平台和方法申请了一系列专利，以 CN105590653A 为代表，公开了以离子束辐照为方法对 SRAM 型 FPGA 进行中子单粒子效应模拟试验。近年来，全球专利技术路线体现了基于大型加速器中子源及强脉冲辐射模拟源进行辐射效应模拟的趋势。以俄罗斯圣彼得堡核物理研究所 RU2761406C1 为代表，通过设置有铅散射靶中子源的同步回旋加速器对空间中子辐射效应进行模拟。

表 2　辐射模拟效应全球专利技术发展路线

	1970—1980	1980—1990	1990—2000	2000—2010	2010—2020	2020 至今
模拟方法	PLESSEY SEMICON 公司 US4220918A 场效应器件辐射效应测试方法	波音公司 US4786865A 高能射线对星载计算机等单粒子效应的仿真模拟方法	IBM 公司 US5649097A 基于改进的容错系统对 RAM 的单粒子效应进行模拟验证	日立株式会社 US8300378B2 针对单粒子软错误建立离散事件仿真模拟器和模拟方法	北京圣涛平试验工程技术研究院 CN105590653A 以离子束辐照方法对 SRAM 型 FPGA 进行中子单粒子效应模拟试验	俄罗斯圣彼得堡核物理研究所 RU2761406C1，利用同步回旋加速器模拟中子辐射效应
		美国海军研究实验室 US4827414A，基于传感器和电子信号处理器实现核武器效应检测和损伤评估的监测系统和方法	约翰斯·霍普金斯大学 US6744376B1 利用加固的远程输入/输出智能传感器模拟-数字芯片进行辐射效应模拟	霍尼韦尔 US7236919B2 对电路布局进行建模模拟单粒子效应	空客 EP2588874A1 模拟电子元件对辐射效应灵敏度的方法	哈尔滨工业大学 CN111856238A 基于载流子流向的晶体管辐射损伤模拟装置
		波音公司 US4786865A 模拟测试集成电路对单粒子效应的方法		IBM US7084660B1 用有预定发射率的瞬态粒子发射实现加速模拟集成电路的单粒子效应	NASA US9297907B1 使用纳米结构阵列的闭合电路实时监测模拟辐射通量	
					ROSATOM RU2657327C1 半导体器件辐射条件下失效截面的模拟方法	

续表

	1970—1980	1980—1990	1990—2000	2000—2010	2010—2020	2020至今
模拟装置	美国能源局 US4008411A，利用加速器产生14MeV中子，模拟中子产生的位移效应	美国能源部 US4350927A聚焦和加速平行带电粒子束的装置	美国得州仪器 US5929645A，利用离子束模拟中子与集成电路的硅原子相互作用	美国桑迪亚国家实验室 US7019311B1，通过波长为1064纳米的商业激光器模拟电离辐射效应		
	美国能源部 US3993910A液态锂靶作为高强度高能中子源	洛马公司US4582999A离子加速器14 MeV热中子系统的新型热中子准直器	DETUD & REAL NUCLEAIRES SODERN US5215703A高通量中子发生器管	加利福尼亚大学 US6870894B2 通过环形等离子体室实现紧凑型中子发生器	中国工程物理研究院 CN107907813A 集成式激光电离效应模拟系统	
	俄罗斯科学院理论和实验物理研究所 SU580725A1脉冲中子发生器	NII YADERNOJ FIZ PRI TOMSKOM POLT INST SU1056867A1 脉冲中子发生器	RU2054717C1 基于激光等离子体的脉冲中子发生器	加利福尼亚大学 US20100025573A1 5 ns或更短的中子和伽马脉冲发生器	西北核技术研究所 CN103198868A 对单粒子翻转的故障模拟系统	
				离子束应用公司 US8148922B2 大电流直流质子加速器		

4 结论

本文通过专利文献定量和定性分析，梳理了辐射效应模拟领域专利发展现状。结果表明，美国、中国是全球创新主体最关注的专利布局目的地，也是全球专利最主要来源地。美国相关申请人偏向进攻策略，在海外市场广泛开展专利布局。中国绝大多数申请人偏向防守，专利布局集中在中国本土，尚未就海外专利开展系统布局策划。技术领域方面，单粒子效应模拟方法是全球专利最关注的技术分支，协同辐射效应的模拟方法相关专利数量最少。结合专利技术功效矩阵分析，未来专利布局的发展趋势重点包括利用激光模拟瞬时剂量率效应，专门针对辐射效应研究的质子加速器等加速器装置设计，高能、强流中子源装置设计，针对纳米半导体器件辐射效应模拟的建模方法和模拟技术，地面模拟实验与空间辐射损伤等效性模拟方法，针对总剂量效应、位移损伤效应等协同效应的模拟方法等。本文的研究对辐射效应模拟领域技术研发和知识产权保护具有重要借鉴意义。

参考文献：

[1] ADELL P. Dose and dose rate effects in microelectronics：Pushing the limits to extreme conditions [C] // IEEE Nuclear and Space Radiation Effects Conference，Paris，France，2014.

[2] 2011 International Technology Roadmap for Semiconductors [EB/OL]. [2023-10-10]. http：//www.itrs.net/.

[3] KOESTER S J. Radiation effects in emerging technologies [C] // IEEE Nuclear and Space Radiation Effects Conference，Miami，America，2012.

[4] REED R A，WELLER R A，MENDENHALL M H，et al. Impact of ion energy and species on single event effects analysis [J]. IEEE transactions on nuclear science，2008，54 (6)：2312-2321.

[5] Novelty and prior art [EB/OL]. [2023-10-10]. https：//www.epo.org/learning/materials/inventors-handbook/novelty.html.

[6] CAMPBELL RS. Patent trends as a technological forecasting tool [J]. World patent information，1983，5 (3)：137-143.

[7] DING L, GUO H, CHEN W, et al. Analysis of TID failure modes in SRAM - based FPGA under gamma - ray and focused synchrotron X - ray irradiation [J] . IEEE transactions on nuclear science, 2014, 61 (4): 1777 - 1784.

Analysis of competitive situation of radiation effect modeling technology from a patent perspective

CHEN Xiao-fei, WANG Hui-jing, SU Ran, GAO An-na

(China Institute of Nuclear Industry Strategy, Beijing 100086, China)

Abstract: Space radiation effect is one of the important factors affecting the safe operation of spacecraft in orbit, and radiation effect simulation is an indispensable and important part of aerospace engineering. Based on multi - dimensional analysis of patent distribution in countries, technological fields, and major innovative entities, this article conducts in - depth research on the patent competition pattern of radiation reinforcement technology both domestically and internationally. Through quantitative and qualitative analysis of patent documents, this paper studies the current situation and future development trend of global patent competition in the field of radiation effect modeling. Methods for synergistic effects such as total dose effect and displacement damage effect are the focus of future research and development. This paper has important reference significance for technology research and development and intellectual property protection in the field of radiation effect simulation.

Key words: Radiation effect modeling; Patent; Intellectual property

核聚变领域国内商标布局现状研究

王宁远，董和煦，任　超，闫兆梅
（中核战略规划研究总院，北京　100048）

摘　要：商标作为品牌的重要组成部分，起到了区分和识别品牌的作用，它是企业形象的重要载体，也是最常见、对消费者影响最大的表现形式，可看作是狭义的品牌。本文对核聚变领域相关单位和商标进行了国内商标注册现状分析，重点从商标布局类型、注册申请年代趋势、尼斯分类排名、法律状态分析和商标布局策略等多个维度进行分析研究，有助于增强对于核聚变重大装备的商标策划，完善核聚变领域商标保护体系。

关键词：核聚变；商标布局；知识产权

商标，具体指的是任何能够将自然人、法人或者其他组织的商品与他人的商品区分开的标志，既是企业知识产权的一种，又是企业重要的无形资产和企业核心竞争力的构成部分。《知识产权强国建设纲要（2021—2035 年）》指出，要推进商标品牌建设，加强驰名商标保护，发展传承好传统品牌和老字号，大力培育具有国际影响力的知名商标品牌[1]。

为增强对于核聚变重大装备的商标策划，完善核聚变领域商标保护体系，从而完善核聚变领域知识产权布局和保护体系，有必要对核聚变领域及竞争对手的国内商标布局现状进行研究分析，对核聚变领域商标顶层设计强化具有重要意义。

1　检索策略及结果

针对尼斯分类的全部 45 个类别，截至 2022 年 9 月 30 日，初步检索出的核聚变领域 19 家重点竞争对手及国外公司在华商标注册申请共计 5881 件。其中，根据核聚变领域 10 个商标类别，筛选出 19 家国内重点竞争对手及国外相关公司在核聚变领域的商标注册申请 2662 件，其中，中国申请人商标注册申请 2573 件，外国申请人在华商标注册申请 89 件。

本文将分别针对 2662 件核聚变领域的商标注册申请，进行商标类型、申请趋势、尼斯排名、申请人排名、法律状态多个维度的分析。

2　核聚变领域商标注册情况分析

2.1　商标注册申请类型分析

根据《中华人民共和国商标法》的规定，注册商标按照其组成要素可以分为：文字商标、图形商标、字母商标、数字商标、三维标志、颜色组合、声音商标及包括多个上述要素的组合商标。2662 件核聚变领域在华商标注册申请类型，主要包括：文字商标、图形商标、字母商标和组合商标，如图 1 所示。

作者简介：王宁远（1989—），女，河北保定人，硕士，主要研究方向为知识产权。

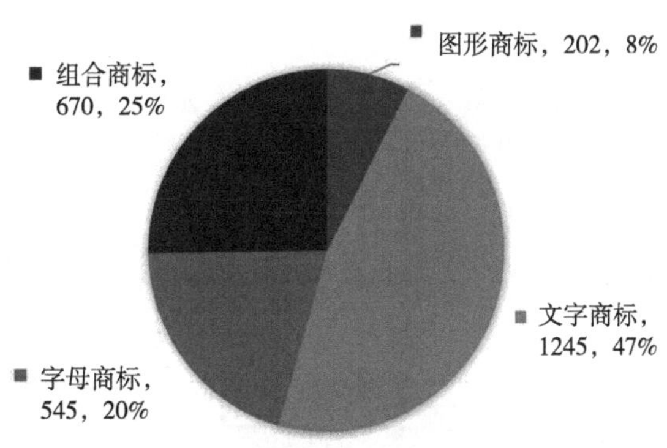

图 1 核聚变领域在华商标注册申请分类

可见，核聚变领域国内外商标注册申请人在华商标注册申请中主要倾向于申请注册文字商标，其次是组合商标。究其原因，主要原因在于便于大众记忆和辨识，能够更好地发挥商标的作用，助力品牌建设。

2.2 商标注册申请趋势年代分析

通过逐一梳理上述 2662 件在华商标注册申请，得到核聚变领域在华商标注册申请年代趋势情况，如图 2 所示。

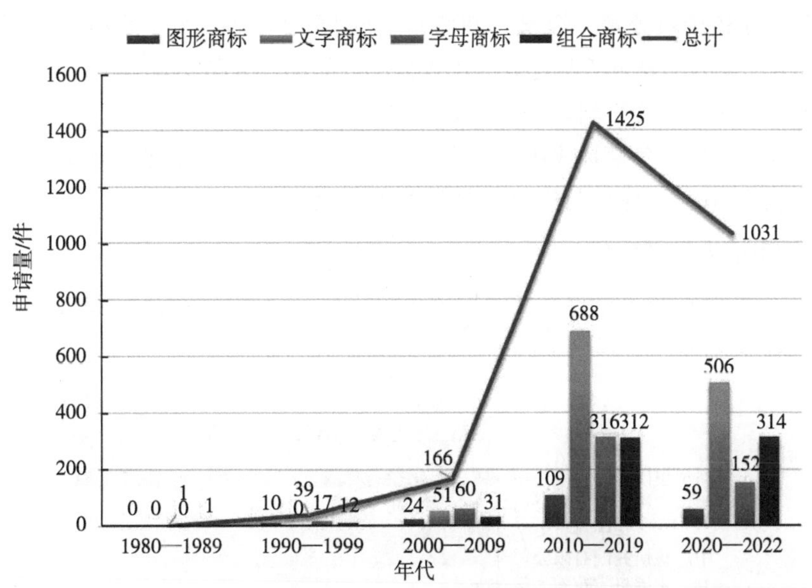

图 2 核聚变领域在华商标注册申请年代趋势情况

由图 2 可知，核聚变领域在华商标注册申请起始于 20 世纪 80 年代，1988 年最早开始有相关商标注册申请。2010 年前处于商标注册申请的萌芽期，总申请量仅 206 件；2010—2019 年，商标注册申请呈井喷式增长趋势，各类型商标注册均增长显著，尤其是文字商标注册申请；2020 年至今，虽商标注册申请总量不如 2010—2019 年，但年均申请量远超 2010—2019 年，达到年均申请量的巅峰。

由以上分析可知，目前核聚变领域在华商标注册申请仍处于高速发展期，随着核聚变领域行业、技术及产品的发展，未来相关商标注册申请仍会处于飞速增长期。

2.3 商标注册申请尼斯分类排名分析

通过逐一梳理上述 2662 件在华商标注册申请得到核聚变领域在华商标注册申请尼斯分类排名情

况，如图 3 所示。

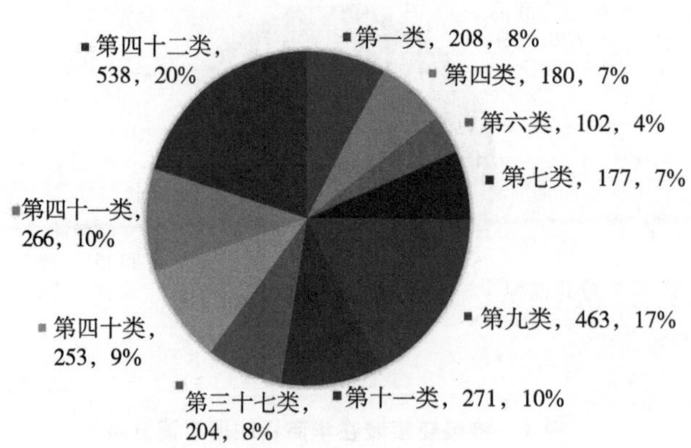

图 3 核聚变领域在华商标注册申请尼斯分类排名情况

由图 3 可知，核聚变领域在华商标注册申请主要集中于第四十二类（主要包括科学技术服务和与之相关的研究与设计服务，如技术研究、化学研究等）和第九类（主要包括科学或研究用装置和仪器，如粒子加速器、测量装置、核原子发电站控制系统等），分别是 538 件和 463 件，占比为 20%和 17%；其次，是在第十一类（主要包括环境控制装置和设备，如核反应堆、聚合反应设备等）、第四十一类（主要包括组织和安排教育、文化、娱乐等活动，如安排和组织会议等）和第四十类（主要包括处理或加工服务，如核废料处理、金属处理等），分别是 271 件、266 件和 253 件，占比为 10%、10%和 9%；除在第六类（主要包括普通金属及其合金，如铍、金属支架等）内数量较少之外，其他类别中的商标注册申请数量较为平均，均在 200 件左右。

由此可知，核聚变领域在华商标注册申请主要集中于科学技术服务与科学或研究用装置和仪器相关商品/服务中，其次是在核反应堆与相关培训等商品/服务。

2.4 商标注册申请申请人排名分析

通过逐一梳理上述 2662 件在华商标注册申请得到核聚变领域在华商标注册申请申请人排名情况，如图 4 所示。

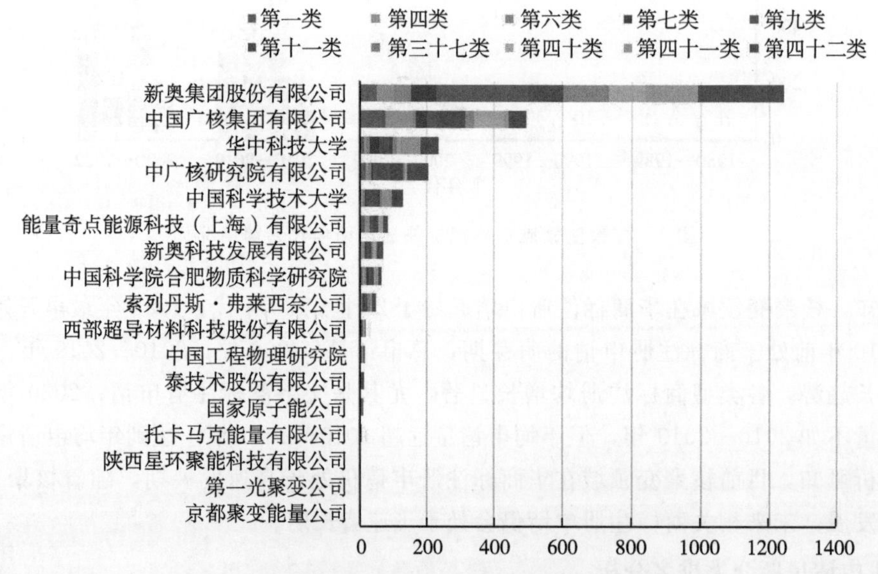

图 4 核聚变领域在华商标注册申请申请人排名情况

由图 4 可知，核聚变领域在华商标注册申请申请人中申请量最多的是新奥集团股份有限公司，共 1244 件，远超其他申请人；其商标注册申请主要集中在第九类和第四十二类，与总体尼斯分类情况相同。排名第二的是中国广核集团有限公司，共 493 件，是第三名的 2 倍；其商标注册申请主要集中在第四十类和第十一类，与其业务情况相符。申请量超过 100 件的第三名、第四名和第五名分别是华中科技大学、中广核研究院有限公司和中国科学技术大学，主要申请类别均与其业务和服务情况相符。其他申请人，由于其业务发展刚刚起步、业务暂未主要在华发展以及业务领域局限等情况，在华注册商标量较少，如俄罗斯国家原子能公司、第一光聚变公司、陕西星环聚能科技有限公司等，但均已在主要类别对其主要商标提出了商标注册申请。

由以上分析可知，核聚变领域在华商标注册申请各申请人提出的商标注册申请的主要集中于与其业务领域紧密相关的类别中，根据其业务发展及布局情况申请量差距较大，但均已在主要类别对其主要商标（核心商标）提出了商标注册申请。

2.5 商标注册申请申请人排名分析

通过逐一梳理上述 2662 件在华商标注册申请得到核聚变领域在华商标注册申请法律状态情况，如图 5 所示。

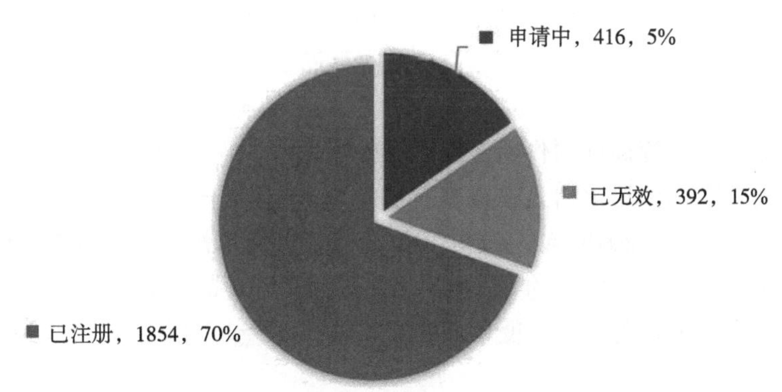

图 5 核聚变领域在华商标注册申请法律状态

由图 5 可知，核聚变领域在华商标注册申请中大部分处于已注册状态，共 1854 件，占比为 70%，说明核聚变领域在华注册商标活跃度较高；其次是处于申请中状态的商标注册申请，共计 416 件，占比为 15%；剩余 15%为已无效的商标注册申请，共计 392 件。

由图 6 可知，在处于申请中的商标注册申请中，有 34 件已初审公告，230 件已收到驳回通知，处于驳回复审或驳回通知状态；2 件处于异议程序；5 件处于转让程序。在已无效的商标注册申请中，共 366 件被驳回，5 件因三年未使用撤销（即处于撤三程序），5 件撤回国际申请，2 件被无效，3 件被异议，6 件注销。在已注册的商标注册申请中，8 件被提起过撤三程序，1 件提起过撤销复审，51 件属于海外注册商标领土延伸，9 件去申请国际注册商标，8 件被提起过无效宣告，12 件许可备案，3 件被提出过注销程序，27 件转让。

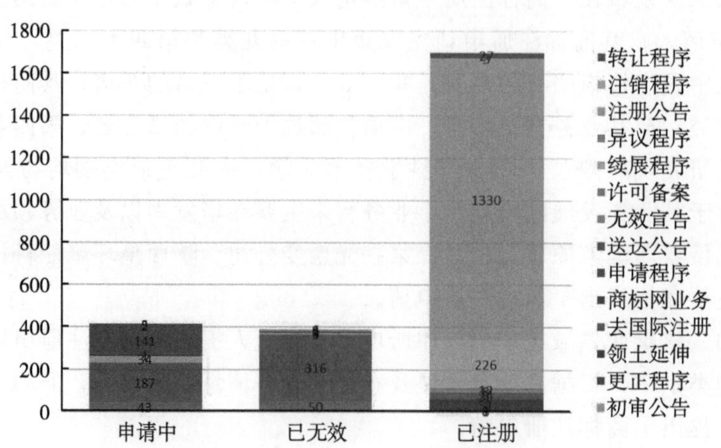

图 6　核聚变领域在华商标注册申请注册公告情况

3　结论

截至 2022 年 9 月 30 日，核聚变领域国内外商标注册申请人在华商标注册申请共计 2662 件，大部分处于已注册状态，说明核聚变领域在华注册商标活跃度较高。核聚变领域国内外商标注册申请人在华商标注册申请主要倾向于申请注册文字商标，其次是组合商标。究其原因，主要是在于便于大众记忆和辨识，能够更好地发挥商标的作用，助力品牌建设。

核聚变领域国内外商标注册申请人在华商标注册申请起始于 20 世纪 80 年代，1988 年最早开始有相关商标注册申请。2010—2019 年，商标注册申请呈井喷式增长趋势，各类型商标注册均增长显著，尤其是文字商标注册申请；2020 年至今，达到年均申请量的巅峰。目前，核聚变领域在华商标注册申请仍处于高速发展期，随着核聚变领域行业、技术及产品的发展，未来相关商标注册申请仍会处于飞速增长期。

核聚变领域在华商标注册申请主要集中于科学技术服务与科学或研究用装置和仪器相关商品/服务中，其次是在核反应堆与相关培训等商品/服务。各申请人提出的商标注册申请的主要集中于与其业务领域紧密相关的类别中，根据其业务发展及布局情况申请量差距较大，但均已在主要类别对其主要商标（核心商标）提出了商标注册申请。

参考文献：

［1］ 知识产权强国建设纲要（2021—2035 年）［J］. 知识产权，2021（10）：3 - 9.

Research on the current situation of domestic trademark layout in the field of nuclear fusion

WANG Ning-yuan, DONG He-xu, REN Chao, YAN Zhao-mei

(China Institute of Nuclear Industry Strategy, Beijing 100048, China)

Abstract: As an important component of a brand, trademark plays a role in distinguishing and identifying brands. It is an important carrier of corporate image, and is also the most common form of expression that has the greatest impact on consumers. It can be seen as a narrow sense of brand. This article analyzes the current situation of trademark registration of relevant units and trademarks in the field of nuclear fusion in China, focusing on multiple dimensions such as trademark layout types, registration application age trends, Nice classification rankings, legal status analysis, and trademark placement strategies. This helps to enhance trademark planning for major equipment in nuclear fusion and improve the trademark protection system in the field of nuclear fusion.

Key words: Nuclear fusion; Trademark layout; Intellectual property

核领域国际合作知识产权研究

闫兆梅，任　超，董和煦，王宁远

（中核战略规划研究总院，北京　100048）

摘　要：本文分析核领域国际合作知识产权工作面临的形势要求，指出核领域国际合作知识产权工作存在的问题，给出核领域国际合作知识产权工作的策略建议，提升我国核领域国际合作知识产权的管理、布局保护、规则制定、维权风险应对和高端人才队伍建设的能力水平。

关键词：核领域；国际合作；知识产权

近年来为早日实现“双碳”目标，世界各国纷纷将目光投向核能这一清洁低碳能源，核领域的国际合作也面临更加复杂的国际竞争合作新形势，而知识产权是国际竞争合作的核心竞争力。同时，近年来党中央、国务院颁布的知识产权战略规划纲要规划等一系列政策中，对于知识产权国际合作提出了新的要求，新形势下核领域国际合作知识产权工作面临新的机遇和挑战。

1　核领域国际合作知识产权工作面临的形势要求

1.1　核领域国际合作知识产权工作面临的国际形势

核领域国际合作方面，中国加入国际原子能机构近 40 年来，持续积极推动核能全产业链“走出去”；始终积极践行“一带一路”倡议，积极拓展国际核能合作的广度和深度；始终坚实合作互利共赢，至今已与 40 余个国家和地区建立了合作关系，在核电、核聚变、核技术应用等领域开展了产业和科技国际合作。2023 年 5 月 22 日，国家原子能机构等也与国际原子能机构签署多项合作，涉及核能应对气候变化、核技术诊断治疗癌症、核数据科学与核燃料循环等多个领域。特别是在全球“双碳”目标要求下，全球能源格局加速重塑，世界各国纷纷将目光投向核能开发；核能作为清洁低碳能源遇到了发展的重大历史机遇，同时也面临更加复杂的国际竞争和合作，知识产权是国际合作的核心竞争力，其作用十分重要。在国际合作知识产权方面，目前已经制定了《建立世界知识产权组织公约》《保护工业产权巴黎公约》《专利合作条约》《世界知识产权组织版权条约》《商标国际注册马德里协定》《工业品外观设计国际保存海牙协定》《关于集成电路的知识产权条约》等知识产权国际公约/协定。我国核领域单位在国际合作过程中，既要遵守相关知识产权国际公约/协定，又要遵守中国签订的双边、多边合作协定/协议中的知识产权条款，面临的国际形势越来越严峻和复杂。

1.2　核领域国际合作知识产权工作面临的国内要求

新时期党中央对知识产权国际合作和核领域国际合作都提出了新的要求。2019 年 4 月 26 日，习近平在第二届“一带一路”国际合作高峰论坛开幕式上的主旨演讲强调，更大力度加强知识产权保护国际合作。2020 年 11 月 30 日，习近平在中央政治局第二十五次集体学习时强调，要深度参与世界知识产权组织框架下的全球知识产权治理，推动完善知识产权及相关国际贸易、国际投资等国际规则和标准。2021 年 9 月 21 日，中共中央、国务院印发《知识产权强国建设纲要（2021—2035 年）》也要求更大力度加强知识产权保护国际合作，构建多边和双边协调联动的国际合作网络，积极维护和发展知识产权多边合作体系，加强在联合国、世界贸易组织等国际框架和多边机制中的合作，深化与共

作者简介：闫兆梅（1979—），女，河南濮阳人，硕士，正高级工程师，现主要从事知识产权研究工作。

建“一带一路”沿线国家和地区知识产权务实合作。2020 年 7 月，习近平主席向国际热核聚变实验堆（ITER）计划重大工程安装启动仪式致贺信，强调国际科技合作对于应对人类面临的全球性挑战具有重要意义。2021 年 5 月 19 日，习近平总书记见证中俄核能合作项目，提出了要拓展核领域双边和多边合作的广度和深度，坚持创新驱动，深化核能科技合作内涵；要以核环保、核医疗、核燃料、先进核电技术为重要抓手，深化核能领域基础研究、关键技术研发、创新成果转化等合作。2022 年 10 月 16 日，党的二十大报告中指出要积极安全有序发展核电，积极参与应对气候变化全球治理。2023 年 5 月 19 日，习近平总书记在中国—中亚峰会主旨讲话指出要加强能源与和平利用核能合作。加强核领域国际合作知识产权工作，不仅是维护内外资企业合法权益的需要，更是贯彻落实党中央关于知识产权国际合作和核领域国际合作的精神，推进推动核工业强国和创新型国家建设高质量发展的内在要求。

1.3　核领域国际合作知识产权工作取得的成效

随着国内外对国际合作知识产权要求的日趋提高，我国在核领域国际合作方面也更加注重自主知识产权保护和海外知识产权布局，在核电、核聚变等领域取得了一定的成效。例如，“华龙一号”在科研、设计、制造、建设和运行经验各个阶段均十分注重知识产权工作，形成了具有完全自主知识产权的三代压水堆核电，实现了从“中国制造”到“中国创造”的华丽转身，铸就了大国重器，打造了靓丽的国家名片。而且，“华龙一号”在“走出去”过程中，十分注重海外知识产权布局，打破国外核电技术垄断与知识产权限制。具有自主知识产权的“华龙一号”走出去，不仅能够大力促进核电产业国际合作，也加速推进了核产业链的国际合作进程。在核聚变国际合作方面，知识产权共享是我国参加的国际热核聚变实验堆（ITER）计划的重要原则，自加入 ITER 计划和设立国内配套专项以来，我国在核聚变领域的知识产权拥有量快速提升。

2　核领域国际合作知识产权工作存在的问题

2.1　核领域国际合作知识产权规范化管理体系有待完善

我国关于国际合作知识产权管理制度主要有《关于国际科技合作项目知识产权管理的暂行规定》，适用范围仅限于科技部代表中国政府、国务院有关部门、省级人民政府与外国签订的国际科技合作项目，以及国家科研计划和其他由政府财政资金资助设立的国际科技合作项目，对国际科技合作项目的知识产权管理、保护、归属、实施、转让、收益做出了具体规定。在核领域国际合作方面，目前主要是我国参加的 ITER 计划在协定附件中对知识产权进行了详细规定。我国核领域政府主管部门和相关企业、科研机构、高校，在知识产权管理制度中通常只对外合作知识产权进行规定，制定的国际合作知识产权条款也比较简单；而对于核领域国际合作涉及的技术出口/引进、产品（服务）出口/引进、跨国并购、海外上市等，尚未体现在管理制度中。也就是说，我国核领域政府主管部门和相关单位尚未建立完善的国际合作知识产权管理制度，核领域国际合作知识产权规范化管理体系有待完善。

2.2　核领域国际合作知识产权前瞻性布局保护意识有待提升

核领域国际合作过程中，相关单位虽然具有一定的知识产权布局保护意识，如“华龙一号”、ITER 计划相关企业，在国内、目标出口国、合作国家/地区进行专利等知识产权布局，申请并获取知识产权保护。但是，目前核领域的国际合作十分广泛，涉及核电、核聚变、核环保、核燃料、核医疗、核技术应用等，除了涉及科技合作外，还涉及产业合作，很多领域的知识产权前瞻性布局保护意识比较薄弱。我国核领域政府主管部门和相关单位，通常在筹备核领域国际合作谈判时才开始重视知识产权布局保护工作，如在核领域技术/产品出口谈判前，紧急在目标出口国进行海外知识产权布局。但是，由于专利等知识产权的申请、授权周期较长，导致在谈判前知识产权无法在合作国家获得授权；但是，在谈判时又将具有创新性的技术向对方进行了披露，导致出口收益降低；更严重的是，可能会因此导致存在知识产权流失的风险。也就是说，目前核领域国际合作知识产权前瞻性布局保护的意识尚有待于进一步提高。

2.3 核领域国际合作双边多边知识产权规则制定主动性不足

目前，我国在核领域国际合作过程中，相关单位具有规避目标合作国家知识产权法律风险的意识，调研拟开展国际合作国家知识产权法律法规，以及其加入的知识产权国际公约/协定。按照目标合作国家应当遵守的国际国内知识产权法律法规，将拟开展国际合作的技术/产品，在目标合作国家进行知识产权布局保护；或者调整我国与目标国家合作合同的知识产权条款，避免与目标合作国家应当遵守的国际国内知识产权法律法规存在冲突。在我国已经处于世界先进水平的核电领域的国际合作知识产权工作尚且如此，核领域的其他方面的国际合作更是如此。也就是说，我国相关单位在核领域国际合作双边和多边合作过程中，知识产权工作通常局限于遵守目标合作国家的知识产权现有规定这一“跟跑”固化思维，缺乏主动思考牵头制定国际合作领域知识产权规则的“领跑”战略思维。

2.4 核领域国际合作知识产权维权风险应对能力有待提升

中国加入 WTO 以后，特别是共建“一带一路”倡议提出后，越来越多的核领域企业走出国门，积极地参与到核领域国际合作竞争中。我国核领域国际合作的蓬勃发展，必然影响到目标国际合作国家，以及其他核领域技术先进国家的利益。越来越多的跨国企业通过海外知识产权侵权诉讼等手段，限制我国核领域企业参与国际核市场的竞争，限制我国核领域企业的海外发展。因而，我国核领域企业海外知识产权风险防范及维权工作，已经成为国际合作过程中不可避免的问题。但是，目前我国大部分核领域企业在进行国际合作知识产权风险判断，以及应对海外知识产权侵权诉讼时，仍然处于被动局面，知识产权的海外维权能力仍然明显不足。

2.5 核领域知识产权国际合作人才队伍建设亟待加强

国际组织里的中国籍知识产权法律人才比重偏低，在核领域国际组织中，来自中国的知识产权法律人才则更少，而且工作岗位层级都偏低。我国核领域相关单位对于知识产权人才不够重视，绝大多数知识产权人员都是身兼数职。通常核领域知识产权人员的工作重点是管理好本单位的国内知识产权工作；当面临国际合作时，只能临时突击学习应对国际交流合作的知识产权问题，更加难以具备涉外知识产权法律谈判的能力。此外，目前在具备知识产权国际人才培养方面的高校也非常少，核领域知识产权人员基本上是在实践中提高知识产权国际合作能力。也就是说，目前我国核领域知识产权国际人才培养工作机制十分不健全，既懂知识产权法律，又懂管理、懂核领域技术、懂外国语的复合型人才十分缺乏；特别是，核领域涉外知识产权法律谈判高端人才更是极度缺乏。因此，核领域知识产权国际合作人才队伍建亟待加强。

3 核领域国际合作知识产权工作的对策建议

3.1 完善核领域国际合作知识产权管理体制机制

目前，我国核领域政府主管部门和相关单位，需要结合国际知识产权协定、国内关于国际合作知识产权管理的制度，同时结合知识产权管理标准，明确知识产权管理机构，完善国际合作知识产权管理制度。例如，可以依据《企业知识产权管理规范》国家标准中关于涉外贸易的条款，结合核领域国际合作涉及的技术出口/引进、产品（服务）出口/引进、跨国并购、海外上市等，制定国际合作知识产权管理规范。针对不同国际合作的不同方面，制定知识产权条款时考虑的问题也不尽相同。例如，跨国并购涉及的知识产权条款主要考虑知识产权交易风险，以及跨国并购谈判过程与并购方签署保密协议的内容等；避免并购计划流产，损坏企业的利益。技术出口涉及的知识产权条款主要考虑技术出口前的知识产权布局保护体系建立，技术出口的审批，对外技术转移过程中的知识产权风险规避、保密协议规定等；避免技术出口过程中的知识产权风险和经济损失。也就是说，需要全面考虑核领域国际合作的各个方面，制定完善的知识产权制度，建立完善核领域国际合作知识产权管理体制机制。

3.2 健全核领域国际合作知识产权布局保护体系

核领域国际合作中，要实施主动进攻的海外知识产权战略。针对拟开展国际合作的核领域的技术特点，以及开展国际合作的国家/地区，按照技术或产品的技术体系和合作国家/地区的知识产权特点，开展核领域国际合作知识产权布局保护体系。在开展国际合作知识产权布局前，首先需要理解国际合作的模式，是技术/产品的出口，还是科技项目的国际合作，根据不同的目的，以支撑企业实现国际经营发展目标为出发点，结合研发、市场、人才等，根据不同经营阶段开展海外知识产权布局。在开展海外知识产权布局时，一是要调研分析国际合作国家/地区知识产权环境、知识产权法律体系；二是要调研如何在国际合作国家/地区获得海外专利、商标等知识产权，包括申请途径、地域、类型、时机，如何对费用进行控制，以及包括如何选择代理机构等；三是要全面调研获取海外知识产权的其他途径，包括转让、许可、并购等，以及借助产业联盟获取知识产权使用权等方式。通过以上措施，建立健全核领域国际合作的知识产权布局保护体系。

3.3 提升核领域国际合作知识产权规则制定内在驱动力

我国在核领域国际合作中，应当在熟悉目标合作国家知识产权法律法规，以及其加入的知识产权国际公约/协定的基础上。要突破思维桎梏，在核领域国际合作双边多边合作过程中，积极主动牵头制定核领域国际合作领域知识产权规则，激发内在驱动力，从而掌握核领域国际合作的话语权、主导权。在核领域国际合作知识产权规则制定时，应当充分考虑分析国际知识产权公约/协定、我国及双边和多边合作国家/地区的知识产权法律法规，充分考虑各合作方的利益，制定能够满足各方要求的核领域国际合作知识产权规则。同时，落实党中央关于深入参与全球知识产权治理体系改革和建设，完善国际对话交流机制，推动完善知识产权及相关国际贸易、国际投资等国际规则和标准；构建双边和多边协调联动的国际合作网络，积极维护和发展知识产权多边合作体系，加强在联合国、世界贸易组织等国际框架和多边机制中的合作的要求。

3.4 提升核领域国际合作知识产权维权风险防范能力

在拟开展核领域国际合作前，要组建高水平的海外知识产权维权团队，并与我国海外知识产权维权协会、团体等进行交流沟通，以及拟开展国际合作国家的维权代理机构建立合作关系，分析可能存在的知识产权维权风险，预估并准备海外维权纠纷费。更重要的是从根本上防范知识产权维权风险，尽早进行知识产权战略布局，对于拟开展国际合作的核心技术要尽早地进行知识产权申请保护，尤其要在拟开展国际合作的国家，更要尽可能早地进行知识产权布局保护。对于已经研发成功、同业者也在开发的技术和产品，如果没必要独占或没有获得知识产权授权把握，也可以先进行技术公开，规避其他同业者在国际合作国家申请知识产权，从而规避在国际合作国家产生知识产权侵权风险，避免后续海外知识产权维权。目前，我国在知识产权领域实体法规已经与国外高度接轨，因而在核领域国际合作之前，可以先在国内开展知识产权侵权分析，提前做好知识产权风险预警工作。另外，还要注意保存和收集所有与技术相关的文件、商业销售记录等，为核领域国际合作知识产权维权提供证据支撑。海外知识产权纠纷对核领域企业的影响远远大于国内纠纷，因此海外知识产权纠纷维权十分重要。核领域单位的海外知识产权维权团队首先分析国际律师函，分析属于临时禁令，还是属于知识产权侵权诉讼、贸易调查、海关执法或商业秘密纠纷等。在识别纠纷类别的同时，要对纠纷多发的高危国家/地区地进行特别关注。确认纠纷类型和纠纷高发地之后，核领域企业分析与其业务发展相关的情况，针对不同的纠纷类型，分别制定应对策略。从而，全面提升核领域国际合作知识产权维权风险防范的能力。

3.5　打造核领域知识产权国际合作复合型高端人才队伍

强化核领域知识产权国际合作复合型高端人才培养发展顶层设计机制，建立健全有利于知识产权国际合作法律人才成长的培养机制。涉外知识产权法律谈判人才是专家型人才，推动高层次涉外知识产权法律人才，进行跨地区、跨部门的交流，探索建立核领域政府部门企业、科研机构、高校与国际组织间人才“旋转门”机制。加大国际组织知识产权法律人才队伍培养力度。要加快涉知识产权法律人才队伍建设工作战略布局，着眼未来，培养核领域国际组织的知识产权人才。优化核领域国际组织知识产权后备人才培养机制，培养一大批具有国际视野、通晓国际规则的国际组织知识产权后备人才，促进更多核领域知识产权国际合作人才获得国际组织工作机会。加大对中国职员在核领域国际组织的知识产权人才的支持力度，积极创造条件，助推对中国职员在国际组织关键职位的竞聘或职务晋升。从而，打造核领域知识产权国际合作复合型高端人才队伍。

4　结论

本文研究分析了核领域国际合作知识产权工作面临的国家形势、国内要求及取得的成效，分别指出核领域国际合作知识产权工作在规范化管理、布局保护、规则制定、维权风险应对和高端人才队伍建设存在的问题。通过分析核领域国际合作知识产权工作存在的问题，分别给出了完善核领域国际合作知识产权管理体制机制、健全核领域国际合作知识产权布局保护体系、提升核领域国际合作知识产权规则制定内驱动力、打造核领域知识产权国际合作复合型高端人才队伍的对策建议，从而全面提升我国核领域国际合作知识产权在多方面的能力水平。

参考文献：

[1]　“一带一路”倡议下三大核电集团的国际合作［J］．中国核电，2019，12（5）：591-592.

[2]　闫兆梅，王婷，董和煦，等．核产业“走出去”中的知识产权风险分析及对策［M］//中国核学会．中国核科学技术进展报告（第六卷）：中国核学会2019年学术年会论文集第9册（核科技情报研究分卷、核技术经济与管理现代化分卷），中国原子能出版社，2019.

[3]　张博．“一带一路”倡议下企业“走出去”的知识产权保护［J］．内蒙古民族大学学报（社会科学版），2022，48（4）：106-110.

[4]　李鹏程．“一带一路”倡议下中资企业“走出去”的知识产权法律风险防范对策研究［J］．中国市场，2021，1064（1）：9-10.

[5]　李意．“一带一路”背景下企业“走出去”的知识产权保护研究［D］．北京：中国社会科学院研究生院，2018.

[6]　刘亚军．“一带一路”倡议下企业走出去的知识产权价值实现［J］．社会科学辑刊，2017，233（6）：119-125.

Research on intellectual property rights in international cooperation in the nuclear field

YAN Zhao-mei, REN Chao, DONG He-xu, WANG Ning-yuan

(China Institute of Nuclear Industy Strategy, Beijing 100048, China)

Abstract: In recent years, in order to achieve the "dual carbon" goal as soon as possible, countries around the world have turned their attention to nuclear energy, a clean and low - carbon energy source. International cooperation in the nuclear field is also facing more complex international competition and cooperation situations, and intellectual property rights are the core competitiveness of international competition and cooperation. At the same time, in recent years, a series of policies such as the Intellectual Property Strategy Outline issued by the Party Central Committee and the State Council have put forward new requirements for international cooperation in intellectual property. Under the new situation, international cooperation in the nuclear field in intellectual property work faces new opportunities and challenges. This article analyzes the situation and requirements faced by international cooperation in intellectual property work in the nuclear field, points out the problems existing in international cooperation in intellectual property work in the nuclear field, provides strategic suggestions for international cooperation in intellectual property work in the nuclear field, and enhances the ability level of China's international cooperation in intellectual property management, layout protection, rulemaking, rights protection risk response, and high - end talent team construction in the nuclear field.

Key words: Nuclear field; International cooperation; Intellectual property right

中央企业科技成果转化激励体系研究

陈早璟，薛　岳，司　宇

（中核战略规划研究总院，北京　100048）

摘　要：党的二十大报告指出，提高科技成果转化和产业化水平，强化企业科技创新主体地位。近年来，为加快科技创新体系建设，推动创新链产业链资金链人才链深度融合，完善科技成果转化体系，我国从政策、机构、资金等多方面给予保障。然而，作为科技创新主体的中央企业，在科技成果转化过程中，仍面临着利好难落地，“篱笆墙”难拆除，“桥梁”难搭建等问题，如作价入股路径存在冲突、员工股权激励难落地、科技成果转化净收入统计困难、成果价值评估成本较高、考核严格导致“早小项目”缺少资金支持、转化激励兑现困难等。对此，建议针对中央企业，统筹推进科技成果转化，完善制度体系内容，建立中央企业科技成果转化“绿色通道”，支持各中央企业建立科技成果转化专项基金等。

关键词：科技成果；转化；激励；中央企业

当前新一轮科技革命和产业变革蓬勃兴起，科技创新成为关键变量。目前，我国科技创新深度赋能国家的高质量发展，逐渐实现从量的积累到质的飞跃，从点的突破迈向系统能力提升。作为科技创新链条的“关键环”，科技成果的转化是科技成果从“书架”转向“货架”的重要实现方式。习近平总书记在党的二十大报告中指出：“加强企业主导的产学研深度融合，强化目标导向，提高科技成果转化和产业化水平。”促进中央企业科技成果转化高质量发展，不仅是贯彻落实党的二十大精神的实际行动，而且是中央企业培育新产品、新产业、新经济增长点的有效手段，是加快国有经济布局优化和结构调整的必由之路，是强化战略科技力量全面支撑社会主义现代化强国建设的坚实基础。

1　背景

近年来，国家完善科技成果转化体系，推动创新链、产业链、资金链、人才链深度融合，从政策、机构、资金等多方面给予保障，出台了《中华人民共和国科技进步法》、以《中华人民共和国促进科技成果转化法》为核心的成果转化“三部曲”、《促进国防工业科技成果民用转化的实施意见》、《关于实行以增加知识价值为导向分配政策的若干意见》等系列制度；以国家级高新技术开发区、国家火炬产业基地、火炬创业中心、大学科技园、归国留学人员创业园等科技成果产业化平台为基础，构建以创业苗圃、孵化器、加速器等创业服务平台为主线的科技成果孵化转化基地，引导各大高校、科研院所、科技型企业建立以企业为主体，以高等院校、科研院所为依托，各创新主体共同参与的创新创业联合体，促进“创新＋创业＋产业”联通发展；发挥政府引导基金作用，撬动天使投资基金、创业投资基金等社会资本支持科技创新活动，创新金融产品，设立科创板、北京证券交易所，构建多渠道、多层次的科技投融资体系。

党的十八大以来，以习近平同志为核心的党中央把创新摆在国家发展全局的核心位置。中央企业作为科技创新的国家队，始终把科技创新作为最紧迫的“头号工程”，2012—2021年累计投入研发经费6.2万亿元，年均增速超过10%。在超高的研发投入之下，中央企业打造国之重器、推动关键核心技术攻关，同时迅速积累了大量的科技成果，面向全社会转化和推广应用后将迸发出强大的发展动力。但是，中央企业在国资的强监管体系之下运行，科技创新与成果转化活力与动力尚未得到充分激

作者简介：陈早璟（1992—），女，江苏盐城人，硕士，工程师，现主要从事科技成果转化、知识产权咨询。

发，不能满足新发展阶段中央企业高质量发展的新要求[1]。亟须破除体制机制障碍与政策梗阻，进一步激发中央企业科技创新活力、打造战略科技力量、做强做优做大国有资本。

2 中央企业科技成果转化主要矛盾

2.1 科技成果作为国有资产处置与市场化之间的矛盾

根据《中华人民共和国促进科技成果转化法》和财政部《事业单位国有资产管理暂行办法》，高校及科研院所可以自主决定科技成果的转让、许可或者作价投资，不需报主管部门、财政部门审批或者备案，并可通过协议定价、在技术交易市场挂牌交易、拍卖等方式确定价格。在国家法律和制度层面直接赋予高校、科研院所科技成果的使用权、处置权、收益权。这是近年来中国科学院及高校科技成果转化蓬勃发展的核心因素[2]。

中央企业面临的政策环境与高校、科研院所截然不同。虽然，国家坚定不移支持和鼓励中央企业科技成果转化，但是国家法律及政策主要围绕中央企业科技成果转化的激励机制，未对科技成果的权益处置（使用权、处置权、收益权），是否必须进行资产评估、国家财政资金投入研发经费成本核算等做出明确规定。例如，《促进科技成果转化法》中规定从技术转让或者许可所取得的净收入中提取不低于50%的比例用于奖励，但对于“净收入”含义未进行明确定义，而科技研发的成本往往难以核算，国家财政资金投入是否计入研发成本并无明文规定，导致转化过程中“净收入”核算难以统一，各部门意见不一，进而导致转化“梗阻”。对于中央企业及所属科技型企业的科技成果转化缺少明确规定。例如，《国有科技型企业股权和分红激励暂行办法》适用范围是指中国境内具有公司法人资格的国有及国有控股未上市科技企业，因此国有上市公司的科技成果转化政策缺少政策依据。除此以外，《企业国有资产交易监督管理办法》《企业国有资产评估管理暂行办法》中有关规定，科技成果作为国有资产，资产、产权转让需经评估，且制度中对“重大资产”“一定金额”界定不明，导致转让收益难以覆盖评估成本、企业转化内部决策意见不一等一系列问题[3]。而科技成果作为国有资产，必须遵循“强监督、防流失、保值增值”等相关原则，这使得技术作为一种无形资产在不同法人主体之间流动和交易的效率大大降低，企业相关负责人因担心国有资产流失而在成果转化方面不作为的现象屡见不鲜，限制了中央企业科技成果转化的活力与动力。

2.2 中央企业全面风险管控与成果转化高风险之间的矛盾

中央企业关系国家安全和国民经济命脉，肩负着高度的政治责任和历史使命，必须要遵从国家对国有资本管理和监督的法律法规，全面加强风险管控，促进企业稳步发展，防止国有资产流失。科技成果转化具有不确定性和高风险性，要承担技术成熟度、市场变化和资金回报等方方面面的风险。对于高校、科研院所及民营企业“法无禁止即可为”，而对于中央企业“法无授权即禁止”，严重限制了科技成果转化的自主权、灵活度和决策效率。

一是科技成果转化的收益不确定，甚至短期内难以达到中央企业内控的最低投资回报率要求，使得中央企业很难投资早期的成果转化项目，部分具有市场前景的科技成果在“萌芽”初期得不到有效的资金和决策支持；二是以科技成果作价投资势必新增或参股新的法人单位，不仅需要上报投资计划、履行严格的审批程序，并且要综合考虑中央企业压减法人户数、严控非主业投资、出清连续亏损三年以上企业等要求；三是市场机遇瞬息万变，需要灵活决策，并采取“股权激励＋现金跟投”等与科研人员“利益共享、风险共担”创新机制，但受制于《企业国有资产交易监督管理办法》中对于国有股权转让给个人的限制，以及《关于规范国有企业职工持股、投资的意见》（中即禁止“上持下”）的规定，中央企业科研人员兼职取酬、离岗创业、股权激励等仍存在顾虑。

3 建议

3.1 打造中央企业科技成果转化"政策特区"

建议由国资委牵头加强制度顶层设计，梳理现行法规政策，着力解决衔接不畅、规定不明等问题。进一步为中央企业科技成果转化政策"松绑"，打造中央企业科技成果转化"政策特区"，出台《关于系统推进中央企业科技创新激励保障机制建设的意见》的操作指引和典型案例集，明确中央企业可以直接采用协议定价、在技术市场挂牌交易、拍卖等方式确定科技成果交易价格，明确科技成果权益处置、转化收益核算方式、奖励激励分配、评估定价、尽职免责[4]、科研人员持股/现金跟投、离岗创业、兼职取酬等机制及操作流程，消除中央企业科技成果转化的政策顾虑。

3.2 加大中央企业科技成果转化授权力度

建议进一步加大中央企业科技成果转化有关国有资产管理的授权力度，参照《财政部关于修改〈事业单位国有资产管理暂行办法〉的决定》，明确科技成果与普通国有资产实施差异化管理，由中央企业自行决策及定价。参照《关于进一步加大授权力度促进科技成果转化的通知》文件精神，中央企业科技成果转化形成的股权无须报送投资计划、不计入法人户数、放宽非主业投资限制，不纳入国有资产保值增值考核范围。

3.3 支持中央企业设立专属科技成果转化基金

建议由国资委牵头设立中央企业科技成果转化基金，并支持各中央企业设立集团专属科技成果转化基金，引导社会力量加大科技成果转化投入。中央企业科技成果转化基金侧重"投早投小"，通过基金投资将高风险的科技成果转化项目放在"体外培植"，根据其发展情况决定是否将其纳入自身产业发展体系，摆脱中央企业早期科技成果转化项目投资决策难的尴尬境地，化解科技创新与产业发展中间的"真空地带"，极大提高优质科技成果在中央企业体内培育的数量与质量，为做强做优做大国有资本奠定坚实基础。

参考文献：

[1] 吴寿仁．科技成果转化若干热点问题解析（十三）：从一个实例看政策落实堵点有哪些［J］．科技中国，2018（6）：60－63.

[2] 吴寿仁．科技成果转化若干热点问题解析（五）：科技成果处置及转化方式分析［J］．科技中国，2017（10）：30－36.

[3] 吴寿仁．科技成果转化若干热点问题解析（十二）：科技成果转化法律法规适用问题解析［J］．科技中国，2018（5）：61－67.

[4] 吴寿仁．科技成果转化若干热点问题解析（二）：关于高校院所科技成果转化的几点思考［J］．科技中国，2017（7）：35－38.

Research on the Incentive System for the Transformation of Scientific and Technological Achievements in Central Enterprises

CHEN Zao-jing, XUE Yue, SI Yu

(China Institute of Nuclear Industry Strategy, Beijing 100048, China)

Abstract: The report of the 20th National Congress of the Communist Party of China pointed out that we should improve the level of transformation and industrialization of scientific and technological achievements, and strengthen the dominant position of enterprises in scientific and technological innovation. In recent years, in order to accelerate the construction of the scientific and technological innovation system, promote the deep integration of the innovation chain, industry chain, capital chain, talent chain, and improve the transformation system of scientific and technological achievements, China has provided guarantees from various aspects such as policies, institutions, and funds. However, as the main body of scientific and technological innovation, central enterprises still face problems in the process of transformation of scientific and technological achievements, such as difficulties in implementing favorable policies, dismantling "fences", and building "bridges" . For example, there are conflicts in pricing and equity participation paths, difficulties in implementing employee equity incentives, difficulties in statistics of net income from scientific and technological achievements transformation, high cost of evaluation of the value of achievements, and strict assessment lead to a lack of financial support for "early and small projects" difficulties in implementing conversion incentives, etc. In response, it is recommended to coordinate and promote the transformation of scientific and technological achievements in central enterprises, improve the content of the system, establish a "green channel" for the transformation of scientific and technological achievements in central enterprises, and support central enterprises in establishing specialized funds for the transformation of scientific and technological achievements.

Key words: Transformation of scientific and technological achievements; Transformation; Incentives; Central enterprises

核领域知识产权管理现状及对策研究

陈丽丽，王　朗，王宁远

（中核战略规划研究总院，北京　100048）

摘　要：核领域知识产权是我国核领域创新能力的根本体现，同时也关系到国家安全需求，在国家建设中起到越来越重要的作用。强化核领域知识产权管理，有助于核领域知识产权的保护，同时能够推动建立有效的核领域成果相互转化体系，完善核领域协同创新体制机制。本文主要从强化核领域知识产权管理的必要性、核领域知识产权管理现状、核领域知识产权强化管理的措施三个方面进行分析，有效保证核领域知识产权工作的深入推进，确保核领域知识产权管理工作质量。

关键词：核领域；知识产权管理；知识产权管理措施

核领域是实施军民融合发展的重要组成部分，也是推进军民融合发展的关键。随着军民融合发展的不断推进，市场竞争机制在核领域中发挥的作用越发明显，如何增强核领域科学技术创新、提高科技成果产出及转化、提高自主知识产权拥有量已逐渐成为核工业企业的发展方向。然而，获得大量科技成果、自主知识产权后，如何对其进行有效管理，成为亟待解决的重要问题。

1　强化核领域知识产权管理的必要性

在推进核领域知识产权转化、推进军民融合发展的背景下，强化核领域知识产权的管理工作成为该领域知识产权工作的重中之重，不仅可以提升核工业科技创新能力，也可以实现转化应用的有效性。因此，核领域知识产权的管理有其必要性。

1.1　强化管理实现核领域知识产权的价值

随着经济和科技进步，知识产权应运而生。伴随着市场竞争的不断激烈，知识产权已成为企业的核心竞争力。核领域知识产权作为核领域的创新成果，除了实现核领域科技创新的技术价值和法律价值，更多的要实现核领域科技创新的市场价值，保障核领域知识产权成果的有效转化。因此，必然要强化对核领域知识产权的管理，为实现核领域知识产权的技术价值、法律价值及市场价值提供有力支撑。

1.2　强化管理体现核领域知识产权的特殊性

核领域知识产权与其他领域的知识产权相比具有明显的特殊性，其中有一些知识产权会涉及国防利益或者对国防建设具有潜在作用，需要通过国防知识产权进行保护。首先，国防知识产权主要应用于国防科技领域，必须对其进行严格的保密管理。其次，由于国防知识产权的特殊属性，在对国防知识产权进行成果转化、应用等市场行为时，必须进行限制，避免影响国防建设，损害国防利益。最后，由于国防知识产权权利的独特性及敏感性，进行国防知识产权成果转化、应用时，需要对其权利归属进行严格控制。因此，对于核领域知识产权的管理，应当更加细化，加强管理的干预性和控制力。

作者简介：陈丽丽（1985—），女，天津人，毕业于北京化工大学获化学工程硕士研究生，工程师，2012年参加工作以来一直致力于知识产权研究相关工作。

2 核领域知识产权管理现状

长期以来，核领域知识产权管理意识比较薄弱，保护和管理工作多流于形式，知识产权流失和被侵权的现象多有发生。核领域知识产权管理现状主要表现在以下几个方面。

2.1 核领域知识产权管理体系不完善

大部分核领域企事业单位、科研单位都没有设置独立的知识产权管理机构，通常将其职能依附于某一个部门，这就决定了知识产权管理仅仅是该部门的一个附属职能，而知识产权管理也处于从属地位，这种从属特点决定了知识产权管理受到很大程度的限制，没有建立完善的核领域知识产权管理体系，很难系统发展。

目前，虽然核领域大部分企业和科研单位都制定了知识产权管理制度，但总体上看仍存在一些问题。核领域知识产权既包括普通国家知识产权，也包括国防知识产权，但目前建立的管理制度大多围绕普通国家知识产权，疏于对国防知识产权管理制度的建立，总体知识产权管理制度不成体系，开展工作中往往顾此失彼，很难有效开展知识产权管理工作。除此以外，许多单位已制定的知识产权管理制度中，时有出现不全面的现象，一方面说明这些单位对于知识产权的管理已逐渐重视，另一方面也反映出对知识产权的全面性管理认识不足。

2.2 核领域知识产权管理工作中权利归属与利益分配政策不明确

权利归属、利益分配是核领域知识产权管理工作的核心问题之一，核领域知识产权管理中国防知识产权的权利归属及利益分配相对普通国家知识产权具有特殊性，加之投资主体多元化的趋势，核领域知识产权的权利归属及利益分配问题显得更加复杂。例如，目前在国防知识产权中，大量项目投资以国家为主，形成的国防知识产权仅归属于国家，事实上的申请人权利缺失，影响成果转化、应用过程中国防知识产权产生的利益合理分配，知识产权价值难以真实体现，同时也会影响相关科技研发人员的积极性，进而制约核领域国防科技的创新发展。

2.3 核领域知识产权管理影响知识产权成果转化及应用的效率

目前，核领域知识产权转化及应用面临诸多困难，如转化率低，应用效果差等问题突出。许多民用生产的知识产权尚未得到充分利用，一方面与商业化成果不完善等有关，另一方面也与知识产权管理水平息息相关，系统化有针对性的提升核领域知识产权管理水平，核领域知识产权转化及应用在某种程度上也会有很大提升。

2.4 核领域知识产权管理专业人才匮乏

目前，绝大部分核领域知识产权管理岗位人员为技术岗位或法务相关岗位转岗或兼职人员，而专业的知识产权管理人员需要具有技术、法律、管理等背景的综合性人才。面对核领域知识产权的不断发展，综合素质较高的核领域知识产权管理人才匮乏的问题日益凸显，严重限制核领域知识产权管理工作的顺利开展及管理水平的逐步提升。

3 核领域知识产权强化管理的措施

针对目前核领域知识产权管理的现状及存在的一些问题，应该坚持全面统筹，抓住重点，稳步推进，切实有效提高核领域知识产权管理质量及管理水平。

3.1 提升核领域知识产权管理意识

加强核领域知识产权管理，首先需要提升核领域企事业单位、科研单位、科技人员的知识产权管理意识。具体实施上，可以通过召开知识产权法律法规宣贯会、开展核领域知识产权讲座、开展核领域知识产权宣传月、进行专题研讨、编发有关教材等多种形式，提升核领域企事业单位、科研单位、科技人员的知识产权管理意识。并且针对不同岗位人员对核领域知识产权有不同需求，要因地制宜，有的放矢。

3.2 积极推进核领域知识产权管理体系的建立健全

建立健全核领域知识产权管理体系是推动核领域知识产权管理工作有效开展的关键。在现有核领域知识产权管理制度的基础上，加强顶层设计，健全核领域知识产权管理体系，明确相关部门各自的工作范畴及工作职责，理顺相关部门之间的工作关系，避免出现具体工作无部门负责，不同部门之间的相互关联工作衔接困难。

积极推进核领域知识产权管理体系的建立健全，不仅确保核领域知识产权管理工作的开展有法可循、有理可依，同时有利于实现核领域科学技术的自主创新。

根据现有的知识产权法律法规，建立健全符合核领域特点的知识产权管理体系，使得知识产权管理贯穿科研项目的全生命周期，从科研项目的立项、实施，直至验收的全过程，避免低水平或重复研究。

此外，要加强核领域知识产权的理论研究，进一步为核领域知识产权的保护和管理提供法律依据。

3.3 明确核领域知识产权的权利归属与利益分配

核领域知识产权的权利归属与利益分配应以维护国家利益和国防安全利益为前提，以激励创新、促进应用为导向。根据已出台的有关知识产权的权利归属与利益分配的指导性意见，尽快解决现有核领域知识产权管理体系中有关规定不明晰，相关文件不协调，各部门认识不统一、要求不一致等问题，充分调动核领域企事业单位、科研单位和科研人员进行核领域科学技术创新和成果转化、应用的积极性。

3.4 搭建核领域知识产权转化应用平台

提高核领域生产力发展水平，将研制产品最大化转化为民用产品，实现核领域知识产权转化效益最大化是核领域企事业单位关注的重点。通过搭建核领域知识产权转化应用平台，可以妥善处理转化过程中的权力归属、有偿使用、国防知识产权保密解密等问题，一方面拓宽核领域知识产权内部信息互通渠道，实现信息共享、提高效率；另一方面设立专门的转化应用平台，可以为供需双方提供信息查询、技术和市场评估分析、推荐技术转让和商业化项目等服务。

3.5 加强核领域知识产权管理人才队伍建设

核领域知识产权管理专业人才匮乏问题已严重限制核领域知识产权管理工作的顺利开展及管理水平的逐步提升，因此需要尽快加强人才队伍的建设。一方面，针对现有核领域知识产权管理岗位人员，制定总体培训方案，定期开展系统性、知识产权专业性相关培训，并建立与之对应的考核制度，以进一步提升现有核领域知识产权管理岗位人员的业务管理能力；另一方面，加强与高等院校建立核领域知识产权管理专业人才的联合培养模式，由用人单位根据实际需求提出培养目标，由高等院校定向培养所需核领域知识产权管理人才，增加核领域知识产权管理人才储备，加强核领域知识产权管理人才队伍建设。

4 研究结论

通过从强化核领域知识产权管理的必要性、核领域知识产权管理现状、核领域知识产权强化管理的措施3个方面对核领域知识产权管理进行深入分析研究，寻求提升核领域企业知识产权管理水平的着力点，为推动核领域科学技术创新水平不断提高提供不竭动力。同时，从提升知识产权管理意识、健全知识产权管理体系、搭建知识产权转化应用平台、培养知识产权管理人才等多方面、全方位、系统性地对核领域知识产权管理进行改进完善，有效保证核领域知识产权工作的深入推进，确保核领域知识产权管理工作质量。

参考文献：

［1］ 陈以亮，黄志红．谈谈军工企业自主创新中知识产权的管理［J］．国防技术基础，2008（12）：46－48.

［2］ 王维伟，吴亮东，尤琪．知识产权全过程管理体系的构建［J］．舰船科学技术，2011，33（8）：192－196.

［3］ 吴慰．国防工业科研院所关于加强国防知识产权管理的探索［J］．中小企业管理与科技，2018（2）：42－43.

［4］ 张春霞，宋志强，李红军，等．军工企业国防知识产权管理问题研究［J］．装备学院学报，2015（1）：59－62.

Research on the current situation and countermeasures of intellectual property management in the nuclear field

CHEN Li-li，WANG Peng，WANG Ning-yuan

（China Institute of Nuclear Industry Strategy，Beijing 100048，China）

Abstract：Intellectual property rights in the nuclear field are the fundamental embodiment of China's innovation capabilities in the nuclear field，and are also related to national security needs，and play an increasingly important role in national construction. Strengthening the management of intellectual property rights in the nuclear field is conducive to the protection of intellectual property rights in the nuclear field，while promoting the establishment of an effective mutual transformation system of achievements in the nuclear field，and improving the system and mechanism for collaborative innovation in the nuclear field. This article mainly analyzes the necessity of strengthening the management of intellectual property rights in the nuclear field，the current situation of the management of intellectual property rights in the nuclear field，and the measures for strengthening the management of intellectual property rights in the nuclear field，in order to effectively ensure the in－depth advancement of intellectual property rights work in the nuclear field and the quality of intellectual property rights management work in the nuclear field.

Key words：Nuclear field；Management of intellectual property；Management measure of intellectual property

核领域科技成果转化政策分析

王子薇，曲　漾，杨安琪

（中核战略规划研究总院，北京　100048）

摘　要：自20世纪90年代起，我国不断完善科技成果转化领域内的制度建设，提升科技成果转化效率，助力科技创新高质量发展。核领域技术的发展与我国经济发展、国家综合实力提升、国家能源安全等息息相关，但是其中大多数科技成果具备的保密属性及国有资产属性，使其陷入了“不能转、不敢转、不愿转”的现实困境。本文分别从国内科技成果转化政策、核领域科技成果转化政策两个方面进行研究，分析了当前我国核领域科技成果转化政策的实际情况。

关键词：科技成果转化；核领域；政策分析

1　国内科技成果转化政策现状

自20世纪90年代起，我国开始推行科技发展战略，鼓励科技创新并积极推动科技成果向生产领域转化，同时满足企业对先进技术及高校、科研院所对研究资金的需求，将先进技术转化为生产力。党的十八大以后，党中央更是高度重视科技成果转化工作，大力推动科技成果转化应用。习近平总书记在党的二十大报告中强调：“加强企业主导的产学研深度融合，强化目标导向，提高科技成果转化和产业化水平。”为响应科技成果转化号召，我国科技成果转化相关立法工作也进入新阶段，在完善顶层部署的同时，陆续出台配套的政策性文件，不断提升科技成果转移转化效率，全面助力科技创新高质量发展。

1.1　科技成果转化的顶层政策

自20世纪末，国家就已经认识到在日益激烈的国际竞争中，将科技成果转化为现实生产力是发展的重点任务。在1993年第八届全国人民代表大会第一次会议审议的《关于1992年国民经济和社会发展情况与1993年计划草案的报告》和1996年第八届全国人民代表大会第四次会议审议的《关于1995年国民经济和社会发展计划执行情况与1996年国民经济和社会发展计划的决议》中，明确提到了“科技成果转化”这一概念，提到应将“对行业发展牵动作用大、技术水平高、社会经济效益好的科技成果转化”，认识到“加强企业技术中心建设、产学研合作和工程化研究”是加快科技成果转化的重要措施。与此同时，我国先于1993年7月2日通过了《中华人民共和国科学技术进步法》，再于1996年5月通过《中华人民共和国促进科技成果转化法》，在法律层面明确了科技成果转化的地位，为科学技术成果的推广应用提供法律依据。但从法律实行效果上来看，两部法律出台并未如预期一样提高科技成果转化比例。2007年对《中华人民共和国促进科技成果转化法》进行修订后，虽然新增了项目承担者对国家资助完成的科技成果享有知识产权的权利归属模式，但是根据2011年统计的数据显示，科技成果转化率仍旧保持在5%，属于较低水平。在实践中，科技成果供需双方信息交流不畅、科研机构和科技人员科技成果处置及收益分配机制不完善、科技成果转化服务薄弱等众多问题依然突出，法律体系与实践之间存在明显脱节，严重制约科技成果转化工作的开展。

党的十八大报告中提出，要实施创新驱动发展战略，推动科技与经济紧密结合。2013年发布的

作者简介：王子薇（1996—），女，硕士研究生，助理工程师，现主要从事科技成果转化领域内的科研工作。

《中共中央关于全面深化改革若干重大问题的决定》提出要深化科技体制改革，发展技术市场，健全技术转移机制，促进科技成果资本化、产业化。2014 年发布的《中共中央关于全面推进依法治国若干重大问题的决定》则明确，完善促进科技成果转化的体制机制。在此基础上，2015 年，全国人大再次对《中华人民共和国促进科技成果转化法》做出修订，在国家层面建立、完善科技报告制度和科技成果信息系统，下放科技成果的使用权、处置权及收益权，保障科研人员 50%的收益下限，为科技成果转化工作的推动提供法律依据。2016 年 2 月，国务院印发《实施〈中华人民共和国促进科技成果转化法〉若干规定》，进一步明确了科技成果转化相关制度，为科技成果转化工作的提供具有实操性的指导意见。同年 4 月，国务院办公厅发布《促进科技成果转移转化行动方案》，从总体思路、重点任务、组织与实施 3 个方面落实科技成果转化相关法律规定。至此，形成了从法律法规到配套细则再到具体任务的科技成果转移转化工作“三部曲”。

科技成果转移转化工作“三部曲”的出台，一方面破除了科研机构和高校所在科技成果转化工作中的体制障碍，强化企业在科技成果转化中的主体作用，明确保障了科研人员在科技成果转化奖励中收益比例，充分提高各方主体科技成果转移转化意愿。

1.2 科技成果转化的配套政策

金融作为科技成果转化工作的重要支撑领域，国家配套制定了相应的财政税收制度和金融政策，保证科技成果转化工作的顺利推进。

在税收方面，主要以减免科技成果转化企业所得税与科研人员个人所得税两个方面进行优惠。关于企业所得税，在《中华人民共和国企业所得税法》第二十七条第（四）项规定“符合条件的技术转让所得”可以免征、减征企业所得税。2015 年发布的《关于将国家自主创新示范区有关税收试点政策推广到全国实施范围的通知》中将企业技术转让收入减免所得税的范围扩大到 5 年以上实施许可。2016 年出台的《关于完善股权激励和技术入股有关所得税政策的通知》中明确股权奖励可以递延纳税。而对个人所得税的优惠政策可追溯至 1999 年发布的《国家税务总局关于促进科技成果转化有关个人所得税问题的通知》，明确科研机构、高等学校转化职务成果时以股份形式基于科技人员奖励的，不征收个人所得税。2018 年发布的《财政部　税务总局　科技部关于科技人员取得职务科技成果转化现金奖励有关个人所得税政策的通知》，则明确非营利性研究开发机构和高等院校的科研人员在取得职务科技成果转化收入的现金奖励时，可减按 50%计入当月“工资、薪金所得”，依法缴纳个人所得税。

在资金保障方面，一方面通过出台《中国银保监会关于进一步加强知识产权质押融资工作的通知》，解决中小企业在科技成果转化中面临的融资难困境，鼓励银行保险机构开展知识产权质押融资业务，允许企业将专利权、商标专用权、著作权等相关无形资产进行打包组合融资，提升企业复合型价值，扩大融资额度，充分发挥质押融资对企业加大科技研发投入、加强科技成果转化的激励作用。另一方面，通过出台《国家科技成果转化引导基金管理暂行办法》，明确中央财政应设立国家科技成果转化引导基金，为利用财政资金形成的科技成果提供直接的转化资金支持。

1.3 科技成果转化的地方政策

在国家政策的统一引领下，我国很多省市结合自身发展需求，补充出台了一系列科技成果转化政策及文件。如北京市于 2019 年出台《北京市促进科技成果转化条例》，并率先出台“京校十条”“京科九条”，充分赋予科研机构成果自主处置权。先后编制《科技成果转化工作操作指南》《北京市科技成果转化典型案例集》《国家及各省市促进科技成果转化政策汇编》等文件，为在京高校、研究院、市属单位的科技成果转化工作提供实操指引，推动成果在京转化落地。

2006 年，上海市政府印发《上海中长期科学和技术发展规划纲要（2006—2020 年）》，提出通过制定有关科技进步、促进科技成果转化、科技中介服务、政府资助科技创新等方面的配套政策，规范引导各主体进行科技成果转化工作，并在此后出台了《上海市促进科技成果转化条例》、《上海市促进科技成果转移转化行动方案（2017—2020）》、“科改25条”及《上海市推进科技创新中心建设条例》等法规和政策文件。在2021年出台的《上海市促进科技成果转移转化行动方案（2021—2023年）》中，通过建立改革试点单位的免责机制，丰富成果转化主体，加强部门协同等具体方式，提高科技成果转化活跃度与技术转移能力。

广东省于2022年印发《科技创新助力经济社会稳定发展的若干措施》，明确提到“推动国投（广东）科技成果转化基金、中国科学院科技成果转化母基金等国家级基金聚焦我省重大科技成果开展股权投资，对抢占技术制高点、突破关键核心技术的企业加大支持力度”，通过发挥财政资金杠杆效应，带动科技成果转移转化。

陕西省于2022年发布《陕西省深化全面创新改革试验推广科技成果转化“三项改革”试点经验实施方案》，持续推进省属综合类、理工类高效实施职务科技成果单列管理、技术转移人才评价和职称评定、横向科研项目结余经费出资科技成果转化“三项改革”试点。该改革经验在国务院第九次大督查中获得通报表扬。

1.4 科技成果转化政策效果评价

顶层政策的不断完善和配套政策的逐步落实助推我国科技成果转化工作迅猛发展、为科技成果转化落地构筑了坚实的基础。以高等院校与科研院所为例，据中国科技评估与成果管理研究会、国家科技评估中心和中国科学技术信息研究所编写的有关报告，2019年中有3450家高等院校与科研院所以转让、许可、作价投资等方式转化科技成果的合同为15 035项，合同总金额达152.4亿元。而在2020年中，进行科技成果转化的高等院校与科研院所数量上升为3554家，合同项数增长至466 882项，合同总金额为1256.1亿元；2021年，3649家高等院校与科研院所以转让、许可、作价投资等方式转化科技成果合同项数为564 616项，合同总金额为1581.8亿元。科技成果转化项目数和合同总金额的逐年递增，直观反映出了科研主体转化自主性、积极性和活跃度的不断提高。

除了直接提高科技成果转化率外，成果转化工作的深度发展也进一步促进了科技成果转化中信息对接、成果评估等配套服务的发展情况。根据国家统计局数据，2022年科技成果转化服务业投资较前一年增长26.4%，表明了社会整体对于科技成果转化行业的发展前景较为乐观。

2 核领域科技成果转化政策分析

2.1 核领域科技成果特点

核技术广泛应用于工业、农业、医学、环保等国民经济各个领域，但因其自身带有的重大国家利益属性，很多科技成果以国防专利或技术秘密的形式进行保护。区别于普通国家专利，国防专利涵盖在《中华人民共和国保守国家秘密法》第九条规定的“泄露后可能损害国家在政治、经济、国防、外交等领域的安全和利益的”“（五）科学技术中的秘密事项”范围内，属于国家秘密，对于国家秘密的知悉范围应限定在最小范围内，具有较强的保密属性。这与科技成果对外转化时，尤其是以是许可他人使用、向他人转让等方式对外转化时伴随的小范围技术信息公开的情况可能存在冲突。

此外，概括来说，核领域的技术成果多依托于国防科研资金、国家直接资助的科研项目，或是产生于国有企业内部，前者属于《中华人民共和国国防法》中规定的国防资产，属于国家所有，任何组织或个人不得破坏、损害和侵占；后者则属于《中华人民共和国企业国有资产法》规定的国有资产，根据《企业国有资产监督管理暂行条例》企业对其经营管理的国有资产承担保值增值责任。其中，国有企业自行研发产生的核领域技术成果多为职务发明，即权利归属于申请专利的单位而非直接发明的自然人。这部分成果在对外转化过程中，一旦定价过低或者转化失败，就有可能会触及国有资产流失的“红线”。因此，科技成果权利人出于规避风险的考量，很有可能选择不转化。

上述两种情况并存，共同导致了核领域部分技术成果“不能转、不敢转、不愿转”的现实困境。

2.2 国防科技成果转化相关政策

我国并未禁止国防科技成果进行转移转化，近年来积极出台相关政策措施，推动国防科技成果向社会转化。

首先，在相关法律中是概括性承认了国防科技成果对外转化的合法性。在《中华人民共和国促进科技成果转化法》中第十四条中提出国家建立有效的军民科技成果相互转化体系，且军品科研生产应当依法优先采用先进适用的民用标准，以推动军用、民用技术相互转移、转化。表明了并不禁止国防科技成果向民用技术转移转化的态度。在2020年修订的《中华人民共和国国防法》中，新增了关于科技成果转化的有关规定。其中的第三十五条中，明确提出了要“促进国防科技成果转化，推进科技资源共享和协同创新”。第四十二条第二款中则补充了“国防资产中的技术成果，在坚持国防优先、确保安全的前提下，可以根据国家有关规定用于其他用途”这一条款，为国防科技成果对外转化提供法律基础。但是，前述两条均未对权利归属、利益分配等具体问题并未做进一步规定，对具体实践的指导性较为有限。

在此基础上，国防科工局、财政部、国资委在2021年联合印发《促进国防工业科技成果民用转化的实施意见》，对成果转化具体工作做进一步规定。文件中不仅从大方向上确定了可转化的国防工业科技成果既包括涉密的科技成果和非密的科技成果，也明确了成果转化是指“国防工业科技成果向民用领域转化”，而非军工集团、高等院校等主体自行实施转化。除此以外，文件中还对转化过程中成果的权利归属、利益分配、奖励激励、成果解密等问题进行具体规定，尤其明确对于国防工业科技成果完成单位在履行勤勉尽责义务仍发生亏损，经履行出资人职责的机构审核后，不纳入国有资产保值增值考核范围。在制度层面破除科技成果完成单位转移科技成果的障碍，努力改善成果转化解密率低、转化率低、成功率低、市场化率低的状态，解决“不能转、不愿转、不敢转、不会转”的难题。

2.3 国有科技成果转化相关政策

立法层面，对于国有科技成果转化持认可和鼓励的态度，在《中华人民共和国科学技术进步法》第三十二条中明确表述了利用财政性资金设立的科学技术计划项目所形成的科技成果，项目承担者可以依法自行投资实施转化、向他人转让、联合他人共同实施转化、许可他人使用或者作价投资等。对于利用财政性资金设立的研发机构和高等院校，根据《行政事业性国有资产管理条例》第二十三条的规定对其持有的科技成果的使用和处置可依照《中华人民共和国促进科技成果转化法》《中华人民共和国专利法》等有关规定执行。

同时，通过《中华人民共和国企业国有资产法》《企业国有产权转让管理暂行办法》《企业国有资产交易监督管理办法》《国有资产评估项目备案管理办法》及相关配套制度，规范科技成果交易。当相关单位对外转让科技成果或以科技成果作价投资时，应以资产评估作为成果转化工作的前置程序，且相关单位在进行科技成果转让时，应做好可行性研究，并形成书面决议，即通过规范成果转化程序，降低国有资产流失风险。

总的来说，目前国有科技成果的转化的有关政策是在降低交易过程中国有资产流失的前提下，尽最大可能提高各主体成果转化自主性，激发国有科技成果转化活力。

3 结论

我国当前科技成果转化工作的开展，尤其是核领域科技成果转化工作的开展与政策的发展演进紧密相连。因此，想要提高我国核领域科技成果转化效率，必须做到立法先行。目前，我国在国防工业科技成果转化、国有企业科技成果转化领域内，还未形成单独的统一立法，有关规定均散见于各法律条款中。我国在防科技成果转化相配套金融政策、国有科技成果转化考核容错机制等方面规定尚且不够全面。在接下来的工作中，应着手构建国防领域科技成果转化的统一立法，继续完善配套措施的建立，出台更多具有实操性的指导意见，从根本上免除成果持有单位成果转化的顾虑，才能切实提高成果转化意愿，充分释放科技创新活力。

参考文献：

[1] 刘碧波，刘罗瑞．我国科技成果转化政策分析与评估［J］．清华金融评论，2023（1）：73-76.

[2] 孙芸．2022年科技成果转化相关政策回顾与综述［J］．产权导刊，2023（2）：22-27.

[3] 蒋兴华，谢惠加，马卫华．基于政策分析视角的科技成果转化问题及对策研究［J］．科技管理研究，2016，36（2）：54-59.

[4] 何培育，王潇睿．军民融合技术转移的组织与政策制度研究［J］．科技管理研究，2019，39（15）：29-36.

[5] 吴寿仁．国有企业科技成果转化政策体系及其影响因素研究［J］．安徽科技，2023（6）：6-13.

Policy analysis on the transformation of scientific and technological achievements in the nuclear field

WANG Zi-wei，QU Yang，YANG An-qi

(China Institute of Nuclear Industry Strategy，Beijing 100048，China)

Abstract：In the 1990s China has continuously improved the institutional construction in the field of transformation of scientific and technological achievements，thereby improving the efficiency of transformation of scientific and technological achievements and helping the high - quality development of scientific and technological innovation. The development of technology in the nuclear field is closely related to China's economic development，the improvement of national comprehensive strength，and national energy security. However，the confidentiality and state - owned assets of most of these scientific and technological achievements have made them fall into the practical dilemma of "unable to turn，dare not transfer，and unwilling to transfer" . This paper will conducted research from the two aspects of domestic scientific and technological achievements transformation policy and nuclear field scientific and technological achievement transformation policy，and analyze the actual situation of China's scientific and technological achievements transformation policy in the nuclear field.

Key words：Transformation of scientific and technological achievements；Nuclear field；Policy analysis

核能综合利用

Comprehensive Utilization of Nuclear Energy

目　　录

推进我国核能制氢产业化发展的思考与建议

田　铮，张　萌，蔡一鸣，汪永平

（中核工程咨询有限公司，北京　100037）

摘　要："碳中和"战略下，国家对于能源清洁低碳转型提出更高要求，核能除用于发电之外，在制氢、供热等领域拥有较大的市场空间。核能制氢具有低碳、稳定、高效等优点，是未来实现氢气大规模稳定供应的重要解决方案。探索开展核能制氢利用，是核能行业创新发展、拓展核能利用空间的可选方案，是助力碳中和、在氢能领域提供核能供给方案的重要选择。本文调研了国际氢能产业发展现状，以及主要核能国家与企业在氢领域的主要举措与发展目标，研究分析了我国推进核能制氢的基础与优势，分析论证了核能制氢产业化的可行性等，研究提出推进核能制氢产业化发展的建议。

关键词：核能制氢；碳中和；产业化；能源转型

氢能作为一种来源丰富、绿色低碳、应用广泛的二次能源，对构建清洁低碳安全高效的能源体系、实现碳达峰碳中和目标具有重要意义。2022 年 3 月，国家发展改革委、国家能源局联合印发了《氢能产业发展中长期规划（2021—2035 年）》，重点围绕科技创新、示范应用、基础设施建设、政策支持和保障等方面，明确了氢能是未来国家能源体系的组成部分，氢能产业是战略性新兴产业和未来产业的重点发展方向，并明确要合理布局和推进核能高温制氢等各种技术研发。核能制氢是将核反应堆系统与先进制氢工艺耦合，利用核能为制氢工艺提供所需的电能和或热能，从而进行氢的生产。核能制氢具有低碳、稳定、高效等优点，是未来实现氢能大规模供应的重要解决方案之一，当前美国、俄罗斯、日本等核电国家都在加强核能制氢技术开发，从顶层谋划推进产业化发展。在我国探索开展核能制氢应用并推进产业化，是核能行业借鉴国际核能与氢能发展实践、面向未来实现创新发展的重要选择，是拓展核能利用空间、代表核能行业为促进净零排放世界提供多元化清洁供给方案的可行路径。

1　国内外核能制氢发展现状

1.1　全球氢生产与消费概况

2021 年，全球氢产量约为 9400 万 t[1]，其中天然气制氢占 62%，煤制氢占 19%，副产氢占 18%，剩余氢来自化石燃料制氢、油制氢和电解水制氢（图 1）。全球生产的氢主要用于炼油和工业领域。其中，炼油用氢近 4000 万 t，主要作为原料、试剂或能源；工业领域用氢约 5000 万 t，主要作为化工原料用于生产氨和甲醇，以及用于炼钢等。

作者简介：田铮（1990—），男，博士，现任职于中核工程咨询有限公司产业发展研究中心，主要从事产业规划与政策研究等工作。

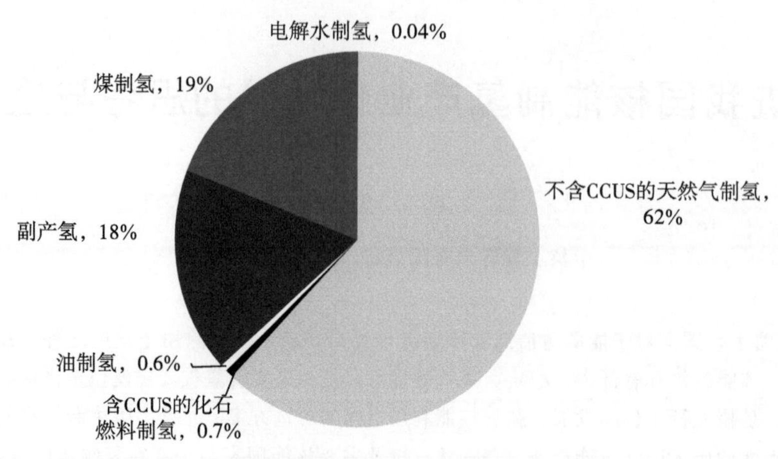

图1　2021年全球氢能生产结构

1.2　主要国家核能制氢发展举措

当前，发展氢能已经成为全球主要国家应对气候变化、建设脱碳社会的重要选项。美国、日本、英国、俄罗斯等核电国家都在谋划利用核能制氢，支持相关技术开发、示范验证或产业化。

1.2.1　美国

2020年，美国氢年产量约为1100万t[2]，其中95%是利用天然气进行蒸汽甲烷重整（SMR）生产，少量来自天然气（或其他碳氢化合物）氧化或自热重整，以及煤（或煤/生物质/废塑料混合物）气化。氢主要用于炼油（600万t）、合成氨（300万t），以及生物燃料/合成燃料生产（100万t）等领域。2004年，美国能源部（DOE）发起“核氢启动计划”（NHI），研究开发利用高温气冷堆制氢。2021年1月，DOE核能办公室（NE）发布《核能办公室战略愿景》[3]，将核能制氢作为“确保美国现有核反应堆持续运行”战略目标实现的支撑举措之一。2020年11月，DOE发布的《能源部氢项目计划》，明确核能办公室将与工业企业合作研发与示范，以利用核能系统的热能和电力实现商业规模生产。DOE能源效率和可再生能源办公室（EERE）及NE已经开始与电力企业合作，为在九英里峰核电厂、戴维斯-贝瑟核电厂、普雷里岛核电厂和帕洛弗迪核电厂生产清洁氢的示范项目提供支持。2023年3月7日，DOE宣布位于纽约州九英里峰核电厂的1 MW核能制氢示范项目投入运行，成为美国首个利用核能制备清洁氢设施。该核电厂核能制氢生产的氢气将用于其内部运维需要，包括涡轮冷却和水化学控制等场景。此外，美国近期计划选择建设6～10个区域清洁氢枢纽，其中至少包括一个核能生产清洁氢气的清洁氢枢纽。

1.2.2　日本

2020年，日本氢年产量约为200万t[4]，主要来自工业副产氢和天然气重整制氢。日本自20世纪80年代起一直推进高温气冷堆和制氢工艺研究，开发的30 MWt高温气冷试验堆（HTTR）1998年首次实现临界，2004年将堆出口冷却剂温度提高到了950 ℃。日本正在开发新型的高温气冷堆——GTHTR300，可用于发电、热电联产、制氢，以及核/可再生能源混合系统等。2022年，日本原子能研究开发机构和三菱重工合作启动高温试验堆制氢示范项目。

日本政府支持开展利用高温气冷堆高温热进行制氢的技术研究和示范，目标是到2050年将利用高温气冷堆过程热制氢的成本降至12日元/标准立方米。具体技术上，支持发展碘-硫热化学循环工艺和甲烷裂解等超高温无碳制氢技术。具体技术路线：①2021—2030年为开发阶段，2021年重启HTTR；2021—2023年完成HTTR的固有安全性验证试验；2024—2030年完成无碳制氢相关技术（如I-S循环工艺）开发。②2030—2040年为示范阶段，2040年前完成无碳制氢装置与HTTR连接技术验证。③2050年前通过扩大销售和规模化生产，争取制氢成本降低到12日元/标准立方米。

1.2.3 英国

2019 年，英国氢产能为 52 万 t/年[5]，主要由天然气生产（无碳捕获）；2019 年，英国氢消费量为 40 万 t，主要用于化工和炼油领域。2021 年 5 月，英国核工业委员会发布《氢能路线图》[6-7]，给出 2050 年核能制氢的目标及技术方案。①主要目标：核能应成为英国生产绿氢的主要来源之一，到 2050 年，英国 75 TW・h（合 190 万～220 万 t）的氢由核能生产，占低碳氢需求总量的 1/3，达到上述产量需 1200 万～1300 万 kW 的核能装机。②计划安排：短期内，政府应支持核能电解制氢示范项目，以探索核能制氢的快速部署机遇；长期看，政府应通过支持小型模块堆（SMR）和先进模块化反应堆（AMR）进一步提高效率、降低成本，以促进此类技术在商业上可行，并实现在 21 世纪 30 年代初部署 AMR 制氢示范项目的目标。

1.2.4 俄罗斯

2020 年，俄罗斯氢生产能力为 200 万～350 万 t/年[8]，主要来自天然气制取。2020 年 6 月，俄罗斯政府发布《2035 年能源战略》，提出将氢能作为“资源创新型发展”的重点方向。2020 年 9 月，俄罗斯能源部公布《2020—2024 年俄罗斯氢能发展路线图》草案，计划到 2024 年建成由传统能源企业主导的氢能全产业链，重点倾向天然气制氢和核能电解水制氢。

俄罗斯早在 20 世纪 70 年代，由库尔恰托夫研究所主导开展核能制氢研究[9]。俄罗斯国家原子能集团（Rosatom）2018 年将氢列入优先研发领域，研发技术包括电解水、含碳捕获的 SMR 和高温气冷堆等各种路线。Rosatom 在科拉核电站安装氢生产和转化试验设施，2022 年 12 月 26 日，科拉核电站生产了第一批氢气，将用于冷却核电厂汽轮发电机。着眼于未来，Rosatom 正在研究建设一座利用高温气冷堆甲烷重整制氢的核电站的可行方案，争取 2030 年左右商业化。

总体来看，主要核电国家都比较重视氢能产业和核能制氢，支持相关技术研发与示范，推进产业化。氢需求预计在 2030 年后会出现较大规模增长，除炼油与化工领域继续保持较大规模需求外，来自交通与电力系统领域的氢需求增长潜力较大。发展低碳氢是未来主要趋势，但短期内化石燃料制氢和副产氢仍将是氢的主要来源；核电站电解水制氢和高温气冷堆热化学循环制氢是核能制氢的主要技术路线，其中电解水制氢技术相对成熟，可快速部署，目前国际上已开展核电厂生产清洁氢的商业示范项目；核能热化学循环制氢是未来优选方案，预计 2030 年后才具备产业化条件。

1.3 国内核能制氢发展现状

目前，氢气在我国已经广泛应用于化工、电子、冶金、能源、航空航天以及交通等诸多领域。2022 年，我国氢能产量达 3781 万 t，同比增长 14.58%[10]。氢能生产结构以煤制氢、工业副产氢为主，其中煤制氢占比 63.6%，工业副产氢占比 21.2%，天然气制氢占比 13.8%，电解水制氢占比 1.4%（图 2）。

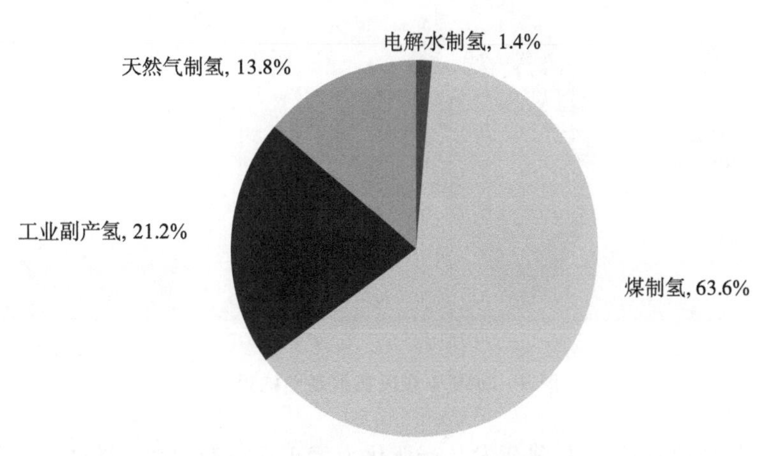

图 2 2022 年我国氢能生产结构

我国氢气主要用于石油、化工、焦化等行业，多作为原料用于生产甲醇、合成氨等化工产品，少量用作工业燃料。2020 年我国氢气消费结构中，合成氨用氢占比 37%，生产甲醇用氢占比 19%，炼化用氢占比 25%。氢冶金技术尚处于研发（全氢冶炼）或示范（掺氢或富氢炼钢）阶段。预计 2025 年实现中试装置研究大规模用氢冶炼的可行性，2030 年后具备工业化生产条件。

中核集团、国家电投、中广核等企业正围绕核能制氢进行积极探索[11-12]。中核集团正与清华大学等机构合作推进高温气冷堆制氢产业化。2021 年 9 月，中核集团与清华大学、华能集团、中国宝武钢铁集团、中信集团联合发起成立高温气冷堆碳中和制氢产业技术联盟[13]，计划通过开发氢冶炼、氢化工等应用技术，将高温气冷堆制氢技术与钢铁冶炼、石油、化工等具体应用场景相结合。2022 年 9 月，中核集团与东华能源签署战略合作协议，双方将联合成立氢能联盟，设立氢能研究院、中试装置，主攻绿氢制备环节中热化学制氢技术路线，打造技术先进、经济优良、环境友好型氢能源产业链。2022 年 12 月，山东荣成高温气冷堆示范工程实现初始满功率运行。未来，高温气冷堆可成为大规模热化学制氢的重要热源。国家电投成立了氢能科技发展有限公司，主营以氢燃料电池和 PEM 为核心的氢能关键技术开发与产业化。国家电投山东海阳核电积极推进核能综合利用，谋划“热、水、储、氢”四大应用场景；国核示范打造的智慧核能综合利用示范项目“国和一号+”开工，将打造集光伏发电、核能供热、海水淡化、海上风电、核能制氢于一体的“零碳、智慧、综合”能源新模式。中广核以广核研究院为主体，开展燃料电池和电解水制氢应用端集成研发，通过产业投资基金开展氢能及燃料电池领域的投资。

2 核能制氢产业化可行性分析

在市场空间上，短期内氢需求增长有限，商业用氢市场规模小；随着碳中和的推进，未来氢产业链更完善，核能制氢市场化前景更加广阔。根据中国氢能联盟预测，在 2030 年碳达峰情景下，我国氢气的年需求量将达到 3715 万 t，在终端能源消费中占比约 5%。在 2060 年碳中和情景下，我国氢气的年需求量将增至 1.3 亿 t 左右，在终端能源消费中占比约为 20%（图 3）。其中，交通领域氢能消费将实现从辅助能源到主力能源的过渡；工业领域氢炼钢、绿氢化工和天然气掺氢将是 3 个主要应用场景，钢铁行业到 2030 年氢能消费量将超过 5000 万 t 标准煤；储能领域氢将扮演重要角色，利用富余的清洁能源电解制氢，再将氢能输送到能源消费中心，可有效解决可再生能源不稳定及长距离输送问题；建筑领域主要应用场景有微型热电联供和管道掺氢。从核能制氢特点来看，具有大规模稳定氢气需求的工业领域如冶金、石油炼化、合成氨等是合适的终端用户。

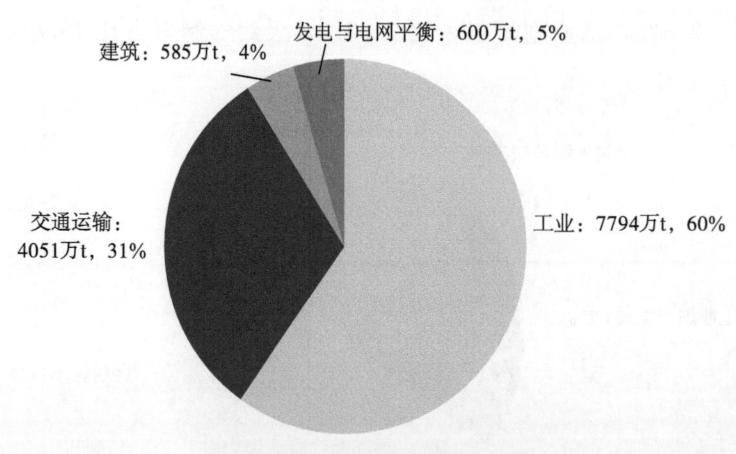

图 3 2060 年我国氢消费结构预测

在政策上，我国国家和地方支持氢研发与产业化力度正在逐渐加大，核能制氢关键技术研发与应用已被列入支持范围[14]。2019 年，氢首次被写进政府工作报告，氢从法律上被明确为能源属性，被列为“十四五”规划前沿科技和产业变革重要领域。“双碳”目标提出后，国家明确统筹推进氢能制—储—输—用全链条发展；支持探索开展氢冶金、碳捕集利用一体化等试点示范，积极扩大氢能等在工业、交通、建筑等领域的规模化应用。2022 年，《氢能产业发展中长期规划（2021—2035年）》《“十四五”能源领域科技创新规划》出台，明确氢能战略定位、目标及各制氢技术路线发展方向，要求推进固体氧化物电解池制氢、光解水制氢、海水制氢、核能高温制氢等技术研发。广东、山东、辽宁等地出台了氢能产业相关发展政策，支持发展核能制氢。《广东省科技创新“十四五”规划》提出开展质子交换膜/固体氧化物电解制氢、大规模风光电制氢、核能制氢等前沿技术研究。《辽宁省“十四五”生态经济发展规划》提出积极探索核能综合利用，推进核能制氢、核能供暖等核能综合利用。《山东省能源发展“十四五”规划》《山东省能源科技创新探索核能制氢技术研究和示范应用》等提出探索开展核能制氢技术研究和示范应用。

在技术上，核能耦合电解水制氢工艺近期可部署，美国能源部（DOE）估计，一座 100 万 kW 的反应堆每年可以生产多达 15 万 t 氢。在向清洁能源发展转型的过程中，核能制氢可能发挥重要作用；核能（高温气冷堆）耦合热化学循环制氢技术先进，是有效利用核热源、实现规模化制氢的理想方案，预计 2035 年后才能工业化应用；核能与生物质制氢耦合预计到 2025 年具备示范条件。具体来讲：①电解水制氢技术中，碱性水电解槽（ALK）技术成熟、成本低，但制氢能效差（60%～70%），技术进步空间有限。质子交换膜水电解槽（PEM）技术流程简单、能效较高（70%～90%），能适用于稳定或波动电源，在国内已初步产业化，因使用贵金属电催化剂等材料，成本偏高，性能缺乏市场验证。固体氧化物电解槽（SOEC）技术在高温（600～1000 ℃）环境下工作，能效更高（85%～100%），但仍处于研发或示范阶段，在耐高温高湿材料开发、新氧电极开发、电堆集成用密封材料寿命改善等方面仍需要攻关，适合中小规模制氢。②热化学循环制氢[15] 需要 800～1000 ℃高温热，能量转化总体效率较高，适合大规模制氢，但亟须攻克超高温气冷堆技术，加快中间换热器、堆内构件、燃料元件等耐高温设备及材料研制[16]；超高温气冷堆热化学循环制氢预计 2030 年后可工程示范，2035 年后具备规模应用条件。③采用高温气冷堆替代燃煤锅炉供能，与生物质热解或重整制氢工艺耦合，技术上相对成熟，产业链有支撑，预计 2025 年左右具备示范应用条件。

在经济性上，当前核能电解水制氢与风光制氢成本相近，但相比于其他方式不占优。具体来讲：①核能电解水制氢，根据国际原子能机构（IAEA）测算，在电解槽成本 500 美元/kW、核能发电成本（平准化成本）55～65 美元/MW·h 下，核制氢成本为 3.3～3.8 美元/kg，与光伏制氢在同一水平，高于风电制氢成本，远高于化石能源重整制氢和工业副产氢。预计 2030 年国内风、光制氢成本将低至 15 元/千克。②采用高温气冷堆热化学循环制氢，根据 IAEA 模型测算，1 台 600 MW 高温气冷堆制氢成本小于 3 美元/千克，但由于超高温气冷堆和热化学循环工艺成本尚不固化，不具备产业化条件，仍需改进提升热化学循环制氢的技术成熟性和经济性。

综上所述，虽然核能（高温气冷堆）耦合热化学循环制氢技术先进，但还存在技术不成熟、经济性差、可适用场景少等制约，“十四五”时期尚不具备产业化条件，但是随着氢能产业链不断完善，氢需求量与应用场景不断增长，因地制宜积极推进核能制氢商业示范进程十分必要。

3 核能制氢产业化发展建议

推进核能制氢产业化，仍需要加强技术研发与示范工程推进并举，结合用氢场景需求，面向革新核能技术、制氢技术、工程化应用技术等加大攻关力度，降低工程造价和制氢成本，打造智能型、定制化产品与服务。同时要积极探索商业模式创新，结合核能产业布局和地区经济发展，打造氢应用场景。

一是坚持需求牵引，稳步推进核能制氢技术发展与产业化。围绕冶金、石化等具体应用场景需求，综合考虑氢能产业发展阶段和国内各省份（特别是沿海地区）氢基础设施建设情况，分阶段推进核能制氢技术研发与应用推广。2030 年前核能行业应持续加强技术研发，结合核电站运行特点开展示范工程，在实践中提高核能制氢技术成熟度与工程经济性，探索综合供能解决方案，开发形成具有针对性的核能制氢专业化产品与服务，并争取形成示范效应；2030 年后应逐步加大产业化推进力度，推进核能制氢示范应用，面向用户打造安全、经济、绿色、稳定的具有核特色的氢生产方案，为我国绿色低碳发展、实现能源革命和“双碳”目标提供有力支撑。

二是将基于超高温气冷堆的热化学循环制氢[17] 作为核能制氢产业化发展的优选技术方案。重点围绕超高温气冷堆的研发设计，制氢工艺优化改进，关键设备、部件与材料研发制造，满足核安全要求的氢制备、储运等加大相关支持与投入，加强技术攻关。围绕高温气冷堆项目建设布局，打造绿氢生产基地，面向广大用户提供近中远期氢供给方案。同时，支持核电基地创新发展，根据所在地区电力消纳、调峰、周边氢需求等情况，组织开展基于核电站的电解水制氢，满足电站自身用氢（储能调峰、汽轮机冷却等）和周边工业、居民等用氢场景需求，深度融入地方高质量发展。

三是坚持系统思维，推进核能综合利用协同发展。推进核能制氢产业化，应统筹考虑利用核能制氢与发电、供气、制冷、海水淡化等多元化发展，持续提高能源的梯级利用效率和核能制氢的技术经济性，面向用户打造综合供能解决方案。

四是加强与石化、冶金企业等氢用户的战略合作。将核能制氢系统开发与钢铁冶炼、石油、化工等具体应用场景紧密结合，结合用户绿色生产需要，提供核能制氢的近中远期方案，共同打造示范项目。鼓励支持市场开发实体开展商业合作模式创新，拓展外部融资渠道，调动用户积极性，吸引更多利益相关方的参与。

五是提高社会对核能制氢的接受度。核能企业应积极对接国家发展改革委、国家能源局、科技部等主管部门，使政府部门增进了解核能在氢产业发展和双碳战略中可发挥的重要作用，争取国家科技研发专项支持；跟踪并利用“双碳”战略下配套政策文件与行动部署，将核能制氢纳入绿色低碳产业投资基金等支持范围。加强同山东、辽宁等地交流，积极对接地方“十四五”产业结构布局、氢产业中长期发展规划与技术攻关重点工作，推荐核能制氢解决方案，挖掘技术与项目合作机遇。

参考文献：

[1] IEA. Global hygrogen review 2022 [EB/OL]. [2022 - 09 - 02]. https://iea. blob. core. windows. net/assets/c5bc75b1 - 9e4d - 460d - 9056 - 6e8e626a11c4/GlobalHydrogenReview2022. pdf.

[2] U. S. Department of Energy. Hydrogen program plan [EB/OL]. [2020 - 11 - 12]. https://www. hydrogen. energy. gov/docs/hydrogenprogramlibraries/pdfs/hydrogen - program - plan - 2020. pdf? Status=Master.

[3] U. S Department of Energy. Office of nuclear energy: strategic vision [EB/OL]. [2021 - 01 - 01]. https://www. osti. gov/biblio/1768179.

[4] Japanese Government. Green growth strategy through achieving carbon neutrality in 2050 [EB/OL]. [2020 - 10 - 02]. https://www. meti. go. jp/english/policy/energy _ environment/global _ warming/ggs2050/index. html.

[5] Fuel cells and hydrogen observatory, 2021 hydrogensupply and demand [EB/OL]. [2021 - 09 - 08]. https://observatory. clean - hydrogen. europa. eu/sites/default/files/2023 - 05/Chapter - 2 - Hydrogen - Supply - and - Demand - 2021. pdf.

[6] UK Government. UK hydrogen strategy [EB/OL]. [2021 - 08 - 17]. https://www. gov. uk/government/publications/uk - hydrogen - strategy.

[7] UK Nuclear Industry Association. Hydrogen road map [EB/OL]. [2021 - 02 - 18]. https://www. niauk. org/hydrogen - roadmap/.

[8] YANA Z, KIRSTEN W. Russia in the global hydrogen race [N/OL]. SWP Comment 2021/C 34, [2021 - 05 - 19]. https://www. swp - berlin. org/10. 18449/2021C34/.

[9] 伍浩松，王树. 俄推进核能制氢 [J]. 国外核新闻，2020 (6): 7.

[10] 共研产业咨询. 2022 年中国氢气产量及发展趋势分析：化工氢气生产力利用将持续稳步增长 [N/OL]. 共研

网.［2023-02-24］. https：//roll. sohu. com/a/644667285_121275473.
［11］ 单大伟，陶晓东. 国内核电行业首个综合智慧能源项目在威海荣成开工［N/OL］. 闪电新闻.［2021-04-14］. https：//news. bjx. com. cn/html/20210414/1147224. shtml.
［12］ 中关村储能产业技术联盟. 储能联盟中国行之广东站：走进中广核［N/OL］. 搜狐网.［2019-08-01］. https：//www. sohu. com/a/330919321_319518.
［13］ 欧阳承希. 高温气冷堆碳中和制氢产业技术联盟在清华成立［N/OL］. 清华新闻网.［2021-09-22］. https：//www. tsinghua. edu. cn/info/1181/87159. htm.
［14］ 国家发展改革委. 能源技术革命创新行动计划（2016—2030年）》［Z］. 发改能源〔2016〕513号，北京：国家发展改革委，2016-06-01.
［15］ 李智勇，于倩，胡江，等. 基于热化学循环的核能制氢技术经济分析与研究［J/OL］. 无机盐工业 2022：1-10.
［16］ 史力，赵加清，刘兵，等. 高温气冷堆关键材料技术发展战略［J］. 清华大学学报（自然科学版），2021，61（4）：270-278.
［17］ 张平，徐景明，石磊，等. 中国高温气冷堆制氢发展战略研究［J］. 中国工程科学，2019，21（1）：20-28.

Thoughts and suggestions on promoting the industrialization of hydrogen production from nuclear energy in China

TIAN Zheng，ZHANG Meng，CAI Yi-ming，WANG Yong-ping

（China Nuclear Engineering Consulting Co.，Ltd，Beijing 100037，China）

Abstract：Under the "carbon neutrality" strategy，China has put forward higher requirements for the clean and low-carbon transformation of energy. In addition to power generation，there is a large market space for nuclear energy in hydrogen production，heat supply and other fields. Nuclear hydrogen production has the advantages of low carbon，stability and efficiency，making it an important solution for achieving the large-scale and stable supply of hydrogen in the future. Exploring the use of nuclear energy for hydrogen production is an option for China to innovative development and expand the utilization for nuclear energy. It is also an important choice to advance carbon neutralization progress and provide nuclear energy solutions in the field of hydrogen energy. This article investigates the current development status of international hydrogen energy industry，as well as the main measures and development goals of major nuclear energy countries and enterprises in the hydrogen field. The foundation and advantages of promoting hydrogen production vie nuclear energy was analyzed in China，and the feasibility demonstration of hydrogen production industrialization from nuclear energy was discussed，and some suggestions for promoting the industrialization development of hydrogen production by nuclear energy were proposed.

Key words：Hydrogen production from nuclear energy；Carbon neutralization；Industrialization；Energy transformation

VVER 核电机组热电联产运行工况分析及综合试验调试技术研究

黄　兵

（江苏核电有限公司，江苏　连云港　222042）

摘　要： 本文通过对机组热电联产后主要参数的影响分析，针对主蒸汽流量、主凝结水流量、主蒸汽压力参数提出了运行控制措施。根据蒸汽供能系统流程，梳理了热电联产后的新增运行工况，包括正常运行工况、异常运行工况、瞬态运行工况。在此基础上，结合 VVER 核电机组原综合试验项目中的功率变化调节试验结果，对照机组热电联产后的运行工况，设置了 VVER 核电机组热电联产后新增综合试验项目及试验内容，可为蒸汽供能改造的核电机组或新建核能供热机组的综合试验设置提供参考。

关键词： 核电厂；蒸汽供能；综合试验；调试

俄罗斯核能热电厂采用核能系统二回路的一部分热媒进入汽轮机；另一部分热媒通过减压装置经换热器向热网供热。国内供暖核电站，采用汽轮机组抽汽作为集中供热系统的热源，通过核电站厂内和供热系统的换热站将热量输送到最终热用户。经对比中俄目前核能供热的取汽方式，目前没有在压水堆二回路上直接取汽供热的运行经验[1]。本文依托 VVER 核电机组热电联产工程项目，对热电联产系统的调试及运行工况进行了系统的阐述，得出了压水堆二回路上直接取汽供热运行调试试验内容。

1　VVER 核电机组热电联产概况

VVER 核电机组热电联产项目采用蒸汽转换技术，即利用二回路主蒸汽经蒸汽转换装置生产工业蒸汽，通过长输管网将蒸汽输送至石化基地用汽企业。主蒸汽分别引自两台机组常规岛主蒸汽集管，压力、温度和流量的参数分别为 6.02 MPa、275.8 ℃、670 t/h，每台机组引接的主蒸汽分别对应两套蒸汽转换设备。

蒸汽供能系统主要由供热主蒸汽管线系统和工业蒸汽生产系统两部分组成。由常规岛主蒸汽系统抽取部分主蒸汽送入能源站蒸汽转换设备，在蒸汽转换设备内主蒸汽释放热量变为凝结水（53 ℃），凝结水经厂区管线送回至常规岛主凝结水管道或凝汽器。工业蒸汽生产系统将来自除盐水系统的除盐水预热、除氧后送入蒸汽发生器，带走主蒸汽释放的热量并转变为参数符合要求的工业蒸汽[2]。

2　机组热电联产后机组主要参数影响

机组进行蒸汽供能改造后，在堆功率不变的情况下，电功率、主给水温度和主给水流量降低，主凝结水流量增加，参数变化情况如表 1 所示。

作者简介： 黄兵（1981—），男，四川资中人，大学本科，高级工程师，研究方向为核电厂运行与调试。

表 1　机组改造后主要设计参数变化

参数	设计工况	改造后工况
堆功率/%Nnom	100	100
电功率/MW	1126	951
SG 压力/MPa	6.28	6.02
主给水温度/℃	220	209
汽轮机蒸汽流量/（t/h)	5577	4807
供能蒸汽流量/（t/h)	0	670
主给水流量/（kg/s)	1634	1602
凝结水流量/（kg/s)	985	823.63
供能凝结水回轴加后凝结水管道/（kg/s)	0	186

2.1　机组反应堆功率及汽轮机调节控制系统介绍

反应堆功率调节器（Auto Power Controller，APC）是核电厂控制的核心系统，有堆功率和热工参数（二回路蒸汽压力）两个调节回路。按照稳态功率控制方案，APC 通过对控制棒调节棒组的控制，控制反应堆功率。APC 有两种常用模式：N 模式、T 模式。N 模式为基本负荷运行模式，被调节量是反应堆堆功率，也被称为机跟堆运行模式；T 模式为负荷跟踪运行模式，被调节量是二回路主蒸汽集管压力，也被称为堆跟机运行模式。

汽轮机调节控制系统采用数字电液调节控制系统（DEH)，该系统可以实现转速控制、压力控制、负荷控制等功能。压力控制 PD（主蒸汽压力控制）的功能是在发电机并网运行时，调节主蒸汽集管压力，保持汽轮-发电机功率与反应堆功率匹配，此时反应堆自动功率调节器工作在 N 模式。负荷控制 PM（发电机负荷控制）的功能是通过设定负荷设定值，负荷控制器调节到汽轮机的蒸汽流量来实现对转速和负荷的控制，反应堆自动功率调节器工作在 T 模式。

2.2　对主蒸汽流量的影响

机组常用控制模式为 T 模式，该模式的功能是保证一、二回路功率的平衡以及保持主蒸汽集管压力恒定为额定值。当发电机功率大幅变化时，如果反应堆功率与经过修正后的电功率的功率控制偏差和同方向的压力偏差大于设计值，快响应通道直接产生强制插棒或提棒命令。蒸汽供能改造后，给水温度降低，将蒸汽供能部分的蒸汽流量折算为对应的堆功率，然后对蒸汽供能处蒸汽流量对应的堆功率进行了修正，用于功率失配量的计算，避免 T 模式下快响应通道误动作。

当 APC 处于 N 模式时，汽轮机控制系统 DEH 处于 PD 工况，DEH 中的 PM 工况下的电功率限值无效，蒸汽供能回路快速切除后，主蒸汽压力开始上升，DEH 会进行主蒸汽集管压力的调节，机组电功率有突增的运行特性。蒸汽供能回路因为以下故障信号快速切除时，存在发电机快速升功率的情况。

（1）停堆保护信号保护快速关闭隔离阀；

（2）放射性大于 1×10^{-6} Gy/h 保护快速关闭隔离阀；

（3）蒸发器泄漏量超过 8 kg/h 保护快速关闭隔离阀；

（4）孤岛运行信号保护快速关闭隔离阀。

2.3　对主凝结水流量的影响

蒸汽供能装置加热蒸汽凝结水回水返回凝汽器时，供热凝结水管道分为 3 路分别接入 3 台凝汽器热井液位以下，在凝汽器内部布置流量分配管。根据模拟机验证结果，100%功率运行时凝结水泵停运且备用泵无法启动的情况下，单台凝结水泵运行会出现凝结水限流的现象。

加热蒸汽凝结水回水至凝结水管道时，接口位于凝结水泵出口端和主凝结水流量计的入口之间，将导致凝结水泵的实际流量与测量流量不一致，凝结水泵的实际流量用主凝结水流量计测量值减去供热凝结水流量测量值，用于主凝结水流量相关的逻辑控制[3]。

正常工况时能源站一级预热器出口凝结水经母管汇总后，回流至机组主凝结水管道。在启停、紧急疏水工况时回流至凝汽器。对应回水机组的蒸发器管侧液位≥840 mm 和机组除氧器液位≥2550 mm，自动打开机组凝结水至凝汽器电动闸阀。

2.4 机组运行模式对主蒸汽压力的影响

机组 T 模式，能源站处于稳态运行工况时（变化范围小于 40 t/h），蒸发器入口主蒸汽调节阀用于维持工业蒸汽母管压力 1.9 MPa，供汽负荷变化导致主蒸汽压力变化，对应机组主蒸汽压力将波动 0.05 MPa 左右，电功率约 10 MW。为避免两台机组同时调节工业蒸汽母管压力时互相干扰，一台机组带能源站基本热负荷（不参与调节工业蒸汽母管压力）；另一台机组自动维持能源站工业蒸汽母管压力。对于参与供汽负荷调节的机组，当工业蒸汽母管压力上涨，供热主蒸汽调节阀开度减小时，可同步增加 PM 负荷定值；若 APC 压力偏差继续上涨，则升高 APC 压力定值，此时主蒸汽压力升高向一回路引入负反应性，核功率降低。反之，当工业母管压力降低，可减少 PM 负荷定值或降低 APC 压力定值，此时主蒸汽压力降低向一回路引入正反应性，核功率升高，需避免核功率超限[4]。

机组 N 模式，能源站处于稳态运行工况时，主蒸汽压力变化随蒸发器入口主蒸汽调节阀开度变化，DEH 自动调节主蒸汽压力，即汽轮机进汽量，将造成电功率变化[5]。经查阅日发电负荷偏离要求：热电联产机组偏差标准为 5%；发电量偏离要求：热电联产机组偏差标准为 1.5%。热网负荷调节量正常为 40 t/h 以内，电功率波动约 10 MW，偏差约 0.8%，满足偏离要求。

3 热电联产后新增运行工况分析

两台机组至能源站的主蒸汽回路采用单元制，从机组供应的两路供热蒸汽分别进入 4 台蒸汽转换设备。正常运行时两台机组各带 50%负荷运行，当一台机组停运或需要退出供汽时，将该机组对应的两列蒸汽转换设备的汽源切换到另一台机组，切换后具备单独承担连续供汽的能力[5]。

3.1 机组热电联产的正常运行工况

蒸汽转换装置投运包括机组至能源站集管、换热器预热及投运；主凝结水集管至凝汽器冲洗投运。当加热蒸汽凝结水管道冲洗合格后，能源站加热蒸汽凝结水由凝汽器切换至凝结水管道。

当一列蒸汽转换设备停运检修时，关闭该列过热器的入口隔离阀和相应供汽支管的隔离阀，由另外三列蒸汽转换设备 3×33%容量运行保障供汽负荷需求。当一台机组检修时，切断该机组抽汽，由另一台机组提高抽汽量保证热用户需求[1]。

3.2 机组热电联产的异常运行工况

3.2.1 瞬态调节工况

正常运行状态下的一列供热主蒸汽调阀故障全开，其余供热主蒸汽调阀自动调节工业蒸汽母管压力。

正常运行状态下的一列供热主蒸汽调阀故障全关，单列蒸汽转换装置管线破口等故障，三列蒸汽转换设备 3×33%容量运行。二级给水泵故障剩余一台运行，蒸汽转换装置降负荷至 50%容量运行。

3.2.2 故障切除工况

蒸汽供能系统在发生以下情况甩掉全部热负荷时，反应堆功率短时高于汽轮机负荷，此时，主蒸汽集管压力值升高，连锁反应堆降低功率，如压力值超过旁路阀开启压力定值，则旁路系统投入。

（1）正常运行时单机组蒸汽供能快速隔离阀误关。

（2）一台一级给水泵故障，备用泵启动不成功。

（3）厂外工业蒸汽管线破口。

（4）汽轮机在额定功率运行时发生脱扣或甩负荷至厂用电运行时，关闭常规岛厂房内的电动隔离阀，进而隔离蒸汽供能系统。

4 VVER 核电机组热电联产后新增综合试验项目及试验内容

4.1 能源站正常运行试验项目及试验内容

能源站启动选择在 N 模式下进行验证，正常运行试验项目考虑不同模式组合进行试验验证。汽源切换后，两台机组分别在 N 模式、T 模式和均在 T 模式下进行了工业蒸汽侧参数调节验证。能源站正常运行试验项目及试验内容如表 2 所示[6]。

表 2 能源站正常运行试验项目及试验内容

序号	试验项目	试验内容
1	机组功率运行状态下能源站启动试验	二回路侧暖管； 二回路侧废水回收流量调节试验； 除氧器性能试验； 取样系统热态取样； 在 N 模式下，3 号机组带蒸汽供能系统启动运行，逐列加载（单列验证 33%产汽能力）、3×33%转至 4×25%运行（验证系列切换功能），验证启动时，机组能够保持正常运行，汽轮机调节系统根据主蒸汽集管压力的变化进行电功率调节，测量 4×25%运行时，一级预热器入口的流量分配情况； 蒸汽供能系统运行期间水化学监督
2	能源站加热汽源切换试验	A 机组带四列运行（4×25%），一列蒸汽转换设备调节负荷，直至转换为 3×33%模式，验证所有调阀自动动作正常，工业蒸汽品质合格，同时机组保证正常运行； B 机组的加热蒸汽暖管、废水回收流量调节试验、取样系统热态取样； 继续调节 A 机组供汽负荷，直至两列加热汽源切换至由 B 机组维持蒸汽功能系统运行，验证所有调阀自动动作正常，工业蒸汽品质合格，同时机组保证正常运行； B 机组处于 T 模式，保持 2×25%固定负荷运行，A 机组处于 N 模式，进行工业蒸汽侧参数调节； A 机组处于 T 模式，保持 2×25%固定负荷运行，B 机组处于 T 模式，进行工业蒸汽侧参数调节
3	能源站加热蒸汽凝结水切换试验	能源站加热蒸汽凝结水从凝汽器切换至凝结水主管道； 能源站加热蒸汽凝结水从凝结水主管道保护切换至凝汽器
4	能源站稳态供热试验	进行 100 小时稳定运行试验； 进行蒸汽供能系统热力性能试验； 核算蒸汽供能系统及海水淡化系统总厂用电功率

4.2 能源站异常运行试验项目及试验内容

4.2.1 瞬态调节试验

APC 处于 T 模式运行时，DEH 汽轮机控制器调节二回路电功率，蒸汽供能回路（图 1）根据供热负荷调节供能蒸汽流量，二回路压力变化，电功率不变，相应的堆功率发生变化。为了验证试验对主蒸汽压力的影响及控制棒动作情况，在 T 模式下进行验证蒸汽转换设备调阀全开或全关、机组 APC 快响应逻辑通道功率修正检查。考虑到备用二级给水泵无法启动时二级给水泵可能过载导致能源站全切，需验证蒸汽供能系统的快速响应和对机组的影响。能源站瞬态调节试验项目及试验内容如表 3 所示[7]。

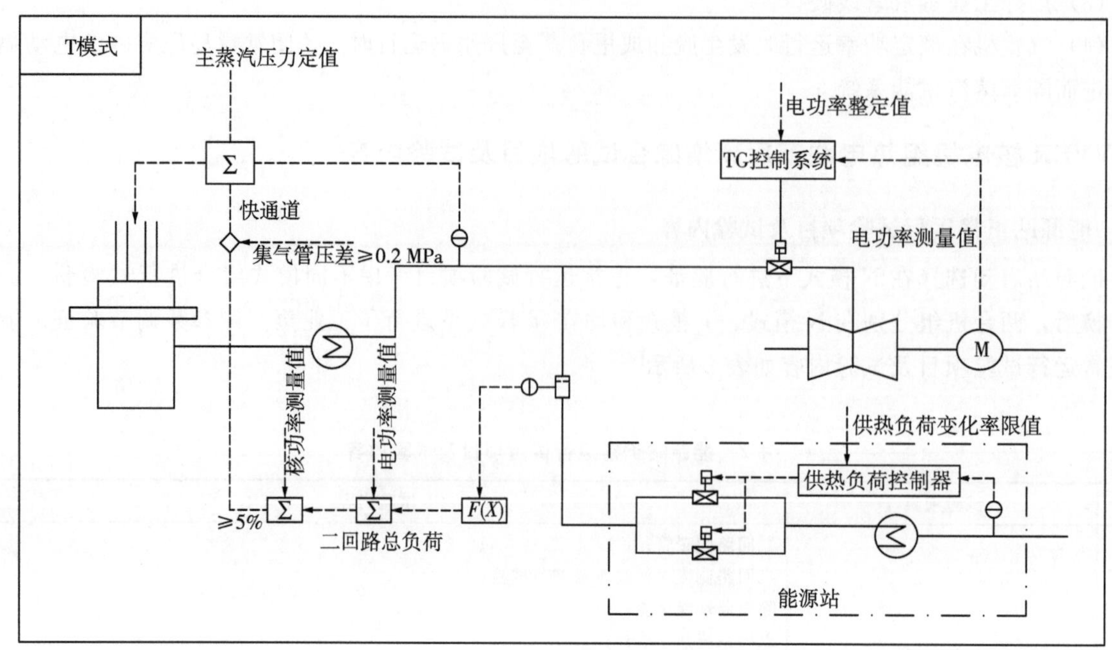

图 1　T 模式下蒸汽供能回路

表 3　能源站瞬态调节试验项目及试验内容

序号	试验项目	试验内容
1	能源站正常运行状态下的供汽调阀故障响应试验	在 T 模式下，将一列蒸汽转换设备调阀全开，验证其他列调阀自动动作正常，蒸汽品质合格，同时机组保证正常运行； 在 T 模式下，机组 APC 快响应逻辑通道功率修正检查； 在 T 模式下，将一列蒸汽转换设备调阀全关，验证其他列调阀自动动作正常，蒸汽品质合格，同时机组保证正常运行
2	备用二级给水泵无法启动试验	蒸汽供能系统处于 4×25%运行模式。验证只剩一台二级给水泵时蒸汽供能系统的响应和对机组的影响

4.2.2　故障切除试验

当 APC 处于 N 模式时，蒸汽供能回路快速切除后（快速隔离阀动作时，快关时间≤5 s），主蒸汽压力开始上升，此时 APC 处于 N 模式维持反应堆功率恒定，汽轮机控制系统 DEH 处于 PD（主蒸汽压力控制）工况，维持主蒸汽压力，并且 DEH 中的 PM（发电机负荷控制）工况下的电功率限值无效，因此在该情况下，DEH 不会限制机组电功率的上升，而是进行主蒸汽集管压力的调节。

经查阅机组 100%Nnom 功率变化调节试验名称及内容如表 4 所示。从试验过程分析，对于 T 模式汽轮机最大升降功率速度变更为 3000 MW/min，机组功率快速降 200 MW 进行过试验验证，可以包络蒸汽供能回路快速切除后机组的响应（175 MW）。对于 N 模式下，机组以斜坡方式自动改变发电机功率 100 MW，增功率梯度 10 MW/min，相比能源站切除后的升功率速度和幅度较小，需要重新试验验证。能源站故障切除试验项目及试验内容如表 5 所示。

表 4　机组 100%Nnom 功率变化调节试验名称及内容

序号	试验名称	试验内容（试验过程电功率升降速度和幅度）
1	100%Nnom 以每秒 1%的速度改变负荷±1%和±5%试验	T 模式下，汽轮机最大升降功率速度变更为 660 MW/min，快速升降负荷 11 MW 和 56 MW；在负荷变化过程中实现阶跃调节，没有导致跳堆和一回路安全阀动作的情况发生，实际电功率改变速率为（11±3）MW/s
2	100%Nnom 发电机快速降负荷 200MW 试验	T 模式下，汽轮机最大升降功率速度变更为 3000 MW/min，机组功率快速降 200 MW，综合检查机组系统主、辅设备的工作性能
3	100%Nnom 反应堆功率调节器（APC）闭环试验	通过检查和优化 APC 反应堆功率调节器在 N 模式和 T 模式的参数，保证调节器能够在各种瞬态下维持一二回路稳定。N 模式升降 10%，通过控制设定点，自动增减反应堆功率 1%Nnom/min；T 模式快速升降负荷 100 MW，通过 DEH 自动增减发电机功率（以斜坡方式自动改变发电机功率 100 MW，增功率梯度 10 MW/min，降功率梯度 10 MW/min）

表 5　能源站故障切除试验项目及试验内容

序号	试验项目	试验内容
1	能源站额定负荷下快速切除试验	机组在 N 模式下，满功率运行时，能源站额定负荷运行，验证快关阀的实际动作时间及快关阀动作后机组正常响应

参考文献：

[1]　SOLOMYKOV A. 核能供热的中俄比较及基本热负荷优化研究 [D]. 大连：大连理工大学，2020.

[2]　田湾核电站蒸汽供能项目初步设计 [R]．中国核电工程有限公司，2021，12.

[3]　周正道，华志刚，包伟伟，等．AP1000 核电机组供热方案研究及分析 [J]．热力发电，2019，48 (12)：92－97.

[4]　林学忠，葛政法，吴元柱．核电机组供热安全性分析 [J]．节能技术，2017，35 (4)：355－357.

[5]　黄大为，黄征，葛维春，等．以热定电模式下热电联产机组电功率灵活调节能力分析 [J]．电力系统自动化，2018，42 (24)：27－35.

[6]　王永福，孙玉良．高温气冷堆热电联产技术经济研究 [J]．核动力工程，2016，37 (3)：181－184.

[7]　田湾核电站蒸汽供能特大技改项目调试大纲 [R]．中国核电工程有限公司，2022，12.

Operation condition analysis and comprehensive test and commissioning technology research of VVER nuclear power unit cogeneration

HUANG Bing

(Jiangsu Nuclear Power Corporation, Lianyungang, Jiangsu 222042, China)

Abstract: Based on the analysis of the influence of main parameters after cogeneration, the operation control measures are put forward for main steam flow, main condensate flow and main steam pressure parameters. According to the steam energy supply system process, the new operating conditions after cogeneration are sorted out, including normal operating conditions, abnormal operating conditions and transient operating conditions. On this basis, combined with the power change adjustment test results of the original comprehensive test project of VVER nuclear power unit, and compared with the operating conditions of the unit after cogeneration, the new comprehensive test items and test contents of the VVER nuclear power unit after cogeneration are set up, which can provide a reference for the comprehensive test setting of the steam energy supply transformation nuclear power unit or the new nuclear heating unit.

Key words: Nuclear power plant; Steam power supply; Comprehensive test; Debugging

核电参与绿证和碳交易的思考

宿吉强，王一涵，安　岩

（中核战略规划研究总院，北京　100048）

摘　要： 减碳脱碳早已成为各国面对气候变化的国际共识，越来越多的国家已经承诺在未来实现碳中和。碳定价机制成为世界上几乎所有国家实现温室气体排放控制目标的必经之路。同时，为了促进新能源电力行业的中长期发展和解决补贴退出后的市场激励问题，绿证制度和可再生能源消纳权重政策应运而生，在新能源消费侧发挥积极作用。核能行业企业虽然并未被纳入绿证和碳交易体系，但仍须高度关注和深入研究相关市场运作的影响，密切关注气候政策动向，在绿色低碳发展的大潮中找准着力点，抢占先发优势。经过相关研究，本文提出了核电参与绿证和碳交易市场的路径建议。

关键词： 核电；绿证；碳交易

1　概况

减碳脱碳早已成为各国面对气候变化的国际共识，越来越多的国家已经承诺在未来实现碳中和。碳定价机制成为世界上几乎所有国家实现温室气体排放控制目标的必经之路。

全球的碳定价机制有很多种，包括碳税、碳市场交易体系（ETS）、碳信用机制等，如表1所示。

表1　碳定价机制形式及解读

碳定价机制形式	形式解读
碳税	明确规定碳价格的各类税收形式
碳市场交易体系（ETS）	为排放者设定排放限额，允许通过交易排放配额的方式进行履约。ETS有两种主要形式：总量控制和交易型、基准线和信用交易型。 总量控制和交易型，是政府为某个特定经济领域设定排放总量限额，排放单位可以用于拍卖或配额发放，受约束实体每排放一吨二氧化碳温室气体，需上缴一个排放单位。实体可自行选择将政府发放的配额用于自身减排义务抵消或进行交易。 基准线和信用交易型，是政府为受约束实体设立排放基准线，当排放量超过基准线时，实体需上缴碳信用以抵消排放；当排放量减至基准线以下时，实体可以获得碳信用出售给有需要的其他排放者
碳信用机制	是额外于常规情景、自愿进行减排的企业可交易的排放单位。它与ETS的区别在于，ETS下的减排是出于强制义务。然而，如果政策制定者允许，碳信用机制所签发的减排单位也可用于碳税抵扣或ETS交易
基于结果的气候金融（RBCF）	投资方在受资方完成项目开展前约定的气候目标时进行付款。非履约类自愿型碳信用采购是基于结果的气候金融的一种实施形式
内部碳定价	是指机构在内部政策分析中为温室气体排放赋予财务价值以促使将气候因素纳入决策考量之中

资料来源：世界银行《碳定价机制发展现状与未来趋势2020》。

本工作主要依托我国目前的碳定价背景，讨论绿证（碳信用机制）、碳交易市场的状况。

2　绿证

为了促进新能源电力行业的中长期发展和解决补贴退出后的市场激励问题，绿证制度和可再生能

作者简介： 宿吉强（1987—），男，博士，副研究员，现主要从事核能产业研究。

源消纳权重政策应运而生，在新能源消费侧发挥积极作用。

2.1 我国绿证及配额制发展历程

为了促进可再生能源发展，我国 2017 年起开始实施绿证交易。21 世纪初，欧洲国家就已经开始实施绿证交易，目前美国、英国、法国、日本等 20 余个国家实行了绿证交易。

2016 年，国家能源局颁布的《关于建立可再生能源开发利用目标引导制度的指导意见》，首次提出建立可再生能源电力绿证交易机制。

2017 年 1 月，国家发展改革委等正式颁布《关于试行可再生能源绿色电力证书核发及自愿认购交易制度的通知》，标志着绿证交易体系的建立，同年 7 月，全国绿色电力证书自愿认购交易在京正式启动。

2020 年 1 月，财政部、国家发展改革委、国家能源局印发《可再生能源电价附加资金管理办法》，规范可再生能源电价附加资金管理，提高资金使用效率。

2020 年 5 月，国家发展改革委和国家能源局联合印发了《关于各省级行政区域 2020 年可再生能源电力消纳责任权重的通知》，给出了各省 2020 年可再生能源及非水可再生能源最低消纳责任权重和激励性消纳责任权重。

2020 年 10 月，三部委发布《关于促进非水可再生能源发电健康发展的若干意见》有关事项的补充通知，明确超出补贴范围电量可参与绿证交易。

整体来看，我国绿证制度内容多借鉴国际经验，2017 年施行以来，针对绿证交易体系调整完善的相关政策并不多。

2.2 绿证的特点

绿证是指国家可再生能源信息管理中心按照国家相关管理规定，依据可再生能源上网电量，通过国家能源局可再生能源发电项目信息管理平台，向符合资格的可再生能源发电企业颁发的具有唯一代码标识的电子凭证，它记录了特定的 1 000 千瓦时上网电量是来自全国哪个陆上风电场或光伏集中电站（不含分布式光伏发电）。绿证可交易并能兑现为货币收益，是对可再生能源发电方式予以确认的一种指标。

绿证交易制度是保证可再生能源配额制度有效贯彻的配套措施，它将市场机制和鼓励政策有机结合，使得各责任主体通过高效率和灵活的交易方式，用较低的履行成本来完成政府规定的配额。

绿证卖方：目前只有已纳入国家可再生能源电价附加资金补贴目录的陆上风电和地面集中式光伏电站项目可以申请绿证，分布式光伏项目和海上风电项目暂无申请绿证资格。企业应依据《国家能源局关于实行可再生能源发电项目信息化管理的通知》（国能新能〔2015〕358 号）要求，在信息平台按月填报项目结算电量信息，并于每月 25 日前上传所属项目上月电费结算单、电费结算发票和电费结算银行转账证明扫描件等。而根据《关于积极推进风电、光伏发电无补贴平价上网有关工作的通知》，风电、光伏发电平价上网项目和低价上网项目都可申请绿证。

绿证买方：目前各级政府机关、企事业单位、社会机构和个人都可以通过绿证认购平台购买绿证。购买方在交易完成后，可以获得绿电购买证明，并登上绿证交易平台的荣誉榜。

绿证的价格定价模式：在自愿认购阶段，绿证挂牌价格设置上限，上限价格为项目的电价附加补贴标准，即价格主管部门批复的项目上网电价与当地脱硫燃煤标杆电价的差价。

目前，处于自愿认购阶段的绿证交易并不频繁，处于有量无市的禁默阶段。根据中国绿色电力证书认购交易平台数据，截至 2021 年 7 月下旬，我国风电累计核发绿证 2640 万张，累计挂牌 526 万张，累计交易量 7.7 万张，交易量占挂牌量的 1.46％，交易价格区间为 128.6～373.6 元/张，平均交易价为 177.8 元/张；我国光伏累计核发绿证 695 万张，累计挂牌 82 万张，累计交易 4864 张，交易量占挂牌量 0.59％，交易价格区间为 518.7～745.4 元/张，平均交易价格为 670.0 元/张。

在双碳背景下，个人和企业自身实现碳中和的主要路径包括绿色出行、植树造林和购买绿证等，我们认为随着碳中和理念和价值观的持续普及和深化，绿证所代表的环境价值将被更多人认知和重视，消费者购买绿证的积极性会明显提升。

2.3 我国实施绿证制度的目的

2.3.1 减轻补贴压力

从2006年到现在，我国可再生能源电价附加标准从最初的每千瓦时0.1分钱提高至1.9分钱，但电价附加标准的提高始终滞后于可再生能源发展的需求。根据2019年全国人大常委会执法检查组关于检查可再生能源法实施情况的报告中公布的数据，“十三五”期间90%以上新增可再生能源发电项目补贴资金来源尚未落实。补贴资金来源不足，补贴发放不及时，已经切实影响了新能源业主的正常经营和发展，而绿证制度出台的目的就是希望可以解决部分补贴问题。

2.3.2 引导绿色电力消费观，促进清洁能源利用

绿证体现了可再生能源的环境价值，购买绿证是对其环境价值的支付。绿证制度实际上为企业和个人提供了一个可选择对环境有益的绿色能源消费的机会，消费者通过购买绿证就可以保护环境，支持可再生能源的发展，并且彰显自身支持绿色环保的理念，而企业可以通过购买绿证，证明其在电力能源消费领域实现了零碳排放。

3 碳交易市场

3.1 我国碳交易市场发展历程

2011年我国就开展了碳交易试点。2011年3月，全国人大批准的《国民经济和社会发展第十二个五年规划纲要》（简称“十二五”规划纲要）中，首次提出要“建立温室气体排放统计核算制度，逐步建立碳排放交易市场”。同年10月，国家发展改革委印发《关于开展碳排放权交易试点工作的通知》，正式批准北京、上海、天津、重庆、湖北、广东和深圳等七省市开展碳排放权交易试点工作，标志着我国正式开启了碳排放权交易机制的建设。2016年福建碳交易市场启动，目前全国共有8个地区在开展碳排放权交易试点。

2017年底，中国全国碳交易市场完成总体设计并正式启动。《全国碳排放权交易市场建设方案（发电行业）》明确了碳交易市场是控制温室气体排放的政策工具，碳交易市场的建设将以发电行业为突破口，分阶段稳步推进。2021年7月16日，全国碳交易市场上线交易正式启动。

2021年1月5日，生态环境部发布的《碳排放权交易管理办法（试行）》规定，连同2019年12月30日印发的《2019—2020年全国碳排放权交易配额总量设定与分配实施方案（发电行业）》《纳入2019—2020年全国碳排放权交易配额管理的重点排放单位名单》，标志着我国全国碳排放权交易体系正式启动。全国碳交易市场和地方试点碳交易市场并存，尚未被纳入全国碳交易市场的企业将继续在试点碳交易市场进行交易，纳入全国碳交易市场的重点排放单位不再参与地方试点碳交易市场。

截至2021年12月31日，全国碳交易市场碳排放配额（CEA）累计成交量达1.79亿吨，成交额达76.84亿元。

3.2 我国碳交易市场特点

《碳排放权交易管理办法（试行）》的一些关键信息值得关注。

一是纳入企业的碳排放门槛是年度温室气体排放量达到2.6万吨二氧化碳当量（包括直接和间接碳排放），纳入的行业目前是发电行业，预计未来将继续纳入石化、化工、建材、钢铁、有色金属、造纸和民航等行业。

二是当前发电行业的配额分配以免费分配为主，方法以基于企业实际产出的基准法为主，进行配额的预发放与核定后调整。

三是允许企业每年可以使用国家核证自愿减排量（CCER）抵销其配额清缴，但抵销比例不超过

应清缴配额量的5%。

四是对于虚报、瞒报温室气体排放报告或拒绝履行温室气体排放报告义务的，未按时足额清缴配额的企业，处以罚款（前者1万～3万元，后者2万～3万元），并核减其下一年度的配额。

五是允许机构和个人参与市场交易，可自愿注销配额，主管部门可采取手段防止过度的市场投机。

3.3 我国碳交易市场意义

第一，碳交易市场划分了各行业碳排放权重，从供给侧入手改变能源结构。碳交易市场核心任务是为了降低碳排放，因此政府通过碳配额发放，为各高排放行业及企业划分了排放权重，并通过不断缩减配额量，实现行业和总量的减排。同时政府通过调整碳配额发放量影响碳交易市场供需情况，从而影响碳价，然后通过碳排放成本影响高排放企业运营成本和盈利能力，最终实现从供给侧入手改变能源消费结构。

第二，碳交易市场是一项基于市场的政策工具，被认为能够以相对较低的社会总成本实现温室气体排放控制目标，能够提供具有确定性的温室气体排放控制结果。

第三，碳交易市场为我国参与全球气候谈判、引领全球气候治理提供重要事实支撑。较高的温室气体排放一度使得我国在全球气候谈判中面临着巨大的政治和舆论压力，但随着应对全球气候变化的态度愈发积极，国际合作愈发有力，我国已经成为全球生态文明建设的重要参与者、贡献者、引领者。

4 核电参与绿证和碳交易市场的思考

习近平总书记曾在《中美元首气候变化联合声明》、巴黎气候大会、中央经济工作会议等多个重要场合和文件中提出采取措施应对气候变化，在包括党的十九届五中全会公报在内的多个重要文件中强调“充分发挥市场在资源配置中的决定性作用”。核能行业企业虽然并未被纳入绿证和碳交易体系，但仍须高度关注和深入研究相关市场运作的影响，密切关注气候政策动向，在绿色低碳发展的大潮中找准着力点，抢占先发优势。

4.1 核电参与绿证和碳交易市场的挑战

无论绿证还是碳交易，其核心思想是将环境资源视为一种商品，政府等主管部门是此商品的所有者，通过将定量的碳排放权分配给排放主体，并允许其在市场参与者间进行自由交易，使得减排成本低的主体可承担更多的减排任务并由此获益，而减排成本高的主体可通过购买排放权而完成减排任务，从而降低整个社会的减排成本，实现帕累托最优。

在绿证或碳交易市场中获得收益的能源产业，一是具备清洁、低碳特征；二是产业发展前景规模大，双碳背景下将构建以新能源为主体的新型电力系统；三是产业经济性基础较差，需要国家大量的财政补贴或政策支持；四是产业经济性提升空间可观，可在相对短的时间内实现度电成本的显著降低。

目前，风电（陆上风电、海上风电）、光伏（集中式、分布式）、光热、水电、核电、生物质等都属于广义清洁能源，但就核能而言参与绿证或碳交易还存在一定的困难。一是社会对核电的后处理、安全等相关问题还有所担忧；二是核电的存量项目，在报表上的收益率较为可观，不需要国家扶持；三是核电产业相对成熟，不需要大规模的政策补贴。在近期内，核电在国内外均很难被纳入绿证与碳交易市场中。

4.2 核电参与绿证和碳交易市场的契机

第一，核电对于推动企业降低间接碳排放意义显著。我国碳排放权交易区别于国外体系的一个重要特征是纳入间接碳排放。根据《企业温室气体排放核算方法与报告指南 发电设施（征求意见稿）》，间接碳排放核算为企业的用电量乘以电网排放因子，“后者应选取生态环境部要求的数值”。然而，随着电力市场改革的不断深入，企业直接从发电厂购入电力更为普遍，在核算间接碳排放时采取差异化的排放因子具有光明前景。

第二，先进核电系统的示范与批量化亟需政策支持。当前，我国核电产业在更安全、更先进的机组型号方面不断取得新突破，华龙一号逐步实现批量化产业化、高温气冷堆示范项目建成发电、快堆项目稳健推进、聚变研究不断取得新进展。但先进的技术理念、安全的防护措施、领先的燃料体系等都将带来核电厂经济性上的减弱，而核电行业内部无法解决此问题，需要得到国家层面的政策支持。核电参与绿证或碳交易 CCER，对弥补新型先进核能系统的经济性欠缺、提升新型电力系统的安全稳定性、推动我国核电技术的高质量发展都将起到重要作用。

第三，低碳电力需求增长为核能发展创造新空间。以新能源为主的新型电力系统中，核电仍将承担基石保障作用，核电若参与绿证和碳交易市场，可以为经济性相对欠缺的高温堆、快堆等先进核电型号提供进一步的收益支持，推动更安全、经济、先进核能系统的研发布局利用，形成良性循环，届时，核电无疑将会成为企业降低碳排放的重要策略选择。

4.3 核电参与绿证和碳交易市场的路径建议

第一，推动全产业链的节能降碳探索。2020 年 9 月，中国政府向国际社会宣布，将提高国家自主贡献力度，碳达峰时间由“2030 年左右”调整为“力争于 2030 年前”。2021 年 10 月 26 日，《2030 年前碳达峰行动方案》正式出炉，提出了提高非化石能源消费比重、提升能源利用效率、降低二氧化碳排放水平等方面的主要目标。

绿证和碳交易将大幅加快我国进行碳排放总量控制的进程，并为目标的达成提供可靠的实施抓手。在此背景下，核能行业企业应增强紧迫性，推动全产业链的节能降碳，并为预期到来的碳排放总量约束准备对策，提高政治站位，体现央企责任。

第二，探索能源综合服务。此外，当前我国很多企业，特别是重工业行业企业的能源使用管理不够精细，可通过提高用能效率、进行节能化改造等来提高能效水平。核能行业企业可为客户提供个性化的综合能源解决方案，涵盖能源合同管理、用能咨询和技术革新改造、碳资产管理等增值服务，拓展业务范围，增加用户黏性。

建议核能行业企业或资产管理公司在碳交易系统中开设账户，积极寻求参与碳市场交易、建设，加强与能源、环境、气候等领域专家团队的密切交流，为核能行业企业开展相关业务提供参考和支撑。

第三，强化与政府机构沟通。积极对接双碳、绿证、碳交易市场等主管部委，如国家发展改革委环资司、生态环境部应对气候变化司、国家能源局等，通过信息报送、会议沟通、课题参与、论坛讲座等多种形式，推动政府层面加深对核能的清洁特性、技术潜力，以及在新型电力系统中重要作用的客观认识。

持续跟踪研判绿证市场、碳交易市场的发展形势，核能行业要主动承担减碳责任，加强宣传与舆情引导，针对经济性较差的先进型号，在适当的时机向主管部门提出申请，适时加入碳交易市场、绿证市场中，更好地推动国家绿色低碳转型。

若将核电纳入绿证政策，用电企业通过采购电网电量及核电厂的绿证，在降低交易复杂度的同时，也可让广大内陆地区碳排放指标紧张的企业分享沿海绿色核电的红利。

参考文献：

[1] 赵冬梅，张松，王浩翔．考虑核电参与的多能联合调峰系统低碳经济调度［J］．华北电力大学学报（自然科学版），2022，49（3）：9－19.

[2] 张松．核电机组参与系统联合调峰的策略研究［D］．北京：华北电力大学（北京），2022.

［3］ 刘景月．中国碳交易政策的绿色发展效应研究［D］．长沙：湖南大学，2021.
［4］ 孙素苗，迟东训，于波，等．构建新型电力市场体系及电价机制［J］．宏观经济管理，2021（3）：71-77.
［5］ 肖谦，庞军，许昀，陈晖，等．实现国家自主贡献目标背景下我国碳交易机制研究［J］．气候变化研究进展，2020，16（5）：617-631.
［6］ 杨颖琦．基于碳交易和绿证交易的综合资源战略规划研究［D］．保定：华北电力大学，2020.
［7］ 张现．考虑绿证与碳交易机制的电源规划研究［D］．保定：华北电力大学，2019.

Consideration on nuclear power's participation in green certificates and carbon trading

SU Ji-qiang, WANG Yi-han, AN Yan

(China Institute of Nuclear Industry Strategy, Beijing 100048, China)

Abstract: Carbon reduction and decarbonization has long been an international consensus among countries facing climate change, and more and more countries have committed to achieving carbon neutrality in the future. Carbon pricing mechanism has become the only way which must be passed for almost all countries in the world to achieve greenhouse gas emission control goals. At the same time, in order to promote the medium and long-term development of the new energy power industry and solve the market incentive issues after the withdrawal of subsidies, the green certification system and the renewable energy consumption weight policy emerged as the times require, playing a positive role in the new energy consumption side. Although enterprises in the nuclear energy industry have not been included in the green certification and carbon trading system, they still need to pay close attention to and in-depth study the impact of relevant market operations, closely monitor climate policy trends, identify the focus in the tide of green and low-carbon development, and seize the first mover advantage. After relevant research, this article proposes path suggestions for nuclear power to participate in the green certificate and carbon trading market.

Key words: Nuclear power; Green gertificates; Carbon trading

小型堆发展的现状及面临的机遇

陈大明，王天峰，陈　钊，董亚超，杨良文，吴　伟

（中广核研究院有限公司，广东　深圳　518000）

摘　要：本文调研了世界主要核能工业国家的小型反应堆发展，通过小型反应堆项目数、技术类型、发展阶段、美国俄罗斯等主要国家的进展等不同维度的对比分析，预测了其发展趋势；结合近年来国内不同技术类型小型反应堆的发展状况和特点，以及可能面临的政策法规等挑战和机遇，提出了相应的建议，供小型反应堆项目策划和推进过程中参考使用。

关键词：核能行业；小型堆；发展状况和趋势；项目策划和推进

根据国际原子能机构（IAEA）的定义，发电功率 300 MWe 以下的机组为小型堆（Small Modular Reactor，以下简称“SMR”或“小堆”）。2004 年，IAEA 启动中小型反应堆开发计划以来，由于 SMR 能源应用灵活、安全性和经济性高，能够满足更广泛用户需求，世界各国均一直积极投入、推进革新型中小型反应堆发展，研发了各具特色的小堆技术，包括压水堆、重水堆、沸水堆、气冷堆、液态金属堆、熔盐堆等，用于取代老旧燃煤燃油电厂、为偏远和离网区域提供电力、为居民供热、为工业供汽、配置核/可再生能源混合系统等，小堆的发展为核能服务于社会提供了新的路径和广阔天地[1]。

1　国内外小堆发展概况

2015 年，世界核能协会（NEI）指出 SMR 的巨大潜力在于：提高了建造质量和效率，体积小和模块化程度高，几乎完全可以在工厂建造并模块安装；尺寸小和非能动安全，更适用于电网小、核电经验少的国家；系统规模小、施工效率高，更容易投融资；实现“批量生产”后，成本进一步降低等[1]。

2021 年，IAEA 发布了《小型模块化反应堆技术进展》（“Advances in Small Modular Reactor Technology Developments 2020”）[2]，共收录了 70 多种小堆技术，汇总统计了全球 SMR 项目分布及部署、进展、参与主体、型号设计等。全球 SMR 项目的情况如下。

国家排名：美国 18 项、俄罗斯 17 项、中国 9 项、日本 8 项、加拿大 7 项、英国 4 项等。全球 30 多个使用核电国家中，只有 10 多个国家具有 SMR 开发和建设能力，其中美俄项目数共占了总数的一半，中国近 20%。

类型排名：第一，轻水堆（陆基 25 项、海基 6 项），基础好、技术成熟，是 SMR 发展主流。第二，高温气冷堆 14 项，棱柱状堆芯和球床堆芯各有特点。第三，快中子堆 11 项，在燃料增殖、减少高放废物方面具有独特优势，是 SMR 研发重点，特别是铅（铋）快堆。第四，熔盐堆 10 项，发电、工业热源、制氢等用途广泛，提供了使用丰富钍资源的铀-钍混合燃料技术途径，大多处于概念设计。第五，微型堆 6 项，以热电转换方式发电，效率较低，主要应用于航空、航天、军事等领域。第六，SMR，更强调模块化、标准化、系列化、系统简化、智能化，以提高经济性。

项目阶段：概念设计 39 项，设计开发 28 项，最终建造 2 项，投入运行 1 项。

总之，核电强国在 SMR 开发中有明确需求、开发目标和战略指引；强调技术创新，在提升安全

作者简介：陈大明（1970—），男，重庆人，研究员，博士，现从事小型压水堆开发工作。

性的同时强调提高经济性；重视顶层设计，有明确规划和路线图；注重同步开展政策、规范标准的研究和制定，满足开发、监督和管理要求。

2 国外小堆发展

小堆对各国的经济、军事、航空等具有重大战略意义，国际上小堆呈现快速发展态势，SMR 的发展和建设有望迎来新的高峰。IAEA 曾对小堆的发展进行过预测，估计到 2030 年全球将建设 43～96 座小堆，到 2050 年 SMR 可占核电装机容量的 25％。国外主要小堆研发国家的进展如下。

2.1 美国

美国在小堆的研发、厂址和技术审查、国际合作、市场推广等方面均走在世界前列。

美国政府积极支持 SMR 开发，多家公司提出了设计方案。2012 年，美国能源部资助了巴威公司（B & W）研发的单模块电功率 180 MW 的 mPower 小堆；2014 年，NuScale 的单模块 45 MW 小堆、西屋公司单模块 225 MW 小堆、Holtec 的 SMR－160 和通用公司的 BWRX－300 等获得了美国能源部第二批资助，共同组成了美国重点开发的 5 种 SMR[2]。

2016 年，美国成立“美国小堆启动联盟”，与美国核管会（NRC）、美国国会等部门统一发声、整合资源、形成合力，促进小堆商业化发展。2021 年，美国实施“先进反应堆示范计划”（ARDP），鼓励成本分摊，加快 SMR 示范建设，确保领先，同时向波兰、乌克兰、约旦等国推广。

2016 年底，NuScale 向 NRC 提交小堆设计认证申请，2018 年 5 月通过了第一阶段审核，计划 2026 年前后在爱达荷州投运一座 12 个模块的小堆电厂，在批量建设后造价将为每千瓦 2850 美元。B &W 的 mPower 电站有 2 个模块，每个模块的电功率为 195 MWe。西屋公司完成电功率 225 MWe 的 SMR 概念设计，采用了 AP1000 非能动安全理念。Holtec 就 SMR－160 签署了多份谅解备忘录，还向加拿大申请供应商设计评估。通用公司的 BWRX－300 是小型模块化沸水堆，在批量建设后造价将比小型模块化压水堆低 40％～50％[1]。

2.2 俄罗斯

俄罗斯核工业龙头 ROSATOM 的发展战略是：通过 PRORYV（突破）工程，发展快堆，形成燃料封闭循环，到 2050 年实现核电占比 45％～50％，到 21 世纪末实现核电占比 70％～80％[3]。

俄罗斯是最早开展 SMR 应用的国家之一，早在 1976 年就建成投运了比利比诺联合发电站[4]，2006 年俄罗斯确立了 SMR 重点发展 KLT－40 和 VBER 两种技术，正在研发或已建成了多种型号用途的小堆[3]。

已建成装载两台 KLT－40S 的俄罗斯“罗蒙诺索夫院士号”（Akademik Lomonosov）浮动核电站，是世界首个商用海上浮动核电站，停靠于俄远东区楚科奇海岸附近的佩维克港（PEVEK），为边远地区提供电力和热能。Akademik Lomonosov 浮动核电站 2019 年 12 月 19 日并网发电，2020 年 5 月 22 日正式商业运营，取得首期 10 年运行执照，取代当地火力发电厂和老旧核电站，已发电和供热 3 年，是 SMR 发展的一个重要里程碑[2]。2017 年 7 月，ROSATOM 宣布第二座以及后续浮动堆将采用最新的破冰船反应堆 RITM－200M，每台反应堆功率增加 50 MWe，但是重量减少 1500 吨，新设计将减少近 4000 吨排水量，再大一点的浮动堆将计划使用 325 MWe 的 VBER－300 反应堆。

已建造 3 艘采用 RITM－200 小堆的第三代破冰船，分别处于服役、下水和船务建造阶段，北极号和西伯利亚号两艘破冰船分别于 2016 年 6 月和 2017 年 9 月下水，船上搭载 175 MWt 的 RITM－200 反应堆，双汽轮发电机组，螺旋桨输出功率 60 MW。目前正在设计最新四桨推力破冰船 LK－120，搭载 315 MWt 反应堆 RITM－400，螺旋桨输出功率可达 120 MW，可破冰达 4 米厚，即使在 2 米厚的冰面也可以达到 14 节航速。俄罗斯还在不断建造更先进的核动力破冰船，以满足北极地区资源开采需要[3]。

正在研发：ABV - 6E 和 VBER - 300 多功能反应堆，可用于建造浮动平台或陆上模式堆；BREST - OD - 300 小型纯铅堆计划开工建设，SVBR - 100 铅铋小堆正在研发；UNITHERM 小堆和 KARAT 系列小型沸水堆，电功率为 6.6 MWe；TUTA - 70 一体化池式供热堆，可用于区域供热和海水淡化。ELENA 处于概念设计中，用于热电联产，热功率 3.3 MWt、电功率 68 kWe，换料周期为 25 年。GT - MHR 用于发电、工业供热。MHR - 100 采用棱柱状燃料，设计热功率 215 MWt，用于发电和热电联产[2]。

俄罗斯是全球小型铅冷快堆（LFR）研发最先进的国家。

俄罗斯 LFR 的研究可追溯到 20 世纪 50 年代，苏联于 1963 年建成世界上第一艘利用铅铋反应堆为动力的核潜艇，并陆续将铅铋反应堆装备到其阿尔法系列核潜艇上。早期的铅铋反应堆没有考虑到铅铋合金的纯净化和氧浓度控制问题，反应堆在运行了几年后，发生了蒸汽发生器管道堵塞事故。苏联专家经过针对性研究，掌握了氧控和纯化技术，有效解决了反应堆冷却剂管道堵塞问题，反应堆处于良好的运行状态[5]。

从过去潜艇建造中获得的经验，目前正被用于两个关键项目的开发：100 MWe 的 LBE 冷却反应堆 SVBR—100，设计理念直接源自潜艇反应堆，其设计正处于固化阶段，预计会得到民营和政府合作伙伴的资助；300 MWe 的铅冷却反应堆 BREST - OD - 300，其设计将潜艇反应堆 LBE 冷却系统进行了适当修改后用于纯铅冷却剂，采用了一种特别的非能动余热排出系统，以保证可持续性和安全性[6]。

3 国内小堆发展状况

1983 年，中国提出了核能发展“三步走”（热堆—快堆—聚变堆）战略和“坚持核燃料闭式循环”方针；2013 年，国务院在《能源发展“十二五”规划》中继续明确了坚持安全高效发展核电的“三步走”路线[7]。2001 年，美国牵头成立了第四代核能系统国际论坛（GIF）后，四代核能以其革命性优势——固有安全性高、经济性好、可持续发展、极少的核废物、燃料增殖的风险低、防止核扩散等，向人们展示着核能全新的维度[8]。目前 6 种最具前景的四代核能系统设计中，包括 3 种快中子反应堆（简称“快堆”）——气冷快堆（GFR）、铅冷快堆（LFR）、钠冷快堆（SFR），以及 3 种热中子反应堆（简称“热堆”）——熔盐堆（MSR）、超临界水冷堆（SCWR）、超高温气冷堆（VHTR）。2006 年，中国正式加入 GIF，积极参加有关研发项目的合作，在四代 SMR 上取得了丰硕的成果[7-8]。

我国 SMR 在各个领域拥有广泛的需求和前景，不但在扩大核能应用、保障能源安全、实现能源低碳中，在灵活满足特定发电需求的小型电力或能源市场，都可以发挥重要作用，而且高度创新的 SMR 与风电、太阳能发电、天然气发电相比也有竞争力，可实现核能、可再生能源系统的融合，是能源转型的最佳选择之一。

在国家的鼓励和支持下，国内核电企业单位及研究机构，面向不同应用领域和市场需求开发出了多种各具特色的 SMR 技术，部分已具备或已经开展了示范工程[1]（表 1）。

表 1　国内 SMR（热堆和快堆）主要项目相关情况[1-2]

SMR 类别	设计型号	输出功率	堆型	设计单位	用途	项目阶段
陆上水冷小堆	ACP100	125 MWe	PWR	CNNC	发电、供热	工程示范
	DHR400	400 MWt	LWR	CNNC	低温供热	基本设计
	HAPPY200	200 MWt	PWR	SPIC	微压供热	概念设计
	NHR - 200 Ⅱ	200 MWt	PWR	CGN/THU	低温供热	详细设计
	和美一号	150 MWe	PWR	SPIC	发电	初步设计
	和美五号	220 MWe	PWR	SPIC	发电	初步设计

续表

SMR 类别	设计型号	输出功率	堆型	设计单位	用途	项目阶段
海上水冷小堆	ACPR50S	50 MWe	PWR in FNPP	CGN	电力、蒸汽	完成详细设计
	ACP25S	25 MWe	PWR in FNPP	CNNC	电力、蒸汽	初步设计
	ACP100S	100 MWe	PWR in FNPP	CNNC	电力、蒸汽	正在施工
	HHP25	25 MWe	PWR in FNPP	CSIC	电力、蒸汽	详细设计
高温气冷小堆	HTR-PM	210 MWe	HTGR	CHNG/THU	发电、供热、制氢	2021 年并网发电
	HTR-10	2.5 MWe	HTGR	CHNG/THU	发电、供热、制氢	2003 年并网发电
快中子小堆	CL-100	100 MWe	LFR	CNNC	发电、供热	总体设计
	CEFR	20 MWe	SFR/钠冷	CNNC	发电（实验堆）	2012 年并网发电
	CFR600	600 MWe	SFR/钠冷	CNNC	发电	2025 年以前建成
	CLEAR	10 MWe	LFR/铅基	INEST	移动发电	初步设计
熔盐小堆	TMSR	2 MWe	MSR	SINAP	实验性钍基熔盐堆	2021 年，启动调试

CNNC：中核集团；CGN：中广核集团；THU：清华大学；CHNG：中国华能集团；SPIC：国家电投集团；INEST：中国科学院核能安全所；SINAP：中国科学院应用物理所；CSIC：中船重工集团。

其中具有代表性和标志性的如下。

3.1 中核集团

中核集团是国内 SMR 发展的龙头，研发了各种型号 SMR 技术，包括压水堆、钠冷快堆、铅冷快堆、泳池堆等，其中 ACP100 和 CEFR 已分别在海南昌江、福建霞浦开工建设示范工程，进展迅速。

（1）多功能模块化小堆（ACP100）

ACP100 开发，基于现有压水堆技术，模块化设计，采用非能动安全系统；反应堆通过自然对流冷却，产生 125 MW 的电力，ACP100 将反应堆冷却剂系统（RCS）主要部件安装在反应堆压力容器（RPV）内。ACP100 是多用途设计，可用于发电、加热、蒸汽生产或海水淡化等。2015 年，IAEA 对 ACP100 进行通用设计审查，2016 年颁发了反应堆安全审查终版报告，ACP100 成为世界首个通过 IAEA 通用设计审查的小堆，2021 年 ACP100 示范工程项目已在海南昌江开工建设[2]。

（2）钠冷快堆（CEFR、CFR600）

几乎所有的 GIF 合作国都认为使用 MOX 燃料的先进钠冷快堆（SFR）在 21 世纪投入商用的可能性最大。2010 年 7 月，中核原子能院建成了中国实验快堆（CEFR），首次达到临界，2011 年 7 月成功并网发电，2012 年 5 月通过科技部验收，2014 年 10 月示范快堆工程项目总体规划获国家批准。CEFR 设计热功率为 65 MW，发电功率 20 MW，安全特性达到四代核能系统的要求，是我国下一步发展钠冷快堆的支撑平台[7]。

2017 年 12 月，钠冷快中子示范核电站（CFR600）正式在福建霞浦开工建设，2025 年以前建成。CFR600 采用 MOX 燃料的池式快堆，示范燃料闭路循环，热功率为 1500 MW，电功率为 600 MW；一回路中有两个环路，二回路的每个环路有 8 个模块化蒸汽发生器；三回路是水-蒸汽系统，蒸汽的参数为 14 MPa、480 ℃。

（3）铅冷快堆（LFR）

中核原子能院全面启动了铅铋堆燃料和材料等共性技术研究，并实施了关键系统设备技术攻关和铅铋堆零功率试验等工程化技术研究工作。2019 年，我国首座铅铋零功率反应堆——启明星Ⅲ号实现首次临界，并正式启动堆芯核特性物理实验，在堆芯关键技术上取得里程碑式重大进展[9]。2021 年，实现国内首套兆瓦级铅铋堆非核集成测试装置满功率发电运行。计划以 2025 年完成小型铅铋堆示范堆建设为阶段目标，尽快实现小型铅铋堆工程技术突破，形成型号谱系化开发能力和批量化生产应用能力。

3.2 中广核集团

中广核集团是国内SMR发展的中坚力量，通过核电技术的“引进、消化、吸收、再创新”的战略，在大堆上成功研发了拥有自主知识产权的“华龙一号”，2022年1月通过了英国严格的GDA审查，并于2023年3月在防城港建成后成功并网发电投产；在大堆研发的基础上，研发和推广SMR方面的各种型号小堆，包括压水堆、低温供热堆等，发挥了后发优势。

（1）低温供热堆（NHR200－Ⅱ）

2015年，中广核集团与清华大学签订合作协议，共同推进清华大学的低温供热堆（NHR200－Ⅱ）示范工程，在河北、贵州、山东等地进行了大范围的厂址普选，2018年邢台中庄厂址获得国家能源局的认可并开展前期工作，中广核集团成立专业化公司推进，可能的示范项目厂址为贵州铜仁。

（2）海上浮动核电站（ACPR50S）

海上浮动核电站是将小型核反应堆和船舶结合，使核电适用于海洋环境，为孤立海岛、近远海地区海洋平台提供能源，包括电力、热源、海上稠油热采、淡水供给等。2012年以来，中广核集团一直致力于海上小堆ACPR50S的研发[2]，2015年ACPR50S项目获得国家能源局的正式批复，已签订核岛主要部件的加工合同，近期将完成制造，正在推进ACPR50S实验堆工程建设。

3.3 清华大学-中国华能集团

清华大学拥有雄厚的技术积累和强大的人才队伍，在高温气冷四代核能系统SMR领域全球领先[2]。

高温气冷堆（HTR－PM）：清华大学核研院从20世纪70年代中期就开始研发高温气冷堆，90年代建成10 MW的HTR—10实验堆[10]。2021年12月，以中国华能集团为业主的国家科技重大专项200 MW的HTR—PM示范核电站在山东荣成石岛湾首次并网发电，这是全球首个并网发电的第四代高温气冷堆核电项目，在该领域我国成为世界核电技术的领跑者。HTR—PM堆芯入口/出口的氦气温度分别为250 ℃和750 ℃，蒸汽发生器出口的蒸汽参数为13.25 MPa、567 ℃[2,11]。

3.4 中国科学院

中国科学院利用我国丰富的钍资源和建立先进核裂变能－ADS嬗变系统优势，研发了两种特色的SMR项目。

（1）钍基熔盐堆（MSR）

钍基熔盐堆也是增殖核燃料的一条途径，2011年中国提出了钍基熔盐堆的发展设想规划[2]，可以充分利用我国丰富的钍资源，2018年9月中国科学院应用物理所2 MW液态燃料实验堆MSR项目在中国甘肃武威开工建设，分两期，总投资220亿元。2021年9月主体工程完工后，世界首个实验性钍基熔盐堆启动试运行，已经突破了氟盐腐蚀控制等7项MSR研发核心关键技术[12]。

（2）中国铅基冷却堆（CLEAR）

2011年，中国科学院启动了“未来先进核裂变能- ADS嬗变系统”战略先导科技专项，目标是掌握ADS系列和核废料处理关键技术，完成CLEAR系列反应堆的设计和建造[5,13]。计划先建成一座10 MW的CLEAR－Ⅰ，然后再向100 MW的CLEAR－Ⅱ和1000 MW的CLEAR—Ⅲ推进，首阶段使用铅铋冷却剂（LBE），后再使用纯铅冷却剂[6,14]。中国科学院核能安全所提出将建100 kW和1 MW两种移动CLEAR，能快速布置和关闭，可在公路、铁路、海上或空中安全快速移动，以支持沙漠地区、边远地区、无人区的各种任务。

4 SMR未来发展

小型堆是面向未来能源市场的小型化、多用途、更为灵活的核能供应方式，不仅是对核电大堆市场的补充，也是电、热、水、冷多种能源供应及分布式能源的重要解决方案。各种SMR的发展趋势如下。

小型压水反应堆：技术最成熟、工程可实现性最高，是国内外 SMR 研发的重点。全球 4 个在建或已建成小堆中有 3 个是压水堆（ACP100、KLT-40S、CAREM）[2]，有多个小型压水反应堆的研发已达设计认证阶段，具备工程条件，有望较快建成首堆示范，如 ACPR50S、HHP25。存在问题：没有适用于小堆可持续发展的审批监管体系，短期内难以获得批量化建设后有竞争力的经济性。

小型高温气冷堆：具有高固有安全、高温输出等特性，是唯一示范开工建设、具有第四代安全特征的 SMR 堆型。在我国“双碳”目标下，基于高品质一回路出口参数，HTR-PM-200 示范工程在进一步提高经济性、具备规模推广基础后，将在工业供热和制氢等领域有广泛的应用前景和良好的发展机遇[11]。同时，基于高温气冷堆固有安全性和对水资源要求低的特性，除可在沿海厂址用于规模化发电外，在燃煤机组替代、内陆厂址发电方面较压水堆都有优势。存在问题：高温气冷堆的功率密度偏低，主设备尺寸大、质量重，对大件运输和厂址地理条件要求高，会限制它的适用范围。

小型快堆：小型钠冷、铅冷快堆均被 GIF 列为最有希望的第四代 SMR 核能技术。钠冷快堆世界上建造了 20 多座，具有相当的技术储备，俄罗斯、法国、日本等积累了数百堆年的运行经验，工程技术已近成熟[10]，据 GIF 评估数据，其工业示范阶段时间有延迟[5]。铅冷快堆是四代核能的主力堆型，有优良的中子学、热工水力学特性，具有安全性好、易小型化、可行性高的显著特点，作为小型化高功率能源，有望形成可移动核电能源，其发展已走在前列，是小型和微型核动力的优选技术路线之一，也是先进核能商业化应用的重要途径[6,8]。存在问题：铅冷快堆主回路的铅或铅铋冷却剂对材料的强腐蚀性不易彻底解决；钠冷快堆主回路的金属钠冷却剂太活泼，安全性受到影响。

小型熔盐堆：被 GIF 列为最有希望的第四代 SMR 核能技术之一，具有独特的技术优势，受到广泛关注，早期的熔盐堆技术基础和实践经验，以及多年来核能和工业技术的进步，为熔盐堆的发展提供了坚实的基础。存在问题：当前技术总体还处于概念设计阶段，存在很多亟待解决的问题。

5 小型堆面临的机遇及建议

我国 SMR 小型堆发展面临着巨大挑战和发展机遇。国际上小堆发展方兴未艾，尽管在大型核电方面已有一套成熟、完善的核准和监管体系，但针对 SMR 的项目核准、核安全审评、核应急等领域，无现存体系可参考，国内急需补充和完善适合于 SMR 发展的法规标准和用户要求。同时，小型堆的经济性，特别是与其他清洁能源的价格竞争力，一定程度上也影响了 SMR 项目投资决策，这些都是 SMR 发展面临的巨大挑战。但是，我国小型堆安全设计水平已达到或高于三代大型核电水平，由于靠近目标用户，前景良好，应用广阔，是我国核能发展弯道超车、实现高质量发展的重要战略机遇[1]。

建议：首先，在确保安全的前提下，加强用户需求的调查研究，发挥创新精神，努力实现 SMR 系统设计简化，向标准化、批量化、模块化、工厂制造、现场组装方向发展，使小型堆的开发更具针对性，有效提高 SMR 安全性、经济性，增加竞争力。其次，尽管 2016 年 1 月国家核安全局发布了《小型压水堆核动力厂安全审评原则（试行）》，2017 年 10 月国防科工局印发了《陆上小型压水堆核应急工作指导意见（试行）》，对小堆的核安全审评和监督管理等起到了很好的指导作用，但仍不足以满足当前我国小堆发展的需求[15]，建议有关政府部门及核能研究机构或单位，以科学研究为支撑，进一步制定小型堆的发展政策、法律规范和标准，构建促进小堆可持续发展的生态圈。最后，加强政府的协调和指导，加强企业和研究单位间的合作，避免同类项目的重复开发，提高开发效率；加大对小型堆示范项目的支持力度，加强公众沟通和宣传，逐步推广，使清洁高效低碳的 SMR 核能技术为我国“双碳”目标作出重要贡献。

参考文献：

[1] 小型堆在供热领域应用空间广阔，国内外小型堆发展现状一览［EB/OL］.［2023-10-12］. https://

www. xianjichina. com/special/detail _ 498939. html.

[2] Advances in small modular reactor technology developments，a supplement to：IAEA advanced reactors information system (ARIS)，2020 Edition [EB/OL]．[2023 - 10 - 12]．https：//aris. iaea. org/Publications/SMR _ Book - 2020. pdf.

[3] 王廷奎．世界核电博览：俄罗斯核电现状及主流反应堆技术分析 [EB/OL]．[2023 - 10 - 12]．https：//news. bjx. com. cn/html/20180929/931342. shtml? security _ verify _ data=3336302c373830.

[4] NUTTALL M. Encyclopedia of the Arctic [M]．New York and London：Routledge，2005：241.

[5] 柏云清．中国铅基研究反应堆（CLEAR - I）设计与研究进展 [C] //第一届新型反应堆与发展研讨会，兰州，2013.

[6] ALESSANDRO A. 铅冷快堆：未来的机会" [J]．工程（Engineering），2016，2（1）：59 - 62.

[7] 苏罡．中国核能科技"三步走"发展战略的思考 [R]．中国核电工程有限公司，2016 - 09 - 27.

[8] 快堆、高温气冷堆、超临界水冷堆……核能"明日之子"光芒初绽" [EB/OL]．[2023 - 10 - 12]．https：//news. bjx. com. cn/html/20180314/885361. shtml.

[9] 陈瑜．里程碑式重大进展！我国铅铋零功率反应堆首次实现临界 [EB/OL]．[2023 - 10 - 12]．https：//baijiahao. baidu. com/s? id=1647186653796403978&wfr=spider&for=pc.

[10] 焦保良．浅谈国内外核电技术发展现状及前景" [J]．科技信息，2010（34）：2.

[11] 叶奇蓁．我国核能的创新发展 [EB/OL]．（2022 - 06 - 08）[2023 - 10 - 12]．http：//www. nea. gov. cn/2022 - 06/08/c _ 1310617356. htm? eqid=dbd64f0e000068a10000000464434e96.

[12] 倪思洁．先进核能技术：向更安全、更可靠努力 [EB/OL]．（2022 - 08 - 04）[2023 - 10 - 12]．https：//news. sciencenet. cn/htmlnews/2022/8/483828. shtm.

[13] GU L，SU X K. Latest research progress for LBE coolant reactor of China initiative accelerator driven system project [J]．Frontiers in energy，2021，15（4）：810 - 831.

[14] WU Y C，BAI Y Q，SONG Y，et al. Development strategy and conceptual design of China lead - based research reactor [J]．Ann Nucl Energy，2016，87（Part 2）：511 - 516.

[15] 关于政协十三届全国委员会第一次会议第 1771 号（科学技术类 066 号）提案答复的函 [EB/OL]．（2018 - 07 - 24）[2023 - 10 - 12]．https：//www. mee. gov. cn/xxgk2018/xxgk/xxgk13/201810/t20181011 _ 661810. html.

Current situation and opportunities of Small Modular Reactor（SMR）

CHEN Da-ming，WANG Tian-feng，CHEN Zhao，
DONG Ya-chao，YANG Liang-wen，WU Wei

(China Nuclear Power Technology Research Institute Co. Ltd，Shenzhen，Guangdong 518000，China)

Abstract： This report had investigated the development of Small Modular Reactors（SMR）in the major nuclear energy industry countries of the world，predicted the development trend of different dimensions by a comparative ananlysis of the project number/technology type/stage of development of SMR. Based on the development status and characteristics of domestic SMR in recent years，and the challenges and opportunities，combined with possible policies and regulations etc，we had made corresponding suggestions for the planning and promotion of SMR projects.

Key words： Nuclear energy industry；Small Modular Reactor（SMR）；Development status & trend；Project planning and promotion

中国核能发展分析和评价模型综述

叶　璇[1]，程鸿章[1]，刘晓光[2]，王　其[1]，李　茹[1]，张鸿宇[1]，崔磊磊[3]，
郑刚阳[3]，杨　波[4]，姜玲玲[4]，原　鲲[1]，周　胜[1]，马　涛[1]，熊　威[1]

（1. 清华大学，北京　100084；2. 中国原子能科学研究院，北京　102413；
3. 中国工程物理研究院战略技术装备发展中心，北京　100088；4. 中国工程院战略咨询中心，北京　100088）

摘　要：核能发展分析和评价是核能科技发展战略和规划的重要组成部分。本文调研了国内外核能发展现状及预测数据，总结了我国在双碳目标实现过程中核能综合利用的重要性，梳理了主要的核能发展分析和评价模型，如GCAM-TU、C-GEM、China-TIMES、IPAC的发展情况及在中国的应用，归纳了核能分析和评价模型在自主开发模型的建立、上下游对接、非线性输入数据支撑及场景模拟等方面面临的问题和挑战。为了更好地适应我国经济社会发展对核能预测的新需求，需要优化开发自主可控的核能发展分析和评价模型体系，为双碳战略和能源安全提供新的技术手段，这对中国核能综合发展具有重要意义。

关键词：核能发展分析和评价模型；双碳目标；能源安全；核能综合利用

能源是我国经济社会发展的重要制约因素，关系到经济安全和国家安全。我国需要努力实现新增能源供应以低碳或无碳优质能源为主[1]，并通过能源革命从根本上解决能源安全问题[2]。中国能源革命的主要任务是建立新型电力系统[3]，大幅推动节能和提高能效[4]。同时，还需要通过整个能源结构的低碳转型，倒逼工业、交通、建筑等领域改变自身的能源结构[3]。

在“双碳”目标下，中国能源低碳转型的资源基础是丰厚的[4]。中国正在大力推动能源系统的清洁化和低碳化，并着力建设全国统一碳市场[5]。核能发电可通过规模替代化石能源助力能源系统低碳转型[6]。同时，核能综合利用包括核能供热、核能制氢等也可以帮助钢铁、水泥、化工等高耗能领域实现低碳转型[6]。中国核电技术的发展给中国在国际核电市场上带来了巨大机遇[7]，我们在引进、消化、吸收的基础上立足创新，不断研发具有自主知识产权又适合我国国情的先进核能技术[8-9]，并实行“战略必争、确保安全、稳步高效”的核电发展战略定位和指导方针[10]。

中国核能发展的预测对于未来我国能源的可持续发展至关重要。核能发展分析和评价模型能够为决策者提供更加科学的依据和合理的战略规划，统筹核能市场需求和供给情况，提高国家能源安全水平。

1　国内外核能发展现状及预测数据调研

1.1　核能发电

IAEA统计数据显示，截至2023年6月底，全球在运核电机组达到436台，总装机容量已超过3.92亿千瓦，分布于世界30个国家或地区[11]。全球在建核电机组有59台，总装机容量为6600万千瓦。其中，在建三代核电机组41台，数量约占全部在建核电机组的80%[11]。

截至2023年6月底，我国在建核电机组数量为23台，总装机容量约为2600万千瓦，继续保持全球第一；商运核电机组共55台，总装机容量5699万千瓦，机组数量及装机容量均列世界第三[12]。

作者简介：叶璇（1992—），女，助理研究员，从事先进反应堆技术、核能发展分析和评价等相关工作。
基金项目：国家重点研发计划“双碳目标下我国核能发展预测模型研究”（2022YFB1903100）。

我们需要基于第三代自主压水堆，加强安全、高效、规模化的核能发展，推动第四代核能系统和模块化小堆的研发，扩大核能的应用领域，并积极探索利用聚变能源的可行性[13]。

近年来，我国核电技术实现了突破，党的二十大报告强调积极安全有序发展核电，要求加强能源产供储销体系建设，确保能源安全[14]。目前，我国投入应用的三代核电技术包括华龙一号、AP1000、国和一号、俄罗斯核电技术（VVER）以及法国核电技术（EPR）。我国自主研发的华龙一号采用了能动与非能动相结合的设计理念[15-17]，满足国际相关安全要求[18]。华龙一号福清核电5、6号机组在2023年5月竣工验收[19]，标志着我国已成为自主掌握三代核电技术的国家之一[20]。另外，2006年11月，中国政府引进美国西屋AP1000技术并建设AP1000全球首堆——三门核电一号机组[21]，在此基础上自主研发了CAP1400型压水堆核电技术（国和一号）[22]，其安全性、经济性、先进性有了新的发展和提升[23]。在山东荣成石岛湾核电站，国和一号示范工程一期两台机组的建设工作正在推进中[21]。对于俄罗斯和法国核电技术，中俄合作将建设田湾核电站7、8号机组及徐大堡核电站3、4号机组，采用VVER-1200型三代核电技术[24]，台山核电1号机组作为EPR全球三代核电的首堆工程于2018年6月首次并网发电成功[25]。

模块式小型反应堆（SMR）是采用模块化设计的新一代反应堆[26-27]，具有更高的安全性、更短的建设周期、更好的应用灵活性[26]。中核集团玲龙一号（ACP100）主要目标是核能综合利用[28]，可以应用于园区、海岛、矿区、高耗能企业自备能源等多种场景[20]，该堆型于2021年7月在海南昌江核电厂址开始建设首堆示范工程[28-29]。由清华大学核研院开发的小型模块化压水堆NHR200-Ⅱ起源于5兆瓦低温供热试验堆[30]，在贵州玉屏等多个厂址进行推广[31]。ACPR50S是由中国广核集团自主设计研发的海上小堆，于2015年12月正式取得国家立项[32]，可用于海洋平台等能源供应场景。清华大学核研院在20世纪90年代建成了10兆瓦高温气冷实验堆（HTR-10）[33]。由清华大学、华能集团、中核集团合作在山东荣成石岛湾建成了200兆瓦球床模块式高温气冷堆核电站示范工程（HTR-PM）[34]，并于2022年12月达到初始满功率[35]。中国科学院上海应用物理研究所通过钍基熔盐核能系统（TMSR）的研究[36]，在甘肃省武威市建造2兆瓦液态燃料钍基熔盐实验堆，并于2023年6月获得由国家核安全局颁发的运行许可证[37]。2019年10月，我国首座铅铋零功率反应堆启明星Ⅲ号在中国原子能科学研究院实现首次临界，并开展一系列实验工作[38]。中国原子能科学研究院、西北核技术研究所、西安交通大学、清华大学等单位也开展了空间堆相关研究[39]。

2011年7月，中国实验快堆在中国原子能科学研究院成功并网发电[40]。正在建设中的600兆瓦福建霞浦示范快堆计划于2023年完工[40]。霞浦示范堆的建成对形成闭式燃料循环体系具有重要意义[40]。我国核能发展的“三步走”战略按照热堆、快堆、聚变堆的顺序，可实现长期可持续发展[41]。

近年来，可控核聚变技术取得了巨大的进步。欧洲的JET、日本的JT-60U、美国的TFTR等装置在等离子体温度和输出功率方面取得了突破性成果[42-44]。美国提出发展激光惯性约束聚变能源(LIFE)[45]，目前正在准备2.0兆焦激光“点火”实验，LIFE的发展使得聚变能源的应用范围大大拓宽[46]。微软公司认为核聚变技术接近可以接入电网，宣布将从核聚变公司Helion Energy购买电力[47]。国际热核聚变实验堆（ITER)，旨在建造世界上最大的实验性托卡马克核聚变反应堆，并展示聚变发电的可行性，由中国、欧盟、印度、日本、韩国、俄罗斯、美国七方共同参与建造，我国承担了其中约9%的任务。我国在核聚变领域通过“HL”环流系列、EAST等自主化核聚变装置的研发迅速跻身国际前列[48-49]。中国聚变工程实验堆（CFETR）是中国自主设计、研发并主导的国际合作重大科学工程[50]。当前国内正在探索磁约束托卡马克氘氚聚变、Z箍缩聚变裂变混合堆、磁约束球形环氢硼聚变等技术路线[51]。

1.2 核电发展预测数据

根据世界核协会（WNA）的预测，截至2040年，中国核电发展规模的低、中、高方案分别为1.54亿千瓦、2.06亿千瓦、3.00亿千瓦[52]。根据《气候变化2023》综合报告，联合国政府间气候变化专门委员会（IPCC）指出，全球温度预计在2021年至2040年内将升高1.5 ℃，能否在21世纪末将全球温度升幅控制在1.5 ℃或2 ℃以内，很大程度上取决于全球能否实现二氧化碳净零排放，即碳中和[53]。根据国际能源署（IEA）、国家能源局（NEA）发布的新版核能技术路线图，在2 ℃情景下，到2050年，全球核电总装机容量将提高到900 GW（9亿千瓦），到时核能发电量将占全球总发电量的17%[54]。国际原子能机构（IAEA）2021年版《直至2050年能源、电力和核电预测》[11] 中，预计在高值情景下，全球核电装机容量将在2030年、2040年、2050年分别达到4.7亿千瓦、6.29亿千瓦、7.92亿千瓦；而在低值情景下，全球核电装机容量将在2030年、2040年、2050年分别达到3.66亿千瓦、3.78亿千瓦、3.94亿千瓦[11]。

国内的规划（主要依据“十四五”规划）和预测数据显示，到2025年，预计我国核电装机容量将达到7000万千瓦[55]。中国工程院在发布的《中国能源中长期（2030、2050）发展战略研究》中提出，到2050年，我国核电总装机容量预计可达到4亿千瓦，核电占我国总发电量的24%[56]。中核战略规划研究总院预测，到2030年，我国核电装机规模将达到1.05亿～1.17亿千瓦，2060年我国核电占总发电量22%左右[11]。根据中国核电发展中心和国网能源研究院联合出版的《我国核电发展规划研究》所示，在基准方案下，到2030年、2035年和2050年，我国核电机组规模将分别达到1.3亿千瓦、1.7亿千瓦和3.4亿千瓦，占全国电力总装机容量的4.5%、5.1%、6.7%[57]。相应地，核能发电量预计将分别达到0.9万亿千瓦时、1.3万亿千瓦时和2.6万亿千瓦时，占全国总发电量的10%、13.5%和22.1%[57]。中国核能行业协会发布的《中国核能发展报告2022》蓝皮书预测，在2060年前后，我国核能发电量占我国所有发电量的20%左右[11]。2020年清华大学能源、环境与经济研究所制定的实现“2030碳达峰、2060碳中和”目标的计划报告预测[58]，到2030年前，我国核能发电量将占总发电量的10%以上；到2060年，核能发电量将占总发电量的20%～30%。

我们将核能发展预测领域不同学者的数据总结绘制成点图，并进行曲线拟合。结果显示，2030年的核电装机容量区间为0.9亿～1.5亿千瓦，2050年为1.7亿～2.4亿千瓦，如图1所示。

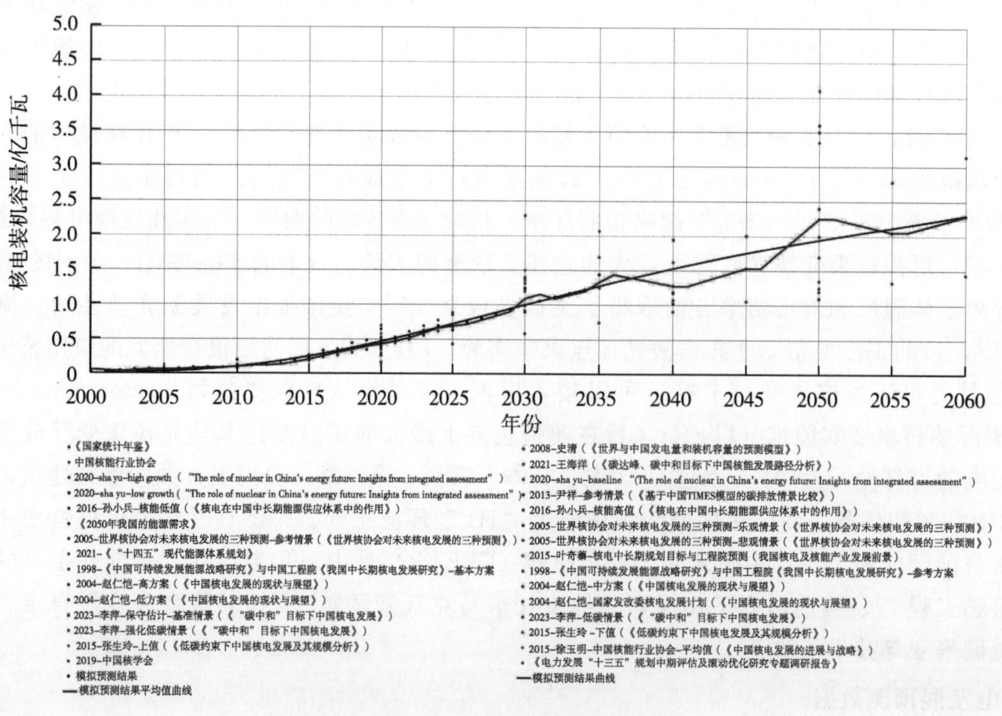

图1　核电装机容量预测值拟合曲线

1.3 核能的综合利用

随着双碳和能源安全战略的推动，核能的综合利用正在迅速崛起。在确保核电安全积极有序发展的前提下，中国正大力开发核能在制氢、供暖、工业供汽、海水淡化等多个领域的应用[59]。

核能制氢可以避免排放温室气体，并且效率高和规模大，是未来大规模供应氢气的重要选择之一[60]。高温气冷堆被认为是最适用于核能制氢的堆型[60]。结合核能制氢-冶金应用耦合技术，该堆型能够为钢铁行业带来成本较低的零碳氢气[61]。同时，加快发展高温气冷堆热电联产技术[62]，以核能作为北方地区主要清洁热源之一，不仅可以缓解热源紧缺，还可以改善供热能源结构[60]。

2022 年 9 月，美国能源部发布了《国家清洁氢战略与路线图》的草案。该草案旨在到 2030 年实现 1000 万吨清洁氢能源的生产，并于 2050 年将年产能提升至 5000 万吨[63]。另外，2023 年 3 月，美国 X－energy 计划在墨西哥湾沿岸的工厂建设 Xe－100 高温气冷反应堆（HTGR），为工业热应用、海水淡化和制氢提供灵活的电力和工艺热[64]。中国石化加快推进氢能等先进能源和 CCUS（二氧化碳捕集封存与利用）等深度脱碳技术的发展[65]，现已建成多个油氢合建示范站，可形成全氢能产业链[65]。在清华大学成立的高温气冷堆碳中和制氢产业技术联盟，将高温气冷堆技术与钢铁冶炼、化工等具体应用场景相结合，打造工业规模示范项目，并在国内外开展产业化推广[66]。

然而，核能多元化综合利用仍然面临一些挑战。卢铁忠等指出，在保障能源供应安全的同时又要实现降碳要求[67]，需要加大力度开发和保护核电厂址，积极推动内陆核电论证[67]。王寿君等建议加快核能综合利用与高耗能行业的耦合发展、核能清洁供暖产业化并推动核能制氢技术的研发和示范[68]。邓建军等指出核聚变技术有望实现创新的中国核能利用解决方案[59]。

2 中国核能发展分析和评价主要模型情况调研

国内外涉及核能分析和评价的模型建立和发展相对比较活跃。按照模型涵盖的范围，大致可以分为电力系统规划模型、能源系统优化模型、能源经济一般均衡模型、综合评估模型等。

2.1 电力系统规划模型

电力系统规划模型一般以线性规划或者混合整数规划为核心，优化满足各类机组运行约束和电力供需平衡下的电源发展情况。采用电力系统规划模型进行核能发展预测的优势在于一定程度上考虑到了各类发电技术的运行约束以及不同时段的电力供需平衡，但由于模型覆盖范围仅包含电力部门，这类模型仅对核能发电进行预测。

国外电力系统规划模型开发较早，典型的电力系统规划模型主要包括美国能源部国家可再生能源实验室开发的 ReEDS 模型[69]、加州大学伯克利分校开发的 SWITCH 模型[70] 以及丹麦能源署支持开发的 Balmorel 模型[71]。

国内电力系统规划模型近年来也发展迅速。何钢等人基于 SWITCH 模型开发了中国版的 SWITCH－CHINA 模型，用于研究中国电力低碳转型[72]。中国科学院衣博文开发的多区域电力模型已被用于研究中国电力系统在污染排放约束下的发展路径[73]。清华大学李政等开发的多区域电力扩张规划模型已被用于研究中国电力系统低碳转型路径[74]。清华大学杨远哲等开发的中国可再生能源电力规划及运行模型已被用于研究中国电力系统低碳发展路径[75]。中国华能集团舒印彪和国家电网张丽英等[76] 构建了深度低碳、零碳、负碳 3 类电力转型情景和路径规划优化模型，并利用 GESP－V 软件包进行电源结构、碳排放量、供应成本等方面的优化分析，以确定最佳的电力低碳转型路径。

2.2 能源系统优化模型

能源系统优化模型考虑了各能源系统技术经济参数，可以优化得到整个能源系统技术发展情况。相比电力系统规划模型，能源系统优化模型由于涵盖的能源部门更广，除了电力系统，还包括煤、油、气等供应系统，工业、建筑、交通等能源需求部门及其相互影响，但是能源系统优化模型时间精度通常会低于电力系统规划模型，使得能源系统优化模型难以考虑能源技术的小时级或者更高时间精度的运行特征。

国外代表性的模型主要为基于优化算法的 MARKAL 模型（Market Allocation of Technologies Model)[77] 和更注重能流优化的 EFOM 模型（Energy Flow Optimization Model)[78]，以及在国际能源署的组织下将集成到新一代的 TIMES 模型。此外，IAEA 建立了 IAEA 能源电力预测模型[79]，IEA 建立了全球能源展望模型 WEM[80] 等。

清华大学陈文颖等[81] 建立了中国 TIMES 模型，用于研究中国未来能源消耗与二氧化碳排放之间的关系和碳税的作用，以及 2010—2050 年中国一次和终端能源消费、电力构成和二氧化碳排放量等方面的变化，如图 2 所示。陈文颖等使用 China - TIMES 模型与 4 个全球综合评估模型比较分析了中国从碳密集型经济向低碳经济转型的模型以及脱碳路径的异同[82]，认为到 2050 年核电比重仍将维持在 30%左右[83]。

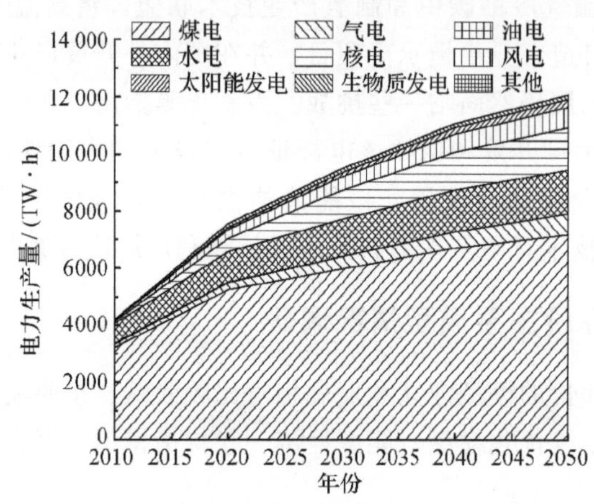

图 2　参考情景发电量及构成[81]

2.3　能源经济一般均衡模型

能源经济一般均衡模型基于新古典经济学的一般均衡理论构建，对除能源外的其他部门也有详细刻画，可以分析能源与社会经济、劳动投入间的影响关系，但是这类模型一般对于具体技术细节刻画较粗糙。国外代表性能源经济一般均衡模型为美国麻省理工学院开发的 EPPA 模型[84]、欧洲经济研究中心等开发的 GEM - E3 模型[85]、OECD 开发的 GREEN 模型[86] 等。

国内代表性能源经济一般均衡模型中国-全球能源模型（C - GEM）和中国分区能源经济模型（C - REM）由清华大学与美国麻省理工学院全球变化科学与政策联合项目合作开发，主要用于评估中国和全球低碳政策对经济、贸易、能源消费和温室气体排放的影响[58,87]。国网能源研究院翁玉艳和清华大学张希良等[88] 采用 C - GEM 模型，对主要国家独立碳市场和链接碳市场情景进行定量模拟。霍健等[89] 使用 C - GEM 模型设计了常规转型情景、加速转型情景和革命性转型情景，通过量化分析探讨了中国未来低碳能源经济转型的路径和政策（图 3）。

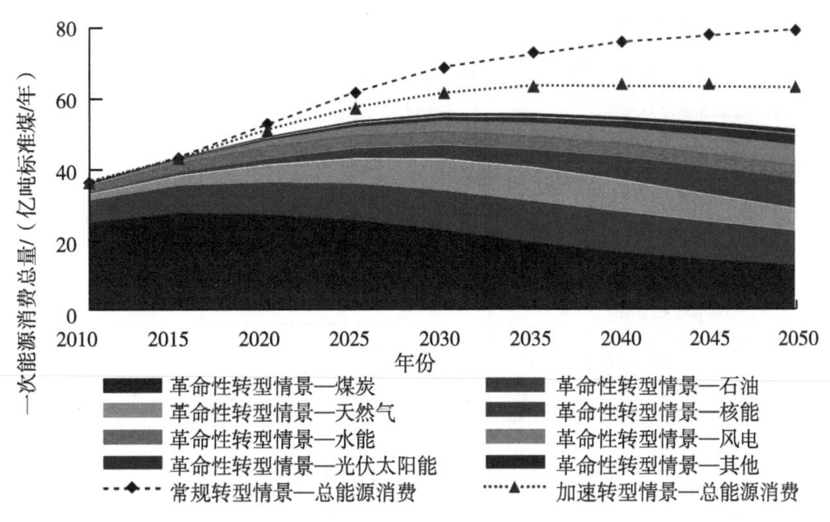

图 3　2010—2050 年各情景下中国一次能源消费总量与结构[89]

此外，清华大学 Wang 等开发了 CHEER 模型，并量化分析了中国可再生能源政策的影响[90]。复旦大学 Wu 等开发了 DREAM 模型，并利用该模型对中国不同碳政策设计的影响进行了分析[91]。

2.4　综合评估模型

综合评估模型在涵盖能源经济系统的基础上，还涵盖了自然生态系统与环境系统的反馈。

国外代表性模型包括美国西北太平洋国家实验室（PNNL）开发的动态递归的部分均衡模型全球变化评估模型（Global Change Assessment Model，GCAM）[92]、奥地利国际应用系统分析研究所（IIASA）的 MESSAGE 模型[93]、日本国立环境研究所（NIES）的 AIM 模型[94]、荷兰环境评估署（PBL）的 IMAGE 模型[95]、波茨坦气候影响研究所（PIK）的 REMIND 模型[96] 等。这些模型长期为全球和各地区的能源转型、低碳发展相关决策提供支撑，并作为历次 IPCC 评估报告的主要支撑模型。

借鉴国外的建模技术和经验，我国相关机构已成功开发了多套综合评估模型，并将其应用于我国绿色低碳转型战略和决策支撑中。国家发展改革委能源研究所（ERI）通过多种国际国内合作，开发构架了 IPAC 模型用于分析全球、国家和地区的能源和环境政策[97-104]，并组织协调多个单位，借助模型工具 IPAC - AIM 等对“中国 2050 年能源需求暨碳排放趋势”进行了展望，设计了节能、低碳、强化低碳的情景来探讨中国的低碳发展道路。3 种情景下，2050 年我国核电装机容量将分别达到约 3 亿千瓦、3.5 亿千瓦、4.2 亿千瓦[105]。国家发展改革委能源研究所姜克隽等[106] 使用了 IPAC - Emission 全球模型、IPAC - CGE 模型和 IPAC - AIM/Technology 模型，涵盖了全球情景和中国的国家排放情景。3 个模型之间的关系如图 4 所示。在采用中国工程院核电方案[107] 的基础上，通过情景分析进行预测，在 2 ℃情景下，到 2050 年我国核电装机容量可达 4.3 亿千瓦；在 1.5 ℃情景下，到 2050 年核电装机容量应超过 5 亿千瓦[106]。

清华大学在引进美国 GCAM 模型的基础上，结合中国区域特点自主开发了 GCAM - TU 模型（全球变化评价模型-清华版本），并应用于国内能源系统和应对气候变化的相关政策研究。例如，王利宁等[108] 采用 GCAM - TU 模型对中国的终端部门（交通、建筑和工业部门）进行了更为详尽的刻画，并根据中国现状和发展趋势对中国区参数进行了校准。Chen 等[109] 应用 GCAM - TU 模型评估美国退出《巴黎协定》的潜在影响，来模拟与能源相关的 CO_2 的全球和区域排放路径。Yu 等[110] 基于 GCAM 模型的更新版本 GCAM - China 模型制定了“基线”“低增长”“高增长”3 种主要情景用于评估中国核能潜力。研究结果表明，到 2030 年，中国各种情景下的核电占比不太可能超过 10%，到 2050 年也不太可能达到 30%。2050 年中国各省在各种情景下的核能发电量如图 5 所示。Zhang

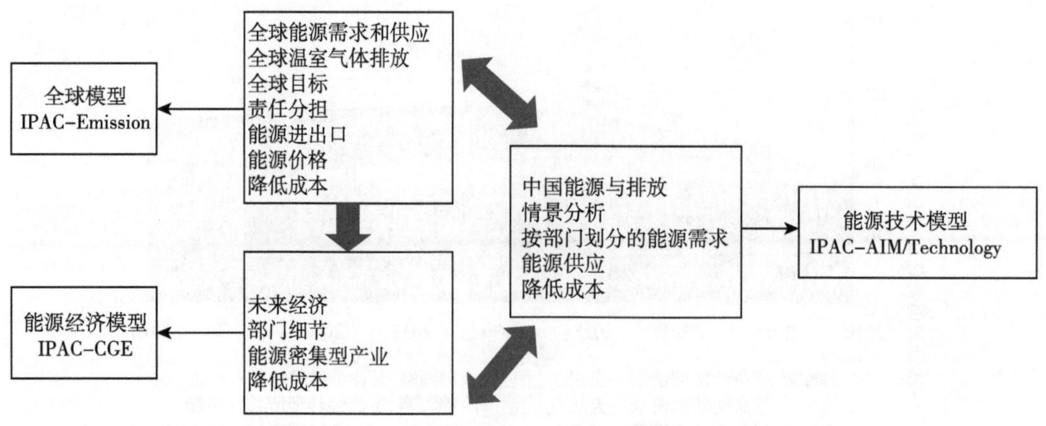

图 4　IPAC 不同模型之间的接口关系[106]

等[111] 利用综合经济社会效益评价模型框架，将能源经济一般均衡模型与空气质量与健康影响模块和电力系统规划模型耦合，比较了当前能源系统转型力度下和未来能源系统加速转型下的经济社会成本和收益。Wang 等[112] 将能源经济一般均衡模型与简单气候模型耦合，建立基于间接损害函数系统的气候影响评估模块 CGEM - IAM，并分析了各种情景下气候影响造成的经济损失。

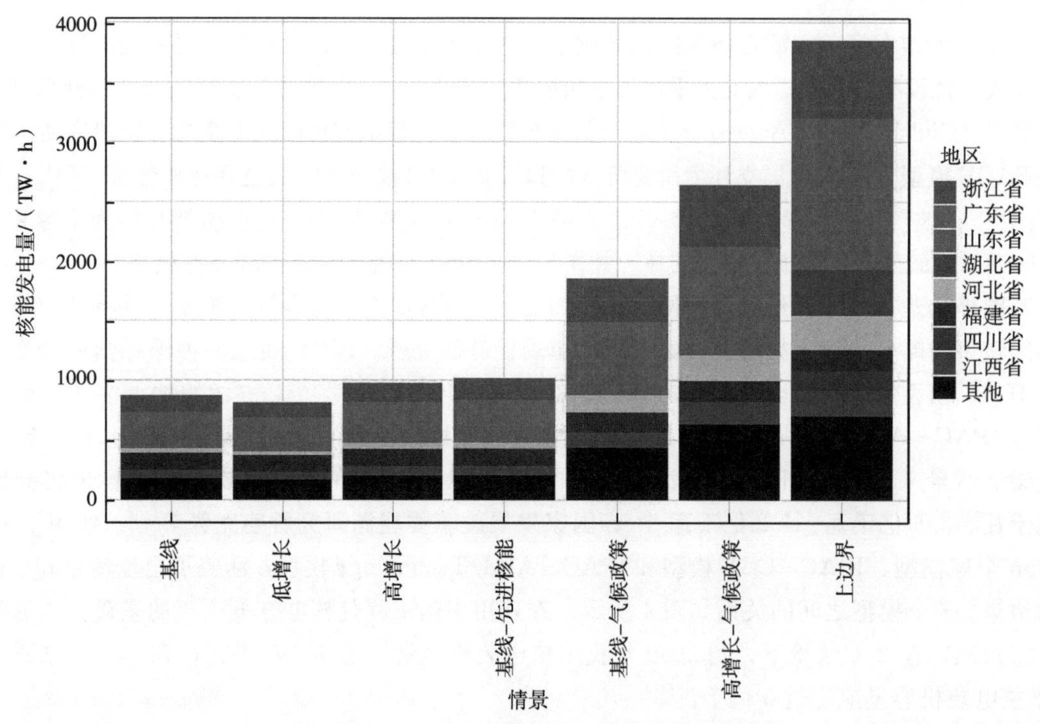

图 5　2050 年各省所有情景下的核能发电量[110]

北京大学能源环境经济与政策研究室构建了能源-环境-经济可持续发展综合评估模型（IMED），以全球、国家、省级为基础，对实现绿色低碳转型的宏观经济成本和协同效益进行了研究[113-114]。

中国环境规划院碳中和研究中心 Cai 等[115] 开发了一种集成的 CO_2 排放路径的中长期排放路径模型（CAEP - CP - 1.2 模型），建立了中国碳中和目标下综合排放路径的优化理论和方法体系。Shi 等[116] 提出了到 2060 年中国中长期空气质量改善路径（CAEP - CAP），探讨了中国追求碳中和的空气质量协同效益。中国工程院“我国碳达峰、碳中和战略及路径研究”项目组利用中国中长期碳排放路径（CAEP-CP），通过关键产业预测模块、能源中长期预测和分析模块、高空间分辨率排放网格清单模块、碳调节经济分析（基于CGE分析）模块、减排技术和森林碳汇评估模块等，完成中国2020—2060年排放情景构建和典型路径分析[4]。

中国科学院大学段宏波等利用自主构建的E3METL和中国能源-经济-环境系统集成模型(CE3METL)，在《巴黎协定》的气候目标评估方面取得重大突破[113]，并基于CE3METL，从排放路径、能源重构和经济影响3个方面比较分析并得出了全球温控目标从2 ℃到1.5 ℃的战略调整对中国的长期影响[116]。

2.5 其他分析方法

在前述模型方法之外，还有一些非完全定量化的分析方法。例如，中国工程院“我国核能发展的再研究”项目组对我国核电发展的安全性、必要性、支撑能力以及核安全保障体系建设进行了战略评估[10]。

3 核能发展分析和评价模型面临的问题和挑战

将国际上的能源系统模型进行国产化和对中国核能发展进行预测的可行性已经得到验证，中国核能发展分析和评价模型的建立过程中需要对自主化、上下游接口、多情景数据输入模拟等问题进行深入探究。在双碳目标下，面对俄乌冲突等新形势，对中国核能预测模型的发展提出了新的要求。

3.1 自主开发模型的建立

目前为止，中国学者在能源气候政策评估与气候经济学领域取得了大量研究成果，大多是对国外综合评估模型的本土化发展与应用工作，对于中国特色机制和情况的表达仍不够充分[113]。中国科学院大学段宏波[113]认为，仅仅对国外评估模型进行本土化并应用表层数据，很难将具有中国特色的政策作为一种重要的影响来传递和分析其关键机制。我们应该加大力度，自主研发和完善基于中国国情的综合评估模型。

3.2 模型上下游对接

核能模型的建立覆盖了核能生产运营、工程建设、科技创新、燃料循环、装备制造、行业管理与安全保障等全产业链，因此需要多个模型耦合并选择合理的上下游接口。在双碳目标下，综合利用核能的各种新兴方案将给核能发展预测工作带来新的挑战。同时，核燃料循环标准化的实施具有重要战略意义[117]。通过合理耦合中国能源和核能需求预测、中国核能发展与分布、核燃料循环和供应三大模块，对接形成核能行业特色的理论方法和迭代体系。

3.3 非线性输入数据支撑及场景模拟

预测核能发展是一个超越科学的问题，因为模型的预测精度有限。在顶层策划的指导下，需要建立庞大的数据库和运行数据，考虑地缘政治、国家安全、经济、社会发展、工业水平、生态环境以及发展政策等因素，以分析多种非线性输入预测场景，如双碳、地缘格局、能源安全等情景。例如，俄乌冲突等极端情况促使各国调整其核能发展定位和低碳发展策略，以确保能源安全。在“双碳”目标和保障能源安全的背景下，需要提高对极端情况的强跟踪能力，做出适应性改进。

3.4 竞争能源的价格

核能是否在市场上占据优势地位取决于核能本身的发展和其他能源的发展情况，不同能源之间存在着竞争关系，同时也是相互依存、相互促进的关系。核能在市场上的地位还受到政策、技术、成本等因素的影响。核能与可再生能源及天然气的协同发展将可能成为后俄乌冲突时代的新趋势，可再生能源成本的降低以及核能成本的提高则可能降低核能的市场地位。

3.5 国际上的挑战

国际上多个国家多座核电站的退役、中国大量核电站在建，使得核燃料成本的变化难以预测，在双碳目标下，核能技术的大力发展为基于核能的水电热汽氢的综合利用提供了发展机遇，如果核聚变技术得到突破，将使核能的应用范围大大拓宽。

3.6 核能在整个能源、经济、环境中的复杂系统建模

预测核能发展的复杂性需要系统工程思维来建立大型动态模型。这项建模工作涉及复杂、动态和多学科的因素，需要考虑系统中守恒原理不总成立的现实条件。在进行核能的复杂系统建模时，需要对系统动力学模型、经济模型、环境影响评价模型等方法进行评估分析。

4 结论

近年来，国内外学者在能源系统模型和核能发展预测方向已开展了多维度、多角度的探索和研究。在双碳目标下，面对俄乌冲突等新形势，对中国核能发展分析和评价模型的发展提出了新的要求。中国需要构建核能发展预测的复杂动态系统建模平台体系，为我国核能行业未来先进堆型的发展路线和区域布局、核燃料供应、乏燃料处理等政策制定提供量化决策支持。中国需要开发自主化的核能发展分析和评价模型，选择合理的上下游接口，综合考虑非线性输入、竞争能源、国际挑战、复杂系统建模等因素以应对双碳目标下的挑战与要求。

参考文献：

[1] 江泽民．对中国能源问题的思考［J］．中国核电，2008（2）：98－113.

[2] 周大地．加快推动能源转型［J］．国企管理，2021（6）：20－21.

[3] 江亿．城乡能源系统碳排放核算与减排路径［J］．可持续发展经济导刊，2022（4）：14－19.

[4] On The Strategy P T. Analysis of a peaked carbon emission pathway in China toward carbon neutrality［J］．Engineering，2021，7（12）：1673－1677.

[5] 赵宪庚．双碳目标下统一碳市场建设标准化若干问题思考［J］．中国标准化，2023（8）：8－9.

[6] 吴放．我国碳达峰、碳中和进程中核能的地位和作用［J］．核科学与工程，2022，42（4）：737－743.

[7] 谢文川．中国核电将更多迈向国际市场［N］．中国电力报，2016－08－06（011）．

[8] 马栩泉．构建可持续能源系统［J］．科学24小时，2009（12）：12－13.

[9] 马栩泉．核能开发与应用［M］．北京：化学工业出版社，2005.

[10] 中国工程院，我国核能发展的再研究项目组．我国核能发展的再研究［M］．北京：清华大学出版社，2015.

[11] 张廷克，李闽榕，尹卫平，等．核能发展蓝皮书：中国核能发展报告（2022）［M］．北京：社会科学文献出版社，2022.

[12] 仲蕊．我国在建核电机组规模继续保持全球第一［N］．中国能源报，2022－09－19（002）．

[13] 杜祥琬，叶奇蓁，徐銤，等．核能技术方向研究及发展路线图［J］．中国工程科学，2018，20（3）：17－24.

[14] 李金铠，刘守临，张瑾．加快新型能源体系建设，以绿色化、低碳化、生态化推进中国式现代化［J］．生态经济，2023，39（6）：13－7.

[15] 宋代勇，赵斌，袁霞，等．“华龙一号”能动与非能动相结合的安全系统设计［J］．中国核电，2017，10（4）：468－471.

[16] 葛魁，王辉，王明军，等．华龙一号非能动安全壳热量导出系统热工水力特性研究［J］．原子能科学技术，2021，55（5）：769－777.

[17] 李军，刘长亮，李晓明．非能动安全壳冷却系统设计研究［J］．核科学与工程，2018，38（4）：632－639.

[18] 罗琦，陈瑜．华龙一号可满足国际最高安全要求［N］．科技日报，2020－05－26（008）．

[19] 极目新闻．“华龙一号”全球首堆示范工程福清核电5、6号机组通过竣工验收［EB/OL］．（2023－05－05）［2023－06－27］．https：//baijiahao. baidu. com/s? id＝1765053533384783821&wfr＝spider&for＝pc.

[20] 王丛林．持续推动高水平研发［J］．当代电力文化，2022（10）：32.

[21] 余芳倩．“国和一号”带来自主研发革命［J］．现代国企研究，2020（11）：80－85.

[22] ZHENG M，YAN J，JUN S，et al. The general design and technology innovations of CAP1400［J］．Engineer-

ing，2016，2（1）：97－102.

［23］ 郑明光．从 AP1000 到 CAP1400，我国先进三代非能动核电技术自主化历程［J］．中国核电，2018，11（1）：41－45.

［24］ 千龙网．中俄签署迄今最大核能合作项目框架合同 将合建 4 台第三代核电机组［EB/OL］．（2018－06－13）［2023－06－26］．https：//mil. qianlong. com/2018/0613/2634806. shtml.

［25］ 中华人民共和国中央人民政府．EPR 全球首堆台山核电 1 号机组并网发电［EB/OL］．（2018－06－29）［2023－06－26］．https：//www. gov. cn/xinwen/2018－06/29/content_5302325. htm.

［26］ 宋丹戎，李庆，秦冬，等．“玲龙一号”反应堆研发关键技术：堆芯设计与安全设计［J］．核动力工程，2021，42（4）：1－5.

［27］ IAEA. Advances in small modular reactor technology developments［M］．Vienna：IAEA，2020.

［28］ 宋丹戎，秦忠，程慧平，等．ACP100 模块化小型堆研发进展［J］．中国核电，2017，10（2）：172－177，187.

［29］ 新华网．“玲珑一号”全球首堆在琼开工［EB/OL］．（2021－07－13） ［2023－06－26］．https：//baijiahao. baidu. com/s? id＝1705167576473534574&wfr＝spider&for＝pc.

［30］ 郝文涛，张亚军．低温供热堆研究进展［J］．中国核电，2019，12（5）：518－521.

［31］ 长城证券．采用核能供热是满足北方地区清洁供暖需求的重要路径［EB/OL］．（2023－05－29）［2023－06－26］．http：//chplaza. net/article－10072－1. html.

［32］ 罗晓秋，刘伟东，王放．核电小堆发展现状及前景展望［J］．东方电气评论，2021，35（4）：85－88.

［33］ WU Z，LIN D，ZHONG D. The design features of the HTR－10［J］．Nuclear engineering and design，2002，218（1/3）：25－32.

［34］ 张作义，董玉杰，李富，等．山东石岛湾 200 MWe 球床模块式高温气冷堆（HTR－PM）核电站示范工程的工程和技术创新［J］．工程，2016，2（1）：236－250.

［35］ IT 之家．我国四代核能新进展，全球首座高温气冷堆示范工程商运再进一步［EB/OL］．（2022－12－18）［2023－06－26］．https：//baijiahao. baidu. com/s? id＝1752528785688931090&wfr＝spider&for＝pc.

［36］ 庄博文，张宪伟，张俊飞，等．第四代核反应堆用金属材料的研究进展：（一）熔盐反应堆［J］．阀门，2023（1）：84－91.

［37］ 证券时报．重大进展！人类终极能源之一，钍基熔盐实验堆再迎关键节点，即将进入“带核运行”（附股）［EB/OL］．（2023－06－20） ［2023－06－25］．https：//baijiahao. baidu. com/s? id＝1769152979291595300&wfr＝spider&for＝pc.

［38］ 胡春玫．我国首座铅铋零功率反应堆：启明星Ⅲ号首次实现临界［EB/OL］．（2019－10－10）［2023－06－26］. https：//m. thepaper. cn/baijiahao_4651382.

［39］ 代智文，刘天才，王成龙，等．空间核反应堆电源热工水力特性研究综述［J］．原子能科学技术，2019，53（7）：1296－1309.

［40］ 张福民，李继涛，申江坤，等．浅谈第四代堆：钠冷快堆（SFR）的技术状况［J］．中国设备工程，2023（7）：125－127.

［41］ 杜祥琬，周大地．中国的科学、绿色、低碳能源战略［J］．中国工程科学，2011，13（6）：4－10，8.

［42］ 杨青巍，丁玄同，严龙文，等．受控热核聚变研究进展［J］．中国核电，2019，12（5）：507－513.

［43］ 丁厚昌，黄锦华．受控核聚变研究的进展和展望［J］．自然杂志，2006（3）：143－149.

［44］ 张微，杜广，徐国飞．核聚变发电的研究现状与发展趋势［J］．产业与科技论坛，2019，18（8）：58－60.

［45］ MOSES E I，DE LA RUBIA T D，STORM E，et al. A sustainable nuclear fuel cycle based on laser inertial fusion energy［J］．Fusion science and technology，2009，56（2）：547－565.

［46］ 刘成安，师学明．美国激光惯性约束聚变能源研究综述［J］．原子核物理评论，2013，30（1）：89－93.

［47］ 财联社．核聚变初创公司 Helion Energy：微软已同意从公司首座核聚变发电站购买电力［EB/OL］．（2023－05－10）［2023－06－26］．https：//baijiahao. baidu. com/s? id＝1765521902792596833&wfr＝spider&for＝pc.

［48］ 李建刚．我国超导托卡马克的现状及发展［J］．中国科学院院刊，2007（5）：404－410.

［49］ 李建刚．托卡马克研究的现状及发展［J］．物理，2016，45（2）：88－97.

［50］ 向魁，梁展鹏，李华，等．CFETR 聚变发电厂概念设计技术研究［J］．南方能源建设，2022，9（2）：45－52.

［51］ 锐科技．科技部部长王志刚赴合肥调研核聚变相关工作［EB/OL］．（2023－06－26）［2023－06－26］. https：//mp. weixin. qq. com/s/ilX549kb2tTCzhUYKT61WA.

［52］ 李晨曦，伍浩松．世界核协会发布新版核燃料报告［J］．国外核新闻，2021（10）：13－14.

［53］ IPCC 最新报告：全球温升预计在 2021 年至 2040 年内达到 1.5℃［J］．化工时刊，2023，37（2）：32.

［54］ 康晓文，付文．IEA/NEA 新版核能技术路线图（上）世界核能发展的状况及趋势［J］．中国核工业，2016（4）：35－37.

［55］ 中华人民共和国中央人民政府．中华人民共和国国民经济和社会发展第十四个五年计划和 2035 年远景目标纲要［EB/OL］．（2021－03－13）［2022－12－15］．http：//www. gov. cn/xinwen/2021－03/13/content _ 5592681. htm.

［56］ 中国能源长期发展战略研究项目组．中国能源中长期（2030、2050）发展战略研究：电力・油气・核能・环境卷［M］．北京：科学出版社，2011.

［57］ 中国核电发展中心，国网能源研究院．我国核电发展规划研究［M］．北京：中国原子能出版社，2019.

［58］ 张希良，黄晓丹，张达，等．碳中和目标下的能源经济转型路径与政策研究［J］．管理世界，2022，38（1）：35－66.

［59］ 赵紫原．如何从核电走向核能综合利用［N］．中国能源报，2021－10－25（006）．

［60］ 叶奇蓁．我国核电及核能产业发展前景［J］．南方能源建设，2015，2（4）：18－21.

［61］ 饶文涛，魏炜，蔡方伟，等．核能制氢：冶金应用耦合技术的现状及应用前景［J］．上海节能，2021（11）：1273－1279.

［62］ 王寿君．推进高温气冷堆热电联产［J］．中国核工业，2016（3）：30.

［63］ DOE U. DOE national clean hydrogen strategy and roadmap［R］．Technical Report，2022.

［64］ 小堆观察．美国先进核能反应堆部署进展［EB/OL］．（2023－06－12）［2023－06－26］．https：//mp. weixin. qq. com/s/MQ0SKmo6w5Ig1N9xf4zdsg.

［65］ 国资小新．气超油，氢发力，石油石化央企布局发力“碳中和”！［EB/OL］．（2021－01－29）［2023－06－25］. https：//baijiahao. baidu. com/s? id＝1690188390465872253&wfr＝spider&for＝pc.

［66］ 张熙明．校企联合推动高温气冷堆制氢产业发展［EB/OL］．（2021－10－02）［2023－06－25］．http：//www. nengyuancn. com/news/022721. html.

［67］ 李丽旻，朱学蕊．开足马力推进核能综合利用［N］．中国能源报，2023－03－13（006）．

［68］ 李元丽．以核能综合利用助推实现“双碳”目标［N］．人民政协报，2022－06－21（005）．

［69］ SHORT W，SULLIVAN P，MAI T，et al. Regional energy deployment system（ReEDS）［R］．National renewable energy laboratory，2011.

［70］ JOHNSTON J，MILEVA A，NELSON J H，et al. SWITCH－WECC：data，assumptions，and model formulation［R］．University of California：Berkeley，2013.

［71］ RAVN H F，HINDSBERGER M，PETERSEN M，et al. Balmorel：a model for analyses of the electricity and CHP markets in the Baltic Sea region［R］．Balmorel project，2001.

［72］ HE G，AVRIN A，NELSON J H，et al. SWITCH－China：a systems approach to decarbonizing China's power system［J］．Environmental science & technology，2016，50（11）：5467－5473.

［73］ YI B，XU J，FAN Y. Inter－regional power grid planning up to 2030 in China considering renewable energy development and regional pollutant control：a multi－region bottom－up optimization model［J］．Applied energy，2016，184：641－658.

［74］ 李政，陈思源，董文娟，等．现实可行且成本可负担的中国电力低碳转型路径［J］．洁净煤技术，2021，27（2）：1－7.

［75］ YANG Y，ZHANG H，XIONG W，et al. Regional power system modeling for evaluating renewable energy development and CO_2 emissions reduction in China［J］．Environmental impact assessment review，2018，73：142－151.

［76］ 舒印彪，张丽英，张运洲，等．我国电力碳达峰、碳中和路径研究［J］．中国工程科学，2021，23（6）：1－14.

［77］ LOULOU R，GOLDSTEIN G，NOBLE K. Energy technology systems analysis programme［J］．Documentation for the MARKAL Family of Models，2004.

[78] 胡秀莲，姜克隽．中国温室气体减排技术选择及对策评价［M］．北京：中国环境科学出版社，2001.

[79] 孟雨晨，伍浩松．IAEA 发布新版全球核电发展预测报告［J］．国外核新闻，2022（11）：23－28.

[80] 李晨曦，伍浩松．国际能源署发布新版能源展望报告［J］．国外核新闻，2022（11）：28－31.

[81] 尹祥，陈文颖．基于中国 TIMES 模型的碳排放情景比较［J］．清华大学学报（自然科学版），2013，53（9）：1315－1321.

[82] CHEN W，YIN X，ZHANG H. Towards low carbon development in China：a comparison of national and global models［J］. Climatic change，2016，136：95－108.

[83] 刘嘉，陈文颖，刘德顺．基于中国 TIMES 模型体系的低碳能源发展战略［J］．清华大学学报（自然科学版），2011，51（4）：525－529，535.

[84] BURNIAUX J M，MARTIN J P，NICOLETTI G，et al. GREEN a multi－sector，multi－region general equilibrium model for quantifying the costs of curbing CO_2 emissions：a technical manual［R］. OECD Publishing，1992.

[85] BABIKERH M，REILLY J M，MAYER M，et al. The MIT emissions prediction and policy analysis（EPPA）model：revisions，sensitivities，and comparisons of results［R］. Cambridge，Massachusetts：MIT Joint Program on the Science and Policy of Global Change，2001.

[86] CAPROS P，VANREGEMORTER D，PAROUSSOS L，et al. GEM－E3 model documentation［R］. Institute for Prospective and Technological Studies，Joint Research Centre，2013.

[87] QU C，YANG X，ZHANG D，et al. Estimating health co－benefits of climate policies in China：an application of the regional emissions－air quality－climate－health（REACH）framework［J］. Climate change economics，2020，11（3）：1－33.

[88] 翁玉艳，张希良，何建坤．全球碳市场链接对实现国家自主贡献减排目标的影响分析［J］．全球能源互联网，2020，3（1）：27－33.

[89] 霍健，翁玉艳，张希良．中国 2050 年低碳能源经济转型路径分析［J］．环境保护，2016，44（16）：38－42.

[90] MU Y，CAI W，EVANS S，et al. Employment impacts of renewable energy policies in China：a decomposition analysis based on a CGE modeling framework［J］. Applied energy，2018，210：256－267.

[91] QIAN H，ZHOU Y，WU L. Evaluating various choices of sector coverage in China's national emissions trading system（ETS）［J］. Climate policy，2018，18（Suppl1）：7－26.

[92] JGCRI. Global change assessment model（GCAM）2018［EB/OL］.（2018－04－04）［2023－06－26］. http：//jgcri. github. io/gcam－doc.

[93] KLAASSEN G，RIAHI K. Internalizing externalities of electricity generation：an analysis with MESSAGE－MACRO［J］. Energy policy，2007，35（2）：815 － 827.

[94] NIES. About AIM［EB/OL］.［2023－07－01］. https：//www－iam. nies. go. jp/aim/about _ us/index. html.

[95] STEHFEST E，VAN VUUREN D，KRAM T，et al. Integrated assessment of global environmental change with IMAGE 3. 0：model description and policy applications［M/OL］. Netherlands Environmental Assessment Agency（PBL），2014. https：//dspace. library. uu. nl/bitstream/handle/1874/308545/PBL _ 2014 _ Integrated _ Assessment _ of _ Global _ Environmental _ Change _ with _ IMAGE _ 30 _ 735. pdf? sequence=1.

[96] JÉRÔME H，BERTRAM C. The REMIND－MAgPIE model and scenarios for transition risk analysis［R］//Environmental Research Letters，2020.

[97] JIANG K，HU X，MATSUOKA Y，et al. Energy technology changes and CO_2 emission scenarios in China［J］. Environmental economics and policy studies，1998，1：141－160.

[98] JIANG K，HU X. Energy demand and emissions in 2030 in China：scenarios and policy options［J］. Environmental economics and policy studies，2006，7：233－250.

[99] JIANG K，HU X，LIU Q，et al. China's energy and emission scenario，In China's 2050 energy and CO_2 emission report［R］. Beijing：China Science Publishing House，2009.

[100] JIANG K，LIU Q，ZHUANG X，et al. Technology roadmap for low－carbon society in China［J］. Journal of renewable and sustainable energy，2010，2(3)：1008.

[101] JIANG K，ZHUANG X，MIAO R，et al. China's role in attaining the global 2 C target［J］. Climate policy，

2013，13（Suppl1）：55 - 69.

[102] KEJUN J. Secure low - carbon development in China [M] . London：Taylor & Francis，2012：333 - 335.

[103] JIANG K J，ZHUANG X，HE C M，et al. China's low - carbon investment pathway under the 2 ℃ scenario [J]. Advances in climate change research，2016，7（4）：229 - 234.

[104] JIANG K，HE C，DAI H，et al. Emission scenario analysis for China under the global 1. 5° C target [J] . Carbon management，2018，9（5）：481 - 491.

[105] 戴彦德，朱跃中，白泉．中国2050年低碳发展之路：能源需求暨碳排放情景分析 [J] ．经济研究参考，2010（26）：2 - 22，33.

[106] JIANG K，HE C，XU X，et al. Transition scenarios of power generation in China under global 2 ℃ and 1. 5 ℃ targets [J] . Global energy interconnection，2018，1（4）：477 - 486.

[107] DU X. China's energy development strategy in 2050 [M] . Beijing：China Science Publishing House，2011.

[108] 王利宁，杨雷，陈文颖，等．国家自主决定贡献的减排力度评价 [J] ．气候变化研究进展，2018，14（6）：613 - 620.

[109] CHEN H，WANG L，CHEN W，et al. The global impacts of US climate policy：a model simulation using GCAM - TU and MAGICC [J] . Climate policy，2018，18（7）：852 - 862.

[110] YU S，YARLAGADDA B，SIEGEL J E，et al. The role of nuclear in China's energy future：insights from integrated assessment [J] . Energy policy，2020，139：111344.

[111] ZHANG H Y，HUANG X，ZHANG D，et al. Evaluating economic and social benefits of accelerated energy transition [J] . Bulletin of Chinese Academy of Sciences（Chinese Version），2021，36（9）：1039 - 1048.

[112] WANG T，TENG F，ZHANG X. Assessing global and national economic losses from climate change：a study based on CGEM - IAM in China [J] . Climate change economics，2020，11（3）：2041003.

[113] 段宏波．加快构建面向碳中和的综合评估模型 [N] ．中国社会科学报，2022 - 03 - 02（003）.

[114] 段宏波，汪寿阳．中国的挑战：全球温控目标从2 ℃到1. 5 ℃的战略调整 [J] ．管理世界，2019，35（10）：50 - 63.

[115] CAI B，ZHANG L，XIA C，et al. A new model for China's CO_2 emission pathway using the top - down and bottom - up approaches [J] . Chinese journal of population，resources and environment，2021，19（4）：291 - 294.

[116] SHI X，ZHENG Y，LEI Y，et al. Air quality benefits of achieving carbon neutrality in China [J] . Science of the total environment，2021，795：148784.

[117] WANG Y，ZHENG G，GUO J，et al. Development strategies for nuclear fuel cycle standardization in China [J]. Chinese journal of engineering science，2021，23（3）：1 - 3.

Overview of analysis and evaluation models for China's nuclear energy development

YE Xuan[1], CHENG Hong-zhang[1], LIU Xiao-guang[2], WANG Qi[1], LI Ru[1], ZHANG Hong-yu[1], CUI Lei-lei[3], ZHENG Gang-yang[3], YANG Bo[4], JIANG Ling-ling[4], YUAN Kun[1], ZHOU Sheng[1], MA Tao[1], XIONG Wei[1]

(1. Tsinghua University, Beijing 100084, China; 2. China Institute of Atomic Energy, Beijing 102413, China; 3. Strategic Technology Equipment Development Center of China Academy of Engineering Physics, Beijing 100088, China; 4. Strategic Consulting Center, Chinese Academy of Engineering, Beijing 100088, China)

Abstract: The analysis and evaluation of nuclear energy development is an important component of nuclear energy technology development strategy and planning. This article investigates the current situation and predicted data of nuclear energy development at home and abroad, summarizes the importance of comprehensive utilization of nuclear energy in the process of achieving the dual carbon goal in China, sorts out the development and application of major nuclear energy development analysis and evaluation models such as GCAM-TU, C-GEM, China TIMES, IPAC, and summarizes the establishment of nuclear energy analysis and evaluation models in self-developed models, upstream and downstream docking The problems and challenges faced in supporting nonlinear input data and simulating scenarios. In order to better adapt to the new demand for nuclear energy prediction in China's economic and social development, it is necessary to optimize the development of an independent and controllable nuclear energy development analysis and evaluation model system, providing new technological means for the dual carbon strategy and energy security. This is of great significance for the comprehensive development of nuclear energy in China.

Key words: Analysis and evaluation model for nuclear energy development; Dual carbon targets; Energy security; Comprehensive utilization of nuclear energy

利用核电厂余热实现零碳供热方案分析——以烟台为例

张洁非[1]，盖云杰[1]，邵伟峰[1]，刘 芳[2]，李 蕾[1]

[1. 烟台市新兴产业发展推进中心（烟台市核电项目建设办公室），山东 烟台 264000；
2. 烟台市军民融合发展促进中心，山东 烟台 264000]

摘 要：烟台市城镇供热能源结构中燃煤供热占比超过 97%，供热碳排放较高。在“双碳”目标下，如何进行供热能源转型，实现城镇零碳供热成为烟台市政府迫切需要思考和解决的问题。传统的“煤改气”存在供热成本高且仍有碳排放的问题，“煤改电”无论从可实施性还是经济性上均难以大规模应用。烟台市丰富的核电资源为零碳供热打开了思路。本文设计了 3 种技术路线对核能供热方案进行比较分析。经计算，水热同产同送方案的经济性最好，热价可以从常规温差方案的 90 元/GJ 降至 72 元/GJ，考虑碳交易收益和燃煤价格的上涨因素后，未来可以在几乎不增加经济代价的前提下实现城镇零碳供热。

关键词：烟台市；核能供热；零碳；水热同产同送

我国北方城镇总供热面积达到 152 亿 m^2，其中燃煤供热占比超过 70%，还有 20%是燃气供热，供热行业依然处于严重依赖化石能源的阶段。截至 2020 年底，北方城镇供热年总能源消耗量达到 2.13 亿 t 标准煤，占建筑运行能耗的 20%，碳排放量接近 5.5 亿 t，占建筑运行碳排放的 1/4[1]。在“双碳”目标下，供热已不仅是地方政府需要高度重视的民生问题，也是城市调整能源结构、改善大气环境和实现经济可持续发展的重大战略问题。烟台市政府积极响应国家号召，努力践行“双碳”目标，在城镇供热能源绿色低碳转型方面正在开展积极探索和研究。

1 烟台市零碳供热必要性

烟台市城镇实际供热面积约为 1.34 亿 m^2，其中燃煤热电联产供热占比约为 65%，燃煤锅炉房供热占比约为 32%，燃煤供热占比合计达到 97%。城镇供热年总耗煤量约为 176 万 t 标准煤，相应碳排放量约为 482 万 t。根据《基于统计学的中国典型大城市 CO_2 排放达峰研究》[2]，烟台市 2019 年 CO_2 总排放量接近 6900 万 t，几乎全部来自直接排放。其主要原因在于烟台市正处于工业化快速发展阶段，第二产业为烟台市支柱型产业，占 GDP 比重最大，而第二产业比重与 CO_2 排放呈紧密正相关关系。据分析，烟台市 CO_2 排放与经济发展之间总体而言处于弱脱钩关系，脱钩力度不足[3]。也就是说，烟台市在不影响经济发展的情况下依靠工业部门减碳的空间较小。其他碳排放则主要来自交通和建筑部门。交通部门减碳路径较为明确，主要是通过绿电替代，而建筑部门中严重依赖煤炭的民生供热如何进行绿色转型成为政府最迫切需要解决的问题，对于烟台市来说也具有重要的战略意义。

2 零碳供热方式分析

天然气一直被认为是清洁能源，而且具有品位高、投资低的优点，为了减少供热 CO_2 排放，政府首先想到的是“煤改气”。但是天然气仍然是化石能源，也有碳排放，如图 1 所示，燃气锅炉的碳

作者简介：张洁非（1965—），男，山东莱阳人，正高级经济师，主要从事核电产业规划编制、发展趋势和政策研究、科普宣传，以及统筹核能综合利用工作。

排放虽低于燃煤锅炉，但高于燃煤热电联产，因此不是零碳能源。而且由于山东半岛的天然气价格一直较高，燃气供热成本企业难以承担，仅能源成本就接近 100 元/GJ，而目前燃煤的供热成本约为燃气的一半，“煤改气”后政府需要付出沉重的财政补贴负担。

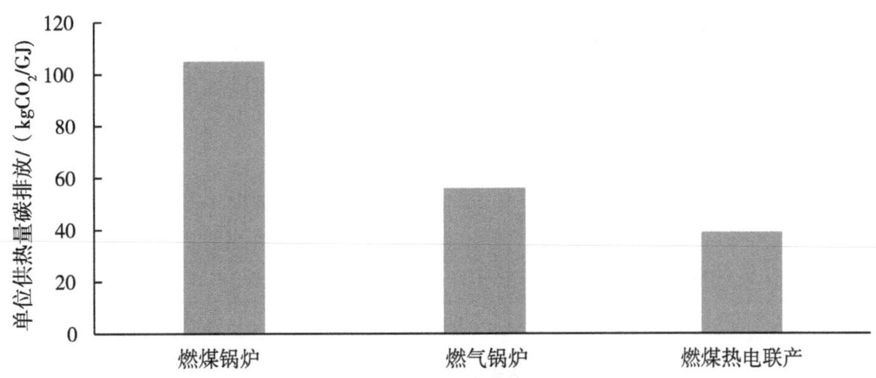

图 1　单位供热量的碳排放量比较

其次可以想到的是“煤改电”，为了发挥电能高品质优势，通常采用空气源和地源热泵等形式供暖。地源热泵虽然效率相对较高，但在燃煤供热替代时，城市中心的既有建筑周边空间狭小，难以大规模敷设浅层或深层地埋管。空气源热泵则效率非常低，采暖季平均 COP 在 2.5 左右，耗电量巨大。如果大规模替代燃煤供热，城市耗电量将大幅增加，电力系统难以承受，加上电力系统增容改造的成本费用，“煤改电”供热成本将高达 180 元/GJ 以上。利用各类余热，包括大型火电厂余热、核电厂余热、工业余热以及城市中的垃圾焚烧余热和再生水余热等作为热源替代燃煤供热，是我国城镇大规模实现清洁低碳供热的可行之路。我国拥有世界上规模最大的地下供热管网，管网参数通过优化后，可以将这些余热全部整合至热网中，构建清洁低碳的供热能源系统。

烟台市拥有丰富的核电资源，海阳核电厂位于烟台海阳市，规划建设 6 台百万千瓦级核电机组，目前 1、2 号机组已经投运，其中 1 号机组已经设计为海阳市供热 450 万 m^2，计划 2021—2022 年采暖季开始供暖。3、4 号机组规划分别于 2026 年和 2027 年投入商运，5、6 号机组规划于 2028 年和 2029 年投运，除 1 号机组外，海阳核电厂全厂仅抽汽供热能力超过 1.8 亿 m^2，如果考虑余热回收，则供热能力近 5 亿 m^2。另外，《山东省能源发展“十四五”规划》中提到，积极推进海阳、荣成、招远三大核电厂址开发。从有关部门获悉，招远核电厂也将在近期开工，规划建设 6 台百万千瓦级核电机组，其中 1、2 号机组预计分别于 2027 年和 2028 年投运，则在 2030 年前烟台市共有 7 台百万千瓦级核电机组具有供热条件，届时核电机组抽汽供热能力将超过 2.5 亿 m^2，考虑余热回收后供热能力可达 7 亿 m^2。

烟台市还建有两座大型火力发电厂，分别为华能八角电厂（装机容量为 2×600 MW）和华电莱州电厂（装机容量为 2×1000 MW）。据分析，未来这两座电厂将继续保留，作为风电、光伏等可再生能源发电的调峰电厂，可利用其余热为烟台市供热，通过 CCS 或 CCUS 等手段实现零碳排放。综上，通过核电厂和大型火电厂完全可以满足烟台市未来的零碳供热需求。

3　核能供暖技术路线

目前的热电联产集中供热系统一级网大多采用常规温差供热，一般设计供回水温度为 130/70 ℃，实际运行温度在 110/55 ℃左右。核电机组目前均按照纯凝发电工况设计，如对外供热需进行打孔抽汽改造，抽汽位置如果位于高压缸排汽冷段（如海阳核电厂），一般抽汽参数较高，抽汽压力约为 1.0 MPa 等级；如果位于中低压缸连通管处（如红沿河核电厂），抽汽参数相对较低，抽汽压力约为 0.3 MPa 等级，都可以满足现有供热系统参数要求。但是核电厂一般距离城市负荷中心较远，供热距离通常在 100 km 以上，采用常规温差供热面临管网投资大、运行费用高等问题。

清华大学于 2007 年提出的大温差集中供热技术[4] 解决了长距离供热成本高的瓶颈问题，该技术已在国内多个城市成功实施或者正在规划实施[5-6]。通过在末端热力站设置大温差机组，大幅降低热网回水温度，使得供回水温差可以增加至 110 ℃左右，输送能力大幅提高 80%以上。更重要的是，低回水温度更加有利于电厂余热的高效经济回收，大幅降低电厂供热成本，从而从整体上提高长距离供热的经济性。近年来，大温差供热系统已经发展成为三级热网两级降温的模式，使得热网降温方式更加灵活，回水温度可以降得更低，为回收各种低品位余热用于供热创造了条件（图 2）。

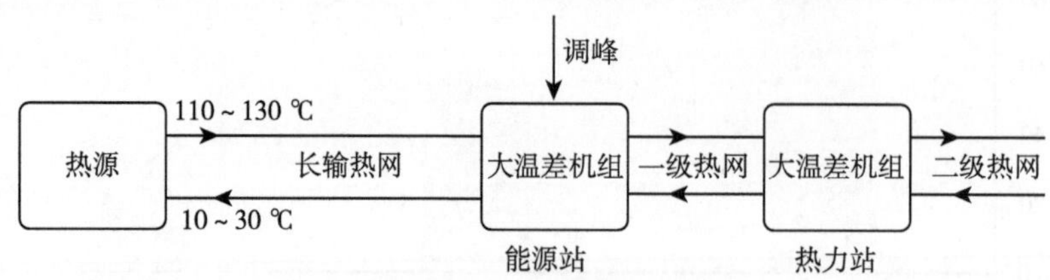

图 2　大温差长距离供热系统流程

目前我国核电厂均布局在沿海城市。“我国近海海洋综合调查与评价”专项显示：我国 52 个沿海城市中，极度缺水的有 18 个、重度缺水的有 10 个、中度缺水的有 9 个、轻度缺水的有 9 个，近 90%的城市存在不同程度缺水问题[7]。因此，对于沿海城市来说，不仅需要清洁低碳的热源，也需要淡水水源。近年来，我国多个核电厂建设了海水淡化项目[8]，多为厂区自用，如果大规模对外供水，也涉及长距离输水成本高的问题。水热同产同送技术将常规的 2 根供热管道和 1 根供水管道简化为 1 根水热同送管道，将原海水通入设置在核电厂内的水热同产装置，直接生产出高温淡水，输送至城市中心后，再通过设置在能源站中的水热分离装置分离出常温淡水进入城市供水系统，热量则供给采暖热用户。系统原理如图 3 所示。相比传统模式，水热同送模式即使不考虑减少的输水成本，输热成本也比传统长输供热低 40%。

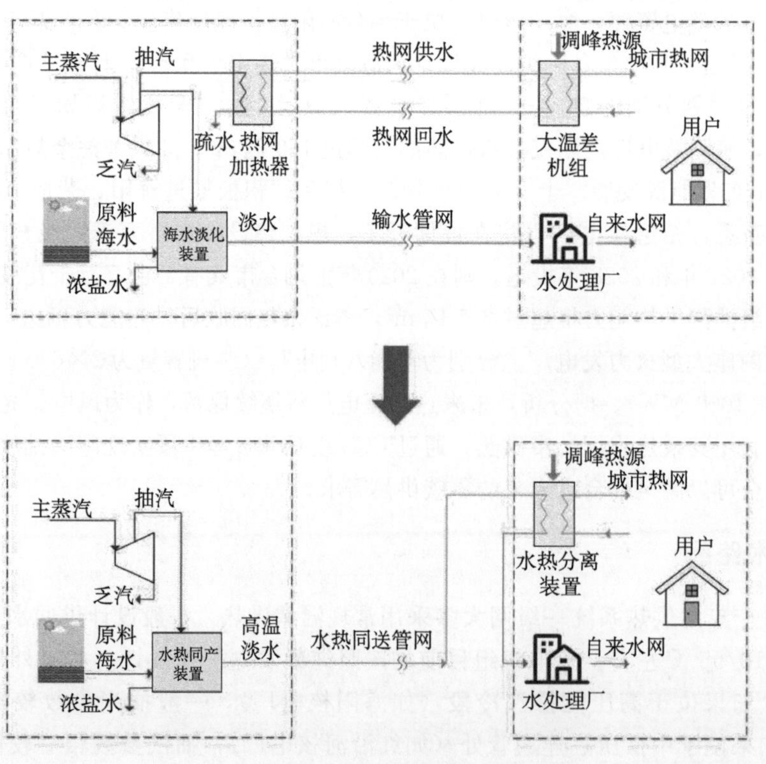

图 3　水热同产同送示意

4 经济性分析

热电联产供热均考虑热化系数，这里取为0.7。海阳核电厂主要为莱阳市、牟平区、高新区和芝罘区供热，总供热面积约1.1亿m^2，核电厂供热功率为2700 MW，年总供热量为2808万GJ，至烟台市区边缘长度约90 km，沿途为莱阳市供热，分支管网长度约64 km。招远核电厂主要为招远市、龙口市、蓬莱区和开发区供热，总供热面积约0.73亿m^2，核电厂供热功率为1800 MW，年总供热量为1872万GJ，至烟台市区最长距离约93 km。经预测，烟台市未来的供热面积约为2.5亿m^2，利用核电供热可满足约1.9亿m^2的供热需求（含海阳市核能供热面积），其余供热面积则由大型火电厂来满足。

以海阳核电厂向烟台市区供热为例，分别采用常规温差供热、大温差供热和水热同产同送技术对核能供热方案进行设计和计算，比较分析不同技术路线的经济性，不同方案的计算参数如表1所示。

表1 不同方案的计算参数

项目	供回水温度/℃	流量/（t/h）	出厂管径/mm	年产水量/万t
常规温差供热方案	125/55	33 061	2×DN1600+ 2×DN1400	—
大温差供热方案	125/15	21 039	2×DN1600	—
水热同产同送方案	125/15	21 039	1×DN1600	6867

由于核电厂进行余热利用改造的可行性尚未得到证实，根据核电厂意见暂采用抽汽供热方式，这样采用大温差供热最重要的优势——降低电厂供热成本在本项目中则难以得到体现。首先对不同方案的建设投资进行估算，由于海阳核电厂的抽汽供热出厂热价为核电厂给定，常规温差供热方案和大温差供热方案的投资估算范围仅包括长输热网、城市热网及末端大温差改造投资，水热同产同送方案由于需要在厂内设置水热同产装置，本文将对厂内改造投资进行估算，并在给定水价的前提下对核电厂出厂热价进行测算。

各方案投资估算结果如表2所示。可以看出，大温差供热方案的投资显著低于常规温差供热方案，水热同产同送方案考虑电厂改造投资后，与常规温差供热方案的外网投资相当。

表2 投资估算结果 单位：元

项目	常规温差供热方案	大温差供热方案	水热同产同送方案
电厂改造	—	—	383 455
长输热网	763 738	481 223	289 695
城市热网及末端大温差改造	146 060	292 758	225 883
合计	909 798	773 981	899 033

本文对不同方案的经济性评价采用固定项目内部收益率，反算项目终端售热价格的方法。在满足相同项目内部收益率的情况下，方案的终端售热价格越低，经济性越好。项目内部收益率的计算公式为

$$\sum_{t=1}^{n}(CI-CO)_t(1+FIRR)^{-t}=0。\tag{1}$$

式中，CI为现金流入；CO为现金流出；n为计算期年数；$FIRR$为欲求取的项目投资内部收益率。

本文经济性分析的主要参数取值为计算期 20 年，折旧年限 20 年；建设投资中政府及企业自筹资金占 20%，商业银行长期贷款占 80%；海阳核电厂抽汽供热出厂热价 38 元/GJ，中继泵站和能源站电价 0.595 1 元/（kW·h），核电厂上网电价 0.415 1 元/（kW·h）；固定项目内部收益率为 6%，水热同产同送方案售水价格按 5 元/t 计算。

各方案不同环节热价计算结果如图 4 所示。可以看出，如采用常规温差供热方案，最终热价接近 90 元/GJ，采用大温差供热方案和水热同产同送方案后，热价可以分别降低 10 元/GJ 和 18 元/GJ。分析其原因，主要为大温差供热方案通过将供回水温差从 70 ℃增加至 110 ℃，大幅减少热网循环流量，从而使得长输热网的投资和运行费用显著降低，末端虽增加一部分大温差改造投资，但增加的成本远低于减少的成本；水热同产同送方案在大温差供热方案的基础上，将 1 供 1 回热网变为单管输送，使得长输管网的投资和运行成本进一步降低，核电厂内由于水热联产虽增加了成本，但考虑水的收益后，供热成本增加幅度较小，因而整体供热成本得以大幅降低。通过以上分析可以得出，供热输送距离越长，水热同产同送方案降低长输管网输送成本的优势越明显，与常规温差供热和大温差供热方案相比的经济性越好，同时还可以低成本为城市提供大量淡水。

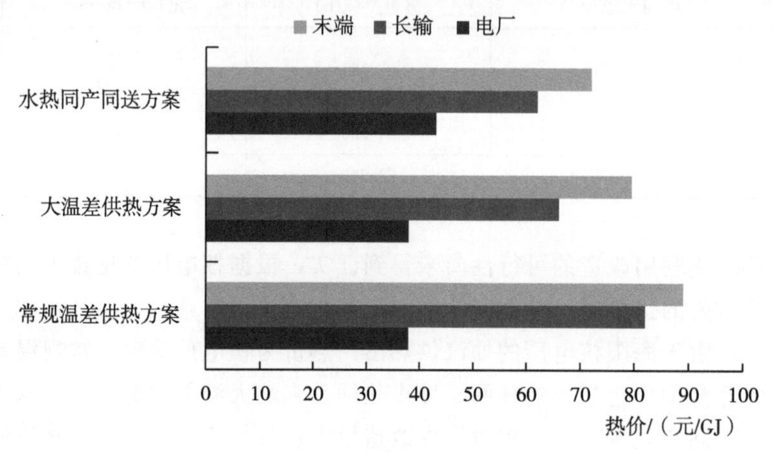

图 4　不同方案不同环节热价

对于热力企业来说，本项目的终端热价即为其供热成本，图 5 给出了本项目的终端热价与燃气锅炉、电热泵供热方式的供热成本对比，燃气价格按 3.0 元/Nm^3 计算。可以看出，水热同产同送方案的终端热价显著低于燃气锅炉和电热泵的供热成本。如果核电厂可以回收余热供热，则水热同产同送方案的热价还可以进一步降低。随着燃煤价格的不断提高以及碳交易市场的不断完善，核能供热在获得碳交易的收益后，供热价格与燃煤供热成本相比也将逐渐缩小，最终与之相当。

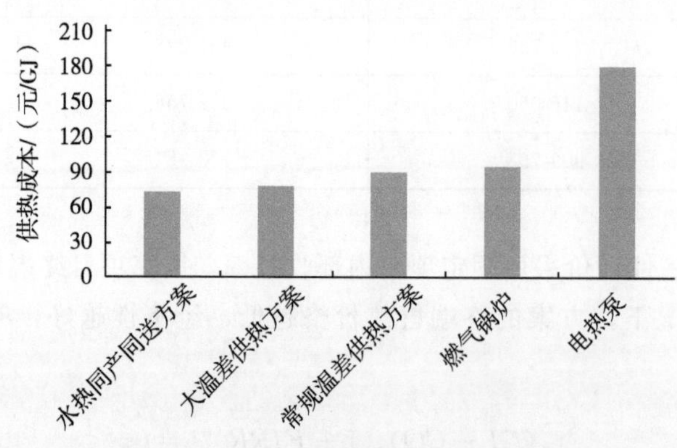

图 5　不同供热方式供热成本比较

5 结论

（1）烟台市现状供热严重依赖燃煤，为政府减煤降碳带来压力，“煤改气”和“煤改电”无论从碳排放、经济性和可实施性上均不能从根本上解决烟台市集中供热的绿色低碳转型问题。

（2）烟台市核电资源丰富同时供热潜力巨大，利用核电厂热量可以大规模替代燃煤供热，实现城镇零碳供热。水热同产同送技术解决了核能供热距离长、供热成本高的问题，同时还可以有效缓解沿海城市淡水资源短缺问题。

（3）经比较分析，与常规温差供热相比，水热同产同送技术可以使核能供热价格降低约 18 元/GJ，显著低于燃气锅炉和电热泵供热成本，在考虑碳收益后，未来可以与燃煤供热成本相当。

参考文献：

[1] 清华大学建筑节能研究中心．中国建筑节能年度发展研究报告 2021［M］．北京：中国建筑工业出版社，2021.

[2] 蒋含颖，段祎然，张哲，等．基于统计学的中国典型大城市 CO_2 排放达峰研究［J］．气候变化研究进展，2021，17（2）：131-139.

[3] 王秋贤，王登杰，颜晓姝，等．基于脱钩理论的烟台市碳排放效应分析［J］．水土保持通报，2015，35（2）：313-318.

[4] 付林，江亿，张世钢．基于 Co-ah 循环的热电联产集中供热方法［J］．清华大学学报（自然科学版），2008，48（9）：1377-1380.

[5] 王林文，郑治中．基于太古大温差供热一级网系统分析回水温度的主要影响因素［J］．区域供热，2019（5）：73-79.

[6] 俞兆斌，马贵东，蒲学军，等．新疆首个长输供热工程实施研究［J］．区域供热，2020（5）：55-65.

[7] 张东阳．“近 90%沿海城市缺水”值得警醒［N］．中华工商时报，2012-11-05（007）.

[8] 陈微，张立君．海水淡化技术在国内外核电站的应用［J］．水处理技术，2018，44（11）：128-132.

Analysis of zero－carbon heating scheme by using waste heat of nuclear power plant —Take Yantai as an example

ZHANG Jie-fei[1], GAI Yun-jie[1], SHAO Wei-feng[1], LIU Fang[2], LI Lei[1]

[1. Yantai Emerging Industry Development and Promotion Center (Yantai Nuclear Power Project Construction Office), Yantai, Shandong 264000, China;
2. Yantai Military－civilian Integration Development Promotion Center, Yantai, Shandong 264000, China]

Abstract: In the urban heating energy structure of Yantai, coal heating accounts for more than 97%, and the carbon emission of heating is relatively high. Under the goal of "double carbon", how to carry out the transformation of heating energy and realize urban zero carbon heating has become an urgent problem for Yantai municipal government to think about and solve. The traditional "coal to gas" has high heating cost and still has carbon emission problems. It is difficult to apply "coal to electricity" on a large scale both in terms of implementation and economy. The rich nuclear power resources in Yantai have opened up the idea for zero carbon heating. This paper designed three kinds of technical route for comparative analysis of nuclear heating scheme, it has been calculated that the economy of the hydrothermal co－production and delivery scheme is the best, heat price can from conventional temperature difference scheme of 90 yuan / GJ to 72 yuan / GJ, considering the carbon trading income and coal price rise, in the future' urban zero carbon heating can be achieved with almost not increase in economic cost.

Key words: Yantai; Nuclear heating; Zero carbon; Hydrothermal co-production and delivery

核电企业参与电力市场改革现状及对策思考

胡　健[1]，李永航[2,*]，李言瑞[1]，安　岩[1]，吴洲钇[1]

（1. 中核战略规划研究总院，北京　100048；中国核安全与环境文化促进会，北京　100082）

摘　要：电力市场化改革是我国全面深化改革的重要组成部分。党的二十大报告明确要求，“构建全国统一大市场，深化要素市场化改革，建设高标准市场体系”。为更好适应高质量发展要求，核电企业要加快建立和完善市场化经营机制，面向市场需求，推进企业市场化改革做深做实。当前我国正在加快构建全国统一电力市场体系，核电企业应加强政策与市场研判，积极应对并主动适应电力市场改革趋势。短期看，电力市场改革处于初级阶段，市场交易机制尚未健全，核电应尽可能“多发满发”，争取建立合理的核电定价机制，降低参与市场的不确定性风险；中期看，电力市场结构体系和交易机制逐渐成熟细化，多种交易品种相辅相成，核电应提升运行灵活性，科学把握参与市场节奏，加强成本管控，有效适应分时电价机制，争取容量补偿政策，拓展个性化增值服务，完善营销管理体系，多维度提高核电市场竞争力；远期看，以新能源为主体的新型电力系统基本建立，电力系统数字化、智能化程度加深，风电光伏等零边际成本电源占据市场主体，市场竞争日趋激烈，核电应提高用途多样性，实现“核电＋”多模式产能释放应用，加快新兴技术与核电产业融合，通过差异化竞争拓展核电收益增长途径。

关键词：电力市场；电价机制；新型电力系统

党的十八大以来，以习近平同志为核心的党中央直面时代问题，逢山开路、遇水架桥，以前所未有的决心和力度推动全面深化改革向广度和深度进军。党的十九届五中全会提出，“全面深化改革，构建高水平社会主义经济体制，激发各类市场主体活力”。党的二十大报告明确要求，“构建全国统一大市场，深化要素市场化改革，建设高标准市场体系”。进一步优化体系布局、激发经营活力是核电企业下一步改革重点，为更好适应高质量发展要求，核电企业要加快建立和完善市场化经营机制，面向市场需求，推进企业市场化改革做深做实，为建设世界一流核工业企业提供重要支撑。

电力市场化改革是我国全面深化改革的重要组成部分。在全国统一电力市场体系建设中，核电深度参与电力市场交易将是未来必然趋势。核电企业应深入研究核电参与市场交易策略，拓展全方位的服务功能，力争以市场化思维在市场竞争中谋得先机。

1　电力市场结构体系与现状

1.1　全国电力供需情况

2016—2022 年，全国全社会用电量年均增长 6.3%，2022 年，我国核能发电量达到 4178 亿千瓦时，比 2021 年同期上升了 2.5%，在电力结构中的占比达到 4.8%。预计“十四五”期间全国电力供需总体平衡、局部地区高峰时段电力供应偏紧甚至紧张。

1.2　电力市场主体和交易情况

随着我国电力市场进一步放开，发电企业、电力用户、售电公司等多元化市场主体广泛参与市场交易。我国电力市场的主要交易类型包括中长期交易市场、现货市场和辅助服务市场等[1-3]。根据国

作者简介：胡健（1988—），男，高级工程师，现主要从事核能产业与战略规划研究工作。

通讯作者：李永航，liyonghang777@163.com。

家能源局发布的2022年全社会用电量等数据显示，2022年全社会用电量86 372亿千瓦时，市场交易电量占比达到60%（图1）。

图1　2016—2022年全社会用电量及增速

2　核电参与电力市场交易情况

当前，核电企业核电参与电力市场主要交易类型为中长期交易，其中，又以年度交易为主，以季度、月度、临时交易为补充，且主要以省内交易和消纳为主。中国核电2016—2022年市场化电量情况如图2所示，可以看出市场交易电量及比例呈现逐年增加趋势。

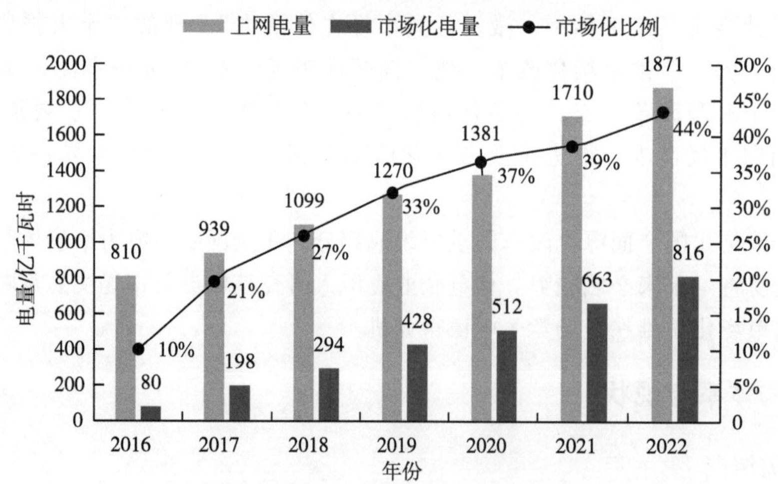

图2　2016—2022年中国核电市场化电量及比例

3　核电参与电力市场竞争力分析

3.1　影响核电竞争力的内部因素

一是成本控制因素。发电成本是评判核电企业市场竞争力的核心指标。核电具有初始投资大、建设周期长的特点，特别是三代核电由于采用了更高性能的设备、材料和更高安全水平的系统设计，初始投资对电价的影响更为明显。

二是技术能力因素。核电在设计之初主要考虑长期带基荷运行要求，未考虑频繁参与负荷调节的功能，从技术、经济和安全角度分析，核电机组也不宜频繁、深度、长期地参与负荷调节。

三是营销管理因素。同火电等常规电源相比，核电企业参与市场竞争时间较短，目前尚处于探索阶段，对新一轮电力改革形势和政策认识有待加强，同时缺少电力市场的营销人才和经验。

3.2 影响核电竞争力的外部因素

一是政策环境因素。发展清洁能源是我国实现“双碳”目标的长期重大战略选择。国务院印发的双碳“1＋N”纲领性政策文件明确提出全面推进电力市场化改革，完善中长期交易市场、现货市场和辅助服务市场衔接机制，扩大市场化交易规模。未来核电深度参与电力市场将是必然趋势。

二是交易机制因素。我国电力市场交易机制尚不完善，电价“双轨制”导致出现不平衡资金，但分摊机制缺乏统一的标准依据。另外，作为区域电网基荷并提供可用容量保障作用的核电未得到相应的容量价值补偿。预计到“十四五”末期全国用电负荷增量为3.64亿千瓦，而新增的可用容量仅1.87亿千瓦，负荷缺口为1.77亿千瓦。当用电负荷较高同时叠加极端天气时，电网系统仍然存在“拉闸限电”或停电事故的发生风险。

三是市场竞争因素。通过建立平准化电价模型测算可知，当动力煤价格超过800元/吨时，煤电成本已经基本高于核电成本，如表1所示。核电的竞争优势将随碳价的上涨进一步凸显。另外，核电边际成本较低，与火电相比对参与电力现货市场也具有一定竞争优势（图4）。与风光电相比，2030年风电及光伏发电成本预计为0.25～0.4元/千瓦时。若核电年利用小时数保持在当前水平（7500小时/年），则其投资成本须控制在15 000元/千瓦以下，才可具备与风电及光伏发电相应的市场竞争能力。

表1　核电及煤电的经济性对比

电源品种	发电小时数/小时	燃料价格（动力煤）/（元/吨）	建设成本/（元/千瓦）	碳价/（元/吨 CO_2）	电价/（元/千瓦时）
核电	7500	核燃料价格涨50%	17 000	—	0.4528
	7500	核燃料价格涨50%	16 000	—	0.4383
	7500	核燃料价格涨50%	15 000	—	0.4239
	7500	核燃料价格不变	17 000	—	0.4380
	7500	核燃料价格不变	16 000	—	0.4162
	7500	核燃料价格不变	15 000	—	0.4020
煤电	4500	900	3000	100	0.4930
	4500	800	3000	100	0.4679
	4500	700	3000	100	0.4427
	4500	900	3000	50	0.4558
	4500	800	3000	50	0.4303
	4500	700	3000	50	0.4051

4 核电企业参与电力市场的对策建议

4.1 国家层面

4.1.1 建立健全军民一体化的发展道路

建议国家推进核电产业作为我国军民融合深度发展的先导示范产业，设立军民融合发展基金，完善相关政策制度，促进核电企业持续提升经济性和市场竞争力，实现经济建设与国防建设协调发展和良性互动。

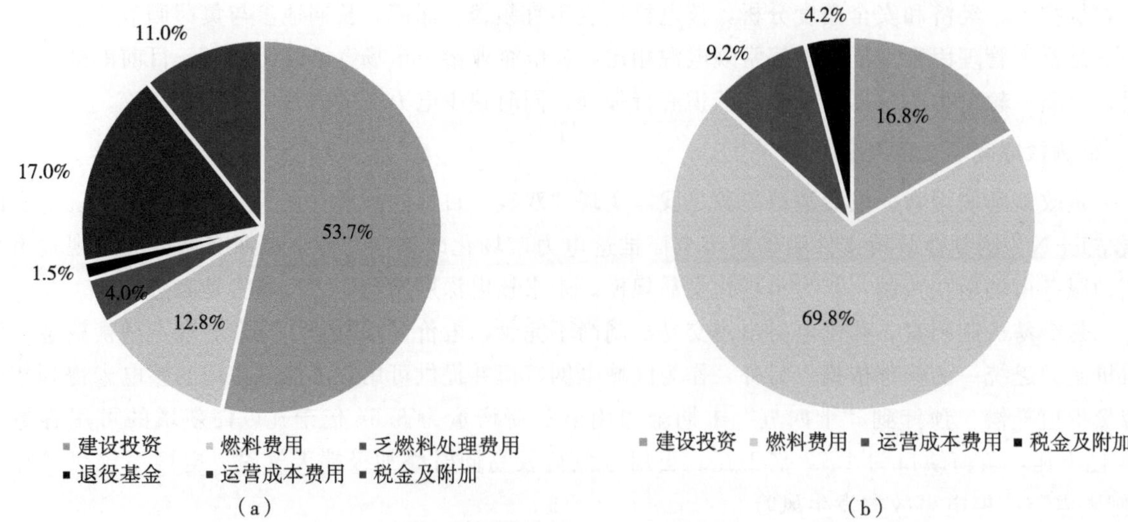

图 4　核电与火电机组成本构成

（a）核电机组成本构成；（b）火电机组成本构成

4.1.2　强化军民深入融合创新发展能力

建议国家主管部门发挥在军转民技术发展中的引领作用，不断完善核工业军民融合科技创新体系，设立科技资源的军民共享机制，建立核动力、核燃料循环领域国家实验室，全面提升军民一体的科研能力、设计能力、生产能力和服务保障能力，促进军民技术相互支撑、有效转化，培育核工业企业新经济增长点。

4.2　企业层面

4.2.1　短期策略（2021—2025 年），聚焦核电“稳定性”

短期看，电力市场改革还处于初级阶段，市场机制尚不成熟，电力中长期交易、现货交易、辅助服务交易未有效衔接。在这期间，核电企业应保证核电稳定性，在以基荷满发运行目标为前提下，根据市场电价波动特点，制定最优化的市场交易策略。

一是适度参与电力市场交易，尽可能“多发满发”。基于核电技术换代慢、成本刚性强和安全等级要求高的特点，企业核电应适度参与电力市场竞争，尽可能减少电能损失，保证核电机组基荷“多发满发”运行。

二是呼吁完善市场交易规则，争取合理定价机制。建议核电企业呼吁政府主管部门进一步细化完善市场交易规则，考虑核电对核工业能力保持和提升的支撑作用，如建立容量电费、场外补贴等方式的补偿机制。

三是做好现货市场交易准备，关注市场改革动态。积极参与现货市场的试运行工作，参加现货模拟交易以积累经验。跟踪国家电力市场改革进展动态，关注电力市场、碳排放交易、绿电交易等相关新政策及配套实施细则，加强政策分析和市场推演模拟[4]。

4.2.2　中期策略（2026—2035 年），聚焦核电“灵活性”

中期看，电力市场改革成效初现，基本实现全电量市场化交易，多种交易品种相辅相成，市场结构体系和交易机制逐步完善细化，在这期间，核电企业应提升核电运行灵活性，主动适应市场规则和需求，多维度提高核电市场竞争力。

一是跟踪电力市场改革进展，把握参与市场节奏。中长期来看，核电深度参与电力市场交易是必然趋势。核电企业应及时跟踪电力市场改革阶段性政策要求，考虑不同地区核电机组的投运时间、机型、区域市场等因素影响，合理制订核电参与市场交易计划，科学把握核电参与市场节奏。

二是研究核电负荷跟踪技术，适应分时电价机制。可再生能源占比大幅提高后，电力市场灵活性调节资源价值凸显。核电企业应加强核电负荷跟踪、区域群堆调峰管理、需求侧响应管理等调峰技术研究，有效适应分时电价机制。

三是有效控制核电投入成本，提高市场竞争优势。基于核电的全生命周期模型从以下几方面优化核电成本：①优化工程管理模式；②完善核燃料供应体系；③提升核电运行和维护管理水平；④合理优化核电经济模型。

四是争取核电容量补偿政策，丰富成本回收渠道。未来我国有望择机推动建立容量补偿机制或容量市场，核电企业应积极争取政府将核电机组纳入容量补偿机制清单或参与容量市场，合理补偿核能发电的稳定性和可靠性容量价值[5]。

五是扩展跨省跨域交易市场，拓展市场消纳空间。核电企业应积极争取核电纳入跨省跨域交易范围，通过全国统一的电力市场，统一协调运营，充分发挥北京、广州电力交易中心的平台作用，扩展核电跨省跨域交易市场空间和渠道。

六是完善市场营销管理体系，创新营销工作方法。核电企业要想更好发展，必须增强市场营销工作意识，树立以市场、用户需求、客户为中心的三维营销理念，提升需求侧管理，提升服务意识。

4.2.3 远期策略（2036—2060年），聚焦核电“多样性”

远期看，以新能源为主体的新型电力系统基本建立，电力系统数字化、智能化程度加深，风电、光伏发电等零边际成本电源占据市场主体。在这期间，核电企业应探索核电用途多样性，通过多模式差异化竞争拓展核电收益增长途径。

一是全面参与电力市场交易，科学分配交易电量。核电企业应通过智能化数据分析手段能够有效预测市场价格走势，科学合理分配中长期、季度、月度和现货交易电量，制定最优化竞价策略，降低决策风险。

二是拓展售电公司业务领域，提供个性差异服务。核电企业应充分发挥自身的电力资源优势，扩大售电公司经营业务领域，为用户提供更加专业优质的个性化服务，如做大增值服务、发展综合能源服务业务、实现需求侧管理等。

三是探索“核电＋”综合利用，增加产能释放方式。积极探索“核电＋”多模式综合利用。加强核能清洁供热、制冷、工业供汽、海水淡化、余电制氢等新型产能释放方式的研究，探索核蓄风光一体化发展，降低单一发电业务的比重。

四是加快与新技术产业融合，提高核电运营效率。通过加快数字核电发展，促进核电产业转型升级，从本质上提升核电厂安全性、可靠性，实现电厂低成本和高效率运营，提高核电参与电力市场的核心竞争力。

参考文献：

[1] 刘刚．新一轮电力体制改革道路探索［M］．北京：中国计划出版社，2018.

[2] 吕洋，刘丽莎，曾鸣．华东电力市场交易规则分析及应对措施［J］．中国电力企业管理，2019（1）：56－59.

[3] 胡全贵，郭翔，李喜军，等．售电公司参与跨省区交易对电网企业的影响及相关建议［J］．电气技术与经济，2018（1）：67－69.

[4] 韩洁平，刘宇途，曲洋．中国电力市场建设研究［J］．科技经济市场，2023（1）：51－53.

[5] 邹玮，杜辉，李永战，等．核电参与电力市场的现状分析［J］．中国核电，2022，15（3）：397－401.

Current situation and countermeasures of nuclear power enterprises participating in electricity market reform

HU Jian[1], LI Yong-hang[2,*] LI Yan-rui[1], AN Yan[1], WU Zhou-yi[1]

(1. China Institute of Nuclear Industry Strategy, Beijing 100048, China

2. China Nuclear Safety and Environment Culture Promotion Association, Beijing 100082, China)

Abstract: The market - oriented reform of electricity is an important component of China's comprehensive deepening reform. The report of the 20th National Congress of the Communist Party of China clearly requires the construction of a unified national market, deepening the market - oriented reform of factors, and building a high standard market system. In order to better adapt to the requirements of high - quality development, nuclear power enterprises should accelerate the establishment and improvement of market - oriented management mechanisms, face market demand, and promote market - oriented reform of enterprises to deepen and implement. Currently, China is accelerating the construction of a unified national electricity market system. Nuclear power enterprises should strengthen policy and market research, actively respond to and adapt to the trend of electricity market reform. In the short term, the reform of the electricity market is in its initial stage, and the market trading mechanism is not yet sound. Nuclear power should be produced as much as possible, striving for a reasonable pricing mechanism for nuclear power, and reducing the uncertainty risk of participating in the market; In the medium term, the power market structure system and transaction mechanism are gradually mature and refined, and a variety of transaction varieties complement each other. Nuclear power should improve operational flexibility, scientifically grasp the pace of market participation, strengthen cost control, effectively adapt to the time - sharing electricity price mechanism, strive for capacity compensation policies, expand personalized value - added services, improve the marketing management system, and improve the competitiveness of the nuclear power market in a multi - dimensional manner; In the long run, the new power system with new energy as the main body will be basically established, the degree of digitalization and intelligence of the power system will be deepened, and zero marginal cost power sources such as wind power and photovoltaic will dominate the market. The market competition will become increasingly fierce. Nuclear power should improve the diversity of uses, realize the application of "nuclear power+" multimode capacity release, and accelerate the integration of emerging technologies and nuclear power industry. Expand the growth path of nuclear power revenue through differentiated competition.

Key words: Electricity market; Electricity price mechanism; New power system

烟台市推进核能综合利用的对策建议

刘 芳[1]，张洁非[2]，盖云杰[2]，邵伟峰[2]，李 蕾[2]

[1. 烟台市军民融合发展促进中心，山东 烟台 264000；
2. 烟台市新兴产业发展推进中心（烟台市核电项目建设办公室），山东 烟台 264000]

摘 要： 核能作为高效、清洁、稳定的能源，在保证能源安全、助力双碳目标实现方面发挥着不可替代的作用。它不仅可以发电，还可以为经济社会低碳转型发展提供多元化服务。近年来，烟台市结合自身优势，以核能为重点推进清洁能源基地建设，并在全国率先发力推进核能综合利用，围绕海阳核电项目开展探索与实践，实现了从传统煤炭发电、燃煤锅炉蒸汽、燃煤供暖向零碳综合供能的跨越式发展，从供能源头解决了碳排放问题。尽管现阶段推进核能综合利用仍面临困难和问题，但是烟台市应把握厂址和项目优势，强化产业规划引导，加强政策扶持力度，汇聚创新研发资源，启动核能综合利用示范，开展核电科普宣传，积极推进核能综合利用。

关键词： 核能综合利用；烟台优势；探索实践；对策建议

核能是能源供给侧尤其是新增非化石能源中最有望兼顾“低碳、经济、安全”矛盾三角的能源形式[1]。它对于我国能源结构调整、“双碳”目标实现、经济社会环境可持续发展具有重要意义。2023年5月6日，烟台市政府印发《烟台市碳达峰工作方案》，明确除了核电站发电外，开展核能综合利用示范，积极推动核能供热、核能制氢等综合利用示范工程。烟台市有着得天独厚的核能资源禀赋，应充分发挥山东省首座建成投产核电站的实践经验，探索和深化核能综合利用，助力绿色低碳高质量发展先行区建设。

1 烟台市推进核能综合利用的意义

1.1 顺应政策要求

党的二十大报告指出：“积极稳妥推进碳达峰碳中和，立足我国能源资源禀赋，坚持先立后破，有计划分步骤实施碳达峰行动，深入推进能源革命，加强煤炭清洁高效利用，加快规划建设新型能源体系，积极参与应对气候变化全球治理。”2021年3月11日，《中华人民共和国国民经济和社会发展第十四个五年规划和2035年远景目标纲要》[2] 明确提出“开展山东海阳等核能综合利用示范”。2021年8月19日，《山东省能源发展“十四五”规划》提出“积极推进海阳核电向烟台市区、青岛即墨等地跨区域供热”。2023年烟台市《政府工作报告》中明确提出“推动核能供暖工程远距离延伸”。烟台市推进核能综合利用有利于顺应这些政策的要求，推动产业结构调整优化。

1.2 助力绿色发展

核能是一种清洁能源，它不像火电厂那样每天排出二氧化碳、二氧化硫等有害气体，对环境保护有了很大的改善[3]。烟台是国家低碳城市试点、山东省唯一的智能低碳城市试点，担负着为山东省绿色低碳高质量发展先行区建设探索路径、打造样板的重任。近年来，烟台市利用沿海城市的优势，积极开发落实核电厂址资源，依托核电项目实现电、热、汽、氢等能源综合供应，建成低碳清洁安全高效的绿色能源基地，为山东省绿色低碳高质量发展先行区建设打造“烟台”样板。

作者简介： 刘芳（1986—），女，硕士研究生，经济师，现主要从事双碳、核电、核能供暖等领域规划编制工作。

1.3 增进民生福祉

烟台市积极探索核能发展新路径，全力提高能源利用效能，让核能不仅局限于发电，还进一步向清洁稳定供热、供水等方面拓展，这为当地就业及第三产业的发展带来了机遇，也为烟台人民更美好的生活提供更低碳的能源。以海阳核能供暖二期项目为例，提前 6 天实现海阳城区的核能供暖，与传统燃煤锅炉供暖相比，每个供暖季减少耗电 900 万度，极大改善了海阳市供暖季大气环境和海洋生态环境，同时还实现了“居民供暖价格每平方米下调 1 元”，真正提升了人民群众的获得感、幸福感、安全感。

2 烟台市推进核能综合利用的优势

近年来，烟台市坚持围绕核电项目建设发展核电产业，以突破核电装备和核能综合利用产业为重点，不断深化与中核集团、国家电投集团、中国广核集团等核电央企的战略合作，广泛集聚创新资源，率先突破示范项目，构建“政、产、学、研、金、服、用”核电产业创新体系，全力建设国内领先的三代核电技术集聚高地、核电创新研发人才集聚高地、核电装备和核能综合利用产业示范高地，全市核能产业发展已进入快车道。

2.1 生产要素条件优

烟台市位于环渤海地区，是重要的港口城市，是山东新旧动能转换综合试验区“三核”之一、山东半岛蓝色经济区、胶东半岛高端产业聚集区和黄河三角洲高效生态经济区三大经济圈融合交汇的城市。核电厂址资源丰富，有着得天独厚的区位优势，核能综合利用发展环境优越。烟台市拥有国家级核电产业技术创新平台 1 个，国家级核电核岛装备产业计量测试中心 1 个，国内核电领域首个集政产学研用于一体的新兴产业机构 1 个，国家重点实验室、国家工程实验室、国家认定企业技术中心 5 个，省级企业重点实验室 6 个，省级工程技术研究中心 3 个，省级企业技术中心 3 个，省级核电创新平台 10 个，15 项关键技术打破了国际垄断、填补了国内空白。总规模 100 亿元“白鹭基金”的设立，也为核能综合利用的发展提供了金融保障。

2.2 需求条件强

近年来，随着绿色发展理念的提出和能源结构的调整，煤炭压减工作也成为各地的重点工作。《全省落实“三个坚决”行动方案（2021—2022 年）》要求：“聚焦煤电、水泥、轮胎、化工等重点行业，推进落后低效产能退出。大力发展海上风电、光伏发电、核电等可再生能源发电，推进全市清洁能源产业建设。”煤炭具有高污染、高耗能的缺点，淘汰落后产能、发展清洁能源已成为各地的共识，烟台市推进核能综合利用恰逢其时。核电是一种高密度能源，单机容量大，具有综合成本低、无供电间隙性的优点，能有效保证电能质量；加之目前烟台市核电项目采用的 CAP1000 和华龙一号等技术已相对比较成熟，安全系数较高；同时核电不排放二氧化碳、二氧化硫等有害气体，对环境的保护有了很大的改善。因此，发展核电产业、推进核能综合利用既能迎合绿色发展理念，又安全、高效、清洁，满足了人们生产生活和生态保护的向往和需要。

2.3 相关和支撑产业发展快

为抓住国家积极有序发展核能的历史机遇，进一步加快核能产业布局，建立完整的核能全产业集群生态体系，高效推动核能高质量发展，烟台市从核电工程全生命周期的角度出发，建立起全方位、全流程的核电产业链招引和培育体系。上游包括核能、核燃料研发与生产，核电设施设计环节企业 21 家；中游包括核电装备制造、核电工程建设、核技术应用和核能综合利用等装备制造环节企业 36 家；下游包括核电站运行与维修、核能综合利用、核技术应用等环节企业 17 家。全流程的核电产业链也为核能综合利用的发展提供了有力支撑（图 1）。

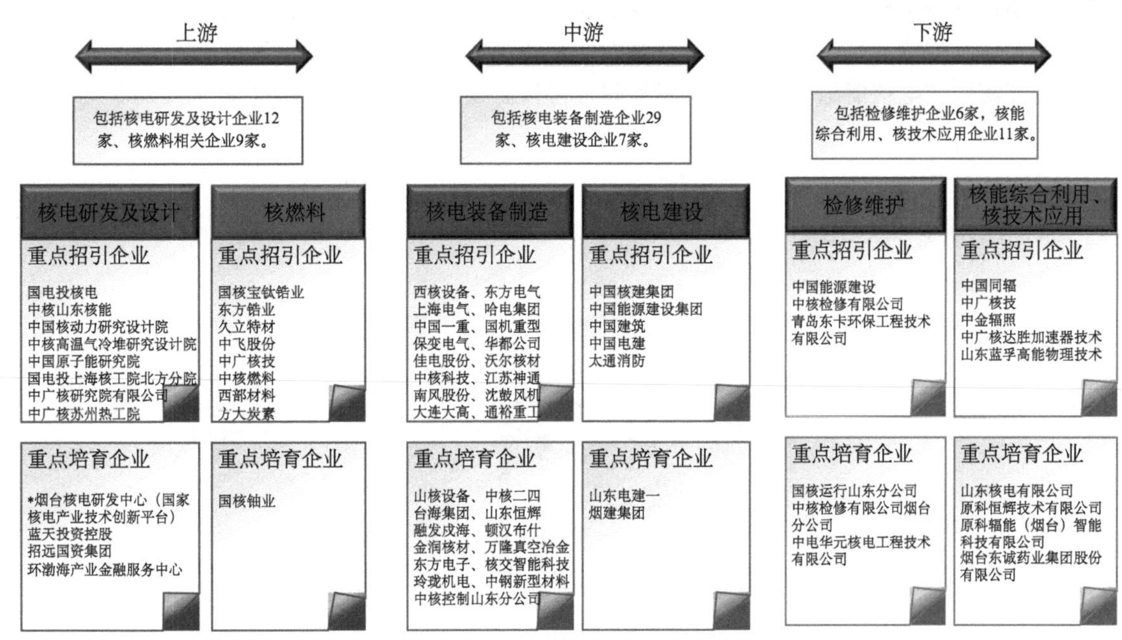

图 1　烟台市核电产业链相关和支持产业图谱

（数据来源：《烟台市核电产业集群培育计划》）

2.4　企业结构、战略和同业竞争良好

因为兴建核电站常易引发政治分歧，加之核电站运行、管理不规范将会造成核岛内的放射性物质外溢，对周边公众和环境造成巨大的危害。所以为了防范化解管理危机，目前我国的核电站都是国企、央企在运营管理。目前在烟台市的核电企业主要有 3 家：中核集团、国家电投集团和中国广核集团。海阳核电项目是国家电投集团下属公司山东核电有限公司开发的项目，与此同时，跟核电项目配套的核电装备制造企业中也有不少企业归属于另外两大核电集团。近年来，三大核电集团不断深化与烟台市的战略合作，合作内容从项目开发到技术研发，从产业协同到产融结合，从设备采购到课题研究，合作方式也从相互支持提升到深度参与、协同发展。2016 年，烟台市政府联合三大核电集团、台海集团等企业，共同成立烟台核电研发中心。2016 年以来，三大核电集团每年也积极参与烟台市举办的核能安全暨核电产业链高峰论坛和“双碳”论坛，签署了产业落地及项目合作协议，助力烟台市在核能综合利用和高端核电装备制造领域走向全国前列。

2.5　战略机遇好

在碳达峰、碳中和目标下，我国能源系统清洁化、低碳化转型将提速，核能作为近零排放的清洁能源，预计保持较快发展态势，自主三代核电会按照每年 6～8 台的核准节奏，实现规模化批量化发展[4]。秉承“严慎细实”核安全理念，烟台市围绕打造东部沿海千万千瓦级核电示范基地，积极推进海阳核电二期、三期及招远绿色能源综合开发利用基地等核电项目建设。围绕动力装备制造、核级石墨装备制造、核电模块制造、核电数字化仪控设备和核探测器、核电汽水分离再热器等，攻克一批具有自主知识产权的核心关键技术，培育高端核电装备制造产业集群。到 2030 年，核电装机容量达到 1000 万千瓦，形成中国北方完整的核能发电、装备制造及综合利用基地。

3　烟台推进核能综合利用的探索与实践

烟台市高度重视核能综合利用的发展，确定了围绕核电项目积极推进核能综合利用的发展思路，实现了零碳综合供能的跨越式发展。烟台不仅成立了中国核学会核能综合利用分会，开展科研攻关、学术讨论，还针对海阳核电厂余热利用、热效率提高和地方清洁取暖、绿色发展的实际需求，在国内率先开展大型压水堆热电联产研究与实践，全方位开展水热同传、海水淡化等核能多元化利用场景研究，建立起“海阳核电核能综合利用”创新品牌，为核能综合利用谱写了新篇章（图 2）[5]。

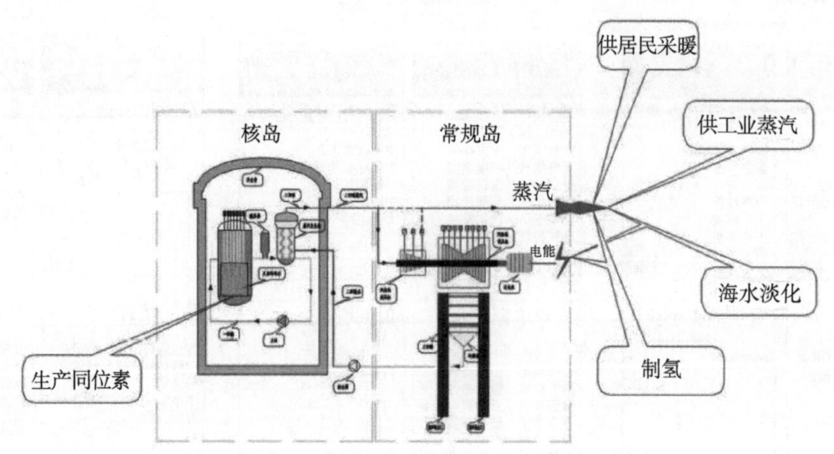

图 2 核电站核能综合利用示意

（数据来源：《山东省核能综合利用分析专题研究报告》）

3.1 搭建核能综合利用新平台

2021 年 4 月 15 日，中国核学会核能综合利用分会正式落地烟台。该分会是中国核学会唯一在地级市设立的分会，成为我国核能综合利用领域学术交流、科研创新、产业应用的新平台。中国核学会核能综合利用分会推动烟台核能产业发展及深层合作，包括烟台市发展和改革委员会与清华大学经济管理学院签署《合作备忘录》、烟台市新兴产业发展推进中心与中国科学院海洋研究所签署《战略合作框架协议》、中国核能电力股份有限公司与烟台核电研发中心签署《关于开展核能有关项目研究的合作协议》等，覆盖产业落地、金融服务、央地合作等多领域，助力核能产业在经济社会高质量发展中发挥重要作用。

3.2 开创核能供暖先河

2019 年 11 月，海阳市核电核能供暖一期工程 70 万平方米投运，这是全国首个核能供暖商用示范工程，海阳市被山东省能源局命名为“核能综合开发利用示范城市”。2020 年 11 月 25 日，海阳市启动了核能供热商业示范二期工程建设，政府投资 10 亿元修建改造城区内配套管网 46 千米及换热站等相关附属设施，其中核电内部改造费用约为 2 亿元，城区内管网及相关设施建设投资约 8 亿元。经过一年的建设，二期项目于 2021 年 11 月 9 日 0 时正式供暖，提前 6 天实现海阳市城区的核能供暖。作为清洁供热方式，核能供暖二期工程投运以来运行稳定，首个供暖季相当于节约原煤消耗 18 万吨，减排二氧化碳 33 万吨、氮氧化物 2021 吨、二氧化硫 2138 吨、烟尘 1243 吨，减少向环境排放热量 150 万吉焦，改善了海阳市供暖季大气环境和海洋生态环境，同时还实现了“居民供暖价格每平方米下调 1 元”，真正实现了惠及百姓。2022 年 7 月 14 日，山东海阳核能综合利用示范三期 900 兆瓦核能供热工程开工建设，预计 2023 年供暖季前建成，可实现向乳山、莱阳等地区远距离供热。投产后，电厂热效率将由 36.69％提升至 55.9％，通过核电热电联产，提升核电经济性，更大限度地满足周边城市清洁供暖需求，创造更大的社会效益、生态效益，为解决我国北方地区清洁取暖问题开辟了新的路径，为我国低碳城市建设提供“山东模式、烟台方案”。

3.3 拓展“水热同传”新场景

针对胶东半岛水资源制约发展等问题，结合海阳核电厂内海水淡化、核能供热既有条件，建成投运世界首个“水热同传”示范工程，同步输送淡化水和热能，在用户侧实现水热分离和消纳，并结合储热、储冷技术，提高环保效益、降低用能成本。2021 年 5 月，海阳核电厂与清华大学合作建成“水热同产同传”试验工程。利用机组抽汽和余热，驱动水热同产设备，实现核能发电、淡化海水及清洁供暖多级高效利用，每小时生产 5 吨满足饮用水标准的 95 ℃高品质淡水，同时可提供 1 万平方米的供热面积，验证了水热同传系统的安全性、水热同传技术的可行性、核能综合利用的经济性、综合能源方案的先进性，提高了能源及设施利用率，对后续在胶东半岛等北方沿海缺水地区进行大规模供热、供水具有重要的示范意义和应用价值。

4 推进过程中的问题

4.1 核电项目落地难

核电项目前期工作主要包括厂址普选、项目核准及行政许可、厂址及主体工程准备、设计和主设备采购、申请开工。上述几项工作逻辑关系明显，时间上有所交叉，工作周期长、不确定性风险高。加之核电是国家重大战略性资源，项目建成投运后，电量绝大部分并入省级电网，地方政府对此没有直接的管辖权，因此认为带动地方经济发展的能力有限，这也是地方政府对核电项目落地不积极的原因之一。

4.2 规模化实施难

如海水淡化，由于外部淡水消纳、水价、长距离管网建设等因素影响，大规模海水淡化尚未进入工程实施阶段。

4.3 公众接受度低

受福岛核事故影响，公众对核电产生了恐慌心理，加之核电项目的有序落地和核电科普宣传的不到位，公众对涉“核”项目的安全性仍存在质疑，这让核能综合利用的推进面临着极为复杂的舆论环境，如何进一步争取社会公众支持与认可、营造良好舆论氛围是一个现实问题。

5 对策建议

5.1 强化产业规划引导

制定烟台核能产业发展长远战略规划，统筹核电与清洁能源发展，统筹核电产业上下游环节协调发展，统筹核电产业需求与地方经济发展，做好核电产业链战略布局的系统策划，建立健全规划实施及统筹协调机制，以核电领域重点工程、重大项目、重大改革为牵引，培育核电产业集群。同时，合理规划园区，有针对性地进行招商引资，积极鼓励有资质、有实力的企业带动招引，形成全方位的开发模式，进行市场化运作，提高园区的吸引力。此外，注重核能综合利用上中下游产业链的培育，发挥集群优势，形成优势互补，实现产业协同发展；也要完善园区生产设施与生活设施，使之衔接、配套，形成园区的整合优势和规模优势。

5.2 加强政策扶持力度

针对核能投资规模大、产业链条长、技术含量高、产出效益好等特点，制定专属扶持政策，重点支持核电产业园区建设、关键技术研发、创新能力建设、产业化示范工程建设，形成招商、亲商、安商、富商的投资环境。落实土地优惠政策，对核能综合利用重点项目优先安排用地指标。支持符合条件的核能综合利用配套企业通过上市挂牌、发行债券等多种方式筹集建设资金；充分利用总规模 100 亿元的核电产业基金，吸引更多的社会资源参与到核能综合利用及成果转化中来，实现市场和资源的无缝对接。积极争取国家、山东省核电产业专项资金支持，利用制造业强市奖补资金、产业引导基金、新旧动能转换基金等，引导企业、研究院所创新发展，在关键技术领域集中突破，促进烟台市核能综合利用发展。建立和完善人才激励机制，出台政策吸引高层次的国内外核电领域高新技术专业人才。支持企业、科研院所、高等院校间的合作，鼓励联合培养掌握核能综合利用前沿技术的科技人才。逐步建立起全方位、多层次、多渠道的人才引进和培养体系，为烟台核能综合利用的发展提供坚实的人才保障[6]。

5.3 汇聚创新研发资源

首先，充分发挥中国核学会核能综合利用分会等专业性协会的作用，搭建学术交流、科研创新、产业应用的平台，促进核能技术成果在多领域推广应用的同时，推动核能综合利用技术创新和科学知识普及，助力核能综合利用在经济社会高质量发展中发挥重要作用。充分发挥平台优势，开发核能在供暖、海水淡化等各个领域的先进技术，加强人才、技术储备，助力烟台建设清洁能源示范市。其次，建设“产学研”合作服务平台，充分整合企业、高校、科研机构的资源，通过有效的对接交流，让企业无须投入巨大的资金就能够享受到科研的成果，让高校的科研成果有转化的可能，让科研机构的科研资源得到最大化的实现。最后，充分利用烟台核电研发中心的平台优势，改进运作模式，由三大核电集团出资，政府适当扶持，众多科研机构和高校参与，真正实现烟台核电研发中心的“造血”能力，使其成为核能综合利用的重要科研服务平台。此外，也要积极引进三大核电集团的研发机构落户烟台，支持国家电投集团核能总部、上海核工院北方分院、中核山东区域总部的建设，提高烟台市核能产业的创新能力和成果转化能力。

5.4 启动核能综合利用示范

积极推进海阳一体化小型堆示范工程，以对外供应工业蒸汽为主，同时开展热法海淡示范，作为海阳市核能供暖的备用热源。培育核能技术创新研发能力，形成具有国际先进水平的核能供热小堆技术研发体系、试验验证体系、关键设备制造技术体系、安全审评和标准体系，培育形成核能供热小堆产业链体系和人才队伍。同时，建设核能制氢示范工程。核能制氢不仅清洁，而且分解效率高、便于工业规模化生产。目前在我国已形成较好的产业基础，利用高温气冷堆制氢有望成为我国大规模供应氢气的重要解决方案。未来建议设立核能制氢重大专项，明确政策、资金和条件保障等方面的支持，加快成果转化，推动碳减排进程[7]。

5.5 开展核电科普宣传

充分利用核电产业链高峰论坛及“双碳”论坛的影响力，打造烟台市“中国核能产业新城”和海阳市“清洁能源综合利用示范城市”的城市品牌。严谨细致、合规合法地做好信息公开工作，保障公众的知情权、参与权和监督权，引导公众更理性、更科学地看待核电及核能综合利用的发展，为相关项目建设营造良好氛围，实现社会公众与企业发展的双赢。依托现有资源，建设烟台市核电科普馆，全面提升烟台市核电科普的能力和水平。大力推广新媒体、自媒体等基于移动互联网的核电科普形式，尽可能多地影响全市受众。同时，将核电文化融入当地文化，完善核电科普知识的展示、科技下乡，建立公众参观核电厂的相关制度，组织中小学生到核电企业参观学习。提高公众对核电的认知度和接受度，引导舆论向有利于当地稳定的方向发展，尽可能地消除大众的恐“核”情绪。

6 结束语

当前正值碳达峰、碳中和的重要时期，充分开展核能综合利用对烟台经济高质量发展有着巨大的促进作用。烟台市有着得天独厚的区位优势，核能综合利用发展环境优越，烟台应坚持全面贯彻新发展理念，坚定不移走生态优先、绿色低碳的高质量发展道路，聚焦“双碳”目标，以核能产业为基础，加大核能综合利用关键技术的研发应用，打造绿色低碳循环经济，实现碳减排与经济增长双赢。

参考文献：

[1] 黄文．碳达峰、碳中和背景下核能高质量发展面临的挑战和对策建议［J］．中国工程咨询，2021，257（10）：

36－40.
［2］ 中华人民共和国国民经济和社会发展第十四个五年规划和2035年远景目标纲要［N］．人民日报，2021－03－13（001）．
［3］ 王鑫，吴继承，朴磊．“双碳”目标下核能发展形势思考［J］．核科学与工程，2022，42（2）：241－245.
［4］ 陈丽君，何恒，马攀，等．碳达峰碳中和背景下推进浙江核能综合利用的对策建议［J］．中国工程咨询，2022（6）：30－34.
［5］ 吴放．我国碳达峰、碳中和进程中核能的地位和作用［J］．核科学与工程，2022，42（4）：737－743.
［6］ 李言瑞，白云生，韩绍阳，等．核能供热发展现状及趋势分析［C］//中国核学会．中国核科学技术进展报告（第六卷）：中国核学会2019年学术年会论文集第9册（核科技情报研究分卷、核技术经济与管理现代化分卷）．北京：中国原子能出版社，2019：6.
［7］ 叶奇蓁，苏罡，黄文，等．中国核能现代化发展战略［J］．科技导报，2022，40（24）：20－30.

Proposal for promoting comprehensive utilization of nuclear energy in yantai city

LIU Fang[1]，ZHANG Jie-fei[2]，GAI Yun-jie[2]，SHAO Wei-feng[2]，LI Lei[2]

［1. Yantai Military-civilian Integration Development Promotion Center，Yantai，Shandong 264000，China；
2. Yantai Emerging Industry Development and Promotion Center（Yantai Nuclear Power Project Construction Office），Yantai，Shandong 264000，China］

Abstract：Nuclear energy，as an efficient，clean，and stable energy source，plays an irreplaceable role in ensuring energy security and facilitating the achievement of dual carbon goals. It not only generates electricity but also provides diversified services for the low－carbon transformation and development of the economy and society. In recent years，Yantai City，leveraging its own advantages，has focused on promoting the construction of clean energy bases with nuclear energy as the core and has taken the lead in advancing the comprehensive utilization of nuclear energy nationwide. It has explored and practiced around the Haiyang nuclear power projects，achieving a breakthrough development from traditional coal－fired power generation，coal－fired boiler steam，and coal－fired heating to zero－carbon comprehensive energy supply，effectively addressing carbon emissions from the energy supply side. Although there are still difficulties and challenges in promoting comprehensive utilization of nuclear energy at the current stage，Yantai City should leverage the advantages of site selection and projects，strengthen industrial planning guidance，enhance policy support，gather innovative research and development resources，initiate demonstrations of comprehensive nuclear energy utilization，and carry out nuclear power science popularization and publicity，actively promoting comprehensive utilization of nuclear energy.

Key words：Comprehensive utilization of nuclear energy；Advantages of Yantai；Exploration and practice；Proposal for countermeasures

核能供汽系统可靠性方法研究

张　瑞，杨　健，马　超，许青青，董方宇

（中国核电工程有限公司，北京　100840）

摘　要：核能供汽是我国“双碳”背景下一种新型的核能综合利用方式。利用核能产生热量来供应工业蒸汽，为解决石化产业用汽需求、降低综合能耗、减轻环境污染提供一种新的途径。石化产业在生产过程中存在蒸汽消耗大、热负荷需求稳定的特点，因此核能供汽的可靠性对石化产业安全生产尤为重要。本文通过研究传统系统供热可靠性和核电厂发电可靠性的研究方法，分析其对核能供汽系统可靠性分析的适用性，阐述了一种适用于核能供汽系统的定量可靠性分析方法，提出一套适用于核能供汽系统的可靠性评价指标，可为核能供汽系统的可靠性评价提供借鉴。

关键词：核能供汽；可靠性；供热系统

核能在降低化石能源消费、减少温室气体排放等方面具有独特的优势，除核能发电外，核能综合利用广泛，可以用于工业供汽、海水淡化、区域供暖、制氢、同位素生产等诸多方面。安全性和经济性是核能利用能否规模化发展的关键考量指标。截至2022年，中国大陆地区在运行核电机组55台，机组安全运行已达500堆年，在核能发电方面有着丰富的运行经验。近几年，核能区域供暖在辽宁、山东、浙江等地已取得良好实践。根据国际原子能机构统计，到2020年，全球约有13.3%的商用发电机组在发电的同时产生热水或蒸汽进行供热，已积累了超过1000堆年的运行经验，其安全性与可靠性已得到实践初步验证。

与核能发电相同，核能工业供汽主要利用传输到常规岛系统中的热量，因此核能供汽不会造成核电厂安全运行水平的降低，且热能传输以“传热不传质、多级物理隔离”的方式实现，也不会造成核安全水平的降低。然而，工业供汽通常要求供汽系统能稳定可靠地向用户提供合格的目标蒸汽，供汽的可靠性不仅会直接影响到用户的经济效益，更有可能会影响用户的安全生产。

可靠性分析方法通常包括定性分析方法和定量分析方法。定性分析主要使用经验分析及专家判断的方式来分析故障的原因和可能性，定量分析则是使用数学模型进行可靠性计算，更为精确地分析和预测可靠性水平。通过调研发现，传统热电厂供热系统可靠性研究大都为区域供暖用途的供热可靠性研究，对工业供汽可靠性分析研究较少，都是在定性分析的角度论证供汽可靠性。因此，本文基于传统供热系统可靠性和核电厂发电可靠性的研究方法，探讨适用于核能供汽系统的可靠性评价指标及定量评价方法。

1　传统供热系统可靠性

1.1　供热系统可靠性指标

供热系统可靠性评价指标 $R(t)$ 由苏联学者在20世纪60年代首次提出，定义为实际系统的功能质量指标与理想系统的功能质量指标之比，以热负荷为功能质量指标，通过状态模拟用布尔真值算法来计算[1]。之后我国学者分别从月故障频谱[2]、月故障率参数[3]的角度对该指标做了修正，给出了供热系统可靠性年评价指标的计算公式。修正前后的供热系统可靠性评价指标 $R(t)$ 如表1所示。

作者简介：张瑞（1996—），女，山东德州人，工程师，硕士，现主要从事核电厂概率安全分析工作。

表 1　供热系统可靠性评价指标 $R(t)$

序号	表达式	参数含义	备注
1	$R(t)=1-\dfrac{\sum_{i=1}^{n}\Delta Q_i\lambda_i}{Q_0\sum_{i=1}^{n}\lambda_i}(1-e^{-\sum_{i=1}^{n}\lambda_i t})$	ΔQ_i 为第 i 个部件故障导致系统供热不足量，MW； λ_i 为第 i 个部件的故障率，/h； Q_0 为供热系统的无故障工作热负荷，MW； n 为组成供热系统的部件的数量； t 为采暖延续时间，h	原始公式
2	$R(t)=1-C_{tf}\dfrac{\sum_{i=1}^{n}\Delta Q_i\lambda_i}{Q_0\sum_{i=1}^{n}\lambda_i}(1-e^{-\sum_{i=1}^{n}\lambda_i t})$ $C_{tf}=\dfrac{\sum_{k=1}^{m}(T_{i,d}-T_{o,k})F_k t_k}{\sum_{k=1}^{m}(T_{i,d}-T_{o,k})t_k}$	C_{tf} 为故障频谱系数； $T_{i,d}$ 为室内空气设计温度，K； $T_{o,k}$ 为第 k 月的室外平均温度，K； F_k 为第 k 月的故障次数占总故障次数的比重； t_k 为第 k 月的供暖时间，h； m 为采暖期延续月份数	月故障频谱修正，考虑故障的次数随月份的变化
3	$R(t)=1-\sum_{k=1}^{m}\dfrac{\sum_{i=1}^{n}\Delta Q_{ki}\lambda_{ki}}{Q_0\sum_{i=1}^{n}\lambda_{ki}}(1-e^{-\sum_{i=1}^{n}\lambda_{ki} t_k})$	ΔQ_{ki} 为第 k 月第 i 个部件故障导致系统供热不足量，MW； λ_{ki} 为第 k 月第 i 个部件的故障率，/h； t_k 为第 k 月供暖小时数占全年的份额	月故障率参数修正，考虑部件故障率随月份的变化

1.2　适用性分析

对于供汽系统而言，工业蒸汽的产生、输送、分配与使用是有机的整体，各个环节均会对整个系统产生影响。因此，供汽系统可靠性分析既包含供汽系统热源的可靠性分析，又包含供汽系统管网的可靠性分析。

上述供热系统可靠性评价指标 $R(t)$ 根据热用户是否与热源联通来判定供热系统的状态，而未对热源本身做详细分析，因此主要用来评价供热系统管网的可靠性。从表 1 的 3 个公式可以看出，该指标主要用来评价供热系统供暖的可靠性，第一个公式考虑供热系统为年不可修复系统，第二个公式考虑供暖期中每个月的故障对供热系统可靠性影响的不同而使用故障频谱系数来修正第一个公式，第三个公式考虑了供热系统为月不可修复系统，认为对于不同月份部件的失效率是不同的，而对故障率参数做了修正。

与供暖的任务时间不同，供汽系统的任务时间一般接近全年而不只是采暖期，因此月故障频谱、月故障率参数的修正不适用于供汽系统；除此之外，供暖可靠性还须考虑限额供热系数、建筑物蓄热系统等由于热惰性产生的问题，这同样不适用于供汽系统，这是因为一旦发生故障，供汽系统就无法向用户供给达标的蒸汽。

供汽系统管网可靠性可直接采用第一个公式，即

$$R(t)=1-\frac{\sum_{i=1}^{n}\Delta Q_i\lambda_i}{Q_0\sum_{i=1}^{n}\lambda_i}(1-e^{-\sum_{i=1}^{n}\lambda_i t})。\tag{1}$$

1.3　供热系统可靠性指标计算流程

计算供热系统可靠性指标 $R(t)$ 有个前提：整个管网两个故障同时发生是小概率事件。因此忽略两个及两个以上故障同时发生的情形[4]。

供热系统可靠性指标 $R(t)$ 的计算流程如图 1 所示。

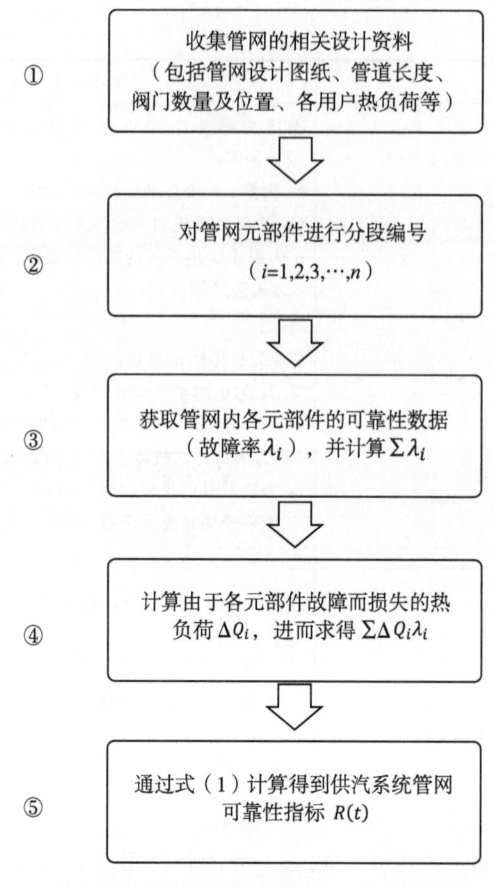
①
收集管网的相关设计资料
（包括管网设计图纸、管道长度、
阀门数量及位置、各用户热负荷等）
②
对管网元部件进行分段编号
（i=1,2,3,…,n）
③
获取管网内各元部件的可靠性数据
（故障率λ_i），并计算$\Sigma\lambda_i$
④
计算由于各元部件故障而损失的热
负荷ΔQ_i，进而求得$\Sigma\Delta Q_i\lambda_i$
⑤
通过式（1）计算得到供汽系统管网
可靠性指标$R(t)$

图1　供热系统可靠性指标 R（t）计算流程

具体计算步骤如下：

①收集管网的相关设计资料，包括管网设计图纸、管道长度、阀门数量及位置、各用户热负荷等基本信息。

②对管网元部件进行分段编号，管网元部件一般包括管段、阀门，画出管网的简化流程图。

③获取管网内各元部件的可靠性数据（故障率 λ_i）。管网内管道及阀门的可靠性数据受设备建造水平、服务年限长短影响较大，不同供热系统管网元部件的可靠性数据可能差别较大。

④计算由于各元部件故障而损失的热负荷 ΔQ_i。可通过 FMEA 方法，分析每个元部件失效导致的供热量的损失。

⑤通过式（1）计算得到供汽系统管网可靠性指标 $R(t)$。

2　核电厂发电可靠性

2.1　核电厂发电可靠性指标

先进轻水堆用户要求文件（ALWR Utility Requirement Document，URD），以及欧洲用户要求文件（European Utility Requirements，EUR）对先进轻水堆电厂提出了一系列的要求，就电厂性能方面，URD 要求整个电厂寿期内年平均可利用率（可利用因子）不低于 87%，EUR 要求在设计阶段可预见的 20 年寿期内电厂可利用率不低于 90%。

可利用率指标定义为机组或设备在给定的期间内（通常为一年）可运行时间与总时间（8760 h）的比值。机组不可运行的情形主要包括机组正常计划停运和由于故障导致的非计划停运，因此可利用率指标可用式（2）来表示：

$$A=\frac{T_a}{8760}=1-\frac{T_u}{8760}=1-\frac{T_{po}+T_{uo}}{8760}。 \tag{2}$$

式中，T_a 为机组可运行时间，h；T_u 为机组不可运行时间，h；T_{po} 为机组正常计划停运时间，h；T_{uo} 为机组非计划停运时间，h；且 $T_u=T_{po}+T_{uo}$。

一般而言，机组正常计划停运时间指机组换料大修工期，时间间隔相对固定。因此，机组可利用率指标主要受机组因故障导致的非计划停运影响，核电厂发电可靠性指标也可以用机组非计划停运时间、机组非计划停运频率等指标表示。

2.2　适用性分析

核能供汽系统一般采用“热电联产”方式，其核岛部分与核电机组的核岛部分差别不大，区别在于蒸汽发生器中被加热的主蒸汽，一大部分用于加热生产供给用户的蒸汽，剩余部分用于发电。在1.2节提到，当核能供汽系统热源非计划停运后，反应堆停堆后虽然有衰变热，但并不能支撑继续生产用户需求的高温高压蒸汽，机组非计划停运后对供汽可利用率的影响是瞬时的。

这与核能供暖不同，对于供暖而言有用户室内最低温度的要求，一方面机组非计划停运后仍有部分衰变热可向用户传输；另一方面建筑物有一定的蓄热作用，因此机组发生非计划停运后只要在室内温度下降到最低允许温度之前恢复运行，对用户的影响可忽略不计。

核能供汽系统的热惰性不明显，可利用率指标［式（2）］可直接用于评价供汽系统热源的可靠性。

2.3　机组可利用率计算流程

核电厂发电可靠性指标聚焦于求解核电机组本身的可利用率。早在2010年前后，国内在运行的三代核电机组相继开展了可利用率评价工作，来论证满足先进核电厂的经济性指标；而在机组的设计阶段，发电风险分析（Generation Risk Assessment，GRA）技术可用于评估由核电厂构筑物、系统和设备（SSC）失效或降级所导致的非计划停堆或降功率事件的频率及持续时间，定量评估核电厂发电风险[5-6]。机组可利用率 A 的计算流程如图2所示。

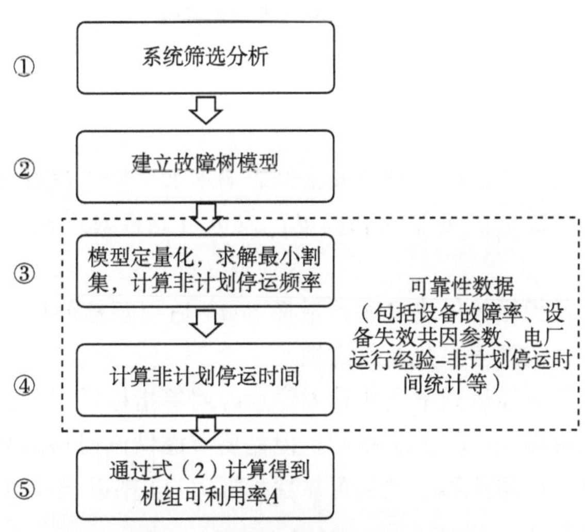

图2　机组可利用率 A 计算流程

具体计算步骤如下：

①系统筛选分析。筛选分析的目的是识别出会影响机组可利用率的系统和设备，并针对贡献的大小初步确定相应的分析方法（详细分析/简要分析）。

②建立故障树模型。确定顶事件，对步骤①筛选后的系统进行系统故障树分析；可选用 Risk Spectrum 等软件进行建模分析。

③模型定量化，求解最小割集，计算非计划停运频率。定量化分析需要用到设备故障率、设备失效共因参数等可靠性数据。

④计算非计划停运时间。通过步骤③计算得到的最小割集，根据电厂运行经验对非计划停堆时间的统计，计算每个最小割集对应的非计划停运时间，最终得到机组整体的非计划停运时间。

⑤通过式（2）计算得到机组可利用率指标 A。

3 核能供汽系统可靠性

核能供汽系统可靠性的计算过程如图 3 所示，反应堆机组、供汽管网可以看成是一个串联的系统，两者的可靠性均影响到整个供汽系统的可靠性水平。

针对核能供汽系统热源，其可靠性可以用机组可利用率、非计划停运频率、非计划停运时间等指标来评价，计算流程如图 2 所示。

针对核能供汽系统管网，其可靠性可以用管网可靠性等指标来评价，计算流程如图 1 所示。

综上，对于整个核能供汽系统，其可靠性可以用机组可利用率 A 乘以管网可靠性 $R(t)$ 来评价。

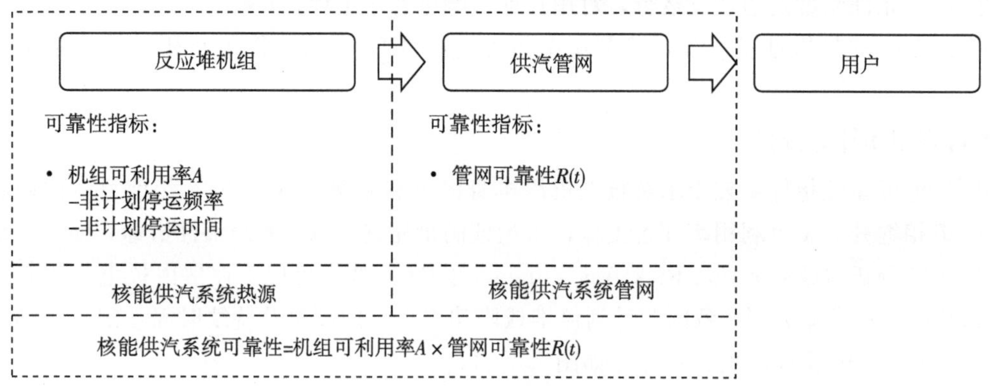

图 3 核能供汽系统可靠性

4 结论

利用核能向用户供汽对反应堆机组本身的安全性影响不大，但供汽可靠性对用户的安全性、经济性影响较大。通过研究供热系统供热可靠性和核电厂发电可靠性对供汽可靠性的适用性可得到以下结论：

（1）以热负荷为功能质量指标的供热可靠性指标 $R(t)$ 适用于核能供汽系统管网可靠性指标，该指标无须考虑月故障频谱、月故障率参数及热惰性。

（2）机组可利用率、非计划停运频率及非计划停运时间等指标适用于核能供汽系统热源可靠性指标，该指标计算方法与发电可靠性计算方法相同，但需要考虑供汽回路的影响。

（3）整个核能供汽系统的可靠性等于供热可靠性指标 $R(t)$ 乘以机组可利用率 A。

参考文献：

[1] 陈永铭，彭晓峰，马健．供热系统可靠性指标探析［J］．煤气与热力，2003，23（7）：400－402，406.

[2] 蔡启林，刘施玲．供热系统的可靠性综合评价指标探讨［J］．煤气与热力，1993，13（3）：46－51.

[3] 战泰文，邹平华．供热系统可靠性年评价指标的探讨［J］．煤气与热力，1998，18（6）：49－51.

[4] 何锦锦．基于模型热网的无事故工作概率指标限制研究［D］．哈尔滨：哈尔滨工业大学，2019.

［5］ 杨健．压水堆核电厂非计划停堆模型研究及开发［J］．核科学与工程，2016，36（增刊1）：306－312.
［6］ 杨冠三．核电厂发电风险分析技术研究［J］．核科学与工程，2022，42（增刊1）：107－109.

Study on reliability method of nuclear power steam－supply system

ZHANG Rui，YANG Jian，MA Chao，
XU Qing-qing，DONG Fang-yu

（China Nuclear Power Engineering Co．，Ltd．，Beijing 100840，China）

Abstract：Nuclear power steam－supply is a new comprehensive utilization of nuclear energy under the background of “carbon peaking and carbon neutrality”．The heat generated by nuclear energy is used to supply industrial steam，which provides a new way to solve the demand of petrochemical industry for steam，reduce comprehensive energy consumption and reduce environmental pollution. The petrochemical industry has the characteristics of large steam consumption and stable heat load demand in the production process. The reliability of nuclear power steam－supply is particularly important for the safety production of the petrochemical industry. The paper analyzes the applicability to the reliability analysis of nuclear power steam－supply system by studying the reliability of traditional heat－supply system and the reliability of nuclear power plant，provides a quantitative reliability analysis method suitable for nuclear power steam－supply system，and puts forward a set of reliability evaluation index suitable for nuclear power steam－supply system，which can provide reference for the reliability evaluation of nuclear power steam－supply system.

Key words：Nuclear power steam－supply；Reliability；Heat－supply system

压水堆供工业蒸汽与用户的匹配性分析研究

王　冰[1,2]，潘苏林[1]，展群群[1]，张元栋[2]

（1. 山东鼎超热电设计有限公司，山东　济南　250000；
2. 烟台核电研发中心核能综合利用设计研究院，山东　烟台　261400）

摘　要： 核能发电项目将从以往单一的供电向供暖、供汽、制氢、海水淡化、制冷等领域发展，核电企业将成为综合性能源及产品服务商，助推新型商业模式涌现，压水堆供工业蒸汽即将迎来快速发展。压水堆蒸汽品质具有过热度较低的特点，考虑不同行业工业用户的用汽参数需求以及工业用户与热源的距离等因素的影响，压水堆供工业蒸汽与用户的匹配性分析至关重要。本文通过对不同行业工业用户用汽特性、输配距离、输送能力进行供汽系统的温降和压降研究，通过分析得出压水堆供工业蒸汽的最佳匹配模型，对于压水堆供工业蒸汽项目的推广及压水堆附近工业园区的规划具有重要意义。

关键词： 压水堆；工业蒸汽；用汽特性；温降；压降

各种类型的动力反应堆中，压水堆由于具有结构紧凑、体积小、功率密度高、平均燃耗较深、放射性裂变产物不易外逸、功率自稳自调特性良好、比较安全可靠等优点，获得了广泛的应用。

目前随着核能集中供热技术逐渐成熟，除采暖季民用集中供暖外，全年性工业用汽的需求更为迫切，持续性不间断供汽不仅能有效降低煤炭指标还能更充分地利用核能[1]。随着产业聚集、经济快速发展，各类行业的工业生产对蒸汽的需求量越来越大，但由于压水堆蒸汽参数较低，在供工业蒸汽方面不能满足所有行业的用汽参数需求，本文以此条件分析得出各类用汽参数的工业用户与压水堆蒸汽的最佳匹配模型。

1　压水堆的主蒸汽基本参数

压水堆核电站的蒸汽参数普遍要比火电厂低很多，目前火电厂大型汽轮机的蒸汽初参数已超过25 MPa、600 ℃，而压水堆核电站汽轮机的主蒸压力通常为5～7 MPa，初温度为260～290 ℃。

近年来，中国、俄罗斯、法国、美国等国家在国内外建设了一批大型先进的三代压水堆核电厂，主要型号有“华龙一号”（HPR1000）、“国和一号”（CAP1400）、VVER-1000、EPR、AP1000等。压水堆核电机组主蒸汽参数如表1所示。

表1　压水堆核电机组主蒸汽参数

序号	压水堆型号	主蒸汽压力/MPa	主蒸汽温度/℃
1	HPR1000	6.48	280.6
2	CAP1400	5.78	273.2
3	VVER-1200	5.88	274.3
4	EPR	7.55	291.0
5	AP1000	5.38	268.6

作者简介： 王冰（1963—），男，山东桓台人，高级工程师，本科，长期从事核能综合利用供热及火电厂供热工程设计、研究工作。

以“华龙一号”为例，压水堆外供蒸汽采用二回路蒸汽间接制蒸汽，机组主蒸汽参数为6.48 MPa、280.6 ℃，基本为饱和蒸汽，MSR出口蒸汽参数为1.02 MPa、268.4 ℃，间接制备蒸汽只能满足低温度参数工业用户的需求。

2 供工业蒸汽匹配模型分析

2.1 不同行业工业用户的用汽参数及特性

工业蒸汽用户分为轻工业蒸汽用户和重工业蒸汽用户，轻工业蒸汽用户主要有食品、纺织、造纸、医药、建材、精细化工等行业用户，用汽参数相对较低，可由压水堆机组蒸汽间接制备所需参数的蒸汽；重工业蒸汽用户主要有石化、钢铁、冶金等行业用户，用汽参数相对较高，压水堆机组蒸汽间接制汽无法满足其用汽参数，必要时可采用其他能源形式进行加热，具体加热方式还需进一步研究分析。以下列举几种常见不同行业工业用户的用汽参数及特性，如表2所示。

表2 不同行业工业用户的用汽参数及特性

序号	行业	用汽压力/MPa	参数温度/℃	用汽特性
1	食品	0.2～0.6	150～190	熏蒸消毒
2	酿酒	0.6～0.8	130～180	烘干蒸酒
3	纺织	0.6～0.8	150～190	漂染、定型
4	造纸	0.3～0.8	150～210	烘干
5	医药	0.3～0.8	140～180	消毒灭菌
6	建材	0.5～1.6	150～210	加热
7	精细化工	0.6～0.8	170～230	加热蒸馏
8	橡胶轮胎	0.7～2.4	200～300	热熔定型
9	石化	1.6～11.5	300～520	加热、裂解
10	焦化	3.9～11.5	430～520	蒸馏、焦油加热
11	冶金	2.5～6.0	400～500	加热、伴热、保温

2.2 不同模型下用汽压降和温降的分析

基于压水堆蒸汽参数低的特点，根据以上工业用户的用汽参数，分别从蒸汽流量、蒸汽参数、供汽距离等3个方面建立模型进行压降和温降的分析。

工业用户为满足工艺装置或生产过程的要求，无论是低压的、带一定过热度的蒸汽，还是高温、中高压的过热蒸汽，在输送过程中，蒸汽的密度、比热、比焓等热物性参数会由于末端用户所需流量、用汽参数、供汽距离等的不同发生较大变化[2]。这决定了蒸汽长距离供热的复杂性。

以某产业园为例，园区内包含以上多种不同行业的工业用户，用汽参数有4类，分别为0.45 MPa、200 ℃，1.6 MPa、290 ℃，4.0 MPa、395 ℃，11.5 MPa、526 ℃，平均用汽量分别为300 t/h、300 t/h、300 t/h、1000 t/h，因压水堆主蒸汽压力达不到11.5 MPa，故暂不分析此高压用汽参数的蒸汽用户。

2.2.1 蒸汽流量变化匹配分析

以末端用户不同的蒸汽需求量（设计负荷考虑100%、80%和50%）在相同供汽距离下分别对3种不同用汽参数的用户建立模型，分析压水堆机组供工业蒸汽的匹配情况。

假定输送距离10 km时，在用户需求参数0.45 MPa、200 ℃下，满负荷时折算至电厂侧所需出厂蒸汽参数为0.95 MPa、225 ℃，此参数可由MSR出口蒸汽（1.02 MPa、268.4 ℃）间接制工业蒸汽获得。不同设计负荷下，末端参数均可满足用户参数需求，随着设计负荷的增加，压降逐渐增大，温降逐渐减小（表3）。

表3 0.45 MPa、200 ℃用户需求参数下不同蒸汽流量匹配模型分析

流量/(t/h)	输送距离/km	管径/mm	所需出厂蒸汽参数		用户需求参数		末端蒸汽计算参数		压水堆蒸汽是否满足出厂参数要求	压降/(MPa/km)	温降/(℃/km)
			压力/MPa	温度/℃	压力/MPa	温度/℃	压力/MPa	温度/℃			
300	10	DN900	0.95	225	0.45	200	0.48	203	是	0.047	1.89
240	10	DN900	0.95	225	0.45	200	0.69	206	是	0.026	2.17
150	10	DN900	0.95	225	0.45	200	0.86	203	是	0.009	2.22

假定输送距离10 km，在用户需求参数1.6 MPa、290 ℃下，满负荷时折算至电厂侧所需出厂蒸汽参数为2.05 MPa、325 ℃，此压力参数高于MSR排汽（1.02 MPa）、低于主蒸汽（6.48 MPa），温度参数高于MSR排汽（268.4 ℃）和主蒸汽（280.6 ℃），故压水堆机组蒸汽间接制汽后能够满足用户的压力需求但无法满足其温度需求，可由MSR排汽或高压缸抽汽间接制汽后，再通过其他能源形式二次加热获得其所需蒸汽参数。随着设计负荷的增加，压降逐渐增大，温降逐渐减小（表4）。

表4 1.6 MPa、290 ℃用户需求参数下不同蒸汽流量匹配模型分析

流量/(t/h)	输送距离/km	管径/mm	所需出厂蒸汽参数		用户需求参数		末端蒸汽计算参数		压水堆蒸汽是否满足出厂参数要求	压降/(MPa/km)	温降(℃/km)
			压力/MPa	温度/℃	压力/MPa	温度/℃	压力/MPa	温度/℃			
300	10	DN800	2.05	325	1.6	290	1.65	304	否	0.040	2.13
240	10	DN800	2.05	325	1.6	290	1.80	302	否	0.025	2.31
150	10	DN800	2.05	325	1.6	290	1.96	293	否	0.009	3.22

假定输送距离10 km，在用户需求参数4.0 MPa、395 ℃下，满负荷时折算至电厂侧所需出厂蒸汽参数为4.50 MPa、440 ℃，此压力参数高于MSR排汽（1.02 MPa）、低于主蒸汽（6.48 MPa），温度参数均高于MSR排汽（268.4 ℃）和主蒸汽（280.6 ℃），故压水堆机组蒸汽间接制汽后能够满足用户的压力需求但无法满足其温度需求，可由高压缸抽汽或主蒸汽间接制汽后，再通过其他能源形式二次加热获得其所需蒸汽参数。随着设计负荷的增加，压降逐渐增大，温降逐渐减小（表5）。

表5 4.0 MPa、395 ℃用户需求参数下不同蒸汽流量匹配模型分析

流量/(t/h)	输送距离/km	管径/mm	所需出厂蒸汽参数		用户需求参数		末端蒸汽计算参数		压水堆蒸汽是否满足出厂参数要求	压降/(MPa/km)	温降/(℃/km)
			压力/MPa	温度/℃	压力/MPa	温度/℃	压力/MPa	温度/℃			
300	10	DN700	4.50	440	4.0	395	4.09	415	否	0.041	2.55
240	10	DN700	4.50	440	4.0	395	4.24	410	否	0.026	2.97
150	10	DN700	4.50	440	4.0	395	4.40	396	否	0.010	4.24

假定蒸汽流量不同时（模型一）压水堆抽汽方案示意如图1所示。

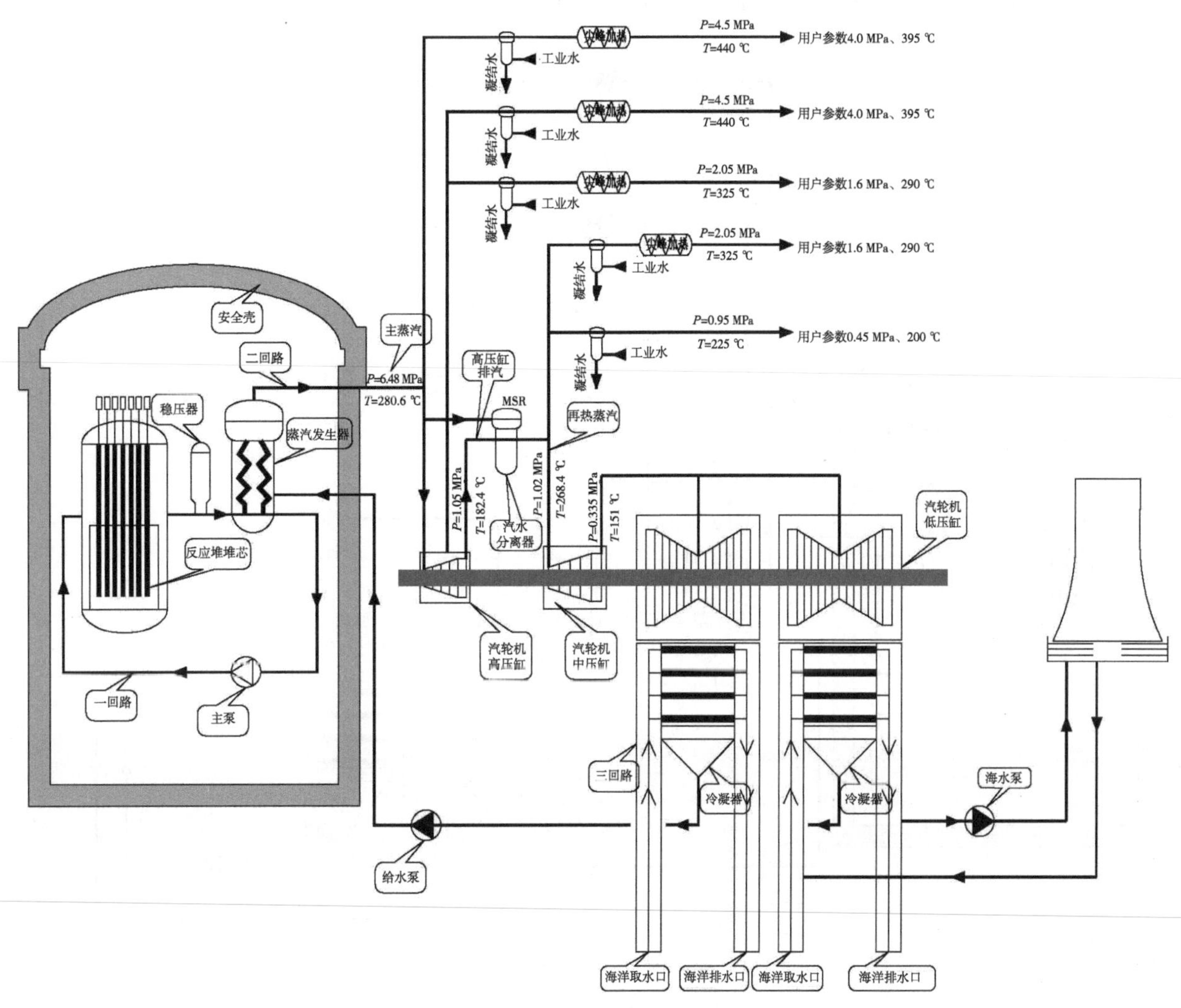

图 1　模型一抽汽方案示意

2.2.2　蒸汽参数匹配分析

不同用汽参数的工业用户对应不同的电厂侧出厂参数，在用汽量和供汽距离均相同的条件下建立模型，分析压水堆机组供工业蒸汽的匹配情况。

假定输送距离 10 km、蒸汽量 300 t/h 时，同样管径下压水堆机组蒸汽间接制汽后可满足 0.45 MPa、200 ℃用户的需求；可满足 1.6 MPa、290 ℃和 4.0 MPa、395 ℃用户的压力需求，但无法满足其温度需求，所需出厂蒸汽参数可通过 MSR 排汽、高压缸抽汽、主蒸汽间接制汽后，再采用其他能源形式二次加热获得。同样管径下，末端参数需求越高压降越低，温降变化不大（表 6）。

表 6　相同流量和距离下不同用汽参数的工业用户匹配模型分析

流量/(t/h)	输送距离/km	管径/mm	用户需求参数		折算至电厂侧出厂参数		末端蒸汽计算参数		压水堆蒸汽是否满足出厂参数要求	压降/(MPa/km)	温降/(℃/km)
			压力/MPa	温度/℃	压力/MPa	温度/℃	压力/MPa	温度/℃			
300	10	DN900	0.45	200	0.95	225	0.48	203	是	0.05	2.17
300	10	DN900	1.60	290	1.85	320	1.62	300	否	0.02	2.04
300	10	DN900	4.0	395	4.15	425	4.04	399	否	0.01	2.65

假定蒸汽参数不同时（模型二）压水堆抽汽方案示意如图 2 所示。

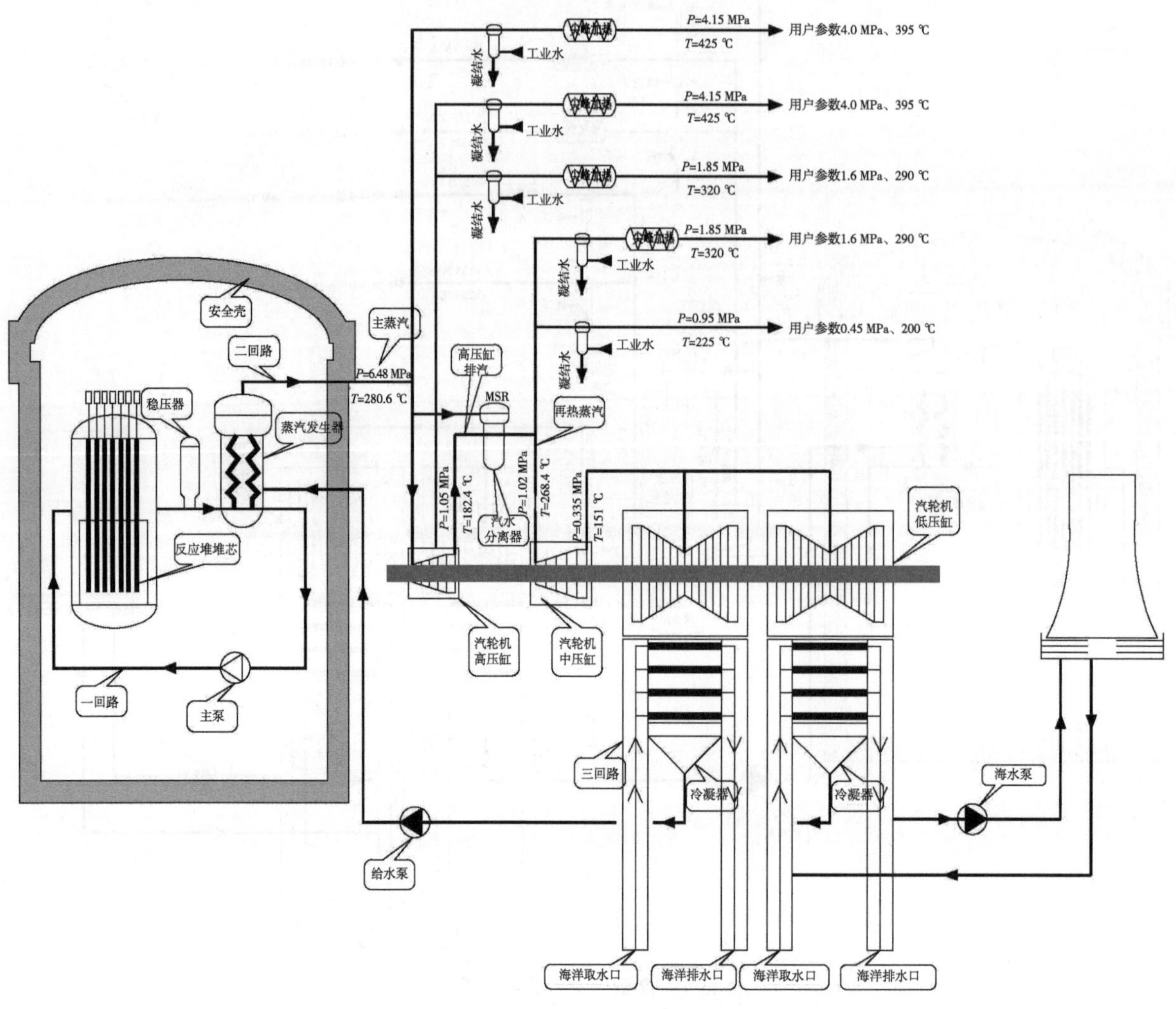

图 2　模型二抽汽方案示意

2.2.3　供汽距离匹配分析

由于核电厂一般距工业企业相对较远，如 15～20 km 甚至更长，因此在相同蒸汽量的条件下分别对 3 种参数用户建立模型，分析压水堆机组供工业蒸汽的匹配情况，并得出供汽距离对压水堆蒸汽参数及压降、温降的影响（表 7 至表 12）。

表 7　0.45 MPa、200 ℃用户需求参数下不同输送距离模型分析一

流量/(t/h)	输送距离/(km)	管径/mm	出厂蒸汽参数		用户需求参数		末端蒸汽计算参数		压水堆蒸汽是否满足出厂参数要求	末端蒸汽计算参数是否满足要求	压降/(MPa/km)	温降/(℃/km)
			压力/MPa	温度/℃	压力/MPa	温度/℃	压力/MPa	温度/℃				
300	10	DN900	1.30	250	0.45	200	0.99	232	是	是	0.030	1.78
300	15	DN900	1.30	250	0.45	200	0.81	223	是	是	0.033	1.83
300	20	DN900	1.30	250	0.45	200	0.55	211	是	是	0.037	1.93
300	25	DN900	1.30	250	0.45	200	(0.0)	—	是	否	—	—
300	30	DN900	1.30	250	0.45	200	(0.0)	—	是	否	—	—

表 8　0.45 MPa、200 ℃用户需求参数下不同输送距离模型分析二

流量/(t/h)	输送距离/km	管径/mm	出厂蒸汽参数		用户需求参数		末端蒸汽计算参数		压水堆蒸汽是否满足出厂参数要求	末端蒸汽计算参数是否满足要求	压降/(MPa/km)	温降/(℃/km)
			压力/MPa	温度/℃	压力/MPa	温度/℃	压力/MPa	温度/℃				
300	10	DN900	1.30	250	0.45	200	0.99	232	是	是	0.030	1.78
300	15	DN900	1.30	250	0.45	200	0.81	223	是	是	0.033	1.83
300	20	DN900	1.30	250	0.45	200	0.55	211	是	是	0.037	1.93
300	25	DN1000	1.30	250	0.45	200	0.83	210	是	是	0.019	1.60
300	30	DN1000	1.30	250	0.45	200	0.70	202	是	是	0.020	1.61

表 9　1.6 MPa、290 ℃用户需求参数下不同输送距离模型分析一

流量/(t/h)	输送距离/km	管径/mm	出厂蒸汽参数		用户需求参数		末端蒸汽计算参数		压水堆蒸汽是否满足出厂参数要求	末端蒸汽计算参数是否满足要求	压降/(MPa/km)	温降/(℃/km)
			压力/MPa	温度/℃	压力/MPa	温度/℃	压力/MPa	温度/℃				
300	10	DN600	3.90	350	1.6	290	3.00	327	否	是	0.090	2.35
300	15	DN600	3.90	350	1.6	290	2.43	313	否	是	0.098	2.45
300	20	DN600	3.90	350	1.6	290	1.70	297	否	是	0.11	2.63
300	25	DN600	3.90	350	1.6	290	0.42	266	否	否	0.142	3.41
300	30	DN600	3.90	350	1.6	290	(0.0)	—	否	否	—	—

表 10　1.6 MPa、290 ℃用户需求参数下不同输送距离模型分析二

流量/(t/h)	输送距离/km	管径/mm	出厂蒸汽参数		用户需求参数		末端蒸汽计算参数		压水堆蒸汽是否满足出厂参数要求	末端蒸汽计算参数是否满足要求	压降/(MPa/km)	温降/(℃/km)
			压力/MPa	温度/℃	压力 MPa	温度/℃	压力/MPa	温度/℃				
300	10	DN600	3.90	350	1.6	290	3.00	327	否	是	0.090	2.35
300	15	DN600	3.90	350	1.6	290	2.43	313	否	是	0.098	2.45
300	20	DN600	3.90	350	1.6	290	1.70	297	否	是	0.11	2.63
300	25	DN700	3.90	350	1.6	290	2.78	302	否	是	0.045	1.93
300	30	DN700	3.90	350	1.6	290	2.5	292	否	是	0.046	1.93

表 11　4.0 MPa、395 ℃用户需求参数下不同输送距离模型分析一

流量/(t/h)	输送距离/km	管径/mm	出厂蒸汽参数		用户需求参数		末端蒸汽计算参数		压水堆蒸汽是否满足出厂参数要求	末端蒸汽计算参数是否满足要求	压降/(MPa/km)	温降/(℃/km)
			压力/MPa	温度/℃	压力/MPa	温度/℃	压力/MPa	温度/℃				
300	10	DN600	5.88	480	4.0	395	5.16	453	否	是	0.072	2.71
300	15	DN600	5.88	480	4.0	395	4.77	439	否	是	0.074	2.72
300	20	DN600	5.88	480	4.0	395	4.36	426	否	是	0.076	2.74
300	25	DN600	5.88	480	4.0	395	3.91	413	否	否	0.079	2.75
300	30	DN600	5.88	480	4.0	395	3.40	399	否	否	0.033	2.53

表 12　4.0 MPa、395 ℃用户需求参数下不同输送距离模型分析二

流量/(t/h)	输送距离/km	管径/mm	出厂蒸汽参数		用户需求参数		末端蒸汽计算参数		压水堆蒸汽是否满足出厂参数要求	末端蒸汽计算参数是否满足要求	压降/(MPa/km)	温降/(℃/km)
			压力/MPa	温度/℃	压力/MPa	温度/℃	压力/MPa	温度/℃				
300	10	DN600	5.88	480	4.0	395	5.18	453	否	是	0.069	2.73
300	15	DN600	5.88	480	4.0	395	4.81	440	否	是	0.070	2.70
300	20	DN600	5.88	480	4.0	395	4.47	426	否	是	0.073	2.69
300	25	DN700	5.88	480	4.0	395	5.00	415	否	是	0.035	2.59
300	30	DN700	5.88	480	4.0	395	4.86	404	否	是	0.035	2.55

在蒸汽流量及出厂蒸汽参数相同的条件下，同样管径下供汽距离越长压降和温降越大，在压降和温降允许范围内 DN900 管径输送距离最远可达到 20 km，若超过 20 km 则指定出厂参数无法输送至末端用户，需增大管径以减小压降才能满足末端用户需求（表 8 中增大了 25 km 和 30 km 的管径）。1.3 MPa、250 ℃的出厂蒸汽可由 MSR 出口蒸汽间接制汽获得。

在蒸汽流量及出厂蒸汽参数相同的条件下，同样管径下供汽距离越长压降和温降越大，在压降和温降允许范围内 DN600 管径输送距离最远可达到 20 km，若超过 20 km 此出厂参数的蒸汽无法满足末端用户需求或无法输送至末端用户，需增大管径以减小压降才能满足末端用户需求（表 10 中增大了 25 km 和 30 km 的管径）。由主蒸汽或高压缸抽汽间接制汽可满足出厂蒸汽参数的压力需求但无法满足其温度需求，故压水堆蒸汽无法满足 350 ℃的出厂蒸汽参数，需通过其他能源形式二次加热获得所需出厂蒸汽参数。

在蒸汽流量及出厂蒸汽参数相同的条件下，同样管径下供汽距离越长压降和温降越大，在压降和温降允许范围内 DN600 管径输送距离最远可达到 20 km，若超过 20 km 此出厂参数无法满足末端用户需求，需增大管径以减小压降才能满足末端用户需求（表 12 中增大了 25 km 和 30 km 的管径）。由主蒸汽间接制汽可满足出厂蒸汽参数的压力需求但无法满足其温度需求，故压水堆蒸汽无法满足 480 ℃的出厂蒸汽参数，需通过其他能源形式二次加热获得所需出厂蒸汽参数。

假定输送距离不同时（模型三）压水堆抽汽方案示意如图 3 所示。

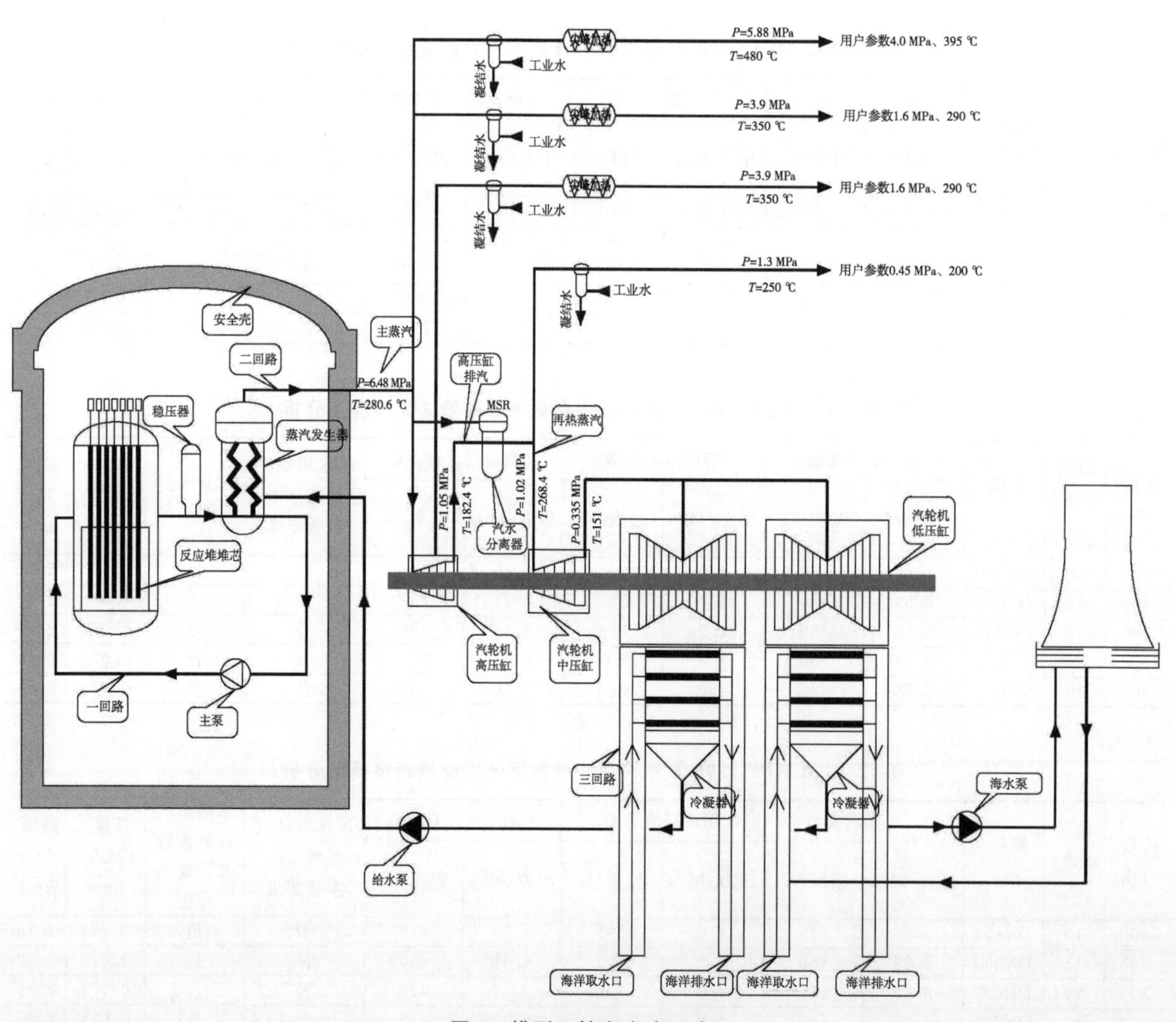

图 3　模型三抽汽方案示意

根据热电联产规划编制规定，蒸汽管网的供热半径一般为 5 km 左右，但考虑核电厂位置及周边规划等实际问题，5 km 范围内负荷量将会很小，不能充分利用核能。通过以上分析可知，供汽距离达到 20～30 km 或更远时，增大管径也可满足末端用汽需求，核电厂 20～30 km 供热半径范围内的负荷量（本文以单管供 300 t/h 为例计算）可满足核能集中供热条件，当输送距离超过 20 km 时，管径将增大一号，相应投资也将增加，故考虑核电厂规划及经济性，输送距离 20 km 时较为合理。

3 结论

本文以某产业园为例，分析了压水堆机组蒸汽间接制蒸汽供工业用户的几种模式，并研究了蒸汽流量、蒸汽参数、供汽距离与压降、温降的关系，得出压水堆供工业蒸汽的最佳匹配模型：

（1）压水堆机组 MSR 排汽、高压缸抽汽、主蒸汽间接制汽参数可满足产业园内 3 种用汽参数工业用户的压力需求及 200 ℃以下的温度需求，高温度需求参数的工业用户需利用其他能源形式进行二次加热，具体再热模式需进一步深入研究。

（2）根据压水堆机组蒸汽参数的特性，应大力推广压水堆用于低参数用户（如食品、造纸、医药等行业）的应用，这对于压水堆核电站项目的选址及其供工业蒸汽的推广具有重要的指导意义。

（3）根据模型分析，随着用户蒸汽流量的增加，压降逐渐增大，温降逐渐减小；末端用户蒸汽参数需求越高，压降越低，温降变化不大。

（4）外网输送蒸汽的特性（距离、压降和温降等）作为选择出厂蒸汽压力温度的依据，供汽距离越长压降和温降越大、所需管径越大、投资越高。考虑核电厂规划及供汽经济性，输送距离 20 km 左右时较为合理。这为压水堆附近工业园区的规划奠定了基础。

致谢

感谢中国核学会给予这次机会，本文承蒙学会各位专家审阅、指导，谨此致谢。

参考文献：

[1] 李国志．基于技术进步的中国低碳经济研究［D］．南京：南京航空航天大学，2011.

[2] 李昌剑，袁亮，付曜，等．长距离输送蒸汽管道压降和温降计算［J］．轻工科技，2020，1：23－25.

Analysis on the matching between industrial steam supplied by PWR and industrial users

WANG Bing[1,2], PAN Su-lin[1], ZHAN Qun-qun[1], ZHANG Yuan-dong[2]

(1. Shandong DingChao Thermoelectic Design co., Ltd., Jinan, Shandong 250000, China;
2. Yantai Nuclear Power R&D Center Nuclear Power Comprehensive Utilization Design and Research Institute Co., Ltd., Yantai, Shandong 261400, China)

Abstract: Nuclear power generation projects will develop from a single field of power supply in the past to areas such as heating, steam supply, hydrogen production, seawater desalination and refrigeration etc. Nuclear power enterprises will become comprehensive energy and product service providers, promoting the emergence of new business models, industrial steam supplied by PWR is about to meet rapid development. Because the steam quality of PWR is characterized by low degree of superheat, and considering the influence of factors such as the demand for steam consumption parameters of industrial users in different industries and the distance between industrial users and heat sources, it is very important to analyze the matching between industrial steam supplied by PWR and industrial users. This paper studies the temperature drop and pressure drop of steam supply systems by studying the steam consumption characteristics, transportation distance, and transportation capacity of industrial users in different industries, and obtains the optimal matching model of industrial steam supplied by PWR, which is of great significance for the promotion of industrial steam supply projects of PWR and the planning of industrial parks near PWR.

Key words: Pressurized water reactor; Industrial steam; Steam consumption characteristics; Temperature drop; Pressure drop

高温气冷堆助力零碳园区建设研究

官思发[1]，翟　杰[2]，郭天超[1]，李言瑞[1]

（1. 中核战略规划研究总院，北京　100048；2. 中核能源科技有限公司，北京　100193）

摘　要：在“双碳”目标驱动下，经济社会零碳转型正在快速发展，零碳园区作为经济社会零碳转型的重要载体日益引起人们的关注和实践。高温气冷堆作为高品质、稳定供应的低碳能源之一，能够为产业园区提供热、电、汽、氢等能源供应，能有效助力我国“双碳”目标的实现。本文通过梳理高温气冷堆赋能产业园区零碳发展的指标、思路与模式，提出高温气冷堆助力零碳园区发展的策略建议，为零碳园区建设提供借鉴。

关键词：双碳；高温气冷堆；零碳园区

我国力争 2030 年前实现碳达峰、2060 年前实现碳中和，这是党中央经过深思熟虑作出的重大战略决策，是一场广泛而深刻的经济社会系统性变革。国内外零碳产业园相关标准尚处于摸索阶段[1]，在这个背景下，国务院发布《2030 年前碳达峰行动方案》，提出在具备碳排放评价工作基础的国家级和省级产业园区中优先选择涉及碳排放重点行业或正在开展规划环评工作的产业园区，打造 100 个城市园区试点。

核能是公认的安全、稳定、高效且唯一能大规模替代燃煤的清洁能源，是我国能源行业进行绿色能源替代的重要选项。国家发展改革委等五部委明确提出“鼓励石化基地或大型园区开展核电供热、供电示范应用”。高温气冷堆作为具有第四代核能技术特征的先进堆型，通过与新能源按需组合，满足产业园区零碳发展需求，成为核能综合利用领域重要的发展方向，将有效助力我国早日实现“碳达峰、碳中和”。

1　零碳园区的基本概念

近年来，我国出台了一系列政策文件，积极推动园区绿色低碳转型，绿色园区、生态工业园区、低碳园区、低碳工业园区、近零碳园区、零碳智慧园区等新概念、新模式不断出现。随着“双碳”战略的提出，相关概念认识持续深化，建设重点更加聚焦，标准愈发清晰。

零碳园区发展可以划分为不同阶段，目前已经进入零碳园区发展的第三阶段，通过从源头实现零碳排放、叠加零碳技术与负碳技术综合协同的能源网络，到构建净零碳园区亦零碳智慧园区阶段。

零碳智慧园区是指在一定区域内直接或间接产生的二氧化碳等温室气体的总排放量，通过数智化技术、减碳固碳技术、碳交易等方式抵消，实现整体零碳排的园区。在园区规划、建设、管理、运营全方位系统性融入碳中和理念，依托零碳操作系统，以精准化核算规划碳中和目标设定和实践路径，以泛在化感知全面监测碳元素生成和消减过程，以数字化手段整合节能、减排、固碳、碳汇等碳中和措施，以智慧化管理实现产业低碳化发展、能源绿色化转型、设施集聚化共享、资源循环化利用，实现园区内部碳排放与吸收自我平衡，生产生态生活深度融合的新型产业园区。

2　零碳园区建设政策与重点方向

通过对比研究国内外零碳园区发现，国外领先的零碳园区发展较早，目前发展较为成熟，在能源

作者简介：官思发（1987—），男，重庆忠县人，高级工程师，博士，现主要从事核能多用途利用与数字化转型研究。

利用与管理、环境打造、产业发展等全方位实现低碳化、零碳化发展。我国零碳园区建设始于“双碳”战略，2022年为我国零碳工业园区元年，目前已建项目以本身及开发方资源优势为主导，在智慧能源、绿色建筑、机制创新等方面单项发力，正在向全面零碳园区建设进阶。

2020年9月，习近平主席在第七十五届联合国大会一般性辩论的讲话中提出：“中国将提高国家自主贡献力度，采取更加有力的政策和措施，二氧化碳排放力争于2030年前达到峰值，努力争取2060年前实现碳中和”，标志着我国正式进入“碳中和”时代。

在各省“十四五”规划中，均围绕“双碳”战略进行了安排和部署。多地明确表示要扎实做好碳达峰、碳中和各项工作，制定2030年前碳排放达峰行动方案，优化产业结构和能源结构，推动煤炭清洁高效利用，大力发展新能源。

从国家层面看，2021年10月，国务院发布《2030年前碳达峰行动方案》，在具备碳排放评价工作基础的国家级和省级产业园区中优先选择涉及碳排放重点行业或正在开展规划环评工作的产业园区，打造100个城市园区试点。目前我国拥有国家级、省级等各类开发区近2000个[2]。此外，据不完全统计，全国已有内蒙古、福建、江苏、浙江、重庆、上海、云南、宁夏、青海、贵州等超过10个省份规划出台了有关零碳工业园区的政策文件，2022年可谓零碳工业园区元年。各城市已经具有完善的低碳建筑/绿色建筑奖补相关政策，进一步推进零碳园区的建设。

3　零碳园区建设指标分析

为实现园区“碳中和”目标，针对当前零碳园区综合评价指标体系缺失的问题[3]，在打造零碳园区中，应在根本上从供给侧与需求侧两方面入手，同时，通过对国际国内低碳、零碳创建比较成功的园区案例进行分析[4]，叠加智慧能源管理与能源交易，构建零碳园区的指标体系。从供给侧看，零碳园区的零碳能源供给系统如同人体血液，通过零碳能源供应贯穿整个园区的开发运营；从需求侧看，绿色建筑是零碳园区的细胞，通过绿色建设实现园区在建设、运营过程中最低的能源消耗；零碳环境是零碳园区的骨骼，通过绿地的布局实现碳汇，同时通过电动化交通工具，将整个园区低碳化联通；零碳园区的大脑是智慧能源管理系统，通过智慧能源大脑的系统化、网络化、数据化管理，实现园区整体运营中的高效节能。基于以上各方面形成能源供给、零碳建筑、零碳环境、智慧管理系统、能源交易体系的零碳园区指标体系，如表1所示。

表1　零碳园区指标构成

	供给侧		需求侧							
一级指标	能源供给		能源利用		能源管理				能源交易	
二级指标	零碳能源布局	构建储能体系	零碳交通	建设新型基础设施	零碳建筑	构建智慧能源大脑	冷热电三联供系统	使用微电网系统	碳监测与碳核算系统	能源交易云平台

基于一级和二级指标，本研究初步提出应重点关注园区碳排放、绿电使用率以及在能源利用方面的各项关键指标（表2）。通过不断提高零碳能源供给，形成园区能源供给100%绿电，同时降低碳能源利用，促进碳排放量降低直至为零，形成真正意义上的零碳园区。

表2　零碳园区关键指标要求

一级指标	关键指标
碳排放	碳排放量趋于0
	碳排放强度趋于0

续表

一级指标	关键指标
能源供给	绿电直供率＞80%
	绿电储能率＞20%
能源利用	交通系统： ➢公共交通分担率＞75% ➢充电设施比例＞30%
	绿色建筑： ➢二星级以上绿色建筑占比≥50% ➢绿色施工比例＞80% ➢建筑的总隐含碳排放量不得超过 500kg CO_2e/m^2
	水资源利用： ➢节水器具普及率＞80% ➢非传统水源利用率 100%
	固废处理：垃圾回收率 100%
	环境绿化：绿地率 30%～40%

4 零碳园区建设思路与路径模式

通过对零碳智慧园区概念与政策支持情况的分析，提出高温气冷堆助力建设零碳智慧园区的思路与路径，具体包括统筹规划、建设路径、运营管理等 3 个维度，如图 1 所示。

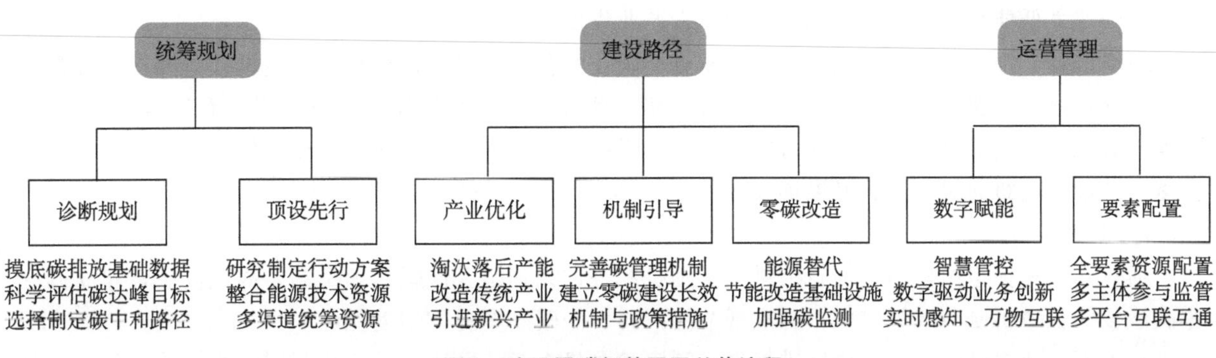

图 1 建设零碳智慧园区总体流程

4.1 统筹规划

4.1.1 诊断规划

对于现有园区的零碳化改造，需要针对现有产业结构，构建碳核算模型，建设数字化碳管理平台[5]，进行全量碳数据汇总，确定零碳目标和线路图。

首先，对全园区碳排放基础数据进行全面摸底，做好碳排放数据统计和核查等基础工作，深入了解自身的碳排放情况。

其次，在园区碳排放数据统计和核查的基础上，推进“碳达峰”测算，科学估算碳达峰目标值和达峰期限。梳理出潜在的减排途径，并对不同减排途径的减排潜力、减排成本和减排效益等进行详细评估和测算。

最后，根据碳达峰目标值和测算结果，结合自身具备的能源转型、应用转型、数字化转型[6] 三大核心能力，科学选择碳中和路径，明确减排目标、重点任务、重点措施等事项，并制定分年度、分领域的详细减排时间表，形成精细化的碳排放控制计划和实施方案，以确保减排目标切实可行。

4.1.2　顶设先行

对于新建园区，在园区定位、产业选择、空间布局等层面依据碳中和理念与数字融汇赋能的城市高质量发展空间的愿景目标统筹规划，基于创新成长、绿色高效、以人为本的建设理念，进行一体化的零碳智慧园区建设规划。

首先，根据诊断结果，坚持绿色、低碳、循环发展的原则，研究制定园区碳排放碳达峰行动方案，按照“规划、建设、运营”的基本思路，参照零碳智慧园区蓝图有计划有安排地推进零碳智慧园区建设，完善园区零碳发展顶层设计。

其次，全面考虑零碳能源体系、零碳建筑体系和零碳交通体系的布局，因地制宜规划园区可再生能源（风电、光伏、地热等）区域，充分利用已有规划设计蓝图布局新能源发电以及能源存储转化系统，合理规划充电桩和新能源车位。同时，考虑园区所处位置，在符合核能建设条件的园区厂址上结合园区用能需求，为其提供符合需求参数特点的高温蒸汽与电力供应。

最后，充分发挥园区管委会的公共服务职能，强化零碳发展的资金支持力度，多渠道统筹资源，探索引入社会资本，建立稳定的资金投入机制，为园区建设提供资金保障。

4.2　建设路径

零碳智慧园区的建设路径与园区产业领域高度关联，根据园区产业结构特点，需要对产业结构、能源结构、体制机制、改造升级等进行科学全面的建设实施。

4.2.1　产业优化

优化产业结构，加快推广普及碳应用，促进产业链优化，并结合实际情况设定产业优化方案，淘汰一批，改造一批，引进一批。

一方面，在原有园区产业基础上，鼓励产业与城市融合发展，淘汰落后产能，促进第三产业发展，推动建立低能耗、低污染、低排放的新兴产业集聚区。

另一方面，推动园区企业利用低碳设备、低碳技术及低碳材料进行技术改造、装备升级，提高能源利用率，进一步实现园区高耗能行业转型升级。此外，在招商过程中，避免引入高耗能、高污染、高碳排放项目和企业进入园区，同时也要加大对新能源、高新技术产业、节能环保等新兴产业的引进力度，从源头上筑起绿色低碳发展屏障。

4.2.2　机制引导

通过建立相关组织机制，创新碳排放激励机制等，完善园区低碳管理机制，并积极探索建立园区零碳建设的长效机制与政策措施，为实现节能减排、低碳发展提供制度保障。

一方面，建立健全专项工作推进机制，制定相关督查考核办法，常态化开展阶段绩效评估，将低碳责任与成效明确到个人，对完成目标任务的责任主体予以奖励，对未完成目标任务的责任主体追究责任。

另一方面，鼓励园区企业积极参与碳市场交易，积极融入全国碳市场建设与运行。制定财税激励政策，综合考虑能源、环境和碳税的协同配置，引导形成园区低碳发展长效机制。

4.2.3　零碳改造

根据园区碳排放碳达峰行动方案，完善空间布局，加强低碳基础设施建设，对园区用水、用电、用气等基础设施建设实施低碳化、智能化改造。

一方面，推广新能源和可再生能源使用，鼓励在建筑、生活设施中使用可再生能源利用设施，包括分布式光伏发电系统、风光互补路灯、智能充电桩等。

另一方面，对园区采暖、空调、热水供应、照明、电器等基础设施进行节能改造，提高能源利用效率。此外，加强园区数字化改造，建设碳监测体系，建立能源消耗和碳排放统计监测平台，加强对园区工业、建筑、交通用电等基础数据统计，建立并完善企业碳排放数据管理和分析系统，支撑园区管理者科学规划、精准部署。

4.3 运营管理

运营管理是零碳智慧园区持续零碳发展的重要保障，通过对产业园区整体碳排放的管理与智能跟踪监测，保障园区持续零碳排放，赋能园区产业高质量发展。

4.3.1 数字赋能

通过智慧园区体系，对园区内水电冷热汽，以及核能、风能、太阳能、地热、储能等各类能源数据进行全面管理及趋势分析，整合碳管理模块，建设零碳操作系统。

基于零碳操作系统，利用大数据、云计算、边缘计算和物联网等技术对采集数据进行聚类、清洗和分析，建立企业范围内的资源-能源平衡模型，并设定评价指标体系，结合统计分析、动态优化、预测预警、反馈控制等功能，实现企业能源信息化集中控制、设备节能精细化管理和能源系统化管理，降低设备运行成本，提升能源利用效率。

4.3.2 要素配置

强化要素支撑，对接配置相关土地、机制、金融、技术、人力、数据等资源要素，建设包括园区企业、园区管理机构、政府主管部门分层次、多角度的监管体系，实现多元化、信息化监测模式。

建设能源与碳排放信息管理平台，积极推动与园区绿色金融综合服务平台、招商引资服务平台等互联互通，建立低碳企业库、低碳项目库、低碳人才库和政策工具库等专题数据库，加强企业碳排放统计监测及服务能力，实现对园区碳排放及用能的综合分析和实时监控，提升碳排放管理信息化水平。

5 高温堆助力零碳智慧园区建设

零碳智慧园区是在“双碳”目标下园区建设的发展方向，通过对园区生产经营中的能源碳排放进行有效控制，实现净零排放目标。因此，以高温气冷堆为代表的核能，将有机会充分发挥自身清洁低碳、安全高效的优势，助力园区、城市和国家“双碳”目标顺利实现。

5.1 总体思路与探索方向

将核能与核产业深度融合。充分发挥高温堆安全、高效、清洁的特点，推动高温堆或高温堆与其他核能技术综合利用，建立零碳综合能源供应平台，向周边区域供应电、热、冷、氢、压缩空气等，大力培育核电关联、高端装备制造、同位素生产应用产业链以及数字经济产业集群，形成生产、生活、生态有机融合，全域零碳的未来城市新空间。

将核能与石化钢铁等产业结合。在“双碳”目标驱动下，加快与石化钢铁等碳排放总量较高的产业开展深度交流与合作，探索核能为石化钢铁等产业提供高品质蒸汽与电力，大幅降低其化石能源使用，实现绿色石化与绿色钢铁转型。

5.2 重点内容

5.2.1 打造核产业为主、融合发展的低碳产业新体系

以打造现代化产业体系为目标，重点发展核电及关联、核技术应用 2 个产业，谋划发展新能源、新材料、高端装备制造、数字经济、现代服务、农旅休闲等产业，着力培育科创产业，打造成为具有影响力的绿色产业集聚区、绿色零碳科技创新策源地与战略性新兴产业示范区。

5.2.2 打造赋能产业低碳转型新样板

重点加强与石化钢铁等产业的交流合作，深入研究石化钢铁等产业节能降碳的难点与痛点，加强石化钢铁等产业用能特点与用能规律研究，跟踪石化钢铁等产业生产工艺及其能耗特点，发挥设计引领作用，将核能与石化钢铁等产业发展规划、产业园区规划与能源保障等因素同步规划与落地实施，以清洁低碳核能赋能石化钢铁等产业园区加快转型发展。

5.2.3 打造核能为基、综合协同的零碳能源新系统

以“核”为基，以电力、热力、集中供压缩空气、储能等为重点构建零碳能源系统，结合产业园区用能需求与产业发展需要，积极推动核能供汽、发电、供暖、制氢、海水淡化等综合利用，打造核能零碳能源体系，为全球零碳化发展提供综合能源供应解决方案。

5.2.4 打造整体智治、智慧高效的园区治理新格局

以数智化变革为核心，加强能源、产业、生态环境、社会治理等多场景的数据感知收集及运用，协同推进重大平台、场景的实施和构建，在产业园区内打造“万物互联、实时感知、智能决策”的新型园区治理体系，充分发挥园区内人才与组织资源优势，并与外部实现有效链接，最终实现零碳园区或城市的整体智治、高效协同的新发展格局。

参考文献：

[1] 谢斐，牟思思．国内外零碳产业园区建设情况及政策启示［J］．当代金融研究，2022，5（12）：66－73.

[2] 石培军．“双碳”背景下工业园区如何转型［J］．中国电力企业管理，2023（4）：74－75.

[3] 王永利，张天米，袁博，等．近零碳排放园区综合评价指标与方法［J］．电力科学与工程，2023，39（5）：51－60.

[4] 刘洋．传统工业园区零碳创建路径研究［J］．上海节能，2023（2）：177－180.

[5] 孟海燕，陈启新，韩仲卿，等．零碳园区综合能源规划的实施路径及关键技术研究［J］．建筑科技，2022，6（6）：9－11，15.

[6] 韩会娟．园区碳达峰碳中和的数字化转型思考［J］．上海节能，2023（3）：314－316.

Research on high－temperature gas reactor assisting the construction of zero carbon park

GUAN Si-fa[1]，ZHAI Jie[2]，GUO Tian-chao[1]，LI Yan-rui[1]

（1. China Institute of Nuclear Industry Strategy，Beijing 100048，China；

2. China Nuclear Energy Technology Co.，Ltd.，Beijing 100193，China）

Abstract：Driven by the “Dual Carbon Strategy” of China，the economic and social zero carbon transformation is developing rapidly. As an important carrier of the economic and social zero carbon transformation，the zero carbon park has increasingly attracted people's attention and practice. As one of the high－quality and stable low－carbon energy supplies，the high－temperature gas cooled reactor can provide heat，electricity，steam，hydrogen and other energy supplies for the industrial park，and can effectively help China to achieve the “Dual Carbon Strategy” goal. This paper summarizes and proposes the indicators，ideas and models for the development of the zero carbon park enpowered by the high－temperature gas cooled reactor，puts forward the strategic suggestions for the high－temperature reactor to help the development of the zero carbon park，and provides reference for the construction of the zero carbon park.

Key words：Dual carbon strategy；High－temperature gas reactor；Zero carbon park

核安保
Nuclear Security

目　　录

基于特征 γ 射线分析的球形元件鉴别方法研究

刘晓晓，曹建主，张立国

（清华大学核能与新能源技术研究院，北京　100084）

摘　要：高温气冷堆（HTGR）走向国际市场将对核燃料（球形燃料元件）监督与核查提出更高要求，其中包括采用不同方法及装置对入堆前的球形元件进行计数和鉴别。目前，高温气冷堆仅统计进入燃料循环的新元件数量，未对新元件的类别进行判别。本文利用球形元件对 γ 射线的阻挡作用，初步设计了一套鉴别新元件类别的装置，并采用 Geant4 对上述装置进行建模分析，讨论了将不同密度的石墨球与含不同铀装量的燃料球进行鉴别的可行性，给出在较高置信度下鉴别两类元件的约束参数区间。该方法与装置为高温气冷堆核材料监管提供了一种可选手段。

关键词：高温气冷堆；核安保；核材料监管；燃料球；Geant4

由清华大学核能与新能源技术研究院自主设计研发的球床模块式高温气冷堆（简称：高温堆）具有固有安全性、潜在的经济竞争力等优势，是新一代核能系统的优秀堆型[1]。在高温堆运行初期，堆内含有石墨球、燃料球两类球形元件；稳定运行时堆芯内堆叠大量燃料球，可实现不停堆自主换料[2]。目前，高温堆已建成并实现发电的堆型有实验堆（HTR－10）、核电站示范工程（HTR－PM）[3-5]。随着将来该堆型的广泛应用，特别是国际推广，核安保的问题将凸显，对燃料球的监测与管控就是其中的关键问题之一。高温堆球形元件具有规格小、数量大、单个元件无标识、极易携带等特点[6]，导致对核燃料监管具有更高的难度。两类球形元件在颜色、形状上完全一致，当适当增加石墨球的密度或减少燃料球的铀装量时，称重法也无法对两者进行准确鉴别。为了防止燃料球的偷换、转移等事故的发生，以及对入堆的球形元件种类进行记录，需要对两类球形元件进行鉴别。

HTR－10 和 HTR－PM 的燃料装卸系统都是运用涡流检测法对新球形元件的运动方向和个数进行记录和统计[7-8]，该方法无法实现两类球形元件的鉴别。燃料元件装卸系统中的燃耗测量装置能够对辐照后的球形元件进行燃耗测量和鉴别[9]，但该装置体积较大、费用较高。尹石鸣等人[10-11] 提出了一种对新球形元件进行计数及对辐照后的球形元件进行鉴别的探测装置、方案。这些装置或方案没有针对新球形元件进行鉴别，也未考虑新球形元件参数发生变化的情况下将两者进行鉴别的可行性。本文利用不同参数下的新球形元件对 γ 射线线衰减系数的差异，提出了一种针对新球形元件鉴别的方法，通过 Geant4 模拟初步肯定该方法的可行性。

1　理论基础

1.1　球形元件简介

高温堆的球形元件分为两类：无放射性的石墨球和含不同铀装量的燃料球。高温堆所用石墨球的主要成分[12] 是天然石墨、人造石墨和酚醛树脂，主要元素是 C、O，半径为 3 cm。HTR－10 所用燃料球含 5 g 铀、17%的 U－235 富集度[2]，主要元素是 C、O、U；HTR－PM 所用燃料球有两种，铀装量都为 7 g，其 U－235 富集度分别为 8.5%、4.2%[2]，主要元素是 C、O、U。

如图 1 所示，燃料球分为燃料区（半径约为 2.5 cm 的球形区域）和非燃料区（包裹燃料区，厚度约为 0.5cm 的球壳），包覆颗粒弥散在石墨基体中组成燃料区，非燃料区只由石墨基体组成。

作者简介：刘晓晓（1999—），女，硕士研究生，现主要从事核辐射探测、核安保等科研工作。

图 1　球形燃料元件截面及 X 射线检测元件内部包覆燃料颗粒分布[12]

1.2　线衰减系数比较

线衰减系数与材料的元素种类（原子序数 Z）、密度呈正相关，其计算如公式（1）所示。石墨球中主要元素的原子序数相近，由式（1）可知影响其线衰减系数的主要因素是密度。燃料球主要元素中含有 U，其原子序数 Z 为 92，远大于 C、O 的原子序数，影响其线衰减系数的主要因素是铀装量。

$$\mu=\rho\sum_{i}\left(\frac{\mu_i}{\rho_i}\cdot w_i\right)。\tag{1}$$

式中，μ、ρ 为该材料的线衰减系数、密度；μ_i、ρ_i、w_i 为该材料中对应元素的线衰减系数、密度、质量百分数。

本文利用美国国家标准与技术研究院（National Institute of Standards and Technology，NIST）提供的网页版程序 XCOM①，计算得到了不同密度的石墨球与不同铀装量的燃料球随光子能量 E_γ 变化的线衰减系数曲线，如图 2 所示。根据实际可能出现的情况，本文考虑了 1.70～3.00 g/cm³ 的石墨球密度区间、1～10 g 铀装量的燃料球区间。在该区间内，形元件随着石墨球密度或燃料球铀装量的增加，两类球的线衰减系数也不断升高。从图 2 可以看出，当 20 keV$\leqslant E_\gamma\leqslant$ 70keV 时，石墨球与燃料球的线衰减系数差异较大，选择该能量区间的射线源能将两类球进行较好的鉴别。

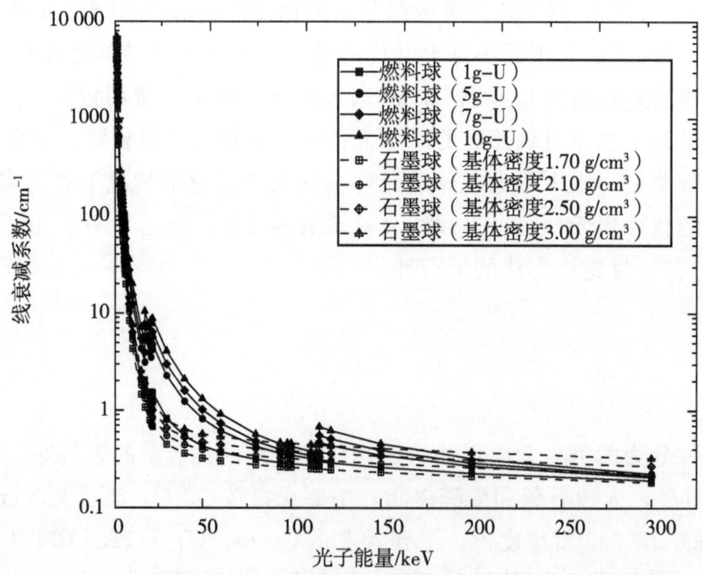

图 2　不同参数下球形元件的线衰减系数随光子能量变化情况

---

① XCOM element/Compmnd/mixture selection [EB/OL]. [2023-02-02]. https://www.physics.nist.gov/PhysRefData/Xcom/html/xcom1.html.

2　探测方案设计及模拟

2.1　方案设计

根据前述两类球形元件的线衰减系数差异情况，本方案采用放射源发射的 γ 射线穿过球形元件，探测透过球形元件的入射粒子数量，通过粒子数量的差异鉴别。放射源发射的 γ 射线主要能量应在 20 keV$\leqslant E_\gamma \leqslant$70 keV，考虑低能光子的线衰减系数较大，导致穿过球形元件的数量较小，因此入射粒子的 E_γ 不能过小。考虑放射源的射线能量值、较长的半衰期、容易获取等因素后，本方案选取 Am－241 源作为放射源，探测能量为 59.6 kV 入射射线的粒子数量。NaI（Tl）闪烁晶体是一种典型的 γ 射线探测材料，其价格便宜、生产工艺成熟，因此本方案选择 NaI（Tl）闪烁晶体探测器。在此基础上，本方案还增加了准直器来使得放射源的入射射线相对球形元件的立体角尽可能小。如图 3 所示，这是本方案的初步设计示意，其中，①是探测器，②是待检测的球形元件，③是准直器，④是放射源，⑤是屏蔽体（用于屏蔽环境本底射线），①、②、③、④、⑤的几何中心位于同一条直线上。

本方案具体的探测过程：

①设计 10 个铀装量已知的新燃料球和 10 个密度已知的新石墨球，记为标准球形元件；

②将前述 20 个标准球形元件依次放置在图 3 所示的位置②，静止测量 1 s，得到每个标准球形元件的能谱；

③将这些标准球形元件的能谱进行分析，得到每个元件的 59.6 keV 能峰净计数值（扣除本底后的能峰值）及对应的统计误差值；

④对所有标准球形元件的 59.6 keV 能峰净计数及统计误差进行分析，给出两类球形元件能鉴别开的参数约束区间及置信度。

本文后续利用 Geant4、ROOT 等软件模拟具体球形元件探测、能谱分析的过程，初步肯定了该方案的可行性，为装置的后续研发及制造提供了设计基础。

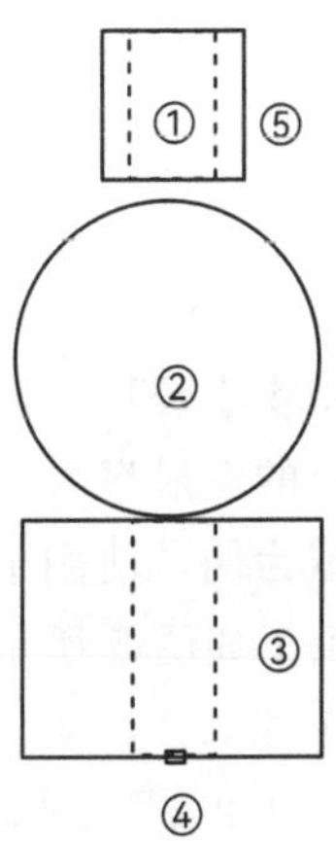

图 3　探测方案初步设计示意

2.2　Geant4 模拟

Geant4 是一个基于 C＋＋的编写、多功能的蒙特卡罗模拟软件包，可以与其他可视化程序（如 QT）搭配使用，以实现模型的可视化。图 4 为上述探测方案的 Geant4 模型，并基于 QT 进行了三维模型的可视化。图中从上至下依次为探测器、球形元件、准直器和放射源。本次模拟未设置周围环境的本底影响，因此图 4 中没有屏蔽体。在后续的研究中，将根据实际环境情况进行屏蔽体的设计。根据多次模拟比较及优化设计，本文确定了最终的建模参数，并将其详细列于表 1 中。表 1 给出了燃料球的铀装量区间［1，10］及石墨球基体密度区间［1.73，3.0］。按照前述设计的探测过程，从表 1 所给的球形元件参数区间内，分别设计了 10 个不同铀装量的燃料球及 10 个不同密度的石墨球，其具体参数值见表 2。在 Geant4 中，依次对这 20 个球形元件进行相应的模拟，得到 20 组能谱数据，随后利用 ROOT 模拟能谱展宽及计算 59.6 keV 能峰净计数值及对应的统计误差值。

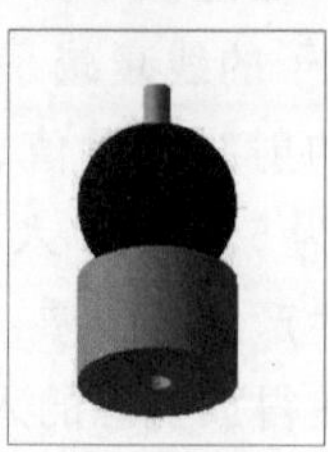

图 4　基于 QT 可视化的 Geant4 三维探测模型

表 1　Geant4 三维建模参数

参数	数值	参数	数值
探测器		准直器	
材料	NaI（Tl）	材料	6061Al 合金
密度/（g/cm³）	3.65	密度/（g/cm³）	2.7
半径、高度/mm	5、16	内径、外径、高度/mm	5、30、40
球形元件		放射源	
石墨球基体密度/（g/cm³）	1.73～3.0	材料/（g/cm³）	Am－241 源
铀装量/g	1～10	活度/Bq	9.38×10^{8}
半径/mm	30	半径、高度/mm	1、0.2
燃料区半径/mm	25	半衰期/year	1.57×10^{5}
球壳厚度/mm	5	主要射线能量/keV	59.6、33.2、26.3

根据美国的国家核数据中心 NNDC（National Nuclear Data Center）提供的网页版应用程序 NuDat3.0① 及 IAEA 提供的 X 射线和 γ 射线衰减数据②，可以得到 Am－241 源主要发射的 γ 射线能量为 59.6 keV、33.2 keV、26.3 keV，其对应的发射率为 35.9%、0.126%、2.27%。以含 5 g 铀装量的燃料球及基体密度为 1.73 g/cm³ 的石墨球为例，使用了以上 Geant4 模型模拟了两球静止测量 1 s 的情况，再利用 ROOT 进行能谱分析，得到了如图 5 所示的模拟能谱图。从图 5 中可以明显看到能量为 59.6 keV、33.2 keV、26.3 keV 的 3 个能峰，说明该活度下 Am－241 源发射的射线能够穿透球形元件，并形成一定量的计数信号。相比于 33.2 keV、26.3 keV 两种射线，59.6 keV 射线的发射率高、对球形元件的线衰减系数小，因此本方案选用 59.6 keV 射线的净能峰计数作为球形元件的鉴别信号。通过图 5 中两个球的能谱对比可知，石墨球的 59.6 keV 射线能峰明显高于燃料球。结合上述图 2 中的线衰减系数分析，当石墨球基体密度或燃料球中铀装量增加，其对 59.6 keV 射线的线衰减

① Nuclear structure and decay data library［EB/OL］.［2023－02－02］. https：//www. nndc. bnl. gov/nudat3/DecayRadiationServlet? nuc＝241Am&unc＝NDS.

② X-ray and Gamma-ray decay data standards for detector calibration and rther applications［EB/OL］.［2023－02－02］. https：//www－nds. iaea. org/xgamma_standards/.

系数增加，探测器测量到的 59.6 keV 射线的计数将会减少。基于此原理，本文模拟了不同参数的球形元件探测情况（如表 2 所示），得到类似图 5 所示的能谱，再计算出所有球形元件的 59.6 keV 净计数。

由于燃料球含有 U 元素，所以其本身将具有一定的放射性。以含 5 g 铀装量、U－235 富集度 17％的燃料球为例，其发射的主要特征 γ 射线能量值为 185.7 keV、143.7 keV、163.3 keV、205.3 keV，其对应的发射率为 57.0％、10.96％、5.08％、2.02％。从图 5 的局部放大图中可以看到，本模型能够探测到燃料球的 185.7 keV 能峰。由于探测时间短、探测器体积小、燃料球内其他材料对 U 特征射线的衰减等因素，导致其他特征峰计数极低。综上所述，图 5 初步肯定了本方案的可行性。

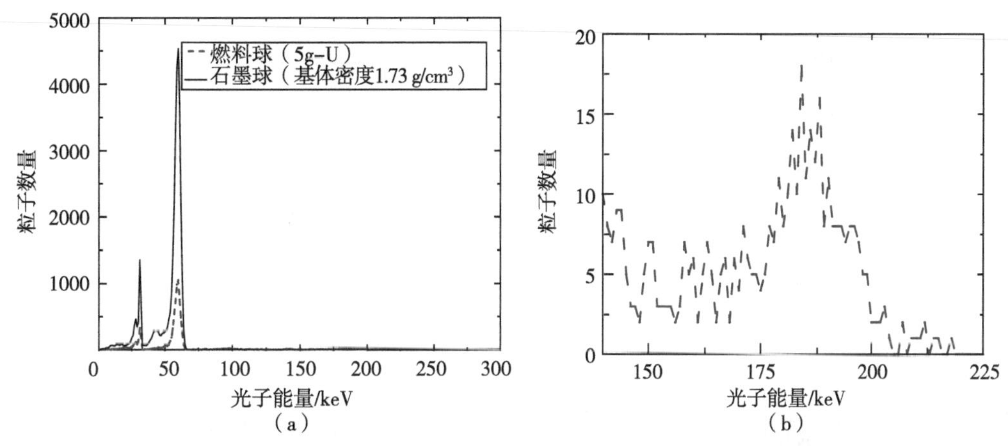

图 5　燃料球与石墨球伽马能谱

（a）含 5 g 铀装量的燃料球及基体密度为 1.73 g/cm³ 的石墨球模拟能谱图；

（b）140～225 keV 光子能量区间内的能谱局部放大图

3　结果与分析

3.1　模拟结果

根据前述 Geant4 模型，本文给出了两类球形元件在静止条件下测量 1 s 时的 59.6 keV 能峰净计数情况，如表 2 所示。表中的 M_U 表示模拟过程中设置的燃料球铀装量，密度表示模拟过程中设置的石墨球基体密度。通过式（2）可以推算出不同球形元件之间鉴别的置信度。

$$N_f + k \cdot \delta_f < N_g - k \cdot \delta_g 。 \tag{2}$$

式中，N_f、δ_f 为含有一定由铀装量的燃料球 59.6 keV 能峰的净计数模拟值及其标准误差；N_g、δ_g 为一定密度的石墨球 59.6 keV 能峰的净计数模拟值及其标准误差；k 表示与置信度大小相关的系数。

表 2　球形元件探测过程模拟分析结果

序号	1	2	3	4	5	6	7	8	9	10
M_U/g	1.00	2.00	3.00	4.00	5.00	6.00	7.00	8.00	9.00	10.00
模拟计数	11 461	8420	6383	4807	3499	2695	1933	1560	1179	875
标准误差	129.9	112.5	96.9	84.7	72.1	63.6	54.5	47.5	40.9	35.3
密度/（g/cm³）	1.73	1.80	1.90	2.00	2.10	2.20	2.30	2.40	2.80	3.00
模拟值	15 972	14 844	13 350	11 992	10 988	9944	8832	7316	5401	4542
标准误差	151.8	147.7	141.1	135.2	129.8	124.3	119.5	109.8	96.7	89.6

3.2 结果分析

如图 6 所示，当石墨球密度处于 2.00～3.00 g/cm³（模拟值区间为［4542，11 992］）、燃料球铀装量处于 1～4 g（模拟值区间为［4807，11 461］）时，两类球形元件的 59.6 keV 能峰计数区间会相互重叠。当石墨球密度≤1.90 g/cm³，其 59.6 keV 能峰计数比 10 个燃料球的计数都大；当燃料球铀装量≥5 g，其 59.6 keV 能峰计数比 10 个石墨球的计数都小。由图 6 可以看出，随着石墨球密度或燃料球铀装量增加，59.6 keV 能峰计数呈现单调下降的趋势。因此，本文利用公式（2）计算了 4 种条件下两类球形元件鉴别的置信度，如表 3 所示。

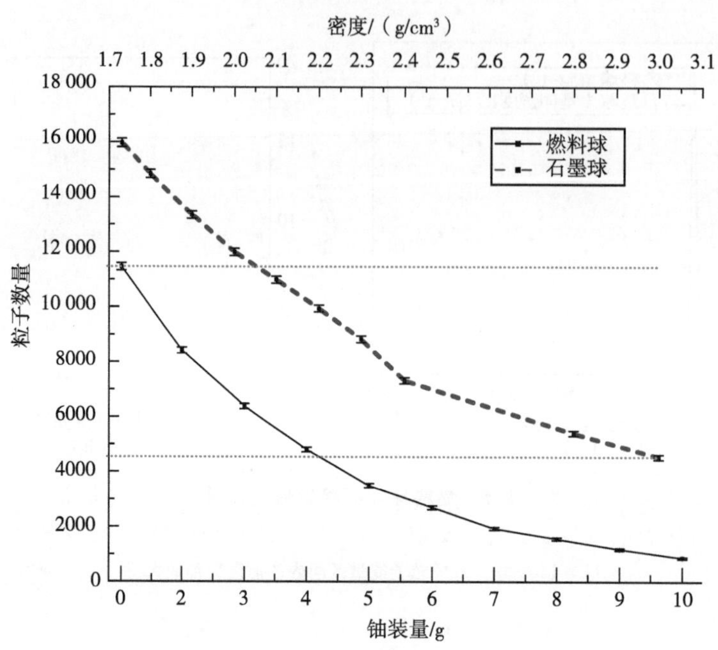

图 6　不同属性的球形元件测量 1 s 的计数分析

表 3　两类球形元件鉴别的置信度计算结果

M_U/g	密度/（g/cm³）	k	P（置信度）
1.00	2.00	2.002 11	0.954 722
1.00	1.90	6.967 39	0.999 999
4.00	3.00	1.519 23	0.871 296
5.00	3.00	6.448 22	0.999 999

由表 3 可知，当石墨球密度≤1.90 g/cm³ 时，与所有燃料球鉴别的置信度均大于 0.999 999；当燃料球铀装量≥5 g 时，与所有石墨球鉴别的置信度均大于 0.999 999。在其他情况下，两类球形元件鉴别的置信度不高，鉴别效果不佳。HTR-10 及 HTR-PM 所使用的燃料球铀装量分别为 5 g、7 g。在较高的置信度下，能用此方法将密度在 1.73～3.00 g/cm³ 内变化的新石墨球与 HTR-10、HTR-PM 的新燃料球鉴别。

4 结论

本文分析了两类球形元件的线衰减系数情况，利用其差异设计了一套两类球形元件的鉴别方法。该方法利用 Am-241 源发射的射线穿过球形元件，通过 NaI（Tl）闪烁晶体探测器测量透过球形元件后剩余的粒子数量，根据测得 59.6 keV 射线的净计数情况来对两类球形元件进行鉴别。本文基于 Geant4、ROOT、QT 等软件，对该方法进行了初步模拟，其结果证明：当石墨球密度≤1.90 g/cm^3 或燃料球铀装量≥5 g，可以利用该方法将两类球的鉴别。通过此次模拟结果的初步验证，可以为后续实际装置的建造提供设计基础。

致谢

感谢核研院 110 科室各位老师的指导及培养！

参考文献：

[1] 赵木，马波，董玉杰．球床模块式高温气冷堆核电站特点及推广前景研究［J］．能源环境保护，2011，25（5）：1－4.

[2] 张作义，原鲲．我国高温气冷堆技术及产业化发展［J］．现代物理知识，2018，30（4）：4－10.

[3] 羊城．多模块高温气冷堆核电站的建模和操作优化［D］．杭州：浙江大学，2020.

[4] WU Z，LIN D，ZHONG D. The design features of the HTR－10［J］．Nuclear engineering and design，2002，218（1/3）：25－32.

[5] ZHANG Z，WU Z，WANG D，et al，Current status and technical description of Chinese 2×250MWth HTR－PM demonstration plant［J］．Nuclear engineering and design，2009，239970：1212－1219.

[6] 初泉丽，张亮，罗勇，等．球床式高温气冷堆核材料管制方案研究［J］．铀矿冶，2021，40（2）：174－178.

[7] DONG L，SUN Z G，CHEN Q. Detection of graphite balls for the fuel handling system in HTGR using eddy current testing［J］．Nondestructive testing and evaluation，2010，25（2）：169－179.

[8] HAN Z，ZHOU H，ZHANG H，et al. A detecting method for spherical fuel elements in pebble－bed HTGR using eddy current detection［J］．NDT and E international，2016（79）：81－91.

[9] YAN W H，ZHANG L G，ZHANG Z，et al. Feasibility studies on the burnup measurement of fuel pebbles with HPGe gamma spectrometer［J］．Nuclear instruments and methods in physics research section a：accelerators，spectrometers，detectors and associated equipment，2013，712（4）：130－136.

[10] 尹石鸣，张立国，王海涛．基于 γ 测量的球床式高温气冷堆内乏燃料球探测方案的模拟分析［J］．原子能科学技术，2021，55（11）：2087－2093.

[11] YIN S M，ZHANG L G，WANG H T. Research on detection scheme of pebbles in fuel handling system pipelines in pebble－bed HTGR based on γ－ray measurement［J］．Applied radiation and isotopcs，2021，171：109619.

[12] 周湘文，卢振明，张杰，等．球床式高温气冷堆示范工程球形燃料元件的研制［J]．原子能科学技术，2014，48（7）：1228－1233.

Research on spherical element identification method based on feature γ ray analysis

LIU Xiao-xiao, CAO Jian-zhu, ZHANG Li-guo

(Institute of Nuclear and New Energy Technology, Tsinghua University, Beijing 100084, China)

Abstract: When high-temperature gas-cooled reactor (HTGR) is going to enter the international market, higher requirements from nuclear material (spherical fuel element for HTGR, known as fuel pebble) control and verification shall be met. One aspect may be to identify the type and number of fresh elements using different methods and devices before the pebbles are charged into the reactor. While only the number of fresh elements are counted without type-dicriminating in current fuel circulation. In this paper, a method and corresponding conceptual device is presented to identify type and count the number based on the fact that different type of fresh elements blocks gama rays by a quite different fraction. The feasibility of the new mothod to distinguish graphite pebbles with different density from fuel pebbles is analyzed by modeling the device and the gamma ray detection process using Geant4. Then key parametric constraint is discussed if high confidence distinguishing is ensured. The proposed method in the paper may provide a candidate manner for the supervision of nuclear materials for HTGR.

Key words: HTGR; Nuclear material control; Nuclear security; Fuel pebble; Geant4

“百年未有之大变局态势下”核安保发展战略的几点思考

谢　民

（中国核工业集团有限公司，北京　100822）

摘　要：基于宏观性思考和预判性分析，对“百年未有之大变局态势下”国内核安保领域应关注的重点课题进行了探讨。一是积极推进核安保立法，将核安保面临的一些长期存在的问题从立法上明确，科学阐释核安保概念、界定职责、引导培育核安保产业。二是把握 AI 技术趋势，积极探索生成式人工智能在核安保中的应用，提升技防 GAI 精准度，提高隐患发现率。开发人工智能赋能的训练装备，构建人工智能辅助的通用训练平台。三是在实物保护设施控制区外构建“社会管理区”，提高危险情报信息预警处置能力，建立核设施实物保护纵深防御体系。

关键词：核安保立法；生成式人工智能；社会管理区；实物保护体系

2018年，习近平总书记从把握人类历史发展规律、推动人类社会发展进步的高度，明确提出了“世界百年未有之大变局”的重大论断。俄乌冲突推动阵营化博弈，全球性大国实力消长，地缘政治格局明显变化，世界经济形势总体下行，导致能源等大宗商品价格波动，世界不确定因素不断增加，国家及国家间政治、经济、文化、军事等发生昼夜之变。这变化对经济发展、对科技进步或推动或阻碍，产生了许多新的变量，也引发新的思考，对核领域及其核安保必然会产生一定的影响。

1　百年未有之三大变局

1.1　气候变化

发展核能等清洁和新兴能源，在气候变化主导政治议题和能源产需影响国际话语权的当下，已成为一个积极且易形成共识的话题。借此有利形势推动核安保工作进一步规范化，相信必定会取得一些亮眼的成效，笔者认为当前推进核安保立法恰逢其时。从立法角度提出中国核安保工作中长期关注的关键性基础性问题的解决方案，有利于推动核安保工作取得更具建设性和行动性的进展和成果。

1.2　科技研发

大国博弈引发科技领域制裁与反制裁，也助推了国家和企业增大对科技研发的投入，进而推动数字经济发展。近期讨论热度很高的 GPT，使人工智能应用场景的案例更加具体化，甚至引发了人工智能会引爆第四次科技革命的话题。笔者认为，生成式人工智能（GAI）对核安保领域一定有推动作用，因此有必要分析其可能的应用场景，从需求端推动核安保科研投入和产业链的发展。

1.3　大国作用

推动“一带一路”倡议、壮大区域性经济组织，是中国政府推动国家间合作和强化国家投资的战略举措。在确保能源供应安全和可持续发展大环境下，当前中国第三代核电走出去更具备了国内政策和国际需求的良好基础，但是核能市场开发受国际政治、经济、反核舆论影响大，在各国极力遏制当前经济衰退和消费需求减弱趋势的大背景下，笔者认为，积极总结核设施单位与所在地政府共同防范可能的威胁能力的工作经验，提出和完善有中国特色并且可向各国“移植”的核安保概念，是对中国核电安全性优势的有力补充。

作者简介：谢民（1980—），男，诉讼法学硕士研究生，从事核安保相关工作。

笔者通过对核设施日常安全防范工作的总结思考，探索通过核安保立法，准确阐释核安保概念、培育核安保产业发展。通过开拓 AIGC 在核安保中的应用场景，提升技防 GAI 精准度，构建人工智能训练平台。通过在实物保护设施控制区外构建“社会管理区”，提高危险情报信息预警处置能力。建立有中国特色的核安保机制，不但可以提升核电安全性，还有利于碳达峰战略的推进。

2 “百年未有之大变局态势下”关注的重点课题

2.1 核安保立法关注的几个问题

2019 年国家核安保主管部门起草了《中华人民共和国核安保条例（征求意见稿）》，向社会公开征求意见。征求意见稿规定了核材料与核设施安保、核材料的运输安保、信息与网络安全、核安保事件响应与演练等，对政府有关部门在核安保工作中的职责、管理要求、核安保事件响应机制及法律责任做出了规定，为核安保常规性工作规范化设置了法律依据。但是笔者认为，对核安保概念、职责边界划分、核安保产业等若干重要或基础性问题仍未阐述或较为模糊。时间又过去 4 年，随着气候变化问题越来越成为各国稳定共识的合作议题，核能等清洁能源必将会呈现有利的发展态势，也蕴藏众多契机。因此，作为核立法三大重要内容之一的核安保便更具备了其立法的必要性和紧迫性。

2.1.1 确立核安保立法重点是“实体法”还是“程序法”的思路

这是立法的前提。从法理学角度讲，实体法是以规定和确认权利和义务或职权和职责为主要内容的法律、法规、规章；程序法是以保证权利和义务得以实现或职权和职责得以履行的有关程序为主要内容的法律、法规、规章[1]。之间有一些交叉，但在法规和规章层次上需根据立法目的明确立法重点。笔者认为，在清晰界定了核安保参与方职责的前提下，应把立法重点放在程序规范上，保障程序并确保按照程序规定落实和执行，即要规范核设施运行单位实现权利，规范有关监管部门行使职权所运用的规则、方式和秩序。

2.1.2 阐明“核安保”的概念和范畴

这是立法的基础。核安保概念源自英语词汇翻译，国内法律并未阐释，但工作实务中广泛使用。造成的现实问题有二：一是核安保与实物保护等概念混淆，致使核安保范畴窄化、内容泛化，工作没有针对性；二是造成职责不清，权责不统一。因此，立法需要立足中国国情和核安保实践特点，科学阐释概念并明确界定范畴外延。重点应解决核安保与核管制、实物保护之间的关系，核安保与核安全、核保障的关系。更重要的是，要确立核设施运营单位的核安保机构设置的法律地位。

2.1.3 精准界定核安保参与方的职责，确保边界清晰、责任明确

从目前实践情况看，参与核安保监管工作的不仅有国务院核行业主管部门、公安、环境保护、国家安全、海关，以及武警部队等，还有从运输安全监管、空域水域监管、网络安全监管等角度参与到核安保工作中的其他政府部门。立法应当明确参与主体并明确职责任务，便于履职监管。

2.1.4 引导核安保产业发展

核安保产业庞大，经济带动力巨大，产业发展能够极大推动核安保能力提升，所以核安保产业政策引导应是核安保立法的一项重要内容。笔者认为，纳入核安保产业政策法律化的事项可以包括但并不仅限于：核安保技术产业、核安保文化产业、核安保从业人员产业等。采用“国家调节市场、市场引导企业”的政策引导方式，加快社会自觉利用市场客观规律促进产业结构演变的趋势。

核安保从业单位应当充分关注现行产业政策的引导方向，锤炼行业敏感性，研判政策的可用性，提前布局，为我所用。

2.2 开拓 AIGC 在核安保中的应用场景

2022 年 AIGC 发展速度相当惊人，原因是深度学习模型不断完善、开源模式的推动、大模型探索商业化的可能，成为 AIGC 发展的“加速度”。AIGC 是指使用 GAI 技术生成内容，并可以在短时

间内自动创建大量内容。AIGC 是利用人工智能技术生成内容，也就是说，如今新一代的模型可以处理任何内容形式，包括文字、语音、代码、图像、视频、3D 模型、按键、机器人动作等[2]。

技术的日益成熟、降本增效的优势和庞大的市场需求，对核安保产业意义极为重大，当前参与到核安保产业中的企业和科研院所也在积极探索 AIGC 在核安保中的应用。由于 AIGC 产品在核安保的应用场景属于“ToB”领域，因此在 B 端的应用只要具备以生成某格式内容为目标，并且进行大规模数据训练的应用场景，都可以用“AI+”赋能。所以笔者认为，需分类梳理其在核安保的使用场景，立足需求启发研发端，确保精准，减少无效投入，避免浪费财力和时间成本。应用场景的开发主要分为技防领域 GAI 和人防领域 GAI 两类。

2.2.1 技防领域 GAI

主要目标是提升精准度，提高隐患发现率。具体包括：提升出入口控制、入侵探测、视频监控的智能监测能力，智能消除躁扰报警、智能调节技防系统灵敏度；提升实物保护集成管理系统智能辅助能力；提升实物保护系统有效性评价分析的智能化和实时化水平；提升核材料衡算定量评估准确性；水域空域防范指挥控制系统、预警监视系统、拦截处置系统的智能化处置；智能化网络防御等。

2.2.2 人防领域 GAI

主要目标是提升管理能力、增加管理手段。应着眼于核安保从业人员可靠性分析、执勤力量响应能力评估、基于均衡保护原则下的勤务巡逻路线设置等。以对抗演练为例，研究把人工智能、机器学习、增强现实等一系列技术用于推动训练和管理升级，开发人工智能赋能的训练装备，构建人工智能辅助的通用训练平台和网络等措施，打造人工智能“评估师”“假想敌”，大幅降低训练和管理等成本，缩短其“成长周期”，提高效率和效费比。

在核设施企业建立模型并开展大数据训练时，一定要注意安全保密问题。对运营企业考虑私有化模型，即在加入数据量和能力的基础上，再训练一个私有模型，只在运营企业局域网内使用。

2.3 构建“社会管理区”，建立实物保护纵深防御体系

2.3.1 构建背景

IAEA 核安保实施导则第 10 号《设计基准威胁的制订、利用和维护》为各国开展设计基准威胁和实物保护设计提供了基本依据。通过威胁评定文件中的威胁进行筛选和决策，确定设计基准威胁，将筛选得到的动机、意图和能力的文字描述转换成一组具有代表性属性的假想敌手[3]，要能够代表威胁评定中的各种威胁特征，并以此为基础，进行实物保护系统的评价与设计（图 1）。该导则还描述了国家与运营者在对威胁实施有效的实物防范方面的责任关系。国家要确保保护资源用于包括对最大威胁能力中的所有威胁的合理防范给予确保。其中，运营者要对设计基准威胁范围内的威胁能力负主要责任，国家要对设计基准威胁与要加以合理防范的最大威胁能力之间的威胁负主要责任，如图 2 所示。

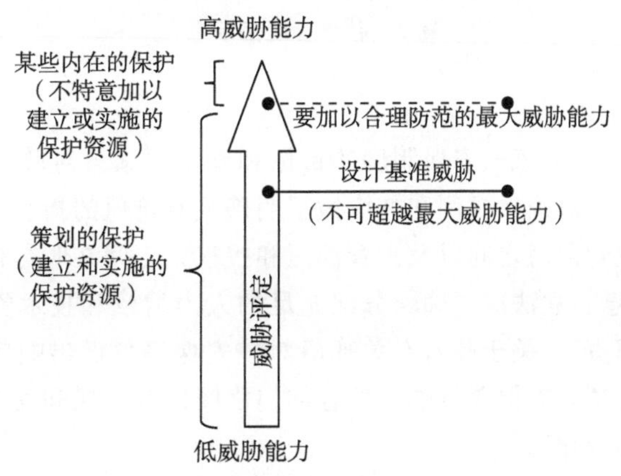

图 1 设计基准威胁中的威胁和威胁评定中所考虑到的威胁的关系

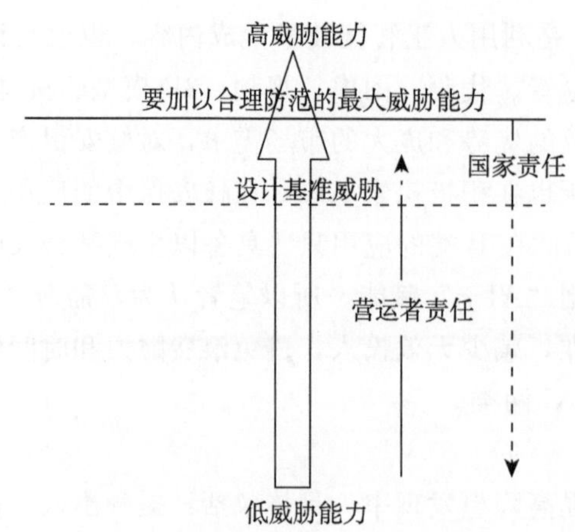

图 2　防卫威胁方面的作用和责任

但笔者认为，从威胁评定的文字性表述具象化为一组代表性的敌手，包括数目、知识、设备、技能、武器等，客观讲难以准确描述设计基准威胁程度，并据此设计和实施有效的实物保护系统。从而容易造成两个结果：一是设计基准威胁文件与实物保护系统设计文件脱节；二是增加核设施运营单位防范投入成本或防范投入不足造成的安全隐患。

解决思路：前移预警探测时间点、加长延迟时间及强化响应力量和措施。据此，考虑现实可操作性，提出在实物保护纵深防御体系中增加“社会管理区”概念。

“社会管理区”是指，处于控制区外，位于所在地政府安保职能部门管控辖区范围内。由警察等人防力量，以及情报、网络信息、技防监控等措施组成的社会治安防控网络，并将核设施单位纳入保护目标的区域（图 3）。

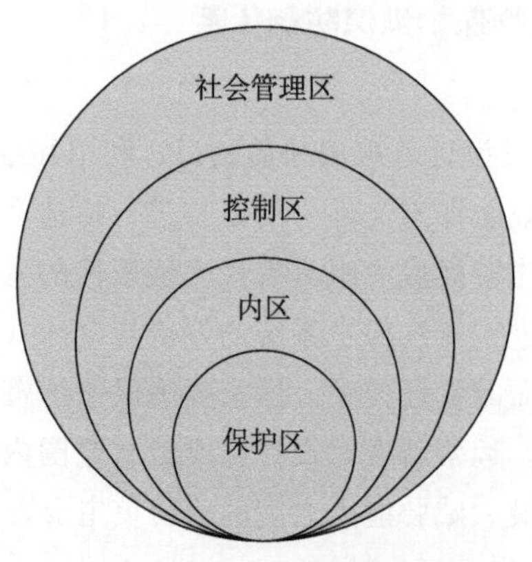

图 3　社会管理区示意

2.3.2　“社会管理区”立法依据

核安保基本法则第 20 号《国家核安保制度的目标和基本要素》对政府部门和核设施运营方履行核安保职责设置了协调空间，对确保探测和响应做了明确且有价值的指引。关于职责协调：立法和监管框架应“制定措施确保主管部门之间以及主管部门和授权人之间在履行核安保职责方面进行适当的协调和沟通”。关于情报信息：立法应“确保分配充足的人力财政和技术资源，以便利用风险知情方案持续履行组织的核安保职责”。关于政府有关部门对核安保事件做出响应，提出要“确保迅速有效地为响应核安保事件调动资源，确保履行响应的各部门之间以及安保和安全方面之间在响应核安保事件过程中进行有效的协调和合作”。

2.3.3 “社会管理区”三维作用机制的构建

“社会管理区”的作用：一是实现对政府情报信息的共享，及时掌握安全威胁情报并提前预警和响应；二是在超过核设施运行单位安保响应能力时，政府安保部门提供响应支援，建立外围响应屏障（图 4）。

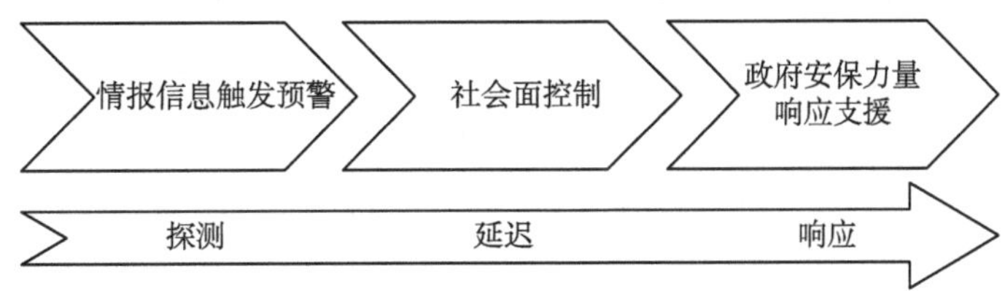

图 4 “社会管理区”发挥探测、延迟、响应的作用

从 3 个维度推动建立机制。一是建立与政府情报信息交换机制。政府安保职能部门定期通报治安国安情报信息，提高实时性和可用性，满足威胁评定保持更新的要求。二是建立预警响应机制。适时建立核设施运行单位使用的“政治稳定治安良好性指数”，实现自动报警响应。三是建立政府核设施安保力量响应支援机制，增加响应支援力量。

2.3.4 “社会管理区”的意义

（1）发挥政府安保职能作用，解决面对低威胁能力到设计基准威胁到高威胁能力的威胁处置的可靠性。

（2）总结、推广中国政府、公安机关与核设施运营单位之间协作的良好实践经验。一直以来，履行安保职能的中国公安机关推进社会治安防控体系现代化、编织全方位立体化智能化社会安全网，增强治安防控的整体性、协同性、精准性，加强情报信息掌握和快速应急响应支援，有力阐释了“社会管理区”如何有效发挥作用。总结中国实践的基础上开发“社会管理区”概念，可推广可借鉴。

（3）中国核安保应变“被动式”发展为“设计式”发展思路，结合本国实际，主动开发核安保运行概念，以理念创新为牵引，推动中国核安保工作，并在国际核安保领域提高话语权。

3 结论

国家积极促进“一带一路”国际合作，推动中国第三代核电走出去。笔者结合多年的核安保从业经验，对如何实施核安保发展战略，开展机制创新，构建有中国特色的核设施实物保护纵深防御体系，进行了宏观性思考和分析，提出了 3 点发展思路。

（1）首先在于核安保的机制创新，解决的根本办法在于立法。立法明确政策，政策推动创新，是新形势的前提下核安保发展的基础和前提。

（2）其次核安保必须跟踪科技发展的热点，开发、创新实物保护系统，引导培育核安保产业。

（3）最后通过构建“社会管理区”编织全方位立体化智能化社会安全网，建立快速预警响应机制。

为适应“百年未有之大变局”的新的态势，通过推进核安保立法、开拓 AIGC 在核安保中的应用场景、构建“社会管理区”等措施，将全面促进核安保事业快速发展。

参考文献：

[1] 吴祖谋．法学概念［M］．北京：法律出版社，2013.

[2] CAO Y H. A comprehensive survey of AI－Generated Content（AIGC）：a history of generative AI from GAN to ChatGPT［J］．J ACM，2018，37（4）．

[3] 国际原子能机构．设计基准威胁的制订、利用和维护（核安保第 10 号实施导则）［EB/OL］．［2023－06－06］. http：//www. iaea. org/zh/publications.

Some reflections on nuclear security development strategy under the situation of great changes unseen in centuries

XIE Min

(China National Nuclear Corporation, Beijing 100822, China)

Abstract: Based on macroscopic thinking, this paper discusses the important issues that should be paid attention to in the field of domestic nuclear security under the situation of "great changes not seen in centuries" . First, actively promote nuclear security legislation, clarify some long—standing problems faced by nuclear security from the legislative perspective, scientifically interpret the concept of nuclear security, define responsibilities, and guide the cultivation of the nuclear security industry. The second is to grasp the trend of AI technology, actively explore the application of AIGC in nuclear security, improve the accuracy of technical defense GAI, and improve the detection rate of hidden dangers. Develop AI—enabled training equipment and build AI—assisted general training platform. The third is to build "social management areas" outside the control area of physical protection facilities, improve the early warning and disposal capacity of dangerous intelligence information, and establish a deep defense system for physical protection of nuclear facilities.

Key words: Nuclear security legislation; Generative artificial intelligence; Social management area; Physical protection system

便携式激光诱导等离子体光谱设备在核材料识别中的应用

何　运，胡凤明，高智星*，李　静，张绍哲，王　钊，孙　伟

（中国原子能科学研究院核物理研究所，北京　102413）

摘　要：在核安保工作中，对核材料进行快速现场识别将提高核安保事件的响应效率。本文介绍了一种根据特征元素谱线识别核材料的背负式激光诱导等离子体光谱（LIPS）装置。它可以在几秒钟内检测出含有铀（U）、钍（Th）和钚（Pu）元素的可疑物质，而铀的检测极限接近几十 ppm。在现场测试中，它成功地从混合样本中甄别出铀矿石、核化工品、核燃料块和碎片等含铀、钍材料。测试结果证明，作为一种非传统的核安保装备，便携式 LIPS 在核材料现场快速甄别方面具有极大潜力，将有效提升核取证作业效率。

关键词：核安保；核材料；识别；便携式；激光诱导等离子体光谱

随着核工业的快速发展和核技术的广泛应用，核材料或放射性物质的生产、运输、使用和处置等活动在全球范围内日趋频繁，核材料或放射性物质被用于非法活动的可能性难以杜绝。鉴于复杂而严峻国际核安保形势，国际社会非常重视核安保工作，都在加强、提高核安保能力[1-2]。核取证技术可以用于调查核安保相关事件，在支持核安保工作方面具有重要作用。核取证技术和方法分析的内容包括传统的法证信息和物理特性、放射性、化学和元素成分及同位素比例等方面[3]。对于核安保事件中可疑物质元素成分的检测，常用的分析技术包括电感耦合等离子体质谱（ICP－MS）、同位素稀释质谱（IDMS）等[4-8]。这些方法大都需要进行破坏性取样和需要长时间的样品制备和分析，无法快速为核安保取证与决策提供可疑材料元素信息。因此，需要发展能够快速识别核材料元素成分的新型核安保取证技术。

激光诱导等离子体光谱（LIPS）利用激光聚焦在样品表面产生的等离子体开展物质成分的原子发射光谱分析，根据存在的元素特征谱线实现物质元素成分的确定。激光诱导等离子体光谱分析技术具有无需制样，可以远距离、非接触测量，分析响应速度快，设备紧凑便携，操作简单方便等特点[10-18]，适合部分放射性核素（铀、钚等）的现场快速识别，是国际原子能机构建议发展的可用于核安保的新型核取证技术[9]。随着设备和仪器的发展，紧凑而坚固的可移动 LIPS 设备在原位现场测量中有了非常大的进步。2010 年左右，美国洛斯阿拉莫斯实验室 Barefield 等[19] 研制了背负式激光检测装置，该装置可用于矿石和金属样品中铀元素的探测，检测限为 450 ppm。2014 年，在国际原子能机构组织的测试中，加拿大核安全委员会的 Chen 等[20] 开发的 NRC－IMI 便携式 LIPS 装置，能够成功识别并区分出多种不同来源的黄饼（UOC）及铀氧化物。目前，国内缺少针对核材料元素成分探测的便携式 LIPS 装置相关研究工作，本文介绍了中国原子能科学研究院利用自研的背负式 LIPS 装置开展的可疑物元素成分现场识别工作。

1　背负式 LIPS 装置

1.1　LIPS 装置的硬件系统

为兼顾核安保现场开展核材料成分快速甄别的需要，背负式 LIPS 装置由采样手柄和主机构成，如图 1 所示。采样手柄由激光器、激光输出光路及等离子体闪光收集光路组成。手柄的激光和等离子闪光传输管道长度可以在 60～100 cm 内调节，在装置作业时，检测目标与作业人员的距离可以保持在 1.5 m

作者简介：何运（1998—），男，湖北黄冈人，硕士研究生，现主要从事激光诱导等离子体光谱工作。

左右。为满足便携的要求，装置采用空气冷却的紧凑型二极管泵浦全固体激光器（Lapa80，北京镭宝）作为激励源。主机包括电源、激光控制器和光谱仪，装载于 45 L 的背包中。光谱仪选用波长范围覆盖 200～600 nm 的 4 个微型光谱模块（ULS2048CL，AvaSpec），光谱分辨率为 0.1 nm。

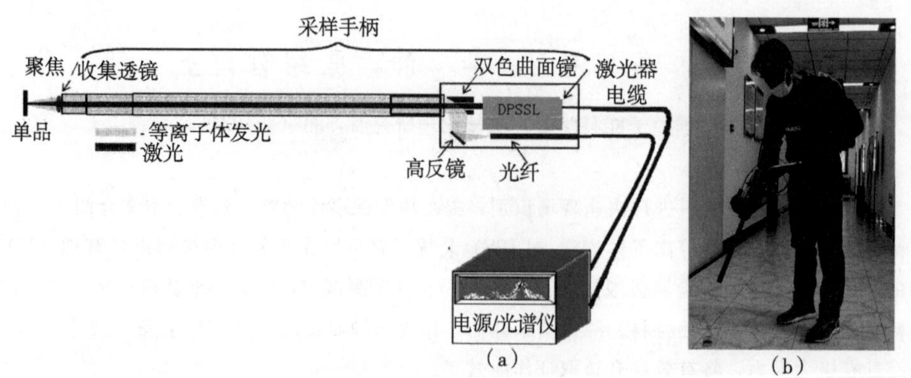

图 1　背负式 LIPS 设备

（a）结构示意；（b）实物

1.2　核材料识别软件

为满足铀、钍、钚等元素现场探测的需求，我们开发了一款等离子体光谱自动解析软件，实现了从原始光谱处理到测试样品识别的自动化，背负式 LIPS 设备的软件界面如图 2 所示。软件基于随机森林算法，可自动对核材料识别结果进行置信度评价。在光谱仪分辨能力范围内，如果识别到的目标元素谱线附近不存在其他元素的干扰谱线，则可判定目标元素必然存在，将置信度标记为红色；如果识别到的目标元素谱线附近存在干扰谱线，软件自动判定目标元素疑似存在，置信度标记为黄色，并显示相关的元素干扰线；如果疑似目标元素特征谱线数量超过设定值（一般为 3 条），则亦可判定目标元素存在，利用红色辐射图标标记置信度；如果没有识别到目标元素特征谱线，则判定探测对象不存在目标元素，相应的置信度标记显示为绿色。

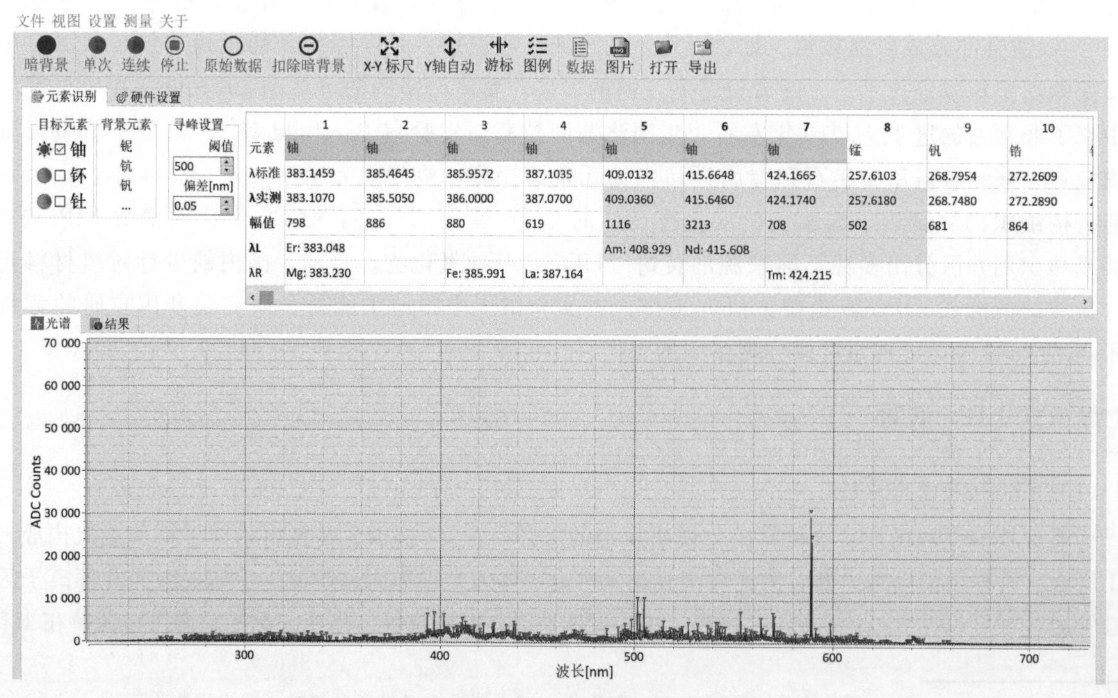

图 2　背负式 LIPS 设备的软件界面

1.3 装置性能

利用铀矿石碎片对该背负式 LIPS 装置进行了测试。结果表明，该装置可以有效击中质量为 30 mg 的样品并产生等离子体火花，光谱自动识别软件可以有效识别目标物中的铀元素，实现含铀材料的识别。该装置的单次识别需要的最小样本量为毫克量级。

为了确定该装置对铀元素的探测灵敏度，本文利用不同含量的铀矿石对该装置进行了定标。其中，定标所用的铀矿石来源于内蒙古矿区，标称辐射值分别为 139.7 nC/（kg·h）、21.15 nC/kg·h 和 6.16 nC/（kg·h）。利用矿石标准模型将辐射强度转换成矿石中铀的质量分数，测试所用铀矿石中铀的质量分数分别为 457 ppm①、69 ppm 和 20 ppm。铀矿石中铀含量与谱线强度的关系如图 3 所示。结果表明，同一样品多次测量的谱线强度差别较大，这可能与矿石样品的不均匀性有关。用 3σ 准则计算该装置的探测灵敏度：

$$LOD = 3\sigma/S。\tag{1}$$

其中，σ 为装置测试空白样品时本底噪声的标准偏差，经测试和计算为 38 计数；S 为校准曲线的斜率，如图 3 所示。计算结果显示，该装置在 U Ⅱ 454.37 nm 处的探测灵敏度为 14 ppm，在 U Ⅰ 591.54 nm 处的探测灵敏度为 38 ppm。

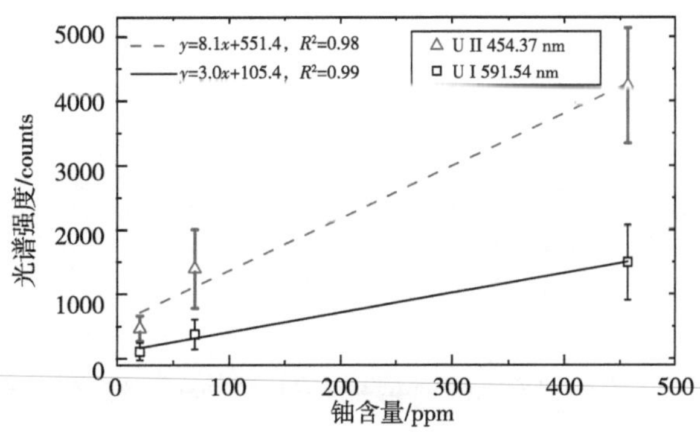

图 3 铀矿石中铀含量与谱线强度的变化关系

装置测试过程中发现，对核燃料芯块进行识别时，单次识别所需时间小于 1 s，消耗的样品量接近 1.4 μg。考虑到样本不均匀性或表面污染的影响，需要连续多次采样来获得高置信度的测试结果。对于单个测试样品，该背负式 LIPS 装置 10 次采样所需时间 3～5 s，样品损耗在 14 μg 左右，接近于无损探测。

2 应用测试

2.1 矿石样品的甄别

使用卵石、花岗岩样品、标称辐射值为 139.7 nC/kg·h 和 6.16 nC/kg·h 的铀矿样品（图 4）对背负式 LIPS 装置进行了应用验证。各样品的装置识别结果如图 5 所示，从卵石样品的光谱中没有识别到铀的谱线，装置判定为不含铀物质。花岗岩样品的光谱仅识别出了 1 条存在谱线干扰的铀元素谱线，装置判定铀元素的存在的可能性较低。从辐射量为 139.7 nC/kg·h 的铀矿石样品的光谱可以识别出 17 条铀元素的谱线，其中 UⅡ 454.37 nm 和 UⅠ 591.54 nm 没有干扰线的存在，装置判定该样品为含铀材料。而对于辐射量为 6.16 nC/kg·h 铀矿石样品的光谱，因其铀含量接近设备探测下限，仅能识别出 4 条元素的谱线，装置判定该样品为含铀材料的可能性较高，需要进一步查证。测试

① 1 ppm＝1.0×10^{-6}。

结果表明，该背负式 LIPS 装置具备从矿石样品中检出含铀矿石的能力，可以应用铀矿石等初级产品的现场识别。

（a）　　（b）　　（c）　　（d）

图 4　测试所用样本

（a）卵石；（b）花岗岩；（c）铀矿石样本；（d）铀矿石样本

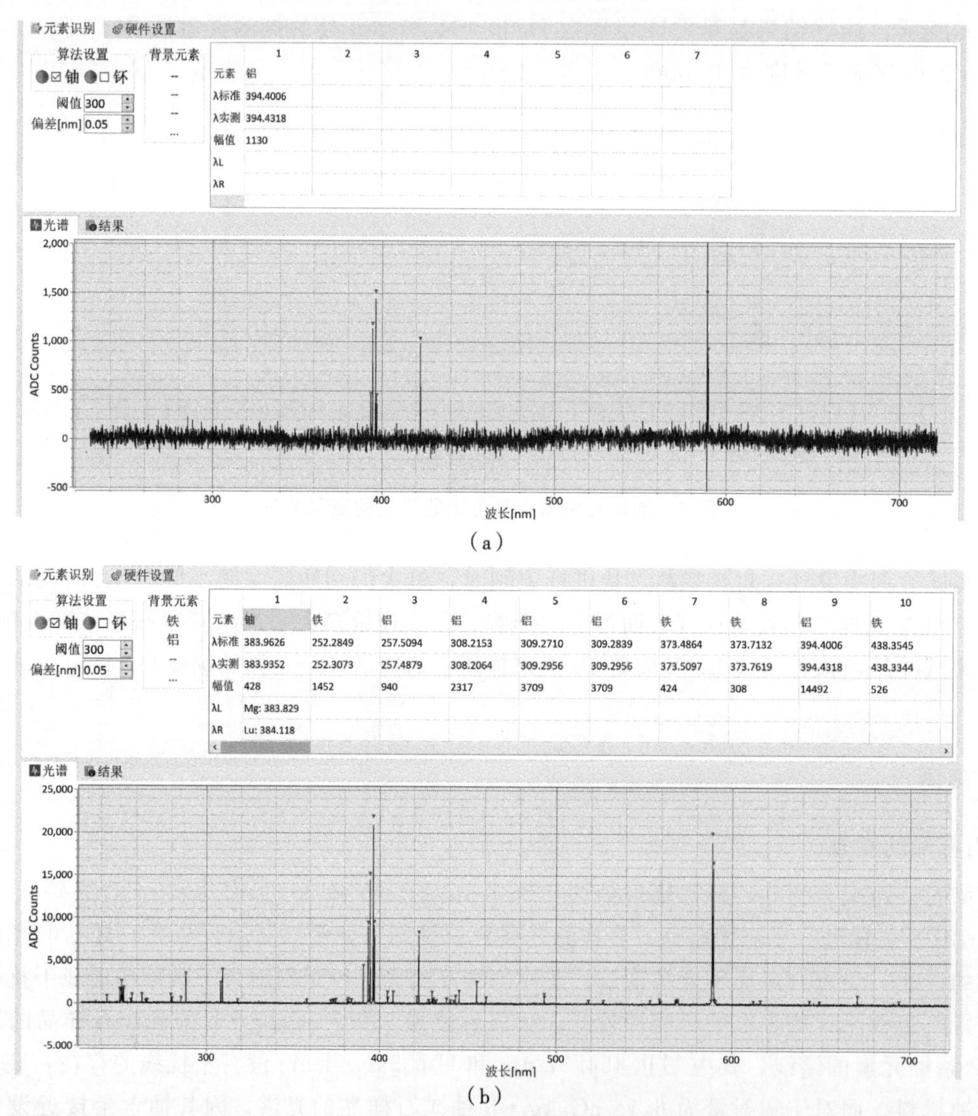

（a）

（b）

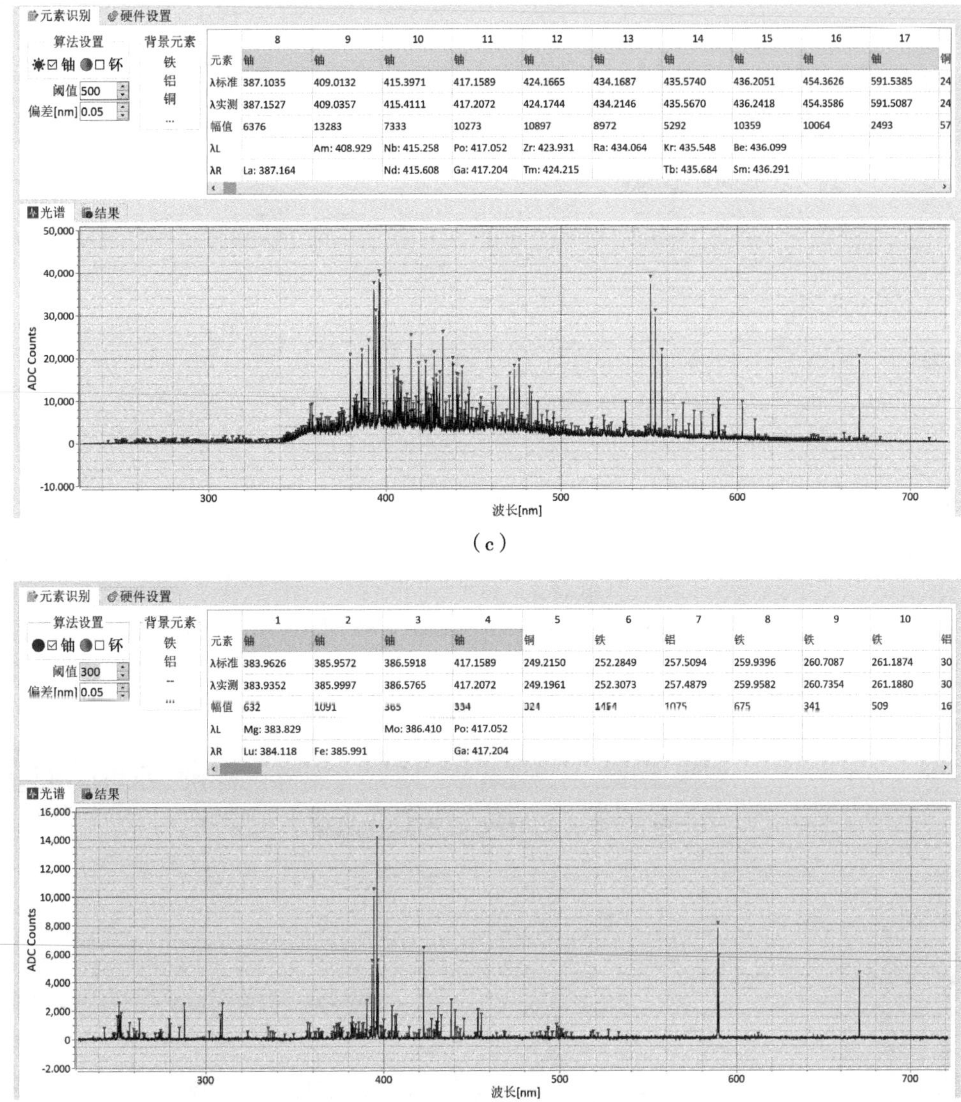

(c)

(d)

图 5 测试所用样本的装置识别结果

(a) 卵石；(b) 花岗岩；(c) 铀矿石，139.7 nC/kg・h；(d) 铀矿石，6.16 nC/kg・h

2.2 核化工产品的甄别

背负式 LIPS 装置从化学药品中识别出四水合硝酸钍化学标准物质的结果如图 6 所示，在 200～600 nm 波段可识别出钍的特征谱线 13 条。其中，可以识别到多条没有干扰元素的谱线，并且谱线信号强度较高，检测结果置信度很高，可以有效识别硝酸钍材料中的钍元素。

2.3 表面沾染物成分的识别

背负式 LIPS 装置对夹取铀矿渣和硝酸钍样品后镊子的光谱识别结果如图 7 所示，该装置从镊子表面识别出了铀、钍元素，这证明该背负式 LIPS 装置具有识别物品表面微量铀、钍元素沾染的能力。

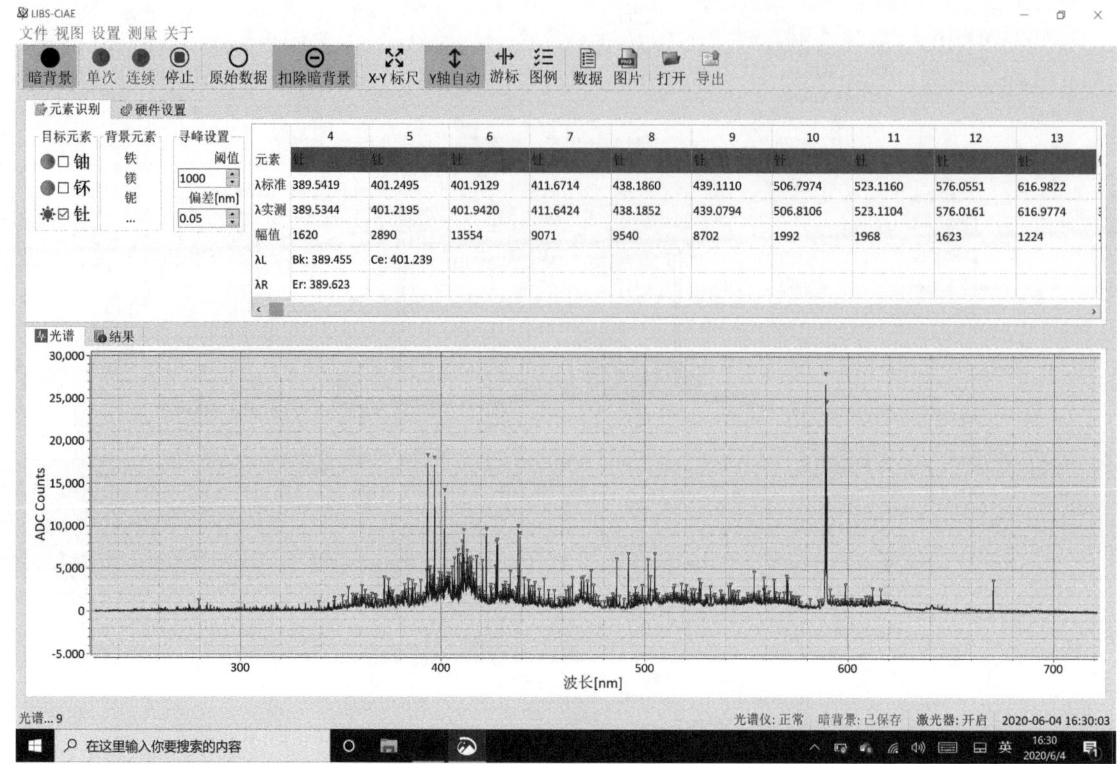

图 6　四水合硝酸钍的光谱识别结果

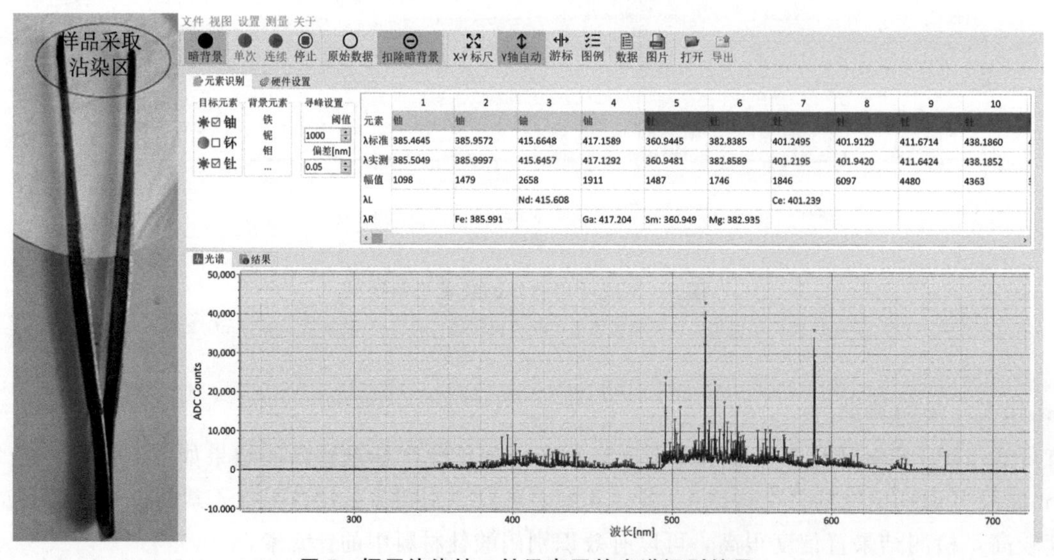

图 7　镊子沾染铀、钍元素区的光谱识别结果

2.4　核燃料的应用验证

使用外型相近的氧化铝块、铁块、铀核燃料对背负式 LIPS 装置进行了应用验证，样品及装置识别结果如图 8a 所示。从金属铝样品的光谱中没有识别到铀的谱线，装置判定为不含铀物质（图 8b）。从金属铁样品的光谱中可以识别出数根存在干扰线的铀元素特征谱线，装置判定给出低置信度铀元素存在的识别结果，并列出谱线的干扰源（图 8c）。从氧化铀核燃料的光谱中识别出 17 条铀元素的特征谱线，其中存在 UI 591.54 nm 等没有干扰的谱线，装置判定该样品为含铀材料（图 8d）。测试结果表明，该背负式 LIPS 装置可以有效地从测试样品中识别出氧化铀核燃料芯块。

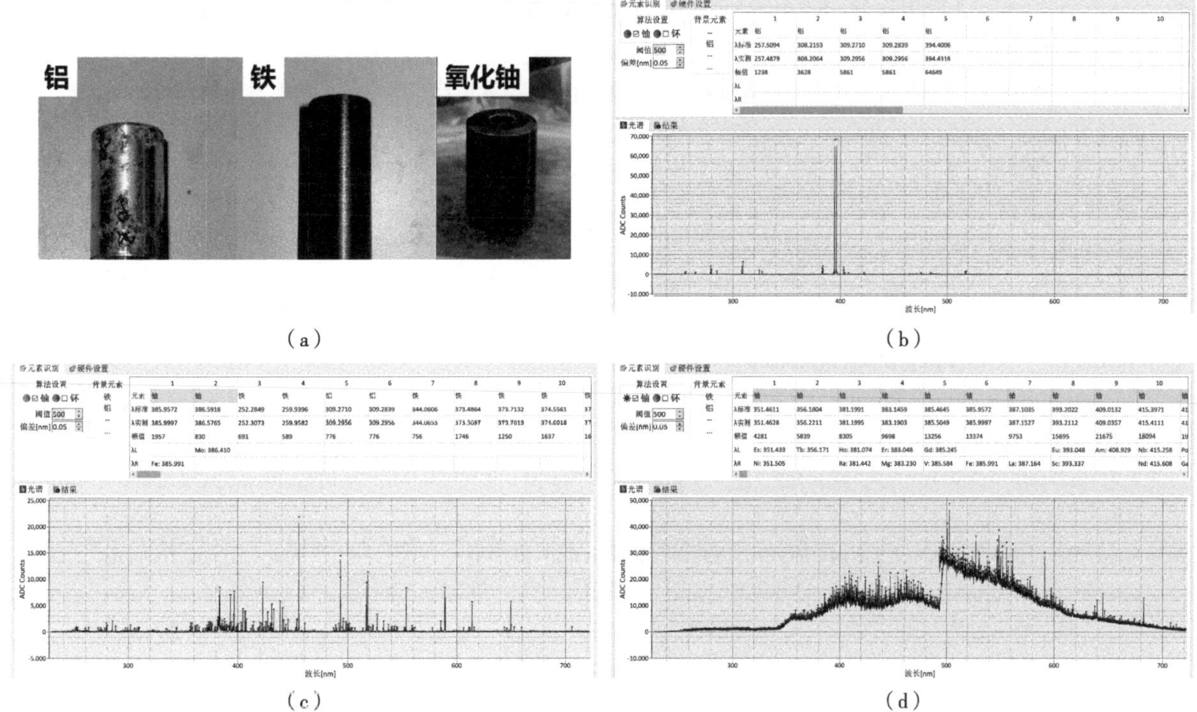

（a）　（b）

（c）　（d）

图 8　测试所用铝、铁和铀样本及装置识别结果

（a）金属样品；（b）铝的识别结果；（c）铁的识别结果；（d）氧化铀的识别结

3　结论

本文介绍了一款通过铀、钍等元素原子发射特征谱线自动识别核材料的背负式 LIPS 装置。该装置所需最小样本量为毫克量级，单次作业所需时间为 3～5 s，样品损耗在微克量级，接近于无损探测，对铀的检测限接近几十 ppm。在现场测试中，该背负式 LIPS 装置成功地从混合样本中甄别出铀矿石、核化工品、核燃料块和碎片等含铀、钍材料。测试结果证明，作为一种非传统的核安保装备，便携式 LIPS 在核材料现场快速甄别方面具有极大潜力，能够有效提升核材料查证作业效率。

致谢

本工作是在中国核工业集团有限公司龙腾 2020“核安检与核安保设备研发”项目（FA16000201）支持下开展的，部分工作得到了中国原子能科学研究院核物理研究所所长基金项目（批准号：18SZJJ-202301）的支持。本工作所用样品来自核工业二〇八大队和中国原子能科学研究院放射化学研究所核保障重点实验室，在此表示感谢。

参考文献：

［1］ 刘冲．中国核安保的形势及政策［J］．现代国际关系，2016（3）：4-9.

［2］ 杨志民，刘永德，邓戈，等．中国核安保面临的挑战与机遇［J］．中国核电，2019，12（5）：503-506.

［3］ IAEA. Nuclear forensics in support of investigation（IAEA）［M］．1st ed. Vienna：IAEA，2015.

［4］ NELWAMONDO A N，COLLETTI L P，LINDVALL R E，et al. Uranium assay and trace element analysis of the fourth collaborative material exercise samples by the modified Davies-Gray method and the ICP-MS/OES techniques［J］．Journal of radioanalytical and nuclear chemistry，2018，315（2）：379-394.

［5］ SPANO T L，SIMONETTI A，BALBONI E，et al. Trace element and U isotope analysis of uraninite and ore concentrate：applications for nuclear forensic investigations［J］．Applied geochemistry，2017，84：277-285.

[6] VARGA Z, WALLENIUS M, KRACHLER M, et al. Trends and perspectives in Nuclear Forensic Science [J]. TrAC trends in analytical chemistry, 2022, 146: 116503.

[7] 郭冬发，武朝辉，黄秋红，等. 电感耦合等离子体质谱法测定二氧化铀和八氧化三铀粉末中的杂质元素 [J]. 铀矿地质，1999 (3): 50-53.

[8] 武朝辉，郭冬发，崔建勇，等. 高分辨等离子体质谱法测定地质样品中微量硼的方法研究 [J]. 质谱学报，2000 (增刊 1): 149-150.

[9] ANNESE C, MONTEITH A, WHICHELLO J. Novel technologies for safeguards [EB/OL]. (2009-07) [2023-05-24]. https://www.pub.iaea.org/MTCD/Meetings/PDFplus/2007/cn1073/Papers/4B.1%20Ppr_Whichello%20-%20Novel%20Technologies%20for%20IAEA%20Safeguards.pdf.

[10] YUEH F Y, SINGH J P. LIBS Application to Off-Gas Measurement [M] //SINGH J P, THAKUR S N. Laser-Induced Breakdown Spectroscopy. Elsevier, 2007: 199-221.

[11] JUNG E C, LEE D H, YUN J I, et al. Quantitative determination of uranium and europium in glass matrix by laser-induced breakdown spectroscopy [J]. Spectrochimica acta part B: atomic spectroscopy, 2011, 66 (9/10): 761-764.

[12] GAONA I, SERRANO J, MOROS J, et al. Evaluation of laser-induced breakdown spectroscopy analysis potential for addressing radiological threats from a distance [J]. Spectrochimica acta part B: atomic spectroscopy, 2014, 96: 12-20.

[13] MAURYA G S, KUMAR R, KUMAR A, et al. Analysis of impurities on contaminated surface of the tokamak limiter using laser induced breakdown spectroscopy [J]. Spectrochimica acta part B: atomic spectroscopy, 2016, 126: 17-22.

[14] AUGUSTO A O S, BARSANELLI P L, PEREIRA F M V, et al. Calibration strategies for the direct determination of Ca, K, and Mg in commercial samples of powdered milk and solid dietary supplements using laser-induced breakdown spectroscopy (LIBS) [J]. Food research international, 2017, 94: 72-78.

[15] QIU Y, WU J, LI X, et al. Parametric study of fiber-optic laser-induced breakdown spectroscopy for elemental analysis of Z3CN20-09M steel from nuclear power plants [J]. Spectrochimica acta part B: atomic spectroscopy, 2018, 149: 48-56.

[16] ZHANG Z, LI T, ZHOU X, et al. Quantitative 1-D LIBS measurements of fuel concentration in natural gas jets at high ambient pressure [J]. Experimental thermal and fluid science, 2021, 126: 110401.

[17] KEERTHI K, GEORGE S D, KULKARNI S D, et al. Elemental analysis of liquid samples by laser induced breakdown spectroscopy (LIBS): Challenges and potential experimental strategies [J]. Optics & laser technology, 2022, 147: 107622.

[18] POGGIALINI F, CAMPANELLA B, PALLESCHI V, et al. Graphene thin film microextraction and nanoparticle enhancement for fast LIBS metal trace analysis in liquids [J]. Spectrochimica acta part B: atomic spectroscopy, 2022, 194: 106471.

[19] BAREFIELD I, CLEGG S M, LOPEZ L N, et al. Application of laser induced breakdown spectroscopy (LIBS) instrumentation for international safeguards [R/OL]. [2023-05-24]. https://www.osti.gov/biblio/1016109.

[20] CHEN S, EL-JABY A, DOUCET F, et al. Development of laser-induced breakdown spectroscopy technologies for nuclear safeguards and forensic applications [R/OL]. [2023-05-24]. http://inis.iaea.org/search/search.aspx?orig_q=RN:46076212.

Application of portable laser induced plasma spectroscopy for nuclear material discrimination

HE Yun, HU Feng-ming, GAO Zhi-xing* ,
LI Jing, ZHANG Shao-zhe, WANG Zhao, SUN Wei

(Department of Nuclear Physics, China Institute of Atomic Energy, Beijing 102413, China)

Abstract: For nuclear security, rapid on-site discrimination of nuclear materials will improve the respondence efficiency of nuclear security incidents. In this article, a backpack laser-induced plasma spectroscopy (LIPS) device is introduced to discriminate nuclear material based on the characteristic elemental spectral line. It can detect uranium (U), thorium (Th) and plutonium (Pu) elements from suspected substances in several seconds, while the limitation of detection is close to tens ppm for Uranium. In the field test, it had discriminated uranium、thorium-containing materials from mixed samples successfully, such as Uranium ore, chemical products, nuclear fuel block and debris. The test results show that as a novel nuclear security device, the potent of mobilc LIPS has been well demonstrated for onsite rapid discrimination, which is helpful to improve the efficiency of nuclear forensics.

Key words: Nuclear Security; Nuclear material; Discrimination; Portable; Laser-induced plasma spectroscopy

基于多传感器的嵌入式实物保护系统开发

贺升平[1,2]，张永龙[1]，贺西平[2]

（1. 泸州市高新技术研究所，四川 泸州 646000；
2. 陕西师范大学物理与信息技术学院，陕西 西安 710119）

摘　要：针对核材料高保安的监控需求开发基于多传感器的嵌入式实物保护系统，可在线监测物项状态并集成光度、加速度、陀螺仪等传感器信息和 Wi-Fi 通信传输能量数据，通过多传感器融合决策判定物项安全状态并输出结果。采用模拟试验对物项正常状态及非授权行为下的异常状态两种情况进行监测识别能力验证。试验表明：100 组实验下，模块判定结果基本正确可靠，定位、功耗及通信质量均可满足场景需求。

关键词：多传感器；嵌入式系统；实物保护；系统设计

1　概述

实现高保安水平的核材料安保管理一直是国际社会热点话题。为契合核材料管理的核保安目标，对标核材料安保管理需求，本文开展核材料嵌入式监控技术研究，开发目的主要为满足以下需求。

一是核材料安保管理的需要。涉核无小事，核材料安保的基本防范途径就是通过监控系统构筑有力的技术防线，识别非授权行为和异常事件，有效防范危险物、爆炸物接近核材料，确保核材料安全。

二是防核扩散的需要。曾有报道朝鲜核材料非法扩散的案例。我国作为核不扩散条约（NPT）缔约国，担负着严防核材料及核技术扩散重大责任。通过核材料安保系统有效防范核材料扩散，对于严格履行条约、维护世界和平具有重要意义。

综上所述，核材料安保技术既可有效防范危险物、爆炸物进入核材料厂区，又可有效防范核材料非授权带出，对于确保核不扩散行为有着至关重要的意义。目前在基于网络技术的核安保系统方面已有了不少工作[1-4]。本文从核材料位置状态跟踪的角度，研究一种嵌入式核材料监控技术，着眼开发基于嵌入式设计的多传感器小型无线通信监控装置，为核材料贮放安保管理提供一种方便可靠的技术手段。经文献检索，目前尚未见到相同功能的装置开发报道。

本文第一部分是概述，第二部分是需求与原理设计，第三部分是监控模块开发，第四部分是系统测试与结果分析，第五部分是结论与展望。

2　需求与原理设计

针对核材料安保管理需求，设计和开发一种可固定于核材料包装箱体表面的嵌入式电子器件，基于该器件，可识别核材料包装箱的身份信息，同时还能在线提供包装箱位置和状态信息，并对是否发生异常事件和报警做出判断。因此，该技术可以为各个环节提供安保管理过程的基本抓手。

2.1　功能设计

①集成监控目标的身份 ID，从而实现对于监控目标的识别和管理；

②实现对于监控目标定位功能，并在发生位置异常时产生警告输出；

作者简介：贺升平（1968—），江西永新人，博士，高级工程师。主要研究领域：安全系统工程。

③在线检测监控目标的运动状态；

④对多传感器信息进行决策融合并对确认的非授权行为产生报警。

2.2 性能需求

①固定于核材料包装箱表面，因此要求较高的集成性。

②在监控目标包装箱运输入厂时，厂区安保管理人员将监控目标 RFID 模块一对一地分配给指定的监控目标包装箱，用于辅助对监控目标的识别、定位及安全状态的管理。

③较长的待机时间。一次监控模块的使用周期，从监控目标运输待入厂时分配到该包装箱后启动，至监控目标入库贮存、出库使用等过程中保持工作状态，直到接到运输出场命令后监控目标出库，进入监控目标运输交接状态时回收，至此监控模块工作期方才终止。贮存状态时可以充电工作。

④防脱卸设计。监控模块要求能固定在核材料包装箱表面，而且要能够防非法人为脱卸。

2.3 系统原理设计

基本思路是开发一种特殊的电子器件，其中内置嵌入式单片机，安装于核材料包装箱表面，满足对于出入厂区的核材料检测追踪的监控。模块内置了加速度传感器、陀螺仪传感器及光敏传感器数据采集功能，信息采集预处理后，由嵌入式处理器判断结果并上传到上位机进行状态显示。核材料高保安监控模块结构示意如图 1 所示。

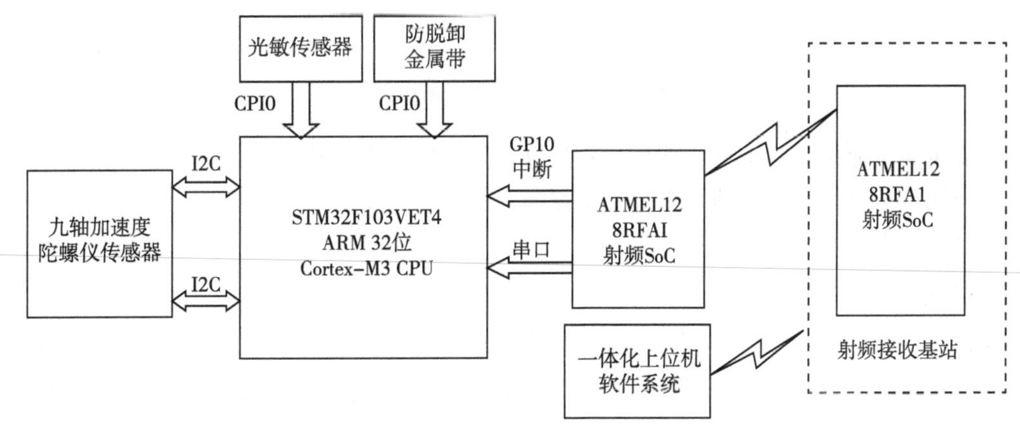

图 1 核材料高保安监控模块结构示意

上述原理结构设计，实现了对于监控目标安全状态的 3 道检测机制。

①第一道检测机制：基于九轴加速度陀螺仪传感器数据融合检测。实时采集九轴加速度陀螺仪传感器数据，在嵌入式处理器上融合计算输出包装箱状态信息数据，以此作为核材料状态检测依据。正常情况下应为静止状态，因此一旦九轴加速度陀螺仪传感器采集到监控目标有运动信号，则表明监控目标可能发生了非授权移动或破坏行为。

②第二道检测机制：基于 Wi-Fi 通信传输能量指纹检测。在离线阶段采集固定位置处的核材料包装箱检测装置与各射频接收基站之间 Wi-Fi 通信产生的射频能量向量，并将接收信号强度指示（RSSI）信息存入数据库中，作为核材料位置状态指纹。在线阶段实时采集 Wi - Fi 射频接收基站与核材料包装箱检测装置之间的 RSSI 能量向量，并与 RSSI 数据库中相同坐标处采集的能量向量指纹进行匹配。匹配成功则说明核材料在合法的坐标位置处。如信号偏差超过设定阈值，则表明监控目标可能发生了非授权移动或破坏行为。

③第三道检测机制：对包装箱进行光度值检测。提供一道监测模块保护机制，当包装箱脱摘时或遭外界破坏时会触发光敏传感器，引发光敏传感器与嵌入式处理器的相关引脚产生电平变化而产生报警信号。

上述 3 道检测机制可优势互补。当核材料包装箱被缓慢抬起或做缓慢匀速直线运动情况下，将会影响第一道检测机制对异常事件的检测率。有了第二道检测机制，即使包装箱缓慢移动时加速度陀螺仪传感器未报警，但只要目标较固定位移出一段距离，第二道检测机制可检测到包装箱静态指纹不再匹配，从而实现报警。第三道检测机制是针对光度信号的检测，为贴片监控装置提供一道防脱卸保护机制。

3　监控模块开发

3.1　监控模块检测流程

核材料检测追踪的整个检测流程如图 2 所示。

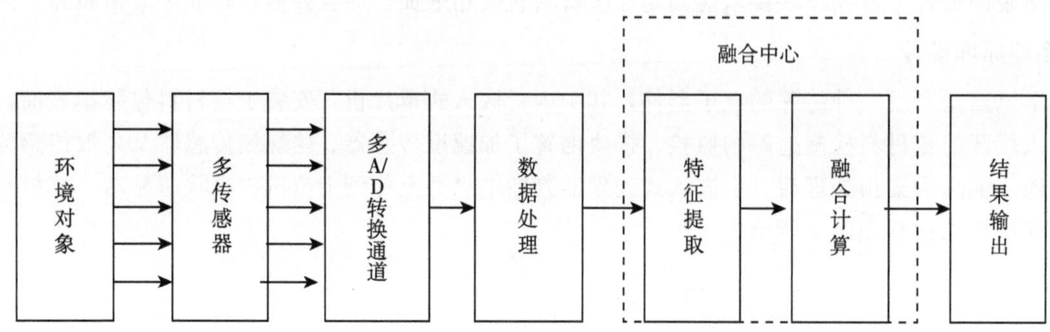

图 2　多传感器核材料监控模块的检测流程

监控模块主要由加速度陀螺仪传感器、光度值采集模块、信息采集与融合处理电路组成。传感器信息的采集和融合通过嵌入式处理器进行。监控模块由内置电池供电，配套设计稳压电路和外留充电接口以满足日常充电需求。

3.2　电源设计

监控模块内置锂电池作为动力源，且内置了锂电池充电电路，外留金属触点，使用专用的有 USB 接头的夹子可以连接至任何标准的 USB 口充电。定位卡充电电路原理如图 3a 所示。稳压系统的电路原理如图 3b 所示。

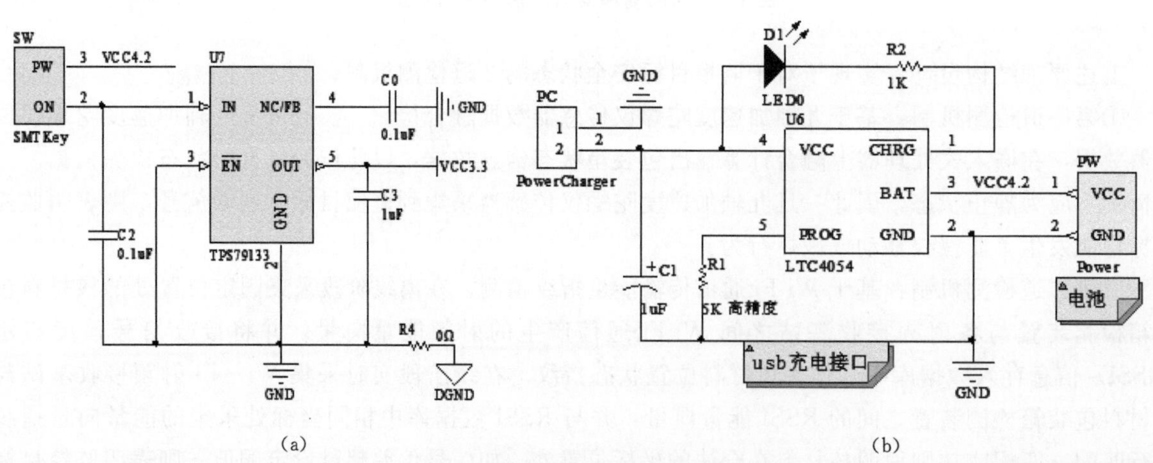

图 3　监控模块电源电路设计

(a) 定位卡充电电器；(b) 稳压系统的电路原理

3.3 防脱卸设计

本文提出了通过测量光度值和防脱摘导体回路结合的方式实现防脱摘。其中，检测光度值是用于验证脱摘的第一道方法。光敏传感器的光敏探头在监控模块外壳的底部，在包装箱与贴片模块的接触面上粘贴有黑色吸光纸，一旦监控模块被从核材料包装箱上非法移走，光敏传感器会检测到这种光度的变化，从而做出脱摘判断并报警。另一道防脱卸机制是通过给嵌入式模块设置闭路金属带，金属带固定在包装箱上，一旦金属带被非法开路，STM32F103VET4 处理器检测到 GPIO 引脚电平变化立即产生脱摘报警信号，如图 4 所示。

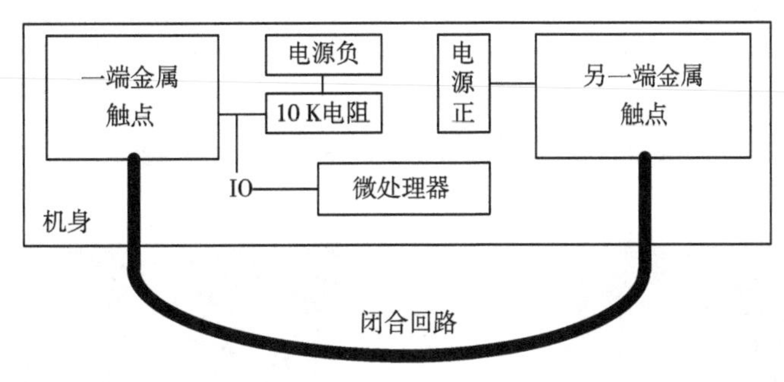

图 4　防脱卸子模块

3.4 定位系统通信架构与位置求算

监控模块作为射频信号发射终端，需向射频通信基站发射射频信号进行信息传输。设备检测追踪模块与射频通信基站的通信功能由 Wi-Fi 通信模块提供（实现时含转换机制）。定位系统下位机通信架构如图 5 所示。

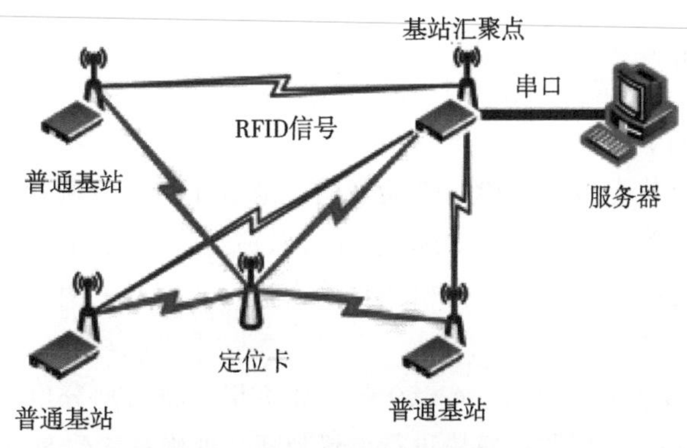

图 5　定位系统下位机通信架构

通过对不同实验距离下监控模块的信号能量值监测，得到能量值平均值实验数据，通过实验数据的多项式拟合，得到拟合曲线，如图 6 所示。由此可以确定核材料包装箱定位计算方法。首先通过对场域进行区域划分，划分出 10×10 的 100 个区域，分别对区域能量值足迹进行指纹采集，得到各个区域的 4 个基站能量值。通过实验建立了核材料包装箱位置与所在定位信号强度之间的曲线关系。之后使用该曲线为模型，写入芯片程序，对核材料所在区域定位位置进行计算。

3.5 监控模块及定位基站实物图

图 7 是根据上述 3 道检测机制原理开发的监控模块实物图，图 8 是实现的通信基站单元组件。

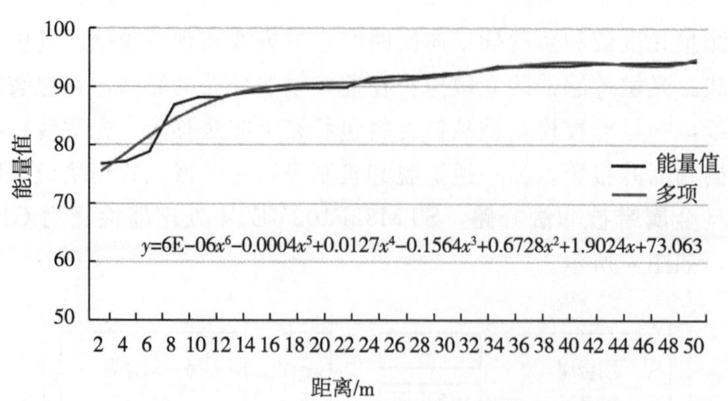

图 6 嵌入式模块 0～50 m 距离实验拟合曲线

图 7 监控模块实物

图 8 定位基站实物

4 系统测试与结果分析

系统测试与试验结果如下。

一是进行了核材料静止状态检测实验。试验表明：通过 100 组实验验证，贴片监控模块只应用传感器融合进行检测的正确率为 95%，只应用能量指纹识别进行检测的正确率为 90%，在传感器数据融合加能量指纹辨别双重检测机制下，贮存检测正确率进一步提高，对特定的 100 组实验下模块判定结果基本达到正确可靠。

二是进行定位实验。4 个基站组成 50 m×50 m 的正方形，将其划分出 10×10 的 100 个区域，每个区域的尺寸大小为 5 m×5 m，应用监控模块进行位置判断，准确率达到 80%，可满足特定场景需求。

三是开展了功耗试验。在开放 AP 热点的情况下，模块连续工作时间约为 15 小时；在关闭 AP 热点（不向基站发送位置信息）的情况下，模块连续工作时间约为 36 小时，可满足特定场景需求。

四是通过对监控模块与上位机的单向通信误码率实验，得到其在 50 次实验测试中的丢包率为 0 次，误码率（丢包率）为 0%，满足场景需求。

5 结论与展望

本文着眼于当前核材料安保管理工作实际，研究了一种针对核材料实物保护嵌入式监控技术。通过系统测试，得到结论如下。

（1）在核材料贮存状态检测实验中，监控模块可正确识别各种非授权行为，且通过传感器及基于能量指纹融合判断非授权行为基本正确可靠。此外，模块对核材料包装箱位置判断正确率达到 80%。

（2）系统进行了低功耗设计，可待机时间在开放和关闭 AP 热点情况下分别达到 15 小时及 36 小时，且无线通信可靠，模块与上位机的单向通信丢包率为 0%。

研究表明，该技术有效增强了对核材料安保管理的技术支持能力，具有良好的应用前景。下一步，我们将着眼监控模块嵌入式监控盒的微型化、工程化研究，为实现核安保系统的高保安目标发挥积极作用。

参考文献：

[1] 熊建平，李光绪，程金星，等．放射性废物库监控与管理，系统的设计与实现［J］．核电子学与探测技术，2012，32（6）：728－731.

[2] 王长清，曹渊．核物质研究应用过程中的管理系统设计［J］．电子技术应用，2015，41（11）：74－77.

[3] 陈琛，刘冲，李志阳，等．ZigBee 技术在核辐射环境监测中的应用［J］．电子技术，2014（2）：12－14.

[4] 贺升平，贺西平，张永龙．基于物联网的核材料一体化安保监控系统设计［M］//中国核科学技术进展报告（第六卷）．中国核学会 2019 年学术年会论文集，北京中国原子能出版社，2019.

Development of an embedded physical protection system based on multiple sensors

HE Sheng-ping[1,2], ZHANG Yong-long[1], HE Xi-ping[2]

(1. High－tech institute, Luzhou, Sichuan 646000, China;

2. School of physics and information technology, Shaanxi normal university, Xi'an, Shaanxi 710119, China)

Abstract: In response to the high security monitoring needs of nuclear materials, it is developed that an embedded physical protection system based on multiple sensors which can monitor the security status of nuclear materials online and integrate sensor information such as luminosity, acceleration, gyroscope, and Wi－Fi communication to transmit energy data. The security status is determined through fusion decision－making of multiple sensors and the results are output. The monitoring and recognition ability is verified by simulation experiments setting normal states (authorized behavior) and abnormal states (unauthorized behavior). The experiment shows that under 100 sets of experiments, the module judgment results are correct and reliable, and the positioning, power consumption, and communication quality can all meet the scene requirements.

Key words: Multiple sensors; Embedded system; Physical protection; System design

电离辐射计量
Ionizing Radiation Measurement

目　　录

土壤粒径与制样厚度对总放射性检测结果的影响

廉　杰，朱　珠，邬霞孚，杨　萍，苑玉龙，蒋敬平

（四川红华实业有限公司分析计量室，四川　乐山　614200）

摘　要： 随着中国核工业的蓬勃发展，早期的核设施逐步进入了退役阶段。在退役项目运行中，需对核设施周边的水文、气象及土壤环境中的放射性元素含量与放射性水平进行调查。土壤中的放射性核素迁移速度慢，核素累积效应显著，且会随着时间的迁移逐步向深层土壤扩散，进而造成长期、大范围的放射性污染。在本文中，作者分析了土壤粒径、制样量与样品计数三者之间的构效关系。结果表明，随着土壤粒径的逐步降低，放射性活度在 150～200 目（74～100 μm）附近取得最大值；制样量与样品计数则成正相关，在 340 mg 后总 α 计数不再出现显著变化。本研究可为厂区退役中土壤放射性检测标准提供一定的参考。

关键词： 土壤；放射性；粒径；制样量

在环境检测中，大气、水体、土壤与生物通常是我们的主要监测对象[1-3]。与大气、水体和生物环境不同的是，土壤自身的流动性很低，存在显著的累积效应，长寿命放射性核素含量会随着时间的增加而逐步升高，最终使一定范围内的土壤脱离清洁解控水平[4-5]。此外，土壤中的核素还存在着迁移效应，逐步污染深层土壤甚至进入地下水，进而被人体吸收并造成严重的内照射，最终导致影响大片区的居民生命健康。因此，对土壤环境进行持续检测分析，为后续的环境修复做出预警或提供修复过程中的数据支撑，进而形成成熟、具有经济性的土壤修复方案，有着深刻的工程意义[6-8]。

目前我国尚不存在统一的土壤总放射性活度检测方法，因此存在以下问题。第一，总放射性活度检测通常为比较测量法，即通过比较已知活度放射源的计数率与待测样品的计数率，再通过不同校正系数计算得出最终的检测结果。进一步进行细分，则可分为厚样法、厚源法、工作曲线法等，而不同的参比方法会使检测结果间存在一定的误差。第二，样品的前处理方法的选择同样会显著影响放射性核素能否被顺利检出。根据前处理方法的不同，又可分为非破坏性预处理与破坏性预处理。非破坏性预处理操作方法简单，但无核素富集，通常需要更长的检测时间以降低误差；破坏性预处理可有效富集目标核素，但前期需使用危化品或热源等，存在操作风险。根据对参比标准与前处理方法选择的不同，待测样品的用量（源厚度）与粒径则会直接影响检测计数，最终导致检测结果的差异。

基于以上研究现状与现实问题，本文选取了三处不同来源的土壤进行检测，采取烘干逐级过筛的预处理方法，分析了不同样品粒径、制样量与放射性计数间的构效关系，计算得出目标土壤的总放射性活度，并给出了相应制样条件下的 A 类不确定度数据。本研究预期核设施环境中土壤总放射性活度检测提供一定的参考。

1　实验方案

1.1　材料来源

^{241}Am 标准物质［比活度为 14.0 Bq/g，扩展不确定度（k＝2）为 5.0%，证书号为 FM241－210301］、^{40}KCl 标准物质［比活度为 16.1 Bq/g，扩展不确定度（k＝2）为 5.5%，证书号为 FM40－

作者简介： 廉杰（1993—），男，硕士，工程师，现主要从环境监测、电化学还原等科研工作。

基金项目： 四川省科技计划（2023JDRC0068）资助。

210301］购自中国计量院，乙酸乙酯购自成都市科隆化学品有限公司。除标准物质外，其他化学试剂均为化学纯，未经进一步处理直接使用。

1.2　样品制备

（1）土壤样品采样与预处理

采样规范依照《土壤质量　土壤采样技术指南》（GB/T 36197—2018）执行。去除土壤表面显著的大块人造物或动植物残骸后采取四点混合的方法对表层土壤进行采集，每份样品采集 2 kg 左右。土壤样品返回实验室后，烘干至样品重量不发生变化为止。随后过 24 目分样筛去除土壤中石子、生物质等干扰物后待进一步处理。

（2）不同目数样品的制备

预处理后的土壤依次通过 30 目、45 目、75 目、150 目、200 目、400 目与 800 目的分样筛，分样完毕后分别保存。并按照以下规则进行命名：采样点＋上一个分样筛目数＋本层分样筛目数，如 NS150200 代表 NS 点位处 150～200 目间土壤样品。

取 220 mg 筛分所得的样品，使用 1 mL 乙酸乙酯作为分散溶剂，将样品均匀铺置于直径为 52 mm 的样品盘内，自然风干至固态后待测。

（3）不同土壤制样量下样品的制备

以 150～200 目样品作为基准，分别在样品盘内添加 100 mg、160 mg、220 mg、280 mg、340 mg 与 400 mg 样品来制作不同制样量的样品。将不同质量的样品分别放置于直径为 52 mm 的样品盘内，使用 1 mL 乙酸乙酯作为分散溶剂，自然风干至固态后待测。

（4）不同制样量下标准样品的制备

分别在样品盘内添加 160 mg、220 mg、280 mg 的 ^{241}Am 标准物质或 ^{40}KCl 标准物质，使用 1 mL 乙酸乙酯作为分散溶剂，将样品均匀铺置于直径为 52 mm 的样品盘内，自然风干至固态后待测。

（5）样品检测

将上述制备完毕的样品盘放入 BH1227 型四路低本底 αβ 测量仪中对总放射性计数进行统计，全部样品平行测量 6 次。此外，检测空样品盘时的计数，并将其作为仪器本底。

1.3　样品均匀性判别

由于样品组分分布存在差异，且在宏观上表现为色彩不一的颗粒，我们将其视作样品组分噪点。为了进一步表征其均匀程度，我们基于以下图像算法，对其组分噪点进行统计计算：首先，取中心区域长宽均为 1000 像素的正方形区间，对其图像的 RGB 数值进行采集，并针对 3 个通道分别取平均值，此时得到 RGB 均值数据，视作平均样品色；以 R、G、B 为三维坐标建立坐标系，将上述所有像素点放置于此区间内，并求得其在该空间内距离平均色的直线距离，即为像素残差；最后对所获得的全部像素残差取平均值，视为该样品的噪声水平。

1.4　总放射性活度测量方法

在本文中，样品单次检测时间为 100 分钟，重复检测 6 次并计算其 A 类相对标准不确定度。

1.5　总放射性活度计算方法

分别取用 ^{241}Am 与 ^{40}KCl 作为标准样品参考，并按照以下公式对土壤总放射性活度进行计算：

$$C_s = \frac{\left(\dfrac{N_s}{t_s m_s} - \dfrac{N_0}{t_0 m_s}\right)}{\left(\dfrac{N_r}{t_r m_r} - \dfrac{N_0}{t_0 m_r}\right)} \times C_r \times 1000。 \tag{1}$$

式中，C_s 为土壤样品的（α 或 β）总放射性活度，Bq/kg；N_s 为土壤样品在 t_s 时间内的计数值，个；N_0 为仪器本底的 t_0 时间内计数值，个；N_r 为标准样品的 t_s 时间内计数值，个；t_s 为土壤样品的检测时间，min；t_0 为仪器本底的检测时间，min；t_r 为标准样品的检测时间，min；m_s 为土壤样品的制样量，mg；m_r 为标准样品的制样量，mg；C_r 为标准样品的源活度，Bq/g；1000 为克到千克的单位转换，无量纲。

注：一般情况下，t_s 与 t_r 须保持一致，推荐不低于 100 min；根据低本底测试仪规定，t_0 一般为 1000 min。在生产使用过程中，m_s 与 m_r 须保持一致，否则针对总 α 活度计算时会导致结果偏低；此外，在生产过程中，需添加自吸收校准因子以提升报出结果准确度。

1.6 材料表征

使用粒度分析仪对样品粒径进行检测（使用 Beckman LS 13320）。低本底四通道 α、β 测量仪（BH1227 型，中核北京仪器有限公司）用于测定样品中 α、β 计数。

2 结果与讨论

2.1 土壤物化性质表征

我们采用数码相机对不同粒径土壤的变化情况进行了拍摄。图 1a～f 分别对应 30～45 目、45～75 目、75～150 目、150～200 目、200～400 目、400～800 目的 220 mg NS 土壤样品在样品盘中分散水平。基于厚源法的样品制备标准，在样品盘内分布一定量的样品，当样品完全遮盖住样品盘底面时，满足检测需求。可以看到，在样品粒径为 30～45 目与 45～75 目的样品底面显著有漏出，样品粒度过大而导致其样品厚度过厚，无法保证均匀铺满整个样品盘，证明其并未达到合格样品标准；当样品目数达到 75 目后，土壤样品均可保证样品盘不再漏出。

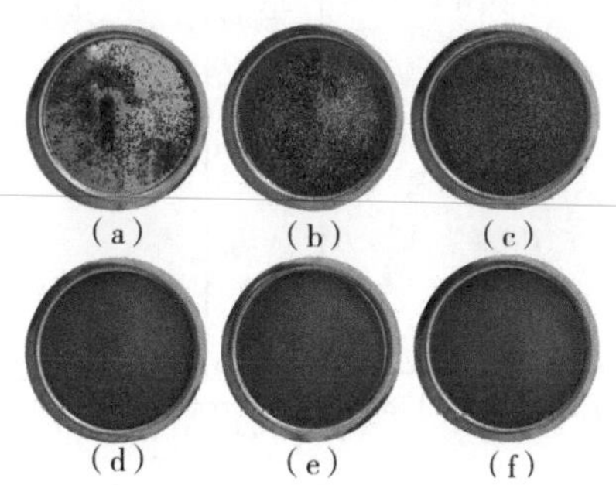

图 1 土壤样品分散水平对比

(a) 30～45 目；(b) 45～75 目；(c) 75～150 目；(d) 150～200 目；(e) 200～400 目；(f) 400～800 目的样品盘分散水平

图 2a～f 分别对应上述样品盘中央区域放大情况。我们利用图像噪声算法对图 2a～f 的噪声水平进行计算，结果分别为：70.39、58.31、56.19、43.84、43.45 与 28.31，可以发现噪声数值与样品粒径正相关。随着粒径的降低，图像噪声水平也呈对数关系逐步下降，在后续的样品制备中，该方法可作为样品粒径大小与分布的判别手段，以辅助判断样品的均匀性。

为了精确测定样品过筛后粒径，我们采用粒度分析仪对过筛后的样品进行了检测。图 3a 是不同采样点 150～200 目样品粒度分布情况，网孔理论尺寸为 74～100 μm。可以发现，GC 样品与 HG 样品均以 92 μm 为峰位，展现出类正态分布的情况，但仍存在部分低粒径样品未被滤除，本现象在 NS 样品尤为显著，可采取延长筛分时间的办法来使其粒径分布更加居中。图 3b 为 NS 样品过不同分样筛后的粒径分布情况。全部样品在低粒径区间存在拖尾，证明单纯基于手动物理筛分可有效筛除大粒径样品，但对小粒径样品的筛分能力有限。样品峰位分别位于 309 μm、147 μm、76 μm 与 58 μm，呈现出显著的尖峰，证明对位于筛网范围内粒径的样品可以做到有效筛分。因此，我们判断样品的粒径除了与样品本身特性相关以外，延长筛分时间可使粒径分布更加集中。

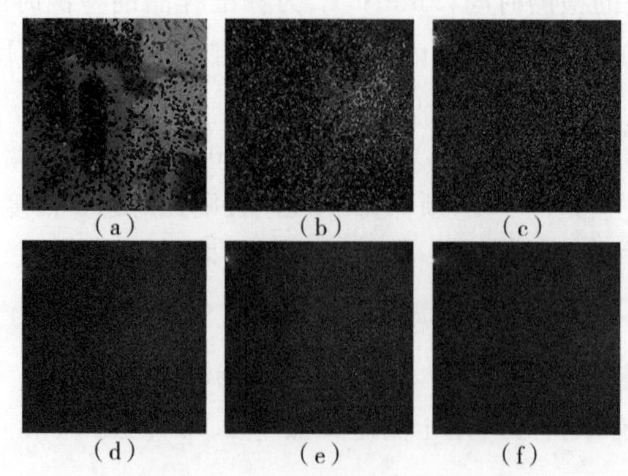

图 2　土壤样品粒径分布情况

(a) 30～45 目；(b) 45～75 目；(c) 75～150 目；(d) 150～200 目；
(e) 200～400 目；(f) 400～800 目样品粒径分布情况

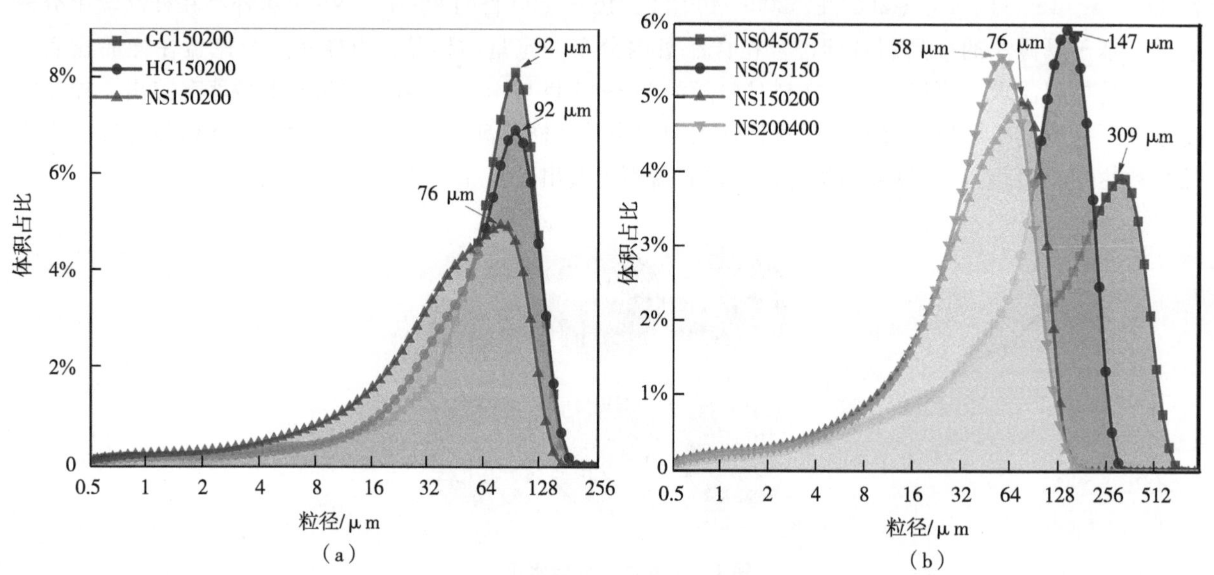

图 3　过筛后土壤样品粒度分布曲线

(a) 150～200 目样品的粒度分布；(b) NS 样品过不同分样筛后的粒度曲线

2.2　土壤样品总放射性活度测试

2.2.1　不同粒径样品的总放射性活度

我们针对不同粒径的土壤样品进行了放射性活度检测。为了避免由于仪器效率、参比标准带来的干扰，在此部分中我们将计数结果进行如下转换：将全部测量计数除以对应样品在 220 mg 下（该质量约等于 0.1A mg，其中 A 为样品盘的底面积）的测量计数，转换为百分比表示。图 4a 为样品的 α 计数情况，随着粒径的降低，检测计数逐步升高，当超过 150 目（对应粒径小于 100 μm）后出现计数震荡；图 4b 为样品的 β 计数情况，样品的计数最高值分别出现于 75～150 目（NS 样品）与 150～200 目（GC 与 HG 样品）。图 4c 与图 4d 分别为上述结果的 A 类相对标准不确定度。可以发现，随着粒径的逐步降低，样品的 A 类标准不确定度展现出震荡下降的趋势，当样品粒径小于 75 目（200 μm）后 A 类相对标准不确定度变化减小。可以发现，NS 样品的 A 类相对标准不确定度略高于其余两个样品，而 NS 样品的绝对计数值是 GC 样品的 1.5 倍左右。一般情况下随着计数值的升高，样品计数的 A 类相对标准不确定度会降低，但在此处展现出了相反的结果，因此可以确定这是由于该检测通道的稳定性较差所导致的，基于检测结果，我们推荐在总放射性检测时需要详细确认样品通道的状态，以降低检测结果的不确定度。此外，随着样品粒径的降低，筛分所得的样品量也在快速的下降，因此，200 目以上的样品仅占全部样品质量的不足 1%，其样品代表性可能会有所下降；而粒径在 150～200 目范围内的样品量显著高于粒径在 200 目以上的样品质量，且粒径过小可能会引起样品的团聚效应，进而使计数结果出现一定的下降。因此，考虑到不同粒径的样品数量、制样难度、样品计数与样品的 A 类相对标准不确定度情况，我们推荐选用 150～200 目的样品作为制样标准。

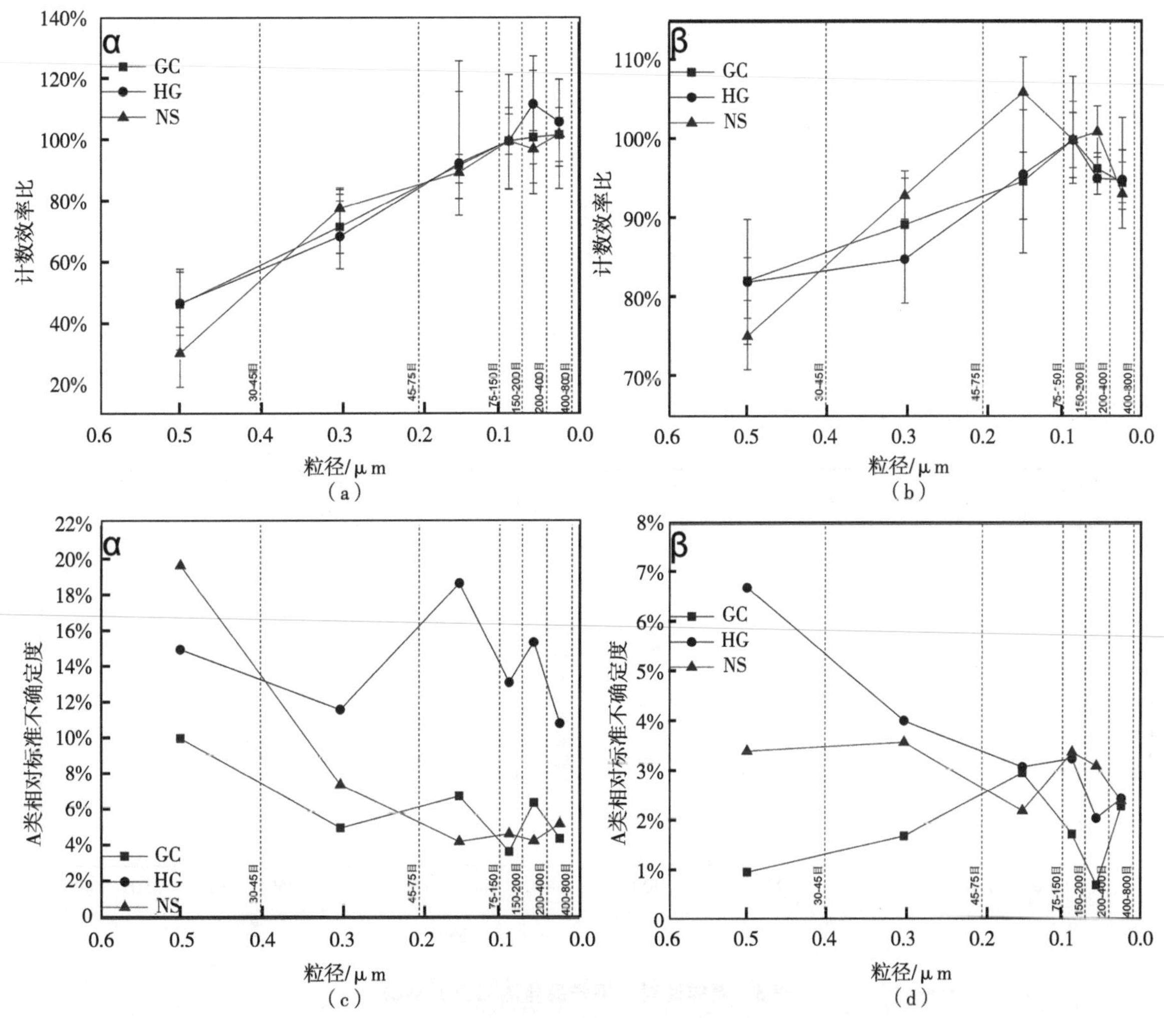

图 4　粒径对土壤样品检测结果的影响

(a) α 总放射性活度；(b) β 总放射性活度；(c) α 总放射性活度的 A 类相对标准不确定度；(d) β 总放射性活度的 A 类相对标准不确定度

2.2.2　不同土壤样品制样量的总放射性活度

随后，我们以 150～200 目的样品为基准，测试了制样量对检测计数的影响。图 5a 为 3 种不同样品的 α 计数。我们发现随着样品制样量的升高，样品对应计数也逐步增加，在超过 340 mg 后增速缓慢甚至出现下降，这主要归因于两点：第一，在该样品制样量下，固体粉末在溶剂中的分散行为受到过多的微粒间碰撞所带来的阻力，进而使得样品难以均匀分散，干燥后的样品更容易出现在边缘堆积的情况；第二，在该样品厚度下，α 自吸收现象走向最大，底层样品所发射的 α 射线被上层样品完全吸收，样品计数不再随着样品制样量的增加而变大。图 5b 为样品的总 β 放射性计数情况。由于 β 射线相较于α射线而言穿透性更强，不易受到自吸收现象的影响，因此全部样品的制样量与计数均表现出显著的线性关系。图 5c 为不同制样量下样品α计数的 A 类相对标准不确定度。与图 4c、图 4d 情况类似，NS 样品表现出整体偏高的现象，可以归因于该检测通道稳定性略差于其余两个通道，但仍表现出震荡下跌的趋势。图 5d 为不同制样量下样品β计数的 A 类相对标准不确定度。GC 样品与 NS 样品的 A 类相对标准不确定度在 1%～5%，计数结果的均一性较强。综合考虑样品制样量难度、计数变化与 A 类相对标准不确定度情况，我们认为将制样量设置为 340 mg 是较为理想的。

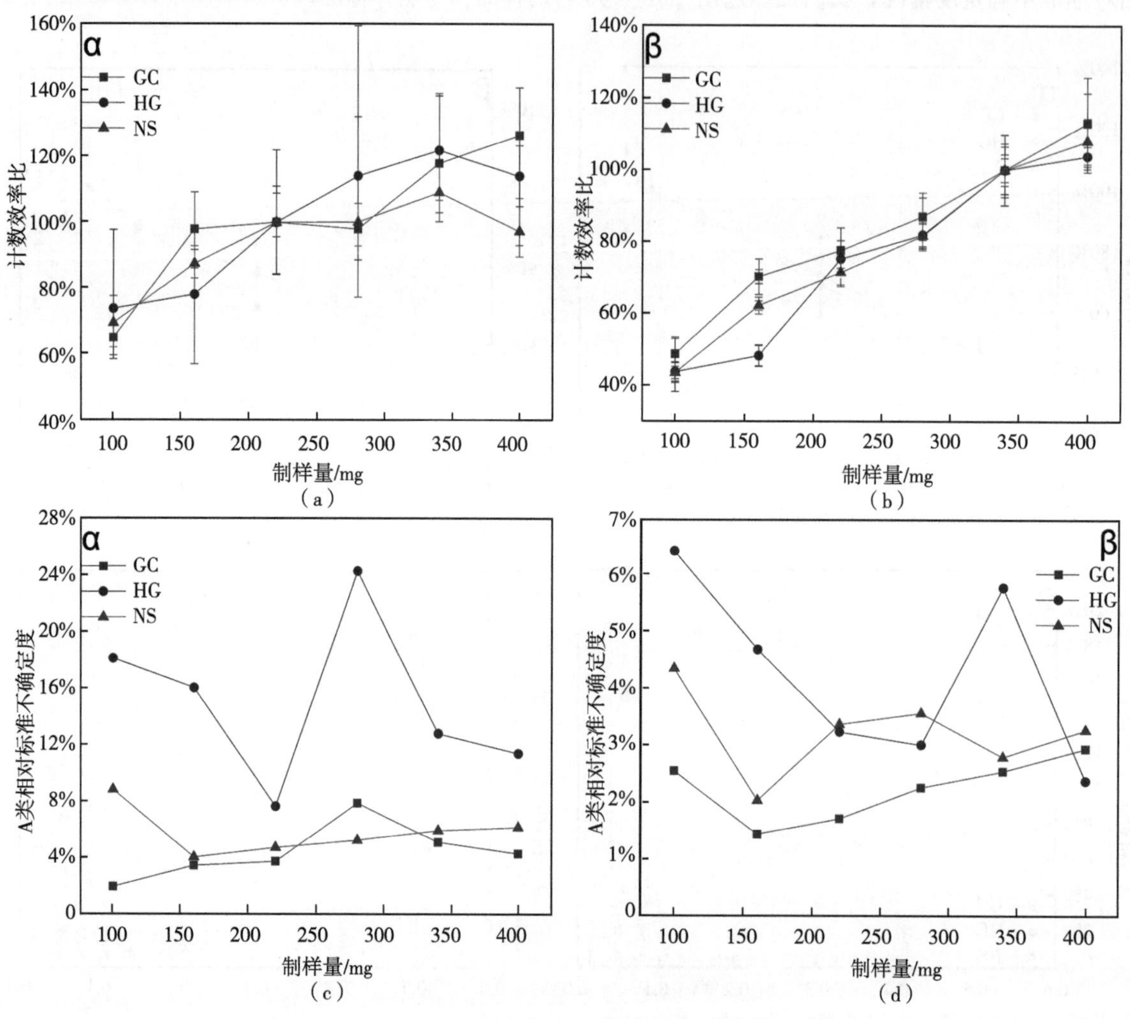

图 5 制样量对土壤样品检测结果的影响

(a) 总α放射性活度；(b) 总β放射性活度；(c) 总α放射性活度的 A 类相对标准不确定度；(d) 总β放射性活度的 A 类相对标准不确定度

2.2.3 参比标准制样量对检测结果计算的影响

我们分别以 220 mg 的 ^{241}Am 标准物质与 ^{40}KCl 标准物质作为参比对象，对检测结果进行换算。需要注意的是，在总α放射性检测时结果会适中受到α自吸收现象的影响，且由于样品目数与参比标准物质的目数、密度与元素组成不尽相同，因此两者之间的最低样品厚度存在很大的差异，因此该放射性活度（尤其是总α放射性活度）仅可作为结果对照，仅作参考。其中，样品检测时间均为 100 分钟，^{241}Am 标准物质活度为 14.0 Bq/g，^{40}KCl 标准物质活度为 16.1 Bq/g。

本文分别计算了不同粒径下的总α、β放射性活度（表 1、表 2）。作者对此类样品的放射性活度分布范围进行了统计，并根据采样地点分类统计，其中，GC 样品总α放射性活度为 173.2～750.4 Bq/kg，

HG 样品检测结果为 204.3～757.3 Bq/kg；NS 样品检测结果为 414.3～2546.0 Bq/kg；GC 样品总 β 放射性活度为 869.5～ 1328.3 Bq/kg；HG 样品检测结果为 896.9～1319.3 Bq/kg；NS 样品检测结果为 1160.3～1997.6 Bq/kg。显然，较小粒径可有效地降低自吸收现象对检测结果偏差的影响，因此在制样过程中应尽可能选择较小粒径的土壤进行检测。考虑到土壤粒径体积占比问题，推荐采取 150～200 目样品进行检测。

表 1　不同粒径土壤样品总 α 放射性活度　　单位：Bq/kg

样品名称	结果平均值	结果范围	样品名称	结果平均值	结果范围
GC030045	267.5	173.2～339.7	GC150200	604.2	506.2～672.7
HG030045	252.7	204.3～316.8	HG150200	583.9	485.5～719.8
NS030045	680.0	414.3～822.1	NS150200	2335.9	2230.9～2546.0
GC045075	426.6	339.7～495.1	GC200400	611.6	517.3～750.4
HG045075	388.6	354.3～485.5	HG200400	658.9	476.1～757.3
NS045075	1810.7	1600.6～1971.4	NS200400	2274.1	2156.7～2416.2
GC075150	554.3	450.7～706.0	GC400800	617.2	506.2～672.7
HG075150	538.6	466.7～747.9	HG400800	622.9	532.3～710.4
NS075150	2091.8	2008.4～2230.9	NS400800	2390.0	2175.3～2518.2

表 2　不同粒径土壤样品总 β 放射性活度　　单位：Bq/kg

样品名称	结果平均值	结果范围	样品名称	结果平均值	结果范围
GC030045	909.2	869.5～957.0	GC150200	1198.0	1141.2～1328.3
HG030045	1031.2	896.9～1168.1	HG150200	1341.0	1259.3～1400.1
NS030045	1249.1	1160.3～1297.3	NS150200	1775.4	1659.1～1878.8
GC045075	1024.4	960.0～1120.0	GC200400	1139.1	1111.0～1171.3
HG045075	1080.7	985.6～1168.1	HG200400	1257.1	1222.8～1303.6
NS045075	1627.2	1548.0～1692.7	NS200400	1797.4	1682.4～1865.8
GC075150	1113.5	966.1～1292.1	GC400800	1111.0	1017.4～1243.8
HG075150	1266.3	1168.1～1314.1	HG400800	1254.5	1204.6～1319.3
NS075150	1903.3	1855.5～1997.6	NS400800	1631.1	1589.3～1716.0

随后，我们对不同土壤制样量条件下的检查结果进行了计算，结果如表 3 与表 4 所示。由于自吸收现象的存在，可选取 220 mg 作为参考值进行对比。我们对此类样品的放射性活度分布范围进行了统计，并根据采样地点分类统计，其中 GC 样品总 α 放射性活度为 357.8～909.6 Bq/kg，HG 样品检测结果为 297.9～1253.6 Bq/kg，NS 样品检测结果为 1150.5～3970.0 Bq/kg。可以发现，随着制样量的逐步升高，检测结果逐步降低，表明在此范围内自吸收能力逐步升高，整体结果失效，结合原始检测计数情况，可以对计算公式进行修订，基于厚源法原理进行计算，即可获取更加准确的总 α 放射性检测结果。

GC 样品总 β 放射性活度为 943.5～1507.7 Bq/kg，HG 样品检测结果为 903.4～1646.2 Bq/kg，NS 样品检测结果为 1502.4～2200.2 Bq/kg。可以发现与总 α 放射性活度结果显著不同，在较宽的范围内检测结果较为稳定，可知在此制样量下，β 射线自吸收能力较弱，检测计数与制样量线性关系较好，因此检测结果在此制样量区间内较为稳定，直接采用 220 mg 标准源进行折算所带来的误差整体较小。

表 3　不同土壤制样量总 α 放射性活度　　单位：Bq/kg

样品名称	结果平均值	结果范围	样品名称	结果平均值	结果范围
GC100	844.9	771.7～893.8	GC280	464.6	362.8～633.2
HG100	927.1	717.5～1253.6	HG280	527.5	403.5～749.6
NS100	3541.8	3154.4～3970.0	NS280	1836.6	1701.8～1942.2
GC160	813.0	711.2～909.6	GC340	464.0	392.2～550.2
HG160	616.0	435.6～732.0	HG340	465.7	405.1～532.4
NS160	2804.1	2659.6～2978.2	NS340	1651.4	1557.4～1785.3
GC220	604.2	506.2～672.7	GC400	423.9	357.8～473.7
HG220	583.9	485.5～719.8	HG400	369.2	297.9～401.0
NS220	2335.9	2230.9～2546.0	NS400	1249.9	1150.5～1349.3

表 4　不同土壤制样量总 β 放射性活度　　单位：Bq/kg

样品名称	结果平均值	结果范围	样品名称	结果平均值	结果范围
GC100	1313.9	1102.5～1507.7	GC280	1095.5	989.1～1181.3
HG100	1371.9	1239.0～1646.2	HG280	1173.5	1116.5～1239.4
NS100	2089.4	1910.3～2200.2	NS280	1631.2	1549.3～1723.9
GC160	1437.0	1295.1～1494.4	GC340	1075.7	943.5～1176.0
HG160	997.8	903.4～1086.3	HG340	1232.7	1135.4～1376.6
NS160	2065.1	2011.2～2160.4	NS340	1693.9	1630.4～1777.5
GC220	1198.0	1141.2～1328.3	GC400	1063.5	968.0～1208.8
HG220	1341.0	1259.3～1400.1	HG400	1095.6	1041.1～1130.0
NS220	1775.4	1659.1～1878.8	NS400	1570.4	1502.4～1674.3

3　结论

本文基于核设施退役区域沾污土壤问题，研究了土壤过筛后土壤粒径分布情况，探讨了不同土壤样品粒度、制样量与检测结果三者之间的构效关系，并得出以下主要结论。

①当样品粒度较大时，存在显著的自吸收现象，因此我们需要将待测颗粒粒径限制在一定范围内，以确保该粒径下的自吸收水平最小，一般情况下，土壤样品粒径小于 100 μm（150 目）时为理想取值。

②在制样量取值在 220～400 mg 时，β 计数与样品质量成正比，无显著的自吸收现象，通过比较测量即可得到较低误差的结果；但针对 α 测量，推荐增大土壤粉末用量使其处于自吸收饱和状态以降低检测结果误差。

③通过计算机程序对样品的均匀性程度进行量化判断是具有可行性的，为未来此类型标准的量化指定提供了一种新的思路。

参考文献：

[1]　刘洪超．铀矿退役整治工程放射性检测和辐射防护应用 [J]．西部探矿工程，2020，32 (8)：115-118.

[2]　杨振宇，王智，柴长虹，等．放射性检测仪器原理及应用 [J]．检验检疫学刊，2010，20 (4)：70-73.

[3]　牟胜，武国亮，杨子剑，等．某退役铀矿周边环境总 α 和总 β 放射性水平调查 [J]．中国辐射卫生，2016，25 (5)：581-584.

[4]　胡咏梅，刘徽平．稀土生产中放射性污染及放射性检测的研究现状 [J]．稀有金属与硬质合金，2014，42 (2)：

32－35.

[5] 胡玉芬，李新星，孙全富，等．秦山核电站周围饮用水总放射性水平调查分析［J］．中华放射医学与防护杂志，2011（5）：595－597.

[6] 先永平，侯新生．宝兴大理石矿的放射性检测［J］．广东微量元素科学，2010，17（9）：66－69.

[7] 涂彧，俞荣生，张海江，等．苏州市区各种水体中总放射性水平检测及评价［J］．工业卫生与职业病，2005（5）：301－304.

[8] 林炳兴，闫世平，林立雄．总α和总β放射性测定方法研究［J］．辐射防护，2009，29（1）：18－24，49.

Effects of soil particle size and sample thickness on total radioactivity

LIAN Jie, ZHU Zhu, WU Xia-fu,
YANG Ping, YUAN Yu-long, JIANG Jing-ping

(Sichuan Honghua Industrial Co., Ltd, Leshan, Sichuan 614200, China)

Abstract: With the vigorous development of the nuclear industry, the early nuclear facilities gradually entered the decommissioning stage. Throughout decommissioning project operations, there is a need to investigate the levels and concentrations of radioactive elements in the hydrological, meteorological, and soil environments surrounding nuclear facilities. The movement of radioactive nuclides in soil occurs at a slow pace, accompanied by a notable accumulation effect. As time progresses, these nuclides progressively extend into deeper soil layers, resulting in enduring and widespread radioactive contamination. In the paper, the authors analyze the structure—function relationship between soil particle size, sample size, and sample count. The results indicate that as the soil particle size gradually decreases, the radioactivity reaches maximum around 150 mesh to 200 mesh (74 μm to 100 μm). A positive correlation exists between sample size and sample count, and beyond 340 mg, the total alpha count ceases to exhibit noteworthy fluctuations. This study can provide a certain reference for the development of standards for the radioactive testing of soil during the decommissioning of industrial sites.

Key words: Soil; Radioactivity; Particle size; Sample size

核环保
Nuclear Environmental Protection

目　录

低放有机废液热解工艺及装置的改进

陈桂兰，包潮军，朱启印，刘景骞

（中核四川环保工程有限责任公司，四川　广元　628017）

摘　要： 为了进一步提高低放有机废液的处理效率，对低放有机废液热解工艺及装置进行了研究。在提高低放有机废液处理效率过程中发生了热解炉内部结块严重、高温气体过滤器严重堵塞、热解炉搅拌桨异常磨损、加热带短路等现象，严重影响低放有机废液的处理效果。热解炉内部结块严重由热解炉供料流量、氮气流量过大引起，调整供料流量、氮气流量等参数在控制范围内；高温气体过过滤器堵塞由热解炉热解反应层较短，过滤器反吹频次及时间间隔不足，氮气系统未定期维保引起，增加热解炉钢球和高温气体过滤器降压反吹时间及频次，定期维保氮气系统等措施减少高温气体过滤器堵塞；热解炉搅拌桨异常磨损由搅拌桨轴承消磁引起，采用推力轴承保持搅拌桨扭矩在运行范围内；热解炉加热带短路故障由加热带短路引起，在加热带四周增加空瓷管避免加热带对地短路，使加热带输出温度和功率保持正常。通过对热解炉工艺，高温气体过滤器工艺，热解炉结构进行改进，系统日处理量提高了16.2%，实现了在系统稳定运行的条件下提高低放有机废液处理效率的效果。

关键词： 低放有机废液；热解炉；高温气体过滤器

低放有机废液由铀纯化和乏燃料后处理Purex流程中产生。其中，磷酸三丁酯（TBP）作为萃取剂，航空加氢煤油（OK）作为稀释剂，在生产过程中，多种放射性核素也会进入低放有机废液中[1]。

热解燃烧技术是一项有效减容技术，热解燃烧过程是将低放有机废液送入氮气保护的热解炉内，煤油受热气化，TBP受热分解成五氧化二磷、丁烯和丁醇等[2-3]。为妥善处理这些低放有机废液，我国对低放有机废液热解燃烧处理方法进行了工程应用[4-6]。

目前该技术已用于处理生产过程中产生的低放有机废液，并取得了良好的效果，但是在生产中仍有部分问题需进一步优化：①热解炉加热不均匀，热解不充分，内部易结块，搅拌桨易卡滞，热解过程的反应速率较慢，产生的二次废物量较多；②高温气体过滤器易堵塞，过滤器芯更换频繁，维护费用较高等，严重影响废液处理效率和系统的稳定性。为提高低放有机废液处理效率，加强系统运行的安全稳定性，有必要对低放有机废液热解燃烧技术进行进一步研究，其中热解炉是低放有机废液处理的核心设备，对热解炉工艺和设备的改进是决定低放有机废液处理效率的关键。

1　工艺流程

低放有机废液热解燃烧工艺流程主要包括悬浮液的配制、热解、燃烧、尾气处理这4个过程[7-8]。

TBP/OK利用石灰乳配制形成稳定的悬浮液。在氮气的氛围下悬浮液出喷嘴后以雾化的状态进入热解炉中，其中TBP在约500 ℃温度下分解成P_2O_5、丁烯、丁醇和水，产生的P_2O_5立即与悬浮液中的Ca $(OH)_2$发生中和反应，生成焦磷酸钙。生成的焦磷酸钙和过量的氢氧化钙被炉内不断运动的钢球磨成灰，并通过搅拌桨携带的耙子刮至热解炉底盘上的缝隙落入气固分离室内，沉降下来并落入卸灰斗中[9]。

热解气经高温气体过滤器滤去细小的颗粒后，进入燃烧炉内完全燃烧，生成水和二氧化碳。离开燃烧炉烟气经过骤冷器、一级喷射洗涤器、二级喷射洗涤器、高效过滤器等进行烟气净化，在主、副

作者简介： 陈桂兰（1989—），女，硕士研究生，工程师，现主要从事放射性废物退役治理。

排风机下通过烟囱排出室外，工艺流程如图1所示。

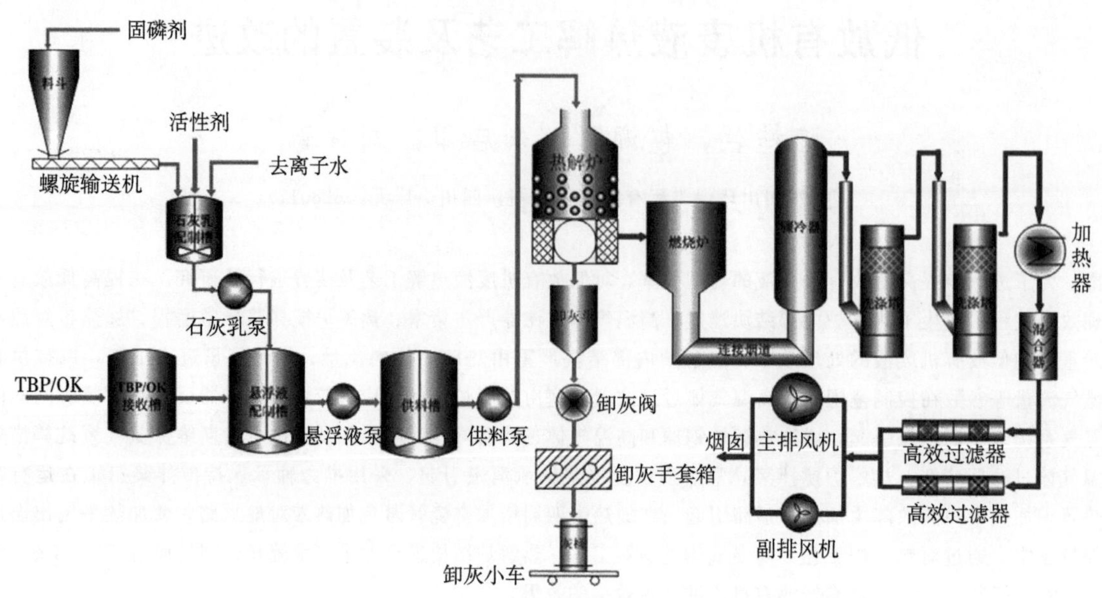

图1 低放有机废液热解焚烧工艺流程

2 热解炉改进

2.1 热解炉结构

热解炉是TBP/OK热解燃烧处理工艺的核心设备，由反应器、气固分离室及内置高温气体过滤器3个部分组成的一个整体。反应器内有螺旋带式搅拌器，装有一定高度的φ25 mm钢球（约25 000个），进料喷嘴等装置，筒体外有电加热装置。炉内钢球在搅拌器作用下不断做三维运动，传递热量和研磨热解灰。热解炉结构示意如图2所示。高温气体过滤器安装在热解炉气固分离室内，由16支φ60×1000的烧结金属过滤器芯组成，过滤精度为1 μm。

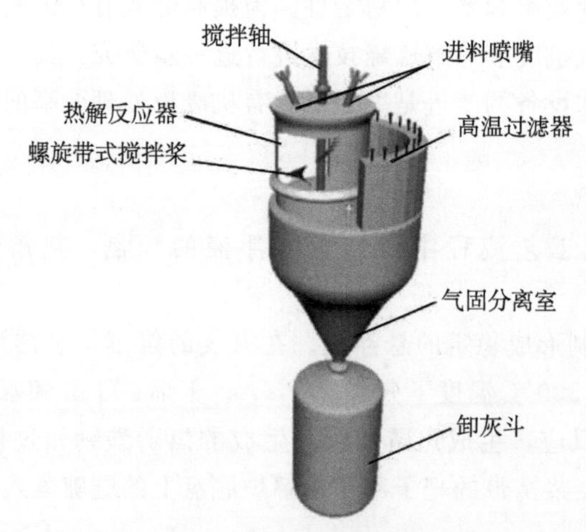

图2 热解炉结构示意

2.2 热解炉主要故障类型

热解炉作为工艺核心设备，其运行状态直接影响整个工艺运行的稳定性和连续性。对热解炉379

项故障检修项目进行分类统计，主要为热解不充分故障、高温过滤器故障、搅拌桨故障、电加热带故障、由检修和安装质量引起的其他5类故障。热解炉故障统计分析如图3所示。

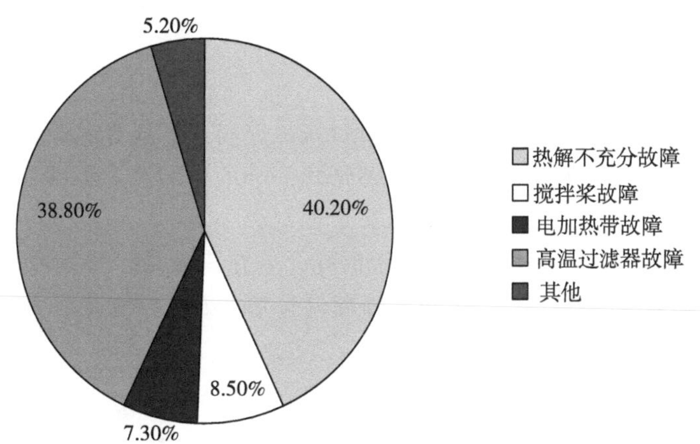

图3　热解炉故障统计分析

针对上述主要问题对热解炉工艺和装置进行改进，保证系统的稳定性。

2.3　热解炉工艺改进

2.3.1　热解炉热解不充分

热解炉热解不充分，内部结块严重，炉内灰块呈现黑色，灰块直径60 cm以上，覆盖热解炉顶部区域80%以上，主要附着在搅拌桨第一、三层桨叶之间，高度30～40 cm，呈倒锥形，重量30～35 kg，如图4所示。

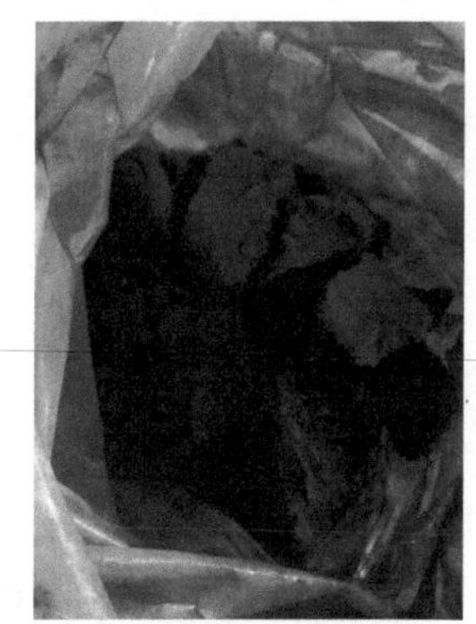

图4　热解炉内灰块

2.3.2　原因分析

（1）供料量过大、喷嘴调节阀不稳定，导致热解炉内结块严重

设定供料喷嘴供料量为25 kg/h，1#、2#供料喷嘴调节阀供料过程中流量波动显著，1#喷嘴设定值14 kg/h，实际波动范围7 kg/h～22 kg/h，2#喷嘴设定值11 kg/h，实际波动范围6 kg/h～20 kg/h。设定供料量25 kg/h，在流量叠加情况下，瞬时供料量超过30 kg/h，经过分析，供料量不稳定的主要因素为悬浮液杂质、质量调节阀性能和供料管线弯道影响；且搅拌桨运行时推动炉内钢球由外向内翻转做三维运动，热解炉反应器为外部加热，维持球床的反应温度热量由外向内传递，在热解炉搅拌桨竖直轴附近出现低温区，如图5所示，当过量悬浮液进入热解炉中，热解炉热解不充分，最终形成结块，积累在热解炉内部。

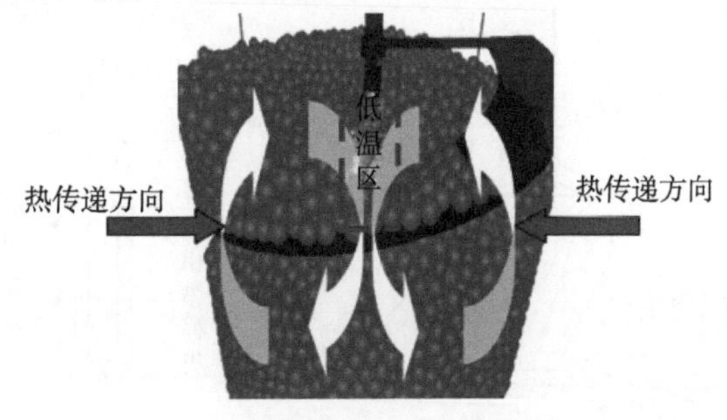

图5　热解炉钢球运动及热传递示意

（2）氮气流量较大，温度较低，造成热解炉上部温度较低，影响TBP热解，导致结块

进入热解炉的氮气主要由轴封保护氮气、喷嘴吹扫氮气，保护氮气。其中，轴封氮气流量 2.5 kg/h，保护氮气的流量约 2.5 kg/h，用于轴封冷却及防止空气进入热解炉；吹扫氮气约 5 kg/h，主要作用是吹扫喷嘴内的悬浮液，降低了热解炉上部空间温度，造成上部温度小于热解温度 500～600℃，热解炉内部温度相差较大，影响炉内正常反应。

2.3.3 工艺改进

①严格把控原材料质量，对悬浮液配置过程进行质量控制，在现有设备布置的基础上合理设置供料量，根据前期供料情况，将原供料量 25 kg/h 调整到 20 kg/h，1＃、2＃喷嘴流量波动范围 10.6±3.2 kg/h；②对氮气流量进行降低，将保护氮气流量控制在 1.5～2.5 kg/h，喷嘴的吹扫氮气流量控制在 2～2.5 kg/h、轴封氮气量流量控制在 2～2.5 kg/h。在三者处于平衡状态下，保持热解炉温度在 500～600 ℃控制范围内，此时 1＃、2＃供料喷嘴流量基本处于控制范围内，如图 6 所示。

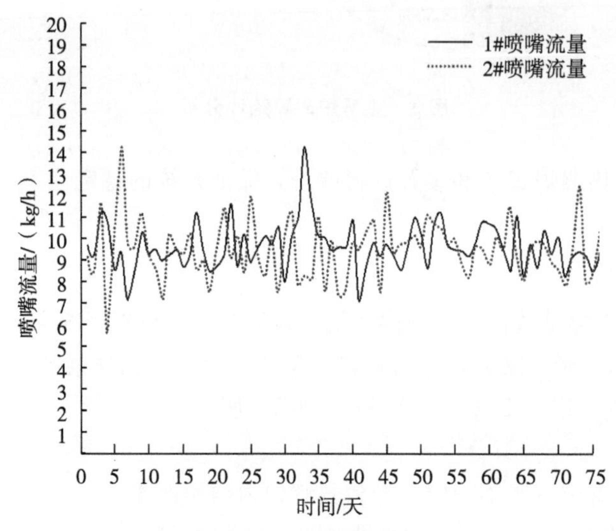

图 6 喷嘴流量情况

2.4 高温气体过滤器工艺改进

2.4.1 高温气体过滤器堵塞

高温气体过滤器为热解炉后续工艺设备，用于将热解灰与热解气隔离，将放射性热解灰截留在热解炉内部，将热解气过滤后送至后续燃烧系统，运行时其温度约 450 ℃，经过前期的改造，高温气体过滤器为 316 L 金属粉末烧结过滤器，过滤精度 1 μm，高温气体过滤器运行及结构示意如图 7 所示。

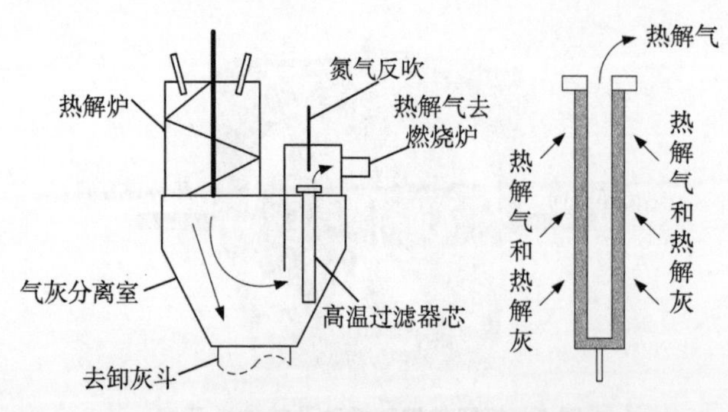

图 7 高温气体过滤器运行及结构示意

在完成高温气体过滤器更换后，提高热解炉喷嘴供料量，经过一周的运行，高温气体过滤器压差上升较快，初始压差为 0.27 kPa，在系统压差达 9 kPa 时，触发停车，如图 8 所示。

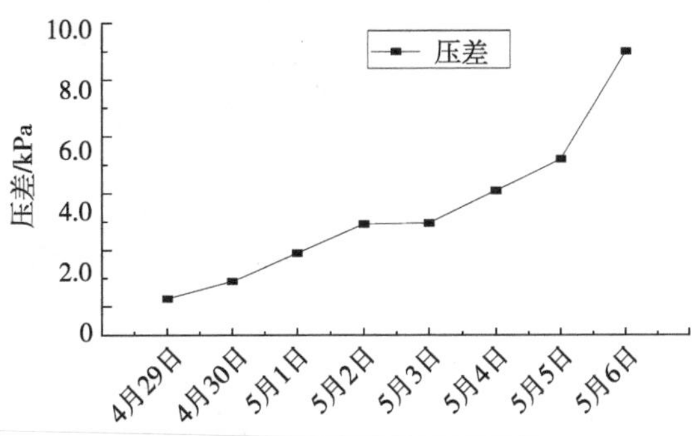

图 8　高温气体过滤器压差变化情况

拆解高温气体过滤器观察，高温气体过滤器芯表面积灰较多，最大厚度约为 0.6 mm，呈黑色，高温气体过滤器明显严重堵塞，如图 9 所示，与正常运行期间高温气体过滤器芯颜色不同，如图 10 所示。

图 9　高温气体过滤器芯堵塞

图 10　正常高温气体过滤器

2.4.2　原因分析

（1）热解炉反应层较短，大量悬浮液无法实现充分热解。在热解炉结构中热解炉喷嘴安装角度呈 75°向内，如图 11 所示，在料液从喷嘴流出的过程中，随着氮气的持续吹扫，料液向搅拌桨轴方向飞溅。热解炉炉内总高为 884 mm，钢球高度约为 730～750 mm，钢球高度与喷嘴距离约 20 cm，热解区较短，搅拌过程中钢球未完全淹没搅拌桨，造成搅拌桨支撑板及轴上积累悬浮液形成堆积结块，如图 12 所示。TBP 随着供料量的增加，为保障热解炉负压在受控范围内，增加系统排风，热解炉内部反应物快速离开热解炉，未充分停留热解炉反应层反应，部分 TBP 未充分热解，直接随烟气、热解灰与高温气体过滤器表面接触，板结在高温气体过滤器表面，堵塞气体流道，导致高温气体过滤器芯压差上升过快直至系统停车。

（2）对热解炉粒度进行分析，其平均粒径 0.136 μm，部分尘粒粒径达 563.41 μm。热解炉在运行过程中板结成块且研磨不均匀，热解灰中会出现粒径更大的颗粒。高温气体过滤器运行温度为 450 ℃，温度升高时过滤器材质热膨胀会造成过滤孔径变小。烧结金属粉末过滤器采用一定粒度分布的金属化合物颗粒烧结而成，过滤器孔隙率为 20%～40%，适用于表面过滤机制[9]。

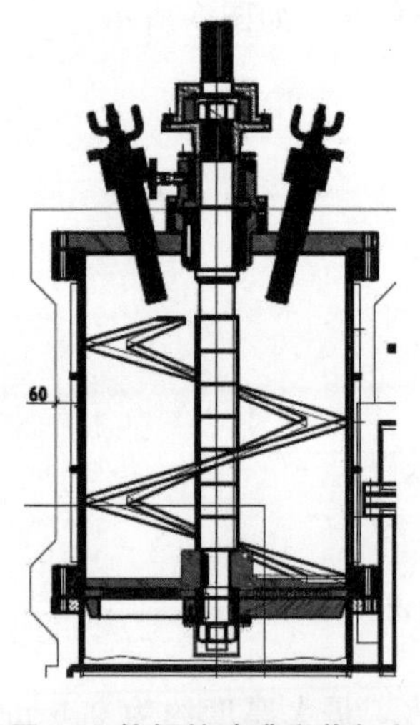

图 11　热解炉喷嘴安装角度

图 12　热解炉搅拌钢球

热解炉运行过程中，高温气体过滤器反吹清灰频率为 1 次/h，由于过滤介质内部孔隙吸附的细小尘粒会逐渐堆积而发生堵塞，反吹清灰间隔时间越长，介质内部颗粒堵塞越严重，反吹清灰效果就会越差。另外，高温气体过滤器在负压条件下运行，负压越大时，过滤器表面反吹掉落的尘粒来不及远离就会被二次吸附，反吹频率和反吹期间系统负压会影响反吹清灰效果。

（3）由于高温气体过滤器属于热解炉关键设备，在较短的运行期间，高温气体过滤器反吹时气源由于氮气系统保养不到位，氮气压力不足，岗位人员未按操作要求导致氮气反吹频次和反吹时间不足；且反吹系统由于 509 阀门故障和反吹软管泄露，引发了严重堵塞，对后续生产运行极为不利。

2.4.3　工艺改进

针对高温气体过滤器堵塞的情况，采取措施：①补充热解炉钢球，使钢球与喷嘴距离小于 10 cm，补充钢球约 1400 颗，增加热解层的高度 5～8 cm 并淹没搅拌桨。②对高温气体过滤器进行连续降压反吹，即运行时在卸灰前后进行降压反吹，增加反吹频次，在停车期间，同样采取降压反吹，提高反吹效率。③对氮气系统进行定期保养，消除反吹系统阀门故障，更换反吹软管。改进后的高温气体过滤器工艺，具有良好的过滤效果，系统连续运行 119 天，高温气体过滤器差压缓慢上涨，符合工艺运行规律，满足工艺要求，高温气体过滤器压差上涨情况如图 13 所示。

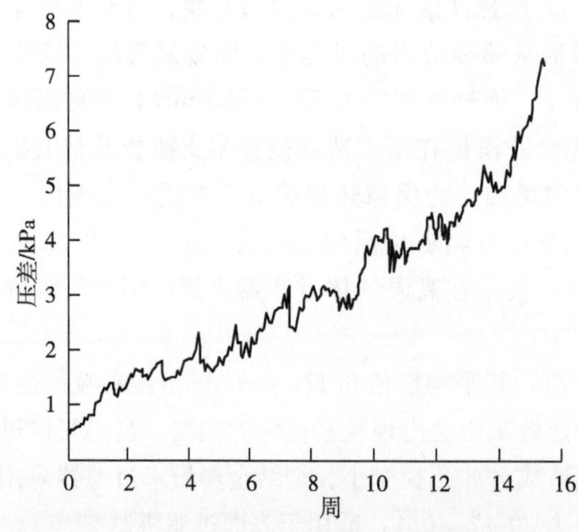

图 13　高温气体过滤器压差上涨情况

2.5 热解炉结构改进

2.5.1 搅拌桨

（1）搅拌桨轴承消磁

热解炉的高温搅拌的装置，常采用将金属球（如不锈钢球）放入放射性有机废物中一同搅拌，使反应产生的固体结痂附着在不锈钢球上，利用搅拌桨搅动不锈钢球，使附着在不锈钢球上的固体结痂在相对运动摩擦时研磨成固体粉末，再通过热解炉底部进入气固分离室。在实际运行中，作用在搅拌桨上的阻力会随着不锈钢球的搅动而变动，在不锈钢球的重力作用下，传递到搅拌桨轴向上的力较大。

热解炉采用磁悬浮轴承组件，利用磁力作用将轴向上的力转为无摩擦力的相对转动，减小了搅拌轴的转动扭矩，克服了搅拌过程中对搅拌轴的向下作用力，使搅拌轴在轴向上精准定位，保证了搅拌轴在预设的平衡位置稳定工作。

但磁悬浮轴承经过长时间的运行出现了消磁现象，且发生了多次故障，加大了检修工作难度，检修时必须拆除热解炉上部搅拌桨电机、悬浮装置、热解炉上盖及连接管线等，每次检修都需花费很长时间，不利于工艺连续稳定运行。

（2）原因分析

磁悬浮轴承在长期的运行中出现了消磁，搅拌轴偏心甚至有 3～5 mm 的下沉，轴密封被破坏，甚至搅拌桨叶剐蹭热解炉壁、炉底，造成搅拌桨卡死，导致工艺系统停止。在搅拌桨转动过程中，钢球随搅拌桨的推动向上运动，钢球与搅拌桨之间产生摩擦，搅拌桨耙齿受到磨损（图 14），且因热解炉底部沟槽原因，摩擦位置相对固定，导致 1～2 mm 深的划痕损伤，热解炉底板划痕损伤如图 15 所示。

图 14 搅拌桨耙齿磨损

图 15 热解炉底板划痕损伤

(3) 搅拌桨改进

为解决搅拌桨故障问题，对搅拌桨磁悬浮轴承进行改进，为了确保热解炉原有整体结构的密封性，热解炉原有整体密封结构全部不变，只将原有的磁悬浮轴承进行改进，且主要外形尺寸及传动方式还尽量保持原有方式。利用原有的磁悬浮轴承下部的氮气密封支座部分，维持原热解炉密封结构，将磁悬浮轴承部分改为 2 个单向推力轴承，承担轴向载荷[10]。

热解炉在工作时炉内处于高温状态，搅拌轴在高温状态下具有热膨胀性，原热解炉磁悬浮轴承靠磁推力将轴膨胀部分化解，保持搅拌桨与炉底载荷不变。改造时可在旋转盖与锁紧螺母之间加装负载 30 000 N 左右的蝶形弹簧或弹簧，化解搅拌轴膨胀部分。

改进后的悬浮装置主要由推力轴承、氮气护罩、轴承座、底盘、支撑塞、旋转盖、碟形弹簧、压板等组成，如图 16 所示。搅拌轴穿过悬浮装置的路径及尺寸不变，悬浮装置利用两组推力轴承保持搅拌轴的稳定性。

经过现场调试，搅拌桨搅拌底部钢球，减少了钢球与底部的剐蹭，并对以前热解炉底部炉排及钢球刮痕修补磨平，消除热解炉底部沟槽及搅拌器磨损缺陷。

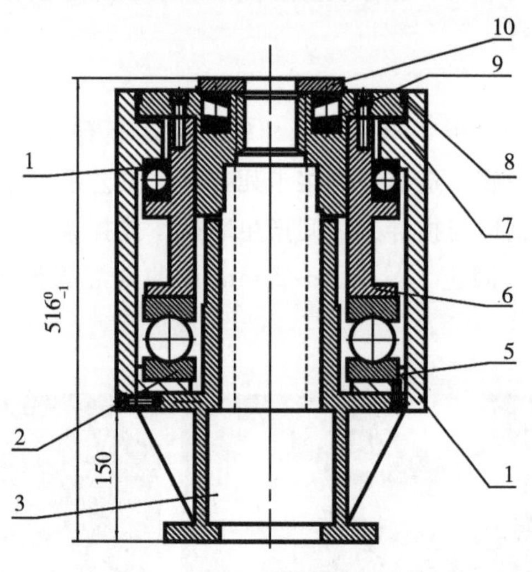

图 16　改进后的悬浮装置

1—推力轴承额定动载 234 kN；2—推力轴承额定动载 358 kN；3—氮气护罩（利用原有）；4—轴承座（316 L）；5—底盘（316 L）；6—支撑套（316 L）；7—旋转盖（316 L）；8—密封圈（316 L）；9—蝶形弹簧或圆柱螺旋弹簧约 30 000 N；10—压板（316 L）

更换推力滚子轴承后，运行较为平稳，初期扭矩约为 1500～1800 N・m，且将搅拌桨原转速 2.5 rpm 调整至 3 rpm。经过现场的测试，搅拌桨扭矩在（1495.4±393.6）N・m 范围内波动，而热解炉搅拌桨上限值 2700 N・m，热解炉搅拌桨运行正常，如图 17 所示。

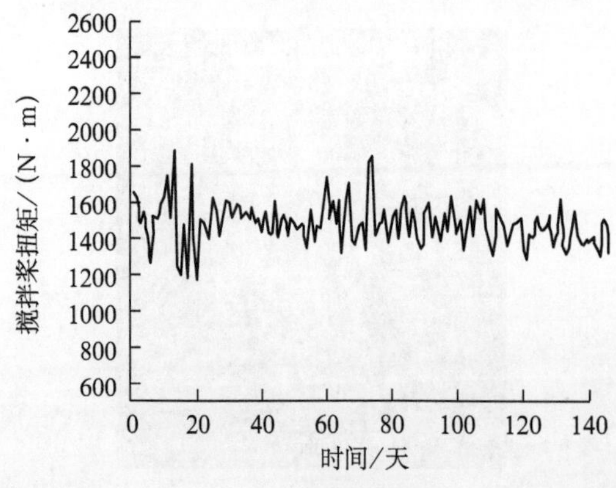

图 17　搅拌桨扭矩情况

经过对搅拌桨悬浮装置的改进，热解炉搅拌系统运行正常且更加稳定。自改造完成后，TBP 工程未发生过推力装置故障。

2.5.2　加热带

（1）热解炉加热带短路

热解炉加热带是由固态继电器来控制加热带加热的，固态调功器主要由可控硅、触发控制电路等单元组成，可由外部 PLC 发出信号控制其输出功率，即在固定周期内，同时控制输出交流正弦个数、幅值，达到调节功率的目的，通过调节功率来完成分阶段加热。在热解炉运行过程中，加热带故障，频繁出现加热丝对地短路情况。

（2）原因分析

由于加热带长期使用，加热带温度过高导致加热丝膨胀会将瓷管间顶出一定的间隙，穿插在空瓷管中的加热丝就会向下滑落直接与加热带四周的不锈钢外壳接触，如图 18 所示，不锈钢外壳用于固定加热带瓷管，加热带四周的不锈钢是直接接地的，导致加热丝直接与地接触造成短路，加热带陶瓷块就会出现烧黑的现象。

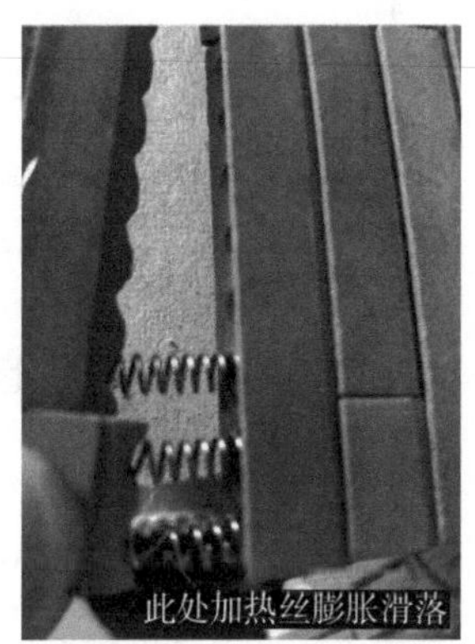

图 18　加热丝滑落

（3）加热带改进

根据分析结果，在加热带四周增加了没有穿插电热丝的空瓷管，如图 19 所示，热丝向下滑落也不会直接接触到不锈钢外壳，而是滑落到“U”空瓷管上面，有效地阻隔了加热丝与不锈钢外壳直接接触。改进后的热解炉加热带避免了加热带短路、温度和功率达不到设定值的情况，降低了加热带的故障率，提高了生产效率。

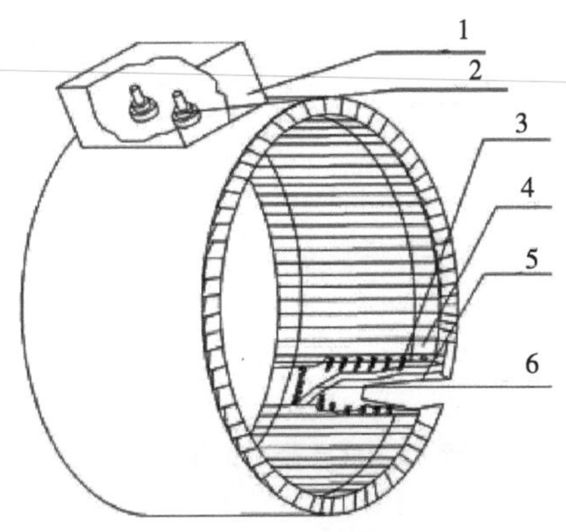

图 19　加热带结构

1—不锈钢螺丝接线端子；2—加热带接线盒；3—螺旋缠绕的铁铬电热丝；4—附加的空瓷管；
5—带锯齿的不锈钢外壳；6—内置陶瓷纤维保温层

通过测试，热解炉加热带运行正常，平均温度 E01 为 500.1 ℃，E02 为 500.0 ℃，E03 为 500.1 ℃，E04 为 478.8 ℃，E05 为 450.0 ℃，E06 为 450.0 ℃，E07 为 425.0 ℃，如图 20 所示，加热带功率输出平稳，如图 21 所示。热解炉加热带温度功率输出保持稳定，加热带 E01～E07 运行正常。

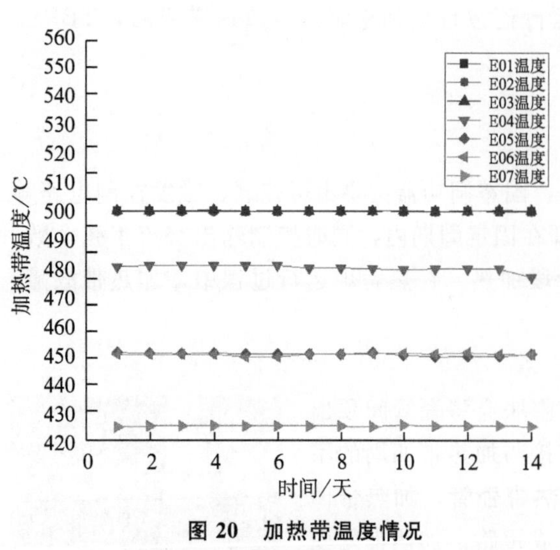

图 20　加热带温度情况

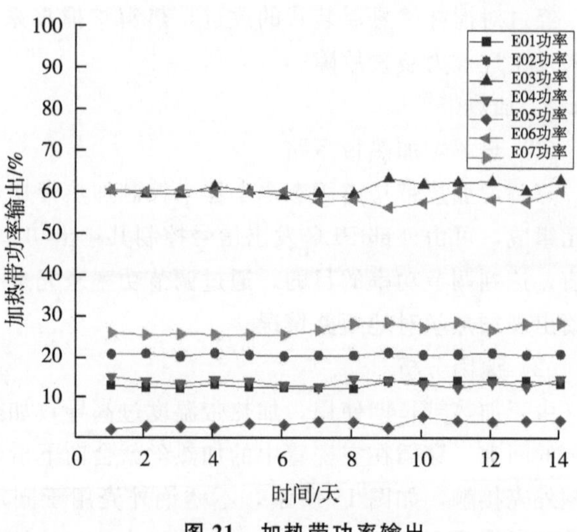

图 21　加热带功率输出

3　工艺验证热解炉运行情况

经过工艺优化和结构改造后，加热正常，热解充分，未发生超温、短路情况；供料系统流量设定为 20 kg/h，单喷嘴为 10 kg/h，实际运行 9～30 kg/h，主要因供料过程中，采用球阀调节，造成波动较大；搅拌桨扭矩基本平稳，波动范围为 1050～1550 N・m，稳定时期平均值 1400 N・m。高温气体过滤器经过降压反吹后，运行期间未更换过滤器。热解炉工艺运行平稳，参数变化在受控范围内，产量由 0.37 m^3/d 提升至 0.43 m^3/d，如图 22 所示，2022 年年度累计处理 80.49 m^3，系统运行稳定。

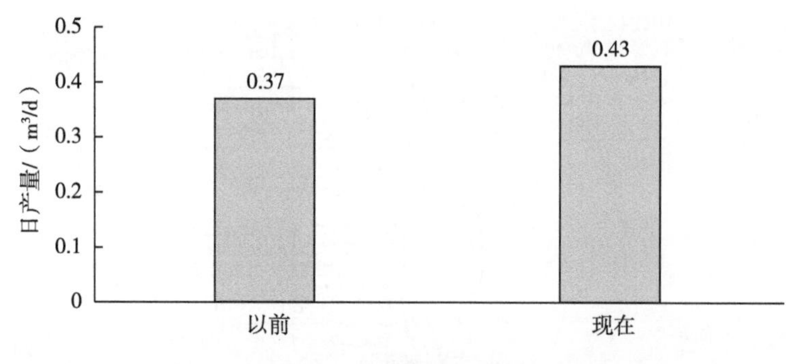

图 22　日产量对比情况

4　结论

本文在提高低放有机废液处理效率同时，对低放有机废液处理工艺中热解工艺及热解炉进行了研究。统计热解炉故障类型，找出影响热解炉运行的主要因素，主要包括：热解不充分、高温气体过滤器堵塞、搅拌桨卡滞、加热带故障。

①对热解炉热解不充分进行原因分析，确定热解炉供料流量和氮气流量等参数；②分析高温气体过滤器堵塞原因，提出增加热解钢球，高温气体过滤器降压反吹，定期维保氮气系统减少高温气体过滤器堵塞，保证系统稳定运行；③对热解炉搅拌桨卡死问题进行原因分析，采用推力轴承承担轴向载荷，固定搅拌桨，加装负载 30 000 N 左右的蝶形弹簧，化解搅拌轴膨胀，保持搅拌桨扭矩在运行范围内；④对热解炉加热带短路故障进行原因分析，提出在加热带四周增加空瓷管避免加热带对地短路，使加热带输出温度和功率保持正常。通过对热解炉工艺及装置的改进，热解炉加热正常，热解充分，热解炉搅拌桨输出扭矩平稳，高温气体过滤器运行正常，各运行参数受控，系统日处理量提高了 16.2%，提高了低放有机废液处理效率。

参考文献：

[1] 刘文新，徐杰，谷秋梅，等. 八二一厂低放有机废液处理工程工艺设计说明书 [R]. 中国核电工程有限公司，2014.

[2] 王培义，周连泉，杨保民，等．放射性废有机溶剂的热解焚烧处理 [J]．辐射防护，1996 (1)：59 - 66.

[3] 成章．废有机溶剂磷酸三丁酯（TBP）的处理研究 [D]．北京：北京化工大学，2008.

[4] 张存平，甘学英，林美琼，等．热解燃烧废 TBP/OK 料液配制 [J]．原子能科学技术，2004，38 (2)：503 - 511.

[5] 赵斌，云桂春，叶裕才．放射性废有机溶剂（TBP/OK）稳定化技术研究 [J]．辐射防护，1996，16 (1)：38 - 43.

[6] 范显华，张存平，林美琼，等．TBP -煤油热解燃烧冷台架试验 [J]．原子能科学技术，1999，33 (6)：546 - 552.

[7] 何周国．热解焚烧废 TBP -煤油的料液配方研究 [J]．核化学与放射化学，1997，19 (1)：29 - 35.

[8] 李承，于喜来．废 TBP/煤油热解焚烧冷台架试验装置的设计与运行 [J]．辐射防护，1999，19 (6)：433 - 438.

[9] 徐立国，张锡东，赵玲君，等．TBP/煤油热解焚烧装置的改进及冷试验证 [J]．辐射防护，2020，40 (5)：372 - 378.

[10] 木本康．搅拌机采用推力调心滚子轴承替换推力球轴承 [J]．水泥，2007 (2)：34.

The pyrolysis furnace process and equipment of low level organic waste liquid

CHEN Gui-lan, BAO Chao-jun, ZHU Qi-yin, LIU Jing-qian

(Sichuan Environmental Protection and Engineering Co., Ltd., CNNC, Guangyuan, Sichuan 628017, China)

Abstract: In order to further improve the treatment efficiency of low level organic waste liquid, the pyrolysis process and equipment for low level organic waste liquid were studied. In improving the treatment efficiency of low level organic waste liquid, serious agglomeration inside the pyrolysis furnace, severe blockage of the high - temperature gas filter, abnormal wear of the pyrolysis furnace stirring paddle, and short circuit of the heating belt have occurred, seriously affecting the treatment effect of low level organic waste liquid. Severe agglomeration inside the pyrolysis furnace is caused by excessive feed and nitrogen flow rates, adjusting parameters such as feed and nitrogen flow rates within the control range; The blockage of the high - temperature gas filter is caused by the short pyrolysis reaction layer of the pyrolysis furnace, insufficient frequency and time interval of filter backflushing, and the lack of regular maintenance of the nitrogen system. Measures such as increasing pyrolysis steel balls, reducing pressure and backflushing time and frequency of the high - temperature gas filter, regularly maintaining the nitrogen system are taken to reduce the blockage of the high - temperature gas filter; Abnormal wear of the pyrolysis furnace agitator blade is caused by demagnetization of the agitator blade bearing, thrust bearings are used to maintain the agitator blade torque within the operating range; The short circuit fault is furnace is caused by the short circuit of the heating strip. An empty porcelain tube is added around the heating strip to avoid short circuit to ground, so as to maintain normal output temperature and power of the heating strip. By improving the pyrolysis furnace process, high - temperature gas filter process, and pyrolysis furnace structure, the daily processing capacity of the system has been increased by 16.2%, achieving an increase in the efficiency of low - level organic waste under stable system operation conditions.

Key words: Low level organic waste liquid; Pyrolysis furnace; High temperature gas filter

电化学水中提铀材料研究进展

李冬杰

（核工业二四三大队，内蒙古　赤峰　024000）

摘　要：铀资源在核工业发展中具有无可替代的地位，其开采和资源回收对保障核能可持续发展具有战略意义。采用吸附材料处理铀矿从开采到使用完毕过程中产生的含铀废水和吸附海水中的铀逐渐为当前研究热点。实现水中提铀的关键是实现对水中铀酰离子的高效富集。电化学吸附可以打破热力学控制的吸附-解吸平衡，有利于铀的传质扩散，产生更高的萃取能力。设计选择性高，吸附容量大，稳定性强，导电性良好的电极材料是电化学水中提铀的关键一步。近年来，高吸附容量、高选择性的电化学海水提铀材料不断涌现。本文介绍了近年来国内外电化学水中提铀材料的研究进展，阐明了目前大规模电化学水中提铀面临的关键问题和挑战，并对未来发展和研究方向进行了展望。

关键词：水中提铀；电化学；吸附材料；电极

随着社会的发展，能源需求在不断攀升，而全球资源日益减少致使能源危机正在威胁人类生存。作为清洁能源之一的核能，是应对能源危机的重要手段。此外，在优化能源结构和加速能源结构转型中，核能也发挥着重要的作用。然而，一方面，天然铀是一种不可再生矿产资源。根据估算，现在已经探明的陆地上的铀资源只能供人类使用几十年。不断寻求新的铀资源是解决目前铀资源困境的必然选择。海洋是地球上丰富的铀资源库，海水中的铀的总含量约45亿吨，是陆地铀矿储量的近千倍[1]。另一方面，核燃料循环前端和乏燃料处理过程中会产生大量含铀废水并排放的大量带有放射性和化学毒性的物质，这将严重影响人类的生存[2]。因此，水溶液中铀的浓缩和回收对资源利用、健康环保和可持续发展都具有重要意义。

水中铀的提取方法包括：吸附法、萃取法、膜分离法、离子交换法、化学沉淀法等[3]。其中，吸附法被认为是水中铀的提取中最有效且经济的方法，它有利于铀的提取、脱附及循环利用。然而，受化学吸附平衡等方面的影响，水中低浓度的铀扩散至吸附剂上的速度和最大吸附量等限制了物理吸附法应用于水中铀的高效提取。电化学法是一种利用外加电场促进铀富集的吸附技术，铀酰离子在外加电场的作用下，在电极区域内积累。相对于物理化学吸附法海水提铀，电化学法具有以下的优点：①外加电场的作用增加了铀酰离子和吸附材料碰撞的概率；②电子与铀酰离子反应生成电中性的UO_2，降低了铀酰离子间的静电斥力；③特定电场可能降低其他干扰离子的竞争吸附。电化学法的关键之一是高选择性、高电极表面活性材料的开发[4-5]。

1　电化学水中提铀原理

铀的价电子层为$5f^3 6d^1 7s^2$。有＋3、＋4、＋5、＋6四种价态，其中以＋4和＋6价态最稳定。水中铀主要以六价的铀酰离子（UO_2^{2+}）形式存在。相对于标准氢电极，UO_2^{2+}/UO_2和UO_2^{2+}/U^{4+}的还原电位分别为0.411 V和0.327 V[6]。电化学提铀通过施加一定的电场提供电子使U（VI）在电极表面还原为U（IV），U（IV）的毒性较低，且易与海洋环境中的小离子及基团（如CO_3^{2-}、OH^-、溶解氧等）络合沉淀，有利于集中收集。此外，在U（VI）被电化学还原为U（IV）的过程中，输出电压的大小也会影响还原效率，需要控制电压来有目的地抑制海水中其他共存离子及基团的还原过程，提高电化学还原效率，获得高纯度的含铀物质。其实验装置如图1所示[7]。

作者简介：李冬杰（1994—），女，内蒙古赤峰人，硕士，助理工程师，目前从事化学分析工作。

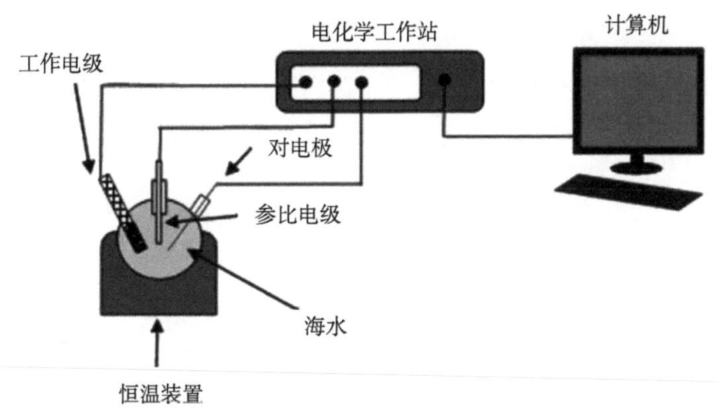

图 1　电吸附实验的电化学装置

2　无机材料

无机材料用于制备电极材料，具有导电性强，成本低、比表面积高、结构可调节和易于制备等特点。目前，常用做无机电极材料的包括金属[8]、金属硫化物、金属氧化物[9]、碳材料等。美国麻省理工学院李巨教授等[10] 使用了一种独特的硫溶解的 EDA 溶液作为硫源和氮源，与石墨烯一起进行水热反应，得到了一种具有稳定三维结构的硫氮共掺杂的石墨烯海绵（3D－FrGOF），并且该海绵具有优异的机械性能，可以作为稳定的电极使用。使用该掺杂海绵作为电极，既充当析氢反应（HER）催化剂又充当铀沉积基材。实验显示，U（VI）与 3D－FrGOF 在不饱和的情况下实现了 4560 mg/g 的比电解沉积容量，库仑效率可达 54%。此外，成功地将加标海水中的铀浓度从 0.003‰降低到 1.99×10^{-8}，低于美国环境保护署对饮用水的铀限制（3.0×10^{-8}）。另外，通过在具有反向偏压的第二个浴槽中喷射到 2‰的浓缩铀溶液中，收集电极可以有效地再生和循环至少 9 次而不会出现太多的效率衰减。所有这些发现为使用自支撑 3D－FrGOF 电极作为水处理的先进分离技术开辟了新的渠道。这种通过析氢反应（HER）引起电极周围 pH 值的变化来实现高效提铀的方法逐渐被人们关注。

Jian 等[11] 报道了利用机械纳米化学原理和水热法合成了一种双功能 Co，Al 改性 $1T-MoS_2$/还原氧化石墨烯（$CA-1T-MoS_2/rGO$）催化剂，该催化剂在模拟海水中具有良好的 HER 性能，在电流密度为 10 mA/cm^2 条件下 HER 过电位为 466 mV。得益于 $CA-1T-MoS_2/rGO$ 的高 HER 性能，在模拟海水中无须后处理即可实现高效的铀萃取，其提取铀效率为 1990 mg/g，具有良好的可重用性。基于实验结果和理论计算，如图 2 所示，$CA-1T-MoS_2/rGO$ 在海水中提取铀的机制可能是：Al 和 Co 的引入可以调节 1T 相 MoS_2 的电子态以优化水解离能，使 H_2O 分子容易吸附到 $CA-1T-MoS_2/rGO$ 的 Co 原子上，然后迅速解离，产生大量的 OH＊和 H＊；在 HER 过程中，UO_2^{2+} 在电场的作用下聚集在阴极附近，使其更容易被 $CA-1T-MoS_2/rGO$ 的 S 原子吸附，导致 U 和 S 原子之间发生了电子转移，这可以削弱 U 原子上的电子云密度，增强在 HER 过程中 U 和 OH＊之间的吸附能力，使得 UO_2^{2+} 更容易与 OH＊反应形成 $UO_2(OH)_2$ 沉淀并在电极表面聚集，实现快速、高效的铀提取。同时，$CA-1T-MoS_2/rGO$ 在 HER 过程中电极表面形成大量气泡，促进沉淀从电极表面脱落，实现了含铀产品的回收。这种被广泛用于电化学析氢反应的催化剂材料也逐渐用于铀提取，设计和制备高性能双功能催化剂为海水中铀的提取和回收提供了一种新的策略。

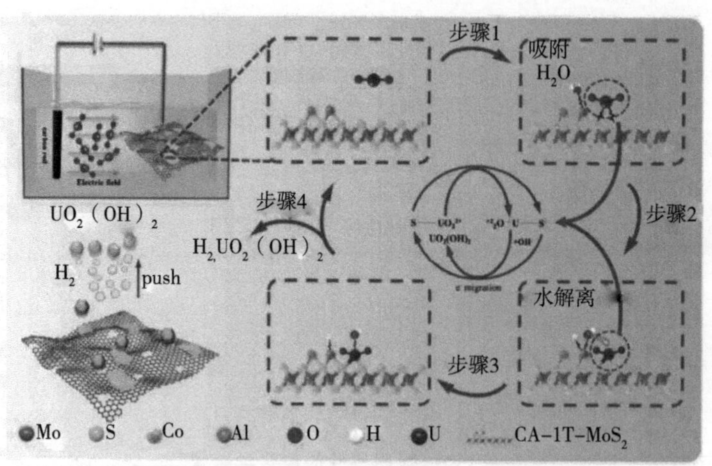

图 2 CA-1T-MoS_2/rGO 海水提取铀机制

3 无机-有机复合电极材料

无机-有机复合电极材料主要是利用对铀具有超高选择性的官能团，如偕胺肟基（AO）等，在化学稳定性好、力学性能优异的纤维类高分子材料或兼具大比表面积的 CNT、MOF、ZIF 等材料上进行修饰，得到对电化学提铀具有优秀催化性能的电极材料，来捕获铀酰离子而实现铀分离和提取。在电极材料上修饰出偕胺肟基团，用其对铀的选择性配位能力能有效加速铀酰离子迁移速率，使铀酰离子富集在电极表面，使电催化具有更高的吸附容量和更快的吸附效率。

Xue 等[12] 采用涂层法将聚丙烯腈引入石墨表面，然后采用一步水热法进行酰胺肟反应，制备了偕胺肟化石墨毡。偕胺肟改性石墨毡电极在−0.9 V（vs-SCE）下，铀的吸附容量可为 164.75 mg/g。在反向电压（0.9 V）的影响下，碳酸钠为洗脱剂，洗脱效率为 95%。重复利用 5 次后，吸附量可达到初始值的 90%。

Liu 等[13] 制备的偕胺肟功能化铟-氮-碳电极材料（In-N_x-C-R，R 代表 AO)。In-N_x-C-R 中-AO 可选择性地吸附铀酰离子。然后在电极表面通过电催化将 U（VI）还原为 U（V）中间体，再氧化成 U（VI），得到黄色固体沉淀 $Na_2O(UO_3 \cdot H_2O)_x$。在天然海水中铀提取能力达 6.35 mg/（g·d)，与未偕胺肟功能化的 In-N_x-C 电极相比，该电极具有更高的吸附容量和更快的吸附效率。众所周知，在海水中进行铀吸附过程，存在大量竞争离子，其中钒离子是铀酰离子的主要竞争阳离子，通过吸附-电催化处理后的 In-N_x-C-R 电极对铀的选择性是钒的 8.75 倍，这表明 In-N_x-C-R 电极在电化学海水铀提取中具有良好的潜在适用性。

4 有机电极材料

有机电极材料具有结构多样、低成本、环境友好等潜在优势，但是有机材料存在自身导电性差、易溶解等缺陷。为提高材料导电性，Yan 等[14] 提出一种铜表面介导的 Knoevenagel 缩聚（Cu-SMKP）方法，实现 sp^2c-COF 薄膜在任意铜基底上的可控构筑。具体地说，在这种方法中，铜既作为衬底又作为催化剂源。在有机碱和极性溶剂中，生成的铜离子在界面上形成一层薄的催化活性物质扩散层。因此，Cu-SMKP 只发生在受限二维空间中，随着有机缩合的完成，可以在金属铜表面制备出完整的 sp^2c-COFs 薄膜。得益于铜表面提供的反应成核位点，通过 Cu-SMKP 合成的 sp^2c-COF 薄膜展现了连续均匀的形貌，以及可调控的厚度，直接生长在高导电基底上的薄膜能有效提高电极导电率，该材料在 0.5‰浓度的加标海水中，在−1.3 V 的电压下展示出了高达 2475 mg/g 的提铀容量，优于大多数报道的 COF 膜。

5 展望

电化学提铀方法是通过电场使铀酰离子快速吸附到电极表面还原为电中性物种。与物理吸附法相比，电化学提铀能摆脱吸附表面积的限制，有效解决吸附过程中存在离子扩散速度慢、同电荷离子间的库仑斥力影响及多种阳离子竞争铀酰离子的吸附活性位点等问题，实现提铀速度和提取效率的显著提升，同时还可以实现铀的快速释放。此外，电化学提铀在能够实现大规模的水中提铀的同时，还能避免对提铀过程对海洋环境和生态造成负面影响，故被认作一种极具潜力的提铀新方法。作为一种绿色、快速、高效的海水提铀新方法，目前关于电化学海水提铀已经有部分实验室级研究，提铀材料开始大规模显现，然而在大规模水中提铀方面仍存在一些问题亟待解决：①缺乏在大规模水域中的电化学海水提铀装置。目前已有实验室级电化学海水提铀装置被报道，但实际应用效果有待提高。为了提高大规模水中提铀的容量和效率，需要设计并引导海水在提铀装置中的流动，提高对铀的吸附、还原。②电化学水中提铀方法依靠电能的支持，目前的电能主要由电站提供，具有一定的局限性，且显著增加了水中提铀的成本，尤其是在海水提铀过程中。基于上述问题，开发利用海洋自有绿色能源，如太阳能、风能、潮汐能等，能大大降低对移动电能的需求，从而提高电化学海水提铀的经济效益，实现真正的高效、快速水中提铀，对于推动水中提铀，尤其是海水提铀发展具有重大意义。

参考文献：

[1] 李子明，牛玉清，宿延涛，等．海水提铀技术最新研究进展［J］．核化学与放射化学，2022，44（3）：233－245.

[2] 康逢福，樊立静．吸附法处理含铀废水研究进展［J］．现代盐化工，2018，45（5）：95－96.

[3] 李昊，文君，汪小琳．中国海水提铀研究进展［J］．科学通报，2018，63（5/6）：481－494.

[4] DASH A，AGARWAL R，MUKERJEE S K. Electrochemical behaviour of uranium and thorium aqueous solutions at different temperatures［J］. Radioanal nuclear chemical，2017，311：733－747.

[5] GUIN S K，AMBOLIKAR A S，KAMAT J V. Electrochemistry of actinides on reduced graphene oxide：craving for the simultaneous voltammetric determination of uranium and plutonium in nuclear fuel［J］. RSC advances 2015，5（73）：59437－59446.

[6] LU C H，ZHANG P，JIANG S J，et al. Photocatalytic reduction elimination of UO_2^{2+} pollutantunder visiblelight with metal－free sulfur doped g－C_3N_4 photocatalyst［J］. Applied catalysis B：environmental，2017，200：378－385.

[7] ISMAIL A F，YIM M S. Investigation of activated carbon adsorbent electrode for electrosorption－based uranium extraction from seawater［J］. Nuclear engineering and technology，2015，47（5）：579－587.

[8] WANG Y Y，WANG Y J，SONG M L，et al. Electrochemical - mediated regenerable Fe（II）active sites for efficient uranium extraction at ultra－low cell voltage［J］. Angewandte chemie，2023，62（21）：e202217601.

[9] 唐兴睿．基于电化学海水提铀的缺陷型硫催化剂的构筑［D］．绵阳：西南科技大学，2022.

[10] WANG C，HELAL A S，WANG Z Q，et al. Uranium in situ electrolytic deposition with a reusable functional graphene-foam electrode［J］. Advanced materials，2021，33（38）：1－11.

[11] JIAN J H，KANG H J，YU D M，et al. Bi-functional Co/Al Modified 1T-MoS_2/rGO catalyst for enhanced uranium extraction and hydrogen evolution reaction in seawater［J］. Small，2023，21（19）：2207378.

[12] XUE Y，CAO M，GAO J Z，et al. Electroadsorption of uranium on amidoxime modified graphite felt［J］. Separation and purification technology，2021，255：1－10.

[13] LIU X L，XIE Y H，HAO M J，et al. Highly efficient electrocatalytic uranium extraction from seawater over an amidoxime－functionalized In－N－C catalyst［J］. Advanced science，2022，9（23）：e2201735.

[14] YAN H K，KOU Z H，LI S X，et al. Synthesis of sp^2 carbon－conjugated covalent organic framework thin－films via copper－surface－mediated knoevenagel polycondensation［J］. Small，2023，19（35）：2207972.

Recent advances in electrochemical uranium adsorption materials from water

LI Dong-jie

(Geologic Party No. 243, CNNC, Chifeng, Inner Mongolia 024000, China)

Abstract: Uranium resources play an irreplaceable role in the development of the nuclear industry. Its exploitation and resource recovery are of strategic significance to ensure the sustainable development of nuclear energy. The adsorption materials, which could treat uranium containing wastewater produced in the process of uranium mining and utilization and adsorb uranium from seawater, have gradually become a current research hotspot. The key to achieving uranium extraction from water is the efficient enrichment ability of uranyl ions. Electrochemical adsorption can break the thermodynamic controlled adsorption - desorption equilibrium, which is conducive to the mass transfer and diffusion of uranium, resulting in higher extraction capacity. Designing electrode materials with high selectivity, large adsorption capacity, fine stability, and good conductivity is a key step in electrochemical uranium extraction from water. In recent years, electrochemical uranium extraction materials with high adsorption capacity and high selectivity from seawater have continuously emerged. This article introduces the research progress of uranium extraction materials from water both domestically and internationally in recent years, elucidates the key issues and challenges faced by large - scale electrochemical uranium extraction from water, and looks forward to future research directions.

Key words: Uranium extraction from water; Electrochemistry; Adsorption materials; Electrode

水泥固化搅拌装置故障原因分析及解决措施

张永康[1]，盖世鑫[2]，陶振伟[2]

（1. 中国核动力设计研究院，四川　成都　610041；2. 中国人民解放军 92337 部队，北京　100070）

摘　要： 针对桶装固化线行星式搅拌装置运行出现异响与机头抖动两种故障，通过试验验证确认了故障产生的直接原因与根本原因。异响是水泥搅拌过程中搅拌桨与桶壁发生碰撞导致的；机头抖动是搅拌桨与桶底水泥硬块碰撞导致的。两种故障的根本原因都是桶底水泥快速凝结形成水泥硬块，搅拌桨与水泥块碰撞发生变形。分析了不同解决措施的优劣，最终通过优化操作工艺、缩短下浆时间的方法避免了搅拌过程中水泥块的形成，以最小代价恢复了固化生产。

关键词： 固化搅拌装置；变形；机头抖动；水泥速凝；工艺优化

水泥固化技术是把含放射性核素的废液掺入水泥中，经过混合搅拌均匀并固化。水泥主要由各种硅酸钙和铝酸钙组成，便宜易得，它与水、沙、沙砾等容易混合，凝固后的混凝土耐久性好、强度高。水泥固化工艺设备简便可靠，又是常温操作，用水泥固化后的放射性废物固化体组织密实、比重大，耐气候性好、强度较高，产品具有良好的机械性、稳定性、耐久性、耐热性，即使含氧化剂也具有不易燃不易爆的性能、有一定抗浸出能力和耐辐照能力，适合于运输、贮存和处置。

国内多条固化线采用 200 L 桶内水泥固化技术处理中低水平放射性废液与废树脂，桶内搅拌工艺采用将放射性废液（树脂）、水泥和添加剂直接在包装容器中搅拌均匀固化的方式。固化过程中水泥和添加剂一次性添加，废液（废树脂）分次加料；加注一次废液则利用行星搅拌装置将固化桶内的料液与水泥搅拌均匀，搅拌均匀后再次加注，直至所有物理加注完毕。再封上桶盖，并擦拭去污，表面剂量率及表面污染水平测量，最后转入养护区养护后贮存。

桶内搅拌工艺的核心设备是带双限位开关的行星搅拌装置（图 1），安装在固化搅拌热室内。行星搅拌装置使用过程中有搅拌桨绕桨轴线自传、绕桶内壁公转和垂直升降 3 种运动，从而使料液与水泥粉充分混合均匀。行星式双螺带搅拌器自转速度：0～230 rpm（变频调速），公转速度：0～2 rpm（变频调速），升降行程约 1110 mm，升降速度：约 715 mm/min。

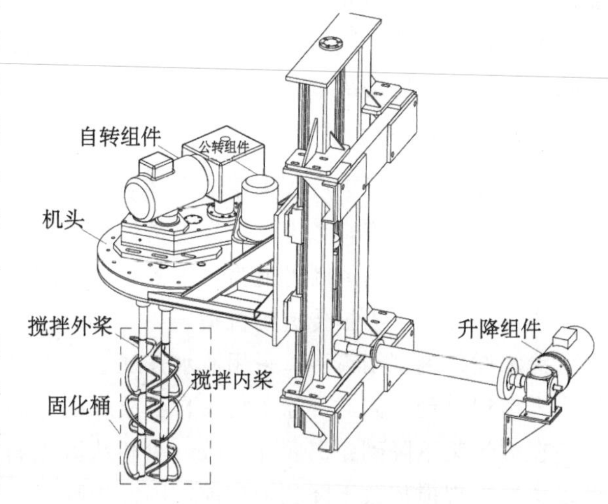

图 1　行星搅拌装置示意

国内某水泥固化线固化生产中发现行星搅拌装置存在金属刮擦的异响声与机头抖动的异常现象。出于安全考虑，运行人员停止了固化生产。

作者简介： 张永康（1987—），男，工程师。2009 年毕业于华中科技大学物理化学专业，现从事放射性三废处理工作。

1 运行异常现象

固化体生产作业中，运行人员在搅拌混合树脂与水泥的过程中发现机头剧烈抖动，且出现金属刮擦的异响声，为保护搅拌装置，运行人员紧急停止了搅拌作业。此时搅拌桨下降到 200 L 钢桶内部深度约 800 mm，距离桶底 100 mm。据了解，故障发生前几桶固化体生产过程中也出现了机头剧烈抖动的现象，当时操作人员认为是水泥浆扩展流动度较低，搅拌阻力大，是一种正常现象，未予以特别的关注。

2 运行异常原因分析及解决措施

2.1 金属刮擦异响原因分析

金属刮擦的异响声很明显是搅拌桨与异物发生了碰撞，搅拌桨接触异物，受力变大，传递到机头会导致机头抖动。所以，异常的原因是搅拌桨与异物发生碰撞。为了进一步判断与搅拌桨碰撞的异物是桶壁还是桶内异物。检修人员选择装满清水的钢桶进行搅拌操作，选用外观完好，无明显变形的，内壁净空尺寸大于桨的公转尺寸的 200 L 钢桶。在桨绕桶内壁公转的同时下桨，发现搅拌桨刚接触桶上方的下料密封罩就出现了机头发生抖动，有金属刮擦的异响声出现。据此判断，搅拌桨外桨底部已经发生较大变形，桨的公转尺寸已大于下料密封罩直径。参考文献［1］也表明搅拌桨桨叶距离容器中心越远、线速度越大，受力越大。搅拌桨桨叶所受压力随着深度的增加而增加，理论上底部液体压力最大，变形量最大。

检修人员拆卸搅拌外桨，清洗去污后，采用百分表对搅拌外桨进行了同轴度检查，桨的同轴度误差接近 2.5 mm。同轴度如果不在允许的范围内，会造成搅拌桨连接轴快速磨损、振动严重等现象，严重威胁到设备的稳定可靠运行，降低设备使用寿命。采用搅拌桨校正工装对桨进行了校正，将同轴度误差调整到 0.1 mm。

搅拌外桨回装后重新进行了清水搅拌测试，搅拌桨下降过程中未出现机头抖动及发出金属刮擦的异响声，故障得以解决。

2.2 机头抖动原因分析

清水搅拌测试结束后，采用清水开展了水泥固化现场试验，在搅拌桨下降到距离底部 10 cm 处机头开始抖动，出于安全考虑，工作人员停止了搅拌操作。

机头继续抖动的原因可能为：①机头自身故障；②人员未按规程操作；③搅拌过程中搅拌桨受力增加或碰到异物，力被传递到机头。

清水搅拌测试结束后，采用清水开展了水泥固化现场试验，搅拌桨在下降到桶底前搅拌水泥期间机头未出现抖动，因此排除了机头自身故障的原因。

在搅拌桨下降到距离底部 10 cm 处机头开始抖动。不同操作人员重复 3 次清水固化试验，机头抖动现象均出现搅拌桨下降到桶底前，因此排除了人员因素。

搅拌桨碰到异物有 2 种可能，一是搅拌桨变形，搅拌中碰到桶壁；二是桶内存在异物，添加的物料为清水和水泥粉料，水泥与水反应产生水泥块。检修人员将桨提升出桶检查桨变形情况，发现搅拌桨正常未发生明显形变，且提升下桨过程中搅拌桨未与密封罩发生刮擦声，据此判断机头抖动不是由于桨变形导致的。

检修人员将钢桶内水泥浆倒出，在桶底发现了大量还未完全硬化的水泥块，据此确定了机头抖动的直接原因为搅拌桨碰撞到桶底的水泥硬块。水泥硬块会导致搅拌桨外桨受力变大，逐渐发生形变，当搅拌桨变形量大于与桶壁的间隙时，搅拌过程中搅拌桨就会与桶壁发生摩擦，导致异响。

2.3 桶内水泥结块原因分析

水泥结块原因可能为：①水泥添加前就已经失效，发生板结；②水泥放置时间过长失效；③搅拌过程中水泥发生凝结。

向钢桶添加水泥前已经对水泥性能进行了检查，水泥均在有效期内，呈粉末状，没有板结、硬块。

水泥添加到钢桶后 10 min 内就开始了搅拌，也不会因放置时间过长导致水泥失效。

对于标号 42.5 的普通硅酸盐水泥，正常情况下其初凝时间一般不小于 45 min，但由于搅拌期间桶内水泥浆还未均匀混合，局部水灰比可能远低于平均值，水灰比越低初凝时间越短，另外搅拌过程中产生的水化热会使桶内升温，温度越高初凝时间越短。方家山核电[2] 也发生过废树脂固化过程中水泥凝结现象。陈良等[3] 认为水泥浆的流动性过低或水泥浆失去流动性会导致搅拌桨发生卡转现象。

操作规程关于搅拌操作步骤为："根据固化源项，按下废液阀（或树脂阀）开按钮，向桶内加入料液，当料液加至接近桶口 5 cm 时，按下废液阀（或树脂阀）关按钮。按下'桨下降'按钮，当下降至支架标尺零位时，按下'桨停止'按钮；按下'桨慢速'和'桨公转'按钮，当公转搅拌碰触一次接近开关时，将桨下降一格（2 cm，共 35 格）；随着搅拌的深入，桶内料液逐渐下降，再向桶内加入料液，下桨搅拌，重复以上操作，直至料液加完。"

搅拌桨公转速度 0～2 r/min。慢速状态下公转速度为 1 r/min，快速状态下公转速度为 2 r/min。依据操作规程桨下降到底部需要下桨 35 次，桨需要公转 35 次，考虑到加料及桨下降操作时间，至少需要约 40 min 桨才能下降到桶底。实际生产过程中操作人员操作不熟练，搅拌桨下降到桶底的时间一般在 45 min 以上。

所以，搅拌过程中水泥结块的根本原因是底部水泥未及时得到搅拌，水化时间过长，水泥水化程度高，水泥浆黏度变大甚至初凝导致的。

2.4 搅拌桨振动原因分析

参考文献［4］表明搅拌轴受扭矩和弯矩的联合作用，扭转变形过大会造成轴的振动，使轴封失效，应将轴单位长度最大扭转角 γ 限制在允许范围内，轴扭矩的刚度条件为：

$$\gamma=\frac{583.6\,M_{\mathrm{n,max}}}{Gd^4(1-a^4)}\leqslant[\gamma], \tag{1}$$

式中，d 为搅拌桨轴直径，m；a 为空心轴内径和外径的比值；G 为轴材料剪切弹性模量，Pa；$M_{\mathrm{n,max}}$ 为轴传递的最大扭矩，N·m；

$$M_{\mathrm{n,\,max}}=9553\,\frac{P_n}{n}\eta, \tag{2}$$

式中，n 为搅拌桨转速，r/min；P_n 为电机功率，kW；η 为传动装置效率。

从式（1）、式（2）扭转角 γ 与电机功率成正比，电机功率越大，扭转角 γ 越大，当水泥浆变稠或初凝时，电机实际功率会变大，导致扭转角 γ 超过允许范围，产生振动。

3 解决措施

桶内水泥初凝过快，会导致搅拌桨无法正常下降到桶底，实现桶底水泥灰与水泥充分混合。桶底干灰无法通过搅拌与水充分混合反应，为干灰层，干灰层的上方水泥浆的水灰比会大于配方值。参考文献［5］表明，随着水灰比的增加，浆体初凝与终凝时间会随着延长，浆体泌水随之增加，核素浸出率也会增加，从而有可能导致固化体性能要求不满足国家标准。

为防止搅拌桨未下降到固化桶底部前固化桶底部水泥初凝，可行的办法包括：

一是延长水泥初凝时间，这需要通过更改水泥固化配方实现。水灰比作为固化配方的重要参数，流动度随水灰比增加而增加，初凝时间也随之延长，可适当提高配方的水灰比。另外，添加合适的添加剂也可延长初凝时间。为防止固化过程中水泥凝结，余万达等[2] 建议优化水泥固化配方，研制兼顾泥浆流动性、固化体性能和废物最小化，与固化生产线配套的、经过验证的配方。

二是加固搅拌桨，如减少空心轴内径和外径的比值 a，选用剪切弹性模量大的材质，增加轴的直

径 d 等，这些均需要更换搅拌桨，实施周期长。

三是缩短下桨时间，一是可以防止搅拌过程中水泥过度水化，另外从式（1）、式（2）可知扭转角 γ 与转速成反比，转速越大，扭转角 γ 越小，降低转速理论上也是可以使扭转角 γ 重新回到允许范围，避免振动的产生。这个需要优化操作工艺，通过缩短单次下桨间隔与减少下桨次数来实现。考虑到生产进度及经济成本因素，这是最可行的方式。通过桨慢速公转改为桨快速公转来实现缩短单次下桨间隔时间，经过计算，每次下桨间隔可节约 30 s。通过每次桨下降一格改为两格，可有效减少下降次数。

修改后的操作工艺如下：

按下“桨下降”按钮，当下降至支架标尺 0 cm 时，按下“桨停止”按钮；按下“桨快速”和“桨公转”按钮，当公转搅拌碰触一次接近开关时，将桨下降 2 格（4 cm，共 35 格）；随着搅拌的深入，桶内料液逐渐下降，再向桶内加入料液，下桨搅拌，重复以上操作，直至料液加完。

通过该方式搅拌桨下降到桶底的次数为 18 次，单次操作间隔时间约 30 s，考虑到加料时间，约 12 min 搅拌桨即可到桶底。更改操作工艺后，采用水泥与放射性废液开展了水泥固化生产测试。测试中操作人员在 15 min 内将搅拌桨顺畅地下降到桶底部，下桨搅拌过程中机头没有出现抖动，说明更改操作工艺后，搅拌桨下降到桶底前水泥未初凝，故障现象得以有效解决。故障排除后采用新的工艺生产了固化体 50 桶，充分说明故障得到了解决。

参考文献［6］表明在搅拌 30 min 内，提高搅拌速度可提高浆料的流动度，有利于搅拌操作的进行，搅拌速度越大，水泥浆的最大流动度出现的时间越早，水泥浆越易被混合均匀。因此，操作工艺的变更不会对固化体性能造成不良影响，反而会使得水泥浆更容易混合均匀。

4 结论及建议

本文针对搅拌装置故障，分析了各种可能导致故障发生的原因，得到的结论如下：

（1）搅拌过程中机头抖动的根本原因是在搅拌生产过程中发生水泥初凝在桶底形成水泥块，搅拌桨受力变大。

（2）金属桶壁出现刮擦异响的原因是搅拌外桨受力增大后逐渐发生形变，形变导致外桨的公转半径增大，当形变变大增大到一定量时，搅拌桨与桶壁发生碰撞。

（3）通过更改操作工艺，减少下桨时间，成功解决了搅拌装置故障，恢复了固化生产。

为避免类似故障出现影响固化生产的正常开展，建议优化水泥固化配方，研制兼顾泥浆流动性、固化体性能和废物最小化，与固化生产线配套的、经过生产线实地验证的配方；同时，备用一套搅拌外桨，在搅拌外桨意外变形时快速更换，缩短固化装置的故障维修时间，提高设备可用度。

参考文献：

［1］ 陈会金，郭忠，于志强．双行星式动力混合机搅拌桨受力分析［J］．化学工程与装备，2014（12）：45－47.

［2］ 余万达，张家衡，姜建其，等．固化线桶外搅拌设备调试及改进建议［J］．核动力工程，2018，39（4）：144－147.

［3］ 陈良，吴雪松，饶仲群，等．放射性废物水泥固化桶外混合技术分析［J］．核科学与工程，2017，37（3）：386－392.

［4］ 成大先．机械设计手册［M］．5 版，北京：化学工业出版社，2009.

［5］ 孙奇娜，李俊峰，王建龙．水胶比对水泥固化放射性废树脂的影响［J］．原子能科学技术，2012，46（12）：1301－1306.

［6］ 匡雅，邹树梁，徐立国，等．搅拌参数对放射性废液水泥固化体性能的影响［J］．原子能科学技术，2019，52（2）：234－242.

［7］ 中国辐射防护研究院．低、中水平放射性废物固化体性能要求　水泥固化体：GB 14569.1—2011［S］．北京：中国标准出版社，2011.

Cause analysis and solutions of cement solidification mixing device failure

ZHANG Yong-kang[1], GAI Shi-xin[2], TAO Zhen-wei[2]

(1. Nuclear Power Institute of China, Chengdu, Sichuan 610041, China;
2. Unit 92337 of People's Liberation Army, Beijing 100070, China)

Abstract: In order to solve that problems of abnormal noise and head shake in operation of planetary stirring device of drum curing line. The direct and root cause of the failure were confirmed through test verification. The abnormal noise is caused by the collision between the paddle and the drum wall during the mixing process; the head shake is caused by the collision between the propeller and the cement block at the bottom of the drum during the mixing process. the root cause of both failures is the rapid setting of the cement at the bottom to form a hard cement block, the mixing propeller and the cement block collide and deform. The advantages and disadvantages of different solutions were analyzed. Finally, the formations of cement blocks in the mixing process was avoided by optimizing the operation process and shortening the time of lowering the propeller, and the production was resumed at the minimum cost.

Key words: Solidification mixing device; Deform; Head shake; Rapid setting of the cement; Optimizing the operation process

关于某中高放射性工艺管沟退役实施方案的思考和探索

李建军[1]，梁　禹[1,2]，裴华武[2]，马永红[2]，
王智鹏[1]，王煦晋[1]，陈　松[1]，李子沐[3]，张　根[1]

（1. 中核环保工程设计研究有限公司，北京　100089；
2. 中核四川环保工程有限公司，四川　广元　628000；3. 桂林理工大学，广西　桂林　541006）

摘　要：本文基于某中高放射性工艺管沟退役的设计实践，针对面临退役动作样式多、工具更换频繁、动作流切换困难等问题，从现代化管理角度，从价值工作流、工序流优化方面提出中高放射性工艺管沟退役实施策略的一些思考和探索，并对批序式退役和流水线退役两种退役方案进行了对比，流水线退役方案有望提高管沟退役的安全性，降低退役成本，对我国核设施退役工作有一定的借鉴和帮助。

关键词：中高放射性；机械化操作；工作流；批序式退役；流水线退役

我国作为核大国，一些早期核设施在完成服役任务后将面临退役。其中，为核设施配套建立的放射性工艺管线由于多种主、客观原因，存在超期服役、老化严重甚至局部受损污染等问题和情况，存在安全隐患[1]。一些中高放射性工艺管沟作为这些核设施的辅助工程，因其处于室外，退役难度相对低，影响核设施主体退役等原因，一般都安排在退役工作的前端。

中高放射性工艺管沟因其工艺操作强辐射性、去污不彻底、运行中可能发生过事故等特点，决定了其退役要求采用机械化远程操作方案。机械化远程操作存在设备复杂、功能明确的特点，在退役环境存在不确定性、干扰性、过程预判困难和要求在中高放射性环境下安全操作的情况下，机械设备运行维护的难度和成本大大提高，以及室外环境下安全措施的搭建及其可靠性要求，决定了中高放射性设施退役的高难度、高风险、高成本和事故后果的高损失。

我国在中高放射性工艺管沟退役方面实践经验较少，一般都借鉴国外的退役经验和做法。本文基于某中高放射性工艺管沟退役实施方案的设计实践，对设计中面临的退役动作样式多、工具更换频繁、动作流切换困难、工作效率低、退役成本高等问题，从现代化管理角度，从工作流、工序流优化方面提出中高放射性工艺管沟退役的一些思考和探索，希望提高管沟退役的安全性、可靠性，降低退役成本。

1　中高放射性工艺管沟退役实施方案的设计实践

1.1　设计概况

某中高放射性工艺管沟临近厂区主干道，管沟的结构由常规的混凝土沟壁和混凝土屏蔽盖板组成，内设一排中、高放射性工艺管道，每3 m设工字钢支架，沟内壁及盖板底部设有钢板覆面。整个工艺管沟覆土厚度约0.8～1.5 m。

根据项目的源项调查和退役工作内容，结合退役实施的基础条件，工艺管沟退役实施流程如图1所示。

作者简介：李建军（1972—），男，河北邯郸人，研究员级高工，学士，从事核行业工业水处理、退役治理等工程设计，研究、技术开发及项目管理工作。

图 1　工艺管沟退役实施流程

（1）退役前整治：首先搭建防雨棚，即退役工作间，采用机械为主、人工辅助的方式清理管沟上部的混凝土地面层和覆土，进行场地平整，搭建退役用移动式气帐。

（2）管沟退役：在移动式气帐内，采用龙门吊对管沟盖板进行起吊、封装，采用专用运输车运至预整备间进行去污处理；利用专门研制的管沟退役工装来完成管沟内管道、支架、钢覆面、管沟混凝土结构等的拆除，沟底废液、泥浆及拆除废物的回取等工作，所产生的废物分类进行收集和处理。

（3）退役后场地恢复：管沟退役后，对场地退役范围内的污染土进行分类清理和处置，用干净土和退役产生的解控破碎混凝土进行回填，进行场地恢复，治理区域达到有限制开放水平。

1.2　工艺管沟退役的工艺方案

为突出研究的重点，本文对退役工艺方案进行了简化，突出核心退役设备和主要的实施操作。

退役的核心设备为管沟退役工装，是一台集积液清理和污染物固定工装、管沟内物项解体、拆除及回取工装为一体的一套机械化远传控制操作装置，是专门为探索中高放射性管沟退役而研发的装置。能够实现工艺管沟沟盖板打开后，对管沟内的管道、支架、积液、钢覆面进行全面拆除和处理的一体化集成设备。

管沟退役工装由移动操作间和移动控制间组成。移动操作间进行退役操作，配备有工程机械手、作业工具头/工装，废物桶、摄像头、辐射监测仪表、通信、照明、通风等设施，设计尺寸约为 5 m×3 m×3 m（长×宽×高）；移动控制间进行远程监控和遥控操作间进行管沟退役工作，设计尺寸约为 3.8 m×1.8 m×1.9 m（长×宽×高）。移动操作间示意如图 2 所示。

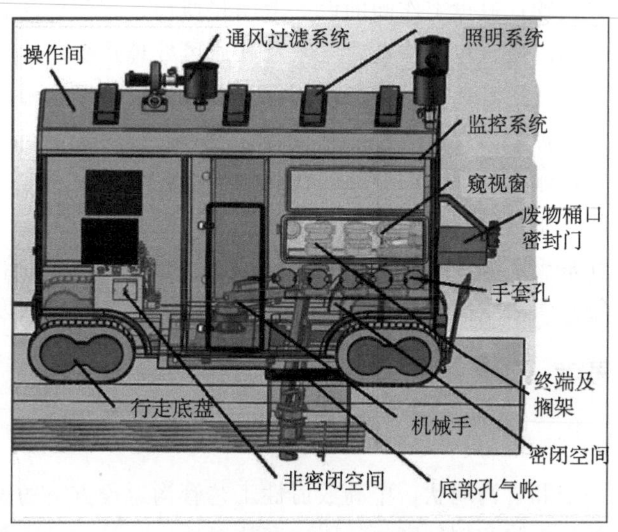

图 2　管沟退役工装移动操作间示意

退役辅助设施主要包括：退役工作间、移动式气帐和预整备间。

（1）管沟退役工作间：用于管沟退役过程中作业场地的防雨、防风、防扬尘扩散等，管沟退役工作间尺寸 50 m×10 m×7 m（长×宽×高）。退役工作间临时安装在待拆除管沟上方，随着管沟退役作业进度，快速拆解再安装在下一阶段待退役管沟上方。

（2）移动式气帐：用于将管沟退役作业过程中产生的放射性气溶胶尽可能小的限制在一定空间内。移动式气帐安装在退役工作间内，待退役管沟上面覆盖的混凝土及覆土拆挖除后进行搭建，尺寸

20 m×7.2 m×5.5 m（长×宽×高）。气帐内配套有叉车、取封盖作业间、龙门吊、管沟退役工装。移动式帐随着管沟退役工作而移动。其中，叉车用于管沟退役工装与取封盖作业间废物桶的转运，以及将废物桶送出气帐等。取封盖作业间用于对 200 L 桶进行取封盖作业；龙门吊用于管沟管板的吊运；退役工装用于工艺管沟的退役拆除。移动式气帐布置示意如图 3 所示。

（3）预整备间：用于对可能污染的沟盖板进行去污处理，用于对退役产生废物的预整备。

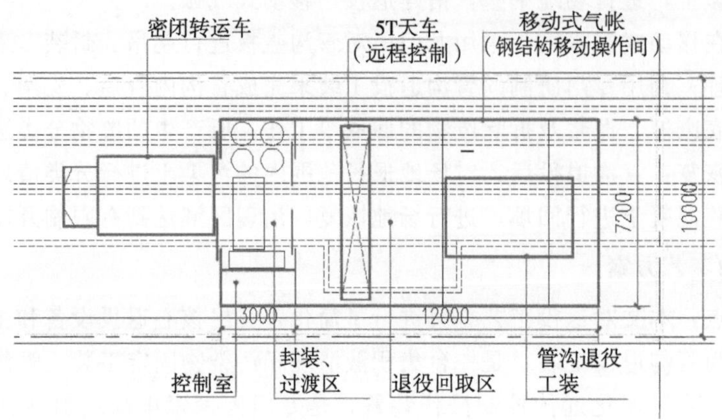

图 3　批序式退役法移动式气帐设备布置示意

1.3　实施方案的设计考虑

在工艺管沟退役实施方案的设计过程中，根据工艺管沟为中高放射性的特点，管沟中各物项的种类和各自特点，重点考虑如下：

（1）室外工作环境保护方面的考虑。搭建退役工作间，对工作场地环境进行防护，同时避免降雨对退役的影响以及减少二次废物；退役工作间的设计考虑轻便性、方便拆卸和二次搭建。

（2）辐射防护方面的考虑。搭建包括移动式气帐及其通风处理系统；移动气帐的设计应满足静态气密性和动态气密性的要求，而且具备移动性和便利性。设置退役排风系统，控制气流走向、维持退役环境负压，确保尾气处理达标后高空排放。

（3）管沟盖板的起吊、运输和处理考虑。移动式气帐内设置龙门吊并考虑沟盖板的临时封装，用专用运输车转移至预整备间集中进行剂量监测、去污和分解拆除。

（4）管沟退役工装工作展开的场地、空间及进出放射性物料的考虑。合理设计移动式气帐的大小、功能分区，结构要求等。气帐空间满足退役工装操作需要，设置退役回取区，封装过渡区。

2　退役的难点和问题思考

2.1　工艺管沟退役的难点

结合工艺管沟内源项调查和管沟现状，中高放射性工艺管沟退役方案的设计中存在如下难点。

（1）厚重工艺管沟盖板的拆除和倒运麻烦。因中高放射性工艺管沟盖板厚重、体积大（最大的沟盖板重约 3.5 t/块），盖板内层有钢覆面层，工艺管沟内存在一定的放射性污染，因此工艺管沟盖板的拆除、倒运和污染处理工作需要机械＋人工辅助才能更好地完成。

（2）管沟污染大。管沟内放射性剂量当量率较高（≥25 uSv/h），管沟开启后的物相拆除及回取工作全部需要采用机械远程操作。

（3）管沟内机械操作难度大。工艺管沟内部作业面小，空间受限，沟内有效断面最大仅 2.1 m×0.45 m（宽×高），工艺管道中心间距 300 mm，退役作业包括管道及支架的拆除，沟底积液和泥浆的回取，管沟钢覆面和混凝土热点的去污等，退役作业类型多，给机械远程操作带来较大的难度。

（4）工具头/工装更换频繁。废物类型多，相应的操作工具头种类多，采用一套管沟退役工装，机械手需要根据作业类型进行工具头/工装的更换频繁。

（5）废物桶更换和倒运工作量大。废物类型多，放射性污染剂量水平不同，退役过程中废物分类收集需要配套相应的废物桶。对于同一段管沟，需要根据退役进程和污染物剂量水平分别收集高中放射性不锈钢工艺管道、低放射性碳钢管道支架、中放射性泥浆/污染土、低放射性泥浆/污染土等，退役过程中废物桶的更换和倒运工作量也较大。

上述工艺管沟退役的难点决定了中高放射性工艺管沟退役工作的难度大、退役效率低、退役成本高。

2.2 退役问题的思考

根据工艺管沟退役目标，结合管沟退役工装的设计目标要求和现实情况，对退役问题有以下问题值得思考。

（1）目标理想与现实的偏离。作为一名核设施退役设计工作者，目标理想的丰满和现实实践的困难总是存在偏离，甚至是矛盾。管沟设施建造时较为容易，运行后的退役工作在强放射性指标的约束下，其机械远程操作的可实施性变得大打折扣，甚至成为困难，给人一种“心有力而机械无能”的感觉。作为国内第一个中高放射性工艺管沟退役的实施，借鉴国外的管沟经验，感觉看似容易，进行设计和实施时面临的困难又很多。

（2）目标实现的收益成本考量较少。古人讲“人定胜天”，在“四个一切”的核工业精神感召下的核工业人，相信办法总比困难多。在设施退役的艰巨目标面前，以往我们考虑更多的是有效完成退役目标，尤其在缺少经验可借鉴的情况，对成本收益的考虑较少。

（3）对多目标实现的机械设备可实现性及其代价评估经验不足。机械设备的设计、操作和控制，难以像人一样进行灵活地运动和动作，世界上研发多功能机器人都面临多目标实现和切换的难题。受制于操作目标的要求，多目标实现机械装置的研发成为重点，也带来了其自身必然存在的缺点。例如，工具头的多样性，切换选择的有效性等，退役工装的研发及其应用造成很大的困难，具体的应用效果也有待实践的检验。

基于以上问题的思考，退役设计研究人员将有更开阔的研究改进空间。

3 工艺管沟退役方案的改进设想

工艺管沟退役实施方案的设计，是对某段管沟中的物项依次进行沟盖板开启，喷膜固化，管道及支架拆除，管沟热点去除工作，该段管沟完成上述操作后，再移动气帐至下一个管段进行退役实施。管沟分批次地、按一定顺序进行退役工作，我们称之为批序式退役法。

当要选择一条退役路线时，各种退役方案的费用概算是一项很重要的比较参量。不仅需要实现安全退役，而且要实现高效和经济退役[2]。作为中高放射性工艺管沟的退役，因强辐射环境下必需的机械远传操作，因管沟退役只能在设施外退役操作，需要根据管沟的布置进行移动式作业，管沟内可操作空间小，管沟内退役物项种类多、放射性等级不同且差距较大，废物的收集和分类工作大，这些因素的存在，会对退役方案的选择和实施、退役费用的多少产生非常大的影响。作为国内首个中高放射性工艺管沟退役，有必要站在更高的层面进行思考和探索。

3.1 机械化操作的优点及问题

核设施退役行业强放射性环境下采用机械化操作主要是采用各种遥控拆除机器人。遥控拆除机器人主要适用于建筑拆除、抢险救援、水泥、核能等行业。具有无线/有线遥控操作、安全可靠、噪音小、振动低、无废气、工作效率高、使用灵活等特点。遥控拆除机器人属于工业机器人的一种，它包含了多种技术，如机械设计与制造、自动控制、电子电工技术、优化设计、机器人学等[3]。

机械化操作的基础是机械设备，是根据使用要求利用机械的工作原理、结构、运动方式、力和能量的传递方式、考虑各个零件的材料和形状尺寸、润滑方法等进行构思、分析和计算，并将其转化为可实际操作和使用的装置[4]。因此，实现功能越复杂的机械设备，其组成、控制和操作越复杂，造价也越高。而且机械设备只能按照装置设计要求的功能来实现，也即实现设计的标准化操作，这样才能发挥机械设备的优势[5]。正是因为机械设备的特点，在应对环境复杂、物项多样、物项批量小的情况下，其机械化操作的优势无法发挥出来。

以本项目实施方案为例，对于一次管沟开口［在移动式气帐退役回取区（长度 12 m）内进行］，考虑管沟退役工装自身的设备长度，一次开口管沟长度最大为 7 m，考虑的退役物项包括：6 根 Ø32～Ø57 的不锈钢管道，2 根长 2.1 m 的 65＃工字钢支架及 12 个管道紧固件，开口范围内的钢覆面，污染混凝土面层（厚约 15 mm），沟底部存在的泥浆/污染土（厚度约 10～150 mm），可能的放射性积液，其他未预见的物项。还需要考虑沟内污染物喷胶固化，以减少退役操作期间放射性粉尘等的扩散。以上操作都需要退役工装进行完成，最终将物项按废物种类分类（固与液、金属与非金属）、分放射性等级（低放、中放和高放）分别进行拆除/收集处理，装入不同的废物桶内。

由以上内容可知，对于本项目中高放射性工艺管沟的退役，采用一套远程遥控管沟退役工装在一个退役作业展开空间内完成多物项、多辐射剂量水平的退役操作工作，存在以下几个不利特点：①物项的尺寸小，数量少，单一工作的操作精度要求高，操作工作的连续工作时间短，需要较为频繁地变换工作内容，工装工具头的更换较为频繁。②工作复杂，依靠单一工装实现的难度大且有效性缺乏保障；如管道从管位上抓取、切割或剪断分离、辐射剂量测量，分类放入废物桶的工作，依靠单一工具头来实现的难度较大。③退役拆除的物项性质不同，根据废物分类收集的特点，要么物项统一收集后再二次分拣，要么需要配置不同的物项收集桶，收集桶的更换工作量增大。

由以上分析可以看出，因为一个退役作业面上作业类型较多，利用一套管沟退役工装进行退役工作，给管沟退役工装自身提出的要求内容多而且复杂，给管沟退役工装的研制和实际应用造成很大的困难，而且制造成本高，使用效果受影响。

3.2 工作流的思考及退役方法改进

工作流即工作流程，管理上的工作流程是指企业内部发生的某项业务从起始到完成，由多个部门、多个岗位、经多个环节协调及顺序工作共同完成的完整过程。简单地讲，工作流程就是一组输入转化为输出的过程。

工作流程是工作效率的源泉。管理学界认为：流程决定效率，流程影响效益[6]。好的工作流程能够使企业各项业务管理工作良性开展，从而保证企业的高效运转。相反地，差的工作流程则会问题频出，出现部门间、人员间职责不清相互推诿等现象，从而造成资源的浪费和效率的低下。因此，设计建立科学、严谨的工作流程并保持这些流程得到有效执行、控制和管理，对一个企业、一个单位或部门至关重要。

将工作流程借鉴到管沟退役具体操作工作上，本文所指的工作流是退役操作动作的流程。具体包括：管沟盖板开启；沟内表层放射性的喷膜固定；工艺管道及支架的拆除；沟底及侧壁污染物和热点的清理（物项包括泥浆/泥饼，钢覆面、混凝土）。

借鉴流水线生产的模式，对管沟的退役工作进行优化和改进。考虑采用流水线退役法，即根据退役作业流程，对整个管沟进行作业单元化的流水作业，让管沟作为劳动对象，依次顺序地通过不同的作业单元，并按照一定的作业节拍完成退役作业的连续性重复生产的一种退役组织方式，从而实现高效率、高效能地安全经济退役。

由于作业单元操作的标准化和专一化，可以更好地进行优化设计和选用高效、成熟的机械设备，从而实现退役的高效实施。

根据工艺管沟退役的工作流，将工作流分为以下 3 个作业单元：沟盖板开启和喷膜固化单元；管道及支架拆除单元；管沟热点去除单元。通过作业单元分解和优化，3 个作业单元各自都实现了动作的专一性、操作工具的简单化、废物的简单化，提升了作业的效率和成效。

3.3 流水线退役法的设计思考和效能对比

以本项目工艺管沟退役为例，如果采用流水线退役法，需要将管沟退役工装和退役工作间内的移动式气帐进行设计优化，其他基本不变。优化后的移动式气帐设备布置示意如图 4 所示，流水线退役法和批序式退役法的方案对比如表 1 所示。

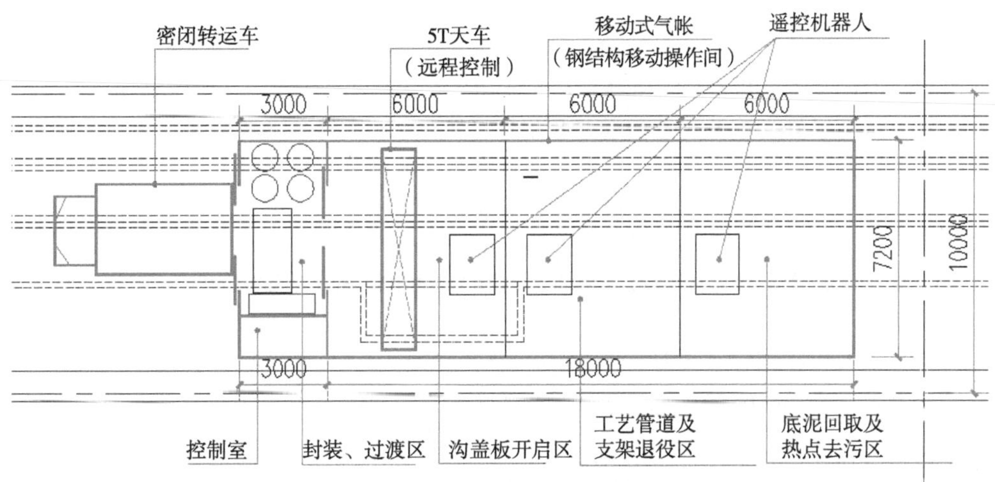

图 4 优化后的移动式气帐设备布置示意

表 1 流水线退役法和批序式退役法的方案对比

序号	对比项	批序式退役	流水线退役	备注
1	退役工装形式	研发的专用多功能退役工装 1 套，价值 1000 万元	3 套退役遥控机器人＋配套工具头/回取装置，价值 3×250＝750 万元	均具备沟盖板开启、喷膜固化、管道及支架拆除、管沟热点去除功能
2	移动式气帐（退役工作平台）	15 m×7.2 m×5.5 m，1 套，350 万元	21 m×7.2 m×5.5 m，1 套，420 万元	可移动，组合式，配 5T 龙门吊
3	叉车	1 台，20 万元	1 台，20 万元	屏蔽和密封改造
4	操作人员数量	3	5	遥控操作工作人员数
5	拆除有效工期	450 d	180 d	以 700 m 管沟估算有效拆除工期
6	拆除有效工时	1350 人天	900 人天	
7	综合对比	投资 1370 万元，工期 450 d，耗人工 1350 人天	投资 1190 万元，工期 180 d，耗人工 900 人天	未列出的其他内容两方案相同

通过流水线退役法和批序式退役法的方案对比，在其他退役工作内容基本相同的情况下，仅对比退役工装形式、移动式气帐、管沟拆除有效工期、拆除有效工时，工装投资节省 180 万，退役工期缩短 270 天，拆除工时节省 450 人天。对比可知，对本项目中高放射性工艺管沟退役，采用流水线退役法优于常规的批序式退役法，采用通用、高效的遥控机器人，通过合理的作业单元拆分和优化，可实现工艺管沟的安全、可靠和高效退役，而且周期和退役成本较低。

4 结论

通过对某中高放射性工艺管沟退役实施方案的设计实践，针对实施方案设计中存在的问题和困难，借鉴流水线生产方式提出了管沟退役流水线退役法。通过模拟对比，流水线退役法较目前常规的批序式退役法具有退役设备简单化、标准化和成熟化，退役效率和退役安全性提高，节省退役成本，缩短退役周期的优点，对我国核设施退役工作有所借鉴和帮助。

参考文献：

［1］ 刘虎平，苗献锋，王建永，等．中高放废液输送管网退役研究［M］// 中国核学会．中国核科学技术进展报告：第六卷 核化工分卷．北京：中国原子能出版社，2019：204.

［2］ MANION W J，LAGUARDIA T S. 核设施退役手册［M］．张树璋，郑福彰，等，译．北京：原子能出版社，1991.

［3］ 司癸卯，刘军伟，罗铭，等．智能拆除机器人的研究现状及发展趋势［J］．建筑机械与施工机械化，2010. 12，6(1)：83－88.

［4］ 马永红，高文朋，何赟，等．面向核退役设施拆除的机器人遥操作系统设计及实现研究［J］．机械工程师，2022(9)：53－59.

［5］ 杨永平．遥控机器人技术在核退役工程中的应用实践教程［M］．北京：中国原子能出版社，2016.

［6］ 阎笑非，等．技术经济与管理［M］．北京：经济科学出版社，2005.

Reflection and exploration on the implementation plan for the retirement of a medium－high radioactive process pipe trench

LI Jian-jun[1]，LIANG Yu[1,2]，PEI Hua-wu[2]，MA Yong-hong[2]，WANG Zhi-peng[1]，WANG Xu-jin[1]，CHEN Song[1]，LI Zi-mu[3]，ZHANG Gen[1]

(1. CNNC Environmental Protection Engineering Design and Research Co.，Ltd，Beijing 100089，China；
2. CNNC Sichuan Environmental Protection Engineering Co.，Ltd，Guangyuan，Sichuan 628000，China；
3. Guilin University of Technology，Guilin，Guangxi 541006，China)

Abstract：This article is based on the design practice of a certain medium-high level radioactive process pipe trench retirement，facing problems such as multiple retirement action styles，frequent tool replacement，and difficulty in switching action flow. From the perspective of modern management，this article proposes some thoughts and explorations on the implementation strategy of batch sequencing assembly line retirement for medium-high level radioactive process trench retirement from the aspects of value workflow flow and process flow optimization. It also compares two retirement plans，batch sequential decommissioning and Streamlined decommissioning，The Streamlined decommissioning method is expected to the safety of pipeline trench decommissioning，reduce decommissioning costs，and provide some reference and assistance for the decommissioning of nuclear facilities in China.

Key words：Medium-high level radioactivity；Mechanized operation；Workflow；Batch sequential decommissioning；Streamlined decommissioning